建筑桩基的绿色创新技术

孔清华 桂淞莉 孔 超 编著

同济大学 出版社
TONGJI UNIVERSITY PRESS

内 容 提 要

本书围绕建筑桩基创新技术主题介绍预制桩(预应力圆管桩、预应力空心方桩、钢筋混凝土预制桩)、钻孔桩(钻孔灌注桩、冲孔灌注桩、人工挖孔灌注桩、钻孔支盘桩)和沉管灌注桩(等径沉管桩、夯扩桩、载体桩)等,对企业的创新有启示的作用。本书可供勘察、设计、科研与专业工程技术人员阅读使用。

图书在版编目(CIP)数据

建筑桩基的绿色创新技术/孔清华,桂淞莉,孔超
编著. -- 上海:同济大学出版社,2017.3
　　ISBN 978-7-5608-6751-9

I.①建… II.①孔… ②桂… ③孔… III.①桩
基础—研究 IV.①TU473.1

中国版本图书馆 CIP 数据核字(2017)第 029338 号

建筑桩基的绿色创新技术

孔清华　桂淞莉　孔　超　**编著**

责任编辑　高晓辉　马继兰　　**责任校对**　徐春莲　　　**封面设计**　陈益平

出版发行	同济大学出版社　　　www.tongjipress.com.cn
	(地址:上海市四平路 1239 号 邮编:200092 电话:021-65985622)
经　销	全国各地新华书店
印　刷	浙江广育爱多印务有限公司
开　本	787 mm×1092 mm　1/16
印　张	25.5
字　数	636 000
版　次	2017 年 3 月第 1 版　　2017 年 3 月第 1 次印刷
书　号	ISBN 978-7-5608-6751-9

定　价　168.00 元

作 者 简 介

孔清华,浙江华展工程研究设计院顾问总工程师,教授级高级工程师,国家注册一级结构工程师,宁波市劳动模范、市人大代表。中国土木工程学会土力学及岩土工程分会桩基础专业委员会委员。

孔清华生于 1937 年 2 月,1958 年由上海市市东中学毕业进入合肥工业大学,在大学攻读矿山机电专业、应用数学专业以及土木系工民建专业,1963 年毕业后在机械工业部第四设计研究院从事研究工作。1980 年,借调至由宁波市经委组建的宁波市工业建筑设计院,1983 年正式调入设计院,任副院长;1984 年调入宁波市机电工业研究设计院,任副院长、总工程师,改制后更名为浙江华展工程研究设计院,1997 年退休后返聘留任至今。

自 1980 年主持建筑设计工作后,首先迫切要解决建筑基础问题,开始研究宁波深厚软土地层桩基础理论与应用设计。后逐渐对桩基础产生浓厚的兴趣,连续 36 年从未间断地对各类不同地质条件的桩基础相适应施工的桩型研究与工程应用开发,获建筑岩土工程相关专业的授权中国专利近百项,其中授权的发明专利达 40 余项,先后获省市一等奖、二等奖、科技进步奖,获浙江省发明专利金奖与一等奖,获得宁波市优秀科技人员称号,为宁波市级劳动模范、市人大代表。

先后聘任为中国地质大学、浙江大学宁波理工学院、宁波工程学院、河南理工大学等的兼职教授,中国地质大学北京研究生院博士研究生校外导师,浙江大学宁波理工学院的硕士研究生校外导师,同济大学工程硕士研究生的校外导师等。

组织和发起创建浙江华展工程研究所设计院内刊《桩基工程》杂志,后联合同济大学、浙江大学将内刊《桩基工程》杂志变更为联合创办的《岩土工程师》杂志,编辑部设在浙江华展院,每年出版 4 期(季刊)。孔清华任《岩土工程师》杂志的编委会副主任委员,该杂志连续出版 15 年。《岩土工程师》出版的论文被引用率较高,在学术界有一定影响。

序

认识孔清华教授级高级工程师已经有三十多年了,知道他是一位很勤奋的人,而且有许多新的构思,敢于创新,善于创新,在桩基、地基处理和基坑支护结构等领域的设计和施工方面都是很有成就的。他虽然年事已高,但仍然思维敏捷,不断有新的概念和新的方法提出来。而且,他还取得了很多的专利,推动地基基础领域的技术进步,在岩土工程界是并不多见的一位奇人。

最近,他准备出版专著《建筑桩基的绿色创新技术》,希望我写个序。这本书内容丰富,除了介绍沿海软土的工程性质外,还重点介绍了挤土施工的沉管灌注桩、沉管式干取土的灌注桩与提高桩端阻力的桩、钢筋混凝土咬合连续桩墙与干作业地下连续墙等几种新的桩型与新的施工方法。介绍了既有建筑物的地基与桩基、疑难地基上的桩基施工技术、施工桩机与装备和专利技术说明书选编等内容。

他在书中介绍了许多很有特色的桩型和工法,例如采用有扩底的桩、组合的桩、预制大头的桩,T形截面和工形截面的桩等,以适应不同的土类和不同的施工方法;在桩基施工机械方面,他也进行了许多的研究和改革,提出了螺旋沉拔施工的压灌混凝土桩与双动力套管跟进的凿岩桩、长短螺纹组合的螺旋桩、正转旋拧沉入土层与反转旋拧上退的带螺纹的灌注桩;双动力套管跟进的潜孔锤高速凿岩的嵌岩灌注桩、植入高强预应力管桩的嵌岩管桩等采用不同的设备和不同的施工方法所形成的各种不同的桩型。

在这本书中,还通过案例讨论了处理疑难地基的施工技术。如穿越劈山填海厚达22米石块高填土的桩基施工技术、穿越山坡滚下的孤岩群已埋入软土中的桩基施工技术、山丘隐流水入侵灌注桩的防治以及海岸外移岸边厚层护岸抛石上的桩基工程、无黏性土胶结的颗粒土上桩型选择与施工方法等特殊工程问题的处理方法。

对于既有建筑地基与桩基,主要介绍了采用刚性桩复合地基,基础的托换,桩的补强与软土中悬浮隧道的止沉托换技术,运用软地基处理技术的拓展,以及对含有污染土层与重金属超标的农耕土壤净化处理等工程技术。

他不仅对桩工技术有深入的研究,而且还对桩工机械也有颇为独到的研究心得和探索,提出了深基坑的工法桩机、螺旋沉拔施工的工法桩机、潜孔锤凿岩施工的桩机等机械设备;还有在干取土、干提土、干排土,有扩底装置,钢模管的接长、加翼而成的异形截面、振动锤与夹具等方面都有研究和创新。

在这本书中,还写入了包括劈山填海高填方地基的成桩装置与成桩方法、挤土型钢筋混凝土螺杆桩成桩装置与成桩方法、软土地层中可回收的伞状承压地锚和干取土矩形灌注桩成桩装置与成桩的方法等 26 个专利技术。

桩工技术的特点是因地质条件而异,因施工设备而异,针对不同的地质条件采用不同的设备与施工方法,就形成了不同的桩工技术。这个特色在这本书中体现得非常地充分。因此,这并不是一本普通的技术读物,而贯穿于全书的是体现了孔清华教授级高级工程师的技术特色脉络、并富有创造性的工程研究的汇总。

这本书对于岩土工程师是非常好的参考书,对于从事地基基础设计的结构工程师也是不可缺少的读本,而对于从事基础工程施工的工程师则更是一本可以随身查用的手册。

2017 年 1 月 3 日于同济园

前　言

　　桩基承载力是桩基设计的重要参数,提高单桩承载力、降低桩基工程造价是桩基研究和发展的方向;桩基施工过程应以节省国家资源,满足节能减排和节材环保的高要求为目标。全书围绕建筑桩基的绿色创新技术(简称绿色桩基)展开创新研究开发,均是符合节能减排可持续发展要求的桩基础施工技术。

　　全书是孔清华教授级高级工程师在浙江华展工程研究设计院进行工程设计实践中研发的各类建筑桩基创新技术,以知识产权为背景的原创性专著。全文沿着改革开放与城市化的进程,由沿海软土向内陆推进,建设用地由平原向山丘荒坡与山地岩基进展,均围绕建筑桩基创新的技术的介绍,对企业的创新有启示的作用。创新是无止境的,启示能使企业在工程实践中可产生新的创新技术。

　　创新对企业而言是提高工效、减少用料、降低成本,使企业利润最大化,运用知识产权的法律保护将创新技术的拓展到全国层面。对于国家层面而言:桩的承载力值提高到由桩截面强度控制,同样满足工程要求可以节省很多工程用桩;对于基坑工程的围护桩,是承受侧向土压力的受弯杆件,采用符合受弯截面特性的截面(矩形、T形与工形截面),可减少桩的截面配筋的钢筋量35%~48%,混凝土用量20%~35%,减少工程桩的用量,基坑围护桩中节省大比例的钢筋与水泥。如果这些技能能够全面推广应用,可以节省天文数字的钢筋与水泥。因生产钢筋与水泥需要可燃煤,工程中节省建材资源可减少生产建材资源过程中消耗的能源,也可减少如煤燃烧产生二氧化碳对地球的排放,采用无泥浆施工可以消除施工泥浆对环境的污染。

　　建筑岩土工程包括建筑地基与基坑工程,其中基础有天然地基(浅基)与桩基(深基础),基坑有支挡土体的结构物(桩、墙、支撑、土钉、锚垃等)与用稳定边坡、台阶放坡或对土体加固使边坡稳定,是最有创新潜力的最活跃的学科。

　　全书不含常规的型桩有预制桩(预应力圆管桩、预应力空心方桩、钢筋混凝土预制桩),钻孔桩(钻孔灌注桩、冲孔灌注桩、人工挖孔灌注桩、钻孔支盘桩),沉管灌注桩(等径沉管桩、夯扩桩、载体桩)等,一些具有发展的常规的型桩列入本书。深厚软土、山丘颗粒土地层、山地嵌岩的创新型桩型,对技术的取舍,体现"人取我舍为大勇,人舍我取为大智"的精神,将桩工技术入选在本专著中。

　　全书分为 8 章:

第1章：主要讲述土性指标与桩的承载性状，其中重点以宁波为例介绍了东南沿海地区深厚软土层的相关性能指标，再者介绍了单桩的承载性状及其计算方法。

第2章：挤土施工的沉管灌注桩。在深厚饱和软土地层建立沉管灌注桩质保系，研究应用各类的沉管灌注桩的桩型，如等径的灌注桩、静压扩底桩、组合桩、预制大头桩等的沉管灌注，基坑工程应用的T形截面、工形截面的沉管灌注支护桩等。

第3章：沉管式干取土灌注桩与提高桩端阻力的桩。主要介绍无泥浆施工的沉管式干取土桩，其中取土形式有筒式取土、高效提土、挤压排土等。采用干取土方式将钢模管内土体取净，置入钢筋笼与混凝土振动拔出钢模管成桩。介绍通过桩端扩底、桩底后注浆、桩底埋设预承包的预承力桩、嵌岩灌注桩等，力求使桩端阻值最大化。基坑工程介绍最佳的受弯截面特性如T形、工形的支护桩，节材节能，消除泥浆污染。

第4章：钢筋混凝土咬合连续桩墙与干作业地下连续墙。本章深基坑工程中用于支挡侧向土压力的桩墙是带钢翼凸边的钢模管，采用沉管式施工，在管内取出干土有提土施工、排土施工、筒式取土等。钢凸边置于钢模管底的外侧，矩形置于长边近中部处、矩形或圆形均为后桩切前桩的凸边混凝土的沉管施工、后桩的混凝土与前桩的凸边混凝土在初凝前沿桩长咬接成整体桩墙，双模管互导施工的0.25～0.5 m厚薄壁墙，0.6～1.2 m厚常厚墙均为无接缝墙体的设计与施工的支护与防渗合一咬合型连续桩墙与干作业连续墙。

第5章：螺旋沉拔施工的压灌混凝土桩与双动力套管跟进凿岩桩。本章主要介绍螺旋沉拔施工的长螺旋桩，适用于山丘颗粒土地层施工的粗螺纹钻杆的长螺旋桩、大扭矩的长螺旋桩；减少扭矩扭矩带结合子的短截粗螺纹钻头、正反粗螺纹钻头、锥底状钻头接光管钻杆的短螺旋桩；长短螺纹组合的螺旋桩，正转旋拧沉入土层，反转旋拧上退的带螺纹的灌注桩；双动力套管跟进的潜孔锤高速凿岩的嵌岩灌注桩、植入高强预应力管桩的嵌岩管桩等；以及螺旋沉拔施工各类桩型的发展历史、施工程序、适用条件、桩承载力值与成桩质量的可靠性分析。

第6章：既有建筑地基与桩基。主要介绍刚性桩复合地基，基础的托换，桩的补强与软土中悬浮隧道的止沉托换，运用软地基处理技术的拓展，以及对含污染土层与重金属超标的农耕土壤净化处理等技术。

第7章：疑难地基上的桩基施工技术。通过案例介绍穿越劈山填海厚达22 m石块高填土桩基施工技术、穿越山坡滚下的弧岩群已埋入软土中的桩基施工技术、山丘隐流水入侵灌注桩的防治、海岸外移岸边厚层护岸抛石上的桩基工程、无黏性土胶结的颗粒土桩型选择与施工等。

第8章：施工桩机与装备。由桩基历史的发展到目前的桩基施工的桩机，由多功能桩机到专业的工法桩机如深基坑的工法桩机、螺旋沉拔施工的工法桩机、潜孔锤凿岩施工的桩机等；施工装备有干取土、干提土、干排土机械，有扩底装置，有用于钢模管的接长、加翼成异形截面、振动锤与夹具等。

　　附录为结合著作介绍选取的具有代表性的一些发明专利说明书。将专利说明书编入本书是希望桩基技术研究者能直观了解技术的核心，希望对加速桩基技术发展有帮助。建筑工程桩的专利有石料高填土的成桩装置与方法、钢管护壁旋挖取土灌注桩、螺旋沉拔后插筋挤密桩、带螺纹的灌注桩、双动力潜孔锤凿岩的高效嵌灌注桩与植入岩层的高强预应力管桩等；基坑围护工程专利有矩形、T形、工形截面的灌注桩、圆形截面与矩形截面的无缝刚性咬合的支护桩、双模管互导施工的地下连续墙等，既有建筑地基加固的技术有注浆锚杆桩、病桩治理等。

　　全书结合孔清华教授级高级工程师在桩基领域40余年积累的实践笔记，由孔清华、桂淞莉、孔超编著，吴才德、庄作成、沈俊杰、孔红斌、翁功伟、龚迪快、许冠、王洁栋、陈忠等同志参与了部分章节的撰写工作。

　　高大钊教授、魏道垛教授、桂业琨教授级高级工程师、张旷成大师提出了不少真挚意见，为本书的最终定稿作出了重大的贡献，谨此致谢。

　　本书可供桩工机械生产企业选择工法桩机的生产，桩基工程施工企业找适合本企业的创新技术，适应激烈市场竞争与企业生产的转型参考。可供勘察、设计、科研与大专院校的岩土工程专业师生与技术人员深入作科研发课题研究，硕士、博士研究生的学位研究课题选题和工程中实际应用作参考。

　　岩土桩基工程学科发展，任重而道远。本书仅做了一点初步探索和尝试，限于水平及出版时间比较仓促，对这些问题的研究尚浅，希望能够起到抛砖引玉的作用，不足之处敬请批评指正。著作通讯邮箱为：wykm16@163.com。

目　录

1 土性指标与桩的承载性状

本章提要

黏土与粉质黏土的液性指数 I_L 表示土的坚硬性,粉土的孔隙比 e,碎石土与砂土的 $N_{63.5}$ 准贯入击数均表示土的密实程度。土的坚硬及密实能使桩高承载力,而桩体混凝土的密实度能影响桩周土的固结,也与桩的承载性状有关。从桩的受力传递分析桩端的刺入变形直接影响桩的承载力的发挥,桩端阻值大刺入变形小,桩的承载力高。借助宁波地区软土地基各类桩型的土性指标中的估算参数及山丘颗粒土地层用旋拧施工入土的压灌混凝土施工工艺的各类桩型,以及山地岩石地基的高效凿岩施工的机械,产生的各类桩型的承载性状均与土性指标、桩体混凝土密实性与桩周土固结的亲土性,以及桩端持力层土的阻力大小直接影响桩的承载力值。

1.1 地基土的计算参数与合理性取值

1.1.1 深厚软土地层及桩的承载力参数

深厚软土地层地基土的计算参数及合理性取值以典型的宁波地区为例进行介绍。宁波市地质情况多为深厚软土区,主要涉及海曙、镇海、江东、江北、北仑、鄞州六区,均为海相沉积相。深厚软土区是宁波地区城市建设中遇到的主要地质地层。

1. 宁波地区(市区)典型土层的划分(表 1-1)

表 1-1 宁波市区岩土分层简略汇总表

层序		工程地质层组	岩土类别	顶板埋深/m	厚度/m
①	①-1	人工堆积层	填土	0	0~5
	①-2	第一较软土层	黄褐色黏性土	0~2	0~2
②	②-1	第一软土层	淤泥质土或淤泥	1~5	0~3
	②-2		灰色软塑黏性土或淤泥质土	2~6	0~3
	②-3		淤泥质土或淤泥	4~6	5~20
③	③-1	第二较软土层	灰、青灰色粉质黏土	7~22	0~13
	③-1		灰、青灰色粉砂或粉土	8~20	0~6
	③-2		淤泥质粉质黏土	10~20	0~8

层序		工程地质层组	岩土类别	顶板埋深/m	厚度/m
④	④-1	第二软土层	淤泥质土	12～25	0～3
	④-2		灰色软塑黏性土(局部为淤泥质土)	13～32	0～16
⑤	⑤-1	第一硬土层	褐黄色黏土	13～40	0～17
	⑤-2		褐黄色粉质黏土(局部为黏土)	15～45	0～18
	⑤-3		褐黄色粉土	18～50	0～16
	⑤-4		褐黄色粉质黏土	20～50	0～15
	⑤-5		褐黄色粉土、粉质黏土	20～50	0～10
⑥	⑥-1	第三较软土层	灰色软塑黏土或粉质黏土	20～55	0～18
	⑥-2		灰色软～可塑粉质黏土	20～60	0～18
	⑥-2		灰色粉土、粉质黏土夹粉土	20～60	0～11
	⑥-3		灰色软～可塑黏土	25～60	0～10
⑦	⑦-1	第二硬土层	灰黑、暗绿色黏性土	30～65	0～12
	⑦-2		灰绿色粉质黏土(局部夹粉土)	35～65	0～12
⑧		第一砾、砂层	砾、砂(局部夹粉质黏土层)	40～75	10～25
⑨		第三硬土层	可～硬塑黏性土(局部软塑)	40～82	0～30
⑩		第二砾、砂层	砾、砂(局部为含砾砂黏性土)	50～90	10～15
⑪		残坡积层	混合土	各地不一	
⑫		基岩	沉积岩、火山碎屑岩、玄武岩等		

2. 土的物理性指标与力学性指标之间的相关性

根据对宁波地区进行大量的工程实践经验和实测资料对比分析统计,统计得出宁波地区土的物性指标与力学指标(主要是指双桥静力触探锥头阻力 q_c,静力触探侧阻力 f_s)具有一定相关性和对比性(表1-2)。

表1-2　宁波市区岩土物理力学性质指标简表

土层	液性(标贯)指标	q_c/MPa	$Es_{1\text{-}2}$/MPa	状态
第一较软土层	$0.25 < I_L \leqslant 0.75$	0.50～1.20	4.0～6.0	可塑—软塑
	$0.75 < I_L \leqslant 1.00$	0.25～0.50	2.0～4.0	
第一软土层 灰色淤泥质黏土、 粉质黏土	$I_L \geqslant 1.50$	0.15～0.25	<2.0	流塑—软塑
	$1.00 < I_L < 1.5$	0.25～0.35	2.0～2.5	
	$0.75 < I_L \leqslant 1.00$	0.35～0.50	2.5～3.0	
第二较软土层 灰色粉砂、含黏性土 粉砂	$N < 5$	<1.50	2.5～4.0	松散—中密
	$5 < N \leqslant 15$	1.50～6.00	4.0～7.0	
	$15 < N \leqslant 30$	>6.0	>7.0	
第二软土层 灰色淤泥质黏土 粉质黏土	$1.00 < I_L \leqslant 1.50$	0.60～1.20	2.5～4.0	流塑—软塑
	$0.75 < I_L \leqslant 1.00$	1.20～1.50	4.0～6.0	

（续表）

土层	液性(标贯)指标	q_c/MPa	Es_{1-2}/MPa	状态
第一硬土层 黄褐色黏土、 粉质黏土、粉土	$0.75 < I_L \le 1.00$ (粉土 $e > 0.9$)	$1.50 \sim 2.00$ (粉土 $2.00 \sim 3.00$)	$5.0 \sim 7.0$	软塑—硬塑 (粉土:稍密—密实)
	$0.5 < I_L \le 0.75$ (粉土 $0.8 < e \le 0.9$)	$2.00 \sim 2.50$ (粉土 $3.00 \sim 4.00$)	$7.0 \sim 8.5$	
	$0.25 < I_L \le 0.5$ (粉土 $0.75 \le e \le 0.8$)	$2.5 \sim 3.00$ (粉土 $4.00 \sim 6.00$)	$8.5 \sim 10.0$	
	$I_L \le 0.25$ (粉土 $e < 0.75$)	> 3.00 (粉土 > 6.00)	> 10.0	
第三较软土层 灰色黏土、粉质黏土	$0.75 < I_L \le 1.0$	< 2.00	$4.5 \sim 6.0$	软塑—可塑
	$0.25 < I_L \le 0.75$	$2.00 \sim 4.00$	$6.0 \sim 8.0$	
第二硬土层 灰黑、灰绿色黏土、 粉质黏土	$0.25 < I_L \le 0.75$	$2.50 \sim 4.50$	$6.0 \sim 10.0$	可塑—硬塑
	$I_L \le 0.25$	> 4.50	> 10.0	
第一砾、砂层	$N(N_{63.5}) > 15$		≥ 9.0	中密—密实
第三硬土层	$I_L < 0.75$ (局部 $0.75 < I_L \le 1.0$)		≥ 6.0	可塑—坚硬 (局部软塑)
第二砾、砂层	$N_{63.5} > 15$		≥ 9.0	中密—密实
残坡积层	性质差异较明显,不均一			
基岩	坚硬岩:熔结凝灰岩、玄武岩;较硬岩:中—微风化凝灰岩,较软—软岩:泥质砂岩等			

3. 桩基承载力估算参数取值对比(表 1-3)

表 1-3　混凝土预制桩极限侧阻力标准值 q_{sik} 对比

土层名称	顶板埋深/m	土的状态	桩基规范/kPa	浙江省标准/kPa	宁波市标准/kPa
密实填土	—	—	$22 \sim 30$	$16 \sim 24$	$16 \sim 23$
①黏性土	$0 \sim 2$	$0.75 < I_L \le 1.0$	$40 \sim 55$	$24 \sim 36$	$33 \sim 38$
		$0.25 < I_L \le 0.75$	$55 \sim 70$	$40 \sim 60$	$40 \sim 45$
②淤泥质土、淤泥、 软塑黏性土	$1 \sim 6$	$I_L > 1.0$	$24 \sim 40$	$8 \sim 20$	$16 \sim 20$
		$0.75 < I_L \le 1.0$	$40 \sim 50$	$24 \sim 36$	$20 \sim 23$
③粉土—粉砂	$7 \sim 22$	稍密	$26 \sim 46$	$24 \sim 35$	$25 \sim 38$
		中密	$46 \sim 66$	$35 \sim 60$	$38 \sim 45$
③粉细砂		稍密	$24 \sim 48$	$40 \sim 60$	$40 \sim 60$
		中密	$48 \sim 66$	$50 \sim 70$	$50 \sim 70$
		密实	$66 \sim 88$	$60 \sim 80$	$60 \sim 80$
④淤泥质土、粉质 黏土	$12 \sim 32$	$I_L > 1.0$	$24 \sim 40$	$16 \sim 30$	$20 \sim 22$
		$0.75 < I_L \le 1.0$	$40 \sim 55$	$24 \sim 44$	$22 \sim 27$
⑤黏土、粉质黏土	$13 \sim 50$	$0.75 < I_L \le 1.0$	$40 \sim 55$	$24 \sim 44$	$38 \sim 50$
		$0.25 < I_L \le 0.75$	$55 \sim 70$	$40 \sim 70$	$50 \sim 70$
		$0 < I_L < 0.25$	$86 \sim 98$	$60 \sim 80$	$70 \sim 80$

(续表)

土层名称	顶板埋深/m	土的状态	桩基规范/kPa	浙江省标准/kPa	宁波市标准/kPa
⑥黏土、粉质黏土	20～60	$0.75<I_L\leqslant1.0$	40～55	36～44	44～50
		$0.25<I_L\leqslant0.75$	55～86	50～70	50～70
⑦黏土、粉质黏土	30～65	$0.25<I_L\leqslant0.75$	55～86	50～70	50～70
		$0<I_L\leqslant0.25$	86～98	70～80	70～80
⑧中砂—砾砂	40～75	中密	54～74(中砂) 116～138(砾砂)		90
		密实	74～95(中砂)		118

4. 预制桩的桩端土极限承载力标准值 q_{pk} 比较(表 1-4)

表 1-4　预制桩桩端土极限承载力标准值 q_{pk} 比较

土层序号	顶板埋深/m	桩基规范/kPa	浙江省标准/kPa	宁波市标准/kPa
③层粉土、粉砂	7～22	840～4 400	800～3 600	1 200～3 000
⑤层黏土粉质黏土	13～50	1 100～1 700(软塑)	1 200～1 600	1 100～1 600
		1 900～3 600(软可—可塑)	1 600～3 600	1 600～2 300
		5 100～5 900(硬塑)	4 000～6 000	2 300～3 300
⑦层黏土粉质黏土	30～65	3 600～4 400	2 500～3 600	1 800～3 000
		5 900～6 800		3 600～4 000
⑧层中砂—砾砂	40～75	7 000～8 000(中砂)		6 000～8 000
		6 300～10 500(砾砂)		

表 1-4 仅列入预制桩极限承载力标准值 q_{pk} 的比较。因预制桩的制作方式不同,单桩承载力相差比较大。预制桩采用加压离心浇筑,桩体混凝土密实度几乎可达 100%;而采用振捣法浇筑的桩体混凝土密实度只能 98%～99%,桩体混凝土存在数以亿万计的细微气孔。存在细微气孔的振捣法浇筑桩体沉入土层后缓慢吸收桩周土体空隙中的水分子,导致桩周土体的含水量下降,桩体侧壁与桩周土的亲密粘贴而固结,使桩侧阻力大比例提高。采用加压离心浇筑的桩好像实体的玻璃棒,不存在与桩周土的亲土性,桩侧阻力大比例下降。桩基相关规范中均采用相同的预制桩侧阻力参数,不仅不合理而且存在不安全风险。

上述现象在桩基施工中早就发现,例如预应力管桩沉入土层 2～3 d(48～72 h)后发现桩位有误,遂将预应力管桩拔出土层。拔出的预应力管桩表面未见粘着土体,其原因是加压离心浇筑桩体混凝土密实度几乎可达 100%,像一根玻璃棒与桩周土不存在亲土性。同样用振捣法施工的预制方桩沉入土层,仅需 2 h 后将桩拔出土层,见到桩表面粘着很厚的土体。连桩带土拔出土层,其原因是振捣法浇筑桩,桩体存在的无数微气孔缓慢吸收桩周土中的水分子,使桩周土的含水量下降,桩体侧壁与桩周土加速固结,桩体侧壁与桩周土良好亲土性的结果。

不同条件下制作的预制桩,其侧阻力的差异还需广大岩土工程同仁共同研究,在规范修订时考虑桩制作方式的不同,对桩的侧摩力取值也应不同。

5. 沉管灌注桩、钻孔灌注桩与预制桩的桩侧和桩端比例系数比较(表1-5)

表1-5　沉管灌注桩、钻孔灌注桩与预制桩的桩侧和桩端比例系数比较

土层序号	状态	桩侧阻力				桩端阻力			
		沉管桩		钻孔桩		沉管桩		钻孔桩	
		宁波细则	桩基规范	宁波细则	桩基规范	宁波细则	桩基规范	宁波细则	桩基规范
填土		0.80	0.77	0.90	0.92				
①层黏土	$0.75<I_L<1.0$	0.84~0.90	0.79	0.95	0.95				
	$0.25<I_L\leq0.75$	0.80	0.79	0.90	0.97				
②层淤质黏土、粉质黏土	$I_L>1.0$	0.8	0.75~0.79	0.90~0.94	0.92~0.93				
	$0.75<I_L<1.0$	0.80~0.87	0.75~0.79	0.90~0.94	0.90~0.93				
③层粉土、粉砂	稍密	0.80	0.72	0.88	0.9~1.0	0.83~0.9	0.84~0.76	0.4	0.35~0.31
	中密	0.80	0.77	0.89	0.95	0.9	0.83	0.4	0.36~0.33
③层粉细砂	稍密	0.8	0.72~0.76	0.88	0.95~1.0	0.9	0.95~0.8	0.4	0.30
	中密	0.8	0.76~0.79	0.89	0.95		0.8~0.78	0.4	0.38~0.30
④层淤质黏土、粉质黏土	$I_L>1.0$	0.81		0.9					
⑤层黏土、粉质黏土	$0.75<I_L\leq1.0$	0.80		0.90		0.9~0.88	0.90~0.82	0.4	0.23~0.24
	$0.25<I_L\leq0.75$	0.80		0.90		0.88~0.91	0.79~0.83	0.4	0.3~0.23
	$0<I_L\leq0.25$	0.80		0.90		0.91	0.82~0.85	0.4	0.23
⑥层黏土粉质黏土	$0.75<I_L<1.0$	0.8		0.9					
	$0.5<I_L<0.75$	0.8		0.9		0.88~0.91		0.4	
⑦层黏土粉质黏土	$0.25<I_L<0.75$	0.8		0.9					
	$0<I_L<0.25$	0.8		0.9					
⑧层中砂砾砂	中密		0.78	0.89	0.93~0.97		0.93~0.95	0.4	0.31~0.27
	密实		0.79	0.93	0.96		0.95	0.4	0.27~0.24

　　沉管灌注桩、钻孔灌注桩与预制桩,是宁波地区城市建设中选用的主要桩型,也是工程地质勘察报告中列出的常规三种桩型。预制桩的制作方式不同,例如,加压离心浇筑的桩(预应力管桩)与振捣法浇筑的桩(预制空心方桩)其承载力值具有一定的差异性,在设计过程中并未考虑预制桩中的制作方式不同的因素。现通过在宁波深厚软土地区采用静载荷试桩进行对比,提出相应的调整系数,供在桩基设计过程中提供参考。

　　1) 预制桩实测结果与估算值差异对比(表1-6)

表1-6 预制桩与预应力管桩实测结果与估算值差异对比

工程	桩号	桩型 桩长	持力层	桩侧土	实测值/kN	估算值/kN	差异/kN
孝思房居住小区	1#	450×450 方桩 $L=45.0$ m	可塑粉质黏土	软土	2 800	2 200	+600
孝思房居住小区	2#	450×450 方桩 $L=43.0$ m	粉质黏土夹砂	软土	2 700	2 200	+500
孝思房居住小区	3#	450×450 方桩 $L=45.0$ m	粉质黏土夹砂	软土	2 850	2 200	+650
孝思房居住小区	4#	400×400 方桩 $L=43.0$ m	粉质黏土夹砂	软土	2 400	2 000	+400
孝思房居住小区	5#	400×400 方桩 $L=41.0$ m	粉质黏土夹砂	软土	2 400	2 000	+400
孝思房居住小区	6#	400×400 方桩 $L=41.0$ m	粉质黏土夹砂	软土	2 400	2 000	+400
孝思房居住小区	7#	450×450 方桩 $L=45.0$ m	粉质黏土	软土	2 750	2 200	+550
望春世纪苑	7#	Φ500 管桩 $L=46.65$ m	可塑粉质黏土	软土	2 350	2 350	—
望春世纪苑	41#	Φ500 管桩 $L=48.00$ m	可塑粉质黏土	软土	2 580	2 350	+230
望春世纪苑	48#	Φ500 管桩 $L=46.50$ m	可塑粉质黏土	软土	2 350	2 350	—
望春世纪苑	77#	Φ500 管桩 $L=48.00$ m	可塑粉质黏土	软土	2 176	2 176	—
望春世纪苑	4#	Φ500 管桩 $L=46.60$ m	可塑粉质黏土	软土	2 176	2 176	—
望春世纪苑	10#	Φ500 管桩 $L=48.00$ m	可塑粉质黏土	软土	2 176	2 176	—
炮兵团新团部	70#	Φ400 管桩 $L=32.0$ m	硬可塑粉质黏土	软土	1 750	1 570	+180
炮兵团新团部	4#	Φ400 管桩 $L=32.0$ m	硬可塑粉质黏土	软土	1 800	1 570	+230
炮兵团新团部	87#	Φ400 管桩 $L=32.0$ m	硬可塑粉质黏土	软土	1 780	1 570	+210

（续表）

工程	桩号	桩型 桩长	持力层	桩侧土	实测值/kN	估算值/kN	差异/kN
炮兵团新团部	62#	Φ400 管桩 L=24.0 m	硬可塑粉质黏土	软土	1 000	840	+160
炮兵团新团部	9#	Φ400 管桩 L=24.0 m	硬可塑粉质黏土	软土	1 080	840	+240
华宁大厦	4#	450×450 方桩 L=46.0 m	硬可塑黏土	软土	4 800	3 600	+1 200
华宁大厦	58#	Φ550 管桩 L=51.0 m	砂砾层	软土	3 600	3 600	—
广博文具车间	108#	Φ400 管桩 L=32.0 m	可塑黏土	软土	1 200	1 000	+200
瓦墙小区		450×450 方桩 L=34.0 m	中密粉土	软土	2 600	2 000	+600
瓦墙小区		450×450 方桩 L=34.0 m	中密粉土	软土	2 700	2 200	+500
瓦墙小区		450×450 方桩 L=34.0 m	中密粉土	软土	2 650	2 100	+540
中山名都高层住宅		600×600 方桩 L=47.0 m	可塑粉质黏土	软土	7 000	5 500	+1 500
中山名都高层住宅		600×600 方桩 L=47.0 m	可塑粉质黏土	软土	7 500	5 500	+2 000
中山名都高层住宅		600×600 方桩 L=47.0 m	可塑粉质黏土	软土	6 200	5 500	+700
中山小区车库		450×450 方桩 L=20.0 m	可塑黏土	软土	1 200	800	+400
商都大厦		Φ500 管桩 L=20.0 m	软可塑粉质黏土	软土	980	1 620	−640
商都大厦		Φ5 000 管桩 L=20.0 m	软可塑粉质黏土	软土	1 570	1 620	−50

2）预制桩取值的几个问题

（1）当桩端持力层为硬可塑的黏性土和黏性土夹砂时，三种桩型的单桩承载力实测值均高于估算值。

（2）当桩端持力层为软可塑的黏性土时，预应力管桩的实测承载力低于相同状态下的实心方桩，且有时实测承载力达不到估算的承载力要求。

上述（1）与（2）充分说明桩的承载力值大小与桩端土的阻力大小有关，也就是与桩的刺入变形大小有关。当桩端土的阻力大，则桩的刺入变形小，桩顶承受的力由桩顶向桩底传递过程中，桩侧阻力逐渐增大，直至桩端刺入桩的侧阻力才终止增大。当桩端土的阻力很小，则桩的刺入变形很大，当桩顶承受的力由桩顶向桩底传递过程桩端就产生刺入变形，桩的侧阻力值比预定值小很多，造成桩的承载力值达不到估算的承载力要求。

（3）桩的承载力性状，振捣法生产的预制桩包含实心方桩和空心方桩，要优于高压离心浇筑的预应力管桩。

（4）预制桩的单桩承载力取值，在规范和地区经验的框架内，还应结合不同的地层条件、桩长条件、桩进入持力层的深度、桩土之间接触性和亲和性的关系。根据触探资料和土工资料，通过总结不同桩长、不同桩径、不同桩型的 30 根预制桩工程试桩和估算值的对比资料，得出以下初步经验关系：

$$Q_{uk} = Q_{sk} + Q_{pk} = u\sum \beta_i q_{sik} l_i + \alpha q_{pk} A_p \tag{1-1}$$

式中　q_{sik}——桩侧第 i 层土的极限侧阻力标准值，如无当地经验时，可按表 1-13 取值；

　　　q_{pk}——极限端阻力标准值，如无当地经验时，可按表 1-14 取值；

　　　l_i——桩侧第 i 层土的计算厚度（m）；

　　　u——桩身周长（m）；

　　　A_p——桩端面积（m²）；

　　　α——端阻调整系数，如无当地经验时，可按表 1-7、表 1-8 取值；

　　　β_i——侧阻调整系数，如无当地经验时，可按表 1-7、表 1-8 取值。

6. 桩端持力层对桩承载力值的影响

（1）对于桩端持力层为硬可塑状态的黏性土，或中密—密实的砂性土，其调整系数如表 1-7 所示。

表 1-7　调整系数表（一）

系数	土层名称	流塑黏性土	软塑黏性土	硬可塑黏性土	粉砂、细砂
β_i	预制方桩	1.20～1.25	1.1～1.15	1.10～1.05	1.1～1.2
	预应力管桩	1.05～1.10	1.0	1.0～1.05	1.1～1.15
α	预制方桩	—	—	1.15～1.25	1.20～1.25
	预应力管桩			1.15～1.20	1.20

（2）对于桩端持力层为软可塑状态的黏性土，其调整系数见表 1-8。

表 1-8　调整系数表（二）

系数	土层名称	流塑黏性土	软塑黏性土	软可塑黏性土
β_i	预制方桩	1.0～1.1	1.0	1.0
	空心管桩	0.9～1.0	1.0	1.0
α	预制方桩	—	—	1.0
	空心管桩	—	—	0.9

7. 灌注桩的参数取值问题

沉管灌注桩取值问题，桩侧阻力一般可采用预制方桩的 0.80～0.85 倍进行取值，桩端阻力一般可按预制方桩的 0.85～0.90 倍进行取值。

钻孔灌注桩应区别不同泥浆护壁，其取值方法不同。采用循环合格泥浆护壁工艺施工的钻孔灌注桩，水泥浆液可渗透到桩侧土中，其桩侧土体的侧阻力性状优于沉管灌注桩，一般可采用预制方桩的 0.9 倍选用；而对于采用白泥护壁施工工艺的钻孔灌注桩，由于在桩侧四周形成了一层不透水的泥皮，桩土位移发生在桩与泥皮表面，降低了桩侧土的侧阻力，因此,在这种情况下,桩侧阻力要取小值,一般可按预制方桩的 0.7 倍取值。

对于钻孔灌注桩桩端阻力的取值问题,一般规范和地方标准都选用预制方桩的 0.30~0.50 倍取值,原因主要是考虑桩底沉渣的厚度会影响桩端阻力的发挥。但是大量的钻孔灌注桩实测试桩表明,实际承载力大大高于估算值,有的甚至高出 50%,这种情况长桩有,短桩也有。这说明桩端的支承效果,在桩发挥承载力性状中占有重要的作用。

宁波市建筑设计研究院勘察分院提出采用预制方桩的 0.60~0.70 倍选用有一定的参考价值。然而大幅度降低钻孔灌注桩桩端阻力取值主要受施工不确定因素决定,从这个因素出发,0.30~0.50 倍取值对工程安全是有保障的。

1.1.2 山丘地基颗粒土地层

1. 概述

如宁波市周围均为山地,奉化、宁海、象山、慈溪、余姚均与四明山围绕,从山丘坡地的地质剖视为颗粒土地层(砂、砾砂、碎石、卵石、圆砾、夹泥的颗粒状圆砾等)。

传统的预应力管桩(空心圆桩或空心方桩)、沉管式灌注桩等,无论锤击、静压或振动均无法穿越颗粒土地层,用常规钻机钻孔施工无法将大粒径的砾石、圆砾、卵石等颗粒土通过护壁泥浆置换出来,无法形成桩孔。在颗粒土地层用拧螺栓的方法旋拧沉入土层,在长螺旋桩的基础上,根据不同地质条件发展为大扭矩长螺旋嵌岩桩、短螺旋桩、双动力套管跟进长螺旋桩、长短螺旋组合施工的灌注桩、双动力潜孔锤高效嵌岩灌注桩、双动力潜孔锤嵌岩植入高强预应力管桩等桩型。

2. 山丘地基的地质

(1) 主要地质剖面及土层如图 1-1 所示。

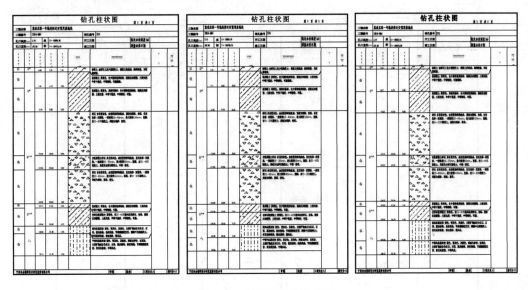

图 1-1　惠政路钻孔柱状图

(2) 土层描述情况如下:

①杂填土:由碎石土及少量黏性土、混凝土块组成,结构松散,为近期堆积。

②-1 粉质黏土:黄褐色,含少量铁锰质结核,摇振反应缓慢,土面光滑,中等干强度,中

等韧性,可塑偏软。

②-2 粉质黏土:绿黄色,局部夹粉砂,含少量铁锰质结核,摇振反应缓慢,土面光滑,中等干强度,中等韧性,可塑。

③-1 碎石:多呈青灰色,由岩浆岩碎块组成,顶部为圆砾、角砾,呈亚角形-亚圆形,一般粒径 20～40 mm,最大粒径 120 mm,坚固,含 10%～30%黏性土,局部为砾砂,密实。

③-2 含粉质黏土碎石:多呈青灰色,由岩浆岩碎块组成,呈亚角形-亚圆形,一般粒径 20～30 mm,最大粒径 50 mm,坚固,含 30%～40%黏性土,局部为含碎石黏性土,中密-密实。

③-3 碎石:多呈青灰色,由岩浆岩碎块组成,呈亚角形-亚圆形,一般粒径 20～40 mm,最大粒径 140 mm,坚固,含 10%～30%黏性土,局部为砾砂、圆砾,密实。

④-1 粉质黏土:黄褐色,含少量铁锰质结核,摇振反应缓慢,土面光滑,中等干强度,中等韧性,可塑。

④-2 含碎石粉质黏土:黄褐色,含 20%～40%强风化状碎石、角砾,摇振反应缓慢,土面光滑,中等干强度,中等韧性,可塑。

⑤-1 凝灰岩:紫色、灰绿色,主要矿物成分为长石、石英,凝灰结构,块状构造,节理裂隙发育,岩芯呈砂、土状,全风化。

⑤-2 凝灰岩:紫色、青灰色、灰黑色,主要矿物成分为长石、石英,凝灰结构,块状构造,节理裂隙较发育,裂隙中充填黏性土,岩芯呈碎块状,锤击易碎,强风化。

⑤-3 凝灰岩:紫色、青灰色、灰黑色,局部为砂岩、玄武岩,主要矿物成分为长石、石英,凝灰结构,块状构造,节理裂隙较发育,岩芯呈柱状,中等风化。

(3) 典型地质剖面如图 1-2—图 1-8 所示。

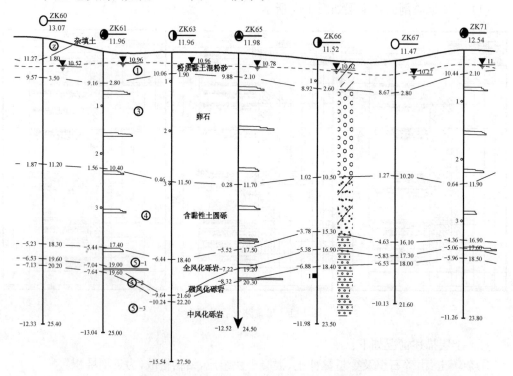

图 1-2　奉化溪口任宋农住小区地质剖面

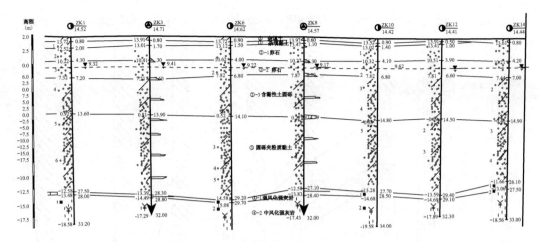

图 1-3　奉化市溪口镇湖山桥地块的地质剖面

比例尺：水平：1:750　　垂直：1:350

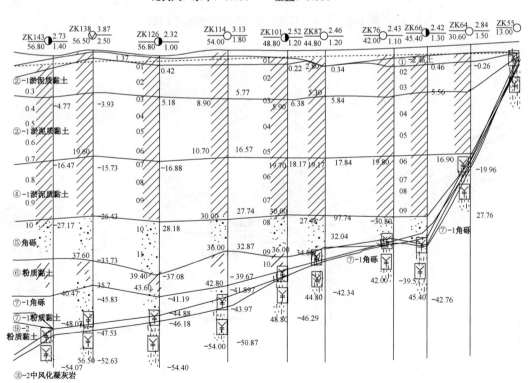

图 1-4　北仑凤洋一路西、庐山路北地块的地质剖面

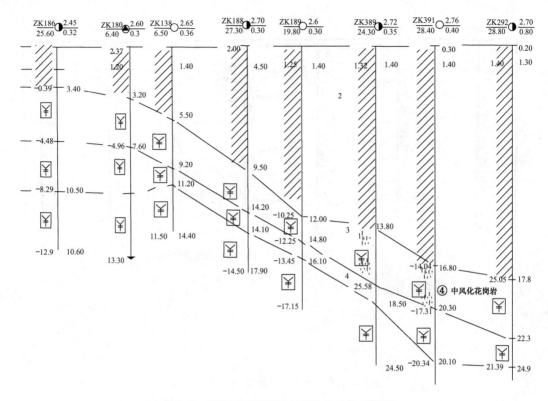

图 1-5　宁波璟月湾项目二期地块的地质剖面

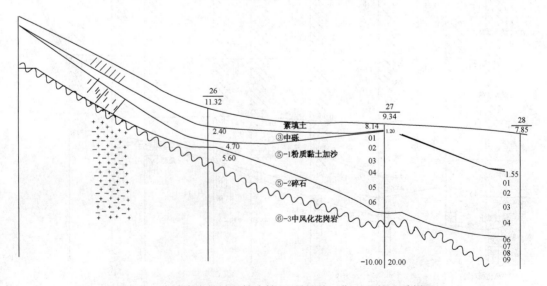

图 1-6　宁波东海铭城风情小镇 17 号地块一期工程的地质剖面

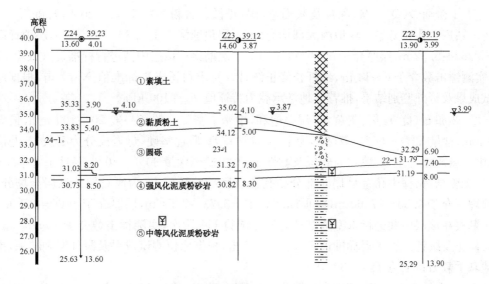

图 1-7 三江国际花园 A18 号楼的地质剖面

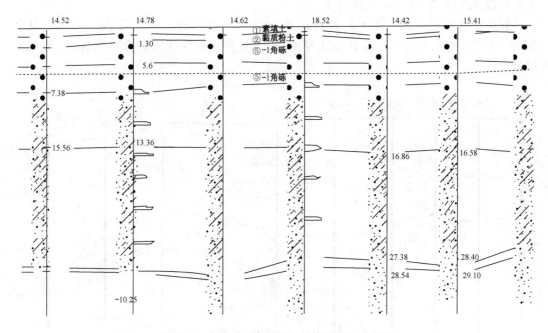

图 1-8 宁波溪口泰悦新农村建设的地质剖面

（4）图 1-9 土层分层描述如下：

① 素填土（Q_4^{ml}）：色杂，有灰、灰褐及灰黄色，干—稍湿，松散—中密，极不均匀，主要成分为卵石、碎石及砂，较多钻孔该层底部有早期抛填的大块花岗岩块石，粒径 0.5～2.0 m 不等，堆填年限 10～15 年。全场分布，层厚介于 0.30～15.30 m。本次勘察在该层中共进行重型圆锥动力触探试验 78 段次，实测锤击数介于 5～34 击，离散性大，经杆长修正及统计计算求得锤击数标准值 $N_{63.5}=9.9$ 击。

②-1 粉细砂(Q$_4^{al}$):灰、深灰及灰褐色,湿,松散。含粉黏粒 10%～30%,含砾石 5%～10%。钻探中孔壁易塌。场地内大部均有分布,层顶埋深介于 0.80～16.50 m,层顶标高介于－2.63～5.32 m,层厚介于 0.50～4.70 m,本次勘察在该层中共进行标准贯入试验 11 段次,实测锤击数介于 6～14 击,经杆长修正统计计算求得锤击数标准值 $N=7$ 击,根据原位测试成果及野外鉴别结果,推荐其地基承载力特征值 $f_{ak}=100$ kPa。

②-2 卵石(Q$_4^{al}$):灰、灰黄色,湿—饱和,中密—密实。粒径一般 20～100 mm,最大达 400 mm,含量 50%～60%,亚圆形为主,分选性较差,质地坚硬,母岩成分为凝灰岩、花岗岩等,中～微风化为主,充填物为砂砾及黏性土,其中砂砾含量 30%～40%,黏性土含量 5%～10%,无胶结,钻探中孔壁易塌。部分钻孔该层底部粒径较大,为漂石层。该层全场分布,层顶埋深介于 0.30～17.60 m,层顶标高介于－3.73～7.54 m,层厚介于 1.00～25.90 m。本次勘察在该层中共进行重型圆锥动力触探试验 111 段次,实测锤击数介于 13～38 击,经杆长修正及统计计算求得标准值 $N_{63.5}=14.2$ 击,根据原位测试成果及野外鉴别结果,推荐其地基承载力特征值 $f_{ak}=330$ kPa。

②-3 含粉质黏土卵石(Q$_4^{al}$):灰黄、褐黄色,稍湿—湿,中密—密实。粒径一般 20～100 mm,最大达 300 mm,含量 50%～60%,亚圆形为主,分选性较差,质地坚硬,母岩成分为凝灰岩、花岗岩等,中～微风化为主。

颗粒土地层内中密—密实的卵石粒径一般 20～100 mm,最大可达 300 mm,含量 50%～60%,亚圆形为主。钻孔无法穿越成孔,只有冲孔灌注桩勉强冲孔穿越,但效率极低。

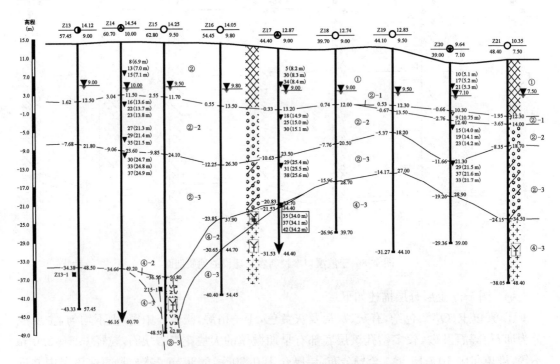

图 1-9　温州青田瓯江南岸,塔山大桥西瓯江在此转弯地质剖面

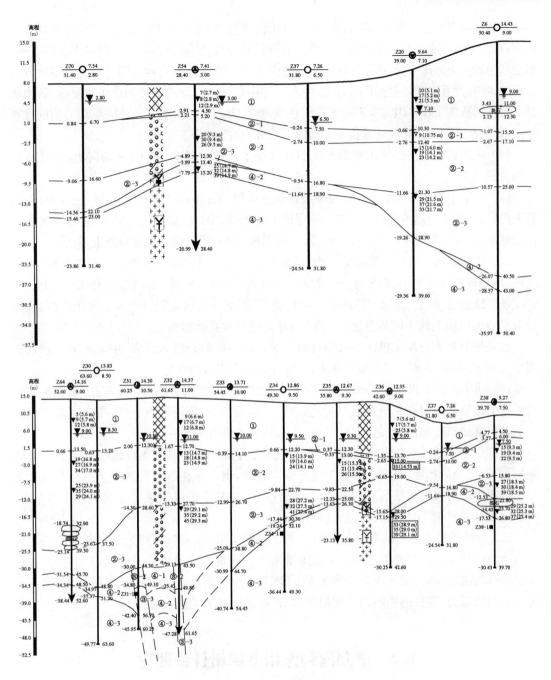

图 1-10　地质剖面图

1.1.3　旋拧沉拔施工桩基技术的创新点

当前市场上应用的主流桩型为钻孔灌注桩、锤击或静压施工的预制桩(包括管桩),振动沉桩的沉管灌注桩等。随着城镇化的进程,工程建设向山丘地基转移,按旋拧的沉桩施工方式逐渐成为市场上迫切需求的主流桩型。

用旋拧木螺丝拧入土层的方法施工承受竖向荷载的桩,与传统桩基的施工方式存在根本不同。传统桩基的施工方式,即采用锤击或静压将预制型桩沉入土层,或沉入钢模管现场浇筑成桩,目前最多的施工方式是泥浆护壁的钻孔灌注桩与旋挖灌注桩,以及传统的人工挖孔桩。当土层为碎石类或砾石时,钻孔灌注桩无法钻进成孔,预制桩无法穿越或强行穿越桩身质量无法保障,唯有冲孔灌注桩勉强可行,但在冲孔过程中落锤的能量基本被护壁泥浆吸收,效率极低。旋拧沉拔施工技术因完全不同于传统桩基理念、方法、工艺,甚至涉及桩承载力值的计算公式,是一种新颖的开创性桩基技术。具体说明可归纳为以下五方面:

(1)采用旋拧入土的施工桩的方法彻底改变了传统的锤击、静压、振动沉桩,钻孔或冲孔的方式成桩。

(2)对于山丘地基的土层大致为厚层颗粒土地层,如:碎石层、砂与中粗砂层、卵石层、砾石夹泥层,用传统的锤击或静压沉桩不能穿透上述土层,用钻孔灌注桩又钻不进,唯有冲孔灌注桩勉强可成孔,但效率低,成孔深度有限。采用拧木螺丝方法沉桩轻松穿透上述土层。

(3)传统的施工方式无法嵌岩。例如:636 m 高 125 层的武汉绿地中心的桩基础(桩的直径 $\Phi1\,000$ 桩 448 根),试桩 $Q_{uk}=32\,000$ kN;直径 $\Phi1\,200$ 桩 550 根,试桩 $Q_{uk}=45\,000$ kN,穿透黏土层、砂层、泥岩时采用旋挖钻机施工,但进入微风化泥岩层与中风化砂岩后,因没有其他可以施工的手段与方法,只能改换冲击钻机冲孔缓慢施工。

若采用旋拧入土施工桩的方法结合高压潜孔锤可以轻松进入砂岩,用高压潜孔锤嵌岩测定,10 分钟可嵌入硬质岩深度≥0.4 m,具有高效率嵌岩的性能。

(4)除了预制桩以外,传统的方法均在泥浆护壁或钢护筒条件下先成桩孔,采取措施检查桩孔的成形与控制孔底的沉渣厚度,然后置入钢筋笼,放置混凝土导管,用水下灌筑混凝土工艺浇筑成桩。然而,要达到完全清除孔底的沉渣是不可能的。

用旋压施工是没有桩孔的压灌混凝土的成桩方法。压灌混凝土自桩底随螺旋上拔灌满桩孔,混凝土后插筋成桩,不存在护壁泥浆与沉渣,也不存在水下混凝土浇筑。在压灌混凝土过程中还可以通过压灌混凝土的压力将混凝土中的水泥浆压渗至桩周颗粒土的空隙,与桩体胶结成整桩,使桩承载力值大幅度提高。

(5)传统的桩承载力值是由桩侧阻力加上桩的端阻力,侧阻力即为桩长范围的桩侧表面与土的接触面上的摩擦力之和加上桩的端阻力。用旋拧的方法除了施工等径桩外,还可施工带螺纹的灌注桩,螺纹嵌入土层使桩的侧阻力改变为嵌入土层的土的剪切力,而不是桩与土的摩擦力,使桩的侧阻力成倍提高,而使桩的承载力值也大幅度。

1.2　竖向荷载作用下单桩计算理论

1.2.1　桩的工作状态与竖向承载力计算

1.2.1.1　竖向荷载的传递机理

当竖向荷载作用于单桩桩顶时,桩身材料会发生弹性压缩变形,使桩和桩侧土之间产生相对位移。这一相对位移使桩侧土对桩身表面产生向上的桩侧阻力。随着桩顶竖向荷载的逐渐增大,桩身压缩量和位移量逐渐增加,使桩侧阻力从桩身上段向下渐次发挥。当桩侧阻力不足以抵抗竖向荷载时，一部分竖向荷载会传递到桩底，桩底持力层产生压缩变形，桩底土对桩端产生阻力。因此，通过桩侧阻力和桩端阻力，单桩将竖向荷载传递给地基土，桩土之间的荷载传递过程就是桩侧阻力与桩端阻力的发挥作用过程。一般来说，靠近桩身上部土层的侧阻力先于下部土层发挥，侧阻力先于端阻力发挥作用。

设桩顶竖向荷载为 Q，桩侧阻力为 Q_s，桩端阻力 Q_p，取值为脱离体，由静力平衡条件得到关系式 $Q=Q_s+Q_p$。

1.2.1.2　单桩竖向承载力的确定

单桩承载力的确定是桩基基础设计的最基本的内容。根据单桩轴向荷载传递理论，单桩在竖向荷载作用下达到破坏状态前或出现不适用于继续承载的变形时所对应的最大荷载，称为单桩竖向极限承载力。在设计时，不应使桩在破坏极限状态下工作，必须有一定的安全储备。

单桩在竖向荷载作用下丧失承载能力一般表现为两种形式：

（1）地基土发生破坏。桩周土的阻力不足，桩发生急剧且较大的竖向位移；或当桩穿越软弱土层、支承在坚硬的持力层上时，桩底上部土层不能阻止滑动土楔的形成而产生整体剪切破坏。如果桩端持力层为中等强度土或软弱土时，竖向荷载作用下的桩可能出现刺入破坏形式。

（2）桩身材料发生破坏。当桩身材料强度不够时，桩身被拉坏或压坏。

因此，单桩的竖向承载力取决于土对桩的支撑阻力和桩身承载力，设计时分别按上述两种情况确定后取其中的较小值。当按桩的荷载试验确定单桩承载力时，上述两种情况则均已兼顾到。

一般情况下，竖向受压摩擦桩的承载力取决于地基土的支撑力，材料强度往往不能充分发挥。只有端承桩、超长桩以及桩身质量有缺陷的桩，桩身材料强度才起控制作用。

1. 按桩身材料强度确定

当根据桩身材料强度确定单桩竖向承载力时，需按照与桩身材料相对应的结构设计规范，如《混凝土结构设计规范》《钢结构设计规范》等，并结合桩结构的特点进行。

当计算轴心受压混凝土桩正截面受压承载力时，由于桩周存在土的约束作用，可不考虑轴心受压杆的纵向压屈影响，一般取稳定系数 φ 为 1.0。对于高承台基桩、桩身穿越可液化土或不排水抗剪强度小于 10 kPa 的软弱土层的基桩，应考虑压屈影响，计算所在桩身正截面受压承载力需乘以稳定系数 φ 折减。稳定系数可根据桩身压屈计算长度和桩的设计直径 d（或矩形桩短边尺寸 b）确定。

2. 按地基土的承载能力确定

1）静载荷试验法

静载荷试验是评价单桩竖向极限承载力标准值最直观和可靠性较高的一种方法。单桩静载荷试验的使用条件如下：

（1）设计等级为甲级的建筑桩基，应通过单桩静载荷试验确定单桩竖向极限承载力标准值。

（2）设计等级为乙级的建筑桩基，除地质条件简单情况外，其余均应通过单桩静载荷试验确定单桩竖向极限承载力标准值。

对于挤土桩，在桩体设置后需隔一段时间才能进行载荷试验。这是因为打桩时土中产生的空隙水压力有待消散，同时土体受打桩打扰而降低的强度也有待于随时间而逐渐恢复。因此，在桩身混凝土强度满足设计要求的前提下，桩身承载力检测前的休止时间为：砂土不少于 7 天,粉土不少于 10 天,非饱和黏性土不少于 15 天,饱和土不少于 25 天,对于泥浆护壁灌注桩,宜适宜延长休止时间。

对单位工程内在同一条件下的工程桩,静载荷试验检测数量不应少于纵桩数的 1‰,且不少于 3 根;当工程桩总数在 50 根以内时,不应少于 2 根。

2) 试验装置及试验方法

静载荷试验装置主要包括加载、加载反力、沉降量测三部分。试验加载宜采用安装在桩顶的液压千斤顶提供。加载反力装置可根据现场条件选择锚桩横梁反力装置、压重平台反力装置、锚桩压重联合反力装置、地锚反力装置等,如图 1-11 所示。沉降测量宜采用位移传感器或大量程百分表。

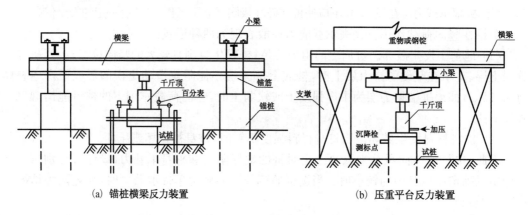

(a) 锚桩横梁反力装置　　　　(b) 压重平台反力装置

图 1-11　单桩静载荷试验装置

为设计提供依据的竖向抗压静载荷试验应采用慢速维持载荷法,即逐渐加载,每级荷载达到相对稳定后加下一级荷载,直到试桩破坏,然后分级卸载到零。当考虑结合实际工程桩的荷载特征,可采用多循环加卸载法(每级荷载达到相对稳定后卸载到零)。当考虑缩短试验时间,对于工程桩的检测性试验,可采用快速维持荷载法,即一般每隔 1 h 加一级荷载。

3) 慢速维持荷载法试验步骤

(1) 每级荷载施加后,按第 5 mm,15 mm,30 mm,45 mm,60 mm 测读桩沉降量,以后每隔 30 min 测读一次。

(2) 试桩沉降相对稳定标准。每 1 h 内的桩顶沉降量不超过 0.1 mm,并连续出现两次(从分级荷载施加后第 30 min 开始,按 1.5 h 连续三次每 30 min 的沉降观测值计算)。

(3) 当桩顶沉降速率达到相对稳定标准时,再施加下一级荷载。

当出现下列情况之一时,即可终止加载:

① 某级荷载作用下,桩的沉降量为前一级荷载作用下沉降量的 5 倍。

② 某级荷载作用下,桩的沉降量大于前一级荷载作用下沉降量的 2 倍,且经 24 h 尚未达到相对稳定。

③ 已达到锚桩最大抗拔力或压重平台的最大重力时。

④ 已达到设计要求的最大加载量。

⑤ 当荷载-沉降曲线呈缓变型时,可加载至桩顶总沉降量 60~80 mm;在特殊情况下,可根据具体要求加载至桩顶累计沉降量超过 80 mm。

根据试验记录,需要绘制的试验曲线主要有:荷载-桩顶沉降(Q-S)关系曲线、沉降、时间对数(S-$\lg t$)曲线,如图 1-12 所示。

4)根据试验结果确定单桩竖向极限承载力 Q

(1)根据沉降随荷载变化的特征确定。如图 1-12(a)所示对于陡降型 Q-S 曲线,取其发生明显陡降的起始点对应的荷载值为 Q_u。缓变型曲线则根据沉降量确定:一般宜取 $S=40$ mm 对应的荷载值为 Q_u;当桩长大于 40 m 时,宜考虑桩身弹性压缩量;对直径大于或等于 800 mm 的桩,可取 $S=0.05D$(D 为桩端直径)对应的荷载值为 Q_u。当某级荷载下桩顶沉降大于前一级荷载下的沉降的 2 倍,且经 24 h 尚未达到相对稳定标准时,取前一级荷载为 Q_u。

(2)根据沉降随时间变化的特征确定。如图 1-12(b)所示,取曲线尾部出现明显向下弯曲的前一级荷载值为 Q_u。

(3)单桩竖向极限承载力标准值的确定　测得每根试桩的单桩的竖向极限承载力 Q_u 后,应根据试桩位置、实际地质条件、施工情况等综合确定单桩竖向极限承载力标准值 Q_{uk}。

5)单桩竖向抗压极限承载力标准值的确定

(1)参加统计的试桩结果,当满足其极差不超过平均值的 30% 时,取其平均值为单桩竖向抗压极限承载力标准值。

(2)当极差超过平均值的 30% 时,应分析极差过大的原因,结合工程具体情况综合确定,必要时可增加试桩数量。

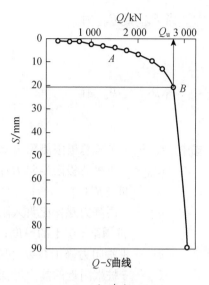

Q-S曲线

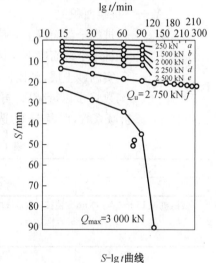

S-$\lg t$曲线

图 1-12　单桩静载荷试验曲线

(3)对桩数为 3 根或 3 根以下的柱下承台,或工程桩抽检数量少于 3 根时,应取低值。

1.2.1.3　静力触探法

静力触探是采用静力匀速将标准规格的圆锥形金属探头压入土中,同时借助探头的传感器,量测探头阻力,测定土的力学特征,其具有勘探和测试双重功能。静力触探与桩打入土中的过程基本相似,可以看成是小尺寸打入桩的现场模拟实验。由于静力触探具有设备简单、自动化程度高等优点,被认为是一种很有前途的原位测试方法。

静力触探可根据工程需要采用单桥探头或双桥探头。其主要测定参数为:单桥探头测定比贯入阻力 P_s、双桥探头测定锥尖阻力 q_c 和侧壁侧阻力 f_s。

(1)当根据单桥探头静力触探资料确定混凝土预制桩单桩竖向极限承载力标准 Q_{uk} 时,如无当地工程实践经验,可根据《建筑桩基技术规范》(JGJ 94—2008)按下式计算

$$Q_{uk} = Q_{sk} + Q_{pk} = u \sum q_{sik} l_i + \alpha P_{sk} A_p \tag{1-2}$$

当 $P_{sk1} \leqslant P_{sk2}$ 时

$$P_{sk} = \frac{1}{2}(P_{sk1} + \beta \cdot P_{sk2}) \tag{1-3}$$

当 $P_{sk1} > P_{sk2}$ 时

$$P_{sk} = P_{sk2} \tag{1-4}$$

式中　Q_{sk}——单桩总极限侧阻力标准值；

　　　Q_{pk}——单桩总极限端阻力标准值；

　　　u——桩身周长；

　　　q_{sik}——用静力触探比贯入阻力值估算的桩周第 i 层土的极限侧阻力；

　　　l_i——桩周第 i 层土的厚度；

　　　α——桩端阻力修正系数，可按表 1-9 取值；

　　　P_{sk}——桩端附近的静力触探比贯入阻力标准值（平均值）；

　　　A_p——桩端面积；

　　　P_{sk1}——桩端全截面以上 8 倍桩径范围内的比贯入阻力平均值；

　　　P_{sk2}——桩端全截面以下 4 倍桩径范围内的比贯入阻力平均值，如桩端持力层为密实的砂土层，其比贯入阻力平均值超过 20 MPa 时，则需乘以表 1-10 中的系数 C 予以折减后，再计算 P_{sk} 值；

　　　β——折减系数，按表 1-11 选用。

表 1-9　桩端阻力修正系数 α 值

桩长/m	$l < 15$	$15 \leqslant l \leqslant 30$	$30 < l \leqslant 60$
α	0.75	0.75~0.90	0.90

注：桩长 15 m$\leqslant l \leqslant$30 m，α 值按 l 值直线内插；l 为桩长（不包括桩尖高度）。

表 1-10　系数 C

P_{sk}/MPa	20~30	35	>40
系数 C	5/6	2/3	1/2

注：① q_{sik} 值应结合土工试验资料，依据土的类别、埋藏深度、排列次序，按图中折线取值。直线 A（线段 gh）适用于地表下 6 m 范围内的土层；折线 B（线段 $Oabc$）适用于粉土及砂土土层以上（或无粉土及砂土土层地区）的黏性土；折线 C（线段 Oef）适用于粉土及砂土土层以下的黏性土；折线 D（线段 Oef）适用于粉土、砂土、细砂及中砂。

② P_{sk} 为桩端穿过的中密—密实砂土、粉土的比贯入阻力平均值；P_{si} 为砂土、粉土的下卧软土层的比贯入平均值。

③ 采用的单桥单头，圆锥底面积为 15 cm²，底部带 7 cm 高滑套，锥角 60°。

④ 当桩端穿过粉土、粉砂、细砂及中砂层底面时，折线 D 估算的 q_{sik} 值需乘以表 1-12 中系数 η_s 值。

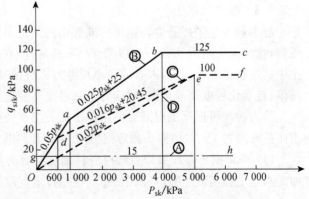

图 1-13　q_{sik}-P_{sk} 曲线

表 1-11　桩折减系数 β

P_{sk2}/P_{sk1}	$\leqslant 5$	7.5	12.5	$\geqslant 15$
β	1	5/6	2/3	1/2

注:表 1-10、表 1-11 可内插取值。

表 1-12　系数 η_s 值

P_{sk2}/P_{sk1}	$\leqslant 5$	7.5	$\geqslant 10$
η_s	1.00	0.50	0.33

(2) 当根据双桥探头静力触探资料确定混凝土预制桩单桩竖向极限承载力标准值时,对于黏性土、粉土和砂土,如无当地经验时可按下式计算:

$$Q_{uk} = Q_{sk} + Q_{pk} = u\sum l_i \cdot \beta_i \cdot f_{si} + \alpha \cdot q_c \cdot A_p \tag{1-5}$$

式中　f_{si}——第 i 层土的探头平均侧阻力(kPa);

　　　q_c——桩端平面上、下探头阻力,取桩端平面以上 $4d$(d 为桩的直径或边长)范围内按土层厚度的探头阻力加权平均值,然后再和桩端平面以下 $1d$ 范围内的探头阻力进行平均(kPa);

　　　α——桩端阻力修正系数,对黏性土、粉土取 2/3,饱和砂土取 1/2;

　　　β_i——第 i 层土桩侧阻力综合修正系数,黏性土、粉土:$\beta_i = 10.04(f_{si})^{-0.55}$;砂土:$\beta_i = 5.05(f_{si})^{-0.45}$。

注:双桥探头的圆锥底面积 15 cm^2,锥角 60°,摩擦套筒高 21.85 cm,侧面积 300 cm^2。

1.2.1.4　经验参数法

利用经验公式确定单桩承载力是一种沿用多年的传统方法。这种方法是根据桩侧阻力、桩端阻力与土层的物理力学指标的经验关系来确定单桩竖向承载力。

(1) 当根据土的物理指标与承载力参数之间的经验关系确定单桩竖向极限承载力标准值时,宜根据《建筑桩基技术规范》(JGJ 94—2008)按下式估算:

$$Q_{uk} = Q_{sk} + Q_{pk} = u\sum q_{sik}l_i + q_{pk}A_p \tag{1-6a}$$

式中　q_{sik}——桩侧第 i 层土的极限侧阻力标准值,如无当地经验时,可按照表 1-13 取值;

　　　q_{pk}——极限端阻力标准值,如无当地经验时,可按表 1-14 取值。

(2) 大直径桩。当根据土的物理指标与承载力参数之间的经验关系,确定大直径桩单桩竖向极限承载力标准值时,可按下式计算:

$$Q_{uk} = Q_{sk} + Q_{pk} = u\sum \psi_{si}q_{sik}l_i + \psi_p q_{pk}A_p \tag{1-6b}$$

式中　q_{sik}——桩侧第 i 层土的极限侧阻力标准值,如无当地经验值时,可按表 1-13 取值,对于扩底桩变截面以上 $2d$ 长度范围不计侧阻力;

　　　q_{pk}——桩径为 800 mm 的极限端阻力标准值,对于干作业挖孔(清底干净)可采用深层平板载荷试验确定;当不能进行深层平板荷载试验时,可按表 1-15 取值;

ψ_{si}，ψ_p——大直径桩侧阻力、端阻力尺寸效应系数，按表 1-16 取值。

u——桩身周长，当人工挖孔桩桩周护壁为振捣密实的混凝土时，桩身周长可按护壁外直径计算。

表 1-13　桩的极限侧阻力标准值 q_{sik}　　　　　kPa

土的名称	土的状态		混凝土预测桩	泥浆护壁钻（冲）孔桩	干作业钻孔桩
填土	—		22～30	20～28	20～28
淤泥	—		14～20	12～18	12～18
淤泥质土	—		22～30	20～28	20～28
黏性土	流塑	$I_L>1$	24～40	21～38	21～38
	软塑	$0.75<I_L\leqslant1$	40～55	38～53	38～53
	可塑	$0.50<I_L\leqslant0.75$	55～70	53～68	53～66
	硬可塑	$0.25<I_L\leqslant0.50$	70～86	68～84	66～82
	硬塑	$0<I_L\leqslant0.25$	86～98	84～96	82～94
	坚硬	$I_L\leqslant0$	98～105	96～102	94～104
红黏土		$0.7<\alpha_w\leqslant1$	13～32	12～30	12～30
		$0.5<\alpha_w\leqslant0.7$	32～74	30～70	30～70
粉土	稍密	$e>0.9$	26～46	24～42	24～42
	中密	$0.75\leqslant e\leqslant0.9$	46～66	42～62	42～62
	密实	$e<0.75$	66～88	62～82	62～82
粉细砂	稍密	$10<N\leqslant15$	24～48	24～46	24～46
	中密	$15<N\leqslant30$	48～66	46～64	46～64
	密实	$N>30$	66～88	64～86	64～86
中砂	中密	$15<N\leqslant30$	54～74	53～72	53～72
	密实	$N>30$	74～5	72～94	72～94
粗砂	中密	$15<N\leqslant30$	74～95	74～95	76～98
	密实	$N>30$	95～116	95～116	98～120
砾砂	稍密	$5<N_{63.5}\leqslant15$	70～110	50～90	60～100
	中密（密实）	$N_{63.5}>15$	116～138	116～130	112～130
圆砾、角砾	中密、密实	$N_{63.5}>10$	160～200	135～150	135～170
碎石、软石	中密、密实	$N_{63.5}>10$	200～300	140～170	150～170
全风化软质石	—	$30<N\leqslant50$	100～120	80～100	80～100
全风化硬质石	—	$30<N\leqslant50$	140～160	120～140	120～150
强风化软质石	—	$N_{63.5}>10$	160～240	140～200	140～220
强风化硬质石	—	$N_{63.5}>10$	220～300	160～240	160～260

注：① 对于尚未完成自重固结的填土和以生活垃圾为主的杂填土，不计算其侧阻力。

② α_w 为含水比，$\alpha_w=w/w_1$，w 为土的天然含水量，w_1 为土的液限。

③ N 为标准贯入击数；$N_{63.5}$ 为重型圆锥动力触探击数。

④ 全风化、强风化软质岩和全风化、强风化硬质岩系指其母岩分别 $f_{ik}\leqslant15$ MPa，$f_{ik}>30$ MPa 的岩石。

表 1-14　桩的极限端阻力标准 q_{pk}　　　　　　　　　　　　　　　　　　　　　　　　　　　(kPa)

土名称	土的状态或桩型	混凝土预制桩桩长 l/m				泥浆护壁钻(冲)孔桩桩长 l/m				干作业钻孔桩桩长 l/m		
		$l\leqslant9$	$9<l\leqslant16$	$16<l\leqslant30$	$l>30$	$5\leqslant l<10$	$10\leqslant l<15$	$15\leqslant l<30$	$30\leqslant l$	$5\leqslant l<10$	$10\leqslant l<15$	$15\leqslant l$
黏性土	软塑　$0.75<I_L\leqslant1$	210~850	650~1400	1200~1800	1300~1900	150~250	250~300	300~450	300~450	200~400	400~700	700~950
	可塑　$0.50<I_L\leqslant0.75$	850~1700	1400~2200	1900~2800	2300~3600	350~450	450~600	600~750	750~800	500~700	800~1100	1000~1600
	硬可塑　$0.25<I_L\leqslant0.50$	1500~2300	2300~3300	2700~3600	3600~4400	800~900	900~1000	1000~1200	1200~1400	850~1100	1500~1700	1700~1900
	硬塑　$0<I_L\leqslant0.25$	2500~3800	3800~5500	5500~6000	6000~6800	1100~1200	1200~1400	1400~1600	1600~1800	1600~1800	2200~2400	2600~2800
粉土	中密　$0.75<e<0.9$	950~1700	1400~2100	1900~2700	2500~3400	350~500	500~650	650~750	750~850	800~1200	1200~1400	1400~1600
	密实　$e<0.75$	1500~2600	2100~3000	2700~3600	3600~4400	650~900	750~950	900~1100	1100~1200	1200~1700	1400~1900	1600~2100
粉砂	稍密　$10<N\leqslant15$	1000~1600	1500~2300	1900~2700	2100~3000	350~500	450~600	600~700	650~750	500~950	1300~1600	1500~1700
	中密、密实　$N>15$	1400~2200	2100~3000	3000~4500	3800~5500	600~750	750~900	900~1100	1100~1200	900~1000	1700~1900	1700~1900
细砂	中密、密实　$N>15$	2500~4000	3600~5000	4400~6000	5300~7000	650~850	900~1200	1200~1500	1500~1800	1200~1600	2000~2400	2400~2700
中砂	中密、密实　$N>15$	4000~6000	5500~7000	6500~8000	7500~9000	850~1050	1100~1500	1500~1900	1900~2100	1800~2400	2800~3800	3600~4400
粗砂	中密、密实　$N>15$	5700~7500	7500~8500	8500~10000	9500~11000	1500~1800	2100~2400	2400~2600	2600~2800	2900~3600	4000~4600	4600~5200
砾砂	中密、密实　$N>15$	6000~9500	7000~10000	9000~10500	9000~10500	1400~2000	1400~2000	2000~3200	2000~3200	3500~5000	3500~5000	3500~5000
角砾、圆砾	中密、密实　$N_{63.5}>10$	7000~10000	9500~11500	9500~11500	9500~11500	1800~2200	1800~2200	2200~3600	2200~3600	4000~5500	4000~5500	4000~5500
碎石、卵石	中密、密实　$N_{63.5}>10$	8000~11000	10500~13000	10500~13000	10500~13000	2000~3000	2000~3000	3000~4000	3000~4000	4500~6500	4500~6500	4500~6500
全风化软质岩	$30<N\leqslant50$	4000~6000	4000~6000	4000~6000	4000~6000	1000~1600	1000~1600	1000~1600	1000~1600	1200~2000	1200~2000	1200~2000
全风化硬质岩	$30<N\leqslant50$	5000~8000	5000~8000	5000~8000	5000~8000	1200~2000	1200~2000	1200~2000	1200~2000	1400~2400	1400~2400	1400~2400
强风化软质岩	$N_{63.5}>10$	6000~9000	6000~9000	6000~9000	6000~9000	1400~2200	1400~2200	1400~2200	1400~2200	1600~2600	1600~2600	1600~2600
强风化硬质岩	$N_{63.5}>10$	7000~11000	7000~11000	7000~11000	7000~11000	1800~2800	1800~2800	1800~2800	1800~2800	2000~3000	2000~3000	2000~3000

注：① 砂土和碎石类土中桩的极限端阻力取值，宜综合考虑土的密实度，桩端进入持力层的深径比 h_b/d，土越密实，h_b/d 越大，取值越高。

② 预制桩的岩石极限端阻力指桩端支承于中、微风化基岩表面或进入强风化岩、软质岩一定深度条件下极限端阻力。

③ 全风化、强风化软质岩和全风化、强风化硬质岩指其母岩分别为 $f_{rk}\leqslant15$ MPa、$f_{rk}>30$ MPa 的岩石。

表 1-15 干作业挖孔桩(清底干净,桩端扩底设计直径 $D=800$ mm)极限端阻力标准值 q_{pk} (kPa)

土的名称		土的状态		
黏性土		$0.25<I_L\leqslant0.75$	$0<I_L\leqslant0.25$	$I_L\leqslant0$
		$800\sim1\,800$	$1\,800\sim2\,400$	$2\,400\sim3\,000$
粉土		—	$0.75\leqslant e\leqslant0.9$	$e<0.75$
		—	$1\,000\sim1\,500$	$1\,500\sim2\,000$
砂土、碎石类土		稍密	中密	密实
	粉砂	$500\sim700$	$800\sim1\,100$	$1\,200\sim2\,000$
	细砂	$700\sim1\,100$	$1\,200\sim1\,800$	$2\,000\sim2\,500$
	中砂	$1\,000\sim2\,000$	$2\,200\sim3\,200$	$3\,500\sim5\,000$
	粗砂	$1\,200\sim2\,200$	$2\,500\sim3\,500$	$4\,000\sim5\,500$
	砾砂	$1\,400\sim2\,400$	$2\,600\sim4\,000$	$5\,000\sim7\,000$
	圆砾、角砾	$1\,600\sim3\,000$	$3\,200\sim5\,000$	$6\,000\sim9\,000$
	卵石、碎石	$2\,000\sim3\,000$	$3\,300\sim5\,000$	$7\,000\sim11\,000$

注:① 当桩进入持力层的深度 h_b 分别为:$h_b\leqslant D$,$D<h_b\leqslant4D$,$h_b>4D$ 时,q_{pk} 可相应取低、中、高值。
② 砂土密实度可根据标准贯击数判定,$N\leqslant10$ 为松散,$10<N\leqslant15$ 为稍密,$15<N\leqslant30$ 为中密,$N>30$ 为密实。
③ 当桩的长径比 $l/d\leqslant8$ 时,q_{pk} 宜取较低值。
④ 当对沉降要求不严格时,q_{pk} 可取高值。

表 1-16 大直径灌注桩侧阻尺寸效应系数 ψ_{si},端阻力尺寸效应系数 ψ_p

土类型	黏性土、粉土	砂土、碎石类土
ψ_{si}	$(0.8/d)1/5$	$(0.8/d)1/3$
ψ_p	$(0.8/D)1/4$	$(0.8/D)1/3$

注:当为等直径桩时,表中 $D=d$。

1.2.2 特殊条件下桩基竖向承载力验算

1.2.2.1 软弱下卧层验算

当桩端平面以下受力层范围内存在软弱下卧层(承载力低于桩端持力层承载力的 1/3)时,对于桩距 $s_a\leqslant6d$ 的群桩基础,按式(1-7)、式(1-8)验算:

$$\sigma_z+\gamma_m z\leqslant f_{az} \tag{1-7}$$

$$\sigma_z=\frac{(F_k+G_k)-3/2(A_o+B_o)\sum q_{sik}l_i}{(A_o+2t\times\tan\theta)(B_o+2t\times\tan\theta)} \tag{1-8}$$

式中 σ_z——作用于软弱下卧层顶面的附加应力(kPa);

γ_m——软弱层顶面以上各土层重度(地下水位以下取浮重度)的厚度计算的加权平均值(kN/m^3);

z——地面至软弱层顶面的深度(m);

A_o,B_o——桩群外缘矩形面积的长、短边长(m);

t——桩端下以硬持力层厚度(m);

q_{sik}——桩周第 i 层土的极限侧阻力(kPa)无当地经验时,可根据成桩工艺按表 1-13 取值;

θ——桩端硬持力层压力扩散角,按表 1-17 取值。

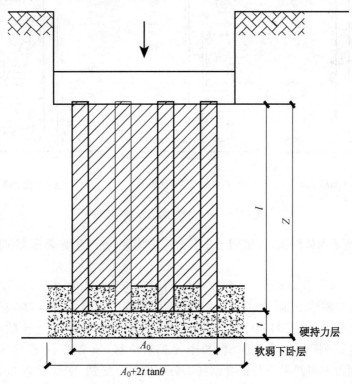

图 1-14 软弱下卧层承载力验算

表 1-17 桩端硬持力层压力扩散角

E_{K1}/E_{K2}	$t=0.5B_0$	$T\geqslant0.5B_0$
1	4°	12°
3	6°	23°
5	10°	25°
10	20°	30°

注:① E_{K1},E_{K2} 为硬持力层、软弱下卧层的压缩模量。
② 当 $t<0.5B_0$ 时,取 $\theta=0°$,必要时,宜通过实验确定;当 $0.25B_0<t<0.50B_0$ 时,可内插取值。

1.2.2.2 桩的负侧阻力及计算

对于一般桩而言,在竖向下压荷载作用下,桩相对于桩周土向下位移,这时桩身受到向上的侧阻力,可称为正侧阻力。但在下列情况下,可能会出现桩周土相对于桩向下位移,桩身受到向下的侧阻力,即为负侧阻力。

(1)桩穿越较厚松散填土、自重湿陷性黄土、欠固结土层进入相对较硬土层时,如图 1-15(a)所示。

(2)桩周存在软弱土层,邻近桩侧地面承受局部较大的长期荷载,或地面大面积堆载(包括填土)时,如图 1-15(b)所示。

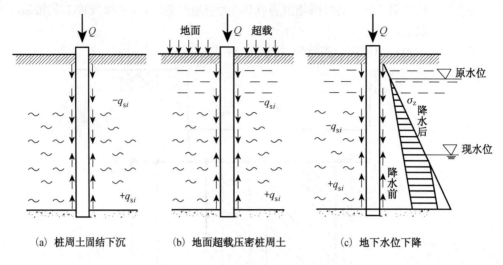

(a) 桩周土固结下沉   (b) 地面超载压密桩周土   (c) 地下水位下降

图 1-15   桩的负摩阻力及其部分原因

（3）由于地下水位降低，使桩周土中有效应力增大，并产生显著压缩沉降时，如图 1-15（c）所示。

桩在竖向下压荷载 Q 作用下，各截面向下位移，位移曲线如图 1-16(a)，(b)中的曲线 A 所示；若桩周为欠固结土，固结过程中的土层不同深度的沉降为曲线 B。显然，可能有一点 N，该点之上土的沉降大于桩的位移，桩周作用有负侧阻力，该点之下土的沉降小于桩的位移，桩周作用有正侧阻力。N 点处桩与土无相对位移，通常将 N 点称为中性点。图 1-16(c)、(d)分别为桩周侧阻力和桩身轴向力分布曲线。显然，中性点 N 处桩身轴向力出现最大值。

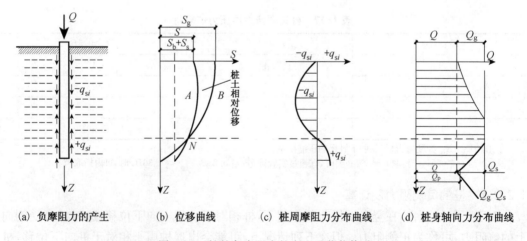

(a) 负摩阻力的产生   (b) 位移曲线   (c) 桩周摩阻力分布曲线   (d) 桩身轴向力分布曲线

图 1-16   桩的负摩阻力的产生及荷载传递

在存在负摩阻力的情况下，由于部分土的自重及地面上的荷载通过负摩阻力传给桩，引起桩身轴力的增加，因此负摩阻力降低了桩的承载力，增大了基坑的沉降，严重时甚至会造成桩的断裂。工程中需要采取施工措施减少负摩阻力的影响。

中性点的位置与土的压缩性、桩的刚度及桩端持力层刚度等因素有关，而且在土的固结过程中,随固结时间而变化,但当土的沉降稳定时,中性点的位置也趋稳定。中性点离地面的深度 l_a 应按桩周土层沉降量与桩沉降量相等的条件计算确定,也可参照表 1-18 确定。

表 1-18 中性点深度 l_a

持力层性质	黏性土、粉土	中密以上砂	砾石、卵石	基岩
中性点深度比	0.5~0.6	0.7~0.8	0.9	1

注:① 分别为自桩顶算起的中性点深度和桩周软弱土层下限深度;
　　② 桩穿过自重湿陷性黄土层是,l_n 可按表列值增大 10%(持力层为基岩除外);
　　③ 当桩周土层固结与桩基固结沉降同时完成时,取 $l_n = 0$;
　　④ 当桩周土层计算沉降量小于 20 mm 时,l_n 应按表列值乘以 0.4~0.8 折减。

　　桩周土沉降可能引起桩侧负摩阻力时,应按工程具体情况考虑负摩阻力对桩基承载力和沉降的影响。当缺乏可参照的工程经验时按下列规定验算。

　　对于摩擦桩,取桩身计算中性点以上的侧阻力为零,按下式验算承载力:

$$N_k \leqslant R_a \tag{1-9}$$

式中,R_a 为基桩的承载力特征值(kN)。

　　对于端承桩,除应满足上式要求外,尚应考虑负摩阻力引起基桩的下拉荷载 Q_g^n,按下式验算基桩承载力:

$$N_k + Q_g^n \leqslant R_a \tag{1-10}$$

　　桩侧负摩阻力,当无实测资料时,中性点以上单桩桩周第 i 层土负摩阻力标准值,可按下式计算:

$$q_{si}^n = \xi_{ni} \sigma_i' \tag{1-11}$$

式中　q_{si}^n——第 i 层土桩侧负摩阻力标准值(kPa),当按式(1-11)计算值大于正摩阻力标准值时,取正摩阻力标准值进行设计;

　　　σ_i'——桩周土第 i 层平均竖向有效应力(kPa);

　　　ξ_{ni}——第 i 层土桩侧负摩阻力系数,饱和软土取 0.15~0.25,黏性土、粉土取 0.25~0.40,砂土取 0.35~0.50,自重湿陷性黄土取 0.20~0.35,在同一类土中对于挤土桩取较大值,对于非挤土桩取较小值,填土按其组成取同类土的较大值。

考虑群桩效应的基桩下拉荷载可按下式计算:

$$Q_g^n = \eta_n u \sum q_{si}^n l_{si} \tag{1-12}$$

$$\eta_n = \frac{s_{ax} s_{ay}}{\left[\pi d \left(\dfrac{q_s^n}{\gamma_m} + \dfrac{d}{4} \right) \right]} \tag{1-13}$$

式中　Q_g^n——负摩阻力引起的下拉荷载(kN);

　　　n——中性点以上土层数;

　　　l_{si}——中性点以上第 i 层土的厚度(m);

　　　η_n——负摩阻力群桩效应系数,对单桩基础或所得计算值 $\eta_n > 1$ 时,取 $\eta_n = 1$;

u——桩身周长(m);

s_{ax}，s_{ay}——纵横向桩的中心距(m)；

γ_m——中性点以上桩周土层厚度的加权平均有效重度(kN/m³)；

q_s^n——中性点以上桩周土层厚度的加权平均负摩阻力标准值(kPa)。

1.2.3　单桩竖向抗拔承载力计算

建筑物基础承受上拔力的情况，主要有：

(1) 电视塔与高压输电线塔等高耸构筑物、海洋石油钻井平台、系泊桩等。

(2) 承受浮托力为主的地下结构，如深水泵站、地下室、船闸、船坞等。

(3) 在水平荷载作用下出现上拔力的构筑物，如码头、桥台、叉斜桩、防波堤等。

对于抗拔桩的设计，目前仍套用抗压桩的方法，即以桩的抗压侧阻力乘上一个经验折减系数后的侧阻力作为抗拔承载力。显然这种做法是不够妥当的，但因抗拔桩的研究较少，还不得不参考抗压桩的研究成果。

一般认为，抗拔的侧阻力小于抗压的侧阻力，而且抗拔侧阻力在受荷后经过一段时间，会因土层松动和残余强度等因素而有所降低，所以抗拔承载力仍要通过抗拔荷载试验来确定。

影响单桩抗拔承载力的因素主要有桩的类型及施工方法、桩的长度、地基土的类别、土层的形成过程、桩形成后承受荷载的历史、荷载特性(只受上拔力或和其他类型荷载组合)。确定抗拔承载力时，要考虑上述因素的影响，区分不同情况选用计算方法与参数。

《桩基规范》规定：对于设计等级为甲级和乙级的建筑桩基，基桩的抗拔极限承载力应通过现场单桩上拔静载荷试验确定。单桩上拔静载荷试验及抗拔极限承载力标准值可按现行行业标准《建筑基桩检测技术规范》(JGJ 106—2008)的规定执行。如无当地经验时，群桩基础及设计等级为丙级的建筑桩基，基桩的抗拔极限承载力可按下列规定计算：

$$T_{uk} = \sum \lambda_i q_{sik} u_i l_i \tag{1-14}$$

式中　T_{uk}——单桩抗拔极限承载力标准值，kN；

　　　λ_i——抗拔系数为极限抗拔与极限抗压侧阻力之比。对砂土，λ_i 取值为 0.5～0.7，对黏性土与粉土，λ_i 取值为 0.7～0.8；桩长与桩径之比小于 20 时取较小值；

　　　q_{sik}——桩抗压情况时，桩侧表面第 i 层土的抗压极限侧阻力标准值，kPa；

　　　u_i——桩身周长(m)。对于等直径桩 $u=\pi D$；当 $l_i > (4\sim10)d$ 时，$u_i = \pi d$；d 为桩身直径，D 为桩底径。对于软土 l_i 取低值，对于卵石、砾石取高值；l_i 取值按内摩擦角增大而增加。

群桩呈整体破坏时，基桩的抗拔极限承载力标准值可按下式计算：

$$T_{gk} = \left(\frac{u_i}{n}\right) \sum \lambda_i q_{sik} l_i \tag{1-15}$$

承受拔力的桩基，应按下列公式同时验算群桩基础呈整体破坏和呈非整体破坏时基桩的抗拔承载力：

$$N_k \leqslant \frac{T_{gk}}{2} + G_{gp}$$

$$N_k \leqslant \frac{T_{uk}}{2} + G_p$$

(1-16)

式中　N_k——按荷载效应标准组合计算的基桩拔力(kN)；

T_{gk}——群桩呈整体破坏时基桩的抗拔极限承载力标准值(kN)；

T_{uk}——群桩呈非整体破坏时基桩的抗拔极限承载力标准值(kN)；

G_{gp}——群桩基础所包围体积的桩土总自重除以总桩数,地下水位以下取浮重度(kN)；

G_p——基桩自重(kN),地下水位以下取浮重度,对于扩底桩同样按上述规定确定桩、土柱体周长、计算桩、土自重。

1.3　基坑工程的围护桩设计与计算

1.3.1　基坑工程设计的基本规定

1.3.1.1　基坑工程的设计计算

规范推荐的计算方法为朗肯土压力理论计算土压力的等值梁法,采用静力平衡法计算支护桩插入比,均为经典法。对于两层以上地下室基坑等值梁法,假定支撑为不动支点,且下层支撑设置后,上层支撑的支撑力保持不变概念与工程实际存在误差,可采用弹性抗力法,即为 m 法。

1. 朗肯经典土压力理论

朗肯土压力理论与库伦土压力理论均为经典土压力理论。桩排式内支撑的基坑工程中,朗肯土压力理论因不考虑土与桩排之间的侧阻力,主动土压力计算值偏大,被动土压力计算值偏小,是偏于基坑工程的安全。而库伦土压力理论计算值偏小,被动土压力计算值偏大,对基坑工程是不安全的。所以工程上应用朗肯土压力理论进行计算的偏多。

2. 弹性抗力法也称为 m 法

1) 弹性抗力法的适用条件

对于两层以上地下室基坑等值梁法假定支撑为不动支点且下层支撑设置后,上层支撑的支撑力保持不变。根据工程实测,上层支撑的支撑力在下层支撑设置后减小,上层支撑的支撑力保持不变的假设显然与实际不符,在 3 道以上支撑力的基坑中,计算内力更远离实际。对于二层以上的地下室基坑工程宜选用弹性抗力法(m 法)计算支护结构的内力。

2) 弹性抗力法 m 值的选取

弹性抗力法中 m 值即为水平反力系数的比例系数,在支护体系中主要为桩和挡土结构物内力和变形计算所用的计算参数,建议采用单桩的水平静荷载试验进行确定。当无静荷载试验资料时,可按照规范《建筑桩基技术规范》(JGJ 94—2008)确定,详见表 1-19。如有系统的工程实践检测与总结,已具有地区性经验系数则可按经验选取。例,宁波是深厚软土地区,基坑工程中主要涉及土层为淤泥、淤泥质土、淤泥质黏土或淤泥质粉质黏土。当无静荷载试验经验时,根据宁波市土质特点及工程经验,当基坑底面水平位移大于 6 mm 小于 15 mm 时,可取 $m = 1\,000 \sim 2\,000$ kN/m^4;当坑底面水平位移小于 6 mm 时,可取 $m = 2\,500$ kN/m^4;当基坑底面水平位移超过 15 mm 时,m 值应再降低。

表 1-19　地基土水平反力系数的比例系数 m 值

序号	地基土类别	预制桩、钢桩		灌注桩	
		m /(MN·m^{-4})	相应单桩在地面处水平位移 /mm	m /(MN·m^{-4})	相应单桩在地面处水平位移 /mm
1	淤泥;淤泥质土;饱和湿陷性黄土	2～4.5	10	2.5～6	6～12
2	流塑($I_L>1$)、软塑($0.75<I_L\leqslant1$)状黏性土;$e>0.9$ 粉土;松散细砂;松散、稍密填土	4.5～6	10	6～14	4～8
3	可塑($0.25<I_L\leqslant0.75$)状黏性土、湿陷性黄土;$e=0.75\sim0.9$ 粉土;中密填土;稍密细砂	6～10	10	14～35	3～6
4	硬塑($1<I_L\leqslant0.25$)、坚硬($I_L\leqslant0$)状黏性土、湿陷性黄土;$e<0.75$ 粉土;中密的中粗砂;密实老填土	10～22	10	35～100	2～5
5	中密、密实的砾砂、碎石类土	—	—	100～300	1.5～3

注:① 当桩顶水平位移大于表列数值或灌注桩配筋率较高(≥0.65%)时,m 值应适当降低;当预制桩的水平向位移小于 10 mm 时,m 值可适当提高;

② 当水平荷载为长期或经常出现的荷载时,应将表列数值乘以 0.4 降低应用;

③ 当地基为可液化土层时,应将表列数值乘以土层液化影响折减系数 ψ_l;ψ_l 取值可参照《建筑桩基技术规范》(JGJ 94—2008)表 5.3.12。

3) 单支点地下室基坑弹性抗力法局限性

目前提供专家评审的基坑工程围护设计文件所见的无论单层或多层地下室基坑,计算方法几乎均为弹性抗力法(m 法)。运用朗肯土压力理论计算土压力,用等值梁法(经典法)计算的内力与 m 法计算的内力进行对比:当输入 $m = 1\,200$ kN/m^3,其计算内力(m 法/经典法)=3,即 m 法计算内力高出经典法计算内力 2 倍。当输入 $m = 2\,000$ kN/m^3,其计算内力(m 法/经典法)为 2.75～3,即用 m 法计算内力高出经典法计算内力 1.75～2 倍。

两种内力计算方法对比结果相差 1.75～2 倍,基坑工程支护桩的截面配筋高出 50% 以上,基坑造价高出 30%,造成基坑围护的工程造价越来越高。这不仅是输入 m 值的大小问题,单层地下室基坑为什么要选择用 m 法计算基坑支护结构的内力呢?从计算对比可知,单层地下室基坑弹性抗力法具有局限性。

目前,弹性抗力法普遍应用于工程。以宁波地区为例,采用经典法即等值梁法计算,比 m 法内力小很多,但软件计算中出现地面荷载项对内力影响异常,消去地面荷载,按规范公式计算与程序手工计算基本接近。说明软件开发商没有对地面荷载出现异常影响作调整,对内力计算结果正确性未作认真的评述,所以单层地下室基坑不宜应用弹性抗力法(m 法),宜用经典法按规范等值梁法、静力平衡法计算内力。

1.3.1.2　基坑工程根据其重要性分安全等级

(1)基坑的安全等级划分符合下列条件之一者属一级基坑。

① 软土地区基坑开挖深度大于 8 m 时;

② 支护结构作为主体结构的一部分时;

③ 在基坑开挖影响范围内有重要建(构)筑物或需严加保护的地下管线。

当开挖深度小于 5 m,而且邻周环境无特别要求时,属三级基坑;

除一级与三级以外的基坑,均属二级基坑。

(2) 安全等级的重要性系数 γ_0(表 1-20)。

表 1-20　安全等级的重要性系数 γ_0

基坑等级	重要性系数 γ_0	基坑等级	重要性系数 γ_0
一级基坑	$\gamma_0 = 1.1$	三级基坑	$\gamma_0 = 0.9$
二级基坑	$\gamma_0 = 1.0$		

(3) 基坑支护结构设计应按表 1-21 选用相应的安全等级与重要性系数。

表 1-21　基坑安全等级与重要性系数

安全等级	破坏后果	γ_0
一级	支护结构破坏、土体失稳或过大变形对基坑周边环境及地下结构施工影响严重	1.1
二级	支护结构破坏、土体失稳或过大变形对基坑周边环境及地下结构施工影响一般	1.0
三级	支护结构破坏、土体失稳或过大变形对基坑周边环境及地下结构施工影响不严重	0.9

1.3.1.3　侧向土压力计算

1. 基坑支护结构上的侧向土压力

土压力的计算是比较复杂的,影响因素也比较多。土压力的大小和分布于土的性质、支护构件的位移方向和位移量、土体与支护构件间的相互作用以及支护构件的类型等均有关系。其中在诸多影响因素中,支护构件的位移方向与位移量是决定性因素。故而,作用在支护桩(墙)侧上的土压力有静止土压力、主动土压力与被动土压力三种。

1) 桩排式的支护结构的基坑工程

黏性土、粉土地区,作用在支护桩(墙)侧上的土压力随着桩(墙)侧上土体压缩和位移后具有土压力、即应用朗肯土压力理论的主动压缩和位移的产生的侧压力值。

$$P_a = \left(\sum \gamma_i h_i + q\right) K_a - 2c\sqrt{K_a} \tag{1-17}$$

$$P_p = \left(\sum \gamma_{ihi} + q\right) K_p + 2c\sqrt{K_p} \tag{1-18}$$

式中　P_a——计算点处的主动土压力强度标准值(kPa);

$\quad\quad P_p$——计算点处的被动土压力强度标准值(kPa);

$\quad\quad \gamma_i$——计算点以上第 i 层土的重度(kN/m³);

$\quad\quad h_i$——计算点以上第 i 层土的厚度(m);

$\quad\quad q$——地面均布荷载(kPa);

$\quad\quad K_a$——计算点处的主动土压力系数,$K_a = \tan^2(45° - \varphi/2)$;

$\quad\quad K_p$——计算点处的被动土压力系数;$K_p = \tan^2(45° + \varphi/2)$;

$\quad\quad c,\varphi$——计算点处的内聚力标准值(kPa)与内摩擦角标准值(°)。

2. 基坑工程的边坡稳定验算、台阶放坡土钉墙支护结构稳定性计算

主动土压力与被动土压力只有一定位移条件下才存在,而边坡稳定与台阶放坡土钉墙的稳定性验算不允许有一定位移。根据软土蠕变特性,随着土体的位移向流变发展,应用静止土压力计算。

$$P_0 = K_0 \sum \gamma_i h_i \qquad (1\text{-}19)$$

式中 P_0——计算点处的静止土压力强度标准值(kPa);

γ_i——计算点以上第 i 层土的重度(kN/m³);

h_i——计算点以上第 i 层土的厚度(m);

K_0——计算点处的静止土压力系数,其中 $K_0 = 1 - \sin \varphi$;

φ——土的有效内摩擦角标准值(度)可由直剪慢剪或三轴固结不排水剪切试验测定。

3. 中间土压力

介于主动土压力 K_a、被动土压力 K_P 与静止土压力 K_0 之间的土压力称为中间土压力。主动土压力的中间土压力系数为 $(K_a + K_0)/2$;被动土压力的中间土压力系数为 $(K_P + K_0)/2$。

4. 朗肯土压力必须有位移才成立

地下室结构与地下水池的结构计算是不能有位移的,不能应用主动土压力与被动土压力进行计算,必须采用静止土压力计算。

1.3.1.4   土压力类型与位移关系

主动土压力与被动土压力只有发生一定位移条件才会存在。作用在支护桩(墙)侧上的土压力随着桩(墙)侧上土体压缩和位移,才具备朗肯土压力的主动土压力与被动土压力,位移如表 1-22 所示。

表 1-22   土压力类型与位移关系

土类	应力状态	移动类型	所须位移	土类	应力状态	移动类型	所须位移
砂土	主动土压力	平行于墙	$0.001H$	黏土			
	主动土压力	绕基底转动	$0.001H$		主动土压力	平行于墙	$0.004H$
	被动土压力	平行于墙	$0.05H$		主动土压力	绕基底转动	$0.004H$
	被动土压力	绕基底转动	$>0.1H$				

基坑工程中发挥主动土压力与被动土压力的条件:土体位移须 $\geqslant 0.004H$(H 为基坑开挖深度)。若土体位移 $\leqslant 0.004H$,则桩侧承受的土压力不是主动土压力与被动土压力,而是静止土压力或中间土压力。

1. 支护结构对侧土压力的影响

桩排式支护结构一般分为悬臂式与内撑式。内撑式有单道支撑、两道支撑与多道支撑。悬臂式支护结构的位移与变形对侧土压力分布有影响,由于受侧土压力后发生刚性转动或挠曲变形,在基坑底面以下某深度处将出现转动点或反弯点。在转动点以上、墙后将产生主动土压力,墙前将产生大于静止土压力而小于计算被动土压力;在转动点以下、墙前

将产生主动土压力,而墙后将产生大于静止土压力而小于计算被动土压力。

产生被动土压力所需要的位移量较大,一般为基坑开挖深度的1‰~2‰。一般不允许支护结构产生较大的位移,因此设计时常控制被动土压力不超过朗肯被动土压力值的1/3~1/2。悬臂式支护结构桩顶端位移宜限制在基坑开挖深度的0.1‰以内,如允许产生较大位移时,桩顶端位移可取在基坑开挖深度的0.1‰。

2. 根据不同土性与排水条件采用以下计算方法

(1) 对淤泥、淤泥质黏土、淤泥质粉质黏土应采用土的不排水试验强度指标和饱和重度按水土合算计算侧压力。

(2) 对砂土,采用有效应力强度指标和土的有效重度按水土分算原则计算侧压力。

(3) 对粉性土、黏性土宜用有效应力强度指标和土的有效重度按水土分算原则计算侧压力。

1.3.1.5　基坑工程计算参数 c,φ 值取定

1. 桩排式内撑体系的 c,φ 值

1) 排桩排式内撑式基坑工程 c,φ 值取定

基坑工程计算侧压力 c,φ 值(尤其是 φ 值)是土压力计算的决定性参数,选取适当与否直接影响计算结果。软黏土地层中,一般基坑工程计算采用不排水坑剪强度指标,实测结果证明采用不排水抗剪强度指标计算土压力偏大。从土的应力路径来讲,桩排式内撑体系的基坑工程由于基坑开挖、支护桩产生位移、主动区的侧向压力降低、被动区的侧向压力提高,达到极限平衡状态。土体经由压缩后处于超固结状态,由于超固结土强度高于正常固结土,采用不排水坑剪强度指标计算土压力显然不合理,应采用固结快剪指标视为合理。

2) 宁波淤质软黏土 c,φ 值在基坑工程中的应用

宁波软土淤泥质黏土或淤泥质粉质黏土均为流动土,计算参数 c,φ 值采用固结快剪参数为预压排水固结的快剪指标,c,φ 值为排水固结的快剪指标,固结快剪测得不排水坑剪强度指标与预压排水固结后快剪参数值差达1~2倍。

桩排式内撑体系的基坑工程、计算参数 c,φ 值采用预压排水固结快剪参数进行土压力计算,与工程地质现场取的土样先在室内预压固结一定时间后取出,是预固结土样上剪力仪进行快剪测得的 c,φ 值,测试过程与桩排式内撑体系的基坑工程过程基本相似,均有预固结过程。当桩排式内撑体系的基坑工程随着土方开挖深度加深,作用在支护桩上土压力也随之加大,土体的压缩相当于对土体进行了预固结。支护桩沿桩周土体随压力增大而逐渐排水固结,当支护桩有一定位移后,主动区的侧向压力降低,被动区的抗侧向压力逐渐提高,此时基坑工程的支护结构达到极限平衡状态。

一般基坑工程施工需数月才能完成,固结排出的水随之溢出,土体经压缩处于超固结状态。宁波地软土淤泥质黏土或淤泥质粉质黏土由于存在预压排水固结,c,φ 值可采固结快剪参数。

2. 基坑工程的边坡稳定验算、台阶放坡土钉墙支护结构

基坑工程的边坡稳定验算、台阶放坡土钉墙支护结构,应用静止土压力计算,c,φ 值可以用固结快剪测得不排水抗剪强度指标,不能用预压排水固结后快剪参数值,更不能用主动土压力与被动土压力基坑工程的边坡稳定与台阶放坡土钉墙支护结构的稳定验算。

1.3.1.6 基坑工程监测项目(表1-23)

表 1-23 基坑工程监测项目表

测试项目	基坑工程安全等级		
	一级	二级	三级
周围建筑物沉降和倾斜	应测	应测	选测
周围地下管线的位移	应测	应测	选测
土体的深层侧向变形	应测	应测	可不测
基坑顶水平位移	应测	应测	应测
基坑顶沉降	应测	应测	可不测
支撑的轴力	应测	选测	选测
地下水位	应测	选测	选测
锚杆拉力	应测	选测	选测
立柱沉降	应测	选测	选测
土层的孔隙水压力	选测	选测	选测
基坑的变形	选测	选测	可不测
支护桩侧的土压力	选测	选测	可不测
基坑底的隆起	选测	选测	可不测

1.3.2 桩排式支护结构的基坑验算

1. 基坑工程支护结构的计算

基坑工程的支护结构的计算按以下两类极限状态计算：

(1)承载力极限状态即对应于支护结构达到最大承载能力或土体失稳、过大变形导致支护结构或基坑周边环境破坏。

(2)正常使用极限状态即对应于支护结构的变形已妨碍地下结构施工或影响基坑周边环境的正常使用功能。

2. 桩排式支护结构抗整体倾覆稳定性

1)悬臂式桩排支护结构抗整体倾覆稳定性

按静力平衡条件桩排式支护结构抗整体倾覆稳定性应满足以下条件：

$$M_p/M_a = \frac{E_p b_p}{E_a b_a} \geqslant 1.3 \tag{1-20}$$

式中 E_p，b_p——分别为被动土压力的合力,支护结构底端的力臂;

E_a，b_a——分别为主动土压力的合力,支护结构底端的力臂。

2)内撑式桩排支护结构抗整体倾覆稳定性

内撑式桩排支护结构抗整体倾覆稳定性除需满足式(1-20)外,尚应符合下述规定：

(1)应逐层计算基坑开挖过程中每层支撑设置前支护结构的内力。达到最终挖土深度后,应验算支护结构抗倾覆稳定性;当基坑回填过程需要拆除或替换支撑时,尚应计算相应状态下支护结构的稳定性及内力(图1-17、图1-18)。

(2)应根据支护结构嵌固段端点支承条件合理选定计算方法,可按等值梁法、静力平衡法计算内力。

（3）假定支撑为不动支点，且下层支撑设置后，上层支撑的支撑力保持不变。显然与实际不符，对于多层地下室可用弹性抗力法计算内力。

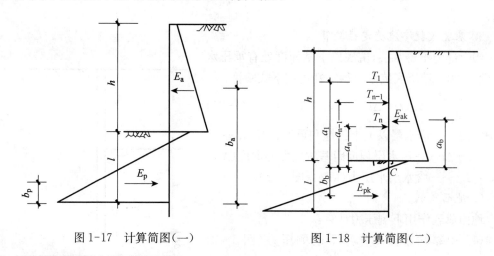

图 1-17　计算简图（一）　　　　　　　图 1-18　计算简图（二）

3. 基坑底抗隆起稳定性

基坑底抗隆起稳定性验算需满足下式要求（图 1-19）：

$$(N_c \cdot \tau_0 + \gamma \cdot t)/[\gamma(h+t)+q] \geqslant 1.6 \tag{1-21}$$

式中　N_c——承载力系数，条形基础取 $N_c = 5.14$；

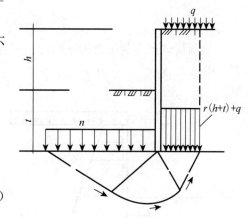

τ_0——抗剪强度，由十字板试验或三轴不固结不排水试验确定（kPa）；

γ——土的重度（kN/m³）；

h——基坑开挖深度（m）；

q——地面荷载（kPa）。

4. 结构计算

支护桩截面弯矩与剪力计算

$$M = 1.25\gamma_0 M_c \tag{1-22}$$

式中，M_c 为截面弯矩计算值。

图 1-19　计算简图（三）

截面剪力设计值 V

$$V = 1.25\gamma_0 V_c \tag{1-23}$$

式中，V_c 为截面剪力计算值。

支护结构第 j 层支点力设计值 T_{dj}

$$T_{dj} = 1.25\gamma_0 T_{cj} \tag{1-24}$$

式中，T_{cj} 为第 j 层支点力计算值。

在桩排式内撑支护体系的围护工程中，内支撑为围护工程安全性的主要杆件，所以桩排式内撑的围护工程有强撑弱支护桩之称。统计桩排式内撑支护体系的围护工程产生坍塌事件中,80%是因支撑体系破坏所致。从工程统计分析、支护结构支点力设计值 T_{dj} 的分项系数 $\gamma_i = 1.25$ 偏小,宜放大至 $\gamma_i = 1.40$,将内撑支护体系的安全性提高,即 $T_{dj} = 1.40\gamma_0 T_{cj}$。

5. 基坑底抗渗流稳定性验算

当上部为不透水层,坑底以下某深度处有承压水层(图 1-20),基坑底抗渗流稳定性可按下式验算:

$$\gamma_m(t + \Delta t)/P_w \geqslant 1.2 \qquad (1\text{-}25)$$

式中　γ_m——透水层以上土的饱和重度(kN/m³);

　　　$t + \Delta t$——透水层顶面距基坑底面的深度(m);

　　　P_w——含水层水压力(kPa)(图 1-20)。

6. 地面荷载

地面荷载作用下侧压力计算:

(1)相邻均布荷载作用下的侧压力(图 1-21(a)):

$$q \times K_a = q \times \tan^2(45° - \varphi/2) \qquad (1\text{-}26)$$

地面荷载产生侧压力为 $q \times K_a$ 自顶 A 至底 B(图 1-21(b)):

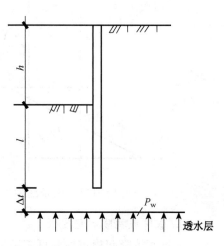

图 1-20　抗渗破坏稳定性验算

$$q \times K_a = q \times \tan^2(45° - \varphi/2)$$

地面荷载产生侧压力为 $q \times K_a$ 自 C 至底 B。而自顶 A 至 C 地面荷载产生侧压力 $q \times K_a = 0$。

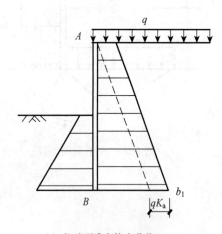

(a) 坑壁顶满布均布荷载

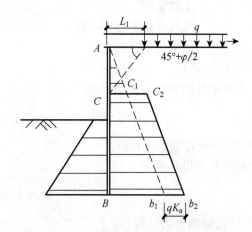

(b) 距墙顶 L_1 处作用均布荷载

图 1-21　荷载作用下侧向土压力计算简图

(2)相邻基础荷载作用下的侧压力:

相邻基础荷载作用下的侧压力 σ_{HZ} 由图 1-22 可知

$$N_1 = \frac{x}{H}; \ N_2 = \frac{z}{H} \tag{1-27}$$

当 $N_1 \leqslant 0.4$ 时，

$$\sigma_{Hz} = \frac{\dfrac{Q_L}{H} \times (0.203N_2)}{(0.16 + N_2^2)^2} \tag{1-28}$$

当 $N_1 > 0.4$ 时，

$$\sigma_{Hz} = \frac{\dfrac{4QL}{\pi H} \times (N_1^2 N_2)}{(N_1^2 + N_2^2)^2} \tag{1-29}$$

式中 Q_L——相邻基础底面处的线均布荷载(kN/m)；

  N_1，N_2——为 $\dfrac{x}{H}$，$\dfrac{z}{H}$ 的比值(图 1-22)。

(3) 相邻集中荷载作用下的侧压力 σ_h：

N_1 与 N_2 取值详见式(1-25)。

当 $N_1 \leqslant 0.4$ 时，

$$\sigma_h = \frac{0.28P}{H^2} \cdot \frac{N_1^2}{(0.16 + N_2^2)^2} \tag{1-30}$$

当 $N_1 > 0.4$ 时，

$$\sigma_h = \frac{1.77P}{H^2} \cdot \frac{(N_1^2 N_2^2)}{(N_1^2 + N_2^2)^2} \tag{1-31}$$

式中 P——相邻基础底面处的线均布荷载(kN/m)；

  N_1，N_2——$\dfrac{x}{H}$ 和 $\dfrac{z}{H}$ 的比值(图 1-23)。

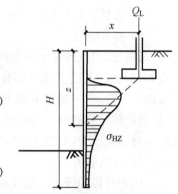

图 1-22　相邻基础线均布荷载引起的侧向土压力

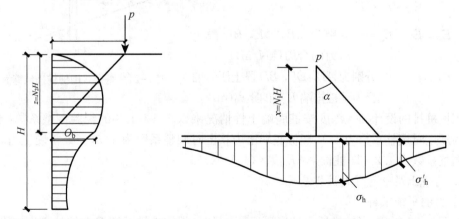

(a) 基坑边坡作用集中荷载产生的侧压力　　(b) 集中荷载作用点两侧沿墙各点的侧向压力

图 1-23　集中荷载作用下引起侧向土压力($\mu = 0.5$)

(4) 地面荷载与安全等级：基坑工程支护结构的内力计算中地面荷载均选取与基坑工程的安全等级有关，表 1-24 所列不同安全等级的基坑设计选用相应地面荷载值时的参考值。

表 1-24　不同安全等级的基坑设计选用地面荷载参考表　　　　　　　kPa

地面荷载	基坑安全等级		
	一级基坑	二级基坑	三级基坑
出土口地面荷载	35	30	25
重车道路荷载	30	25	20
其他地面荷载	20	15	10

（5）填土荷载作用下的侧压力：场地自然地面标高为基坑开挖深度起算点，场地回填土一般情况可视作计算基坑内力时的外荷载。

1.3.3　悬臂式围护桩排的基坑工程

1. 悬臂式桩排基坑工程的计算要点

1）基本假设

假设围护桩排在土压力作用下绕坑底以下不动点 C 转动，C 点以上围护桩排迎坑面一侧土压力为被动土压力，另一侧为主动土压力；C 点以下刚好相反，围护桩排迎坑面一侧土压力为主动土压力，另一侧为被动土压力，如图 1-24 所示。

2）力矩平衡

围护桩排的插入深度及桩排的内力可根据围护桩排外力及力矩的平衡，由平衡方程求得：

$$E_{a1} + E_{a2} = E_p \qquad (1-32)$$

$$E_{a1} \cdot t_1 + E_{a2} \cdot t_2 = E_p \cdot t_3 \qquad (1-33)$$

式中　E_{a1}，E_{a2}，E_p——分别为 AB，DE，BD 段土压力的合力（kN/m）；

　　　t_1，t_2，t_3——分别为 AB，DE，BD 段土压力的合力至桩排端 E 点的距离（m）。

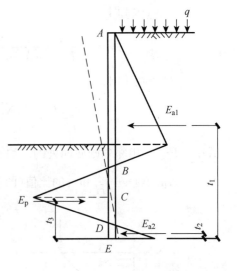

图 1-24　悬臂式围护桩排计算简图

围护桩排的设计插入深度按桩底端土性情况乘以 1.1～1.3 的经验调整系数：当桩底端土为硬土时调整系数为 1.1，当桩底端土为软土时调整系数为 1.3，当处于硬土与软土之间时调整系数为 1.2。即桩长≥AE 段×（1.1～1.3）。

2. 均质土层中悬臂式桩排基坑工程

1）力的平衡求解

如图 1-25 所示，当桩排插入坑底深度 t 不足时、围护桩排下端 B 向坑外产生位移，顶部向坑内倾倒，则围护桩排丧失稳定。基坑围护桩排在坑外主动土压力作用下，绕 C 向坑内转动，而坑内侧从 E 点至 B 点即产生被动土压力，主动土压力与被动土压力相互抵消。

从围护桩排变形看，B 点处产生向坑外的土压力，其值将等于坑外侧 $H+t$ 深度的被动土压力和坑内侧 t 深度的主动土压力之差，即 $[K_p \cdot \gamma(H+t) - K_a \cdot \gamma t]$。由图 1-25（d）中，

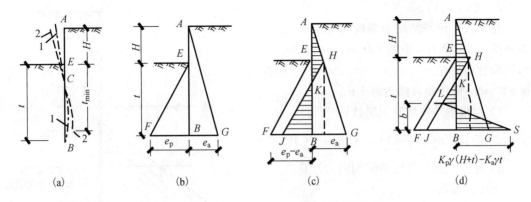

图 1-25　均质土层中悬臂式桩排计算简图

t 和 b 可用下列平衡方程求得：

$$\sum N = 0, \quad \triangle AHK - \triangle KJB + \triangle LSJ = 0$$

如图 1-25(c)所示；由　　$\triangle AHK - \triangle KJB = \triangle AGB - \triangle EBF$

则

$$\frac{1}{2}K_a \cdot \gamma(H+t)^2 - \frac{1}{2}K_p \cdot \gamma t^2 + \frac{1}{2}b[K_p \cdot \gamma \cdot t - K_a \cdot \gamma(H+t) +$$
$$K_p \cdot \gamma(H+t) - K_a \cdot \gamma \cdot t] = 0$$
$$K_a \cdot \gamma(H+t)^2 - K_p \cdot \gamma t^2 + b\gamma(K_p - K_a)(H+2t) = 0$$
$$b = [K_p \cdot t^2 - K_a(H+t)^2]/[(K_p - K_a) \cdot (H+2t)] \tag{a}$$

由 $\sum M_B = 0$，则

$$\frac{1}{6}K_a \cdot \gamma(H+t)^2 + \frac{1}{6}K_p \cdot \gamma \cdot t_3 + \frac{1}{6}b^2(K_p \cdot \gamma - K_a \cdot \gamma) \cdot (H+2t) = 0$$

整理可得：

$$K_a \cdot \gamma(H+t)^2 - K_p \cdot t^3 + b^2 \cdot (K_p - K_a)(H+2t) = 0 \tag{b}$$

由式(a)与式(b)联立的三次方程求解出 t 和 b，然后再求危险截面的最大弯矩。

2）试算法求解

试算法求解悬臂式桩排基坑的结构内力的程序：用三次方程求解出 t 和 b 再计算排基坑的结构内力、计算繁琐。工程上为计算方便用试算法求解悬臂式桩排基坑的结构内力。

均质土层试算法见图 1-26：

① 先假设桩排的插入深度 t_1 计算绕 e 点的力矩，使净被动土压力 def 所产生的抵抗力矩为净主动土压力 acd 所产生的抵抗力矩的 1.3～1.5 倍；

② 假设桩排的插入深度 t_1，增加 10%，作为实际需要的插入深度；

③ 求桩排的最大弯矩值（剪力为零处）；

④ 根据最大弯矩值对桩排截面的配筋计算。

3. 算例

悬臂式桩排基坑挖土深度为 5.2 m,地面均布荷载 20 kN/m,采用 300 mm×800 mm 矩形钢模管加翼呈 600 mm×800 mm 工字形桩 @800 mm,桩顶距自然地面 1 m。

1) 加权平均按均质土层计算

$\gamma = 17.5$ kN/m³, $c = 14.2$ kPa, $\varphi = 12.2°$

2) 悬臂式桩排基坑的结构内力计算

土压力系数:

$$K_a = \tan^2(45° - \varphi_1/2) = 0.651$$

$$\sqrt{K_a} = 0.806\ 8$$

$$K_p = \tan^2(45° + \varphi_1/2) = 1.536$$

$$\sqrt{K_p} = 1.239$$

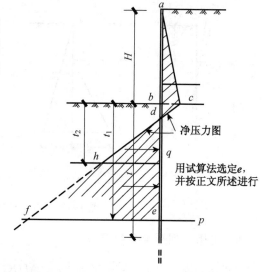

图 1-26 试算法求解悬臂式支护桩排计算简图

根据式(1-17), $P_a = \left(\sum \gamma_i h_i + q\right) K_a - 2c\sqrt{K_a}$

a 点 $P_a = (17.5 + 20) \times 0.651 - 2 \times 14.2 \times 0.806\ 8 = 1.5$

b 点 $P_a = (17.5 \times 4.2 + 37.5) \times 0.651 - 2 \times 14.2 \times 0.806\ 8 = 49.351$

e 点 $P_a = (17.5 \times 14.2 + 37.5) \times 0.651 - 2 \times 14.2 \times 0.806\ 8 = 163.327$

根据式(1-18), $P_P = \left(\sum \gamma_i h_i + q\right) K_P + 2c\sqrt{K_P}$

b 点 $P_p = 2 \times 14.2 \times 1.239 = 35.188$

e 点 $P_p = 17.5 \times 10 \times 1.536 + 2 \times 14.2 \times 1.239 = 303.988$

(1) 假设桩排的插入深度 $t_1 = 12$ m,计算绕 e 点的力矩。

e 点的土压力:

$P_a = (17.5 \times 16.2 + 37.5) \times 0.651 - 2 \times 14.2 \times 0.806\ 8 = 186.58$

$P_p = 17.5 \times 12 \times 1.536 + 2 \times 14.2 \times 1.239 = 357.748$

被动土压力 $M(顺) = (35.188 \times 12 \times 12/2) + 1/2 \times (357.748 - 35.188) \times 12 \times 12/3 = 10\ 274.976$

主动土压力 $M(反) = 1.5 \times 16.2 \times 16.2/2 + 1/2 \times (186.58 - 1.5) \times 16.2 \times 16.2/3 = 8\ 292.23$

$M(顺)/M(反) = 10\ 274.976/8\ 292.23 = 1.239 > 1.2$ 满足。

(2) 支护桩桩长 l:

$$l = 4.2 + 12 \times 1.2 = 18.6 \text{ m}$$

(3) 求桩排的最大弯矩值(剪力为零处)。

土压力为零 d 点,设坑底至土压力为零 d 点的距离为 X,

$$X/(14 - X) = (49.351 - 35.188)/(411.50 - 208.84)$$

$$X/(14 - X) = 14.163/202.66 = 0.0694$$

$$X = 14 \times 0.069\ 4 - 0.069\ 4X$$

1.069 4X = 0.971 6 ⇒ X = 0.971 6/1.069 4 = 0.908 5 m，b 至 d 的距离 0.908 5 m；

M_{max} = 1.5×4.2×(4.2/2+0.9085)+1/2×(49.351−1.5)×4.2×(4.2/3+0.9085)+1/2×(49.351−35.188)×0.9085×0.9085×2/3=206.346 kN·m。

（4）根据最大弯矩值对桩排截面的配筋计算：

计算 M_{max} = 206.346 kN·m；截面的配筋计算的 M = 1.25$\gamma_0 M_{max}$，二级基坑 γ_0 = 1；截面的配筋计算弯矩 M = 1.25×1×206.346 = 257.932 kN·m。

采用 300 mm×800 mm 矩形钢模管加翼呈 600 mm×800 mm 工形桩@800，M = 257.932 kN·m，查表 2-1 配筋为 4Φ20 钢筋截面积 1 256 mm²。因悬臂式桩排基坑施工中不会改变桩排的受力状况，采用单侧配筋即可，另一侧为构造配筋即 2Φ16。

图 1-27　工型支护桩排列示意

4．多层土中悬臂式桩排基坑

多层土中悬臂式桩排基坑如图 1-28 所示，按下述计算。

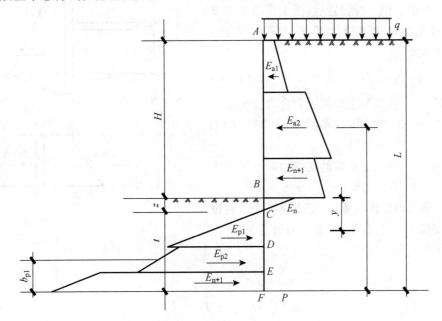

图 1-28　多层土中悬臂式桩排计算简图

（1）根据 $\sum M_P = 0$ 可得：

$$\sum_{i-1}^{n} E_{ai} b_{ai} = \sum_{i-1}^{n} E_{pi} b_p \tag{1-34}$$

求出 t 值，并乘 1.2，则支护桩总长度 $L = H + X + 1.2t$。

（2）最大弯矩

$$M_{\max} = \sum_{i-1}^{n} E_{ai}y_i + \sum_{i-1}^{n} E_{pi}y_i \qquad (1-35)$$

（3）截面配筋弯矩

$$M = 1.25\gamma_0 M_{\max} \qquad (1-36)$$

1.3.4 内支撑的支护桩排的基坑工程

1. 多道支撑的桩排基坑工程的计算要点

1）基本假设

（1）坑底以下围护桩排的反弯点取在土压力为零的 E 点，并将之视为等值梁的一个铰支点；

（2）假设支撑为不动支点，且下层支撑设置后，上层支撑的支撑力保持不变。

2）按平衡条件逐层计算支撑力

根据实际工程的施工次序及等值梁的平衡条件逐层计算各道支撑力大小，并据此计算最终的围护桩排入土深度。以二道支撑为例，计算按以下三步进行：见图 1-29。

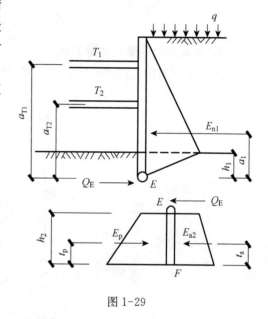

（1）对第 1 道支撑设置后，挖土至第 2 道支撑位置时围护结构进行计算，按下式计算第 1 道支撑力大小。

$$T_1 = (E_{a1} \cdot a_1)/a_{T1} \qquad (1-37)$$

式中　E_{a1}——本工况主动侧压力合力（kN）；

　　　a_1——E_{a1} 对土压力零点（铰支座处）的力臂（m）；

　　　a_{T1}——第一道支撑的支撑力对土压力零点的力臂（m）。

图 1-29

（2）第二道支撑设置后，挖土至坑底。假设第 1 道支撑力大小不变，则由所有外力对 E 点的力矩平衡可得：

$$T_2 = (E_{a1} \cdot a_1 - T_1 \cdot a_{T1})/a_{T2} \qquad (1-38)$$

$$Q_E = E_{a1} - T_1 - T_2 \qquad (1-39)$$

式中　Q_E——E 点铰支座单位宽度的剪力（kN）；

　　　T_2——第 2 道支撑力（kN）。

（3）将土压力零点至围护桩排端范围的桩身作为独立的研究对象，由所有外力对桩端力矩的平衡，可得：

$$Q_E \cdot h_2 + E_{a2} \cdot t_a = E_p \cdot t_p \qquad (1-40)$$

式中　E_{a2}——作用在该段主动侧压力合力（kN）；

t_a——E_{a2}对桩排端的力臂(m)；

E_p——作用在该段桩排被动土压力合力(kN)；

t_p——E_p对桩端的力臂(m)；

h_2——Q_E对桩端的力臂(m)。

围护桩的入土深度为

$$t = K \cdot (h_1 + h_2) \tag{1-41}$$

式中　h_1——坑底与土压力零点间的距离；

　　　K——入土深度经验调整系数，一般取 $1.1 \sim 1.3$。

2. 多层土单道内撑式桩排基坑

按等值梁法计算，基坑底以下主动土压力与被动土压力相等处，即土压力为零点，如图 1-30 所示 C 处为反弯点。

（1）内撑水平力 T：

$$T = \sum_{i=1}^{n} E_{ai} \frac{a_{ai}}{a_t} = \frac{1}{a_t} \cdot \sum_{i=1}^{n} E_{ai} a_{ai} \tag{1-42}$$

式中　a_{ai}——第 i 层土压力对 C 点的力臂；

　　　a_t——支撑力 T 对 C 点的力臂。

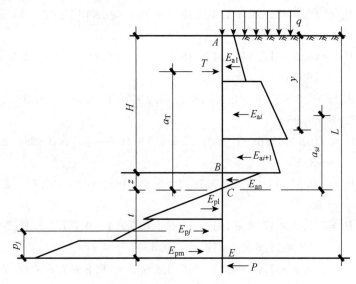

图 1-30　多层土单道内撑式桩排计算简图

（2）求支护桩插入深度 t：

$$t = \sum_{j=1}^{n} \frac{E_{pj} a_{pj}}{\sum_{i=1}^{n} E_{ai} - T} \tag{1-43}$$

$$t = \sqrt{\frac{6 \left(\sum_{i=1}^{n} E_{ai} - T \right)}{\gamma (K_p - K_a)}} \tag{1-44}$$

支护桩的桩长　　　　　　　　$L = H + x + 1.2t$

3. 多层土单道内撑式桩排基坑算例

单道支撑桩排基坑挖土深度为 6.2 m，地面均布荷载 20 kN/m，采用 300 mm×600 mm 矩形钢模管加翼呈 600 mm×600 mm 的 T 形桩@700 mm，桩顶距自然地面 1 m。

表 1-25　地质土层分层与计算参数表

层号	土　名	层厚/m	重度 $\gamma/(\text{kN} \cdot \text{m}^{-3})$	内摩擦角 $\varphi/(°)$	内聚力 c/kPa
1	填土	0.8	17.6	15	0
2	黏土	1.1	18.2	12.3	15.5
3	淤泥质黏土	6.5	16.9	10.2	12.6
4	淤泥质粉质黏土	7.8	17.5	11.8	11.6
5	黏土	3.5	18.8	22.5	24.3

1）土压力计算

（1）根据式(1-17)计算主动土压力：

$$P_a = \left(\sum \gamma_i h_i + q \right) K_a - 2c\sqrt{K_a}$$

2 层 A 点：$P_a = (0.8 \times 17.6 + 0.2 \times 18.2 + 20) \times 0.648\,7 - 2 \times 15.5 \times 0.805\,4$
　　　　$= -0.56$

2 层底上：$P_a = (0.8 \times 17.6 + 1.1 \times 18.2 + 20) \times 0.648\,7 - 2 \times 15.5 \times 0.805\,4$
　　　　$= 10.13$

2 层底下：$P_a = (0.8 \times 17.6 + 1.1 \times 18.2 + 20) \times 0.699 - 2 \times 12.6 \times 0.836\,1$
　　　　$= 16.75$

3 层 B 点：$P_a = (0.8 \times 17.6 + 1.1 \times 18.2 + 4.3 \times 16.9 + 20) \times 0.699 - 2 \times 12.6 \times 0.836$
　　　　$= 54.96$

3 层底上：$P_a = (0.8 \times 17.6 + 1.1 \times 18.2 + 6.5 \times 16.9 + 20) \times 0.699 - 2 \times 12.6 \times 0.836$
　　　　$= 93.53$

3 层底下：$P_a = (0.8 \times 17.6 + 1.1 \times 18.2 + 6.5 \times 16.9 + 20) \times 0.66 - 2 \times 11.6 \times 0.813$
　　　　$= 89.35$

4 层底上：$P_a = (0.8 \times 17.6 + 1.1 \times 18.2 + 6.5 \times 16.9 + 7.8 \times 17.5 + 20) \times 0.66$
　　　　$- 2 \times 11.6 \times 0.813 = 179.43$

4 层底下：$P_a = (0.8 \times 17.6 + 1.1 \times 18.2 + 6.5 \times 16.9 + 7.8 \times 17.5 + 20) \times 0.446$
　　　　$- 2 \times 24.3 \times 0.668 = 101.54$

5 层底上：$P_a = (0.8 \times 17.6 + 1.1 \times 18.2 + 6.5 \times 16.9 + 7.8 \times 17.5 + 3.5 \times 18.8$
　　　　$+ 20) \times 0.446 - 2 \times 24.3 \times 0.668 = 130.88$

（2）根据式(1-18)被动土压力：

$$P_P = \left(\sum \gamma_i h_i + q \right) K_P + 2c\sqrt{K_p}$$

3 层 B 点：$P_p = 2 \times 12.6 \times 1.196 = 30.14$

3 层底上：$P_p = 2.2 \times 16.9 \times 1.43 + 2 \times 12.6 \times 1.196 = 86.43$

3 层底下：$P_p = 2.2 \times 16.9 \times 1.514 + 2 \times 12.6 \times 1.23 = 87.29$

4 层底上：$P_p = (2.2 \times 16.9 + 7.8 \times 17.5) \times 1.514 + 2 \times 12.6 \times 1.23 = 293.95$

4 层底下：$P_p = (2.2 \times 16.9 + 7.8 \times 17.5) \times 2.24 + 2 \times 24.3 \times 1.497 = 461.8$

5 层底上：$P_p = (2.2 \times 16.9 + 7.8 \times 17.5 + 3.5 \times 18.8) \times 2.24 + 2 \times 24.3 \times 1.497$
$$= 609.19$$

2) 支撑力 T 计算

(1) 坑底下土压力为零点 X 求算

坑底至 3 层土底为 2.2 m，设坑底下土压力为零点为 x，则：
$$24.82/56.29 = X/(2.2 - x)$$
$$0.44 \times 2.2 = 1.44X$$
$$X = 0.968/1.44 = 0.672 \text{ m}$$

(2) 支撑力 T 的计算

按上述计算整理汇总形成如图 1-31 所示的土压力图，土压力对 C 点力矩等于支撑力 T 对 C 点力矩的平衡条件由下式可得：

$$T = \sum_{i=1}^{n} E_{ai} \frac{a_{ai}}{a_t} = \frac{1}{a_t} \cdot \sum_{i=1}^{n} E_{ai} a_{ai} \tag{1-45}$$

基坑开挖深度 6.2 m，支护桩顶至坑底 $H = 5.2$ m，T 支撑力的中心至坑底为 5 m，距 C 点力矩 $a_t = 5.672$ m。

$$T \times a_t = \left(\frac{1}{2} \times 10.13 \times 0.9\right) \times (0.3 + 4.3 + 0.672) + (16.75 \times 4.3) \times$$
$$(4.3/2 + 0.672) + \left[\frac{1}{2} \times (54.96 - 16.75) \times 4.3\right] \times \left(\frac{4.3}{3} + 0.672\right) +$$
$$\left(\frac{1}{2} \times 24.82 \times 0.672\right) \times \left(0.672 \times \frac{2}{3}\right) = 555.893 \text{ kN} \cdot \text{m}$$

$T = 555.893/5.672 = 98 \text{ kN}$

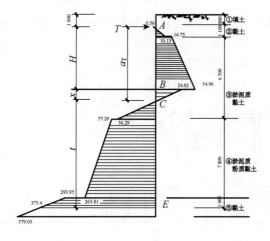

图 1-31　土压力计算简图

3) 根据静力平衡条件用试算法计算支护桩长

设 t 为 11.3 m，对 E 点的力矩，平衡条件为：

$$\sum_{i=1}^{n} E_{ai} y_i = (16.75 \times 7.2) \times \left(\frac{7.2}{2} + 7.8 + 2\right) + \left[\frac{1}{2} \times (93.53 - 16.75) \times 7.2\right] \times$$

$$\left(7.2 \times \frac{1}{3} + 7.8 + 2\right) + (89.35 \times 7.8) \times \left(7.8 \times \frac{1}{2} + 2\right) +$$

$$\left[\frac{1}{2} \times (179.43 - 89.35) \times 7.8\right] \times \left(7.8 \times \frac{1}{3} + 2\right) + (101.54 \times 2) \times 1$$

$$= 10\ 521.66$$

$$\sum_{i=1}^{n} E_{pi} y_i = (30.14 \times 2.2) \times \left(2.2 \times \frac{1}{2} + 7.8 + 2\right) + \left[\frac{1}{2} \times (86.43 - 30.14) \times 2.2\right] \times$$

$$\left(2.2 \times \frac{1}{3} + 7.8 + 2\right) + (87.29 \times 7.8) \times \left(7.8 \times \frac{1}{2} + 2\right) +$$

$$\left[\frac{1}{2} \times (293.95 - 87.29) \times 7.8\right] \times \left(7.8 \times \frac{1}{3} + 2\right) + (461.8 \times 2) \times 1 + 98 \times$$

$$(5 + 2.2 + 7.8 + 2) = 12\ 734.82$$

$\left(\sum\limits_{i=1}^{n} E_{pi} y_i\right) / \left(\sum\limits_{i=1}^{n} E_{pi} y_i\right) = 12\ 734.82 / 10\ 521.66 = 1.21 \geqslant 1.2$，能够满足要求。

有效桩长 $L = 11.3 + 0.672 + 5.2 = 17.17$ m，取 17.5 m。

4）支护桩的最大弯矩计算

按等值梁计算 M_{max}，如图 1-32 所示计算简图中 M_{max} 在剪力为零处，先求土压力为零处的 C 点剪力 R_C。

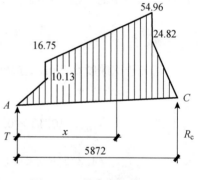

图 1-32　最大弯矩简图

$$\sum_{i=1}^{n} E_{pi} = \left(\frac{1}{2} \times 10.13 \times 0.9\right) + (16.75 \times 4.3) + \left[\frac{1}{2} \times (54.96 - 16.75) \times 4.3\right] +$$

$$\left(\frac{1}{2} \times 24.82 \times 0.672\right) = 4.56 + 72.03 + 82.15 + 9.68 = 168.42$$

$$R_C = \sum_{i=1}^{n} E_{pi} - T = 168.42 - 98 = 70.42 \text{ kN}。$$

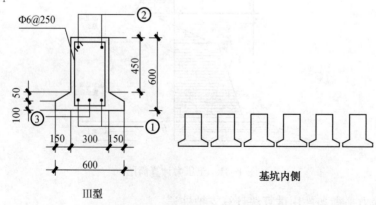

图 1-33　桩截面示意图

Φ600 钻孔灌注桩截面配筋面积为 2 542 mm^2。

② 单桩用材与经济对比如表 1-25 所示。

表 1-25 经济性对比数据表

桩型	工程量		钢筋		造价	
	单桩体积/m^3	对比	截面配筋量/mm^2	对比	单桩价/(元/根)	对比
矩形沉管灌注桩	4.46	89.92%	1 717	70.31%	4 460	74.93
圆形钻孔灌注桩	4.95	100%	2 542	100%	5 952	100

注:矩形沉管灌注桩综合单价 1 000 元/m^3,钻孔灌注桩综合单价 1 200 元/m^3。

② 单桩技术性对比如表 1-26 所示。

表 1-26 技术性对比表

桩型	施工成桩质量	效率与工期	环境影响与防治
T 形沉管灌注桩	在宁波沉管灌注桩已有 30 年应用历史,有成套可靠的质量保证体系。施工过程便于检测与监视	17.5 m 桩长的矩形沉管灌注桩,正常条件下日成桩量 15～18 根,施工效率高,工期短	基坑工程是条线上施工,因挤土引起的土中超静孔隙水压力仅在条线上累加。采用多桩间隔施工可控制沉管挤土超静孔隙水压力累加。因在条线上施工,因隔时间已较长,此时前桩的超静孔隙水压力基本已泄压,所以不会叠加,挤土影响就很小。环境影响是具有可控性的
圆形钻孔灌注桩	钻孔灌注桩在护壁泥浆中进行施工;水下混凝土浇筑过程中,拔导管时桩孔泥浆水会浸入桩体而影响质量;施工过程桩径成型与桩长难以检测与监视	17.5 m 桩长的钻孔灌注桩,正常条件下每天可完成 4～6 根,施工效率低,工期长	钻孔灌注桩施工无挤土性。但施工过程中需要泥浆护壁,场地因泥浆外溢污染环境,而废弃泥浆排放会造成严重污染。以宁波为例,三江口河床每年 0.3～0.5 m 上升,威胁城市河道排洪功能,影响城市的安全。应用无泥浆施工技术可彻底消除泥浆的危害

以上分析计算与对比可知:

在相同内力条件下,350 mm×600 mm 矩形沉管灌注桩呈 T 形截面的支护桩比 Φ600 钻孔灌注桩可节省钢筋近 30%,节省水泥 10%;基坑工程支护桩造价可降低 25% 左右,工期可缩短 20%～30%。

参 考 文 献

[1] 中华人民共和国国家标准. GB 50007—2011 建筑地基基础设计规范[S]. 北京:中国建筑工业出版社,2011.

[2] 浙江省标准. DB33/1001—2003 浙江省建筑地基基础设计规范[S]. 浙江:浙江省城乡和住房建设厅,2003.

[3] 中华人民共和国住房和城乡建设部. JGJ 120—99 建筑基坑支护技术规程[S]. 北京:中国建筑工业出版社,1999.

[4] 中华人民共和国住房和城乡建设部. JGJ 120—2012 建筑基坑支护技术规程[S]. 北京:中国建筑工业出版社,2012.

[5] 浙江省标准. DB 33/T 1008—2000 浙江省建筑基坑工程技术规程[S]. 杭州:浙江省城乡和住房建设厅,2000.

[6] 黄运飞. 深基坑工程实用技术[M]. 北京:兵器工业出版社,1996.

[7] 林宗元. 岩土工程治理手册[M]. 北京:辽宁科学技术出版社,1993.

2 挤土型沉管灌注桩

本章提要

深厚软土地层被学者与专家视为是施工沉管灌注桩的禁区。本章主要介绍软土地区沉管灌注桩研究过程,建立质保体系防止挤土施工在土层中孔隙压力的累加与挤土变形量的计算。在此基础上,进行各类桩型研究,如等径的灌注桩、静压扩底桩、组合桩、预制大头桩等的沉管灌注桩,以及深基坑工程中最佳受弯截面特性的 T 形截面、工形截面的沉管灌注支护桩的设计与工程应用。

2.1 沉管灌注桩施工的质保体系

2.1.1 软土地层施工建立的质保体系的过程

2.1.1.1 深厚软土地层选用沉管灌注桩的背景

1. 挤土施工对桩身混凝土的影响

深厚软土地区被学者与专家视为是施工沉管灌注桩禁区,主要原因为:沉管灌注桩施工属于挤土施工,土体产生挤压,对未达强度的桩体存在严重的挤压影响;对结构性灵敏软土及饱和软土在挤土扰动下,会使土体的抗剪强度急剧下降;当沉管灌注桩施工后,土体重新固结需要相当长的时间。

当相邻桩的桩体混凝土未达到初凝,由于此时混凝土还具有流动性与可塑性,桩身截面由于受到沉管施工挤压作用,桩的截面由圆形挤压成椭圆形,虽不会丧失桩的承载性状与桩体混凝土的强度,但已对邻桩产生挤土影响。当相邻桩的桩体混凝土已达终凝而混凝土强度还未增长,此时的桩体混凝土已失去流动性,沉管挤土施工将致使桩体混凝土因挤压产生裂缝或呈疏松状,而混凝土此时已失去胶结作用,将严重影响桩体的质量和桩的承载力值。

深厚软土多为结构性灵敏土,沉管挤土施工会使土体产生大面积的扰动。土体结构性被挤压扰动造成抗剪强度急剧下降,使桩与土的侧阻力也会急剧下降,影响桩的承载力值。

软土的另一个特性是不可挤密性。沉入土层中的桩体混凝土总量均显示在场地内外的地面呈弧形隆起,场地内隆起大可达 200~500 mm,场地外波及距离远可达 1.5~2 倍桩长的距离。挤土性桩施工会导致场地内的工程桩随着地面的隆起而带动桩体上拔,最终将桩体混凝土拉裂甚至拔断,可由低应变检测验证断裂的位置。

综合性考虑沉管挤土严重扰动结构性土的抗剪强度趋于零等因素,软土地层不适宜用挤土型的沉管灌注桩。

2. 研究软土地层施工挤土沉管灌注桩

为了打破禁区而研究厚(饱和)软土地层施工沉管灌注桩而找资料,如图 2-1 所示为挤土引起超静孔隙水压力对桩体破坏的资料。

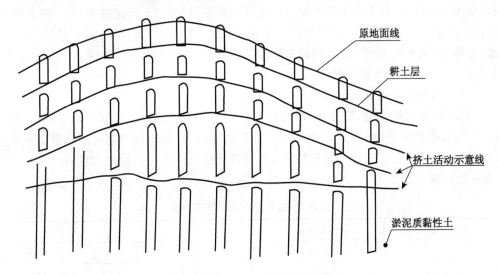

图 2-1 挤土造成桩体破坏示意图

上海某厂的设备基础地质条件为土层面层为 2 m 耕土,以下至 19 m 均为高压缩性的淤泥质黏土,地下水位−0.5 m,采用 Φ420 无筋沉管灌注桩,桩长 19～20 m,桩距为1.35 m,满堂桩的总桩数 600 根,桩的截面积之和占场地面积(面密度)的 7.6%;当时还没有在软土地层挤土施工在土层中产生超静孔隙水压力积累,桩体会产生严重破坏的意识,而且由中心开始连续施工。施工完成后,该工程导致场地土迅速隆起,最大隆起量达 1.2 m多,按沉入土层混凝土量(软土不可挤密性)计算可达 7.6%×18＝1.368 m(图 2-1)。该工程桩被土层内超静孔隙水压力产生的高压泥流将桩体切割为多段断桩,造成场地原桩全部废除,后期改用预制钢筋混凝土方桩进行补救。

沉管灌注桩在软土地层施工存在上述问题,但是控制好因挤土引起的超静孔隙水压力的积累,控制好沉桩程序、沉桩速度、相邻桩的施工距离、桩体配筋防止地面隆起将桩拉断等方面,软土地区施工沉管灌注桩是完全可行的。

1) 深厚软土地层采用桩基础的背景

如以典型的深厚软土城市浙江宁波为例,20 世纪 80 年代初期的建筑物主要以多层住宅工程为主,未经处理的天然地基承载力无法满足支承作用,而其他如钢管桩等桩型又太昂贵。当时经济条件下,寻求廉价、高承载力桩型是市场所需。

明知软土区是沉管灌注桩施工的禁区,但软土区建设必须要使用桩基,并且需要有符合当时经济实力的经济性桩型。沉管灌注桩技术要求不高、成本低、效率高,桩基占总建筑造价的比例低,几乎与地基处理造价齐平,甚至低于地基处理造价。正是在这样的时代背景与市场需求状况下,需研究软土地层中挤土型沉管灌注桩施工措施。

2) 沉管灌注桩的桩型优势

除了桩基造价低廉外,还有以下优势:

(1) 适用性强。可按桩端持力层高低的不同变化,可用钢模管的压桩力控制进入持力层的深度,使桩的承载力值趋于接近。

(2) 施工效率高。根据在软土地区施工统计,直径 Φ426 mm 的沉管灌注桩,桩长 30 m 左右,采用锤击施工,若不考虑挤土效益以及场内施工组织,每天可完成 15～20 根。效率高是造价低的主要原因,低造价桩的推广应用相当快,20 世纪 80 年代末至 90 年代初已成为宁波、上海、温州等软土地区工程建设主要应用的桩型。

2.1.1.2　单桩施工的质量控制

1. 施工压桩力与静压振拔工艺

控制沉管灌注桩质量,需要选取合适的施工沉管灌注桩的桩机,宜采用多功能静压桩机施工,宜采取静压振拔工艺。控制合理的静压的压桩力,而压桩力与桩的承载力值有关,又与桩端持力层的土性有关。压桩力的大小须保证桩端进入持力层的深度在 $1.5d \sim 3.0d$(d 为桩径),参见表 2-1。

表 2-1　桩机配重施工压桩力表

持力土层	黏土、粉质黏土	粉土	砂层
压桩力取值	$1.2R_a \sim 1.3R_a$	$1.4R_a \sim 1.5R_a$	$1.6R_a \sim 1.8R_a$
	黏土 $1.2R_a$ 粉质黏土 $1.3R_a$	稍密 $1.4R_a$ 中密 $1.45R_a$ 密实 $1.5R_a$	稍密 $1.6R_a$ 中密 $17R_a$ 密实 $1.8R_a$

注:R_a 为单桩竖向承载力特征值(kN)。

2. 钢模管内灌入混凝土的最小高度

混凝土浇筑过程中,需确保钢模管内具有一定高度混凝土确保自重压力,待钢模管振动上拔后在土层中留下的桩孔能够被管内混凝土及时充填。这是施工沉管灌注桩的桩体等径、连续、密实的必要条件。

管内灌入混凝土的最小高度是通过试验实测求得:选用 Φ377 钢模管与相应的预制混凝土桩靴,分别沉入淤质软土的土层为 12 m,15 m,又分别将空管拔出土层,见到两个桩孔内的预制混凝土桩靴向上浮动,均停留在地面土以下 5.5 m 不再向上浮动,从而得到以下估算公式:

$$h \geqslant \{[1.41d(H-5.5)]/(1.8d-0.216)\}K \tag{2-1}$$

式中　h——管内混凝土首次浇灌的最小高度(m);

　　　d——钢模管的内径(m);

　　　H——桩入土深度(m);

　　　$K=1.1$。

式(2-1)是在宁波软土地区试验所得,其他地区需结合当地土质情况进行试验确定。

当钢模管内灌入混凝土的高度大于或等于最小高度时,说明钢模管内的混凝土具有足够自重压力。当振动上拔钢模管时,钢模管内的混凝土同时下落,上拔与下落的同步性可以保证桩体混凝土是等径、连续、密实性。当钢模管内灌入混凝土的高度小于最小高度，说明钢模管内混凝土的自重压力不足，会出现钢模管振动上拔但管内混凝土并不下落。若钢模管振动上拔至一定高度才出现突发性下落，说明此桩底部已被淤泥质软土充填而成为废桩。

3. 检查钢模管内是否进水或进泥

当按压桩力控制将钢模管沉入土层至设计高程，检查钢模管内是否进水或进泥。在钢模管的上口丢下一块小石块（约 20 mm³），从管口听到石块与混凝土桩靴的撞击声，说明钢模管内未进泥和进水，未听到撞击声说明进淤泥，听到水击声说明进水，如检测出进淤泥或进水时须对钢管与桩靴连接处作防漏措施。

4. 钢筋骨架质量控制

钢筋骨架制作与钢筋质量控制按施工规范，此处略。

(1) 沉管施工采用钢筋骨架用钢丝绳吊起并控制标高。

(2) 在饱和软土地层施工挤土型沉管灌注桩超静孔隙水压力累积引起土体隆起和水平位移，易将无筋混凝土桩体随土体隆起与水平位移而拉断和错位。桩基础设计时，钢筋骨架的长度须结合软土层的埋置深度确定，钢筋骨架须穿越饱和软土层并进入好土层不少于 1 m，在工地用高压水切割桩周土后将桩体拔出土层验证桩体质量，验证桩的截面等径连续。

5. 混凝土坍落度与混凝土下落摩阻力

为取得混凝土的最佳坍落度，作以下测定：按无振动状态下检测混凝土坍落度与混凝土下落与管内壁的摩阻力。采用钢管的直径 105 mm，钢管的长度分别为 0.3 m，0.6 m，1.2 m，采用混凝土的坍落度分别为 150 mm，200 mm，210 mm，225 mm，分别检测管内壁的摩阻力与混凝土的不同坍落度之间关系，如图 2-2 所示。

根据管内壁的侧摩阻力与混凝土的不同坍落度之间的关系可知：单位面积的管内壁侧摩阻力大小与混凝土的坍落度大小有关，与测定钢模管的长短无关，混凝土最佳坍落度宜为 180～200 mm（自密性流动混凝土）。

根据沉管灌注桩的单桩施工质量控制的灌注桩，用水管泵压为次高压水，切割桩周土沉入，使灌注桩脱离土体，然后将桩拔出土层，可见桩体光滑、等径、密实桩体，如图 2-3 所示。

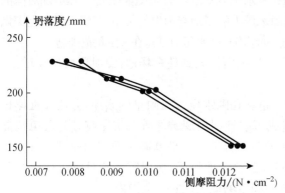

图 2-2 管内壁摩阻力—混凝土塌落曲线图   图 2-3 沉管灌注桩在软土中成桩效果图

2.1.1.3　群桩施工的质量控制

1. 合理的桩距

因软土地层挤土施工对邻桩会产生极不利的影响,控制好单桩施工的质量控制,还不能确保在软土地层安全施工沉管灌注桩,控制好施工群桩的沉管灌注桩质量更为关键。

研究群桩施工的工沉管灌注桩质量首先要研究合理的桩距,根据某地填河建房的沉管灌注桩施工试验说明问题:采用 2.5 m 长的圆木桩打入预先挖好的地沟内,入土 1.5 m,上留 1 m 的木桩顶钉上 2# 铁钉,做水平位移的检测,观察结果如图 2-4 所示。

从图 2-4 可知,曲线有两个明显的拐点,第 1 拐点在 1.1 m 处,第 1 拐点在 3.0 m 处,第 1 拐点即为桩距 4d(d 为桩径)的点上。由上可测得软土地区沉管灌注桩的合理桩距为 4d。

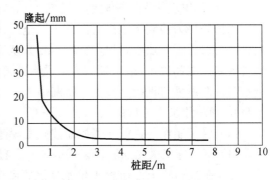

图 2-4　桩距-土体隆起量曲线

2. 设计布桩的面密度控制

饱和软土具有不可挤密性,沉入土层内桩的体积均可反映在等量场地土隆起。该影响还会向四周传递在 1.5～2 倍桩长范围弧形隆起,60%～80% 的体积变化集中表现在场地桩基施工范围内隆起。

布桩的面密度大小直接影响场地土隆起量的大小,布桩面密度由下式计算可得:

$$W = \frac{\sum A}{S} \quad （单位:\%） \tag{2-2}$$

式中　$\sum A$——为桩截面积之和(m²);

　　　　S——桩的外边包络面积(m²)。

软土地区设计布桩面密度宜≤2%,挤土施工引起的地面隆起量很小,不会造成桩体与邻周建构筑物沉降的安全性影响;当布桩面密度在 3%～4% 范围,须采取防止孔隙压力累加的措施,控制布桩面密度宜≤4% 以内。

3. 沉桩施工的程序控制

软土地区连续挤土沉桩施工会使得超静孔隙水压力不断累加,但超静孔隙水压力随时间的延长也会缓慢地泄压直至消失。利用超静孔隙水压力的累加与消失的关系,在施工程序上需做到尽量避免累加,或者可采取快速消失的措施,使超静孔隙水压力维持在一定量范围施工。

例如,施工程序上掌握在最短的时间内将施工面扩大到整个场地,使泄压面快速增大,可有效抵消超静孔隙水压力的累加。

(1)沉桩挤土的超静孔隙水压力控制。超静孔隙水压力无限量的累加,会造成桩体拉裂折断,造成相邻建(构)筑物隆起开裂,造成市政管网出现破坏等恶劣影响。为避免超静孔隙水压力的累加,施工沉桩的程序以最短的时间分散整个桩基施工面积的原则。沉桩过程是点的超静孔隙水压累积,而最短的时间分散整个面泄压,所以需控制日沉桩数量控制与大面积泄压的平衡点,使得超静孔隙水压力稳定场地土性安全范围内。

(2)控制相邻桩列的施工的间隔时间与距离。软土地层施工沉管灌注桩会因挤土效应对相邻桩质量造成非常严重的影响。施工过程中需控制相邻桩混凝土的强度,当相邻桩体混凝土强度达 50％左右方可施工,一般相邻桩的间隔时间为 3～5 d,根据小孔扩散理论推算不受挤土影响的桩距需≥10d(d 为桩径)。

(3) 施工沉桩程序。除有特殊情况(如需保护场地情况)外,施工沉桩的程序宜从中间向两侧施工的沉桩程序,相邻桩的桩距需≥10d(d 为桩径)。

4. 日沉桩数量控制

(1) 日沉桩不限数量的条件。当天施工沉桩均在同一列桩排上施工或日施工沉桩不在同一列施工而相邻桩距≥10d(d 为桩径),日沉桩数量不受限制。

(2) 需控制日沉桩数量条件(视条件确定桩数)。当相邻桩的沉桩施工间隔时间达不到3～5 d,或场地过小而布桩面密度>3％以上而小于≤5％者,每天沉桩数量需控制<12 根。

5. 地面土隆起量控制

(桩长的 1/3 视为地面隆起,2/3 视为传递给四周)

饱和软土地区地面土隆起量经验估算:

$$隆起量\ h = (W \times L \times \xi) \times 1/3 \qquad (2\text{-}3)$$

式中 W——布桩面密度(％),具体可参照式(2-2)计算;

　　L——桩长(m);

　　ξ——地面隆起量系数(表 2-2);

　　h——隆起量(m)。

表 2-2 地面隆起量系数 ξ

淤泥质黏土(粉质黏土)	面密度 W	最大隆起 ξ	平均隆起 ξ	最小隆起 ξ
桩穿越土层占 80％以上	≤5％	1.0	0.75	0.50
桩穿越土层占 80％以上	≤4％	0.80	0.6	0.40
桩穿越土层占 80％以上	≤3％	0.60	0.50	0.40
桩穿越土层占 60％～80％	≤5％	0.60	0.450	0.30
桩穿越土层占 60％～80％	≤4％	0.50	0.35	0.25
桩穿越土层占 60％～80％	≤3％	0.40	0.30	0.20

例如,宁波南站东路望湖大楼为典型的深厚软土地区,九层小高层基础采用 Φ377 沉管灌注桩,布桩面密度 5.1％(W 超出 5％),桩长 18 m,桩穿越淤质黏土 80％以上,估算地面土隆起量最大为 30.5 cm,施工完成实测最大隆起量为 30 cm。估算地面土隆起量平均与最小误差在 10％以内。

地面土最大隆起量是瞬间的,如 1987 年 6 月 19 日最大隆起量为 30 cm(最大),6 月 30日跑桩复压开始,测定地面土最大隆起量为 22 cm(平均),7 月 13 日基槽开挖开始最大隆起量仅为 15.6 cm(最小)。说明地面土的隆起前期泄压还是很快的,后期很缓慢。

例如:桩穿越淤泥质黏土(粉质黏土)土层占 80％以上,运用表 2-2 地面隆起量系数 ξ估算沉桩挤土施工引起的各阶段的地面隆起量。

隆起量(最大)$h = W \times L \times \xi \times 1/3 = 5％ \times 18 \times 1/3 = 0.3$ m。

隆起量(平均)$h = W \times L \times A \times \xi \times 1/3 = 5％ \times 18 \times 0.75/3 = 0.225$ m。

隆起量(最小)$h = W \times L \times A \times \xi \times 1/3 = 5‰ \times 18 \times 0.5/3 = 0.15$ m。

基本上与实测数值相符,估算隆起量的意义作为控制施工时的指标。桩基施工完成在30 d左右的地面隆起量,起始日为最大隆起量,中间日为平均隆起量,30 d后土体的隆起量为最小隆起量,以后为更缓慢的泄压,所以最小隆起量不是最终隆起量,对工程并无实际意义。

2.1.1.4　跑桩复压检测

1. 跑桩复压法

在施工过程中,当工程桩布桩密度过大,地面隆起量可达 $300 \sim 400$ mm,对桩体是否会引起拉裂或拉断以及施工过程桩端是否进入持力层深度。跑桩复压法可快速检测桩基承载力值,也可通过跑桩复压桩体是否已得到修复。对于能够满足跑桩复压检测要求的桩,也满足桩的极限承载力值的要求,是施工企业自检桩承载力值的一种简便检测方法。

跑桩复压检测桩承力值的方法简称跑桩,有三个重要的参数需要确定,即复压力、持荷稳定的时间及桩质量判断时的桩顶界限下沉量。

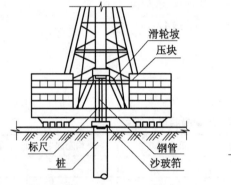

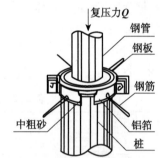

图 2-5　多功能静压桩机　　　　图 2-6　跑桩复压法节点示意图

2. 跑桩法的复压力的确定

1) 跑桩法实测数据的统计分析

对于同一工程,由于地质条件、桩的实际入土深度或桩端进入持力层的深度不同,并且受到各类桩径差异、施工工艺、管理因素和技术水平等因素的影响,在同一复压力的桩顶下沉量存在一定的离散性。

在桩顶荷载复压作用下,工程桩沉降变化接近于正态分布规律,其均值 μ、均方差 σ 和离散性系数 C_r 分别由下式求得:

$$\mu = \frac{1}{n} \sum_{i=1}^{n} S_i \tag{2-4}$$

$$\sigma = \left[\frac{1}{n} \sum_{i=1}^{n} (S_i - \mu)^2 \right]^{\frac{1}{2}} \tag{2-5}$$

$$\frac{C_r}{\mu} = \frac{\sigma}{\mu} \tag{2-6}$$

式中　n——跑桩复压总桩数;

S_i——第 i 根桩的桩顶下沉量。

对宁波、泉州等地工程中应用跑桩法测桩数据进行统计分析,得到数据如表 2-3 所示。表中,R_a 为单桩竖向承载力特征值(kN),Q_{uk} 为单桩极限承载力标准值(kN),S' 为多根静载试验桩的桩顶平均下沉量(mm),Q 为跑桩法中的复压力(kN)。

表 2-3　跑桩法测试结果统计表

	工程名称	宁波某 1# 住宅	宁波某 2# 住宅	宁波某综合楼	泉州某住宅
	R_a/kN	250	250	175	280
静载试桩	$Q_{uk}=2R_a$/kN	500	500	350	560
	S'/mm	17.1	16.8	6.9	12.9
跑桩法测桩	$Q=1.5R_a$/kN	375	375	263	420
	μ/mm	15.9	14.9	7.1	12.4
	σ/mm	2.71	3.15	1.28	3.08
	C_r	0.17	0.21	0.18	0.25
误差=$(\mu \sim S')/S' \times 100\%$		−7	−11	3	−4

从表 2-3 可知:

(1) 在桩顶荷载复压作用下,下沉量、承载力值以及桩顶沉降均具有一定离散性。如北京某工程 11 根灌注桩测得平均特征值 $R_a=334$ kN,离散性系数 $C_r=0.168$;日本某工程 24 根桩的试验,平均 $R_a=2\,250$ kN,离散性系数 $C_r=0.169$;又如在对另一工程 11 根桩试验,平均特征值 $R_a=1\,570$ kN,离散性系数 $C_r=0.204$。说明跑桩法检测时的桩顶下沉量具有离散性是必然的。

(2) 在 $Q=1.5R_a$(kN)的复压作用下,桩顶下沉量的均值 μ 与静载试桩时确定的极限承载力标准值 $Q_{uk}=2R_a$(kN)时的桩顶平均沉降量 S' 比较接近,其误差绝对值在 11% 以内。结果可说明在复压力 $Q=1.5R_a$(kN)时,该桩的极限承载力标准值 Q_{uk} 可以达到 $2R_a$(kN)值。

(3) 表中的宁波 1# 与 2# 住宅的误差为负值,且绝对值比表中其他工程大。其原因是先做静载试桩后再做跑桩复压测试,而后两个工程则是先做跑桩法测桩后作静载试桩,跑桩已对桩端土有挤密作用,静载试桩的桩顶位移就减小。说明先做跑桩法后静载试桩两者的桩顶下沉量非常接近。

2) 跑桩法的复压力的确定

跑桩复压的复压力是根据多功能静压桩机静压振拔工艺确定的,只要静压沉桩力与跑桩复压的复压力略作调整即可达到。对于黏土、粉质黏土、粉土均调整到 $1.5R_a$,砂层的复压力与静压沉桩力相同,按表 2-4 所列的复压力值适当调整,即可检测要求的复压力。

表 2-4　跑桩复压的复压力表

持力层土名	黏土,粉质黏土	粉土	砂层
压桩力取值	$1.5R_a$	$1.5R_a$	$1.6R_a \sim 1.8R_a$ 稍密 $1.6R_a$,中密 $17R_a$,密实 $1.8R_a$

在桩顶薄砂层上放置好压力传感器,将卷扬机联动的送桩杆置于压力传感器顶面,卷

扬机加压使压力传感器显示的数值达到按表 2-4 的要求,并经现场多方见证实测确定跑桩复压的复压力值。

由于最后施工的桩基工程的混凝土的桩正处在养护期,强度低又急需进行检测,则必须在桩顶用钢箍加固。加固的钢箍内需填中粗砂,砂面盖 25 mm 厚的圆形钢板,送桩杆的复压力由 25 mm 厚的圆形钢板传递给中粗砂,通过中粗砂均匀传给桩体,可在不伤及桩顶混凝土情况下完成跑桩复压检测。

3. 持荷时间的确定

在现场做了多次的桩顶下沉量与时间的相关检测,从图 2-7 的 s-t 曲线可知,当桩顶在复压力作用下的桩顶 $80\% \sim 90\%$ 的下沉量发生在 $0 \sim 30$ s 的时间区间;30 s 为桩顶沉降的拐点,30 s 以后呈直线的沉降与时间的关系,到 3 min 桩顶下沉量基本完成留不到 $1\% \sim 2\%$ 的变形量。因此,基本可确定 3 min 为跑桩法检测桩复压力作用于桩顶的持荷稳定的时间。

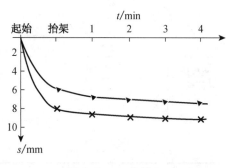

图 2-7 s-t 曲线

4. 判断界限下沉量对桩质量的影响

软土地层施工挤土型的沉管灌注桩或预制桩,场地均为产生不同量的地面隆起。是因为软土不可压缩性与挤密性,沉入土层内的桩的混凝土体积量与场地土隆起的体量存在平衡的原因,所以挤土施工的桩基工程的场地土隆起是常事。隆起量小则 $100 \sim 200$ mm,大则 $200 \sim 400$ mm,地面隆起会带动桩上拔或偏移,从而造成桩身拉裂,甚至拉断。

例如,宁波亚洲华裕宾馆与宁波云海饭店均为钢筋混凝土预制方桩锤击沉桩施工,发现打入土层内的预制方桩均有不同程度的上浮。其中宁波云海饭店预制方桩的桩顶最大上浮量达 280 mm*,是属于沉桩场地土隆起带动预制桩的上浮,可见挤土施工对桩体的影响。

跑桩法就是将被拉裂或拉断的桩重新弥合接上,传递竖向荷载,被带动上浮的桩经复压回到原定持力层的深度,具有修复效果。跑桩法在工程应用中,对桩顶界限下沉量不再注重,有的桩顶下沉量达 1 m 多才稳定持荷 3 min,取该桩作静载荷试桩的结果均能达到 $Q_{uk} = 2R_a$(kN),所以桩界限下沉量的判断不重要,重要的是复压力能稳定持荷 3 min。

2.1.2   挤土施工的土体位移量计算

1. 控制土体位移量的计算

挤土影响的控制主要控制的内容:第一,控制土体位移量,确定桩施工间隔的距离;第二,控制累加的沉管挤土超静孔隙水压力,避免对工程与环境造成挤土影响。

黄院雄(2000)[10],汪大龙(2002)[11],罗战友(2004)[12] 等人利用 Sagaseta 的源—汇理论[13],得出了相关计算公式:在均质、不可压缩及各向同性的无限土体中,静压单桩引起的水平位移和垂直位移的计算公式。考虑到深厚软土地区饱和度较大、孔隙率较小,而且沉桩挤土效应主要表现对地表建(构)筑物、管线和道路的影响,故给出地表水平位移和垂直位移的计算公式如下：

水平位移
$$S_x(x) = \frac{d^2}{8}\left(\frac{L}{x\sqrt{x^2+L^2}}\right)$$
(2-7a)

垂直位移

$$S_z(x) = \frac{d^2}{8}\left(\frac{1}{x} - \frac{1}{\sqrt{x^2+L^2}}\right)$$
(2-7b)

式中 $S_x(x)$——地表水平位移；

   $S_z(x)$——地表垂直位移；

   d——等代圆的半径；

   L——桩入土深度；

   x——桩周土体同桩轴线的距离。

2. 举例计算说明

例如，以 300 mm×800 mm 矩形钢模管加侧翼呈 600 mm×800 mm（等代圆半径 d 取值 400 mm）工形截面灌注桩中心距@1 000，桩长 20 m 为例，假定桩沉入均质、不可压缩及各向同性的无限土体中，通过计算可得：

(1) 隔 1 打 1，$n=1$ 对相邻桩产生最大变形量为 19.96 mm。

(2) 隔 2 打 1，$n=2$ 对相邻桩产生最大变形量为 9.95 mm。

(3) 隔 3 打 1，$n=3$ 对相邻桩产生最大变形量为 6.59 mm。

隔 3 打 1 能够保证土体具有较长时间的泄压，超静孔隙水压力是不会累积增大，即保持 1~2 天的时间孔隙水压对工程产生的影响不大。

(1) 基坑工程支护桩施工是沿基坑沿周的沿线施工，比较容易控制超静孔隙水压的累积：图 2-8 隔 2 打 1，$n=2$ 对相邻桩产生最大变形量为 9.95 mm。从工程意义来说可视为对相邻桩不产生影响。

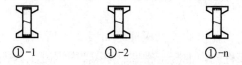

图 2-8   间隔沉桩顺序示意图

(2) 基坑工程至少有 3 条边以上的围护体，支护桩在围护体条边上施工。如图 2-9 所示的条线隔 2 打 1，桩距为 3 m，按序号①-1，①-2，…，①-n 进行施工。随着远离前桩方向施工，沉管挤土对前桩影响为零而沉管挤土产生的超静孔隙水压力开始缓慢地泄压。当回到首根桩①-1 时，超静孔隙水压力已泄压至零，而①-1 桩混凝土强度相当于设计强度≥80%。

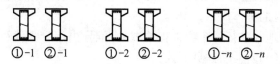

图 2-9   隔 2 打 1 沉桩顺序示意图

(3) 从图可知回到原点在①-1 桩旁边沉入②-1 桩。沉管挤土对已达强度桩从工程意义来说不产生影响,按序号②-1,②-2,…,②-n-1进行施工。随着顺序远离前桩,沉管挤土对前桩影响为零而沉管挤土产生的超静孔隙水压力开始缓慢地泄压。前桩基本已泄压至零。不会产生超静孔隙水压力累加,仅有当天沉管挤土产生的超静孔隙水压力而且分散在条线上,使挤土影响最小。

如图 2-10 所示按序号③-1,③-2,…,③-n-2进行施工。

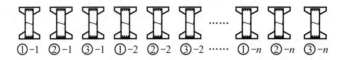

①-1 ②-1 ③-1 ①-2 ②-2 ③-2 …… ①-n ②-n ③-n

图 2-10   隔 3 打 1 沉桩顺序示意图

2.2   挤土施工的沉管灌注桩与扩底灌注桩技术

2.2.1   沉管灌注桩在软土地层挤土施工的成桩质量研究

2.2.1.1   单桩施工的成桩质量控制

沉管灌注桩的单桩施工成桩质量控制要点主要为:需确保钢模管内灌入的混凝土具有足够的自重压力;静压沉管是否进入持力层达到要求的深度;钢模管内是否进土进水;振动拔管的速率是多少,等等。

1. 静压振拔工艺是施工沉管灌注桩可靠质量的基础

采用静压振拔工艺施工的静压沉管,其压桩力需确保桩端能够进入持力层 $1.5d\sim3.0d$ 的深度,浇筑完成的灌注桩的承载力值均能达到要求的值。通过很多桩的静载荷检测得知桩的极限承载力标准值与施工压桩力有关,按规定压桩力施工的桩,实测静载荷试桩的能达到设计要求。

(1)桩机加配重后达到要求的施工压桩力如表 2-1 所示。

(2)振动拔管是确保桩孔内混凝土密实:钢模管内混凝土因振动液化后增大了流动性,进入桩孔内混凝土在振动作用下更加密实,施工过程中,一般上拔速率需控制在每分钟 4 m 左右。

2. 钢模管内灌筑的混凝土有足够自重压力的确定

1)混凝土与土的重量置换

钢模管内混凝土具有足够的自重压力是确保沉管灌注桩的成桩截面等径、连续、桩体混凝土密实的前提。钢模管振动上拔后在土层中留出桩孔,需由自重压力的混凝土迅速充填桩孔,才能确保成桩的桩体质量。

根据在宁波软土地区进行的多项工程的试验,推导出沉管灌注桩施工过程中钢模管内所需混凝土自重压力经验公式,详见下式:

$$G \geqslant K(F+f) \tag{2-8}$$

式中 G——钢模管管内混凝土的总重等于管内混凝土体积(m^3)×混凝土重度(kN/m^3);

　　F——管径范围的土体总重等于管径范围土体的体积(m^3)×土体重度(kN/m^3)；

　　f——管内混凝土自重与钢模管内壁总摩阻力(kN)；

　　K——抗拒落系数 $K=1.1$。

　　式(2-8)为宁波软土地区($e \geqslant 1$ 且 $\omega > W_L$)试验所得,其他地区应用时需通过试桩确定管内混凝土自重压力。

　　2) 管内灌入混凝土的最小高度确定实例

　　例如桩径 $\Phi325$,内径 0.305,$H=14$ m,试成桩施工,钢模管内混凝土灌入高度 $h=9$ m 后开始振动上拔钢模管,发现管内混凝土拒落,后来按灌入混凝土的最小高度算式计算。

　　当管内混凝土加到 $h \geqslant \{[1.41 \times 0.305(14-5.5)]/(1.8 \times 0.305 - 0.216)\} \times 1.1 = 12.1$ m时,振动上拔钢模管时的管内混凝土同步下落,验证了经验公式在软土地区应用具备实用性与科学性。

　　在 20 世纪 80 年代初期,建设工程刚起步,参建各方均对低造价的沉管灌注桩有兴趣,然而对管内灌筑混凝土高度对桩体质量影响还未足够重视。作者应邀到江苏宜兴、上海等地的沉管灌注桩施工现场进行参观,所见钢模管内浇筑混凝土均是边浇灌边上拔,未考虑到管内浇筑的混凝土拒落问题,施工质量无法保障。

　　3) 钢模管内进入淤泥或水的检查

　　按施工压桩力控制沉管施工至桩端进入持力层,对照地勘报告中最近钻孔地层剖面,即可知桩端进入持力层的深度。检查钢模管内是否进入淤泥或水,可选择边长约 20 mm 呈立方体的石块从钢模管上口的中心自由下落。石块与桩底撞击声作如下判断:石块与预制混凝土桩靴撞击声说明沉管质量合格,听到有击水声或闷声无回声即是击入淤泥内,均须处理钢模管底与预混凝土桩靴连接处的密封。沉管施工质量一般在试成桩时检测,正常施工过程不再检测。

　　3. 控制沉管施工的程序避免超静孔隙水压力累积

　　在饱和软土地层挤土施工沉管灌注桩,需避免土层内超静孔隙水压力的累积。布桩密度、施工沉桩程序、沉桩施工速度与日施工桩数量等因素均会导致土层内超静孔隙水压力累积叠加,造成地面土快速隆起,可能将工程桩拉裂折断。超静孔隙水压力累积过大,严重时会影响邻周建(构)筑物和地下管线安全,有可能产生地面开裂,甚至使邻近建(构)筑物出现裂缝等。

　　在软土地层挤土施工时,必须从设计与施工阶段控制土层中超静孔隙水压力的积累。

　　1) 按布桩面密度估算场地土隆起量

　　工程桩的合理桩距一般为 $4d$(d 为桩径),具体可根据规程进行确定后,布桩面密度可由式(2-2)计算。

　　挤土量与沉入土层内桩体积有关。软土的高压缩性是指变形而言,但高压缩性不具有压密性,土体的体积不会压缩减小,沉桩压密会使土体扰动呈流动状,所以沉入土层内桩的体积的总量等于土体挤压变形体积的总量。只有孔隙水随时间延长缓慢泄压,孔隙水的减少促使土体固结,土体的挤压变形体积的总量也随之减小。

　　通过场地施工实测选定 1/3 桩长的体积在场地范围内隆起,2/3 桩长的体积为传递到场地以外 1.5~2 倍的桩长范围内的竖向变形,估算场地内地面隆起量可根据经验式(2-3)进行估算。

表 2-5 中的场地内地面隆起量随时间而不断变化,界定时间为桩基施工在场地内沉完最后一根桩为估算依据。一般情况下,最后一根沉桩完成后测得场地内地面隆起量为最大隆起量,场地内最后一根桩沉桩后 90 d 为最小隆起量,二者之间的平均值为中间隆起量。

估算场地内地面隆起量主要为制定超静孔隙水压力的累积的控制力度,除此以外随着超静孔隙水压力完全消失而回复到原场地土的高程,说明扰动土又得到固结,桩与土的侧阻力基本得到恢复。

表 2-5　场地内地面隆起量估算汇总表

桩穿越土层软土占全桩长的比例	布桩面密度	场地隆起量/m		
		最大	平均	最小
桩穿越土层占 80% 以上	≤4%	$\xi=0.80$	$\xi=0.6$	$\xi=0.40$
估算场地内隆起量,桩长 25 m	3.5%	0.233 m	0.175 m	0.117 m

2) 相邻桩施工最短允许时间

因为软土地层挤土施工对相邻桩的挤压变形很大,可按式(2-7a)和式(2-7b)进行理论计算。

沉管灌注桩是现场浇筑的钢筋混凝土桩,混凝土终凝后即失去流动性,像豆腐渣一样失去水泥的再胶结功能,一旦被挤压呈松散状,这对桩的质量和承载力值影响是致命的。

在宁波地区,桩沉入土层的养护条件为:夏天施工需 2 d,冬天施工需 2~4 d。这是相邻桩施工的最短允许时间,现场施工时按顺序可以连续施工。因相邻桩均在混凝土初凝前具有流动性,挤压可以影响相邻桩的截面变形,不会产生混凝土密实性的影响。相邻桩混凝土已完全初凝,大部分已终凝,挤压会使桩体混凝土松碎失去承载力值。

3) 挤土沉桩施工控制土层内超静孔隙水压力累积的措施

挤土沉桩施工在土层内产生超静孔隙水压力,会随挤土量增大而累积叠加,随时间延伸而缓慢地在泄压,超静孔隙水压力累积叠加与布桩面密度及桩的施工速度有关,而超静孔隙水压力的泄压与施工桩在场地内占有面积及沉桩后的延续时间有关。

在施工组织设计上采用最短的时间内将桩的沉桩施工扩展到整个场地,使超静孔隙水压力在整个场地泄压,达到整个场地总泄压量≥继续沉桩施工在土层内产生超静孔隙水压力的累积叠加量,衡定在低超静孔隙水压力范围内进行继续沉桩施工控制。

4. 群桩施工中的沉管灌注桩质量控制

1) 挤土施工产生桩体位移对桩质量的影响

编制沉管灌注桩施工组织设计时,第一需要注意施工场地的地貌是否均质,是否在邻周有河流或坑洼的地貌缺失,第二需要注意邻周的建(构)筑物是否需要保护。

拟建场地为均匀场地,沉管灌注桩按中轴开始的程序施工,传递挤土压力比较均匀。当场地内或邻周有河流或坑洼地貌缺失时,因挤土压力会向缺失方向传递,最终造成施工桩向地貌缺失方向位移。

例如某住宅楼,拟建场地有 1/4 是内河填土地基(图 2-11)。施工组织设计是从靠沿河的轴线开始,采取控制超静孔隙水压力累积的措施进行施工,控制相邻桩的施工时间达 5~7 d,最后一根桩沉入土层实测场地土的最大隆起量为 350 mm。施工完毕后逐渐泄压回沉,而桩体向有河流一侧产生位移,最大位移量达 460 mm。

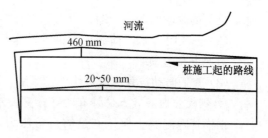

图 2-11　打桩造成土体位移示意图

因河流存在,在编制施工组织设计时考虑向场地内方向挤压位移,所以选择首先施工沿河流的桩。其结果还是存在桩体向江河侧倾倒位移,而且长地表下 3～4 m 桩体存在开裂或有折断点,这对传递竖向压力是致命的,需加固处理。结果说明挤土施工的超静孔隙水压力累积值太大,会产生超静孔隙水压力影响范围内的桩体发生折裂或折断的风险。

当邻周的建(构)筑物需要挤土影响,若保护侧先施工会存在桩体的开裂或折断的风险;在保护侧先施工部分桩后随即远离,然后在不对先施工部分桩造成挤土影响的区域进行施工,以便让保护侧桩的混凝土强度增长形成抗侧移的能力;或者另加防治挤土影响的措施,例如:采取取土植桩、挖地沟泄压、打泄压桩孔泄压等措施,方能保护邻周建(构)筑物不受或减弱挤土的影响。

2) 压力水穿越桩体混凝土从桩顶喷出水柱的分析

在场地土的地层内产生压力水有两个原因:其一,桩穿越或进入有微承压的土层,如地层局部粉细砂层或砂层具有微承压水;其二,地表硬壳层的密封,水位标高为地面以下 0.5 m,硬壳层以下渗透性好的填土被水浸泡,以下为淤泥质土;沉管挤土产生孔隙压力将淤泥质土隆起而压缩渗透性好的填土层,填土层的水受到压缩成为承压水。

不管土层内存在微承压水或挤土施工地基土隆起产生压缩的有承压的地下水均会通过混凝土桩体穿出,在桩顶以水柱形式喷出,最高可达 1 m,一般在 0.2～0.5 m。水柱在沉桩后 1～2 h 消失,也有 24 h 后还在微量冒水。

在工程实践中,桩顶喷有压力水的桩的质量如何呢?开挖检查桩身截面,截面中间有 $\Phi 20～\Phi 50$ mm 的出水通道穿越桩身至桩顶喷出压力水。该通道是没有水泥的砂石,一旦在桩截面中间形成通道后不再扩大,但小直径通道截面面积达不到桩截面的 3%～5%,对桩的承载力影响不大。

3) 水流带走桩体混凝土中的水泥形成无承载力的砂石桩

当施工场地存在潜流水后会将刚施工好的桩混凝土稀释呈流动状。若被潜流水穿过桩身,则桩混凝土中的水泥被潜流水带走,成为无水泥胶结的砂石桩,完全丧失承载能力。

下述情况会产生水流带走桩体混凝土中的水泥:

(1) 施工场地有渗透性好的土层有水排出,排出的水流动穿越桩身,或有潜流水存在的地层,水流均能将桩身混凝土中的水泥带走。

(2) 近河流水位变化由渗透性好的土层将变化水位穿越桩身,引起初凝前混凝土中的水泥随水的流动而被带走。

(3) 近海因潮起潮落水位变化导致水流通渗透性强的土层而穿越桩身,引起初凝前桩混凝土中的水泥随潮起潮落的水流流动而带走。

4) 沉管灌注桩产生桩体局部颈缩的因素分析

软土地区产生图 2-12 桩身混凝土的颈缩的原因归纳为:

(1) 钢模管内自重压力不足,钢模管上拔时桩孔回缩的速度大于管内混凝土自重下落充填桩孔的速度而产生颈缩。

（2）桩孔周边施工荷载或超静孔隙水压力发生较大变化情况下发生颈缩。

（3）施工振动拔管速度过快引发颈缩。

4. 钢模管内混凝土保持有足够自重压力的掌控

钢模管内混凝土保持有足够自重压力，使钢模管上拔时管内混凝土自重作用下快速充填桩孔，使混凝土充填桩孔的速度大于钢模管上拔土层内桩孔回缩的速度，形成等径、连续、密实的混凝土桩体。

如何使钢模管内混凝土保持足够的自重压力，即将钢模管内混凝土保持满管上拔，以举例进行说明：

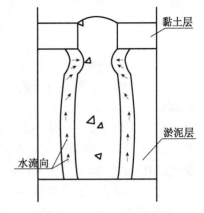

图 2-12　桩身混凝土颈缩示意

例如，某工程采用沉管灌注桩，桩入土深度 28.5 m，桩径 426 mm，截面积 0.143 m²，自然地面为±0.00，桩顶标高−0.5 m；施工选用 Φ426 钢模管，壁厚 12 mm，30 m 长钢模管，钢模管截面内净面积 0.135 m²。

桩的混凝土体积为 $(28+0.5) \times 0.143 \times 1.05 = 4.28$ m³，计算式中 0.5 m 为桩顶浮浆须凿去的部分，1.05 为充盈系数。

灌入钢模管总长度为 4.28 m³ $\div 0.135$ m² $= 31.7$ m，钢模管沉入土层 28.5 m，管顶离地面为 1.5 m。将钢模管内灌混凝土至管满为 30 m，振动上拔 1.7 m（即为第二次灌混凝土的钢模管上拔高度为 $31.7-30 = 1.7$ m）。从钢模管的上口灌入混凝土至管满（钢模管的上口离地高度 $1.5+1.7 = 3.2$ m），振动上拔出地面完成桩的成桩施工。

不论挤土施工的沉管灌注桩或取土施工的沉管式灌注桩，采用钢模管的沉管施工方式的工艺，均会存在钢模管内混凝土保持有足够自重压力。确保钢模管上拔时管内混凝土自重压力快速充填桩孔，确保混凝土充填桩孔的速度大于钢模管上拔土层内桩孔回缩的速度，是形成等径、连续、密实桩体灌注桩的重要保障。

2.2.2　由沉管灌注桩调节桩长的预应力管桩

2.2.2.1　研究沉管灌注桩与预应力管桩合一的组合桩意义

由沉管灌注桩调节桩长的预应力管桩是沉管灌注桩与预应力管桩合一的组合桩。研究意义如下：

（1）可以减少沉管灌注桩施工桩机的高度，提高桩机稳定与安全性，在移位过程中不倾覆。

（2）预应力管桩在桩端持力层起伏较大的地层中施工，使用预应力管桩情况下不会产生截桩。

（3）套入预应力管桩类似送桩杆的钢模管的短套管的高度≥0.8 m，使混凝土出口直径成为接桩的直径并能传递压桩力，而二桩的连接节点可靠有保障。

下面分别叙述这三个意义：

1. 两桩接合的节点可靠性

图 2-13 为钢模管套入预应力管桩传递沉桩压力施工，类似预制桩施工的送桩杆套入

预制桩的施工节点,钢模管相当于送桩杆。

钢模管的直径比预应力管桩的直径小 50 mm,底部焊接的短钢管,短钢管的内径大于预应力管桩的外径 10～15 mm,便于方便套入预应力管桩,钢模管的最小长度为拟建工程桩端持力层的层面最大高差再加上进入持力层的深度。预应力管桩最上段桩需做封孔与焊接锚筋处理,如图 2-13 所示的管孔用混凝土封孔,及在管顶钢锚板面上焊接 6Φ12,按圆形排列,圆形直径比钢模管内径小 10～15 mm,便于进入如图 2-13 所示的钢模管内,锚固钢筋的长度 $L \geqslant 500$ mm。

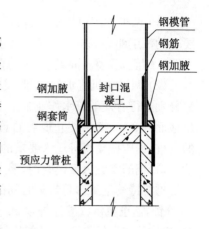

图 2-13 组合桩连接节点

短钢管套入预应力管桩,钢模管直接支承在预应力管桩的顶面上传递沉桩施工的压桩力,短钢管的底为沉管灌注桩的混凝土出口,形成比预应力管桩截面略大的灌注桩,管桩的 6Φ12 与钢筋笼 500 mm 的搭接,使节点可靠连接。

2. 降低桩机高度确保稳定安全施工

桩机立杆的高度为施工沉管灌注桩的桩长加 1～2 m 的钢模管长度,还须留出 5～7 m 振动锤活动夹具及调节距离。例如,宁波地区深厚软土的深度可达 40～50 m,再加 5～7 m 的调节距离,桩机立杆的总高度约 60 m,尤其是北仑区经常施工 50 余米的沉管灌注桩。桩长对成桩质量是不成问题的,但有可能会发生桩机倾倒的安全性问题。

在《宁波市沉管灌注桩设计与施工细则》修订为《宁波市建筑桩基的设计与施工细则》(2001 甬 DBJ02-12)时,对沉管灌注桩的桩长与承载力取值产生争论。规范条文出于安全考虑,限定沉管灌注桩的桩长,如 Φ377 的桩长≤28 m,Φ426 的桩长≤32 m;桩的承载力值也因桩长的限制作出相应的下调规定。

采用沉管灌注桩与预应力管桩组合的桩,可以应用安全高度的桩机,同样可施工超长的由沉管灌注桩调节桩长的组合管桩,包括在软土地层施工超 50 m 的组合管桩,桩长可用预应力管桩节数(每节 12 m)确定,用 20 m 长钢模管。当施工桩机＜30 m 时,桩机稳定性好,先沉两节预应力管桩,可施工 42 m 长的桩,先沉三节预应力管桩,可施工 54 m 长的桩。而施工桩机＜30 m 时,满足超长桩安全施工的条件。

3. 预应力管桩进入高低起伏悬殊的桩端持力层中的不截桩技术

为保证桩的承载力值,预应力管桩必须进入起伏悬殊的桩端持力层一定深度的要求。由于持力层起伏悬殊,但管桩生产规格限制,工程仅仅应用 1～3 种桩长规格无法调整到每个桩位实际所需的桩长。工程实践中,几乎每施工完一根桩须截桩后才能转入下一桩位,结果可能会存在 80%～90% 截桩率。一般地质条件中出现截桩属于正常情况,但管桩截桩不单影响工效,而且影响与承台连接质量。如果运用沉管灌注桩调节桩长与预应力管桩相组合,桩达到相同的承载力值,而且在施工中完全可以不需要截桩。

根据勘察报告提供的地质剖面确定持力层的层顶标高的最高值与最低值的高差范围,再考虑桩端进入持力层深度即为施工沉管灌注桩的钢模管长度。预应力管桩的桩长按持力层的层顶标高的最高值配置。

按下述桩机配置的施工:

（1）两桩共用单机施工：相当于预制桩施工的沉桩与送桩，相同的是用送桩杆将桩送入要求的深度即完成桩的施工，不同的是用送桩杆（钢模管）将桩送入要求的深度，在钢模管内置入钢筋笼，灌入混凝土，振动拔出钢模管成组合桩。

（2）两桩分机流水施工：假设甲桩机施工预应力管桩，乙桩机施工沉管灌注桩，甲、乙桩机分别进行有效的流水作业施工工程转，分别统计甲桩机施工预应力管桩沉完最后一节高出地面 0.3～0.5 m 终止所需的总时间。乙桩机统计将钢模管套入高出地面 0.3～0.5 m 的管桩，加压振动将桩送入要求的高程（满足桩端进入持力层的深度）。夹持器脱离钢模管的上口，钢筋笼置入钢模管内，灌入混凝土，振动拔出钢模管成桩，统计累计施工的时间。

桩机持续施工占总当天时间的比例越大，机械发挥的效率越高。如果甲桩机沉管桩须40 分钟，乙桩机沉管灌注桩须 20 分钟，配置两台甲桩机沉管桩，一台乙桩机施工沉管灌注桩，机械效率发挥率近 100%，机械无闲置，而两桩共用单机的施工待机率＞50%。待机率直接影响桩机效率的发挥，待机时间越长，桩机效率发挥率低，机械使用不经济。

两种不同桩型采取分机分步骤交叉流水施工，提高桩机应用效率高，提高企业盈利。

2.2.2.2　设计与施工实例

1. 组合桩的设计

1）相同截面积不同桩型的每米桩长价格对比分析

结合某工程的实例分析：沉管灌注桩与预应力管桩每米桩长的综合单价是不同的，所以存在选用桩的桩型与截面的优化。由于存在所在地区与应用时间上的价格差异，不能将优化的结果直接应用，须按优化的方法经计算与分析确定。

例如以宁波为例进行具体阐述，沉管灌注桩的综合单价 700 元/m³，Φ426 沉管灌注桩每米桩长价(0.426² × 3.14)/4 × 700 ＝ 99.7 元/m，预应力管桩 Φ400 出厂价 85 元/m，沉桩施工费每米 15 元合计每米桩长价为 100 元/m，价格对比两种桩型的每米桩长价相近。由于桩的桩径 Φ426 与 Φ400 的变化与地质参数的侧阻力不同，尚须对桩的单位承载力造价的进行对比，即单桩均换算成每千牛顿承载力值的造价后作对比。

2）桩的承载力值的估算

设计桩端持力层选为④-3 的含黏性土的砾砂，进入持力层深度≥1 m；按布桩设计要求，桩的承载力特征值≥800 kN。根据设计要求选择沉管灌注桩与预应力管桩两种桩型作对比分析后确定应用桩型。

（1）勘察报告提供的估算参数如表 2-6 所示。

表 2-6　桩端、桩侧土的阻力特征值表

地层编号	地层名称	土层厚度 /m	沉管灌注桩		预应力混凝土管桩	
			桩侧阻力特征值 q_{si}	桩端阻力特征值 q_{pi}	桩侧阻力特征 q_{si}	桩端阻力特征值 q_{pi}
			kPa	kPa	kPa	kPa
①-1	粉质黏土	1.5	14	—	15	—
②-1	淤泥质粉质黏土	32.0	6	—	6.5	—
③-1	含黏性土砾砂	2.5	28	—	32	—

地层编号	地层名称	土层厚度 /m	沉管灌注桩		预应力混凝土管桩	
			桩侧阻力特征值 q_{si}	桩端阻力特征值 q_{pi}	桩侧阻力特征 q_{si}	桩端阻力特征值 q_{pi}
			kPa	kPa	kPa	kPa
④-1	黏土	1.5	24	850	27	900
④-2	黏土	1.2	20	—	24	—
④-3	含黏性土砾砂	1.0	32	2 300	40	2 500

（2）桩的承载力特征值估算：

$$R_a = u \sum q_{si1} l_i + q_{si2} l_i + q_p A \tag{2-9}$$

式中　q_{si1}——组合桩 1 相对应的桩侧第 i 层土的侧阻力特征值。

　　　q_{si2}——组合桩 2 相对应的桩侧第 i 层土的侧阻力特征值。

例：施工桩长 39.7 m，如果沉管灌注桩还需增加振动锤、活动夹具与预留安全距离等约为 7 m，即施工桩机械高度为 45.7 m，远超出桩机安全施工的高度≤35 m；如果施工桩为预应力管桩可用安全高度的桩机施工。

Φ426 沉管灌注桩（表 2-6）：

$R_a = 1.34 \times (14 \times 1.5 + 6 \times 32 + 28 \times 2.5 + 24 \times 1.5 + 20 \times 1.2 + 32 \times 1) +$
$\qquad 2\,300 \times 0.142 = 502.5 + 326.5 = 829 \text{ kN}$

Φ400 预应力管桩（表 2-6）：

$R_a = 1.26 \times (15 \times 1.5 + 6.5 \times 32 + 32 \times 2.5 + 27 \times 1.5 + 24 \times 1.2 + 40 \times 1) +$
$\qquad 2\,500 \times 0.126 = 529 + 315 = 844 \text{ kN}$。

这两种桩的承载力特征值相近均满足≥800 kN 的要求，从经济性分析每千牛承载力值的造价是相等的，取沉管灌注桩或预应力管桩均可以。但从勘察报告剖面揭示，④-3 的层面起伏大，用沉管灌注桩可用压桩力控制进入④-3 层的深度；施工钢模管长度还须加上持力层高差的距离，对施工桩机的高度需要更高，远超出桩机安全施工高度≤35 m 的要求，沉管灌注桩方案不可取。

施工现场应用预应力管桩作为工程桩型方案，因桩端进入持力层的层面标高起伏变化大，而且是无规律层面起伏，不能推算每个桩位的预应力管桩的桩长，也无法在现场正确配桩。这种情况下大比例截桩是不可避免，而且截桩势必会增加成本，一般情况下会增加 10% 的桩基造价。而且，更为重要的是截桩后桩顶与承台锚固质量受到影响。

一般情况下，预应力管桩截桩后在空腔内浇筑 1 m 混凝土，以插锚筋与承台连接。由于预应力管桩是由离心浇筑的，管桩的内壁为低强度的浮浆，截桩后的桩顶以下灌筑 1 m 的插筋混凝土，该混凝土与管桩的内壁浮浆胶结不好。例如，某工程在暴雨期发现预应力管桩截桩比例高的地下室出现上浮，桩顶以下灌筑 1 m 高插筋的混凝土沿管桩内壁上拔，犹如瓶塞一样的拔出，水位下降地下室回沉，犹如瓶塞一样再度盖紧，故该节点失去预应力管桩的抗拔性能。

（3）沉管灌注桩调节的预应力管桩

最合理的选择沉管灌注桩调节的预应力管桩,当持力层层面的最大高差为 7.5 m,选择桩长 32 m 的预应力管桩为主沉桩,桩下 7.7 m 采用沉管灌注桩作为调节桩,组合桩型。使用沉管灌注桩调节预应力管桩的桩型不仅能满足承载力的要求,桩基造价相同,而且桩机施工高度能满足安全性要求,又无须截桩。

2. 沉管灌注桩调节的预应力管桩的施工

1）沉管灌注桩施工的钢模管

钢模管为外径 Φ377 壁厚 12 mm,长度 10 m,钢模管焊接长度≥0.8 m 长的短钢管,钢管直径为 Φ426,壁厚 10 mm,套入 Φ400 预应力管桩的间隙仅 3 mm,套入时需调整钢模管垂直后方可套入。如有管径 Φ450 钢管壁厚 10 mm 为最佳,则套入 Φ400 预应力管桩的间隙可达 15 mm,可方便套入。

将 Φ377 管插入短钢管内 200 mm,焊接为整体的沉管灌注桩施工的钢模管。由于短钢管 Φ426（或 Φ450）存在 800 mm 长度的护壁作用,钢模管内混凝土有足够自重压力。当振动上拔钢模管时,土体在护壁作用下推迟回弹,让有足够自重压力的混凝土充填桩孔,最终形成 Φ426（或 Φ450）截面的沉管灌注桩。

2）预应力管桩的配桩

32 m 长的预应力管桩,按三根桩段为 10 m＋10 m＋12 m 规格的长度进行组合配桩,最上面一节桩需将桩顶圆孔用混凝土或砂浆砖砌密封管孔,确保与沉管灌注桩接桩处混凝土不落入管桩空腔内。管桩顶的桩端厚钢端板上焊接 6Φ12 钢筋,长度 500 mm,为连接上段沉管灌注桩锚固筋,锚固筋按圆形均匀排列,圆的直轻比 Φ377 钢模管的内径小 20 mm。如图 2-13 所示,锚固筋伸入钢模管的内径,钢模管的底支承在管桩顶的桩端的钢厚端板上,传递沉桩压力。

3）成桩施工

上述组合桩型施工是将沉管灌注桩的钢模管当作送桩杆,作为沉桩的桩帽。第一节预应力管桩通过桩帽固定定位,将预应力管桩加压振动进入土层。桩压入土层后,待桩顶离地表 0.5~1 m 时,吊起第二节预应力管桩对中第一节桩,校正垂直分二次剖口焊接接桩。第三节预应力管桩吊起对中第二节桩,校正垂直分二次剖口焊接,完成三节桩的焊接。

钢模管作为沉桩的桩帽套入第三节管桩的上端（管孔已封孔,顶焊有锚固筋）加压振动将管桩沉入土层,带有桩帽的钢模管发挥送桩杆的作用。桩送至设计持力层一定深度后,夹持钳松开脱离钢模管上口,即在钢模管置入钢筋笼,伸入导管灌入混凝土。夹持钳重新夹紧钢模管上口振动拔出土层即完成组合桩的施工,转入下一桩位施工。

其成桩后的特征:下面三节桩为预应力管桩,上面一节桩为调节桩长的沉管灌注桩,即使持力层起伏高差竟达 7 m 多,桩端均进入持力层深度≥1 m,可以不截桩施工预应力管桩。

如果工程规模大,桩数多场地大,可采用分机施工预应力管桩与沉管灌注桩,按各施工桩型所需时间的比例确定各施工桩型所需桩机的数量,无机械闲置现象,按流水作业施工,高效率低损耗。

4）施工实例

舟山蚂蚁岛劈山填海造地的高填土地基,填土厚度达 20 m,高填土以下为海相沉积的淤泥层、粉质黏土与黏土层。为解决高填土地基的稳定性与海相沉积的厚层淤泥土层的过大的压缩沉降,原设计采用 Φ426 沉管灌注桩穿越 20 m 厚的高填土,10 余米厚的淤泥以及 5～6 m 厚软塑的粉质黏土,累计施工桩长达 41 m,须大于或等于 45 m 高桩机才能施工,远超出桩基能够稳定和安全施工的桩机高度。

为降低桩机的高度,确保桩基施工安全,优化后采用 12 m,Φ400 预应力管桩与 29 m 的沉管灌注桩的组合桩型,连接的节点如图 2-13 所示。桩基施工完成后,通过各类检测均能满足设计与规范的要求,并且安全效果与经济效益显著。

2.2.2.3　结语

(1) 因地质持力层埋置很深,选用沉管灌注桩为施工桩型的桩长超出安全施工桩机高度(安全高度≤35 m),要求施工超长沉管灌注桩,可以用一节或两节预应力管桩调节沉管灌注桩的施工长度,成为由预应力管桩调节沉管灌注桩的组合桩,使施工桩机的高度在安全施工高度范围内。

(2) 当桩端持力层埋深的层面有不规则的起伏高差时,在高差绝对值大时采用预应力管桩无法确定桩位精确桩长。工程桩需进入持力层一定深度,又不出现预应力管桩的截桩,须用超出高差绝对值的桩长的沉管灌注桩调节。如此,预应力管桩均能进入持力层达到设计要求的深度,不足的桩长由沉管灌注桩接长的组合桩,预应力管桩施工可不必截桩。

(3) 两桩接桩的节点具有加强的特点:

① 由钢模管焊接短钢管套入预应力管桩,沉桩施工时作施工桩帽用,灌筑混凝土时为钢管套,使沉管灌注桩的桩径大于预应力管桩的管径。

② 预应力管桩的钢端板焊接的 6Φ12 锚筋与施工的沉管灌注桩有 500 mm 长度的搭接,使连接处得到加强。

③ 短钢管内的钢模管底支承在预应力管桩的钢端板上,传递压力将桩送入持力层一定深度而保证桩的承载力值。

2.2.3　静压扩底沉管灌注桩

2.2.3.1　静压扩底沉管灌注桩概述

1. 研究静压扩底沉管灌注桩的意义

沿海地区为海相沉积的厚层淤泥质软土地层,地层中夹有薄层粉细砂层,按宁波市区的工程地质的地层划分称为第③层,厚度一般为 1～2 m,埋深位于地表以下 12～15 m,分布面广。

宁波地区从 20 世纪 80 年代初开始探求地质第③层的工程应用价值。研究能够在较低成本投入情况下提供满足多层建筑承载力的静压扩底沉管灌注桩型。沉管灌注桩的桩端在第③层薄层面与上层淤泥质软土的交界面处,将桩端混凝土挤扩成梨形的扩大头支承在薄砂层上,可使桩具有较高的承载力值。

在缺建造资金的时期,桩的材料成本是决定桩基工程造价主要因素,当时的劳动力成本很低,仅只有不到材料成本10%,节省建材降低成本的桩型是该年代的需求。

2. 填补大规模工程建设时期工程桩的空缺

宁波地区软土压缩变形持续达 20 年以上,以传统的天然地基设计的工程目前已出现大的沉降,甚至产生因不均匀沉降而倾斜。随着工程建设项目逐渐增多且建筑物自重越来越大,宁波地区建设项目必须采用桩基的观点逐渐被接受。

　　然而,摆在技术人员面前的难题是,在软土地区该采用什么桩型能在低成本情况下提供高承载力。此时,刚好有研究成果"软土地层挤土施工的沉管灌注桩"与"静压扩底沉管灌注桩"填补大规模工程建设时期工程桩的空缺。

　　尤其是"静压扩底沉管灌注桩"自研究成功至今已达35年,在前15~20年得到大规模的推广和工程应用,原因是当时劳动力成本很低,是建材成本决定桩基工程造价;在后15~20年,静压扩底沉管灌注桩应用逐年减少,至今已经消失,其原因是因劳动力成本逐年提高,已成为劳动力成本决定桩基工程造价。

　　3. 为什么将消失的桩型作详细介绍

　　静压扩底沉管灌注桩至今在市场上已消失,在资金缺乏的改革开放初期的工程建设中已发挥大的作用。至今,宁波市的还存在相当大比例的老住宅应用了静压扩底沉管灌注桩的住宅。静压扩底沉管灌注桩的发展历史和桩基技术的传承还是作为桩型作详细介绍。

2.2.3.2　静压扩底沉管灌注桩的成桩工艺与参数

　　世界上采用钢模管成桩的扩底工艺很多,如美国专利 NO406.359 与英国专利 GB2129859A 等,但均不能在饱和软土地层的成形扩底。弗朗基桩(Franki Pile)与得尔塔桩(Delta Pile)相比,除了施工设备与成桩工艺的差异之外,在扩底过程难以避免流态重塑土的冲入。本技术的静压扩底沉管灌注桩在软硬交界面采用挤扩杆挤压混凝土扩底,可避免流态重塑土的冲入扩底混凝土内,使桩达到高的承载力值。

　　1. 静压扩底成桩的工艺(图 2-14)

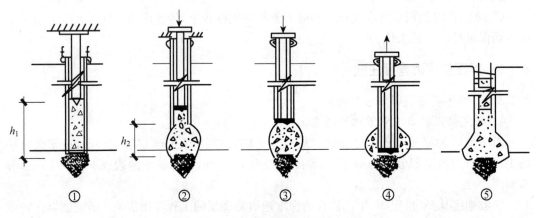

图 2-14　静压扩底成桩工艺流程图

　　(1) 将钢模管套入预制混凝土桩靴加压振动沉入土层,使混凝土桩靴进入薄层粉细砂或粉土层 $d \sim 1.5d$(d 为桩径),在钢模管灌入扩底混凝土 h_1,在钢模管内插入扩底杆,固定扩底杆。

　　(2) 扩底杆固定不变,上拔钢模管的混凝土挤扩高度 h_2,固定钢模管。

　　(3) 在钢模管固定,放松扩底杆,并向下加压振动扩底杆,混凝土在挤扩高度 h_2 处挤扩。

（4）在钢模管固定，扩底杆继续向下加压与振动使扩底杆连同钢模接近预制混凝土桩靴的顶面，扩底混凝土直径达到最大后拔出扩底杆，钢模管内即引成的桩孔，桩孔内插入钢筋笼与浇筑混凝土。

（5）振动拔出钢模管，即成静压扩底灌注桩，在软硬交界面挤扩成大头形桩。

在地质剖面的粉细砂薄层与淤泥质软土交界面扩底施工，采用 Φ325 钢模管施工 Φ600 的扩底直径，估算扩底混凝土量 h_1 和扩底高度 h_2。在港务局槐树路住宅桩基采用 Φ325 钢模管。在地质剖面的可塑状粉质黏土薄层与淤泥质软土交界面扩底施工，计划施工扩底直径为 600 mm 的扩底直径，估算扩底混凝土量 h_1 和扩底高度 h_2。两个工程分别经过桩的静载荷检测后，用加压水管冲切使桩脱离拔出土层，观察与检验下述参数：

① 检验桩的扩底直径。

② 检验持力层为粉细砂与粉质黏土层桩的扩底形状。

③ 检验钢模管内扩底混凝土的灌入量 h_1 和挤扩高度 h_2，验证扩底混凝土的估算公式。

根据拔出土层的扩底桩如图 2-15 与图 2-16 所示。

图 2-15 砂土持力层扩底 　　 图 2-16 软可塑持力层

2. 扩底施工的参数

1）扩底直径的估算

扩底直径与灌入钢模管内混凝土的体积有关，钢模管直径已知就可以计算，按球形计算出直径乘以扩底直径增大系数（1.1～1.3），可得到下述估算公式：

$$D = d_1 \cdot \eta \sqrt{\frac{h_1 + h_2}{h_2}} \qquad (2\text{-}10)$$

式中　h_1——灌入钢模管内混凝土的高度（m）；

　　　h_2——扩底杆固定钢模管上拔的高度（m）；

　　　d_1——钢模管的内径（m）；

　　　D——扩底直径（m）；

　　　η——扩底直径增大系数（1.1～1.3）。

2）估算扩底直径与拔出土层的实测直径对比

如图 2-15 所示的桩长 11.7 m，桩径 325 mm，钢模管内径的 $d_1 = 0.305$ m，$h_1 = 2.3$ m，

$h_2=1.2$ m，$\eta=1.1$，按式(2-10)计算 $D=0.57$ m，拔出土层测量的 $D=0.61$ m。

如图 2-16 所示的桩长 14.5 m，桩径 325 mm，钢模管内径的 $d_1=0.305$ m，$h_1=2.95$ m，$h_2=1.5$ m，$\eta=1.1$，按式(2-10)计算 $D=0.578$ m，拔出土层测量的 $D=0.58$ m。

（1）按估算扩底直径的公式计算结果与拔出土层实测扩底直径接近，而且按公式计算值略小于实测值，应用于工程偏安全。

（2）不同持力层产生不同扩底形状，如粉细砂层或坚硬土的扩底呈的梨状底，当持力层为可塑-软塑的扩底呈头小中间大的橄榄状扩底(图 2-16)。

2.2.3.3　静压扩底灌注桩与预制方桩技术经济对比

1. 静压扩底桩与预制方桩对比

1）多层厂房实例

采用 Φ325 静压扩底灌注桩，桩长 11.8 m，计算扩底直径 $D=0.55$ m，预制钢筋混凝土方桩截面为 300 mm×300 mm，桩长 12 m。施工完成后各桩型随机挑选 2 根分别作静载测桩(慢速持荷法)，其中静压扩底灌注桩养护周期已达 28 天，预制方桩比扩底桩沉入土层早 10～15 d。通过静荷载检测分别得到静压扩底灌注桩 $Q_{uk}=680$ kN，预制方桩 $Q_{uk}=430$ kN，Q-S 曲线如图 2-17 所示。

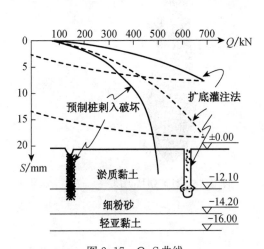

图 2-17　Q-S 曲线

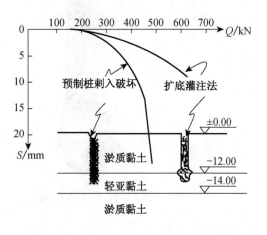

图 2-18　Q-S 曲线

对参与试验的 2 种桩型的静荷载检测结果进行解析，解析结果见静压扩底桩与预制方桩的对比表 2-7。

表 2-7　静载测桩结果见静压扩底桩与预制方桩的对比表

指标 桩型	极限值 Q_{uk}/kN	混凝土量 /m³	钢筋/kg	水泥量/kg	每立方米混凝土的承载力值 /(kN·m⁻³)		每 100 kN 承载力 工程价/[元·(100 kN)⁻¹]	
					承载力	百分比/%	造价	百分比/%
预制方桩	430	1.125	180	450	382	100	72.8	100
静压扩底桩	680	1.2	25	432	567	144.4	24.4	33.5

2）某火柴厂工程实例

预制 300 mm×300 mm 方桩，静载测得桩的 $Q_{uk}=450$ kN，Φ325 静压扩底灌注桩，静

载测得桩的 $Q_{uk}=575$ kN，$Q\text{-}S$ 曲线如图 2-18 所示。两桩的静载测桩（慢速持荷法）结果见静压扩底桩与预制方桩的对比表 2-8。

表 2-8　静压扩底桩与预制方桩的对比表

指标 桩型	极限值 Q_{uk}/kN	混凝土量/m³	钢筋/kg	水泥量/kg	每立方米混凝土的承载力值		每 100 kN 承载力工程价/元	
					承载力/kN	百分比	造价	百分比
预制方桩	450	1.17	187	516	385	100%	64.27	100%
静压扩底桩	575	1.244	26	448	462	120%	29.86	46.5%

从上述 2 个工程的桩基静载检测（慢速持荷法）结果显示，静压扩底桩每 100 kN 承载力的工程造价相当于预制方桩的 1/3～1/2，其经济性的凸出显现是加速市场的推广应用的原因。

2. 静压扩底桩与预制大头桩及沉管灌注桩对比

静压扩底灌注桩与预制方桩在宁波类同地质条件作过 20 余组的对比检测，持力层均在第③层薄层粉细砂，该层地质离地表浅的 8～9 m，深的 12～14 m。为避免复杂的静压扩底工艺，研究大头型平底桩按沉管灌注桩施工既方便，又成大头底。在磁性材料厂综合楼工程的场地外作静压扩底桩与预制大头桩及沉管灌注桩的三桩承载力值的静载荷对比检测。

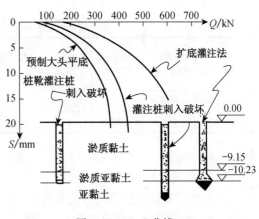

图 2-19　$Q\text{-}S$ 曲线

静压扩底桩桩长 9.2 m，计算扩底直径 0.6 m，沉管灌注桩的桩长 11.7 m，平底大头形沉管灌注桩桩长 9.25 m，均采用 Φ325 钢模管施工（桩径 325 mm）。静载荷试桩得到静压扩底桩的极限承载力值为 570 kN，平底大头形沉管桩的极限承载力值为 325 kN，沉管灌注桩的极限承载力值为 405 kN，见图 2-19 的 $Q\text{-}S$ 曲线，三桩对比见表 2-9。

表 2-9　静压扩底桩与预制大头桩、沉管灌注桩的三桩对比表

指标 桩型	极限值 Q_{uk}/kN	混凝土量/m³	钢筋/kg	水泥量/kg	每立方米混凝土的承载力值		每 100 kN 承载力工程价	
					承载力/kN	百分比	造价/元	百分比
预制大头桩	325	0.98	25	370	332	100%	45.0	100%
静压沉管桩	405	1.06	20	380	380	114%	34.9	77.5%
静压扩底桩	570	1.05	20	540	543	164%	20.3	68.3%

平底大头形沉管桩的承载力值取决于薄层持力层的土性，桩的预制大头在沉管施工时对土体已产生翻动式扰动，导致土的抗剪强度几乎为零。但如果持力层是粉细砂层，则能充分发挥粉细砂的端阻力作用的地质条件，是一种较为经济的，可在工程中应用的

桩型。

3. 静压扩底桩与沉管灌注桩的复打桩对比

复打的沉管灌注桩：即在无筋的沉管灌注桩完成后,在桩中再埋入预制桩靴,套入钢模管二次沉管施工灌筑混凝土,使桩的直径扩大。如用Φ325 mm钢模管施工复打桩,原有桩径325 mm,复打后桩径可扩大到458 mm。

根据复打的沉管灌注桩与静压扩底灌注桩的工程实践对比:复打桩桩长9.25 m,静压扩底桩桩长7.6 m,计算扩底直径0.73 m。分别作静载荷试桩得到静压扩底桩的极限承载力值为700 kN,平底大头形沉管桩的极限承载力值为660 kN,见图2-20的Q-S曲线,两桩对比见表2-10。

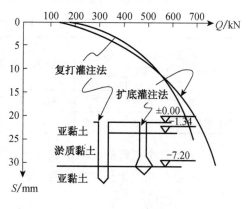

图 2-20　Q-S 曲线

表 2-10　静压扩底桩与复打沉管灌注桩的对比表

指标 桩型	极限值 Q_{uk}/kN	混凝土量/m³	钢筋/kg	水泥量/kg	每立方米混凝土的承载力值		每100 kN承载力工程价	
					承载力/kN	百分比/%	造价/元	百分比/%
复打沉管桩	660	1.836	23	532	359	100	26.73	100
静压扩底桩	700	1.033	23	367	655	182	16.02	60

2.2.3.4　重提消失桩型的意义

1. 推广应用桩型研发思路

在海相沉积的浅层薄持力层且在多层住宅或单层厂房应用桩基,能够提供中低承载力值的桩基,能满足经济刚起步阶段的建设用桩。随着经济发展与高速的城市建设,劳动力成本逐年提高,施工企业不愿意施工复杂、工程量小、利润低的桩型。

静压扩底灌注桩应用于工程也在逐年快速减少,至今的劳动力成本已超出桩的材料成本,工地上已见不到静压扩底灌注桩的施工,21世纪后已完全从市场上消失。

消失的静压扩底桩的启示:

(1)研发浅层的薄持力层可应用的桩型有深度研发的潜力。

(2)沉管式施工的混凝土挤扩工艺是高承载力桩的研发思路,静压扩底桩的桩型可以消失,静压扩底桩的研发思路应得到传承。

2. 静压扩底桩带动研发高潮

20世纪80年代以前以多层建筑为主的小城市。几乎没有新的建设工程,而且当时建设人才极少,技术力量薄弱。

建设工程需要出现静压扩底灌注桩,在浅层薄持力层上的桩型,成为建设工程的主要桩型并得到全面推广,并引发全市工程技术人员大胆创新,先后出现的桩型有:带砂壁预制大头型沉管灌注桩、预制平底大头型沉管灌注桩、预制凹底大头型沉管灌注桩与预制十字尖平底大头型沉管灌注桩,均为桩端扩大提高桩端阻力,而且均为预制的大头桩靴替代复杂的静压扩底。

2.2.4 预制大头平底型沉管灌注桩

2.2.4.1 概述

1. 发展历史

预制大头平底型沉管灌注桩由静压扩底桩技术发展而来,是由宁波市建设工程技术人员中开发的建设工程桩基础创新桩型。

随着静压扩底灌注桩的发展,建设投资者愿意施工等径沉管灌注桩,而不愿意施工复杂工序的静压扩底桩型。

该时期形成以等径沉管灌注桩为主导桩型,先后出现与沉管灌注桩相同的成桩工序预制大头型沉管灌注桩,即有带砂壁预制大头型沉管灌注桩(图 2-21(a))、预制平底大头型沉管灌注桩(图 2-21(b))、预制凹底大头型沉管灌注桩(图 2-21(c))以及预制十字尖平底大头型沉管灌注桩(图 2-21(d))。

上述桩型均为通过扩大桩端提高桩端阻力,而且均采用预制大头型桩靴构件。因为采用预制大头型桩靴与沉管灌注桩工艺和质保体系,替代静压扩底灌注桩的复杂扩底工艺,实现大头型沉管灌注桩,其中大头型沉管灌注桩始终未成为主导桩型,但等径沉管灌注桩的桩型持续至今。

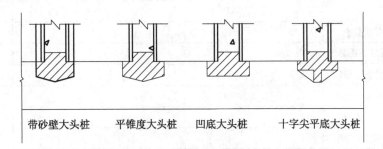

|带砂壁大头桩|平锥度大头桩|凹底大头桩|十字尖平底大头桩|

图 2-21　大头桩类型

图 2-22　预制十字尖平底大头沉管灌注桩的桩靴

2. 适用条件

如图 2-22 所示,适用于桩端持力层为砂层(≥中密的砂层)或黏土、粉质黏土($I_L \leqslant 0.3$)

中。桩端阻力大的土层扩大端承面积可使桩的承载力值提高,但预制大头桩靴会在沉桩过程对土层产生翻动性扰动而使桩侧阻力下降。故而,该桩型适用于扩大端承面积而使桩的承载力值提高的效果大于沉桩过程对土层产生翻动性扰动而桩侧阻力下降效果的土层中。

选择持力层的条件可由下式计算确定:

$$q_p \cdot A \Big/ \big[u \sum (q_{si} l_i) \big] \geqslant 1 \qquad\qquad (2\text{-}11)$$

选择持力层条件计算公式说明:桩的总端阻力与桩的侧摩阻力之和的比值大于或等于1,说明桩端持力层较硬。其土性指标为中密以上的砂土或液性指数小于0.3的硬可塑黏土或粉质黏土。

2.2.4.2　预制十字尖平底大头型沉管灌注桩的设计与计算

1. 桩的承载力值的计算

1) 勘察报告提供的估算参数

表 2-11　桩端、桩侧土的阻力特征值表

土层编号	土层名称	土层厚度 /m	沉管灌注桩		预应力混凝土管桩	
			桩侧阻力特征值 q_{si}	桩端阻力特征值 q_{pi}	桩侧阻力特征值 q_{si}	桩端阻力特征值 q_{pi}
			kPa	kPa	kPa	kPa
①-1	粉质黏土	1.5	14	—	15	—
②-1	淤泥质粉质黏土	20.0	6	—	6.5	—
③-1	含黏性土细砂	2.5	28	—	32	—
④	粉质黏土	1.5	24	850	27	900
⑤-1	黏土	1.2	20	—	24	—
⑤-3	含黏性土砾砂	1.0	32	2 300	40	2 500

2) 大头型桩靴沉管灌注桩的竖向承载力特征值

施工桩长 27.7 米,采用 Φ426 钢模管施工预制十字尖平底大头桩靴的沉管灌注桩,预制十字尖平底大头桩靴的直径为 600 mm。

(1) 检验适用条件:

根据式(2-11)计算: $q_{pi} \cdot A \Big/ \big[u \sum (q_{si} l_i) \big] = 651/303 = 2.15 \geqslant 1$,持力层条件满足要求。

(2) 桩的竖向承载力特征值

$R_a = u \sum (q_{si} l_i) + q_p A = 1.34 \times (14 \times 1.5 + 6 \times 20 + 28 \times 2.5 + 24 \times 1.5 + 20 \times 1.2 + 32 \times 1) + 2\,300 \times 0.283 = 303.5 + 651 = 954$ kN。

2. 与 Φ500 预应力管桩分析对比

1) 预应力管桩承载力特征值

$R_a = u \sum (q_{si} l_i) + q_p A = 1.57 \times (15 \times 1.5 + 6.5 \times 20 + 32 \times 2.5 + 27 \times 1.5 + 24 \times 1.2 + 40 \times 1) + 2\,500 \times 0.196 = 536.6 + 490 = 1\,026$ kN。

2) 大头型沉管灌注桩与 Φ500 预应力管桩经济性对比

(1) 管桩综合单价:

预应力管桩：Φ500 预应力管桩出厂运至工地价 115 元/m,沉桩施工费 20 元/m。合计 135 元/m;每根桩价 135×28＝3 780 元/根。

预制大头型沉管灌注桩：Φ426 沉管灌注桩每立方米 700 元,预制 Φ600 大头桩靴每只 120 元;每根桩价 0.142×(27.7＋0.5)×700＋120＝2 923 元。

(2) 大头型沉管灌注桩与 Φ500 预应力管桩经济性对比汇总如表 2-12 所示。

表 2-12　大头型沉管灌注桩与 Φ500 预应力管桩经济性对比汇总表

对比桩型	大头型沉管灌注桩				Φ500 预应力管桩			
指标	承载力值/kN	单根桩价/元	每 kN 承载力价/元	对比	承载力值/kN	单根桩价/元	每 kN 承载力价/元	对比
数据	954	2 923	3.06	100%	1 026	3 780	3.68	120.3%

大头型沉管灌注桩与 Φ500 预应力管桩经济性对比结果:大头型沉管灌注可节省 20% 造价。

2.2.4.3　预制十字尖平底大头型沉管灌注桩的施工

1. 施工大头型沉管灌注桩程序

(1) 如图 2-24 所示,在设计桩位预埋十字尖平底大头型桩靴,桩机就位。钢模管套入预埋十字尖平底大头型桩靴顶部,校正垂直度,静压沉入土层,直至进入持力层。其压桩力为 1.5R_a,可采用振动锤协助使大头型桩靴沉入设计要求达到的深度。

(2) 检查钢模管内是否有大头型桩靴,在沉管过程是否出现翻转造成进泥或进水,这决定施工是返工还是继续按程序施工。

(3) 在钢模管内置入钢筋笼,用钢丝绳挂吊,保证钢筋笼定位,灌满混凝土后准备上拔钢模管。

(4) 振动上拔将钢模管拔出土层施工成桩。

图 2-23 为预制十字尖平底大头型沉管灌注桩。图 2-24 为其施工工序示意。

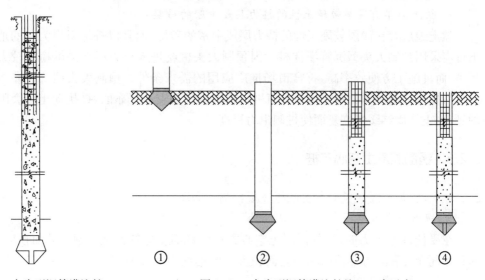

图 2-23　大头型沉管灌注桩　　　　图 2-24　大头型沉管灌注桩施工工序示意

2. 控制管内混凝土自重压力的质量控制点

1) 管内混凝土灌筑最小高度控制

钢模管内混凝土的最小高度保证足够的自重压力,按式(2-1)可计算钢模管内浇灌混凝土的最小高度 h。当 h 满足不了要求时,钢模管振动上拔时会因管内混凝土自重压力不足而出现混凝土无法下落,无法形成连续、等径密实的桩。

2) 二次在管内满灌混凝土的施工法

以有效桩长 27.7 m,用 Φ426 钢模管施工预制十字尖平底大头桩靴的沉管灌注桩为例,Φ426 钢模管的长度 29 m,壁厚为 12 mm,管内净面积为 0.127 m^2,自然地面为 ±0.00,桩顶标高 −0.8 m,钢模管入土底标高 −28.5 m,钢模管顶离地面高度 29−28.5=0.5 m。桩除预制大头桩靴以外的灌注桩的混凝土量为 0.142×(27.7+0.5)=4.02 m^3,全部灌入管内的总长度为 4.02 m^3/0.127 m^2=31.63 m,在钢模管内满灌混凝土,此时的混凝土量为 0.127×29=3.68 m^3,第二次灌筑混凝土时拔管高度为 31.63−29=2.63 m 将钢模管混凝土满灌,即可振动上拔,出地面成桩。

从混凝土总量可以复核:混凝土总量 4.02 m^3。第一次满灌混凝土的量 3.68 m^3,第二次满灌混凝土的量 2.63×0.127=0.335 m^3,相加量 4.015 m^3,与总量 4.02 m^3 基本相等。

从复核结果可推断施工的预制大头型桩的桩身混凝土是等径、均匀、连续、密实的,而桩靴是预制的,成桩质量是可靠的。

2.2.4.4 预制大头型桩的工程应用评述

1. 软土地层施工大头型沉管灌注桩

软土地层施工大头型沉管灌注桩总体是不适宜的,因为大头型预制桩靴在沉管过程会造成翻动性挤土扰动,这对具有高灵敏度的软土意味着桩侧阻力会几乎完全消失。后期只能待超静孔隙水压力缓慢泄压,扰动土体缓慢固结完成后,桩侧阻力才能缓慢地部分恢复。对于深厚软土地层,持力层埋深较深的地质条件,一般是以桩侧阻力为主,并不适用预制大头型沉管灌注桩。

2. 软土地层有浅层较硬土性的持力层或中密的砂层

软土地层存在浅层较硬土性的持力层或中密的砂层,而且以桩端阻力为主的地质条件下可应采用预制大头型沉管灌注桩。因预制大头桩靴进入持力层能提供稳定较大的桩端阻力,而且施工方便效率高,符合市场推广应用的需求条件。预制大头型沉管灌注桩施工完成后按静荷载测得的单桩承载力值进行布桩设计是安全可靠的,被扰动土体会随着时间的延长,土体固结缓慢恢复而使桩侧阻力提高。

2.2.5 钢筋混凝土空心方桩

2.2.5.1 钢筋混凝土空心方桩的概述规格与空心率

1. 规格与空心率

在受侧向水平力时,钢筋混凝土空心方桩的截面受弯特性优于圆形截面预应力管桩,而且相同净面积正方形截面的侧表面积大于圆形截面侧表面积 8%～10%,对于摩擦端承桩,侧阻力就可提高 8%～10%。

目前,市场上供应的预应力空心方桩的空心率仅 25%～28%,各地均有生产,生产量最大的为上海的"中技"预应力空心方桩。

从实测与研究结果表明钢筋混凝土空心方桩的空心率可以提升到 50％左右，空心率的提升使空心方桩的截面特性得到更充分的发挥。发挥的钢筋混凝土空心方桩的优势需提高桩的空心率。

如图 2-25 所示，外轮廓尺寸为 450 mm×450 mm，中空直径为 Φ360 mm 的空心方桩，空心率为 50％。常见的空心方桩规格与空心率见表 2-13。

图 2-25　空心方桩

表 2-13　钢筋混凝土空心方桩的截面与空心率表

方桩截面/mm	中空直径/mm	空心率/％
450×450	Φ360	50
500×500	Φ400	50
550×550	Φ450	50
600×600	Φ480	50

2. 桩的制作工艺与桩的承载力值

所谓桩的制作工艺主要归纳为高压离心浇筑与常规振捣法浇筑的两大类，承载力值受到制作质量与制作工艺对桩的影响，需要针对性进行分析。

1）制作质量评述

从表 2-14 的生产工艺与桩的质量评述表可知，构件的混凝土密实度影响混凝土强度，例如：C40 混凝土经高压离心浇筑后的混凝土强度可达 C60，从混凝土密实度而言高压离心浇筑的桩为优质量的桩。

表 2-14　生产工艺与桩的质量评述表

项目	高压离心浇筑	常规的振捣法浇筑	质量评述
生产工艺与质量评述	定型钢模在离心台上高速离心产生的高压使混凝土达到完全密实，即混凝土密实度为 100％	长线台或单根制作均可预应力或粗钢筋混凝土，但均用振捣器使桩混凝土达到密实，但达不到 100％的密实度，混凝土中有亿万微气孔	从混凝土密实度评定桩的质量：高压离心浇筑者为优

2）桩与桩周土的亲土性评述

用振捣法浇筑的桩体有亿万微气孔而具有吸收桩周土中水分的功能，吸附桩周土粘着在桩的侧面，使桩周土含水量下降且得到固结，桩与土的侧阻力会有很大大提高。

高压离心浇筑的预应力管桩，混凝土密实度为 100％，因沉桩后无法吸收桩周土中的孔隙水而使桩周土体固结，桩的亲土性差，桩侧摩阻力会大幅度下降。

桩的亲土性好坏与桩侧阻力大小有很重要的关系。离心浇筑预应力管桩与振捣法浇筑空心方桩，桩与桩周土的侧摩阻力以及桩的承载力值的对比详见下面的分析。

2.2.5.2　钢筋混凝土空心方桩空心率检测分析

选取 1 号桩 450 mm×450 mm 截面,中空 Φ360 mm,高 500 mm,混凝土强度等级为 C40;2 号桩 450 mm×450 mm 截面,中空 Φ360 mm,高 1 000 mm,混凝土强度为 C50;3 号桩 450 mm×450 mm 截面,中空 Φ360 mm,高 2 000 mm,混凝土强度为 C50。

3 根桩截面相同,中空的直径相同,占截面的空心率 50% 相同,试件长度不同,混凝土强度不同,对构件作轴心抗压试验,构件的破坏模式均为端头角点破坏,轴心抗压试验结果汇总如表 2-15 所示。

1. 轴心抗压试验的破坏模式

从轴心抗压试验构件的破坏模式(表 2-15)可知,不管试验构件的长度 0.5 m、1.0 m 或 2.0 m,不管 450×450 截面的中空 Φ360 mm,截面中点的厚度仅 45 mm,应该是最薄的厚度,是试验构件的最弱处。但轴心抗压试验结果却均是截面角点最先出现破坏,直前角点扩大破碎延伸,而截面中点的最薄厚度处却基本完好。空心方桩的破坏模型与实心截面的方桩完全一致,说明轴心抗压的应力场集中在角点,这与我们研究多桩承台的桩顶反力大小主要集中在角点桩的原理是相同的。

表 2-15　轴心抗压试验构件的破坏模式汇总表

编号	截面尺寸/mm	截面净面积/mm²	破坏荷载/kN	抗压强度/MPa	破坏情况
1 号桩	450×450,高 500,(中空 Φ360)	100 712	2 845	28.2	端头角部先破坏
2 号桩	450×450 高 1 000 (中空 Φ360)	100 712	3 270	32.5	端头角部先破坏
B20	450×450 高 2 000 (中空 Φ360)	100 712	3 140	31.2	端头角部先破坏

轴心抗压试验构件的破坏模式说明下述问题:

(1) 空心方桩的空心率的大小与轴心抗压强度大小无关,与试验构件的净截面积有关。

(2) 为目前市场上应用的低空心率的预应力方形管桩提供持续发展的空间,增大空心率可增大桩的侧表面积,即增大桩侧阻力而提高桩的承载力值。

2. 混凝土试块与试验构件轴心抗压的对比值一致

混凝土试块与对应的试验构件的轴心抗压检测对比,详细数据如表 2-16 所示。不同的混凝土强度与不同长度的构件轴心抗压试验结果,K5 与 K10 试块与试验构件之间的误差≤3%。小于 5% 说明试块与试验构件测得的值是一致的;K20 测得的值误差大于 5%,说明构件的长度原因使误差值达 6%。

表 2-16　混凝土试块与试验构件的轴心抗压试验结果汇总表

混凝土试块设计强度	混凝土试块抗压强度		空心方桩试件抗压强度		误差
	编号	规范强度标准值/MPa	试件号	实测抗压强度标准值/MPa	
C40	K5	27.4	B5	28.2	+2.9%
C50	K10	32.4	B10	32.5	+0.3%
C50	K20	33.2	B20	31.2	−6.0%

2.2.5.3　离心浇筑预应力管桩与振捣法浇筑钢筋混凝土空心方桩的静载试验对比

预应力管桩与钢筋混凝土空心方桩静载对比汇总见表 2-17。

表 2-17　预应力管桩与钢筋混凝土空心方桩静载对比汇总表

工程名称	桩基持力层	桩侧土层	截面尺寸		空心方桩/kN	预应力管桩/kN	实测对比
宁波华宁大厦	黏土层	软土	450 mm×450 mm,空方桩		4 800	3 600	+25%
	砂砾层		Φ550 管桩				
浙江广博文具发展公司	黏土	软土	450 mm×450 mm,空方桩		1 800	1 200	+33.3%
			Φ500 管桩				
镇海瓦墙小区	粉土	软土	450 mm×450 mm,空方桩		2 600	2 100	+19.2%
			Φ550 管桩				
镇海瓦墙小区	粉土	软土	450 mm×450 mm,空方桩		2 700	2 000	+25.9%
			Φ550 管桩				
镇海瓦墙小区	粉土	软土	450 mm×450 mm,空方桩		2 650	1 900	+28.3%
			Φ550 管桩				
宁波中山名都高层	粉质黏土	软土	600 mm×600 mm,空方桩		7 000	5 000	+27%
			Φ800 管桩				
宁波中山名都高层	粉质黏土	软土	600 mm×600 mm,空方桩		7 500	5 200	+28.6%
			Φ800 管桩				
宁波中山名都高层	粉质黏土	软土	600 mm×600 mm,空方桩		7200	5 100	+29.2%
			Φ800 管桩				
宁波中山小区车库	黏土	软土	450 mm×450 mm,空方桩		1 200	1 000	+16.7%
			Φ500 管桩				

从预应力管桩与钢筋混凝土空心方桩静载对比汇总表 2-17 中未折算到相同截面积的对比,选取 Φ500 的预应力管桩与 450 mm×450 mm 空心方桩,截面积均为 0.2 m^2,相同截面积的桩作静载荷试桩,试验结果如图 2-26 所示的 Q-S 曲线。

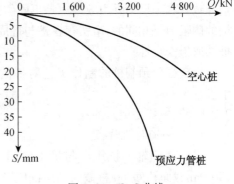

图 2-26　Q-S 曲线

1. 试验结果可以得出下述结论

(1) 空心方桩承载力普遍比按勘察报告提供的估算承载力高出 20%～40%,其中长桩高出预估承载力 30%～40%,中短桩承载力高出值相应较小;

(2) 相同的地质条件下,空心方桩实测的承载力较预应力管桩高出 20%～30%;

(3) 空心方桩的侧阻力的增值较预应力管桩要大,说明离心加压浇筑的桩的亲土性差,振捣法浇筑的桩的亲土性好,桩的承载力值高。

2. 桩端阻力分担额提高

对于黏性土地层,带锥尖型闭口桩刺入变形明显,不存在桩端土的压密作用,桩端阻力不能有效发挥,沉降量较大;开口型空心桩因土塞压密作用,其端阻力提高,沉降量减小,从而使其桩端阻力在桩承载力中分担的份额提高,有利于发挥桩基持力层的作用,提高单桩承载力,减少桩的沉降。

① 振捣浇筑预制桩计算公式探索

振捣法浇筑的预制桩能够比离心浇筑的预制桩提供更高的单桩竖向承载力,通过试桩统计初步探索了在《建筑桩基技术规范》(JGJ 94—2008)规范基础上增加桩侧增强系数 β_i,增加桩端增强系数 α_p 的一个经验公式;该经验公式主要建立在可塑性黏土、软土的试验基础上仅供参考,单桩承载力需按照规范在试桩阶段进行静荷载检测确定。

$$Q_{uk} = Q_{sk} + Q_{pk} = u \sum \beta_i q_{sik} L_i + \alpha_p q_{pk} A_p \tag{2-12}$$

式中 q_{sik}——桩周第 i 层土的极限侧阻力标准值(kPa);

      q_{pk}——桩端阻力标准值(kPa);

      l_i——桩周第 i 层土的厚度(m);

      u——桩身周长(m);

      A_p——桩端面积(m^2);

      β_i——桩侧阻力增强系数(表2-18);

      α_p——端端阻力增强系数(表2-18)。

表 2-18   桩侧阻力增强系数 β_i,桩端阻力增强系数 α_p

土层名称	淤泥质黏性土	软塑黏性土	硬可塑黏性土	粉土、粉砂
β_i	1.20	1.10	1.05	1.15
α_p	—	—	1.15	1.25

3. 预制桩的侧阻力取值对工程安全性影响

工程勘察报告提供的桩承载力值估算参数并没有考虑预应力管桩会因制作工艺的区别导致其在土层中受力效果也是不同的。振捣法浇筑的钢筋混凝土空心方桩均为预制桩,桩的侧阻力是相同的,事实存在桩与桩周土的亲土差异,实测结果相差很大,不区分会危及桩的取值安全性。

规范区分预制桩的制作工艺对桩的侧摩阻力的影响,尤其是深厚软土地层的摩擦端承桩。

2.2.5.4   振捣法浇筑的空心方桩

1. 桩截面优化特性

当桩截面轴向抗压力与桩土协同工作承载力相近时,桩的用材量最省。450 mm×450 mm截面孔Φ360桩截面轴向抗压极限值为2 719 kN,设计值1 964 kN,可用于桩基工程单桩承载力设计值≤1 950 kN。大多数工程应用单桩承载力设计值在800~1 500 kN,该截面型号的桩相当于2~3根Φ377及Φ426沉管灌注桩,可适用于多层及小高层建筑用桩基。而450 mm×450 mm截面孔Φ330空心方桩轴向抗压极限值4 834 kN,完全可满足一般高层建筑用的高承载力桩基。

2. 预制桩中方形截面的侧表面积最大

在深厚软土、黏土中,桩的承载性状一般情况下属于摩擦桩或端承摩擦桩。据统计表明,端承摩擦桩其桩侧阻力占桩承载力的 70% 左右,因此摩擦型桩承载性状的好坏主要取决于桩的侧摩阻力,而桩侧阻力与桩的侧表面积大小直接有关。在常规桩截面中,方形截面的侧表面积最大,相同侧表面积的方形桩与圆桩相比,用材量可减少 17.3%,例如 450 mm×450 mm 截面方桩侧表面积相当于 Φ550 圆桩的侧表面积。

3. 空心方桩单桩承载性状

1) 桩侧阻力的发挥性状机理

桩身在工作荷载作用下,桩侧阻力的发挥主要由桩土间的摩阻力带动桩周土位移,在桩身周围的土体中产生剪应力和剪应变。Randolph 等研究认为剪应力和剪应变由桩身沿径向外一环一环扩散,在离桩轴 nd($n=8\sim15$,d 为直径)处剪应变减小到 0,离桩中心任一点 r 处的剪应变可表示为:

$$\gamma = \frac{\mathrm{d}w_r}{\mathrm{d}r} \approx \frac{\Delta w_r}{\delta_r} = \frac{\tau_r}{G}\tau_r 2(1+\mu_s)/E_0 \qquad (2\text{-}13)$$

式中 G——土的剪切模量,$G = E_0/2(1+\mu_s)$;

E_0——土的变形模量;

u_s——土的泊松比。

剪应力 $\tau_r = \dfrac{\pi d q_s}{2\pi\gamma} = q_s \dfrac{d}{2r}$

式中,q_s 为桩侧阻力。

将桩侧剪切变形区内($r=nd$)各圆环的竖向剪切变形积分就得到桩的沉降 S。即将

$\tau_r = \dfrac{d}{2r}q_s$ 代入 $\gamma = \dfrac{\tau_r}{G}$,积分得

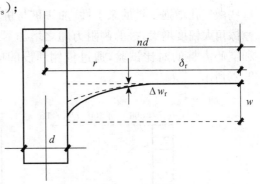

图 2-27 桩侧土的剪应变、剪应力

$$\int_{\frac{d}{s}}^{nd} \mathrm{d}w_r = \int_{\frac{d}{s}}^{nd} \frac{\tau_r}{G}d_r \qquad (2\text{-}14)$$

得 $S = \dfrac{1+\mu_S}{E_0}q_{Su}d\ln(2n)$。

桩土间极限侧阻力的发挥程度不仅与土的类别有关,而且与桩径大小、桩土间的亲附性及成桩工艺等有关。对于黏性土一般在 5~10 mm,对于砂性土一般为 10~20 mm,对于加工软化型土(如密实砂土、粉土等),达到 q_{sik} 所需的沉降量 S_u 值较小,且 q_{sik} 在达最大值后又随桩的沉降增大而减小。对于加工硬化型土(如非密实砂土、粉土、粉质黏土等)所需 S_u 值更大,且极限特征点不明显。

当桩侧土中最大剪应力发展至极限值时即开始出现塑性滑移,但该滑移面往往不是发生在桩土接口,而是出现在紧靠桩表面的土体中。

由于在成桩过程中桩土接口的挤压应力最大,超静孔隙水压力也最大,在桩的贯入过程中超静孔隙水压力形成水膜作用,起到降低沉桩贯入阻力作用,当桩静置后,形成一紧贴于桩表面的硬壳层。

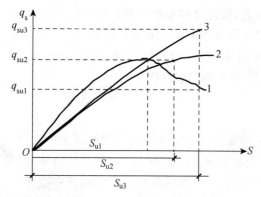

1—加工软化型；2—非软化、硬化型；3—加工硬化型
图 2-28　土质对桩侧阻力发挥作用的影响

不同的成桩工艺会使桩周土体中应力、应变场发生不同的变化。从而导致桩侧阻力的相应变化，这种变化又与土的类别、土的灵敏度、密实度、饱和度相关。

挤土桩在沉桩过程中产生挤土作用，使桩周土体扰动重塑，侧向应力状态，竖向变形状态都发生变化，侧向压应力增加，对于饱和软黏土，由于瞬时排水固结效应不显著，体积压缩变形小，主要产生横向土体位移和竖向隆起，非密实砂土中的挤土桩，因土体受到侧向挤压而密实，侧阻力提高。

2）空心方桩侧阻力的性状

空心方桩由振捣法施工工艺成桩，桩身可能达不到完全密实，桩体表面存在微气孔。这些微气孔增强了桩的亲土性，加快桩与桩周土体的固结，使桩侧土体的有效内聚力和内摩擦角大幅度增大，桩的侧阻力随之增加。在同一场地，相同地质条件下进行预应力管桩和空心方桩的对比试验，通过桩侧埋设的应变片，实测空心方桩侧摩阻力增强效应如图 2-29 所示。

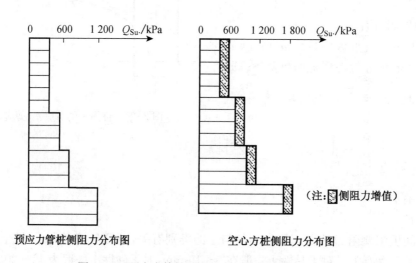

预应力管桩侧阻力分布图　　空心方桩侧阻力分布图

（注：▨ 侧阻力增值）

图 2-29　预应力管桩和空心方桩的侧阻力分布对比

3）空心方桩的桩端阻力性状

由于空心方桩为平底桩，沉桩过程中先产生土塞效应，阻止土体进入圆孔内。当地表有硬壳层时土塞效应明显，土塞长度较短，圆孔内进入土体很少，一般为 2 m 左右；去除硬壳层后，土塞长度较长，一般最大可达桩长的 2/3。

当桩端进入持力层时，随着沉桩压力的提高，圆孔内土塞力与沉桩力平衡，并随着桩端进入持力层深度的增加，桩端土体产生压密作用。其破坏模式由刺入剪切破坏变成局部剪切破坏和整体剪切破坏的可能性增大，相同桩端沉降量下，桩端阻力提高。静荷载试桩表明：相同地质条件下，相同工作荷载下，空心方桩的沉降量比锥尖型闭口桩的沉降量小。

2.3 挤土型T形、工形截面沉管灌注桩

2.3.1 挤土型T形截面沉管灌注桩

2.3.1.1 沉管式挤土施工的T形截面

T形沉管灌注桩采用沉管式挤土施工,其截面有Ⅰ型、Ⅱ型、Ⅲ型三种截面,其截面尺寸与配筋如图2-30所示。施工采用矩形钢管加钢翼凸边呈T形的钢模管,T形截面尺寸(截面宽×高)450 mm×450 mm,600 mm×550 mm,650 mm×600 mm。用于基坑工程支护桩,考虑到基坑内侧因支护桩间露土宽度最小,减少桩间土漏土,基坑内侧方向排列如图2-31(d)所示。

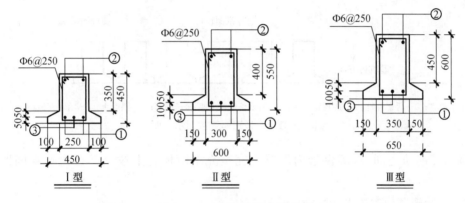

图2-30 T形沉管灌注桩截面

如图2-31(a)所示为T形截面的钢模管(1—1剖面),底部为活瓣桩靴,如图2-31(b)所示剖面分别为角点加强的矩形钢管(2—2剖面)、T形截面钢筋混凝土桩截面、活瓣桩靴开启示意图。能否施工出T形截面桩主要靠在矩形钢管的底部焊接加翼钢凸边,图2-31(c)为矩形钢管焊接加翼钢凸边的原理示意图。钢模管底部的截面长边上焊接加翼钢凸边与截面短边的一端(T形)齐平,形成图2-31(a)的T形钢模管截面。

2. 加翼钢凸边的护壁问题

混凝土的重度远大于土体的重度,钢模管内混凝土在自重压力作用下,快速充填加翼钢凸边上拔位移过程中在土层中留下的空隙。钢模管在向上拔过程中,加翼钢凸边在土层中留下的空隙。因土体回弹(塌孔)逐渐消失,所以加翼钢凸边的长度需确保在上拔过程中能护壁到混凝土填充孔隙的时间。在宁波市区淤泥、淤泥质土层中进行多项工程试验,上拔滑移距离≥0.8 m的对土体具有良好的护壁作用,推迟土层中的空隙因回弹而消失的时间,保证模管内混凝土的自重压力作用下填满钢凸边的空隙。在工程应用中,对加翼钢凸边的长度需根据各地区土体回弹(塌孔)的土性,通过试验确定。

再者保证钢模管内混凝土具有足够的自重压力,则可确保钢模管上拔与管内混凝土下

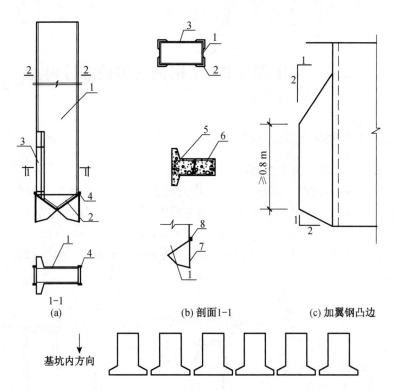

1—矩形钢模管；2—活瓣桩靴；3—加翼钢凸边；4—活瓣桩靴铰支座；5—钢筋；6—混凝土；7—活动钢板；8—活动插销

图 2-31   T型钢模管截面示意图

落填满加翼钢凸边同步，确保管内混凝土完全充填随模管上拔钢凸边滑移瞬间留出的空间。

2.3.1.2   矩形截面的内力与配筋计算表

矩形和圆形截面沉管灌注桩计算配筋表与对比如表 2-19—表 2-21 所示。

表 2-19   矩形 250 mm×450 mm 与圆形(Φ426)截面沉管灌注桩计算配筋表对比

支护桩内力	矩形沉管桩 250 mm×450 mm		圆形沉管桩 Φ426	配筋对比
弯矩 $M/(kN \cdot m)$	计算配筋量/mm²	按 M 包络图配筋/mm²	计算配筋/mm²	(圆形/矩形)
36.64	305.6	427.84	700.34	1.64
45.83	386.17	540.64	896.37	1.66
59.8	512.06	716.88	1 205.29	1.68
79.23	694.83	972.76	1 653.71	1.70
93.03	830.78	1 163.09	1 983.62	1.70
112.92	1 037.23	1 452.12	2 473.24	1.70
132.46	1 254.43	1 756.20	2 968.19	1.69
140	1 342.77	1 879.88	3 162.39	1.68

表 2-20　矩形截面 300 mm×550 mm 与圆形截面 Φ500 沉管灌注桩计算配筋表对比

支护桩内力	矩形沉管桩 300 mm×550 mm		圆形沉管桩 Φ500	配筋对比
弯矩 M/(kN·m)	计算配筋量/mm²	按 M 包络图配筋/mm²	计算配筋/mm²	(圆形/矩形)
46.60	313	438	1 178	2.69
60.20	407	560	1 178	2.10
76.8	525	735	1 423	1.94
92.91	641	838	1 772	2.11
112.92	789	1 134	2 227	1.96
132.46	938	1 313	2 691	2.05
150.00	1 075	1 505	3 124	2.08
181.7	1 334	1 857	3 927	2.11
212.77	1 601	2 241	4 744	2.17

表 2-21　矩形 350 mm×600 mm 与圆形(Φ600)截面沉管灌注桩计算配筋表对比

支护桩内力	矩形沉管桩 350 mm×600 mm		钻孔灌注桩 Φ600	配筋对比
弯矩 M/(kN·m)	计算配筋量/mm²	按 M 包络图/mm²	计算配筋/mm²	(圆形/矩形)
60.06	362.7	507.78	763.16	1.50
72.78	441.78	618.492	937.46	1.52
92.91	568.68	796.152	1 219.77	1.53
120.58	746.81	1 045.534	1 619.4	1.55
147.58	925.03	1 295.042	2 020.77	1.56
181.7	1 157	1 619.8	2 542.44	1.57
212.77	1 375.44	1 925.616	3 030.01	1.57
244.84	1 608.89	2 252.446	3 544.47	1.57
275.54	1 840.83	2 577.162	4 046.66	1.57
304.41	2 067.39	2 894.346	4 526.85	1.56
335.2	2 476.8	3 467.52	5 046.66	1.46
364.04	2 565.89	3 592.246	5 540	1.54

注：① 表中计算的混凝土为 C25，钢筋为Ⅱ级；若工程应用采用Ⅲ级钢或其他标号的混凝土，需进行强度代换。
② 表 2-19 至表 2-21 为相同内力 M 的单根桩的截面配筋量。
③ 矩形截面按计算内力不对称配，圆形截面计算内力均匀称配。

1. 桩的内力与配筋

1) 表格内数值的代换与内插

用理正或启明星软件按常规计算方法输入圆形截面桩进行基坑支护桩计算，按内力等同代换即可，计算内力如表 2-19、表 2-20、表 2-21 区间内力与配筋。在区间按内插代换计算 T 形截面桩的配筋量（mm²），按下述内插计算代换式：

$$截面配筋量 = 前量 + (计算力 - 前力) \times (后量 - 前量)/(后力 - 前力) \quad (2-15)$$

代换式中的内力与配筋量,"力"(计算力、前力、后力均为内力弯矩 M)为弯矩 M(kN·m),"量"(前量、后量均为配筋量)为截面的配筋量(mm²)。

2)数值的应用

表 2-19—表 2-21 中数值主要应用第一列支护桩的内力,第二列为对应内力的 T 形桩的截面配筋量。方形桩弯矩包络图列中的数值包含计算配筋量与另一侧的构造配筋量,主要用于与圆形桩对比,所以在表中列出圆形截面桩内力对应的截面配筋量。表中配筋对比是圆形截面配筋量与 T 形截面配筋量的比值,T 形截面配筋量即可算出采用 T 形截面桩节省钢筋的比例。

2. 每延米基坑支护桩的内力等同代换

为避免应用繁琐的内力数值,可采用与对应 T 形截面配筋量的内插。可以选定相近内力的配筋由桩距调整的计算法既精确又快捷,应用时先采用理正或启明星软件按常规输入圆形截面桩计算,计算得出基坑的配筋内力 M_1 与代换桩 T 形截面配筋内力 M_2,每延米基坑支护桩的内力等同代换:

$$\frac{M_1}{S_1} = \frac{M_2}{S_2} \tag{2-16}$$

式中　M_1——圆形截面支护桩配筋内力(kN·m);

　　　S_1——圆形截面支护桩的桩距(m);

　　　M_2——代换的 T 形截面支护桩配筋内力(kN·m);

　　　S_2——代换的圆形截面支护桩的桩距(m)。

$$S_2 = \frac{M_2}{\left(\dfrac{M_1}{S_1}\right)} \tag{2-17}$$

T 形支护桩的桩距等于 T 形支护桩可承受弯矩与代换桩的每延米弯矩的比值。

应用理正或启明星软件按常规输入圆形截面桩计算得到圆形截面桩的 M_1 与 S_1,由表 2-19—表 2-21 选取代换的 T 形截面支护桩配筋内力 M_2,很方便计算出代换桩的 T 形截面支护桩的施工桩距 S_2。

3. 工程实例

某地块地质土性为淤泥,单层地下室基坑,基坑面积为 1.155 万 m²,基坑开挖深度为 5.2~5.8 m,采用桩排式内支撑围护结构。支护桩采用 Φ600 钻孔灌注桩,桩距为 700 mm,开挖深度 5.8 m,用理正软件输入相关参数得到的计算的内力 $M_{max} = 271.77$ kN·m,支护桩的截面配筋量 3 500 mm²,桩的截面积 0.283 m²。

选用Ⅲ型 T 形截面沉管灌注桩代换,选用 350 mm×600 mm 矩形加翼呈 T 形截面 600 mm×600 mm 支护桩配筋。由表 2-19 的内力 M_{max} 为 275.54 kN·m,按受力配筋对应的配筋量为 1 840.8 mm²,构造配筋侧按 M_{min} 为 60.06 kN·m,对应的配筋量为 362.7 mm²,总配筋量 2 204 mm²,每米桩长混凝土 0.235 m³。

(1)每延米基坑支护桩的内力:

Φ600 钻孔灌注桩:$M_1 = M_{max}/S_1 = 271.77/0.7 = 388.24$ kN·m。

Ⅲ型 T 形截面桩：$M_2 = M_{max} = 275.54$ kN·m。

$$S_2 = M_2/(M_1/S_1) = 275.5/(271.77/0.7) = 0.71 \text{ m}$$

计算结果是一样的，用计算 T 形支护桩的桩距等于 T 形支护桩能承受的弯矩与代换桩即理正软件计算的圆形截面桩的每延米弯矩的比值，应用比较方便。

(2) 每延米基坑支护桩的配筋量如下：

Φ600 钻孔灌注桩支护桩的配筋量 $3\,500/0.7 = 5\,000$ mm²

Ⅲ型 T 形截面桩支护桩的配筋量 $2\,204/0.71 = 3104$ mm²

Ⅲ型 T 形截面桩可省钢筋量：$(5\,000 - 3\,104)/5\,000 = 37.92\%$

(3) 每延米基坑支护桩的混凝土量：

Φ600 钻孔灌注桩支护桩的混凝土量 $0.283/0.7 = 0.404$ m³/m。

Ⅲ型 T 形截面桩支护桩的混凝土量 $0.235/0.71 = 0.331$ m³/m。

Ⅲ型 T 形截面桩可省混凝土量：$(0.404 - 0.331)/0.404 = 18.3\%$。

2.3.1.3 挤土型 T 形截面沉管灌注桩的施工

挤土型 T 形截面沉管灌注桩由多功能静压桩机施工。

1. T 形截面沉管灌注桩的施工按编号程序详细叙述

(1) 首先在计划的沉管位置定出定位线，按规定桩距预埋好钢筋混凝土桩靴(图2-32)。为控制沉桩挤土对邻周影响，计算确定选择隔二沉一的连续沉桩施工的程序。

(2) 多功能静压桩机吊起 T 形截面的钢模管，液压步履行进到计划起始沉桩点，T 形截面的钢模管的开口管底套着预制桩靴，校正垂直。

图 2-32　桩靴预埋示意图

(3) 静压将 T 形截面的钢模管沉入土层至要求的高程，检验钢模管内是否进水进泥。

(4) 在钢模管内置入钢筋笼。因是按受力配筋需注意受力筋的方向，钢模管内注入混凝土，混凝土须灌至钢模管的管顶，使模管内混凝土有足够的自重压力。混凝土宜为流动混凝土，坍落度为 $180 \sim 200$ mm，混凝土级配中含砂率 $\geqslant 30\%$，和易性好。

(5) 先起动振动锤 $5 \sim 10$ s 后即开始上拔钢模管，看模管顶混凝土下落与钢模管上拔位移是否同步。如果钢模管上拔与混凝土下落是同步的，说明桩体混凝土均匀连续，有可靠质量；如果钢模管上拔位移不见混凝土下落称为不同步，说明钢模管底已被淤泥质土充填，则成为废桩。

钢模管振动上拔时需控制上拔速率，以每分钟 4 m 左右为宜。当上拔一定高度，须在钢模管内第二次补灌混凝土，这是保证模管内混凝土有足够自重压力的重要措施，是保证桩体混凝土均匀连续和有可靠的桩体质量，钢模管拔出土层即成桩。

2. 保证 T 形截面沉管灌注桩质量的措施

1) 基坑中的支护桩显示等桩距的平直平面

用于基坑工程的支护桩要求开挖后支护桩等桩距而在一个平面内，沉桩施工时在基坑内方向用 20# 槽钢设置导梁，槽钢二端焊接粗钢筋固定牢靠。导梁顶面划有桩距，T 形钢模管紧贴槽钢导梁，然后校正 T 形钢模管垂直度沉桩施工，即得如图 2-33 所示支护桩排列。

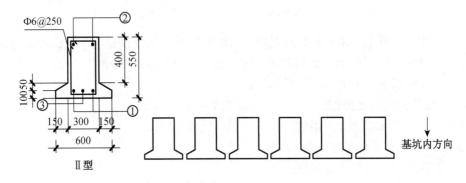

图 2-33　Ⅱ型桩及桩排列示意图

2）挤土产生预埋桩靴的调整

挤土型沉管桩挤土施工会造成如图 2-32 所示预埋桩靴位置的位移。需要在基坑四周的挤土效应无影响的地方布置坐标控制点，使导梁 20# 槽钢与基坑内方向平面重合线上，通过 20# 槽钢导梁校正预埋桩靴的位置。

3）保证钢模管内混凝土有足够自重压力

确保钢模管内的混凝土具有最大自重压力，能够迅速填实钢翼凸边上拔过程中在土层内留出的空间，主要在土体回弹恢复之前混凝土自重压力迅速充填。挤土型桩因挤土压缩在钢凸边或钢模管约束时呈弹性压缩体，一旦约束消失后土体迅速回弹恢复；混凝土有足够的自重压力条件，土体回弹恢复之前的约束已被混凝土置换，才能保证成桩的桩体混凝土均匀密实。

取土型非挤土性桩亦需如此，因为均为沉管式施工，存在钢模管的扶壁约束；一旦钢模管上拔后约束消失，土体在自重压力下会流向桩孔而产生桩体缩径，也需要管内混凝土有足够的自重压力，压力混凝土才能填满钢模管上拔而解除约束的空间，才能保证成桩的桩体混凝土均匀密实。

用沉管式施工必须保证钢模管内混凝土有足够自重压力的条件，二次灌筑混凝土的意义就是保证钢模管内混凝土有足够自重压力。

通过实例计算说明：

支护桩顶高程为 −1.2 m（自然地面为 ±0.000），桩进入地表面以下的入土深度 14 m，有效桩长 12.8 m，0.5 m 为需凿掉的浮浆高度，桩顶高程为 −1.2 m 施工钢模管的长度 15 m。支护桩采用Ⅱ型 T 形截面桩，桩的截面积 0.202 5 m²，矩形钢管厚度 16 mm 厚，矩形钢内空的净面积 0.139 m²。

（1）一根桩的混凝土量：

桩面积×（有效桩长＋0.5）×ζ（ζ 为充盈系数，取 1.05）

＝0.202 5 m²×（12.8＋0.5）×1.05＝2.83 m³。

（2）一根桩混凝土量灌入钢模管内混凝土总高度：2.83/0.139＝20.36 m。

（3）实际施工：将 15 m 钢模管沉入土层到达要求的标高深度，钢模管露出地表面为 15−14＝1 m，钢模管内灌满混凝土量为 0.139×15＝2.085 m³，第二次灌筑的混凝土量为

$2.83-2.085=0.745$ m³。

（4）要进行第二次灌筑混凝土前，先将钢模管振动上拔，钢模管的上管口离地面的高度：$0.745/0.139=5.36$ m。在钢模管的上管口进行第二次灌筑混凝土，将钢模管内的混凝土灌满至上管口即可振动上拔成桩。

（5）如果用泵送混凝土，仅须控制混凝土总量即可。

（6）校核：灌入每根钢模管内的混凝土总高度与二次分别灌筑混凝土高度相加是否相等。一根桩混凝土量灌入钢模管内混凝土总高度为 $2.83/0.139=20.36$ m，第一次灌满为 15 m，第二次灌满为 5.36 m。总计两次灌筑混凝土相加的总高度：$15+5.36=20.36$ m，校合结果是相等的，证明正确。

用此法施工方便，掌控第二次灌筑混凝土的钢模管上拔高度，再在钢模管内灌满混凝土，就可以保证钢模管内混凝土有足够自重压力，施工容易掌握和控制。

2.3.1.4　T 形截面支护桩的工程应用实例

某住宅工程单层地下室，基坑计算开挖深度 5.8 m，为排桩内支撑围护体系。原支护桩设计为 Φ600@700 钻孔灌注桩，桩的计算配筋内力：$M_{max}=181.5$ kN·m，$M_{min}=56.2$ kN·m，截面配筋量 2 542.44 mm²。

基坑优化设计后，基坑工程中部分采用 T 形截面支护桩，采用图 2-33 中的 Ⅱ 型 T 形截面支护桩代换 Φ600@700 的钻孔灌注，并作分析对比。工程地质提供计算参数如表 2-22 所示。

表 2-22　工程地质计算参数表

土质	重度/(kN·m⁻³)	c/kPa	φ/(°)
杂填土	17	0	20
黏土	19.6	40.7	20.6
淤质黏土	17.7	12.4	10.0
淤质黏土	17.7	12.3	9.5
粉质夹淤质黏土	17.5	8.0	8.5
粉质黏土	19.6	44.3	22.6

注：地面荷载取值 20 kPa。

1. 支护桩截面配筋对比

300 mm×550 mm 矩形钢管加翼钢凸边的钢模管见图 2-31(b)，在支护桩位置预埋钢筋混凝土桩靴见图 2-31(c)，按沉管灌注桩质保要求施工，成桩截面见图 2-33 Ⅱ 型 T 形截截面。为便于比较，在同一基坑中采用 2 种不同形式的支护桩类型，分别为：300 mm×550 mm@700 mm 矩形加翼钢凸边呈 T 形沉管灌注 600 mm×550 mm（截面宽×高）支护桩@700 mm 与 Φ600 mm 钻孔灌注支护桩@700 mm。

根据理正基坑软件计算所得，每延米基坑内力：$M_{max}=181.5/0.7=258.6$（kN·m），$M_{min}=46.67/0.7=66.6$（kN·m）。

1）支护桩的截面配筋量计算

（1）T 形沉管灌注支护桩：300 mm×550 mm 矩形（呈 T 形截面）沉管灌注支护桩，桩距@

700 mm,支护桩计算配筋内力,$M_{max}=258.6 \times 0.7=181.5$ kN·m,$M_{min}=66.6 \times 0.7=46.7$ kN·m。按受力弯矩包络不对称配筋,由表2.3.1-2查得$M_{max}=181.5$ kN·m时配筋面积1 334 mm^2,$M_{min}=446.5$ kN·m时配筋面积313 mm^2,总配筋量:1 334+313=1 647 mm^2。

(2)钻孔灌注桩:Φ600@700 mm钻孔灌注支护桩的$M_{max}=258.6 \times 0.7=181.5$(kN·m),圆形截面均匀配筋的配筋量2 542 mm^2。

2)用钢量对比

T形沉管灌注桩可节省钢筋的比例为(2 542−1 647)/2 542=35.2%。

按13.5 m相同桩长支护桩每根桩可节省的钢筋:

可节省钢筋的截面量:2 542×35.2%=894.8 mm^2。

一根桩可节省钢筋:894.8×13.5×7.85=95 kg。

每延米基坑可节省钢筋:95/0.7=135.7 kg/m。

2. 支护桩截面的混凝土量对比

(1)支护桩的截面混凝土量计算

T形沉管灌注支护桩:0.125×1.15×2+0.3×0.55=0.202 5 m^2。

Φ600钻孔灌注桩:0.6×0.6×3.14/4=0.283 m^2。

T形沉管灌注桩可节省混凝土的比例为(0.283−0.202 5)/0.283=28.4%。

(2)用混凝土量对比

按13.5 m相同桩长支护桩每根桩可节省的混凝土:

可节省截面混凝土量0.283×28.4%=0.08 m^2。

一根桩可节省混凝土0.08×13.5=1.08 m^3。

每延米基坑可节省混凝土量1.08/0.7=1.54(m^3/m)。

3. 支护桩的工程造价对比

1)市场调节的综合单价

(1)沉管灌注桩用于基坑工程的配筋率比较高,沉管灌注桩综合单价为900~1 000元/m^3,T形沉管灌注桩由于工艺装备的增加而成本提高,其综合单价为1 100~1 200元/m^3,取均值1 150元/m^3。

(2)钻孔灌注桩用于工程桩的综合单价为900~1 000元/m^3,因用于基坑工程的配筋率高,钻孔灌注桩综合单价为1 200~1 400元/m^3,取均值1 300元/m^3。

2)可节省一根桩造价的比例

T形沉管灌注支护桩:0.202 5×13.5×1 150=3 144元/根。

钻孔灌注桩:0.283×13.5×1 300=4 967元/根。

T形沉管灌注桩可节省造价的比例为(4 967−3 144)/4 967=36.7%。

3)支护桩的造价对比

一根桩可节省的造价:4 967−3 144=1 823元/根。

图2-34 基坑土方开挖后的情形

每延米基坑可节省的造价:1 823/0.7＝2 604 元/m。

4. 工程实际应用效果

基坑开挖验证支护桩:600 mm×550 mm 矩形沉管灌注支护桩与 Φ600 钻孔灌注支护桩在同一基坑。从土方开挖开始,通过基坑监测显示桩排式内撑支护体系总的变形小,整体性好,而矩形沉管灌注支护桩的桩距局部存在过大,未发现漏土情况(图 2-34)。

通过支护桩在基坑中应用经土方开挖验证,矩形沉管灌注桩的技术是成熟的,用于基坑围护工程是安全的,具有显著的经济性,节约资源。本工程造价与原 Φ600 钻孔灌注支护桩方案对比可节省 36.7%,可大比例降低基坑围护工程的造价。

2.3.2 挤土型工形截面沉管灌注桩

2.3.2.1 工形沉管灌注桩的钢模管

1. 底开口工形沉管灌注桩的钢模管

截面 $B×H$ 的矩形钢管尺寸为 300 mm×800 mm,离底 1 m 处焊接 4 只对称的钢翼凸边,成为底部开口的工形沉管灌注桩的钢模管(图 2-35)。钢模管的 B—B 剖面显示工形截面的矩形钢管的焊接钢翼,钢模管的 A—A 剖面的加翼钢凸边,前述的管内混凝土自重压力充填加翼钢凸边向上滑移,在土层中留下的空隙而成凸边混凝土的成桩原理。

图 2-36 桩截面配筋图中 $B＝600$,$H＝800$ 的工形截面(截面宽×高)成 600 mm×800 mm工形截面。在基坑工程中按受力状态配筋,考虑按一定顺序放置钢筋笼可进一步节省钢筋。工形截面是最符合受弯截面的特性,可节省大比例钢筋。

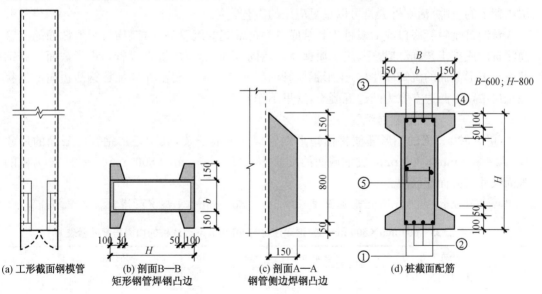

(a) 工形截面钢模管   (b) 剖面B—B 矩形钢管焊钢凸边   (c) 剖面A—A 钢管侧边焊钢凸边   (d) 桩截面配筋

图 2-35 Ⅰ型截面尺寸与截面配筋图

2. 钢模管底为活瓣桩尖的钢模管

工字型钢模管是在矩形钢管四角焊接加翼钢凸边形成(图 2-35),在工字型钢模管底安装活瓣桩尖即成为图 2-36 的带活瓣桩尖的工形沉管灌注桩的钢模管。

剖面 B—B 是由图 2-35(a)因矩形钢管的管底为开口,须用图 2-32 的预制钢筋混凝土桩靴封底。钢筋混凝土桩靴是预先按设计支护桩的位置埋入土层,完成挤土沉管成桩。带活瓣桩尖的工字型钢模管主要依靠活瓣闭合封住管口,沉入土层至要求标高的深度,从钢模管上口置入钢筋笼,灌满混凝土后振动上拔钢模管。

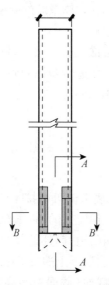

图 2-36　活瓣桩靴工形钢模管　　　　　图 2-37　预制钢筋混凝土桩靴

在钢管内混凝土的自重压力作用下活瓣可自行开启,管内混凝土充填钢模管上拔在土层内留下的空隙,活瓣桩尖是可以重复应用的工艺装备。

预制桩靴封管底口或活瓣桩尖封管底口都是常规的沉管灌注桩,均与圆形截面的沉管灌注桩的成桩工艺、成桩程序、施工质保体系相同,不同的是成桩钢模管。矩形截面加翼钢凸边呈工形截面的沉管灌注桩,工形钢模管的剖面 A—A 主要由充填加翼钢凸边向上位移在土层中留下凸边空隙为凸边混凝土,这里不作赘述。

2.3.2.2　工形与圆形截面沉管灌注桩对比

600×800 截面的工形灌注桩由矩形钢管焊接钢翼凸边,其中矩形钢管的截面的尺寸 $B \times H = 300$ mm×800 mm,成桩截面的尺寸 $B \times H = 600$ mm×800 mm。图 2-35 为桩的截面尺寸与截面配筋图。

1. 300 mm×800 mm 矩形加翼呈 600 mm×800 mm 工₁型沉管灌注桩的配筋计算

表 2-23　600 mm×800 mm 工₁ 型灌注桩与 Φ700 mm 灌注桩的内力与配筋量表

支护桩内力	工字形沉管桩 600 mm×800 mm	钻孔灌注桩 Φ700
弯矩 M/(kN·m)	计算配筋/mm²	计算配筋/mm²
172.93	769.72	1 955.34
209.57	937.19	2 409.79
301.13	1 362.94	3 588.19
352.63	1 607.2	4 274.43
402.46	1 846.98	4 952.45
444.12	2 050.18	5 528.96

（续表）

支护桩内力	工字形沉管桩 600 mm×800 mm	钻孔灌注桩 Φ700
弯矩 M/(kN·m)	计算配筋/mm²	计算配筋/mm²
488.59	2 269.92	6 153.27
531.89	2 487.14	6 769.25
575.73	2 712.89	7 400.65
619.01	2 942.53	8 030.74
660.01	3 166.86	8 633.68
702.64	3 407.82	9 266.22
786.52	3 908.26	10 526.01

注：① 表中计算的混凝土为 C25，钢筋为Ⅱ级；若工程应用采用Ⅲ级钢或其他标号的混凝土，需进行强度代换。

② 表 2-23 为相同内力 M 的单根桩的截面配筋量。

③ 矩形截面按计算内力不对称配、圆形截面计算内力均匀对称配。

2. 工形沉管灌注桩的配筋计算与对比举例

基坑工程开挖深度为 7.0 m，桩排内支撑围护结构用 Φ700 钻孔灌注桩，分区输入土性指标、地面荷载，基坑的安全等级二级。经理正基坑围护设计软件运算结果得到钻孔灌注桩 Φ700@850 时的配筋内力（包含 1.25 的分项系数），$M_{max}=352.5$ kN·m，$M_{min}=165$ kN·m。查表 2-23 可得 Φ700 钻孔灌注桩的配筋量为 4 274 mm²

（1）每延米基坑内力相等，求 600 mm×800 mm 工形灌注桩的桩距：

600 mm×800 mm 工形灌注桩的内力从表 2-23 中选取 M_{max} 为 402.5 kN·m，600 mm×800 mm 工形灌注桩的配筋量为 1 847 mm²；$M_{min}=210$ kN·m，配筋量为 937 mm²。工形灌注桩的总配筋量为 1 847+937=2 784 mm²。

每延米基坑的内力相等求工形灌注桩的桩距，可按式（2-16）求得。

$S_2=M_2/(M_1/S_1)=402.5/(352.5/0.85)=0.97$ m；工形灌注桩的桩距为 0.97 m。

（2）Φ700 钻孔灌注桩与工形灌注桩的用钢筋量对比：

① 一根桩的用钢量对比：Φ700 钻孔灌注桩的截面配筋量 4 274 mm²，工形灌注桩的截面配筋量 2 784 mm²。工形灌注桩可节省截面钢筋的比例：(4 274－2 784)/4 274=34.86%

② 每延米基坑用钢量对比：Φ700 钻孔灌注桩的截面配筋量：4 274/0.85=5 028 mm²，工形灌注桩的截面配筋量：2 784/0.97=2870 mm²，工形灌注桩可节省截面钢筋的比例：(5 028－2 870)/5 028=42.92%。

（3）Φ700 钻孔灌注桩与工形灌注桩的用混凝土量对比：

① 一根桩 1 m 桩长的混凝土用量对比：Φ700 钻孔灌注桩的混凝土量为 0.385(m³/m)，工形灌注桩的截面配筋量为 0.315(m³/m)。

工形灌注桩可节省截面钢筋的比例：(0.385－0.315)/0.385=18.18%。

② 每延米基坑用钢量对比：Φ700 钻孔灌注桩的截面配筋量：0.385/0.85=0.453(m³/m)

工形灌注桩的截面配筋量：0.315/0.97=0.325(m³/m)

工形灌注桩可节省截面钢筋的比例：(0.453－0.325)/0.453=28.26%。

（4）Φ700 钻孔灌注桩与工形灌注桩的施工造价对比：

① 一根桩每米桩长的混凝土用量：

工形沉管灌注桩:$(0.125 \times 0.15 \times 4)+(0.3 \times 0.8)=0.315(\text{m}^3/\text{m})$

钻孔灌注桩:$(0.7 \times 0.7 \times 3.14)/4=0.385(\text{m}^3/\text{m})$

② 市场调节的综合单价:

沉管灌注桩:一般工程桩的综合单价为 $700 \sim 800$ 元/m^3,因用于基坑工程的配筋率高,沉管灌注桩综合单价为 $900 \sim 1\,000$ 元/m^3;T 形沉管灌注桩由于工艺装备的增加而成本提高,其综合单价为 $1\,100 \sim 1\,200$ 元/m^3,取均值 $1\,150$ 元/m^3 对比。

钻孔灌注桩:用于工程桩的综合单价为 $900 \sim 1\,000$ 元/m^3,用于基坑工程因配筋率高,钻孔灌注桩综合单价为 $1\,200 \sim 1\,400$ 元/m^3,取均值 $1\,300$ 元/m^3 对比。

③ 一根桩每米桩长可节省的造价比例:

工形沉管灌注支护桩:$0.315 \times 1\,150=362$ 元/m。

钻孔灌注桩:$0.385 \times 1\,300=500$ 元/m。

工形灌注桩 1 m 桩长可节省造价的比例:$(500-362)/500=27.66\%$

④ 每延米基坑每米桩长可节省的造价比例:

钻孔灌注桩:$500/0.85=589$ 元/m。

工形灌注桩每米桩长可节省造价的比例:$362/0.97=373$ 元/m。

工形灌注桩每米桩长可节省造价的比例:$(589-373)/589=36.67\%$

2.3.2.3　工形沉管灌注桩的施工

1. 施工工形沉管灌注桩注意的问题

在施工前,先校验预埋钢筋混凝土矩形桩靴的轴线、桩距,矩形钢模管套入支承在矩形桩靴上,调整矩形钢模管的垂直度,开始进行沉管施工。

适用的桩工机械有液压矩形钢模管步履多功能静压桩机(均自制桩机)与全振动桩机,宜选用液压步履多功能静压桩机。施工宜用静压沉管,将矩形钢模管匀速施工至设计高程,沉管速度控制 $\leqslant 4$ m/min,过快沉管会使桩产生偏移。

矩形钢模管内有方向地置入钢筋骨架,伸入导管浇筑混凝土。第一次拔管前宜在矩形钢模管内灌满后,可确保矩形钢模管内有足够的混凝土自重压力来保证成桩质量;二次补灌混凝土宜在低位补灌,拔出矩形钢模管需按下述要求进行。

(1) 采用振动拔管,可保证桩体混凝土密实性,减少拔管阻力。

(2) 检查矩形钢模管内混凝土下落与矩形钢模管上拔是否同步。对于有竖向承载力桩要求的桩必须同步,不同步意味着桩底已进入淤泥质土,对竖向承载力桩是致命的,当然支护桩是承受水平承载力的桩,可略有异步。

(3) 在拔管过程中,施工人员可用小锤敲击钢模管,判断钢模管内混凝土量是否充盈。当施工第一根桩时,对模管内混凝土的量掌控是很必要的,及时掌控补灌混凝土量是保证桩体混凝土质量的要点。

(4) 因沉管挤土原因,事先预埋好的桩靴可能会移位。桩机转入下一个桩位时,须检验预埋在土层中的桩靴有否位移,对位移的预埋的桩靴需及时纠正位置。以后按计划程序循环施工所有支护桩。

2. 控制工形沉管灌注桩施工挤土影响

例如:矩形 300 mm×800 mm 钢模管呈 600 mm×800 mm 工字形截面灌注桩中心距@900,桩长 20 m 为例,挤土影响的控制主要控制土体位移量,确定桩施工间隔距离,第二要控制沉管挤土超静孔隙水压力累加。土体的水平方向位移量可通过公式(2-7a)计算。

(1) 隔2打1,$n=2$ 对相邻桩产生最大位移量为 11.07 mm。

(2) 隔3打1,$n=3$ 对相邻桩产生最大位移量为 7.34 mm。

控制沉管挤土超静孔隙水压力的累加:

控制沉管挤土超静孔隙水压力累加主要控制相邻桩施工的间隔时间。

间隔时间超过3天的,前桩沉管施工挤土产生的超静孔隙水压力已基本消失,施工相邻桩仅产生本身桩产生超静孔隙水压力,不会与前桩超静孔隙水压力叠加,而且3天前施工的桩混凝土强度已达50%以上,不会对相邻桩产生质量影响。

工形截面与等量实体截面相比,挤土性已有很大减小。基坑工程围护桩是沿基坑条线上施工,挤土引起土中孔隙水压力仅在条线上累加,线条外不会叠加;而工程桩是在建筑物平面内施工,沉入桩四个面均能形成叠加区。

3. 工形截面灌注桩的钢模管研究

1) 矩形钢管加钢翼凸边呈工形的钢模管

研究工形截面沉管灌注桩,首先要确定施工沉管式工形截面沉管灌注桩的钢模管。软土地层施工沉管灌注桩已有35年,已在软土地层建立完善的施工沉管灌注桩的质保体系。

应用混凝土与土的重度差,建立钢模管内混凝土有足够自重压力是保证成桩截面均匀密实的观念。

施工过圆形钢管距底1 m焊接均分的3条钢翼凸边的钢模管,施工Y形截面灌注桩施工Y形截面灌注桩。在刚性桩复合地基上的应用,也施工过圆形钢管距底1 m焊接均分的4条钢翼凸边的钢模管。

用钢管护壁筒式取土装置取出钢管内干土施工,成为四方形截面灌注,用于宁波市明光电影院基坑工程的支护桩。见图2-38呈瓦波形布桩提高桩的侧向刚度,图2-39为基坑开挖至坑底显示的支护桩,可见呈方形截面桩。T形截面沉管灌注桩为支护桩的基坑工程,也是用矩形钢管加钢翼呈T形的钢模管施工的,用圆形钢管加钢翼呈类方形截面的基坑开挖如图2-39所示。

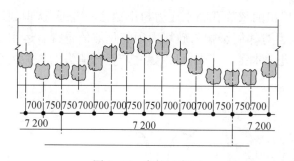

| 700 | 750 | 750 | 700 | 700 | 700 | 750 | 750 | 700 | 700 | 700 | 750 | 750 | 700 |

7 200　　　　7 200　　　　7 200

图 2-38　布桩示意图　　　　图 2-39　基坑开挖后支护桩情形

矩形钢管加翼钢凸边的工形钢模管和钢模管底加活瓣的工形钢模管均能按图2-40施工灌注桩。

选择矩形钢管的底部加翼凸边呈工形,应用混凝土与土的重度差、控制管内混凝土足够的自重压力,使混凝土充填上拔钢模管加翼凸边在土中留下的空间,间接呈工字形截面钢筋混凝土桩的截面(图 2-40)。在模管的矩形钢管内配钢筋,加翼钢凸边在土层内因上拔留出的空隙被混凝土充填而成的加翼混凝土,是已满足刚性角要求的无筋混凝土。能满足阻挡侧向土体漏出的作用,承受侧向土压力主要依靠矩形范围的配筋来满足。采用图 2-35 工形沉管灌注桩的钢模管时,要充分考虑挤土在土体内大的孔隙压力对钢模管变形的影响,可以对矩形钢模管的四角与截面长边作必要的加强以增强矩形钢管的刚度。

图 2-40　工字形截面

2) 空心工形截面的钢模管研究

研究挤土型的工形沉管灌注桩的钢模管,选用超静孔隙水压力累加到最大的场地。例如场地工程桩为预应力管桩,基坑工程为降低造价而采用 Φ500 沉管灌注桩,均为挤土型施工,场地内超静孔隙水压力不断累积叠加。

在同一场地选用矩形加翼呈 T 形截面壁厚为 12 mm 的 T 钢模管,已证实场地内超静孔隙水压力对钢模管的挤压影响不大。说明矩形截面的钢管度由 12 mm 增厚到 15 mm,其截面刚度可以满足土层内积累的超静孔隙水压力对钢模管的挤压;选用截面刚度最小的空心工形截面的工形钢模管见图 2-41,试验钢模管的长度 18 m,钢模管的壁厚为 12 mm,沉入土层 17.5 m,在空心工形截面钢模管内置入钢筋笼,灌满混凝土。在土层内积累的超静孔隙水压力对钢模管挤压,已发生空心工形截面钢模管截面因挤压而发生缓慢变形。

按沉管灌注桩的施工程序开始振动拔管,空心工形截面钢模管内混凝土拒落,无论采取何种措施无法解决管内混凝土拒落。当时还未想到空心工形钢模管截面的挤压变形,主要是对场地内超静孔隙水压力不断累积叠加产生挤压力认识不足。钢模管全部拔出地面后见到如图 2-41 所示的工形钢模管严重变形,工形的腹板夹着钢筋骨架与混凝土均留在管内,如图 2-41(b)所示截面的变形。

采用灌注桩相同截面的钢模管,空心工字形截面的刚度最小。在超静孔隙水压力累加到最大时在场地作沉管试验,空心工形截面的钢模管变成如图 2-41(b)所示形状的变形,工形腹板夹住钢筋笼,阻止在钢模管内的混凝土拒落,想到在沿桩周挤压力作用下空心工形截面的刚度是最小的。通过试验得到以下认识:

(1) 体现了软土区挤土形成不断累积的超静孔隙水压力超出预估的范围,认识到控制超静孔隙水压力累积产生巨大的挤压力对邻周影响与破坏力须有足够的重视。运用挤土产生孔隙水压力与随时间缓慢泄压而孔隙水压力消失,可以建立产生与消失的平衡关系从而有效控制孔隙水压力的累积。

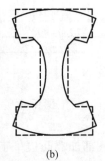

(a)　　　　　　　(b)

图 2-41　工字形灌注桩钢模管及变形示意图

（2）空心工形截面的刚度与矩形截面的刚度相比，如图 2-41(b)所示的空心工形截面的刚度太小导致沉管后变形。此截面除了增加壁厚，目前没有增加刚度的措施，所以目前暂无法用空心工形截面的钢模管施工工形沉管灌注桩。

4. 通过试验选择矩形加钢翼的钢模管

矩形截面的变形刚度比空心工形截面的变形刚度大，不仅可以增加壁厚增加刚度，而且还可包角、贴钢板条等措施增大截面刚度。

矩形钢管加钢凸边呈工形沉管灌注桩的钢模管，采用预制混凝土可脱卸桩靴底封底，活瓣桩靴的工形截面沉管灌注桩的钢模管。用挤土施工的沉管灌注桩的传统工艺施工，中间矩形为配筋截面，按桩侧土压力大小计算截面的配筋量，为矩形加翼实施造价低、施工效率高、质量可靠的工形沉管灌注桩。

矩形配筋截面的两侧为加翼无筋混凝土而成为工形截面，加翼无筋混凝土为满足刚性角的加翼凸边。凸边加翼混凝土的其功能是支挡桩间土的漏土，只需满足刚性角的无筋混凝土要求即可，刚性角的构造与设计具体可参见《建筑地基基础设计规范》(GB 50007—2011)中的规定。

2.3.2.4 工形沉管灌注桩的设计与施工

1. 工形沉管灌注桩的计算与对比

1) 基坑内力与截面配筋量

基坑工程开挖深度为 6.2 m，围护结构采用桩排内支撑，其中围护桩为 Φ600 钻孔灌注桩。输入土性指标、地面荷载，基坑的安全等级等参数进行计算，经软件运算结果：采用钻孔灌注桩 Φ600@700 时的配筋内力（包含 1.25 的分项系数），$M_{max}=240$ kN·m，$M_{min}=150$ kN·m，Φ600 钻孔灌注桩的配筋量为 3 544 mm^2。

工形沉管灌注桩选用表 2-23 的 600 mm × 800 mm 工形灌注桩的截面配筋量 1 846 mm^2 与 769 mm^2，合计为 2 615 mm^2，对应的内力 M_{max} 为 400 kN·m，M_{min} 为 170 kN·m。

2) 支护桩内力等同代换

$S_2=M_2/(M_1/S_1)=400/(240/0.7)=1.17$ m。

取 $S_2=1.15$ m，为稀桩排支护桩，基坑的防渗，在两桩间土施工高压旋喷桩为最佳防渗见图 2-41(a)。因水泥搅拌桩价相当于高压旋喷桩价的 40%～50%，出于降低工程造价考虑，也可用两桩小直径的水泥搅拌桩叠接 100～200 mm 形成水泥搅拌桩与工形沉管灌注桩结合的防渗墙体见图 2-42(b)，比原独立的水泥搅拌桩防渗帷幕墙方案可省 40% 左右。

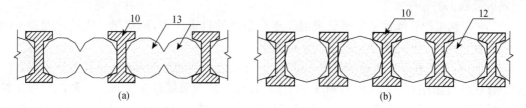

(a)   (b)

10—工形沉管灌注桩；13—高压旋喷板；12—水泥搅拌桩

图 2-42 布桩示意

2. 支护桩的对比

(1) 用钢量对比

一根桩可节省钢筋的百分比:

工形沉管灌注桩可节省钢筋的比例为(3 544－2 615)/3 544＝26.2%。

按 15 m 相同桩长支护桩每根桩可节省的钢筋:

可节省的截面钢筋量 3 544×26.2%＝928.5 mm²

一根桩可节省钢筋的重量 928.5×15×7.85/1 000＝109 kg

每延米基坑 Φ600 钻孔灌注桩须用的钢筋量:3 544/0.7×15×7.85/1 000＝596 kg/m;

每延米基坑工形沉管灌注桩须用的钢筋量:2 615/1.15×15×7.85/1 000＝268 kg/m;

每延米基坑工形沉管灌注桩可节省钢筋量:596－268＝328 kg/m;

每延米基坑可节省钢筋量的比例:(596－268)/596＝55%

(2) 桩的截面混凝土量对比

600 mm×800 mm 工形沉管灌注桩:0.125×1.5×4＋0.3×0.8＝0.315 m²。

Φ600 钻孔灌注桩:0.6×0.6×3.14/4＝0.283 m²。

每延米基坑工形沉管灌注桩可节省混凝土的比例:

(0.283/0.7－0.315/1.15)/(0.283/0.7)＝32.25%

(3) 桩工程量与造价对比:

综合单价:

Φ600 钻孔灌注桩 1 300 元/m³/m,则一根桩总价 1 300×15×0.283＝0.552 万元/m。

每延米基坑支护桩价 0.5520/0.7＝0.7880 万元/m。

工形沉管灌注桩 1 100 元/m³,一根桩总价 1 100×15×0.315＝0.52 万元/m。

每延米基坑工形沉管灌注桩可节省造价与比例:

每延米基坑可节省造价:0.552/0.7－0.52/1.15＝0.336 万元/m。

每延米基坑可节省造价的比例:0.336/(552/0.7)＝42.6%

3. 工形沉管灌注桩的施工

(1) 为使工形管灌注桩等桩距在一个平面上,除了控制沉管的垂直度,借用槽钢导梁控制在一条直线上,按导梁面标注的桩距控制沉管施工的措施是必要的。

(2) 控制沉管挤土超静孔隙水压力累积叠加。可由计算相邻桩位移值确定沉管时桩的间隔距离,计算主要按公式 2-7(a),2-7(b)计算位移值。当计算位移值≤5 mm 可以沿基坑连续施工支护桩,当位移值在 5 mm＜(1/4 的位移值)≤15 mm 区间的则须采用隔一沉一的间隔沉管施工的程序施工。

(3) 控制工形管灌注桩钢模管内混凝土有足够的自重压力,确定第二次补灌混凝土的拔管的管口离地表面的高度,通过举例来说明:

例如:基坑工程开挖深度为 6.2 m,原围护排桩使用到的桩为 Φ600 钻孔灌注桩@700,后经优化设计采用 600 mm×800 mm@1 150 mm 工形沉管灌注桩代换。工形沉管灌注桩有效桩长 15 m,桩顶标高－1 m,钢模管长度 17 m,成桩截面积 0.15 m²,钢模管壁厚 15 mm,内壁净面积 0.27×0.77＝0.208 m²,有效桩长另加须凿去的 0.5 m 浮浆混凝土,总混凝土量:0.315×(15＋0.5)×10.5＝5.13 m³。

灌入钢模管的总高度:5.13/0.208＝24.67 m;将灌满混凝土的钢模管振动上拔,当钢模管的管口离地高度为 24.67－17＝7.67 m 时停止,进行第二次补灌混凝土施工,将钢模管内混凝土灌满即可,再将钢模管继续振动上拔至管底出地面,精确的桩顶标高在地面下 0.5 m 处,由于充盈系数 1.05 已计入混凝土总量,混凝土也可能略有溢出地面的情况,均属正常。

(4)根据每延米基坑支护桩的内力等同代换得到的工形沉管灌注桩的桩距 $S_2＝$ 1.15 m,相当于稀列桩排,按图 2-42(b)在两根工形沉管灌注桩的桩间土中,用两根 Φ500 水泥搅拌桩,桩间搭接 100～150 mm 与工形沉管灌注桩形成整体防渗墙,水泥搅拌桩的桩长为 8 m。

参 考 文 献

[1]孔清华.软土地区无振动灌注桩质量之探讨[J].桩基工程,1985,2.

[2]孔清华,桂淞莉.静压扩底灌注桩应用开发研究[J].岩土工程师,1989,3.

[3]孔清华,沈俊杰,吴林权.跑架复压测桩法[J].岩土工程师,1990,3.

[4]孔超.沉管式带侧翼矩形混凝土灌注桩的成桩装置:中国,201020049966.1[P].2010-11-03.

[5]孔超.带活瓣桩靴矩形沉管灌注桩的成桩装置:中国,201020049964.2[P].2010-11-24.

[6]孔超.一种干取土矩形灌注桩成桩装置与成桩方法:中国,201010040028.X[P].2010-07-14.

[7]孔清华.沉管式工字型灌注桩成桩装置:中国,200820122182.X[P].2009-05-06.

[8]孔超.预制钢筋混凝土工字形支护桩:中国,201210305030.4[P].2012-12-19.

[9]孔超.离心浇筑预应力钢筋混凝土工形截面支护桩:中国,201310017496.9[P].2013-04-24.

[10]黄院雄,许清侠,胡中雄.饱和土中打桩引起桩周围土体的位移[J].工业建筑,2000,30(7):15-19.

[11]汪大龙.黏性土中沉桩引起的挤土效应分析与研究[D].上海:同济大学,2002.

[12]罗战友.静压桩挤土效应及施工措施研究[D].杭州:浙江大学,2004.

[13]Sagaseat C. Analysis of Undrained Soil Deformation due to Ground Loss[J]. Geotechnique,1987,37 (3):301-320.

[14]中华人民共和国国家标准.GB 50007—2011　建筑地基基础设计规范[S].北京:中国建筑工业出版社,2011.

3 沉管式干取土灌注桩与提高桩端阻力的桩

本章提要

本章主要介绍沉管式干取土灌注桩与提高桩端阻力的桩,无泥浆施工的沉管式干取土桩,取土方式有筒式取土、高效提土、挤压排土等。干取土方式将进入钢模管内土体取净,放置钢筋笼与混凝土后振动拔出钢模管成桩,通过桩端扩底、桩底后注浆、桩底埋设预承包的预承力桩、嵌岩灌注桩等,使桩端阻值最大化。介绍基坑工程按最佳受弯截面特性的T形、工形的支护桩,节材节能,消除泥浆污染。

3.1 沉管式干取土灌注桩

3.1.1 全桩长钢管护壁干取土灌注桩

1. 研究目的、意义与技术特性

1) 目的和意义

在桩承载力提高情况下,减少用桩量可节省建材资源和水资源。干取土技术可消除钻孔泥浆对城市与邻周环境的污染,可消除泥浆污染排放。研究干取土灌注桩技术能有效解决建筑桩基工程的节能、节水与减排问题。

建筑桩基尤其是高层建筑大量采用钻孔灌注桩型,施工过程中每立方混凝土桩须消耗 $5 \sim 6 \ m^3$ 水资源进行泥浆护壁。如以宁波市桩基工程与深基坑支护工程采用钻孔灌注桩为例估算:一年须消耗清洁水 0.375 亿 m^3,相当于一个小型水库的存量,而排放的泥浆为 0.25 亿 m^3。产生的泥浆肆意倾排到江河或农田存放,污染江河、海洋以及占用农田。

2) 工程应用

近 20 年来工程应用实例,如宁波城隍商场、石油大厦、民光电影院、鼓楼银行大厦等地下室基坑支护桩均为干取土灌注桩,中山小区多层汽车库桩基为干取土人工扩底灌注桩,岙山石油基地 10 万吨油灌基础为干取土嵌岩灌注桩,不仅检测全部达到工程设计要求,而且在加快工程进度,较大幅度降低工程造价,尤其在节能、节水与减排方面显示出独特优势。还可结合桩底扩底或人工嵌岩使桩承载力值较大幅度提高,减少桩数,实现资源性节省,桩的直径为 $600 \sim 1\ 000 \ mm$,桩长 $40 \sim 50 \ m$,随着机械水平的提高和改进将来施工桩长有望可达 60 m。

3) 技术特性

国际上比较先进的"贝诺特 Bentot"桩机即为全桩长钢模管护壁,在钢模管内冲抓取土后利用液压摇摆扭动的形式使得钢模管克服与土的上拔阻力。但"贝诺特"桩基适用于砂质土或砾石土地质条件,以及桩径 1 800～3 000 mm 的大桥桩基,并不适用饱和软土地质条件与建筑工程的桩基(桩径 600～1 000 mm)。

(1) 研究软土地层施工的"贝诺特"桩机:干取土灌注桩技术将钢模管接长处具有 200 mm 竖向封闭位移装置,可降低钢模与管周土侧阻力。当钢模管上拔上段钢模管时,竖向封闭位移装置 200 mm 以内仅为上段钢模管的侧阻力,因位移了 200 mm 由静摩阻力转化为动摩阻力,使上段钢模管的侧阻力迅速减少,即带动下一段钢模管(钢模管连接节点详见图 8-3)。如此,阻力只相当全桩长均为刚性钢模管总静阻力的 30% 左右。

(2) 消除挤土影响。在桩位先去除填土或地表硬壳层,当开口钢模管沉入土层时,软土能满管进入钢模管,降低挤土效应影响。

(3) 可安全配合人工在桩端扩底或嵌岩。为了提高工程桩的承载力值,在适宜地层可配合人工扩底或人工嵌岩,使桩的端阻力大幅度提高,从而减少桩数,降低造价。在钢模管护壁条件下,人工扩底与嵌岩是较安全的。

(4) 可靠的成桩质量。全桩长钢模管护壁不受桩周土体影响,在钢模管内直接浇灌混凝可规避水下混凝土的质量通病,提高成桩质量。

(5) 提高效率。通过工程实践可知,在相同地质情况、截面和桩长的情况下,钢管护壁干取土灌注桩与传统的钻孔灌注桩相比可提高工效 1～2 倍。

2. 成桩工艺研究

全桩长钢模管护壁干取土灌注桩需要有可靠的施工工艺,确保在不良工程地质条件下能顺利成桩,消除施工中有可能出现的不确定因素。

针对钻孔灌注桩的成桩工艺消除桩孔泥浆护壁,减少对邻周环境污染及降低水下浇筑混凝土施工的质量隐患,提高施工效率、减低工程造价。

1) 干取土灌注桩成桩工艺

将钢模管与取土装置沉入土中,进行分段接长分段取土成桩孔。当桩长在 30 m 以内,为提高成桩效率可采用单节钢模管;当桩长超过 30 m 需采用接长装置,在装置上设置竖向伸缩节,使浇灌混凝土后拔出钢模管时,上节钢模管上拔一定距离由静摩阻力转化为动摩阻力,并带动拔出下节钢模管,即可大幅度减少全桩长上拔摩阻力。取土装置根据不同土性,采用相应取土装置,在取出土柱过程中,空气由进气管进入土柱底部,上提时消除真空段,以保证原状土从取土装置中取出,成桩工艺如图 3-1 所示。

(1) 桩孔挖除地表杂填土及地表硬壳层;

(2) 钢模管就位、校正垂直;

(3) 沉入钢模管,用专用取土器分段将钢模管内进入土体取出;

(4) 接长钢模管,复校垂直;

(5) 沉入钢模管分段将土体取出检测桩孔;

(6) 放入钢筋笼,灌注混凝土,振动拔出钢模管成桩。

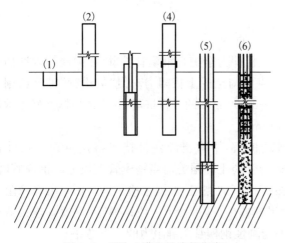

图 3-1 干取土灌注桩成桩程序

图 3-2 钢模管内取出土体情形

取土装置:根据不同土性选用不同取土器,有流动土取土器、一般土取土器及相应配套的取土接长杆组成,其中接长杆连接均采用快速翻扣连接。取土器从钢模管内提出时设有空气进入底部的装置,避免抽拔真空段发生。为达到连续取土提高工效,每台桩机配两只取土器,卸土和取土可同时进行,取出土体如图 3-2 所示。

2) 干取土人工挖扩灌注桩

成桩工艺程序如图 3-3 所示。灌注桩施工成桩程序:

步骤(1),开挖桩孔地表杂填土及硬壳层;

步骤(2),钢模管校正垂直沉入;

步骤(3),振动下沉钢模管至设计标高;

步骤(4),分段取出钢模管内土体,当钢模管长度不足时利用接长杆接长;

步骤(5),在钢模管护壁条件下,在桩端采用人工挖扩至设计直径并检测验收;

步骤(6),放置钢筋笼及浇筑混凝土,然后将外钢模管震动拔出成桩。

采用上述工艺需备 3～4 根钢模管,当完成步骤(4)后,桩机进入下一桩位,用另一根钢模管施工,步骤(1)至步骤(4)的步骤循环进行,当前一根桩孔挖扩完成步骤(5)后,将桩机返回前一根桩孔位置完成步骤(6),依此循环施工。

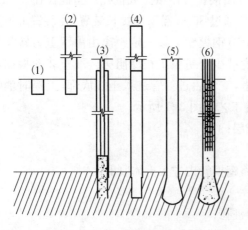

图 3-3 干取土人工挖扩灌注桩

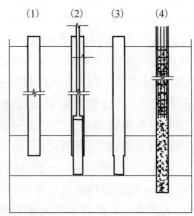

图 3-4 干取土嵌岩

3）干取土人工嵌岩灌注桩

成桩工艺见图3-4，程序如下：

步骤（1），钢模管沉入强风化岩层，分段取出钢模管内土体；

步骤（2），超深取土至中风化岩层；

步骤（3），在钢模管护壁条件下配合人工凿岩、风镐或爆破嵌岩。

步骤（4），放置钢筋笼后插入导管浇筑混凝土，振动拔出钢模管成桩。

4）基坑围护工程咬合桩

钢模管下端部（管底平）单侧焊接凸边，使钢模管内混凝土充填凸边的空间，形成桩截面为带凸边混凝土桩；第二根沉管施工时切凸边混凝土（约为突出的一半），使桩体混凝土与凸边混凝土初凝前结合，成为咬合桩。

3. 成桩工艺装备

全桩长钢模管护壁干取土灌注桩的施工设备是保证成桩质量的关键。成桩机械采用液压步履静压桩机配以相应的施工装备，包括钢模管的接长装置、取土装置以及相应接长杆与连接装置。

成桩工艺装备中选用的液压步履静压桩机参照第8章进行选型。钢模管的接长装置、取土装置以及相应接长杆与连接装置可参照第8章"干取土"部分内容。

4. 干取土灌注桩的应用

1）干取土咬合灌注桩

用于深基坑围护工程的支护桩，施工时混凝土迅速充填由钢模管单侧凸边形成的空间，形成圆形截面单侧无筋混凝土凸边，在混凝土初凝前切入凸边混凝土沉管施工，取净管内土体、放置钢筋笼、灌满混凝土，拔出钢模管过程，管内混凝土与凸边混凝土均在初凝前结合，并不存在施工缝，如图3-5所示。

施工程序如图3-6所示新型咬合桩，在钢模管下部设置钢制凸边见图3-6(a)、图3-6(b)

图3-5 干取土桩之间的咬合

右端示图切前桩的凸边混凝土将钢模管沉入土层，取净钢模管内土体，放置钢筋笼，浇灌混凝土振动拔出钢模管，钢模管内的混凝土与前桩初凝前的凸边混凝土结合，成为无接缝咬合，如图3-5所示。

2）应用实例

全桩长钢管护壁干取土灌注桩技术应用的工程案例：宁波市城隍庙商城地下室基坑支护桩，开挖深度6.5 m，为自立式双排干取土灌注桩，坑内侧为 Φ600@750，坑外侧为 Φ600@2 250 mm；宁波市原石油大厦地下室基坑支护桩，开挖深度6.5 m，Φ600@750 mm 干取土灌注桩；宁波市鼓楼工行大厦两层地下室基坑支护桩开挖深度13 m，支护桩 Φ800@

900 mm干取土灌注桩,桩长 30～35 m;民光电影院地下室基坑支护桩开挖深度 7.5 m,瓦玻形排列支护桩 Φ600@700 干取土灌注桩;中山小区汽车库干取土扩底灌注桩,Φ700 底扩大为 Φ1 400～Φ2 100 mm;舟山市岙山石油储备基地 5 个 10 万吨油罐桩基 Φ900 干取土嵌岩灌注桩,桩长 35～50 m。

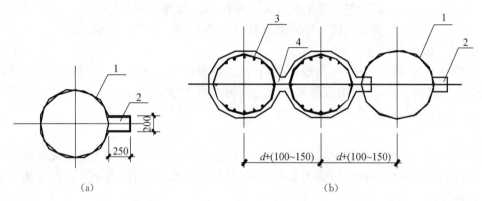

1—钢模管；2—钢凸边；3—钢筋笼；4—咬合部分素、混凝土

图 3-6　新型咬合桩

5. 技术的创新点

(1) 全桩长钢管护壁的钢管接长的节点有 200 mm 伸缩位移的距离,钢管内放置钢筋笼与灌满混凝土,上拔钢模管过程因每个节点有 200 mm 伸缩位移,逐级向底部传递的过程。每节钢管因有 200 mm 伸缩位移,使得管壁静止摩阻力转化为动摩阻力,越到底部转化效果越明显,因而使钢模管上拔的力大幅度减小。

(2) 筒式取土器不仅可取出一般性土,而且可取出流动土。在取土器底部设置空气流通管,上提取土器不会产生抽真空的负压现象。

(3) 要在钢管内取出深层土体,在筒式取土器上可用接长杆。其中接长杆的接长方式宜采用快速翻扣连接。

(4) 钢模管下部设置钢制凸边,钢模管切前桩凸边混凝土施工,后桩混凝土与前桩初凝前的凸边混凝土结合,成为无接缝咬合。

3.1.2　沉管式干取土嵌岩灌注桩

1. 钢模管护壁干取土嵌岩灌注桩

1) 可靠嵌岩灌注桩的相关分析

某海岛储油基地工程,因大型油罐基础不允许出现不均匀沉降,基础选择钻孔灌注桩型。考虑到海岛基地的岩层是未风化岩层,岩石坡度陡,施工钻头无法停留在陡坡上钻进成孔。

油罐基础选用桩型宜能直观嵌岩的质量与嵌岩深度可以施工的桩型,而用传统的钻孔灌注桩是在护壁泥浆中根据置换出来的石屑判断是否进入中风化岩层以及进入岩层的深度,不能直观判定嵌岩的质量和深度。

全桩长钢模管护壁施工嵌岩桩施工技术是采用沉入底开口的全桩长钢模管,用筒式取土器取净进入钢模管内的土体直至岩层面;在钢模管安全护壁下,待桩孔内监测安全,设置安全设施后,人员进入钢模管内用风镐凿岩、冲击电锤钻或钻孔埋炸药爆破等方式完成嵌岩。采用人工嵌岩的方式能直接观测嵌岩质量和嵌岩深度。

2）海岛选择钻孔灌注桩施工的可行性

储油基地海岛工程的大型油罐基础,选择桩基础的工程主要面临的难题为嵌岩施工困难。钻孔嵌岩施工不仅效益极低,机具损耗严重,而且嵌岩质量的可靠性很难有保障。在泥浆护壁条件下没有可靠的检测手段检测出嵌岩与护壁成桩质量。当岩层坡度很陡或上无强风化岩层覆盖的情况下,直接在微风化基岩上无法定位钻孔,嵌岩施工更为困难,费时费力,成本较高。

3）钢模管护壁仍须水下混凝土浇筑

钢模管护壁仍然由管底进入海水,人工凿岩时靠多台潜水泵的抽水方能施工,一旦停止抽水,很快海水从底向上升到离地 20 m 左右,水下混凝土浇筑是必然的。当导管内混凝土与桩孔混凝土层面高度差大,导管内混凝土自重压力大,即使导管埋入桩孔混凝土层面较深部位,仍能使桩孔混凝土面层向上推升,置换出桩孔泥浆。

当桩孔混凝土面层至一定高度,由于导管及桩孔混凝土面层高差小,导管内混凝土自重压力大幅度减少,仍然要保证导管埋入桩孔混凝土内的深度是不可能的。要促使导管内混凝土下落,不断将导管上拔和下压,略有不慎则导管会拔出桩孔混凝土面层。目前无相关的可靠检测手段,施工过程中又极难发现。因此,导致在试桩加载到一定值时被泥浆冲刷段桩身混凝土压碎破坏,这是钻孔灌注桩常见的质量问题。

4）创新工艺改变现状

解决钻孔嵌岩灌注桩质量问题,必须抛弃传统工艺并由创新工艺替代。在全桩长钢模管护壁条件下,可采用多种手段进行嵌岩施工。例如,采用风镐人工凿岩、潜孔锤凿岩、爆破嵌岩以及微风化基岩上钻孔植筋浆锚处理等,均能达到有效嵌岩的要求。上述嵌岩措施对岩层的风化程度、嵌入深度等均可直接测量,嵌岩质量完全可靠。

全桩长钢模管护壁代替钻孔泥浆护壁,在钢模内直接浇灌混凝土,不存在导管及水下混凝土施工问题,使桩身质量得到更可靠的保障。

2. 干取土嵌岩灌注桩施工工艺

1）施工工艺

干取土嵌岩灌注桩采用全桩长钢模管护壁,钢模管内土体使用专用取土装置取出。待全桩长钢模管内土体全部取出后进行清壁及配合人工嵌岩。在钢模管内放置钢筋笼及浇灌混凝土,将护壁钢模管拔出后即成桩(工序见图 3-7)。

（1）钢模管沉入强风化岩层,在钢模管内用专用取土装置取出土体;

（2）用专用取土装置或冲抓取出强风化岩体直至中风化岩层;

（3）钢模管压送穿越强风化层至中风化层面,桩机转入下桩位,重复上述工序;

（4）人工进入钢模管底,用风镐开凿中风化岩层,直至达到要求的嵌岩深度;

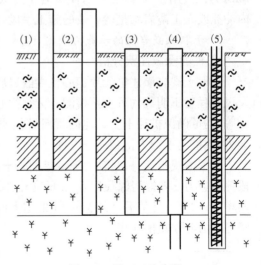

图 3-7 施工工艺步骤

（5）放置钢筋笼和浇筑混凝土，桩机返回原位，振动将钢模管拔出成桩。

2）嵌岩施工

干取土嵌岩灌注桩施工所需时间长，施工难度大，需根据不同岩性用不同的嵌岩手段方能提高嵌岩工效。干取土工艺可直接接触岩层，但对岩性判别、设计、施工、监理却很难统一，尤其是对硬质岩的风化程度的认识分歧很大，造成施工困难。为此，施工前须按标准统一岩层风化分类。

根据《岩土工程勘察规范》（GB 50021—2001（2009 年版））附录的岩土分类，分硬质岩石和软质岩石。工程勘测报告设计嵌岩要求，硬质岩土的风化程度分类如表 3-1 所示。

为提高嵌岩灌注桩施工效率，成桩工序进行干取土施工及嵌岩施工需进行必要的分工。

（1）干取土施工：仅将钢模管沉入必须护壁的土层，并用取土装置取出钢模管内土体，完成嵌岩施工后，放置钢筋笼及浇灌混凝土，用干取土桩机将钢模管振动拔出成桩。一般干取土施工工序 1～2 h 即可完成（桩长 20～30 m）。为此，每台干取土桩机须配 3～4 根钢模管，或按嵌岩施工工效与干取土施工工效的比值确定，完成干取土施工工序后移交给嵌岩施工，可有效提高机械利用效率。

（2）嵌岩施工：根据设计要求的嵌入岩层的性质、风化层类别及深度，对于硬质岩须采用不同手段进行嵌岩施工。

① 在钢模管内配合冲抓工艺，完成强风化岩层的嵌岩施工。

② 当钢模管内配合劈石重锤冲击岩体，破碎后进行冲抓取出碎状岩块完成嵌入中等风化岩层的嵌岩施工。当桩径＞800 mm 时，需配合人工在桩端用风镐凿岩，用吊斗人工取出碎块岩石，完成嵌岩施工。此工序不仅有效，而且嵌岩质量更为可靠。

③ 当设计要求进入微风化或未风化岩体，尤其是硬质岩可配合钻岩爆破，完成嵌岩施工，或用钻岩插筋浆锚工艺，同样可达到嵌岩的要求。

某工程工地 5 万 m³ 油罐桩基采用干取土嵌岩灌注桩，大部分嵌入微风化及未风化硬质基岩。用风镐人工凿岩，根本无法进尺，效率极低，连续衡凿 48 h，嵌岩体深度还不到 500 mm，为此改用钻眼爆破施工，使嵌岩工效大幅度提高。对于软质岩的嵌岩施工，在钢模管内冲抓或人工凿岩均是较有效的施工手段，且效率也较高。

3. 干取土嵌岩桩的承载力确定

1）桩的承载性状分析

干取土嵌岩灌注桩无须担心桩端嵌岩质量，如桩孔底沉渣、嵌岩深度不足、嵌岩层性质及风化程度不明等均可直接检测。无须担心桩身质量，如水下混凝土施工质量导致桩径变化等，均可确保桩径不受其他因素对桩体质量的影响，可充分利用岩层及桩截面积的承载能力，使桩的承载力得到充分发挥。

根据荷载传递，桩身轴力随着桩的入土深度增加而递减。根据模型桩试验结果[①]，嵌岩段侧剪应力 τ_j 随嵌岩深径比 h_r/d 的变化如图 3-8 所示。桩的侧阻力发挥随着 h_r/d 的增大而增大；增至一定值后却随着 h_r/d 的增大而逐渐减小。嵌岩段的单位侧剪应力对分担桩的竖向轴力起着重要作用。

---

① 朱春明. 嵌岩桩的受力的破坏机理（硕士毕业论文）；中国建筑科学研究院。

干取土嵌岩灌注桩发挥嵌岩段侧阻力所需的位移是很小的,破碎岩体位移是黏性土的一半,完整岩体约为黏性土位移的 $1/4$;而钻孔灌注桩则不然,在泥浆护壁中施工在孔底总要残留一部分沉渣,即在桩端部形成一个可压缩的"软垫",所以桩身与土体间产生相对位移,使桩的侧阻力得到发挥,而桩端由于"软垫"作用,桩端侧阻力不能发挥作用。由承载性状分析可知:

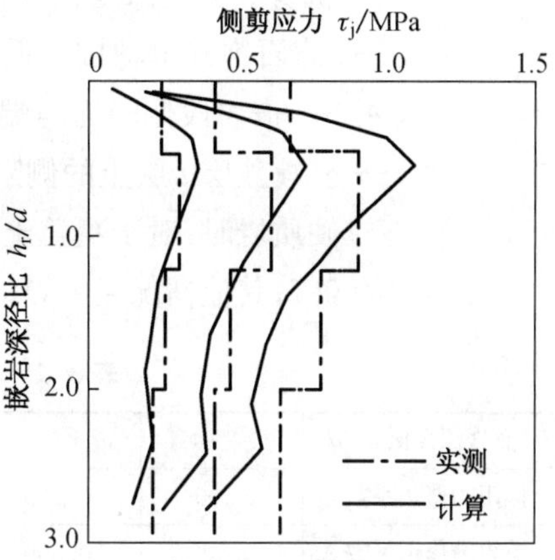

(1) 嵌岩灌注桩嵌岩段的侧阻力对分担桩的轴力起重要作用。

(2) 不论桩的长径比 L/d 的大小,一律把嵌岩桩按端承桩设计,并沿全桩长配筋是不合理的。

(3) 嵌岩进入新鲜软质岩 $2d$ 或硬质岩强风化岩体的 $5d$,即能调动岩层以上覆盖土体侧阻力的有效发挥,不一定无限增加嵌岩深度。

图 3-8　侧剪应力与嵌岩深径比关系图

(4) 进入微风化硬质岩层,岩体强度超出桩的截面强度,如桩端平整能有效锚入基岩,无须对岩体嵌入深度有要求,只需满足构造深度即可。

表 3-1　岩石的风化程度分类

风化层度	野外特征	风化程度参考表		
		压缩波速度 $v_p/(\mathrm{m \cdot s^{-1}})$	波速比 K_v	风化系数 K_f
未风化	岩质新鲜,未见风化痕迹	>5 000	0.9~1.0	0.9~1.0
微风化	组织结构基本未变,仅节理面由铁锰质渲染或矿物略有变色。有少量风化裂隙,岩体完整性好	4 000~5 000	0.8~0.9	0.8~0.9
中等风化	组织结构部分破坏,矿物成分基本未变化,仅沿节理面出现次生矿物。风化裂隙发育,岩体完整性较差。岩体被切割成 20~50 cm 的岩块。锤击声脆,且不易击碎,不能用镐挖掘,若芯钻方可钻进	2 000~4 000	0.6~0.8	0.4~0.8
强风化	组织结构大部分破坏,矿物成分已显著变化。长石、云母已风化发育,岩体破碎,完整性极差。岩体被切割成 2~20 cm 的岩块,可用手折断,用镐可挖掘,干钻不易钻进	1 000~2 000	0.4~0.6	<0.4

注:表格内容摘录自《岩土工程勘察规范》(GB 50021—2001(2009 年版))附录 A。

2) 干取土嵌岩桩估算极限承载力

根据规范计算单桩承载力,在施工过程中通过各类试验与设计应用,提出以下一种计算方式,供参考。

$$Q_{uk} = Q_{sk} + Q_{rk} + Q_{pk} = u \sum \xi_{si} q_{sik} l_i + u \xi_s f_{rk} h_r + \xi_p f_{rk} A_p \quad (3\text{-}1)$$

式中　Q_{sk}——桩周长总的极限侧阻力标准值(kPa);

Q_{rk}——桩嵌岩段总的极限侧阻力标准值(kPa);

Q_{pk}——桩端极限端阻力标准值(kPa);

q_{sik}——桩周 i 层土极限侧阻力标准值(kPa);

h_r——桩身嵌岩段深度(中风化、微风化、未风化)以全截面嵌入的最小高度计(m);

f_{rk}——岩石饱和单轴抗压强度标准值(kPa);

ξ_s,ξ_p——嵌岩段侧阻力与端阻力发挥系数;

ξ_s——桩覆盖层 i 层土的侧阻力发挥系数:当桩的长径比($L/d<30$)桩端嵌入微风化硬质岩时:对于覆盖土为黏性土、粉土 $\xi_s=0.8$;对于为砂类土、碎石类土 $\xi_s=0.7$;其他情况 $\xi_s=1.0$。

表 3-2 嵌岩侧阻力和端阻力修正系数 ξ

嵌岩深径比 h_r/d	0.0	0.5	1	2	3	4	≥5
侧阻力修正系数 ξ_s	0.00	0.025	0.055	0.070	0.065	0.062	0.050
端阻力修正系数 ξ_p	0.500	0.500	0.400	0.300	0.200	0.100	0.00

注:当嵌岩段为中等风化时,表中系数乘 0.9 折减。

举例说明:舟山兴中石油转运公司岙山基地(表 3-3)。

表 3-3 某工程 5 万 m³ 油罐桩基估算极限承载力数据表

土层层号	名称	桩侧、桩端极限阻力标准值	
		q_{sik}/kPa	q_{pik}/kPa
①-1	淤泥质粉质黏土	16	—
①-2	淤泥质黏土	12	—
①-3	淤泥质粉质黏土	16	—
①-4	粗砂含淤泥质黏土	30	—
②-1	黏土	32	—
②-2	粉质黏土	38	—
②-3	粉土含砂	42	—
③	粉质黏土	58	—
④	黏土	50	—
⑤-3	黏土	72	3 400～3 600
⑤-4	粗砂混黏土	84	4 000～4 200
⑤-5	黏土	74	3 400～3 600
⑦	基岩强风化带	90～110	6 000～6 200
⑧	晶屑熔结凝灰岩	150～170	12 000～13 000
⑨	晶屑熔结凝灰岩	—	15 000～16 000

(1)设计单桩承载力的估算

地勘报告提供8层为晶屑熔结凝灰岩,根据现场人工凿挖过程,桩端均进入岩层。岩层结构基节理面有铁锰质渲染,有少量风化裂隙,岩体完整性好,属硬质岩石。

根据岩土工程勘察规范,岩土饱和单轴抗压强度标准值 $f_{rk}>60\,000$ kPa,本工程要求嵌入中风化基岩,按次硬岩石指标乘 0.9 取值 $f_{rk}>27\,000$ kPa。

计算嵌岩桩极限承载力标准值(取平均桩长计算)。

$$Q_{uk} = u \sum \xi_{si} q_{sik} l_i + u\xi_s f_{rk} h_i + \xi_p f_{rk} A_p$$
$$= 0.8 \times \pi \times 0.8 \times 730 + 0.8 \times \pi \times 0.0025 \times 27\,000 \times 0.5$$
$$+ 0.5 \times 27\,000 \times \pi/4 \times 0.8^2$$
$$= 1\,468 + 85 + 6\,785 = 8\,338 \text{ kN}$$

当嵌岩深度 $h_r = 0$ 时：$q_{uk} = 1\,468 + 6\,785 = 8\,253$ kN

按常规桩计算桩极限承载力标准值(按地勘报告设计统计参数)。

$$q_{uk} = 0.8 \times \pi \times 730 + \pi/4 \times 0.8^2 \times 13\,000 = 8\,369.2 \text{ kN}$$

上述三种方法计算结果统计确定单桩竖向极限承载力标准值。

桩的极限承载力平均标准值 $Q_{uin} = 1/n \cdot \sum_{i=1}^{n} Q_{ui}$

$$Q_{ui} = \frac{1}{3} \times (8\,253 + 8\,338 + 8\,369) = 8\,320 \text{ kN}。$$

$$\alpha_i = Q_{ui}/Q_{uin}, \alpha_1 = 0.992, \alpha_2 = 1.002, \alpha_3 = 1.006$$

计算 α_i 的标准值差 $\sigma_n = \sqrt{\sum_{i=1}^{n} (\alpha_i - 1)^2 / (n-1)}$

$$\sigma_n = \sqrt{[(0.992-1)^2 + (1.002-1)^2 + (1.006-1)^2]/(3-1)}$$
$$\sigma_n = 0.035 < 0.15$$

则估算单桩极限承载力标准值

$$Q_{uk} = Q_{uin} = 8\,320 \text{ kN}$$

单桩承载力特征值 $R_a = 8\,320/2 = 4\,160$ kN,满足设计要求。

(2) 桩的竖向极限承载力标准值检测

岙山二期 5 万 m^3 油罐基础 12# 油罐采用干取土嵌岩灌注桩,13# 油罐采用泥浆护壁钻孔灌注桩。全部桩均进行低应变桩身检测。根据施工情况及在低应变桩身质量检测基础上,对存在不同问题的桩采用美国 PDI 公司生产的打桩分析仪(PBD 型高应变检测仪)进行高应变检测以及静载实测曲线拟合法分析确定桩的极限承载力。

12# 油罐检测 5 根,13# 油罐检测 4 根桩,12# 桩与 138# 桩因施工中出现特殊因素,不参与统计分析外,其他检测桩均参与统计分析。

① 12# 油罐桩的极限承载力标准值确定:施工工艺为干取土嵌岩灌注桩,桩径为 0.8 m,平均桩长 23.65 m,桩的估算极限承载力标准值 $Q_{uk} = 8\,320$ kN;

高应变检测结果,132# 桩 $Q_{uk} = 6\,340$ kN, 99# 桩 $Q_{uk} = 7\,071$ kN, 76# 桩 $Q_{uk} = 8\,632$ kN,75# 桩 $Q_{uk} = 8\,462$ kN, 112# 桩 $Q_{uk} = 8\,071$ kN;

桩的极限承载力平均标准值 $Q_{uin} = \frac{1}{n} \cdot \sum Q_{ui} = 7\,715$ kN

$\alpha_i = Q_{ui}/Q_{uin}$ 得,$\alpha_1 = 0.882$;$\alpha_2 = 0.816$;$\alpha_3 = 1.119$;$\alpha_4 = 1.097$;$\alpha_5 = 1.046$

$$\alpha_n = \sqrt{\sum_{i=1}^{n} (\alpha_i - 1)^2/(n-1)} = 0.127 < 0.15$$

桩极限承载力标准值 $Q_{uk}=Q_{uin}=7\,715$ kN；

单桩承载力特征值 $R_a=7\,715/2=3\,858$ kN，满足设计要求。

② 13# 油罐区桩的极限承载力标准值确定：施工工艺为泥浆护壁钻孔嵌岩灌注桩，桩径 850 mm，平均桩长 43.07 m，桩的估算极限承载力标准值 $Q_{uk}=11\,019$ kN，高应变检测结果 83# 桩 $Q_{uk}=7\,800$ kN；72# 桩 $Q_{uk}=8\,514$ kN；99# 桩 $Q_{uk}=7\,098$ kN；111# 桩 $Q_{uk}=8\,331$ kN。

桩的极限承载力平均标准值 $Q_{uin}=\dfrac{1}{n}\cdot\sum Q_{ui}=8\,086$ kN

$\alpha_i=Q_{ui}/Q_{uin}$，得 $\alpha_1=0.965$；$\alpha_2=1.053$；$\alpha_3=0.878$；$\alpha_3=1.105$

$\alpha_n=\sqrt{\sum_{i=1}^{n}(\alpha_i-1)^2/(n-1)}=0.099\,9<0.15$，则估算单桩极限承载力标准值 $Q_{uk}=Q_{uin}=8\,086$ kN

单桩承载力特征值 $R_a=8\,086/2=4\,043$ kN，满足设计 R_a 的要求。

（3）各桩的检测分析汇总如表 3-4 所示。

表 3-4 桩基检测数据分析汇总表

序号	成桩工艺	桩径/mm	平均桩长/m	估算极限承载力/kN	实测统计极限承载力/kN	平均单桩混凝土量/m³	每 m³ 混凝土（实测值）承载力	
							单位体积混凝土承载力/(kN·m⁻³)	对比
1	干取土嵌岩工艺	800	23.65	8 320	7 715	11.89	648.86	196.12%
2	泥浆护壁钻孔嵌岩工艺	850	43.07	11 019	8 086	24.44	330.85	100.00%

由表 3-4 可知，经全面低应变检测桩说明桩体的完整性好，结合施工记录，选择对有疑问的桩进行高应变检测。经过检测后，对检测数值进行统计分析以确定单桩竖向极限承载力标准值。结果发现干取土嵌岩灌注桩检测统计值仅偏低于估算极限承载力标准值 $(8\,320-7\,715)/8\,320=7.27\%$；而泥浆护壁孔嵌岩灌注桩检测统计值偏低于估算极限承载力标准值 $(11\,019-8\,086)/11\,019=26.62\%$。

统计结果说明：用干取土成桩工艺的嵌岩灌注柱承载力值接近于估算值，其单位体积桩的承载力大幅度高于钻孔嵌岩灌注桩的承载力值。

4. 干取土嵌岩灌注桩技术经济分析

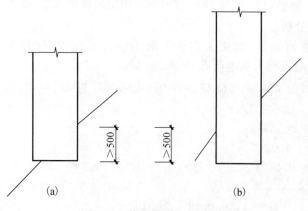

（a）　　　　　（b）

图 3-9 嵌入坡基岩层深度示意

1）工程概况

岙山二期 5 万 m³ 大型油罐基础 6 座，其中 5 座油罐基础采用干取土嵌岩灌注桩，桩端均嵌入 8 层凝灰岩基岩，层面标高离地表 1.9～39 m，高度差悬殊。岩层层面坡度普遍大于 30°，局部桩端坐落在 60° 的坡基上，由于地处古冲沟发育地段，部分岩层受海浪冲击，无强风化覆盖基岩，而直接坐落在微风化岩层（图 3-9）。

2）嵌岩灌注桩施工技术分析

设计要求桩端全截面嵌入中风化基岩≥0.5 m,采用泥浆护壁钻孔灌注桩施工工艺。在未知桩孔所在位置的基岩坡度情况及桩孔泥浆护壁条件下,钻具先遇岩层作为计算嵌岩的起始深度。当岩层坡度较大时桩端仅部分嵌入,如图3-9(a)所示,而设计要求全断面嵌入如图3-9(b)所示,而岩层风化程度依靠置换泥浆的碎粒来判别,目前尚无可靠的检测手段来控制嵌岩的施工质量。

而干取土人工嵌岩施工工艺均可直接量测嵌岩深度及判别岩层风化程度,因而嵌岩施工可达到满意的效果,均能保证桩端全截面嵌入岩层,并且无碎隙渣块残留,桩端混凝土直接与岩孔内完整岩层整浇,确保嵌岩施工的质量。由于全桩长用钢模管护壁,桩身混凝土施工不受不良地质条件产生孔壁坍塌的影响、消除水下混凝土施工弊病等因素,保障成桩质量。

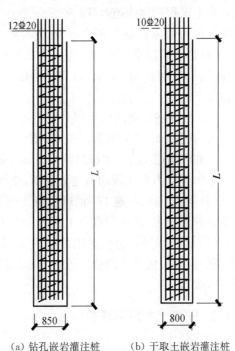

(a) 钻孔嵌岩灌注桩   (b) 干取土嵌岩灌注桩

图 3-10   灌注桩示意图

采用干取土及嵌岩工序流水作业,使施工工效大幅度提高,与传统钻孔灌注桩施工工艺相比,工效可提高3~5倍。如嵌岩施工进行有效组织,按嵌岩时间与干取土时间的比值确定钢模的数量,则干取土人工嵌岩灌注桩施工效率更高。

对于无强风化岩层覆盖,直接坐落在微风化及未风化凝灰岩,均为完整岩石,无裂隙,因而用风镐等嵌岩手段仅可达到嵌层平整,即使嵌入仍需数十小时的嵌岩施工。因而,采用在平整岩层钻眼爆破或钻眼插筋浆锚等手段,达到嵌岩深度,使大型油罐桩基工程的质量得到保证。

3) 经济分析

岙山二期5万 m³ 油罐桩基原设计为850 mm桩径的钻孔嵌岩灌注桩。桩的设计承载力 R_a =3 500 kN,钻孔嵌岩灌注桩见图3-10(a)。因全桩长钢模管护壁施工,桩径及桩混凝土质量得到有效保证,因而采用干取土灌注桩见图3-10(b),桩径为800 mm, R_a =3 500 kN,因桩数、桩长、单价均相同,可按单桩分析工程造价,见表3-5。

表 3-5   嵌岩灌注桩的造价对比表

序号	桩型	桩径/mm	桩长/m	混凝土/m³	单价/(元·m⁻³)	单桩造价/元	泥浆或干土外排单价/(元·m⁻³)	外排费总价/元	总价/元	对比/%
1	钻孔嵌岩灌注桩	Φ850	20	11.35	1 200	13 620	105	1 192	14 812	118.85
2	干取土嵌岩灌注桩	Φ800	20	10.05	1 200	12 050	40	402	12 462	100
	可节省量			1.3		1 560		790	2 350	18.85

注:因海岛施工泥浆外排费用不宜列入对比,作为经济分析具有普遍性(包括城市施工),所以仍列入对比项目内。

从工程造成价对比分析可知,在确保桩的质量的前提下,工程造价可节省 18.85%,具有显著的经济效益和社会效益。

5. 干取土嵌岩灌注桩技术

(1) 干取土嵌岩灌注桩技术,配合人工嵌岩对岩性性质、嵌入深度均可直接判别和检测。全桩长用等桩径钢模管护壁,不良的地质条件对桩径及桩混凝土质量不受影响。因此,《岩土工程勘察规范》(GB 50021—2001(2009 年版))按岩石饱和状态确定极限抗压强度标准值作为未风化基岩的单桩极限端阻力标准值,并按《建筑桩基技术规范》(JGJ 94—2008)设计嵌岩桩是可靠的。由于人工凿挖施工,嵌岩部分基本达到无裂隙的层面,强度指标硬质岩 $f_T > 60\ 000$ kPa。计算结果按 0.5 系数取值,中风化岩层再乘 0.9 降低系数,工程是偏安全的。

(2) 根据嵌岩灌注桩承载力分析可知,嵌岩段的侧阻力分担桩的轴力起重要作用。随着嵌岩深径比 h_r/d 的增大而提高,增至一定值却随 h/d 增大而减小。说明不论桩的长径比 L/d 的大小情况,一律按端承桩设计是不合理的,由于桩端有可靠嵌岩质量,使岩层以上覆盖土体侧阻力有效调动和充分发挥,使桩的承载力得到提高。

(3) 根据储油基地 12# 油罐干取土嵌岩灌注桩设计值与实测值接近,而钻孔嵌岩灌注桩则离散性较大,说明干取土工艺配合人工嵌岩桩的承载力和质量比较稳定。

(4) 经技术经济分析对比结果,可较大幅度地降低工程造价。干取土嵌岩灌注桩是创新工艺,目前桩机由普通静压桩机技术改造后投入施工,但工艺装备尚须提高,桩机尚须做进一步改进。

3.1.3　干取土扩底灌注桩

1. 钢管护壁干取土扩底工艺

1) 桩型选择与优化

(1) 工程概况:某大厦地上 12 层地下 1 层,最大单桩设计轴向力为 4 500 kN,采用独立承台和梁板式地下室底板,要求单桩承载力特征值 $R_a \geq 2\ 200$ kN,可满足该大厦桩的承载力值要求,桩端持力层为⑦-2 层青灰色粉细砂层,桩长 56 m。

(2) 桩型分析。选择下述桩型作技术与经济性分析对比:500 mm×500 mm 预制钢筋混凝土方桩与 Φ800 干取土扩底灌注桩。500 mm×500 mm 截面预制桩需穿越第 5 层黏土层和夹薄砂层的粉质黏土层,薄砂层平均层厚约 10.8 m,用静压沉桩穿越有一定的困难,而市区不允许锤击或振动沉桩施工。

Φ800 干取土扩底灌注桩能否应用⑤-1 层作为桩端持力层。若⑤-1 层为桩端持力层,则应先验算建筑物沉降量,验算结果能满足变形要求,施工沉入钢模管时管底进入⑤-1 层要浅,进入⑤-1 层深度 0.2~0.5 m 为宜;用筒式取土器在钢模管取土,须超出管底 1.5~2 m 取土,因⑤-1 层是较硬土层,即使不用钢管护壁能自立不塌,在超深的范围用护底钻具扩底;或在超深的范围灌干硬性混凝土在管内重锤夯扩;或可用多根钢模管沉管与取土,人工下入管底挖扩,在钢管安全护壁,压缩空气通入管底,人工挖扩是安全的施工方法。采用桩端扩大底支承面积而提高桩端阻值,充分发挥⑤-1 层土层的端阻值大,使桩的承载力值提高,达到工程要求的单桩承载力值。

(3) 工程地质土性指标如表 3-6 所示。

表 3-6　工程地质土性指标

层号	名称	层厚/m	桩的极限侧阻力标准值 q_{sik}/kPa	桩的极限端阻力标准值 q_{pk}/kPa
	填土		—	—
①	黏土	0.7	24	—
②-1	淤泥质黏土	1.9	10	—
②-2	淤泥质黏土夹黏土	0.8	20	—
②-3	淤泥质黏土	7.2	12	—
③	粉质黏土	1.2	16	—
④	淤泥质黏土	2.1	16	—
⑤	黏土	10.8	44	1 500

（4）经济性对比。以 500 mm×500 mm 预制钢筋混凝土方桩，Φ800 干取土扩底灌注桩，Φ800 钻孔灌注桩在同一场地进行静荷载试桩对比，静载荷试桩对比如表 3-7 所示。

表 3-7　技术经济汇总表

桩型指标 项目	选用持力层	桩长/m	设计承载力标准值/kN	单桩混凝土体积/m³	综合单价/(元/m³)	单桩造价/元	每 kN 承载力工程造价/(元/kN)	对比
500 mm×500 mm 预制桩	⑦-2	56	2 475	14.0	1 300	18 200	7.355	84.68%
Φ800 钻孔桩	⑦-2	56	2 756	28.15	850	23 928	8.68	100%
Φ800 干取土扩底 D=1 600	⑤-1	23	2 450	11.56	850	11 782	4.81	55.4%

从表 3-7 可知：每千牛承载力的工程造价相对于钻孔灌注桩而言，Φ800 干取土扩底灌注桩可节省 44.6%；说明扩底部分的承载力对桩的总体承载能力的提高是显著的。

2）干取土人工挖扩灌注桩

成桩工艺的程序如图 3-10 所示。

（1）桩孔定位，清除桩孔杂填土及硬壳层，防止土体进入钢模管内产生管塞。

（2）桩机就位，钢模管插入定位桩孔，校正钢模管的垂直度，静压沉入土层，此时钢模管已满管进入土体。当钢模管长度不足时，须接长后继续将钢模管静压沉入土层，进入⑤-1 层 0.2～0.5 m 后终止静压，夹持钳松开脱离钢模管。

（3）根据表 3-6 的土性选择筒式流动取土装置，从钢模管的上口沉入，钢模管内土体进入取土装置内，将装满土体的取土装置拔出。换第二只再由钢模管上口放入，用接长杆连接取土装置后继续振动沉入，取钢模管内深处的土体，取满土体后再拔出。重复上述取土工艺将管底 1.5～2 m 的土体全部取净，再利用人工进行扩底施工。成桩孔后桩机离开桩孔位，继续施工第二套钢模管按（1）→（2）→（3）程序施工。

（4）人工进行扩底施工准备。

（5）扩底施工的人员进入超深取土的桩端按设计直径的尺寸挖扩，扩底班完成扩底施工，交由经监理验收合格，桩机回到桩位，桩机吊放钢筋笼。

（6）桩机吊着钢筋笼放置进钢模管内，并用钢丝绳吊着钢筋笼控制高程，在钢模管内浇灌混凝土，然后将钢模管振动拔出即成桩。

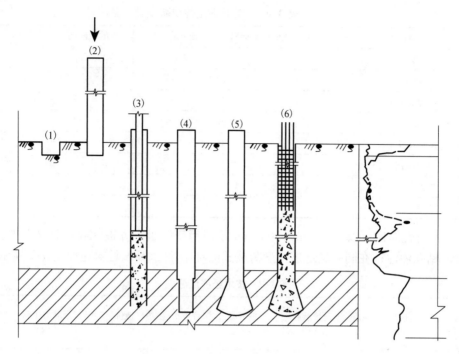

图 3-11 成桩工艺的程序示意图

采用上述工艺建议采用多套钢模管进行流水作业施工。即当完成步骤(4)后,桩机可进入下一桩位,用另一根钢模管施工,步骤(1)—(4)循环进行,当有 1 根桩孔挖扩完成步骤(5)桩机要回到桩位完成步骤(6)依此循环,则成桩效率可不计人工挖扩的施工时间。

3) 人工挖扩施工

完成步骤(4)如图 3-12 所示,超深取土的正确尺寸按图 3-13 的设计扩底直径有关。一般能扩底施工的土层为硬可塑为主,液性指数 $I_L \leqslant 0.4$ 的土层,不会有流动水,但仍需做好钢护筒护壁工作,人工进入桩孔后先铲挖斜坡,再逐渐向底部延伸,操作空间会逐渐放大,修好凹形底的中心即在桩截面中心挖一个集水井便于抽排水。

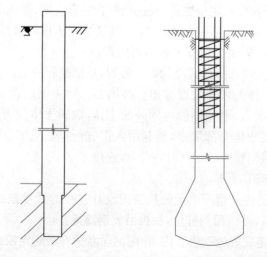

图 3-12 人工挖孔桩   图 3-13 扩底桩直径示意图

4）计算式

$$Q_{uk} = u \sum_{i=1}^{n} q_{sik}l_i + \varphi_\rho q_{pk}A_p \qquad (3-2)$$

式中，φ_ρ 为端阻尺寸效应系数，其中，$\varphi_\rho = \left(\dfrac{0.8}{D}\right)^{1/4}$，黏性土、粉土；$\varphi_\rho = \left(\dfrac{0.8}{D}\right)^{1/3}$，砂土、碎石土。

2. 干取土重锤夯扩灌注桩

干取土重锤夯扩灌注桩适用于桩的持力层为砂土或粉土，且无承压水情况下。

1）成桩工艺程序（图3-14）。

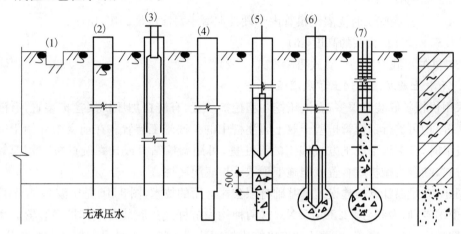

图3-14　成桩工艺程序示意图

（1）桩孔定位，清除桩孔杂填土及硬壳层，防止土体进入钢模管内产生管塞。

（2）桩机就位，钢模管插入定位桩孔，校正钢模管的垂直度，静压沉入土层，此时钢模管已满管进入土体。当钢模管长度不足时，须接长后继续将钢模管静压沉入土层，进入⑤-1层0.2～0.5 m后终止静压，夹持钳松开脱离钢模管。

（3）根据表3-6的土性选择筒式流动取土装置，从钢模管的上口沉入，钢模管内土体进入取土装置内，将装满土体的取土装置拔出。换第二只再由钢模管上口放入，用接长杆连接取土装置后继续振动沉入，取钢模管内深处的土体，取满土体后再拔出。重复上述取土工艺将管底1.5～2 m的土体全部取净，再利用人工进行扩底施工。成桩孔后桩机离开桩孔位，继续施工第二套钢模管按（1）→（2）→（3）程序施工。

（4）根据扩底的高度确定超深取土的深度（即钢模管底以下的深度），检测桩孔深度，即观察持力层断面和土性，测量进入持力层实际深度。

（5）锤重1～3 t，根据桩径、扩底直径与土性选择锤重，根据计算的圆球形体积分批浇灌干硬性混凝土（C40混凝土水灰比≤0.4），每次浇灌量至钢模管底以上的尺寸<0.5 m。浇灌要求混凝土后进行重锤夯扩施工，夯扩将干硬性混凝土挤出管底，向圆周扩展，夯扩施工宜分多次浇灌与重锤夯扩。

（6）将计算球体量的硬性混凝土重锤夯扩全部挤出管底，达到设计要求的直径，重锤底要超出钢模管底≥0.3 m，视为挤出管底外，拔出重锤。

(7) 桩机吊着钢筋笼放置钢模管内,用钢丝绳吊着钢筋笼控制高程,在钢模管内浇灌混凝土,然后将钢模管振动拔出即成桩。

2) 计算式

(1) 扩底圆球直径 D 的计算式:

$$D = d \cdot \sqrt{\frac{\sum h_i}{L}} \tag{3-3}$$

式中　D——计算扩底直径(m);

　　　d——钢模管内径(m);

　　　h_i——扩底施工时浇灌钢模管内干硬性混凝土每次浇灌高度(m);

　　　L——设计扩大头的高度(m)。

(2) 桩的承载力值的计算式可参见式(3-2)。

3. 干取土旋扩装置切土扩底灌注桩

采用机械扩底装置很多,有液压挖斗型挖扩装置,有链杆加压扩展挖扩装置,有液压挤扩装置等,均可进行钢模管护壁干取土灌注桩中的扩底施工装置。在前文中介绍干取土灌注桩技术时,有多种干取土方式施工的灌注桩,可用旋挖钻机或长螺旋桩机在钢模管内取土等方式,结合机械扩底装置就能施工干取土扩底灌注桩。

图 3-15 是浙江欣捷建设地基基础有限公司应用的技术,图 3-16 是宁波 20 年前应用的技术(中国专利,专利号 92229575.X),这两种均为链杆式扩底装置。其扩底装置均可分两部分:即扩底刀具及底座,通过活动连接构成扩底装置。扩底刀具设有旋转力矩传递装置,而铰不受旋转力,提高旋转切土能力;而底座固定在孔底土层,用球铰与扩底刀具相连,其扩底直径视钻杆压旋下落位移量即可知道底部扩底直径。扩底完成后按钻孔灌注桩施工要求进行清孔,放置钢筋笼,下导管进行水下混凝土浇灌成桩,成桩效果如图 3-17 所示。

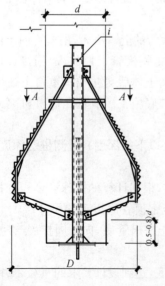
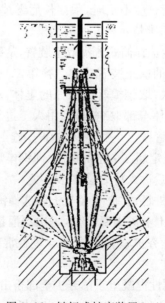
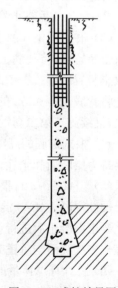

图 3-15　链杆式扩底装置(一)　　图 3-16　链杆式扩底装置(二)　　图 3-17　成桩效果图

4. 钻孔扩底灌注桩

(1) 桩孔定位,清除桩孔杂填土及硬壳层,防止土体进入钢模管内产生管塞。

(2) 桩机就位,钢模管插入定位桩孔,校正钢模管的垂直度,静压沉入土层,此时钢模管已满管进入土体。当钢模管长度不足时,须接长后继续将钢模管静压沉入土层,进入⑤-1层0.2~0.5 m后终止静压,夹持钳松开脱离钢模管。

(3) 根据表3-6的土性选择筒式流动取土装置,从钢模管的上口沉入,钢模管内土体进入取土装置内,将装满土体的取土装置拔出。换第二只再由钢模管上口放入,用接长杆连接取土装置后继续振动沉入,取钢模管内深处的土体,取满土体后再拔出。重复上述取土工艺将管底1.5~2 m的土体全部取净,再利用人工进行扩底施工。成桩孔后桩机离开桩孔位,继续施工第二套钢模管按(1)→(2)→(3)程序施工。

(4) 根据扩底直径确定筒式取土器超深取土的深度,因扩底的链杆展开会碰到钢模管底的管口,取土深度较浅会影响桩扩底直径;超深取土时要留有链杆展开到设计扩底直径不碰到钢模管底的管口的取土深度终止。

(5) 换上扩底装置,加压旋拧切土直至达到设计的扩底直径。当桩孔内未进水,须在扩底装置底部装上布袋,扩底装置压旋切削下来的土体,掉入布袋提出上管口弃土;如果有水,则按切削下来的土体成为泥浆同钻孔灌注桩处理。

(6) 桩机吊着钢筋笼放置钢模管内,用钢丝绳吊着钢筋笼控制高程,在钢模管内浇筑混凝土,然后将钢模管振动拔出即成桩。

5. 桩的竖向极限承载力计算与检测

(1) 工程概况。

某多层汽车库是在民居围绕的场地中施工,要考虑桩基施工对邻周居民的正常生活的环境影响,又因建设单位要求桩基础造价要降低,从施工环境与降低工程造价的桩基础优化分析后,选用干取土人工挖扩灌注桩。为此选择相似地质条件的某工地,作干取土人工挖扩灌注桩试验性施工,检验桩的质量和桩的承载力值,试验性的桩径700 mm,挖底直径1 600 mm,桩长16.2 m,桩基持力层为⑤-1层的黏质粉土层。

(2) 桩的垂直静荷载测试:根据设计试桩的静载荷检测的Q-S曲线见图3-18。

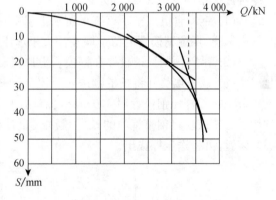

图3-18 Q-S曲线

按JGJ 94—2008的规范计算单桩竖向极限承载力标准值为$Q_{uk}=2\,837$ kN,静荷载试验结果为$Q_{uk}=3\,300$ kN,计算是偏于安全的。

6. 桩端落在有承压水的持力层的处理

干取土灌注桩的优势在于无桩底沉渣,因为在持力取出的土体为拆断的土柱体(图3-19),从断面看不产生沉渣的,也不存在水下浇筑混凝土的弊病。

勘察报告中显示③-1层粉细砂层、⑤-3层中细砂层以及8层粉细砂层或砾砂层中层均是有承压水的地层,施工时只需钢模管穿越承压水土层后问题并不严重。若桩端持力层选

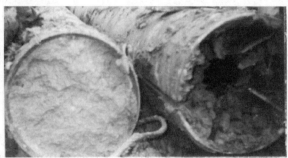

图 3-19　折断的土体柱示意

择上述土层,则承压水会快速涌入钢模管内,带有泥砂和残土成为桩孔沉渣,需用水下混凝土浇筑工艺施工桩体混凝土。若出现上述情况,不及时有效进行钻孔桩沉渣的清孔,则会大幅度降低桩端阻值,使桩的承载力值下降。

为避免土层中的承压水进入钢模管内,在与有承压水的土保持 2 m(是低承压水此厚度不会击穿的)以上的垂直距离,可采取下述方法。

1) 干取土预制长桩靴灌注桩

干取土长桩靴灌注桩(图 3-20)在桩端持力层有承压水,且降水有困难时,施工中应力求避免桩孔穿越承压水。如果一旦承压水进入桩孔,可采用下导管水下浇灌混凝土的施工措施来弥补;但孔底沉渣及水下浇灌混凝土稍有不慎,仍会影响质量和桩的承载力。为保持干取土工艺的可靠实施,采用长桩靴能有效解决阻止承压水进入桩孔。干取土长桩靴灌注桩成桩工序如图 3-21 所示。

(1) 钢模管沉入至距离有承压水土层 1.0~1.5 m 处终止,按前述筒式取土装置在钢模管内取土,保留钢模管内留土厚度需大于承压水层的浮重度,一般情况为 1.0~1.5 m。

(2) 吊着预制长桩靴停在钢模管上口,长桩靴与取土接长杆相连。

(3) 取土接长杆将长桩靴送入土层。为确保长桩靴不会超出钢模管底,在机械上加工成取土接长杆比钢模管短 500 mm,保证长桩靴在管内有 500 mm 搭接,并且有止水作用。然后力压振动将钢模管内的长桩靴沉入设计标高。因送压杆与长桩靴连接处装有压入脱勾装置,可将送压杆拔出。

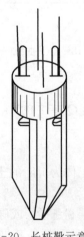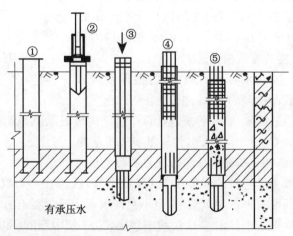

图 3-20　长桩靴示意图　　　　图 3-21　干取土长桩靴灌注桩成桩工序

（4）在钢模管内放置钢筋笼，浇灌混凝土。

（5）振动拔出钢模管成桩。

2）干取土与预制桩组合的灌注桩

一般情况下具有承压水层的土层为松软土层，不能用作桩的持力层，有承压水以下土层为桩的良好持力层，桩端必须进入该层才能提供较大的桩端阻力。因此，用预制桩穿越有承压水的松软土层进入坚硬的持力层中，即出现干取土桩与预制桩的组合桩型。干取土预制桩组合灌注桩成桩程序如图 3-22 所示。

（1）钢模管沉入至距离有承压水土层 1.0~1.5 m 处终止，按前述取土工艺取土，并在钢模管内留 1.0~1.5 m 土不用取土。

（2）将预制桩吊入钢模管上口，并在钢模管顶临时停放，将取土接长杆与预制桩相连。

（3）取土接长杆将预制桩送入土层，为确保预制桩上端不会超出钢模管底，在机械上加工成取土接长杆比钢模管短 0.5~1.0 m，保证预制桩在管内有 0.5~1.0 m 搭接，并且有止水作用。然后将钢模管和长桩靴沉入设计标高。因送压杆与长桩靴连接处装有压入脱勾装置，可将送压杆拔出。

（4）将制作好的钢筋笼放进钢模管内，浇灌混凝土。

（5）振动拔出钢模管即成桩。

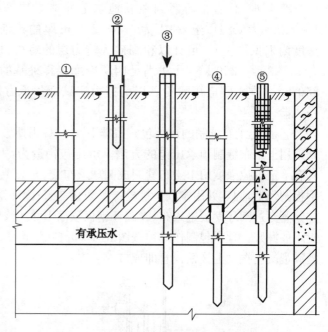

图 3-22　干取土与预制桩组合的灌注桩工序

3.2　沉管式施工提高桩端阻力的桩型

3.2.1　提高桩端阻值的高承载力值的桩型——预承力灌注桩

1. 预承力桩的概念与原理

（1）预承力桩的概念。桩的预承力不同于钢筋混凝土结构中施加的预应力，预承力桩是指在沉入土层内的桩底部施加顶升力，相当于对桩底施加预承力。在桩底施加的力支承作用于桩端持力层上，该反力可将持力层的土挤密，从而提高桩端土的端阻力，减少桩的后期沉降量。该反力作用面积的扩大，使桩的端阻力提高，使桩具有高承载力值的特性。

(2) 原理如下。

① 预承力桩形成的过程。第四届国际土力学会主席,新加坡理工大学 B. B. 勃鲁姆斯教授是国际著名的土力学教授。1989 年,在同济大学召开的由《岩土工程师》杂志编辑部主办的"全国石灰加固地基学术交流会"上率先提出桩底加预承力的问题,提出在桩底部用膨体金属球对桩底施加顶升力的设想。

教授当时并未详细介绍膨体金属球的构造,只是一个科学设想,至今还没有在工程中应用。因而预承力桩要成为一种桩型并在工程中应用,还需要很长的一段路要走。

25 年前,作者正巧遇到在软地基上建造多层冷库的工程。该工程地基土地表下 10~12 m 为淤泥质土,往下为 1.5~2.2 m 厚的粉细砂,再以下均为淤泥质软土(钻孔深度内末见硬土)。设计以粉细砂为持力层的短桩,桩径 0.6~0.8 m 的桩的特征值只有 R_a=200~250 kN,无法满足四层冷库工程桩基的设计布桩要求的单桩特征值 R_a>250 kN。本工程应用薄粉砂层为持力层试用预承力桩,经静载试桩检验后并未发现工程风险。

② 由土工布缝制的预承包。根据 B. B 勃鲁姆斯教授的启发,结合布袋注浆的原理,想到采用土工布缝制预承压包的方法。承压包构造为:内层采用水泥浆外渗密织布,外层用具有一定抗拉强度用土工布缝制成圆球形布袋;布袋上端开口固定在比桩径小 100 mm 的钢板圆环上,固定处用橡胶垫螺栓拧紧防止漏浆;圆环钢板钻两个对称的 25 mm 小孔,1 寸注浆管穿过圆环钢板进入布袋,圆环钢板顶面 1 寸注浆管连接出地面的注浆立管,接缝须焊封不能漏浆。预承包制作好须按图 3-23 折叠好,预承包固定在钢筋笼上,放入钢模管内,灌满混凝土振动上拔钢模管即成桩。

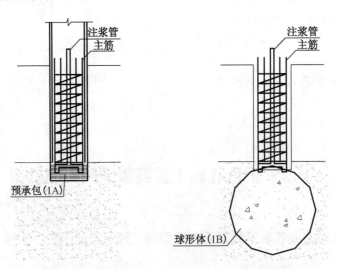

图 3-23   带有预承包的灌注桩   图 3-24   桩底带有球形体的桩

在注浆管 2 内注入水泥砂浆,须等混凝土有 30%~50% 的设计强度(夏天 2~3 天,冬天 4~5 天)时施工,如图 3-24 所示由注浆管注入的水泥砂浆将图 3-23 折叠的预承包 1A 随着水泥砂浆的压力注入逐渐膨体成图 3-24 的 1B 球形体对粉细砂的挤密,因注入预承包 1A 的水泥砂浆布袋展开后圆周的阻力是均匀的呈圆球状,实际上阻力最大的是上下方向,阻力大展开少而呈扁圆状的扩大头,相当于对桩底施加的顶升力,施工时桩顶实测上升位

移有 $3\sim 5$ mm。

2. 预承力灌注桩的受力机理分析

预承力灌注桩的工作机理分析如图 3-25 所示。

(1) 常规桩的工作机理如图 3-25(a)所示。

常规桩的受力机理：是在桩顶施加力 Q，由桩顶传给桩与桩周土之间的侧阻力 $\sum f$，f 由桩顶向下传递，最后传至桩端底面。

支承在地基土上的端阻力是由小变大压缩持力层，如若坚硬土层发生微小的压缩或未产生变形，桩周的侧阻力 f 在由底向上逐渐传递过程中不断增大。当桩端底面为软弱土时在桩顶施加力 Q，由桩顶传给桩与桩周土之间的侧

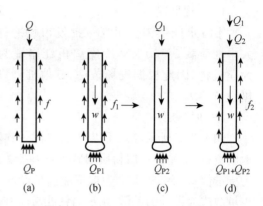

图 3-25 预承力灌注桩的受力机理

阻力 $\sum f$，由桩顶向下传递，并未传到桩端，因软弱土发生压缩变形或刺入，侧阻力 f 不产生积累，而且逐渐变小，最后在轴压力 Q 与桩端压缩变形 S 处于平衡状态上，这就是桩的极限承载力值 Q_{uk}。

工程应用时考虑 Q 值的变化、外部条件的变化(地震与强风)、施工因素、安全储备，取用特征值 $R_a = \frac{1}{2} \cdot Q_{uk}$。

桩承载力值的大小与桩端支承土层上的端阻力大小紧密相关。桩端阻力小(软可塑土、松散颗粒土持力层)，桩顶施加的力 Q 由桩顶传给桩与桩周土之间的侧阻力，再由上向下传递，还未传至桩端已产生压缩变形。侧阻力由下向上迅速变小并不产生积累，f 不能集中发挥，与端压缩变形 S 的平衡的桩承载力值就很低。当桩端阻力大(硬可塑土、密实的颗粒土持力层)由于变形小，侧阻力按上述传递放大，作用桩周的侧阻力值聚集增大发挥，使桩的承载力值大幅度提高。

(2) 施加预承力(图 3-25(b))。当在预承包的布袋内注入水泥砂浆，随着注浆量增多布袋不断增大，挤压土层与桩底的力也随之增大，作用在桩底的端阻力 Q_{p1} 也逐渐增大，桩与桩周土之间的侧阻力(箭头向下)由底向上传递。当布袋增大至最大直径时，桩底具有相应的端阻力 Q_{p1}，使桩顶上升 S_1 位移与 $\sum f + Q_{p1}$ 达到平衡，这是预承包在桩的底部产生的顶升力为预承力。

(3) 桩顶作用 Q_1 力与预承力的自平衡如图 3-25(c)所示。桩顶作用 Q_1 力与预承力的自平衡当 $Q_1 = \sum f + Q_{p1}$ 时，图 3-25(c)的侧阻力等于零，桩端的顶升力逐渐消失，使地基土上的桩端阻力 Q_p 等于零，桩顶上升又回沉到原位 $S_1 = 0$。桩顶的 Q_1 是预承包的预承力给的。

(4) 又恢复到常规桩的传力机理。

桩顶作用 Q_2 时又同图 3-25(a)所述的力的传递机理，但作用于桩顶的力可增加 Q_1，桩顶合力为 $Q_2 + Q_1$。

桩承力值的提高不仅是增加 Q_1 值，主要是预承包挤密持力层土，使桩端阻力增大，及

预承包的支承面积增大更增大桩端阻力,使桩的承载力值大幅度提高。

3. 工程应用实例

1)工程概况

宁波水产供销公司第一批发市场冷库工程位于甬江码头边,为两层框架结构,最大中柱荷载 5 500 kN,冷库离甬江岸堤为 3～5 m,且受到潮水影响。其周围 1～2 m 为建筑物,因此根据现场条件,其他桩型设备均无施工条件,只能采用非挤土类钻孔桩机设备。

2)地质条件

如表 3-8 所示,第 3 层以下为淤泥～软塑态粉质黏土,不宜作为桩基持力层。根据工程地质资料,采用第 3 层粉质细砂为桩基持力层,若采用 Φ600 钻孔灌注桩,其单桩极限承载力标准值 Q_{uk}＝580 kN,远远不能满足设计要求。在此情况下,如何将桩的承载力提高,减少桩数成为设计的关键,预承力钻孔灌注桩是最佳适用桩型。

表 3-8 工程地质条件

层号	名称	埋深/m	厚度/m	I_L	α_{1-2}/MPa	$N_{63.5}$/击	q_c/kPa	f_{ck}/kPa	q_{si}/kPa	q_{pai}/kPa
①	杂填土	0～4.5	2.3～4.9							
②-1	淤泥质黏土	2.3～4.9	1.9～2.1				250～300	6～7	10	
②-2	淤泥质黏土	4.2～4.5	0.7～1.1				400～500	10～12	15	
②-3	淤泥质黏土	5.2～5.3	8.1～8.7	1.34	0.87		300～350	6～7	14	
③	粉细砂	13～14	2.9			21	10 000～12 000	100～120	40	900(400)

注:括号内数据用于钻孔灌注桩型。

3)桩的设计

按照工程地质资料提供的数据,设计采用直径 Φ600,桩长 13.5～14.5 m,桩端进入第 3 层粉细砂 1.0 m,普通钻孔灌注桩估算单桩竖向极限承载力标准值 Q_{uk}＝574 kN,由于单柱轴向力过大,造成布桩困难,造价过高,必须使单桩竖向极限承载力标准值 Q_{uk}＝1 000 kN,方能满足工程要求,采用预承力钻孔灌注桩,桩身混凝土强度为 C30,主筋 8Φ14,L＝14 m,主筋与预承包上螺杆焊接,箍筋为螺旋箍 Φ6.5@300,每隔 2 m 焊一道加劲圆箍 Φ10,桩顶伸入承台 50 mm,主筋伸入承台 50 mm,预承力钻孔灌注桩的工作状态如图 3-26 所示。

4)成桩施工

(1)注浆前的成桩施工:冷库工程的场地存在高压线管道,不允许多功能静压桩机进场施工干取土灌注桩,只能采用离高压线有足够的安全距离的小型钻机施工预承力钻孔灌注桩。振动沉入钢模管后,将管内土体取净,已放置预承包的钢筋笼就位,边振动加浇灌混凝土并拔出钢模管成桩。

(2)预承包注浆施工。预承包最佳注浆施工时间,须待混凝土有 30%～50% 的设计强度(夏天 2～3 d,冬天 4～5 d)时进行施工。因折叠的预承包设有圆环形橡胶垫分隔,不会产生浇灌桩孔混凝土包裸折叠的预承包,所以注浆时间与混凝土强度增长关系并不大。

在施工时按圆球状体积的 90%～95%注入量在注浆管内注入水泥砂浆,注完再控制并关闭注浆管阀门。

① 注浆压力的计算:注浆压力 P 从理论讲即为克服桩侧阻力 $\sum f$ 和桩身质量 G 及各种机械损失所需单位面积力,计算公式如下:

$$P \cdot S = \sum f_1 + G \qquad (3\text{-}4)$$

式中　S——预承包投影面积(取预承包钢板面积);

　　　f_1——桩侧阻力(取极限侧阻力标准值);

　　　G——桩自重;

　　　P——注浆压力。

桩长 $L = 14$ m,按极限桩侧阻力标准值计算,当预承包完全充盈时,注浆压力 P 为 1.3～1.5 MPa。

② 浆液的材料及配合比:桩体受竖向荷载作用时,桩端土体主要以压缩变形为主。预承包内混合浆液体的抗压强度需 ≥2 MPa,宜采用高强灌浆料。灌浆料配合比可参照相关产品的说明书进行施工。

③ 注入的水泥砂浆量的控制。注入的水泥砂浆量是由预承包均匀展开呈圆球状的体积大小决定,工程应用时预承包的布袋不产生拉力控制,也就是满足注入的水泥砂浆量小于承包均匀展开呈圆球状的体积。随着布袋内注入的水泥砂浆量不断增大,布袋受到土层支挡平衡推进展开,注入的量未超过圆球体积,布袋是没有胀拉力的;注入的量超过圆球体积,布袋开始有胀拉力,随着注入量的增多,布袋的胀拉力不断增大,继续注入即会布袋破裂而爆浆。设计要求施工注入的水泥砂浆量必须控制为承包均匀展开呈圆球状体积的 90%～95%范围内,避免布袋破裂而爆浆。

④ 注浆观测。在注浆时须高于Ⅱ等水准仪 (1/100 mm 精度)测量桩顶的上升量。注浆桩中随机每隔 6 根抽 1 根,抽到桩的桩顶上升位移量制图表示。如图 3-26 所示的桩顶上升位移图,桩顶上抬位移在 3～5 mm 的范围。可见桩底产生的顶升力很大,顶升桩底的同时,又可挤密粉细砂持力层,起到加固持力层的效果,使桩端处地基土的阻值较大幅度的提高。

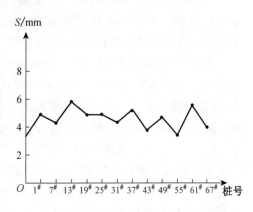

图 3-26　桩顶上升位移图

为确定注入水泥砂浆量超过布袋呈圆球状体积的量,选择 $41^{\#}$ 桩设计桩承力值小的桩位进行布袋破裂爆浆试验,施工时不间断注入水泥砂浆,突然产生布袋破裂爆浆,爆浆冲出地面离地有1.8 m。量测爆浆时的水泥砂浆量,相当于布袋展开呈圆球状的1.14 倍体积时布袋破裂爆浆,布袋破裂爆浆桩的承载力值,施工完成的预承力灌注桩如图3-27 所示。用慢速持荷法静载荷试桩的工程桩,Φ600 钢筋混凝土的桩端因压力注入水泥砂浆的预承包展开受到上下压力挤压成扁圆形的预承包。

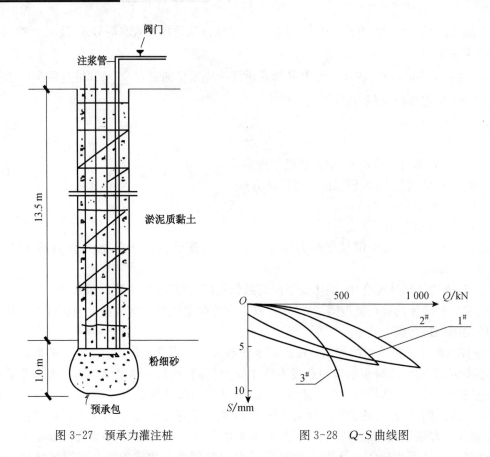

图 3-27 预承力灌注桩   图 3-28 $Q\text{-}S$ 曲线图

5) 桩的承载力值检测

用慢速持荷法静载荷试桩,$2^{\#}$ 试桩,是正常施工的预承力桩中抽选的试桩,$1^{\#}$ 试桩是预承力桩,在施工中是预承包布袋破裂的桩,$3^{\#}$ 试桩因荷载很小,按常规的钻孔灌注桩计取。采用 3 根代表性桩作静载荷试验,试桩结果如图 3-28 所示的 $Q\text{-}S$ 曲线。

图 3-28 的 $Q\text{-}S$ 曲线图中均为 Φ600 桩径 13~14 m 桩长的桩,测得 $3^{\#}$ 试桩的极限承载力值 $Q_{uk}=500$ kN,测得 $2^{\#}$ 试桩的极限承载力值 $Q_{uk}=1\,050$ kN,$S=7$ mm,未出现第二拐点,离极限值还有 2~3 级荷载,用最小二乘法或波兰法作图推算 Q_{uk} 在 1 500~1 600 kN 范围,测得 $1^{\#}$ 试桩的极限承载力值 $Q_{uk}=750$ kN,$S=7.1$ mm,也未出现第二拐点,推算出 Q_{uk} 在 850~900 kN 范围。

本工程投入使用已近 25 年,经回访了解到,应用预承力灌注桩前期沉降量小,后期沉降量更小,截至目前累计沉降量均小于 10 mm;本工程是目前公开发表过的预承力灌注桩的应用实例,桩型具有很好的发展前景。

3.2.2 桩底后压浆桩

1. 桩底后压浆桩的发展与施工

(1) 桩底后压浆灌注桩桩底后压浆技术的发展

20 世纪 90 年代初,桩底后注浆技术编入《建筑桩基技术规范》(GB 94—94)后便在现行的(GB 94—2008)中沿用至今。桩底后注浆技术适用于颗粒土(砂层、砾砂、碎石、卵石、圆砾)地层为桩端持力层采用孔底压浆,使桩的承载力值大幅度提高。

如果持力层是无黏土的洁净颗粒土,桩底后注浆可能使桩的承载力值提高1倍,颗粒土中随着含黏性土的比例不断增大,桩底后注浆桩的承载力值也随之下降。如果含黏性土比例很高的颗粒土,桩的承载力值提高量是有限的,洁净颗粒土层按规范计算远小于实际应用实测值。规范并没有针对含黏土颗粒土类列出含黏土比例区别,应用计算时需作概念设计的调整。

对于洁净颗粒土地层,按注入的注浆量均匀渗入颗粒土孔隙的水泥土体积换算成圆球直径,可按规范中桩端扩大头桩计算桩的承载力值。

(2)桩底后压浆的灌注桩施工。在灌注桩施工成桩时,注浆管通过与钢筋笼捆绑后埋入桩内,在桩混凝土终凝48 h后采用注浆管注入压力清水进行开塞。桩身混凝土终凝后已失去流动性,但强度还尚未增长,开塞后不会再堵孔。

灌注桩的施工有全桩长钢管护壁筒式取土装置取土施工和用全桩长钢管护壁由旋挖钻机或长螺旋钻机在护壁钢管内取土施工两种。上述两项均为无泥浆环保施工技术的灌注桩。也可用常规的钻孔灌注桩施工,孔底沉渣影响桩的承载力值,桩底后压浆起到加固沉渣的作用,又渗入桩底持力层土,提高桩端阻力值。

(3)桩底后压浆的预应力管施工。如图3-29所示预应力管桩由圆钢板焊接三角肋形钢板的锥形钢桩靴,钢桩靴焊接封住管桩的底,注浆管穿过封底的圆钢板,注浆管的底部侧管钻孔为注入浆液的出口,注浆管的管底敲成扁形,防止沉桩过程泥土进入注浆管,产生堵管,注浆管的钻孔处用橡胶套保护钻孔出浆口,又由三角肋形钢板阻挡保护,注浆施工时压力冲破橡胶套后水泥浆液渗入桩端持力层土。

2. 桩底后压浆桩对比静载荷试桩

1)桩底后压浆灌注桩的实测承载力值

(1)宁波波特曼中心两幢30层总高99.8 m及两幢29层总高99.6 m的高层建筑均采桩孔底压浆灌注桩,桩端持力层⑧层砾砂层,桩长50~60 m,桩径有Φ800与Φ1 000两种,桩的极限承载力值5 000~7 000 kN。满足30层左右的高层建筑对桩承载力值要求,静载荷试桩结果桩的承载力值均超出规范估算承载力值提高50%以上,因现场试桩加荷能力估计不足均未试桩至极限而终止,静载试桩的Q-S曲线,被测桩的参数。

① Φ800桩径的静载测桩数据(图3-30、表3-9)。

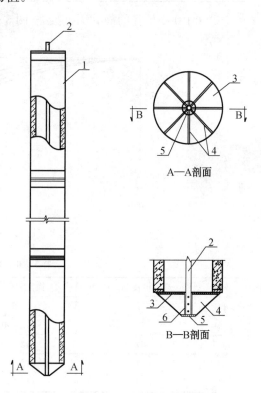

1—预应力管桩;2—注浆管;3—封底钢板;
4—三角肋形钢板;5—扁形封闭注浆管;
6—注浆管出浆口

图3-29 预应力管桩注浆构造图

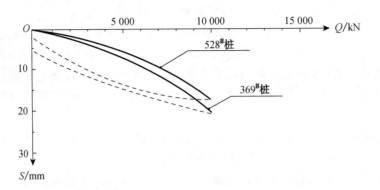

图 3-30　Q-S 曲线(桩径为 800)

表 3-9　静载测桩的参数表

桩号	桩长/m	最大加载/kN	回弹率/%	桩顶累计下沉量/mm
528	57.48	9 790	87.55	18.63
369	57.77	9 790	73.23	21.74

② Φ1 000 桩径的静载测桩数据(图 3-31,表 3-10)。

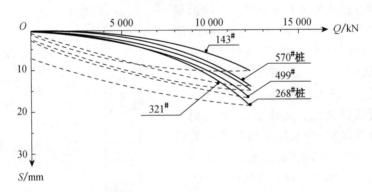

图 3-31　Q-S 曲线(桩径为 1 000)

表 3-10　静载测桩的参数表

桩号	桩长/m	最大加载/kN	回弹率/%	桩顶累计下沉量/mm
143	57.0	12 540	87.71	11.55
570	57.0	12 540	90.93	14.12
321	57.0	12 540	77.12	16.65
499	61.0	12 540	88.96	18.57
268	61.0	12 540	59.25	22.87

(2) 嘉和商务楼为 44 层办公楼,选择相同桩径和桩长,持力层⑧层。

随机选择四根桩径 1 000 mm 做单桩静载荷试桩,施工前已预埋预埋了注浆管,其中两根桩 19# 桩、20# 桩为孔底压浆钻孔灌注桩、一根 22# 桩为未压浆桩、一根为 21# 桩未压浆桩。该 4 桩均用堆载法做静载荷试桩,准备加载的预估荷载放大 10% 即为最大加载荷载,N_{max} 为 15 000 kN。

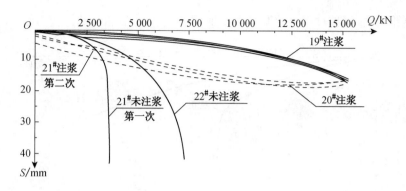

图 3-32　Q-S 曲线

孔底压浆桩的 19# 桩、20# 桩的静载荷试桩均加载到 15 200 kN,因上部堆载不足而终止试桩,桩的极限承载力值≥15 000 kN,桩顶下沉量 16.78 mm 与 17.73 mm。2 根桩均未达到极限,按最小二乘法或波兰作图法推算桩的极限承载力值还可加载 2～3 级荷载。

22# 桩为未压浆的桩,加载到 7 300 kN 就不再稳定,桩顶下沉量已达 24.68 mm,视为已达极限值,与工程地质勘察报告提供的参数计算桩的极限承载力值相符。21# 桩未压浆桩加载到 5 300 kN 就发生刺入破坏,极限承载力值为 4 600 kN,桩顶下沉量 21.44 mm。因桩内已预埋注浆管,对 21# 又进行压浆施工,在浆液中添加了早强剂,按相同注浆量注入桩底。21# 桩在养护两周又作静载荷试桩,加载到 15 200 kN 时桩顶下沉量 16.93 mm,从图 3-32 的 Q-S 曲线中可知几乎与 19# 桩、20# 桩的 Q-S 曲线重合,又回归到桩的极限承载力值≥15 000 kN,静载试桩的参数见表 3-11。

表 3-11　静载测桩的参数表

试桩号	注浆否	最大加载或极限值/kN	桩顶下沉量/mm	卸载回弹量/mm	回弹率/%
19#	注浆	15 000	16.78	13.59	80.9
20#	注浆	15 000	17.73	15.0	84.6
22#	未注浆	7 000	24.68		
21#(第一次)	未注浆	4 600	21.44		
21#(第二次)	注浆	15 000	16.93	10.61	62.66

从 21# 桩的二次试桩说明如下问题:

第一,桩底后注浆桩在洁净的粉细砂层应用效果是明显的,后注浆桩的 Q-S 曲线几乎重合,说明质量稳定,离散性小。

第二,在洁净的颗粒土中用桩底后注浆桩,压力浆液能均匀渗入颗粒土的孔隙,而含黏性土的颗粒土只能部分渗入,颗粒土对端阻值有提高作用;但随着黏性土的比例增大,端阻值的提高也随之下降。

第三,静载试桩证实,注浆桩比未注浆桩的承载力值高出一倍,可研究桩底后注浆桩提高承载力从而降低成本、节能减排。

2) 桩底后压浆的预应力管

在预应力管桩的应用中遇到砂层就很难穿越,用静压(或锤击沉桩)施工很难达到进入持力层要求的深度,尤其是中密-密实的砂层。宁波某商务楼裙房采用静压施工 Φ500 预应力管桩,桩端进入⑤-3 层中密-密实的砂层。采用如图 3-29 所示的预应力管桩,在管桩底用出浆口钢靴封底,沉桩过程将注浆管引出地面,成为桩底后压浆的预应力管。

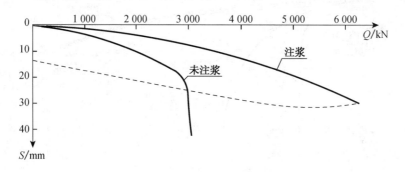

图 3-33　Q-S 曲线

静压沉桩的压力 3 000 kN,进入⑤-3 层 0.5 m,桩长 29.5 m,按勘察报告提供的计算参数计算,R_a=1 450 kN,Q_{uk}=2 900 kN;静载荷试桩结果:未注浆桩 Q_{uk}=2 800 kN,注浆桩 Q_{uk}=6 300 kN,注浆桩的 Q_{uk} 远大于未注浆桩的 Q_{uk} 值。

3) 桩底后注浆的工程应用探讨

桩底后注浆技术在多个工程中得到应用,均以⑧层粉细砂为持力层的 Φ800 高强预应力管桩,静载荷试桩 Q_{uk}≥12 000 kN,当勘察报告提供含黏性土 10%～20% 的砾砂层为持力层,静载荷穿测桩的极限承载力值 Q_{uk} 为 8 000～10 000 kN,说明了颗粒土中黏性土含量比例增大桩的承载力下降,黏性土含量的比例减小而桩的承载力值提高的规律。

4) 探讨新的计算模式

工程设计与计算中按《建筑桩基技术规范》(JGJ 94—2008)规范中的后注浆灌注桩计算与实测桩的承载力值相差还是很大,与含黏性土比例 20%～30% 的颗粒土持力层是比较相近的。对于主要加固桩端持力层的计算模式,接近扩底型桩,而且对于洁净的颗粒土须探求符合实际承载力值的计算模型。

上面的对比实测是提高桩承载力值的有效措施,应用须提供估算的方法和计算公式,为此作下述探讨。

3. 孔底压浆桩的设计计算

1) 计算假设

(1) 压力注入水泥浆液在均质的洁净颗粒土(砂、砾砂、碎石、卵石、圆砾)层中,是均匀渗入颗粒土孔隙,并沿球状体扩展。

(2) 球形的直径 D(扩底直径)>d(桩身直径)是扩大头桩,按《建筑桩基技术规范》(JGJ 94—2008)规范中桩端阻力尺寸效应系数 ψ_p 的规范计算桩的承载力值。

2) 灌注桩孔底压浆机理分析

钻孔灌注桩孔底沉渣影响桩的承载力值发挥,一般理解孔底压浆措施主要是解决孔底沉渣影响桩的承载力值的辅助措施。辽宁锦州率先采用钻孔灌注桩孔底压浆技术使桩的承载力提高 40%～50% 引起了岩土工程界注意和重视,中国建筑科学研究院地基基础研究所对钻孔灌注桩孔底压浆技术作了系统研究,逐步推广至全国并被岩土工程界接受。

工程界对孔底压浆作为辅助措施容易接受,在宁波仅仅是起步。在工程设计中按提高桩的承载力值作为估算承载力值存有疑虑,尤其在承载力值提高百分比率更有疑虑。根据宁波工程地质⑧层为砾砂土,表层大多为粉细砂,对该土层有的定名为粉细砂,有的定名为砾砂,该层厚度由数米至 20 余米不等。在砾砂土中注浆其渗透性强,砾砂与水泥浆胶结为混凝土,可想而知与嵌岩桩没有区别,粉细砂存在阻透现象,在高压力(>12 MPa)下基本可克服粉细砂的阻透,所以桩的承载力值可大幅度提高。

3) 钻孔灌注桩孔底压浆量的控制

灌注桩孔底压浆量的多少直接影响桩的承载力值,根据波特曼中心 Φ800 钻孔灌注桩的注浆量为 1.6~2 m³ 的浆液量,使桩的承载力值达到要求。假设浆液按圆球形渗流扩展,钻孔灌注桩嵌入球体 1d(d 为桩直径),根据土层的孔隙率和注浆量即可计算注浆有效直径,反之设定注浆有效直径即可计算注浆量,如图 3-34 所示。

关于⑧层土砾砂层的孔隙率与密实度之间无法建立关系,借用碎石类土颗粒含量与密实度关系:

密实:土颗粒含量大于全重 70% 呈交错排列连续接触;中等密实:土颗粒大于全重 60%~70%,稍密占 60%。即密实土孔隙率 $n \leqslant 30\%$,中密土孔隙率 $30\% < n < 40\%$、稍密土孔隙 $n \geqslant 40\%$ 可建立以下平衡计算式:浆液加固土体积+桩嵌入加固土的体积=加固土球体积。

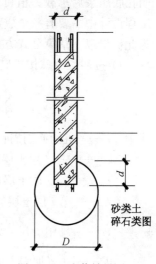

图 3-34 注浆效果图

$$V/n + d^3\pi/4 = D^3\pi/4$$

设定加固球体直径 D 及砾砂土孔隙率 n,求注浆量(m³)

$$V = n(2\pi D^3 - 3\pi d^3)/12 \qquad (a)$$

设定注浆量 V 及砾砂土孔隙率 n,求加固土球体直径 D。

$$D = [6(V/n + \pi d^2/4)]1/3 \qquad (b)$$

式中　V——水泥浆液体积(m³);

　　　V/n——注入加固土的水泥土体积(m³);

　　　n——砾砂土的孔隙率(%);

　　　d——灌注桩直径(m);

　　　D——加固土的球体直径(m)。

例:灌注桩径 0.8 m,砾砂土为密实 $n=30\%$,注浆量为 2 m³,由式(b)即可计算出加固土的球体直径 $D=2.38$ m,同例可按球体直径 $D=2.38$ m,按式(a)可计算出注浆量为 2 m³。

4) 出浆口的构造

钻孔灌注桩一般适用于通长配筋(下部桩身主筋可适当减少),主浆管可替代相应的主筋。每桩须埋设 2 根及 2 根以上注浆管,管径为 2.5~3.8 cm 的白铁管(自来水管),高出桩顶注浆管为无缝钢管,埋入桩身混凝土内的长度不少于 1 m。钢管壁厚能承受 12 MPa 以上压力,出浆口必须埋入砾砂土内,防止水下混凝土浇筑过程封堵出浆口,出浆口管端伸出钢筋笼底 150~200 mm,并利用钢筋笼自重将出浆口管端刺入砾砂土内,出浆口管端构造如图 3-35 所示。

4. 灌注桩孔底压浆的估算桩承载力值

灌注桩孔底压浆由加强灌注桩体质量和加固孔底沉渣的
技术措施,逐渐发展为提高桩承载力值的有效工艺。实践证
明孔底压浆后承载力值可提高 50% 以上,有的可达 1 倍。在
工程设计中需要有一个成熟的估算公式,目前条件尚不成熟,
为此提出以下估算公式方案进行探讨。

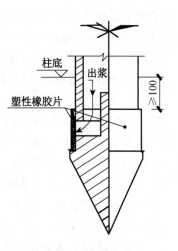

柱底 出浆 塑性橡胶片 ≥100

1) 按注浆圆球按扩底桩计算模式

$$Q_{uk} = u \sum_{i=1}^{n} q_{sik} h_i + \varphi_p m_p A_D q_{pk} \qquad (3-5)$$

式中 u——桩的截面周长(m);

图 3-35   出浆孔构造图

q_{sik}——第 i 层土层极限侧阻力(kPa);

q_{pk}——第 i 层土层极限端阻力(kPa);

h_i——第 i 层土层的厚度(m);

ψ_p——端阻力尺寸效应系数,砂类土、碎石土 $\psi_p = \left(\dfrac{0.8}{D}\right)^{1/3}$;

D——注浆加固土体圆球直径(m);

m_p——加固土体的厚度修正系数(<5 m, $m_p = 0.4$;>10 m, $m_p = 0.5$;5~10 m,
        $m_p = 0.4 \sim 0.5$,插入取值);

A_D——加固圆球水平投影面积(m²)。

估算实例如下:

(1) 波特曼中心 369# 桩,静载荷试桩结果 $Q_{uk} \geqslant 9\,790$ kN

$d = 0.8$ m, $V = 1.5$ m³, 稍密砂砾土 $n = 0.4$, $q_{pk} = 2\,000$ kPa

$$D = \left[6\left(\frac{V}{n} + \pi d^2/4\right)\right]^{\frac{1}{3}} = 2.94 \text{ m}$$

$$\varphi_p = \left(\frac{0.8}{D}\right)^{\frac{1}{3}} = 0.648$$

$$m_p \text{ 取 } 0.4, \ A_D = D^2\pi/4 = 679 \text{ m}^2$$

$$u\sum_{i=1}^{n} q_{sik} \cdot h_i = 5\,812 \text{ kN}$$

$$Q_{uk} = 5\,812 + 0.648 \times 0.4 \times 6.79 \times 2\,000 = 9\,332 \text{ kN} < 9\,790 \text{ kN}$$

(2) 波特曼中心 499# 桩,静载荷试桩结果 $Q_{uk} \geqslant 12\,540$ kN

$$d = 1 \text{ m}, \ V = 1.8 \text{ m}^3, \ n = 0.4, \ q_{pk} = 2\,000 \text{ kPa},$$

可计算出 $D = 3.165$ m, $\psi_p = 0.632$, $m_p = 0.4$, $A_D = 7.87$ m²

$$u\sum_{i=1}^{n} q_{sik} \cdot h_i = 7\,265 \text{ kN}$$

$$Q_{uk} = 7\,265 + 0.632 \times 0.4 \times 7.87 \times 2\,000 = 11\,244 \text{ kN} < 12\,540 \text{ kN}$$

（3）嘉和中心 $20^{\#}$ 桩 静载试桩 $Q_{uk} > 15\,000$ kN

$d = 1$ m，$V = 1.8$ m^3，密实粉砂砾砂 $n = 0.3$，$q_{pk} = 3\,000$ kPa

可计算出 $D = 3.165$ m，$\psi_p = 0.632$，厚度>10 m，$m_p = 0.5$，$A_D = 7.87$ m^2

$$u\sum_{i=1}^{n} q_{sik} h_i = 5\,038 \text{ kN}$$

$Q_{uk} = 5\,038 + 0.632 \times 0.5 \times 7.87 \times 3\,000 = 12\,500 \text{ kN} < 15\,000 \text{ kN}$

2）按提高桩端土端阻值计算模式

$$R_{uk} = u\sum_{i=1}^{n} q_{sik} h_i + n_p A_D q_{pk} \tag{3-6}$$

式中，n_p 为桩端土端阻力提高系数（与注浆加固土体形成圆球体的水平投影面积 A_D 有关）：

$$n_p = (D^2 \pi / 4) / 2.5$$

例：① 波特曼中心，$369^{\#}$ 桩

$D = 2.94$ m，$A_D = 6.79$ m^2，$n_p = 2.716$，$A = 0.5$ m^2，$q_{kp} = 2\,000$ kPa

$Q_{uk} = 5\,812 + 2.716 \times 0.5 \times 2\,000 = 8\,528$ kN。

② 波特曼中心 $499^{\#}$ 桩

$D = 3.165$ m，$A_D = 7.87$ m^2，$n_p = 3.148$，$A = 0.785$ m^2，$q_{kp} = 2\,000$ kPa

$Q_{uk} = 7\,265 + 3.148 \times 0.785 \times 2\,000 = 12\,211$ kN。

③ 嘉和中心 $20^{\#}$ 桩

$D = 3.165$ m，$A_D = 7.87$ m^2，$n_p = 3.148$，$A = 0.785$ m^2，$q_{kp} = 3\,000$ kPa

$Q_{uk} = 5\,038 + 3.148 \times 0.785 \times 3\,000 = 12\,451$ kN

3）估算模式计算结果与实测对比

如表 3-12 所示，两种估算方法最大误差率为 16.99%，最小误差 2.62%；实际上两家勘察单位提供的计算参数误差很大，波特曼中心，侧阻力参数大于嘉和，所以还不能反映估算模式的正确性。

表 3-12 假设估算桩检测结果为极限值（实际未达到尚有潜力），对比结果

项目 桩号 法方测检	静载荷试桩			按扩底桩估算			按提高桩端土估算		
	波 $369^{\#}$	波 $499^{\#}$	嘉 $20^{\#}$	波 $369^{\#}$	波 $499^{\#}$	嘉 $20^{\#}$	波 $369^{\#}$	波 $499^{\#}$	嘉 $20^{\#}$
极限承载力值 /kN	9 790	12 540	15 000	9 332	11 244	12 500	8 528	12 211	12 451
差值/kN	0	0	0	−458	−1 296	−2 500	−1 262	−329	−2 549
误差/%	0	0	0	4.68	10.33	16.67	12.89	2.62	16.99

4）工程应用

估算桩的极限承载力标准值（或特征值）仅适用于初步设计或方案对比以及提供现场

设计静载荷试桩的承载力值的估算,最终须通过满足规范要求数量的静载荷试桩要求,将试桩结果的数值进行统计分析,确定单桩极限承载力值作为工程设计的依据。估算模式尚须更多桩的试桩资料证实和完善。

钻孔灌注桩孔底后注浆工艺适用于桩端持力层为砾砂、中粗砂、中细砂及粉细砂地层。

根据宁波的地质条件⑧层土即为砾砂、粉-中粗砂地层,经静载荷试桩证实桩的承载力值大幅度提高。注浆前 Φ800 钻孔灌注桩估算极限承载力值 5 000～6 000 kN 注浆后承载力值为 9 500～11 000 kN,Φ1 000 钻孔灌注桩由 6 500～7 500 kN 提高到 13 000～15 000 kN,且承载力值的离散性小,桩顶沉降变形少。

以嘉和中心工程静载荷试桩为例:Φ1 000 钻孔灌注桩的持力层为⑧层土一组 4 根各 2 根作未注浆和后注浆的对比试验,静载荷试验结果中 2 根未注浆的极限承载力值分别为 4 600 kN 和 6700 kN,后注浆静载荷试桩加载至 15 000 kN,桩顶下沉量仅 17～18 mm;未注浆极限承载力为 4 600 kN 的桩留有注浆管,对该桩进行后注浆后再作静载荷试桩,试验结果加载至 15 000 kN 桩顶下沉量不足 18 mm。宁波应用后注浆技术的工程案例中,若选择以⑧层作为持力层的钻孔灌注桩,单桩承载力值均可达到设计要求的效果。

后注浆工艺成为提高单桩承载力值核心问题,而注浆管的强度、密封性、埋设质量及现场施工对注浆管的保护等是确保工程质量的重要控制点。

5. 灌注桩孔底后注浆的质量控制

1) 水泥浆的水灰比

根据《建筑地基处理技术规范》(JGJ 79—2012)规范规定水泥浆液水灰比按工程要求确定,可取 1.0～1.5,常用 1.0;宁波市区地质条件⑧层为中细砂为主,浆液均匀充填中细砂空隙的最佳水灰比通过钻孔取芯通过酚酞显色观察,达到均匀充填中细砂孔隙的最佳水灰比为 0.8～1.0。

2) 注浆管

注浆管对钻孔灌注桩孔底压浆质量影响极大,注浆管要求需耐压、接管的节头不渗漏、出浆口不堵塞,而注浆管的质量是一般被人们忽视的问题。

注浆管的接管一般采用 2～3 mm 厚 1 寸黑铁管,接管节头如采用套管焊接节头固管壁太薄焊接质量难以保证,节头渗漏是必然的,一旦渗漏即产生严重质量问题。对 1 寸黑铁管的耐压性能检测,从目前试压至 17 MPa 未出现管壁爆裂,说明 1 寸黑铁管的耐压性能没有问题,主要是接管节头渗水,为此必须采用螺栓密封接管节头。

钻孔灌注桩混凝土浇灌 10～12 h 混凝土终凝,进行清水开塞。在开塞过程中,首先在桩身部位的管节头渗漏,严重时在地面可见冒水形成出浆通道,在桩身混凝土强度＞30%～50% 时进行孔底压浆施工,浆液仍通过渗漏节点出浆,而要求加固的持力层没有浆液。在某工程施工中由接管节头渗漏所注的浆液均在淤质黏土堆积大量水泥浆,造成地面土隆起、水泥浆液冒出地面、邻周钻孔灌注桩桩孔的泥浆护壁失效、桩孔壁颈缩甚至坍塌、钢筋笼不能下落等严重质量事故。

桩底注浆管的出浆口构造与设计要求有很多距离,从多个施工现场所见大多将黑铁管敲偏封口,在 20 cm 管段的管壁钻若干 Φ6～Φ8 孔,用 3～4 mm 厚接近硬塑管将注浆出浆口封套,造成出浆困难甚至堵塞,也存在钻孔灌注桩浇筑混凝土过程。因出浆口密封性问题混凝土中的浆液渗入注浆管内产生堵管的可能性,注浆管的出浆口须按设计详图施工。

3) 合理的注浆量和水泥用量

根据钻孔灌注桩孔底压浆后进行钻孔取芯结果分析,水灰比为 0.8~1.0 的浆液呈圆球形均匀渗入中细砂的空隙,按中细砂密实度确定的孔隙率 30% 计算的球体积与实测基本一致。为此注浆量 Φ800 钻孔灌注桩的注浆量 1.4~1.5 m³,水泥用量 1.35~1.5 t;圆球直径 3.0 m Φ1 000 钻孔灌注桩的注浆量 1.6~1.8 m³,水泥用量 1.5~1.7 t,圆球直径 3.2~3.5 m。

注浆量及水泥用量过少则会影响桩的承载力值,过多对桩的承载力值影响不大,但可能会对邻周桩产生挤压作用。这均通过近 20 根桩的静载荷试桩结果及现场钻孔取芯分析后建议的注浆量及水泥用量。

4) 注浆管对称设置与注浆

注浆管每根桩一般对称埋设两根,可作为主筋等间距均匀排列,组成钢筋笼(统长钢筋笼)。注浆管在底部伸出钢筋笼底 15~20 cm,上端高出地面 20 cm,注浆施工须在两根注浆管内注入等量浆液,原则上不允许单边注浆(除其中有 1 根注浆管堵塞外)。根据钻孔取芯证实浆液按圆球状渗入中细砂孔隙,对称注浆桩端处加固范围呈两个圆球叠加,具有高的桩端阻力,单边注浆桩端处呈偏心圆球状。

5) 注浆施工与设备

注浆设置的最大注浆压力需≥12 MPa,且在各种难以预估的情况下均能顺利开塞和定量注入浆液,某工程钻孔灌注桩混凝土浇灌后未及时进行清水开塞,距浇灌混凝土间隔时间超过 15 天(一般超过 7 天就难以开塞),按理此桩就不能注浆了。由于设备注浆压力可达到 22 MPa,用清水开塞实测压力达到 17 MPa 方能达到顺利开塞,则就存在安全性问题,煤矿水力采煤的压力仅 5 MPa 足易将岩煤冲成粉煤,如果压力管道与接头渗漏将涉及邻周施工人员生命安全。如按正常时间(10 h 至 2 d 内)清水开塞,压力一般在 2~3 MPa,注浆压力与注入浆液量有关,按上述浆液量定量注浆,注浆压力 2~4 MPa,超量注浆压力 3~6 MPa,方能确保设计要求的定量注浆。

6) 失效后的注浆桩弥补和加固

工程中会有不可预估的因素出现数量极少的钻孔灌注桩孔底后注浆的注浆失效桩,桩的承载力值大幅度下降,为满足工程要求对失效桩处理须根据承台下的桩数,承载力值设计潜力,承台刚度及内力重分布后平均桩的承载力值(失效桩按未注浆估算承载力值计)等,采用补桩或钻孔埋管注浆弥补等措施,这类情况的出现工程中也是难以避免的。因数量极少,处理后对工程质量不会影响,注浆失效建议仍用注浆弥补和加固,其步骤为:

(1) 钻孔:用工程地质钻机钻孔埋管,紧靠失效桩边(距桩边 200 mm 左右)钻孔,深度与工程桩等同。相邻两根失效桩宜布孔在失效桩之间,原则上一根失效桩布一钻孔埋管,采用单边注浆加固,浆量由设计确定。

(2) 埋设注浆管:注浆管壁采用厚不小于 3 mm 的无缝钢管,直径不小于 25 mm,宜采用螺纹接管,出浆口同工程桩。

注浆管埋设在钻孔中心,在孔内抛入经加工的黏土泥球、泥球在钻孔内高度约注浆管底向上 0.5 m,也可填入直径 2 cm 黄泥块,经 24 h 后(待泥球在水浸 24 h 后散体自密、隔绝上部水泥浆)在钻孔护壁清水中插入注浆管距抛入泥球顶 0.5 m 终止,在插入的注浆管内注入水灰比为 0.5~0.6 的水泥浆,置换护壁清水直至地面泛浆终止,拔出置控换钻孔护壁清水注浆管,完成后注浆的注浆管埋设。

（2）钻孔埋设注浆管的保护：

在注浆管四周设置的 0.5 m×0.5 m 隔离区，并设置警示标志。养护的时间≥10 d，不需要清水开塞可直接注浆。

（3）注浆施工。注浆量一般与工程桩相同。设计要求超量注浆，一般控制注浆压力不超过 5 MPa。

3.3　取土型异型截面沉管式灌注桩

3.3.1　异形截面灌注桩的规格内力与技术特性

3.3.1.1　取土型异形截面灌注桩的规格与内力

1. 取土型异形截面灌注桩的规格

（1）沉管式取土型 T 型灌注桩截面的规格。T 形截面灌注桩是由矩形焊接钢翼凸边呈 T 形的钢模管沉管施工而成，常见的有 T_1 型、T_2 型、T_3 型，其中矩形钢模管尺寸有：350 mm×600 mm，400 mm×700 mm，450 mm×800 mm，500 mm×900 mm（T 形底宽×高）。具体详见图 3-36，截面尺寸如表 3-13 所示。

（2）沉管式取土型工型灌注桩截面的规格。工形截面灌注桩是由矩形焊接钢翼凸边呈工形的钢模管沉管施工而成，常见的规格有 $工_1$ 型、$工_2$ 型、$工_3$ 型，其中矩形钢模管尺寸有：300 mm×800 mm，350 mm×900 mm，400 mm×1 000 mm（工形截面底×高）。具体详见图 3-37，截面尺寸如表 3-14 所示。

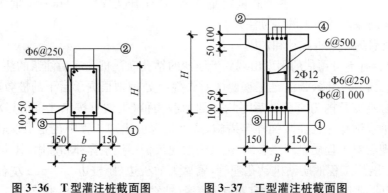

图 3-36　T 型灌注桩截面图　　　　图 3-37　工型灌注桩截面图

表 3-13　T 型灌注桩的截面尺寸表　　　　　　　　　　　　mm

规格	T 形截面桩 $H \times B$	壁厚 15 mm 的矩形钢管 $H \times b$	截面尺寸		
			H	B	b
T_1 型	600×650	600×350	600	650	350
T_2 型	700×700	700×400	700	700	400
T_3 型	800×750	800×450	800	750	450

表 3-14　工形灌注桩的截面尺寸表　　　　　　　　mm

规格	工形截面桩 $H \times B$	壁厚 15 的矩形钢管 $H \times b$	截面尺寸		
			H	B	b
工$_1$ 型	800×600	800×300	800	600	300
工$_2$ 型	900×650	900×350	900	650	350
工$_3$ 型	1 000×700	1 000×400	1 000	700	400

2. 异形截面灌注桩工程应用优势

(1) 无挤土影响施工技术的意义。深厚饱和软土地层施工各类桩基与基坑工程的支护桩,需要消除第 2 章所述的挤土型桩施工所存在的不同程度的对邻周建(构)筑物、地下管线与桩体的质量存在的影响。基坑工程无挤土影响的创新型施工技术是方向,也是从事专业桩工施工企业的目标。

创新型施工技术的全面推广与应用,还需要更多的技术人员提高对环保施工技术的认识、取土技术的深化、专用桩机与装备配套工艺与工法的完善,尚有一段漫长的发展历程。

(2) 无泥浆施工环保技术。钻孔泥浆偷排到城市管网与倾倒在江河的情况经常出现,城市管理者对钻孔泥浆问题束手无策。采用无泥浆施工技术不仅可节省大量洁净水,还可从源头消除城市的泥浆污染。

(3) 经济性与低碳节能。圆形灌注桩对抗侧向水平力(受弯)能力低,支护桩截面配筋不能全部有效发挥作用。由于基坑支护桩受弯工作时受力钢筋离截面轴心的距离较近,只有 1 根钢筋是 100% 充分发挥作用,其他钢筋作用依次逐渐减弱,最近处几乎不发挥作用。综合而言,圆形截面配筋一般发挥总配筋截面量的 50%～55%。

相同截面积的矩形截面侧表面积比圆形截面大 20% 左右,也就是桩的承载力值侧阻力可提高 20%;深基坑支护桩与钻孔灌注桩相比可节省钢筋 35%～45%,节省混凝土 35%,基坑工程的投资可节省 25% 左右。构件的有效受力最大化,能够节材节能、降低成本、提高效益。

(4) 施工效率高。沉管式干取土施工的灌注桩的施工效率取决于干取土技术。

① 用专用提土装置的提土施工:用底开口的异形截面钢模管沉入土层,用专用提土装置插入钢模管内提出取净管内的土体成桩孔。因提出土体的弃土方式不同,专用提土装置分为两种:一种为有隔挡提土装置,提出的土体须利用安装在桩机上的推土机械逐格同步推出弃土;另一种为无隔挡提土装置提出的土体在振动作用下土体失稳,由隔挡侧倒向地面弃土。

一般在工程上选用无隔挡提土装置施工,施工高效率,相当于目前钻孔灌注桩施工效率的 3～5 倍。

② 高频振压干排土施工:将专用排土装置高频振动插入钢模管内,在压力作用下将软土土体液化后排至地面。高频振压干排土形灌注桩的施工效率高,一般不到 5 min 即可将钢模管内软土排净,是钻孔灌注桩施工效率 3～4 倍。

3. 异形截面灌注桩在基坑工程中的防渗

(1) 在基坑工程中,T 形截面支护桩的防渗如图 3-38 所示,T 形截面支护桩的桩排,箭头所指为基坑内方向。在桩排的两桩间施工小直径的高压旋喷桩进场封堵,与排桩形成综合止水帷幕,其中在淤泥质软土地层还起到防止桩间土的渗漏。

为降低基坑防渗成本,可以在两桩的桩间土中施工小直径的水泥搅桩,但须控制离桩体的净距,防止水泥搅桩的搅拌刀具碰伤桩。

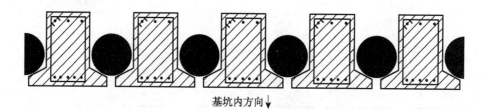

基坑内方向↓

图 3-38　T 形截面支护桩的防渗示意

（2）工形截面支护桩在基坑工程中的防渗。当桩距 $S_2 \leqslant 1$ m 时,基坑支护桩的防渗施工如图 3-39(a)所示;当桩距 1 m$<S_2 \leqslant 1.5$ m 则为稀桩排支护桩,则需按照如图 3-39(b)所示进行施工。在基坑支护桩间施工水泥土挡墙,选用高压旋喷桩是最佳的基坑防渗,但出于降低防渗工程造价的考虑,可选用水泥搅拌桩。水泥搅拌桩价相当于高压旋喷桩价的40%～50%。

用小直径的两水泥搅拌桩叠接 100～200 mm,工形支护桩的基坑防渗处理形成水泥土与工形灌注桩结合而成整体的防渗墙体,比常规的在支护桩外侧与支护桩平行的防渗帷幕墙方案省 40%左右造价。

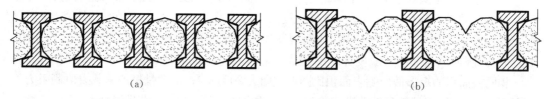

(a)　　　　　　　　　　　　　　　　　　　　(b)

图 3-39　工形支护桩墙的防渗示意

3.3.1.2　矩形加翼呈异形截面沉管灌注桩技术特性

1. 加翼钢凸边的钢模管施工混凝土凸边的异形桩

矩形钢模管加翼呈工形截面支护桩,施工前需根据设计尺寸要求截面要求加工好矩形钢模管,在矩形钢模管底部的截面长边上焊接对称的钢凸边与截面短边齐平,其中加翼钢凸边长度需大于 0.8 m。

施工时要注意钢模管内混凝土自重压力作用下的混凝土下落是否与上拔钢模管位移同步,如果同步说明钢凸边上拔在土层中滑移留出的空间在回弹前已被混凝土填充;如果不同步,说明短时间钢模管内混凝土拒落,管底已被淤泥土填充,成为废桩。

2. 钢模管内混凝土自重压力的二次满管混凝土施工方法

二次满管混凝土施工法就是控制钢模管内浇灌混凝土具有足够的自重压力,使管内混凝土的自重压力足以克服土体的回弹恢复力。

3. 用一种截面配筋满足基坑不同计算位置的内力要求

调整工形沉管灌注桩的不同桩距满足基坑不同位置的计算内力,实现一种截面配筋的支护桩满足基坑要求,方便现场的施工管理与质量控制。工形截面的配筋是按计算内力的弯矩包络的不对称配筋,仅注意放置的方向,无须考虑放置的桩位。

现场施工的桩距调整,计算可根据式(2-16)与式(2-17)进行计算。

4. 矩形加翼呈异形截面沉管灌注桩适用范围

(1) 适用地质条件:适用于海相、湖相沉积的淤泥质的软土与黏土、粉质黏土与粉土地层的地质条件,不适用山丘地层以颗粒土为主的(砂、圆砾、碎石类土)地区。

(2) 适用的基坑深度:适用①-3层地下室基坑,用于浅基坑的可用 600 mm×800 mm 工形截面灌注桩的的稀列桩排,桩距在 1.1～1.5 m。

3.3.1.3 同步提土压灌混凝土的后插筋矩形灌注桩

同步提土压灌混凝土后插筋矩形灌注桩技术是由长螺旋压灌混凝土后插筋技术的延伸技术,研究在软土地层施工压灌混凝土后插筋尝试,目前虽未在工程中应用,但可为读者提供一种技术创新的思路,介绍与说明如下。

1. 同步提土压灌混凝土后插筋技术的异同点分析

(1) 相同点:同步提土压灌混凝土后插筋矩形灌注桩与干提土矩形灌注桩,均为从土层中提出土体的非挤土性施工方法。

(2) 不同点:

① 没有钢模管,从土层中直接施工同步提土压灌混凝土。

② 在软土地层后插筋须有可靠的中心定位措施,使钢筋笼插入混凝土有＞10 mm 混凝土保护层,因用在临时性的基坑工程,可不考虑钢筋混凝土保护不足腐蚀受力筋的问题。

③ 软土地层同步提土压灌混凝土后插筋的桩长 $L \leqslant 15$ m(钢筋笼中心定位)。

2. 同步提土压灌混凝土后插筋矩形灌注桩施工的装置

提土同步压灌混凝土后插筋矩形灌注桩的施工装置如图 3-40 所示,其中基本构造与 8.2 节中介绍的有格挡提土器类同。在有格挡提土器截面的中间为钢制矩形管为压灌混凝土的管道,管底由预制混凝土桩靴封底,矩形混凝土管的中心的底部(截面中心)焊有圆形钢管作为定位控制点,通过导向杆成为同心导向限位,确保钢筋笼截面中心与混凝土桩截面中心重合。地面有矩形定位装置防止振沉钢筋笼时旋转,钢筋笼在地面与底部均与桩的截面同心,也即确保后插的钢筋笼有足够的混凝土保护层厚度,确保提土同步压灌混凝土后插筋矩形灌注桩的质量。

提土同步压灌混凝土的装置矩形混凝土管道两侧设活动翻板,沉管过程中进入的土体随上拔装置过程提出至地面,其中上拔装置过程翻板将进入的土体封闭底部。装置的截面短边为装置通长钢板,长边为 2 m 间隔的钢条格挡板焊接成刚体,格挡之间依靠土层中的土体约束,使装置内土体保持稳定,拔出地面在振动力作用下土体倒向地面。矩形混凝土管的中心的底部(截面中心)焊有 0.2 m 高圆形钢管作为定位控制点,同心导向

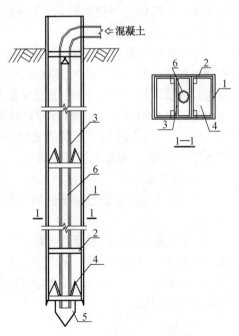

1—长钢板;2—横板;3—矩形长钢管;
4—翻板;5—桩靴;6—导向管

图 3-40 提土同步压灌混凝土后插筋
矩形灌注桩施工装置

限位可确保钢筋笼截面中心与混凝土桩截面中心重合。

矩形混凝土管道的上口与泵送混凝土输送管接通,顶部通过钢丝绳与桩架固定,其中后插钢筋笼需借助导向杆。

3. 提土同步压灌混凝土后插筋矩形灌注桩的施工

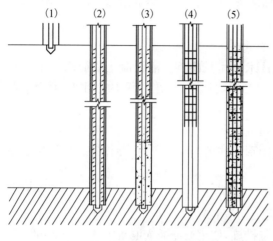
　　(1)　　(2)　　(3)　　(4)　　(5)

图 3-41　施工程序示意图

1) 施工工艺

提土同步压灌的装置长度要超出提土同步压灌混凝土后插筋矩形灌注桩的桩长,方可一次性提土施工。提土同步压灌混凝土后插筋矩形灌注桩的施工程序如图 3-41 所示。

施工步骤如下所述:

(1) 设计桩位预埋钢筋混凝土桩靴,桩机就位。将导向杆插入预埋钢筋混凝土桩靴中心预留孔内,提土同步压灌装置矩形混凝土管套入桩靴,用经纬仪校正提土同步压灌装置的垂直度。

(2) 控制垂直并将提土同步压灌的装置振压沉入土层,土体进入装置内。

(3) 先开启混凝土泵,使泵的压力达一定值后开始振动上拔提土同步压灌的装置。由泵的压力控制确定上拔的速率,此时装置格挡之间的土体拔出地面到一定高度在振动力作用下土体失稳倒向一侧地面,直至将装置全部拔出地面。导向杆继续留在混凝土中心位置,便于后续引导放置钢筋笼。

(4) 将预先制作好的钢筋笼安装振压插入混凝土送筋管,管的中心为钢筋笼的重心,中心底口固定比导向杆直径约大 10 mm 的限位管或限位挡板。将钢筋笼垂直吊起、限位管或限位挡板套入导向杆的上口、地面安装与桩截面重合矩形限位装置,在矩形限位装置内振动由送筋管将钢筋笼沉至设计高程、拔出送筋管,略补混凝土即可。

(5) 桩机上提土同步压灌的装置内钢丝绳吊出导向杆、藏在装置的矩形混凝土管道内转入下一个桩位,重复上述步骤施工。

2) 施工要求

(1) 混凝土超流态混凝土的坍落度宜为 210~250 mm,混凝土的初凝时间宜控制在 8~12 h。

(2) 混凝土泵与输送管道:混凝泵一般选用泵压小于 7 N/mm^2 的中压式柱塞泵,压灌流态混凝土时可选用混凝土排量为 30~60 m^3/h,水平输送距为 200~500 m,竖向输送距为 50~100 m 的中压柱塞泵。输送管道的管径可根据混凝土排量、泵送压力和混凝土骨料最大粒径进行确定。

(3) 后插筋:

① 钢筋笼的要求:钢筋笼按混凝土保护层≥70 mm,确定截面主筋位置,须焊接加强箍确定钢筋笼的刚度。钢筋笼的底部四周主筋上焊接 6 mm 厚 50 mm 宽的条形钢板;压送管底焊接条形钢板,用于支承在钢筋笼底部的条形钢板上,在振动力作用下压送管顶带动钢

筋笼沉入混凝土中,沉毕拔出压送管后钢筋笼留在混凝土桩中。

② 后插筋施工注意点:传递振动力的压送管管径要大,管底焊接管心定位短管要可靠,使钢筋笼中心沿导向管沉入底部。地面矩形限位装置位置要正确、固定要牢固、防止钢筋笼中的箍筋刮落可设弧形导向。

③ 因矩形截面的配筋不对称配筋,需注意方向性。

注意事项:

桩口压灌多余混凝土须清理,使桩口有正确的定位。拔出压送管及时补灌混凝土,需防止补灌混凝土时周围泥土夹入桩径内。

3.3.2 桩配筋的内力与优化

3.3.2.1 取土型异形截面灌注桩配筋的内力与优化

1. 取土型 T 型截面的沉管式灌注桩

1) T 形截面的内力与配筋量

因 T 形截面是由矩形配筋截面作为支挡土压力的受弯截面,矩形在截面的一端对称凸边混凝土即成为 T 形。其中,T_1 型的计算配筋截面较小,工程应用无实际价值,故而 T_1 型矩形 350 mm×600 mm 加翼呈 650 mm×600 mm 截面的内力与配筋量与 T_2 型相同计算。

(1) 400 mm×700 mm 矩形加翼呈 700 mm×700 mm T_2 型截面的内力与配筋量如表 3-15 所示。

表 3-15　700 mm×700 mm T_2 型灌注桩与 Φ700 灌注桩截面计算配筋与配筋对比

支护桩内力弯矩 $M/(kN\cdot m)$	干取土矩形灌注桩 400 mm×700 mm		钻孔灌注桩 Φ700 计算配筋/mm²	圆形/矩形配筋对比/%
	计算配筋/mm²	按 M 包络图配筋/mm²		
172.93	905.53	1 267.742	1 955.34	154.2
209.57	1 108.49	1 551.886	2 409.79	155.3
301.13	1 635.76	2 290.064	3 588.19	156.7
352.63	1 946.46	2 725.044	4 274.43	156.9
402.46	2 258.11	3 161.354	4 952.45	156.7
444.12	2 527.9	3 539.06	5 528.96	156.2
488.59	2 826.22	3 956.708	6 153.27	155.5
531.89	3 128.15	4 379.41	6 769.25	154.6
575.73	3 446.84	4 825.576	7 400.65	153.4

(2) 450 mm×800 mm 矩形加翼呈 750 mm×800 mm T_3 型截面的内力与配筋量如表 3-16 所示。

表 3-16　750 mm×800 mm T_3 型灌注桩与 Φ800 灌注桩截面计算配筋与配筋对比

支护桩内力弯矩 $M/(kN\cdot m)$	干取土矩形灌注桩 450 mm×800 mm		钻孔灌注桩 Φ700 计算配筋/mm²	圆形/矩形配筋对比/%
	计算配筋/mm²	按 M 包络图配筋/mm²		
352.63	1 638.86	2 294.404	3 561.25	155.2
402.46	1 883	2 636.2	4 115.96	156.1

（续表）

支护桩内力弯矩 $M/(kN \cdot m)$	干取土矩形灌注桩 450 mm×800 mm		钻孔灌注桩 Φ700 计算配筋/mm²	圆形/矩形配筋对比/%
	计算配筋/mm²	按 M 包络图配筋/mm²		
444.12	2 095.35	2 933.49	4 586.75	156.4
488.59	2 326.39	3 256.946	5 096.16	156.5
531.89	2 555.95	3 578.33	5 598.34	156.5
575.73	2 793.3	3 910.62	6 112.78	156.3
619.01	3 032.79	4 245.906	6 626.14	156.1
660.01	3 264.73	4 570.622	7 117.37	155.7
702.64	3 511.49	4 916.086	7 632.8	155.3
786.52	4 015.34	5 621.476	8 660.28	154.1
867.32	4 526.82	6 337.548	9 665.1	152.5
988.11	5 349.62	7 489.468	11 192.15	149.4

注：① 表中计算混凝土为 C25，钢筋为Ⅱ级；若工程应用采用Ⅲ级钢筋，其他标号的混凝土，需进行强度代换。
② 表 3-15 与表 3-16 均为单根桩受力侧内力对应的截面配筋量。
③ 按矩形截面计算内力为不对称配筋，圆形截面计算内力为对称配。

2. 表格中内力与配筋量的应用

1) 表格的工程应用

表 3-12、表 3-13 均为 T_1 型、T_2 型、T_3 型的取土型工形截面沉管式灌注桩的内力与对应的配筋量。

用计算软件输入计算的一般为圆形截面桩的桩径与桩距，计算可得支护桩弯矩包络图中的最大内力值与最小内力值，得到的计算内力 M_{max} 与 M_{min}，该内力已包含 1.25 的分项系数，可作为实际配筋内力。

按上述计算内力成为准确用 T_2 型的 T 形截面灌注桩用于工程的支护桩，可在 T_2 型的表 3-12 中选定一个内力（合适的内力还存在优化）与对应的配筋量，根据支护桩每延米基坑内力相等的原理就可求出 T_2 型桩距。计算公式参照式（2-16）。

2) 表格应用的举例说明

（1）代换桩配筋的内力与桩距：例如，Φ700@850 钻孔灌注桩，计算得到 M_{max} = 402 kN·m，M_{min}=150 kN·m，选择表 3-15 中 T_2 型的配筋弯矩 M_{max}=440 kN·m，M_{min}=170 kN·m，可求得 T_2 型灌注桩的桩距 S_2。

已知 M_{max} 控制侧的配筋内力求 T 型灌注桩的桩距 S_2=440/(402/0.85)=0.93 m。

当桩距 S_2=0.93 m 时，验算 T 型灌注桩的 M_{min} 控制侧的配筋内力 M_2=(150×0.93)/0.85=164 kN·m＜170 kN·m 满足。

（2）钢筋与混凝土用量对比：Φ700@850 钻孔灌注桩 M_{max}=402 kN·m 的截面配筋量 4 270 mm²，混凝土量 0.385 m³/m。每延米基坑：配筋量 4 270/0.85=5 000 mm²，混凝土量 0.385/0.85=0.453 m³/m。

T_2 型灌注桩 M_{max}=440 kN·m 的截面配筋量 2 526 mm²，混凝土量 0.312 m³/m。

M_{min} = 170 kN·m 的截面配筋量 900 mm²；总配筋量为 2 526＋900 = 3 426 mm²。

每延米基坑:配筋量 3 426/0.93＝3 684 mm²,混凝土量 0.312 m³/0.93＝0.335 m³/m。

每延米基坑的 T₂ 型 T 型灌注桩可节省下述比例:

节省钢筋量:(5 000－3 684)/5 000＝26.3%

节省混凝土用量:(0.453－0.335)/0.453＝26%

3.3.2.2　取土型工形截面的沉管式灌注桩

1. 工形截面的内力与配筋量

工₁ 型桩由矩形 300 mm×800 mm 加翼呈 600 mm×800 mm 截面的内力与配筋量见第 2 章中的表 2-23。工形截面在异形截面中最符合受弯构件中的受力特性,是基坑工程支护桩中最节省钢筋与混凝土的桩型,也是工程中推荐应用的截面。因工形截面中的竖杆为矩形的配筋截面,是支挡侧向土压力的受弯配筋截面,所以矩形截面两端对称凸边混凝土成为工形。因工形截面桩的无筋凸边混凝土仅起支挡桩间土的漏土作用,仅需满足刚性角的要求即可。

(1) 350 mm×900 mm 矩形加腋呈 650 mm×900 mm 工₂ 型钢筋混凝土支护桩配筋计算如表 3-17 所示。

表 3-17　650 mm×900 mm 工₂ 型灌注桩与 Φ800 mm 灌注桩截面计算配筋

支护桩内力	工字形沉管桩 650 mm×900 mm	钻孔灌注桩 Φ800
弯矩 M/(kN·m)	计算配筋/mm²	计算配筋/mm²
172.93	675.22	1 652.24
209.57	820.63	2 027.17
301.13	1 187.74	2 998.47
352.63	1 396.65	3 561.25
402.46	1 600.5	4 115.96
444.12	1 772.25	4 586.75
488.59	1 956.96	5 096.16
531.89	2 138.18	5 598.34
575.73	2 323.09	6 112.78
619.01	2 507.08	6 626.14
660.01	2 682.73	7 117.37
702.64	2 866.78	7 632.80
786.52	3 233.3	8 660.28

(2) 400 mm×1 000 mm 矩形加腋呈 700 mm×1 000 mm 工₃ 型钢筋混凝土支护桩配筋计算如表 3-18 所示。

表 3-18　700 mm×1 000 mm 工₃ 型灌注桩与 Φ900 mm 灌注桩截面计算配筋

支护桩内力	工₃ 型沉管桩 700 mm×1 000 mm	钻孔灌注桩 Φ900
弯矩 M/(kN·m)	计算配筋/mm²	计算配筋/mm²
213.87	747.86	1 790.75
273.21	958.68	2 324.21
403.04	1 425.24	3 530.15
522.13	1 859.83	4 676.92

（续表）

支护桩内力	工₃ 型沉管桩 700 mm×1 000 mm	钻孔灌注桩 Φ900
弯矩 $M/(\text{kN}\cdot\text{m})$	计算配筋/mm²	计算配筋/mm²
756.81	2 735.98	7 032.31
878.19	3 200.08	8 293.02
992.72	3 645.27	9 505.86
1 104.41	4 086.59	11 707.92
1 216.2	4 535.74	11 928.83
1 320.41	4 962.15	13 081.27
1 428.53	5 418.91	14 290.41
1 537.34	5 896.33	15 520.43
1 639.36	6 362.12	16 683.95

注：① 表中计算混凝土为 C25，钢筋为Ⅱ级；若工程应用采用Ⅲ级钢筋，或其他标号的混凝土，需进行强度代换。
② 表 3-17 与表 3-18 为相同内力单根桩的截面配筋量。
③ 矩形截面按计算内力不对称配筋，圆形截面计算内力对称配筋。

2. 表格中内力与配筋量的应用

1）表格的工程应用

用计算软件输入计算的一般为圆形截面桩的桩径与桩距，计算可得支护桩的弯矩包络图中的最大内力值与最小内力值，即得到内力值计算 $M_{\max}$ 与 $M_{\min}$，该内力已包含 1.25 的分项系数。

按上述工₂ 型的工形截面灌注桩计算内力用于工程的支护桩，可在工₂ 型的表 3-17 中选定一个内力（合适的内力还存在优化）与对应的配筋量，根据支护桩每延米基坑内力相等的原理就可求出工₂ 型桩的桩距。

2）表格应用的举例说明

（1）代换桩的配筋内力与桩距：例如，Φ700@850 钻孔灌注桩计算得到 $M_{\max}=402$ kN·m，$M_{\min}=150$ kN·m，选择工形截面桩工₂ 型的表 3-17 的配筋弯矩 $M_{\max}=485$ kN·m，$M_{\min}=205$ kN·m，求工₂ 型工形灌注桩的桩距 S_2。

已知 $M_{\max}$ 控制值的配筋内力求工形灌注桩的桩距 $S_2=485/(402/0.85)=1.02$ m。

桩距 $S_2=1.02$ m 时验算工形灌注桩的 $M_{\min}$ 控制值的配筋内力 $M_2=(150\times1.02)/0.85=180$ kN·m＜205 kN·m，能够满足要求。

（2）钢筋与混凝土用量对比：Φ700@850 钻孔灌注桩 $M_{\max}=402$ kN·m 的截面配筋量 4 270 mm²。混凝土量 0.385 m³/m。每延米基坑的配筋量为 4 270/0.85=5 000 mm²，混凝土量为 0.385/0.85=0.453 m³/m。

工₂ 型灌注桩 $M_{\max}=485$ kN·m 的截面配筋量为 1 900 mm²，混凝土量为 0.39 m³/m；

$M_{\min}=205$ kN·m 的截面配筋量为 810 mm²；总配筋量为 1 900+810=2 710 mm²。

每延米基坑的配筋量为 2 710/1.02=2 657 mm²，混凝土量为 0.39 m³/1.02=0.382 m³/m。

每延米基坑的工₂ 型灌注桩可节省下述比例：

节省钢筋量：$(5\ 000-2\ 657)/5\ 000=46.8\%$

节省混凝土用量：$(0.453-0.382)/0.453=15.7\%$。

3.3.2.3　应用配筋内力表的桩型设计与优化

1. 支护桩可按每延米基坑的内力相等互换

（1）用一种异形截面的配筋，用于调节桩距 S_2 满足不同计算内力要求。以工形截面为例说明，计算每延米基坑的内力的表达式为 M_1/S_1，即计算内力 M_1 与桩距 S_1 的比值。用异形截面桩时，同样遵守每延米基坑的内力的表达式 M_2/S_2，即可求出异形截面桩的桩距 S_2。

（2）用工形（或 T 形）截面桩按延米基坑的内力相等代换。如表 2-23、表 3-17、表 3-18 工形（或 T 形）截面桩的内力与对应配筋量表，是预先计算并经校核的数据。

根据基坑工程的设计文件，沿基坑多个计算剖面得到不同桩径桩距的配筋内力，除以对应的桩距，可得到沿基坑多个计算剖面的每延米基坑（M_1/S_1）的内力。在工形（或 T 形）截面桩的内力与对应配筋量表中选择合适的配筋内力 M_2，用于钢筋笼制作时的截面配筋。内力 M_2 除以每延米基坑（M_1/S_1）的内力，可得到工形（或 T 形）截面桩的桩距 S_2。在工地按桩距 S_2 施工，具有以下特点：

① 计算代换方便：沿基坑多个计算剖面的桩的内力与桩距，例 Φ800 钻孔桩的 $M_{max}=485\ \mathrm{kN \cdot m}$，桩距 $S_1=0.9\ \mathrm{m}$，每延米基坑内力（M_1/S_1）$=485/0.9=539\ \mathrm{kN \cdot m}$，选择工$_2$ 型桩截面。表 3-17 中与相适应的配筋内力 $530\ \mathrm{kN \cdot m}$，工$_2$ 型桩的桩距 $S_2=530/539=0.98\ \mathrm{m}$。

可以有不同的每延米基坑内力，可用不同的工$_2$ 型桩的桩距调整。

② 一个基坑仅用一个截面和配筋：钢筋笼的规格方便钢筋工的加工制作。因受力钢筋按弯矩包络设置，是不对称配筋，沉桩时须注意钢筋笼方向即可。一种截面和同一配筋，沿基坑多个计算剖面的内力，均用桩距 S_2 来调整，方便实用。

③ T 形与工形均具有很好的受弯截面特性：T 形与工形均具有很好的受弯杆件的截面特性，尤其是工形截面桩。与圆形截面对比可节省 40% 以上的钢筋和 30% 左右的混凝土，节材节能。

④ 桩工企业创新与转型理想技术：全振动桩机施工的工效高，可以在基坑工程支护桩方向持续创新，淘汰落后的、对环境有污染的桩型，发展创新技术的施工工法，成为企业转型的主力。

⑤ 合理运用知识产权保护专利：具有知识产权的专利技术可以保护合法的有序施工，因此将此技术向各地拓展，可进一步完善异形支护桩技术，是发展科技型企业的基础。

2. 支护桩的优化分析

1）T$_2$ 型与工$_2$ 型桩的对比优化

根据前述表 3-15 T$_2$ 型桩、表 3-17 工$_2$ 型桩与钻孔灌注桩对比算例的计算结果，进一步作如下述分析：T$_2$ 型桩与工$_2$ 型桩均与钻孔灌注桩 Φ700@850 对比而得，将钻孔灌注桩的桩径桩距输入软件，并计算得到，$M_{max}=402\ \mathrm{kN \cdot m}$，$M_{min}=150\ \mathrm{kN \cdot m}$ 值的钢筋量与混凝土量的对比，每延米基坑得到下述结果：

T$_2$ 型桩可节省钢筋 26.3%，可节省混凝土 26.0%；工$_2$ 型桩可节省钢筋 46.8%，可节省混凝土 15.7%。

说明异型支护桩从节省钢筋与混凝土而言已很大比例优于钻孔灌注桩,选择 T_2 型与工$_2$ 型桩也算是优化对比的结果,而 T_2 型与工$_2$ 型桩优于钻孔灌注桩的比例不同则存在 T_2 型与工$_2$ 型桩进一步优化对比的问题:

(1) 以节省钢筋为目标的优化分析: T_2 型桩的每延米基坑支护桩的钢筋用量,3 426 mm^2;工$_2$ 型桩的每延米基坑支护桩的钢筋用量,2 657 mm^2。

两者对比结果:节省钢筋量:(3 426-2 657)/3 426=22.45%。

说明工$_2$ 型截面桩是受弯构件中最符合受弯截面特性的截面,相同内力支护桩的截面的配筋量比 T_2 型桩还可减少 22.45% 的比例,证明工形的受弯特性优于 T 形截面,也说明优化还可继续。

(2) 以节省混凝土为目标的优化分析: T_2 型桩的每延米基坑支护桩的混凝土量为 0.312 m^3/m;工$_2$ 型桩的每延米基坑支护桩的混凝土量为 0.382 m^3/m。

表 3-19　建材用量对比汇总表

桩型	钢筋用量对比		混凝土用量对比	
	钢筋量/mm^2	节省比例	混凝土量/(m^3·m^{-1})	节省比例
钻孔灌注桩	5 000	—	0.385	—
T_2 型桩	3 426	26.3%	0.312	26.0%
工$_2$ 型桩	2 657	46.8%	0.382	15.7%

两者对比结果:节省混凝土量(0.382-0.312)/0.382=18.3%。

T_2 型桩比工$_2$ 型桩还可节省 18.3% 比例的混凝土,说明 T_2 型截面还是合理的。从表 3-16 可知工$_2$ 型的工形截面桩是省建材的推荐应用桩型。

(3) 每延米基坑用建材量的对比:钻孔灌注桩: M_{max}=402 kN·m,配筋量 5 000 mm^2,混凝土量 0.385 m^3/m。 T_2 型桩配筋量 3 426 mm^2,混凝土量 0.312 m^3/m;工$_2$ 型桩配筋量 2 657 mm^2,混凝土量 0.382 m^3/m。

2) 不同桩距对每延米基坑用钢量影响的分析

(1) 相同截面不同桩距的影响分析:从表 3-17 中选择截面相同的三种不同内力配筋量的工$_2$ 型桩,计算分析每延米基坑的不同桩距工$_2$ 型桩的钢筋用量变化。

工$_2$ 型桩@1 000 的工形灌注桩为分析原桩, M_{max}=350 kN·m, A_1=1 390 mm^2。选择 M_{max} 的弯矩>350 kN·m 的工$_2$ 型桩,作单侧受力对比分析。根据每延米基坑的内力相等可以支护桩互换的原则,分析桩距变化的每延米基坑钢筋用量变化。

① 选择分析桩的内力配筋量:

从表 3-14 中选择截面相同的三种不同内力配筋量的工$_2$ 型桩:

1$^\#$:工$_2$ 型桩 M_{max}=440 kN·m, A_1=1 750 mm^2。

2$^\#$:工$_2$ 型桩 M_{max}=485 kN·m, A_1=1 950 mm^2。

3$^\#$:工$_2$ 型桩 M_{max}=530 kN·m, A_1=2 138 mm^2。

② 根据每延米基坑的内力相等求桩距:

1$^\#$ 桩的桩距 S_2: S_2=440/(350/1)=1.25 m。

$2^{\#}$ 桩的桩距 S_2：$S_2 = 485/(350/1) = 1.38$ m。

$3^{\#}$ 桩的桩距 S_2：$S_2 = 530/(350/1) = 1.50$ m。

③ 每延米基坑工$_2$型桩的钢筋用量：

$1^{\#}$ 工$_2$ 型桩：$A = 1\,750/1.25 = 1\,400$ mm^2。

$2^{\#}$ 工$_2$ 型桩：$A = 1\,950/1.38 = 1\,413$ mm^2。

$3^{\#}$ 工$_2$ 型桩：$A = 2\,138/1.50 = 1\,425$ mm^2。

④ 对比分析如表 3-20 所示。

表 3-20　相同截面工$_2$型桩不同桩距的配筋对比

对比桩	每延米基坑的用钢量对比		
	钢筋量/mm^2	桩距/m	占原桩的比例
原桩	1 390	1	100%
$1^{\#}$ 桩	1 400	1.25	99.3%
$2^{\#}$ 桩	1 413	1.28	98.4%
$3^{\#}$ 桩	1 425	1.5	97.5%

⑤ 分析结论：相同截面用不同桩距分析每延米基坑支护桩的配筋量变化。从表 3-20 中看到分析结果，不同桩距的配筋量仅小于 2.5% 的变化，几乎没有变化，所以相同截面用不同桩距对每延米基坑支护桩的配筋量没有变化。

（2）不同桩型的桩距变化对配筋量的影响分析。用钻孔灌注桩对原桩进行分析，分析工$_2$ 型桩的不同桩距变化对配筋量的影响：

钻孔灌注桩为 $\Phi 800@900$ mm，$M_{max} = 530$ kN·m，$M_{min} = 160$ kN·m，截面配筋量：5 590 mm^2。

① 选择分析桩的内力配筋量：从表 3-17 中选择截面相同的三种不同内力配筋量的工$_2$ 型桩：

$1^{\#}$ 桩：工$_2$ 型桩 $M_{max} = 485$ kN·m，$A_1 = 1\,950$ mm^2；$M_{min} = 210$ kN·m，$A_2 = 820$ mm^2；截面配筋量 $= 1\,950 + 820 = 2\,770$ mm^2；

$2^{\#}$ 桩：工$_2$ 型桩 $M_{max} = 530$ kN·m，$A_1 = 2\,138$ mm^2；$M_{min} = 210$ kN·m，$A_2 = 820$ mm^2；截面配筋量 $= 2\,138 + 820 = 2\,958$ mm^2；

$3^{\#}$ 桩：工$_2$ 型桩 $M_{max} = 570$ kN·m，$A_1 = 2\,320$ mm^2；$M_{min} = 210$ kN·m，$A_2 = 820$ mm^2；截面配筋量 $= 2\,320 + 820 = 3\,140$ mm^2。

② 根据每延米基坑的内力相等求桩距：

$1^{\#}$ 桩的桩距 S_2：$S_2 = 485/(530/0.9) = 0.82$ m；

$2^{\#}$ 桩的桩距 S_2：$S_2 = 530/(530/0.9) = 0.9$ m；

$3^{\#}$ 桩的桩距 S_2：$S_2 = 570/(530/0.9) = 0.97$ m。

从工$_2$ 型桩按每延米基坑的内力相等可以互换的计算，得到 $1^{\#}$ 桩的桩距 0.82 m，按表 3-14 规格尺寸，工$_2$ 型桩的截面为 650 mm×900 mm，桩距 0.82 m 偏小一些，但还可以施工，仍可参与分析对比。

③ 每延米基坑工$_2$型桩的钢筋用量：

原桩钻孔桩：$A = 5\,590/0.9 = 6\,211\ \text{mm}^2$；

1$^{\#}$工$_2$型桩：$A = 2\,770/0.82 = 3\,378\ \text{mm}^2$；

2$^{\#}$工$_2$型桩：$A = 2\,958/0.9 = 3\,287\ \text{mm}^2$；

3$^{\#}$工$_2$型桩：$A = 3\,140/0.97 = 3\,237\ \text{mm}^2$。

④ 对比分析如表 3-21 所示。

表 3-21　不同桩型的桩距变化对配筋变化的对比

对比桩	每延米基坑的用钢量对比		
	钢筋量/mm^2	桩距/m	比原桩节省的比例
原桩	6 211	0.9	100%
1$^{\#}$桩	3 378	0.82	45.6%
2$^{\#}$桩	3 287	0.9	47%
3$^{\#}$桩	3 237	0.97	47.9%

⑤ 分析结语：桩型对比表 3-21 中显示出比原桩节省的比例为 45.6%～47.9%。节省的钢筋是很大的比例，主要体现在工形截面的受弯特性得到充分发挥，远优于圆形截面的受弯性能。相对而言，钻孔灌注桩含筋率高，造价也高。

调整工$_2$型桩的内力与桩距，对每延米支护桩配筋的量影响很小，仅在 3% 范围左右。所以调节桩距对每延米基坑配筋量的影响不大，应用时选择合适的桩距即可。

3.3.3　取土型异形截面灌注桩的施工

3.3.3.1　取土型 T 形截面灌注桩的设计与施工

1. T 形截面灌注桩的施工

1）T 形截面支护桩简介

在深厚软土地区基坑围护工程中，用底开口的矩形钢管加钢翼凸边呈 T 形截面钢模管，基坑围护工程支护桩采用干提土施工，在矩形钢模管内用专用提土器取净钢模管内土体、放置钢筋笼、浇灌混凝土、振动拔出钢模管即成桩，属非挤土型桩的 T 形截面支护桩技术，是替代目前传统的圆形截面钻孔灌注桩节能减排的低碳技术，实施时没有无泥浆排放、用于基坑工程在相同内力条件下与钻孔灌注桩对比：可节省钢筋 25%～30%、可节省混凝土 15%～20%，通过节省建材资源达到节能，降低基坑工程造价 15%～20%，也是不小的节省比例。

2）钢模管与提土装置

目前，钢模管与提土装置还没有成为桩工机械厂的产品，均需要自己加工制作，不同截面尺寸与厚度的矩形钢管在钢材市场上可以买到，有焊接管与热轧管，对加工带钢翼凸边呈异形截面灌注桩的施工钢模管方便制作加工，钢模管与提土器的制作均在前面章节作过详细介绍，本节主要是选择钢模管的规格与提土器的有无格挡，结合工程实例选择说明 T 形截面支护桩的施工。

矩形加钢翼凸边呈 T 形截面桩截面尺寸如表 3-22 所示。

表 3-22   矩形钢管与 T 形截面桩   mm

序号	矩形钢管	T 形截面桩
1#	400×700	700×700
2#	450×800	750×800
3#	550×900	850×900

选择表 3-19 中 3# 规格尺寸的钢模管与钢模管规格相符的图 8-22(d) 的无格挡提土器进行下述施工。

2. T 形截面支护桩的施工

(1) 用提土装置施工。干提土钢筋混凝土矩形灌注桩成桩施工按图 3-42 的步骤进行。

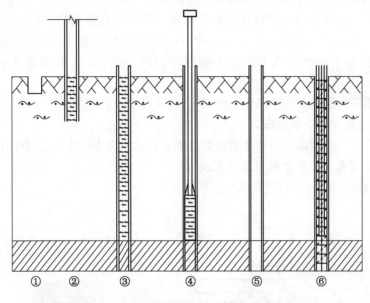

图 3-42   干提土钢筋混凝土成桩施工程序示意

① 施工桩机就位，为减少管口塞土，在设计桩位清除杂填土与地表硬土薄层。

② 开口 T 形桩矩钢模管对准设计桩位，用经纬仪双向校正钢模管的垂直度。

③ 振压沉入开口 T 形桩矩形钢模管，软土进入开口 T 形桩矩形钢模管内直至到设计高程。

④ 从 T 形桩矩形钢模管上口插入图 8-22(d) 无格挡提土器，振压沉入 T 形桩矩形钢模管内，土体进入提土器后上拔提土器。土体自重作用将活瓣关闭，继续上拔提土器可将 T 形桩矩形钢模管内土体提出管口。当土体提出 T 形桩矩形钢模管上口一定高度，因土体没有格挡扶挡，提土器内土体失稳自动倒向一侧，直至取土完成。该设备的弃土效率高，但软土易污染桩机设备，须有控制软土弃土的措施。

提取矩形钢模管内深层的土体，提土器与接长杆的连接，杆接长与接长杆连接为翻杆挂钩连接，可将 T 形桩矩形钢模管内的全部土体取净，为确保设计桩长，提土器底须超出 T 形桩矩形钢模管底 1/2 的钢模管截面高度，使提土器翻杆关闭时的残留土体取出。

⑤ T 形桩矩形钢模管内土体取净，在钢模管内放置钢筋笼，浇灌混凝土，振动将 T 形桩矩形钢模管从土层内拔出地面。

⑥ 即成钢筋混凝土 T 形灌注桩。

（2）用提土装置施工要求。采用履带式桩机配偏心力矩无级可调电驱振动锤施工是高效率的施工桩机,尚须注意下述问题。

① 钢筋:在矩形钢模管内放置的钢筋笼因矩形截面的配筋为不对称配筋、有方向性,钢筋笼制作按现行施工规范要求。

② 混凝土:现场制作时混凝土的坍落度为 150～180 mm、混凝土的初凝时间 2～4 h、现在各地均推广商品混凝土,采用商品混凝土有可靠的质量保障。

③ 商品混凝土采用泵送时:混凝泵一般选用泵压小于 7 N/mm^2 的中压式柱塞泵、压灌流态混凝土时,可选用混凝土排量为 30～60 m^3/h,水平输送距为 200～500 m、竖向输送距为 50～100 m 的中压柱塞泵。输送管道的管径根据混凝土排量、泵送压力和混凝土骨料最大粒径确定,宜用拖拉机平板车泵送混凝土贮存筒中转可提高效率。

④ 钢模管内浇灌混凝土的高度由以计算桩体混凝土量控制、钢模管高度大于等于施工桩长加 1 m,采用二次灌筑混凝土至上管口的施工法施工,确实保证钢模管内的混凝土最大自重压力,填实钢翼凸边上拔在土层内留出的空间,使 T 形截面的成桩质量稳定可靠。

⑤ 拔管施工为振动上拔确保混凝土密实性,又可减小拔管阻力。

（3）用排土装置施工的原理如下。

① 原理简介。利用高频振动使钢模管内软土扰动呈流态或半流态,在封闭钢模管内的软土挤压排出、类似沉管灌注桩工法施工成桩。

② 高频振压干排土的装置(图 3-43、图 3-44)。

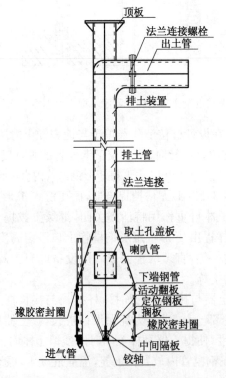

图 3-43　高频振压干排土器构造　　图 3-44　土体排出地面情形

采用高频液压振动锤使进入矩形钢模管内土体液化,在密封条件下加压沉入土层。液化的土体进入排土装置的进土段;随着压力加大与装置沉入土层,被液化的土体沿着进土段的变径段,排土管至排土口排至地面。

(4) 高频振压干排土 T 形灌注桩的施工。高频振压干排土矩形灌注桩的施工程序按图 3-45 步骤进行:

① 清除杂填土与地表硬土薄层,桩机就位。

② 将开口矩形钢模管对准设计桩位。用经纬仪双向校正钢模管的垂直,将钢模管振压沉入,直至沉入至设计标高,此时钢模管内满管软土。

③ 干排土装置从 T 形桩矩形钢模管的上口采用高频振动插入。沉入过程中,T 形桩矩形钢模管内的土体经高频液化后

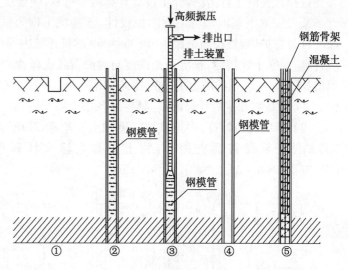

图 3-45　施工顺序示意图

在封闭压力下经输送管从管口排出土体至地面,排土参见如图 3-44 所示。随着排土装置的继续振动下沉,从排土口不断排出软土,直到干排土装置底与矩形钢模管底齐平后终止,排土口也停止排出软土。

④ T 形桩矩形钢模管内仅干排土装置内充满软土;当上拔排土装置时,装置的活瓣关闭管口阻止软土下落,空气由排气管进入底部,提升排土装置并将排土装置从矩形钢模管内全部拔出,矩形钢模管内土体全部取净。

⑤ 在 T 形桩钢模管内放置钢筋笼、浇灌混凝土振动将矩形钢模管从土层内拔出即成钢筋混凝土 T 形灌注桩。

⑥ 说明:a. 排土装置的长度从排土口至底的距离大于施工桩长,用排土装置施工的桩长控制在 $L < 20$ m;b. 第 4 步将排土装置从矩形钢模管内全部拔出,在排土装置充满软土,通过排土装置连接法兰的接口拆卸后由起吊设备配合可倒出软土;c. 高频振压沉管干排土工法能高效率施工钢筋混凝土矩形灌注桩,20 m 长的桩取净干土的时间不到 20 min。如有二套排土装置轮用时效率可更高。

(5) 施工要求:

① 钢筋:在矩形钢模管内放置钢筋笼因矩形截面的配筋为不对称配筋,需要注意安放的方向性,钢筋笼按现行施工规范要求制作。

② 混凝土:混凝土采用商品混凝土泵送。混凝土的坍落度宜为 150~180 mm,混凝土的初凝时间宜控制在 2~4 h。

③ 钢模管高度的余留长度充足,应一次性灌满再进行拔管施工;当余留长度不充足时则先灌足,当钢模管高度拔出一定高度及时补足混凝土,以保证钢模管内混凝土最大自重压力,使成桩质量可靠。

④ 拔管施工宜为振动上拔,即保证混凝土的密实性,又可减小拔管阻力。

3. T形截面支护桩的设计与优化

1) T形截面支护桩的设计

选择真实的工程为例,介绍设计计算的全过程,便于应用者了解与掌握。

某二层地下室的基坑工程的原设计,该基坑工程为桩排内支撑的实施方案,采用钻孔灌注桩为支护桩,桩径与桩距为 Φ800@900 的桩排式内撑结构围护体系。二层地下室的基坑计算,根据土性指标,基坑开挖深度与地面荷载选择 Φ800@900 桩的参数输入计算程序,得出如图 3-46 所示的内力图中的弯矩包络为 $M_{max}=881.36$ kN・m,$M_{min}=327.53$ kN・m,图 3-47 为基坑开挖的计算深度,桩穿越各层土层和桩长。

(1) 基坑内力计算:根据基坑深度和土性指标,基坑开挖深度与地面荷载选择 Φ800@900 的钻孔灌注桩为支护桩,将上述参数输入计算程序得出弯矩包络图,$M_{max}=881.36$ kN・m,$M_{min}=327.53$ kN・m。

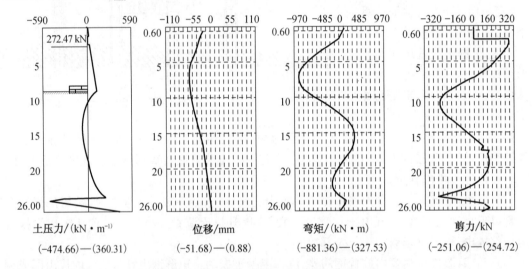

图 3-46 内力图示意

(2) 450 mm×800 mm 呈 T形截面桩代换设计:

450 mm×800 mm 矩形加翼呈 750 mm×800 mm 的 T形截面桩,从表 3-16 选取的内力 $M_{max}=988$ kN・m,对应的截面配筋量 5 350 mm²,$M_{min}=400$ kN・m。对应的截面配筋量 880 mm²,钻孔灌注桩 Φ800@900,$M_{max}=881.36$ kN・m,对应的截面配筋量 10 400 mm²,$M_{min}=327.53$ kN・m。

根据式(2-16)计算每延米基坑内力等同代换即可得到 450 mm×800 mm 呈 T形截面支护桩的桩距:$S_2=M_2/(M_1/S_1)=988/(881.36/0.9)=1.01$ m,取 1 m;

即可用 T形截面 750 mm×800 mm 桩@1 000 代换孔灌注桩 Φ800@900。

2) T形截面支护桩代换后的建材用量对比分析

(1) 每延米基坑钢筋用量:钻孔灌注桩的截面配筋量:10 400/0.9=11 560 mm²;

T形截面桩的截面配筋量:(5 350+880)/1=6 230 mm²;

T形截面桩可省钢筋的比例:(11 560-6 230)/11 560=46.1%。

(2) 每延米基坑混凝土用量:

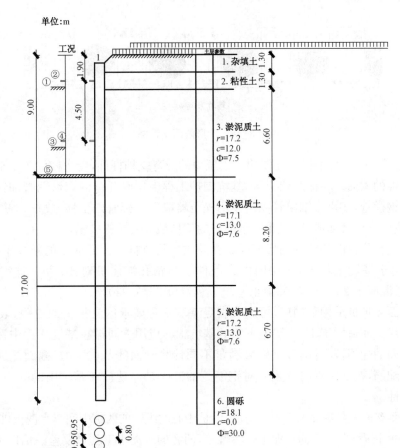

图 3-47 基坑开挖深度示意

钻孔灌注桩的每米桩长混凝土量:$0.5024/0.9=0.558$ mm³/m;

T 形截面桩的每米桩长混凝土量:$0.398/1=0.398$ mm²;

T 形截面桩可省混凝土的比例:$(0.558-0.398)/0.558=28.7\%$。

若两者每立方米的施工单价相同,则 T 形截面桩可省混凝土的比例就是节省工程造价的比例,一般 T 形截面灌注桩综合单价低于钻孔灌注桩,因桩的含钢量高,泥浆排放的成本越来越高,综合单价比取土型沉管式灌注桩要高很多,节省造价的比例越超出工程量(混凝土量)节省的比例。

3) T 形截面支护桩在基坑工程中的防渗

T 形截面支护桩在基坑工程中的防渗主要看防地下水的渗透还是防桩间土的渗漏,参见图 3-48,因桩距为 1 m,净空距 0.55 m,主要看土层的渗透性确定,渗透系数$\leqslant10^{-7}$是防桩间土的渗漏,在桩间土施工,用 Φ500 水泥搅拌桩防渗,如为良好渗透性须防渗水,则须用高压旋喷桩。

图 3-48 水泥土桩的工程量相当于 1/3 连续搭接的水泥土桩的工程量。

3.3.3.2　工形截面支护桩在基坑工程中的施工与设计优化

1. 工形截面灌注桩的施工

1) 取土型沉管式工形截面灌注桩的施工

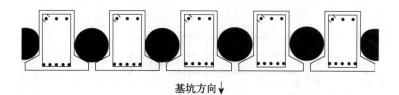

基坑方向↓

图 3-48　T 形截面支护桩

（1）特点简介：基坑工程是支挡侧向土压力的受弯支挡杆件，受弯杆件中工形截面是最符合受弯特性的截面。在深厚软土区，基坑围护工程中用底开口的矩形钢管加钢翼凸边呈工形截面的钢模管，在矩形钢模管内用专用提土器取净钢模管内土体、放置钢筋笼、浇灌混凝土、振动拔出钢模管即成桩，属非挤土型桩的工形截面支护桩技术。

该技术是替代目前传统的圆形截面钻孔灌注桩的节材节能低成本的新技术，实施时无泥浆排放；用于基坑工程中，在相同内力条件下与钻孔灌注桩对比：可节省钢筋 35%～50%、可节省混凝土 25%～35%，降低基坑工程造价 25%～30%。

工形截面支护桩适用范围广，可调节满足基坑工程要求的支护桩的桩距，表 3.3-2 规格尺寸的工形截面适用于 1～3 层地下室的基坑工程应用。同样在基坑工程中选定一种截面尺寸与截面的配筋，通过调节桩距来满足不同计算剖面的基坑内力，截面配筋是按弯矩包络不对称配筋，在钢模管内放置时对钢筋笼的方向是体现桩在基坑中的受力，放置要特别重视方向性。

工形截面支护桩在基坑工程中的防渗，沿桩中心的纵轴的两桩中间布水泥土桩作防渗，比常规的支护桩外侧设置连续的水泥土防渗帷幕，两者的水泥土工程量要差一倍以上。工形截面支护桩的水泥土防渗与土的渗透系数有关，渗透系数大则须防渗水，须用高压旋喷桩；渗透系数小于≤10^{-7} 的可设不止水帷幕，仅须防桩间的漏土，考虑施工造价可用水泥搅拌桩。

工形截面支护桩适用在黏土、粉质土与粉土，最适宜施工的是软土（$\omega > W_L >$ 且 $e \geqslant 1$）的地层，采用振动沉管或静压沉管施工；因钢模管穿越不了颗粒土地层，不适用于山丘地基的颗粒土（砂、砾石、碎石、卵石）地层施工。

取土型沉管式灌注桩，施工效率高，以桩长为 30 m 为例，根据施工现场统计，平均一根桩施工时间为 1 h，一天可完成 8～12 根，是钻孔桩效率的 4～6 倍。

（2）矩形加翼钢凸边呈工形的钢模管：沉管式工形截面灌注桩施工的钢模管与提土装置，因技术未在国内推广应用前，市场上因没有商品产品的钢模管与提土装置有买的商家，均需要自己焊接加工制作，不同截面尺寸与厚度的矩形钢管在钢材市场上可以买到，有焊接管与热轧管，对加工带钢翼凸边呈工形截面灌注桩的施工钢模管仅须焊接钢翼凸边的简单加工，钢模管与提土器的制作在前面的章节中作过介绍，本节主要是选择工$_3$ 型钢模管的规格与无格挡提土器，结合工程实例选择说明工$_3$ 形截面钢模管与无格挡提土器施工沉管式灌注支护桩的施工。

图 3-49 为工型截面桩，尺寸规格 $H = 1\,000$ mm，$B = 700$ mm，$b = 400$ mm。由 400 mm×1 000 mm 矩形钢管，钢管的壁厚 18 mm，市场上很难买到热轧的矩形钢管规格，只能购买钢板焊接加工的矩形钢管，材质宜用锰钢，含锰可焊性差，可用合金焊条焊接加工，见前述钢模管制作。

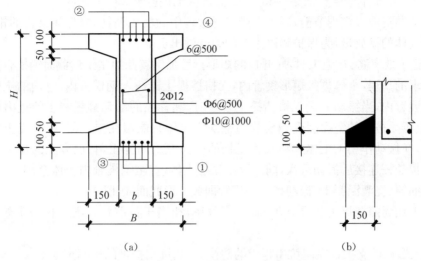

图 3-49 工形截面桩示意图

矩形钢管焊接钢翼凸边呈工形,施工成桩图 3-49(b)为凸边混凝土,体现矩形 400 mm ×1 000 mm 为承受侧向土压力的配筋截面,凸边混凝土是支挡桩间土的漏土,为无筋凸边混凝土承受支挡漏土的力很小,凸边混凝土满足混凝土刚性角要求的截面,出现大的侧向土压力是由凸边混凝土以外的矩形配筋截面承受。

(3)无格挡提土器:用底开口的矩形钢管加钢翼凸边呈工形截面钢模管,与钢模管配套的无格挡提土器的截面尺寸比矩形钢管内净尺寸各小 50 mm 的矩形提土器,截面的两个短边与一个长边为通长钢板的 Π 形截面,另一个长边为 Π 形的无格挡的空面,底为钢翻板,沉入土层时开启,上拔时关闭留住进入的土体,顶钢板留有与接长杆的挂杆翻转进入的槽口,方便与接长杆连接加长取(超出提土器长度)钢模管内更深层的土体,无格挡提土器与接长杆均为施工企业自己焊接加工,因留出的空面是无格挡的,让土体由无格挡的空面失稳倾倒,故称为无格挡提土器。

2)工形截面灌注桩在基坑工程应用中的优势

(1)无挤土影响施工技术的意义:软土地区施工各类桩基与基坑工程的支护桩,为消除第 2 章所述的挤土型桩施工,存在不同程度地对邻周建(构)筑物与地下管线与桩体的质量存在的影响,基坑工程无挤土影响的创新型施工技术是方向,也是从事专业桩工施工企业的目标。创新型施工技术要在市场上得到全面推广与应用,取土技术的深化、专用桩机与装备配套、工艺与工法的完善还存在漫长的路要走。

(2)无泥浆施工环保技术:采用无泥浆施工技术不仅可节省大量洁净水,还可消除对城市的泥浆污染。

(3)经济性与低碳节能:圆形灌注桩对抗侧向水平力(受弯)能力低,支护桩截面配的钢筋不能有效发挥作用。圆形截面由于受弯工作时,受力钢筋离计算截面中轴的距离只有 1 根钢筋充分发挥作用,其他钢筋逐渐作用减少,最近处不发挥作用,一般只能发挥 50%～55%。相同截面积的矩形截面侧表面积比圆形截面大 20%左右,即桩的侧阻力可提高 20%。

在基坑工程工形截面支护桩替代目前传统的圆形截面钻孔灌注桩,可大比例节材节能,施工过程中无泥浆排放。基坑工程中,相同内力条件下与钻孔灌注桩对比可节省钢筋

35%～50%,可节省混凝土 25%～35%,降低基坑工程造价 25%～30%。

通过节约资源来实现节能,减少生产建材过程中的能源消耗,降低污染物的排放量,特别是温室气体的排放量,为保护赖以生存的地球做出贡献。

(4) 施工效率高:在施工时,底开口的矩形钢管加钢翼凸边呈工形截面钢模管振动沉入土层至要求的高程,土体进入矩形钢管内,无格挡提土器插入钢模管内,管内的土体进入无格挡提土装置内,当振动上提无格挡提土装置时,装置底的活动翻板在土的重力作用下而关闭,提土器无格挡的空面因受钢模管内壁约束土体只能留在提土器内,当提土器出钢模管的上口,在振动作用下土体失稳在无格挡的空面倾倒而弃土,将已弃土的提土器插入钢模管内与接长杆连接后振动沉入,同理取出深层土体,直至钢模管内土体全部取净,钢模管内放置钢筋笼、浇灌混凝土、振动拔出钢模管即成工形截面灌注桩。

工程上用无隔挡提土装置施工,施工高效率,相当于目前钻孔灌注桩施工效率的 3～5 倍。

(5) 工形截面支护桩在基坑工程中的防渗:在基坑支护桩的桩间土施工水泥土防渗,在两桩之间的桩间土中施工高压旋喷桩,为最佳的基坑防渗,出于防渗工程造价的降低,因水泥搅拌桩价相当于高压旋喷桩价的 40%～50%,如防渗水用高压旋喷桩,防桩间土的渗漏用水泥搅拌桩。用小直径的二水泥搅拌桩叠接为 100～200 mm,工形支护桩的基坑防渗处理形成水泥土与工形灌注桩结合而成整体的防渗墙体,比常规的在支护桩外侧与支护桩平行的防渗帷幕墙方案可省 40%左右造价。

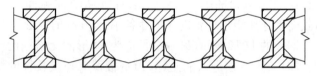

(a) 用于桩距 $S_2 \leqslant 1$ m 基坑支护桩的防渗

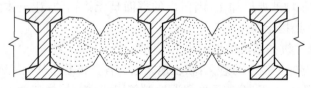

(b) 当桩距 1 m$<S_2 \leqslant 1.5$ m 为稀桩排支护桩

图 3-50　基坑支护桩示意图

3) 工形截面沉管式灌注桩的施工

(1) 用无格挡提土装置按图 3-51 的程序施工:

无格挡提土器施工钢筋混凝土工形截面灌注桩的成桩步骤:

① 清除杂填土与地表硬土薄层,施工桩机就位。

② 开口工形桩矩钢模管对准设计桩位,用经纬仪双向校正钢模管的垂直度。

③ 振压沉入开口型工形桩距钢模管,直至到设计标高。此时,软土进入开口工形桩距钢模管内。

④ 从工形桩距钢模管上口振动插入无格挡提土器,此时土体进入提土器内。

⑤ 利用提土器将钢模管内土体取净,及时放置钢筋笼与浇灌混凝土。

⑥ 将工形钢模管振动拔出后即成钢筋混凝土工形灌注桩。

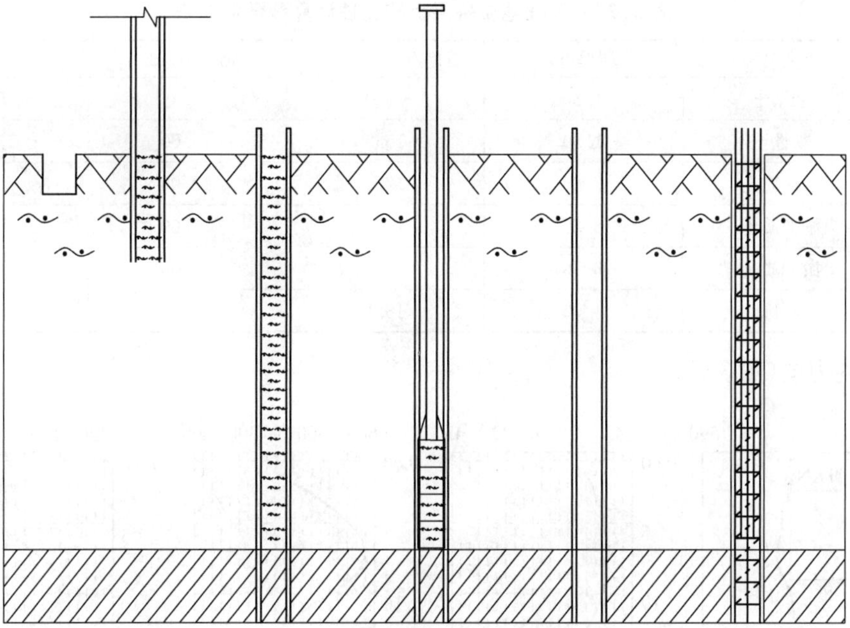

图 3-51 施工工序示意图

(2) 施工要求:采用履带式桩机配偏心力矩无级可调电驱振动锤施工是高效率的施工桩机施工,尚须注意下述问题。

① 钢筋:在矩形钢模管内放置钢筋笼因矩形截面的配筋为不对称配筋、有方向性,钢筋笼制作按现行施工规范要求制作。

② 混凝土:现场制作时混凝土的坍落度宜为 150~180 mm,初凝时间宜控制在 2~4 h。

③ 商品混凝土宜采用泵送法施工;

④ 钢模管内浇灌混凝土的高度以计算桩体混凝土量控制,钢模管高度大于等于施工桩长+1 m,采用二次灌筑混凝土至上管口的施工法施工。确实保证钢模管内的混凝土在最大自重压力下迅速填实钢翼凸边上拔后在土层内留出的空间,使工形截面的成桩质量稳定可靠。

⑤ 拔管施工宜为振动上拔,即确保混凝土密实性又可减小拔管阻力。

2. 基坑工程中工形截面支护桩的设计与优化

1) 工$_3$ 型截面代换设计截面的计算分析与设计

(1) 工况内力的选取。用工形截面表 3-14 中工$_3$ 型截面,代换二层地下室基坑的钻孔灌注桩 $\Phi800@950$ 的工程实例。基坑工程为二道支撑的桩排式内撑结构,按工况计算的挖土至第二道支撑、挖土至坑底、底板浇筑完毕拆除第二道支撑、地下一层楼板浇筑完毕、拆除第一道支撑。按工况计算结果选择 M_{max} 与 M_{min} 按基坑底板浇筑完毕拆除第二道支撑控制的 $M_{max}=881.36$(kN·m),地下一层楼板浇筑完毕,拆除第一道支撑控制的 $M_{min}=516.42$(kN·m),选用矩形 400 mm×1 000 mm 加翼呈 700 mm×1 000 mm 工字形沉管灌注桩作对比。

① 计算参数如表 3-23 所示。

表 3-23 工程地质各层土的土性计算参数汇总表

层号	土类名称	层厚/m	重度/(kN·m⁻³)	黏聚力/kPa	内摩擦角/(°)
1	杂填土	1.30	18.0	5.00	15.00
2	黏性土	1.30	18.2	25.00	13.00
③-1	淤泥质土	6.60	17.2	12.00	7.50
③-2	淤泥质土	8.20	17.1	13.00	7.60
③-3	淤泥质土	6.70	17.2	13.00	7.60
6	圆砾	4.00	18.1	0.00	30.00

② 内力图(图 3-52)。

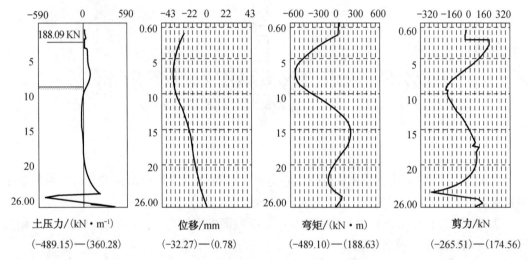

土压力/(kN·m⁻¹)　位移/mm　弯矩/(kN·m)　剪力/kN
(−489.15)—(360.28)　(−32.27)—(0.78)　(−489.10)—(188.63)　(−265.51)—(174.56)

(a) 挖土至第二道支撑

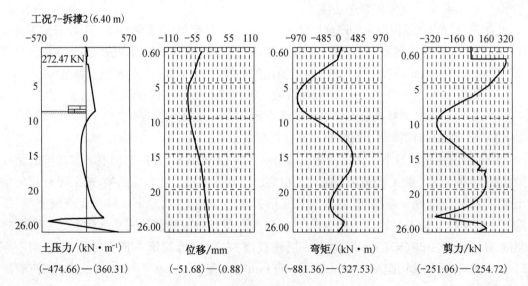

工况7-拆撑2(6.40 m)

土压力/(kN·m⁻¹)　位移/mm　弯矩/(kN·m)　剪力/kN
(−474.66)—(360.31)　(−51.68)—(0.88)　(−881.36)—(327.53)　(−251.06)—(254.72)

(b) 挖土至坑底

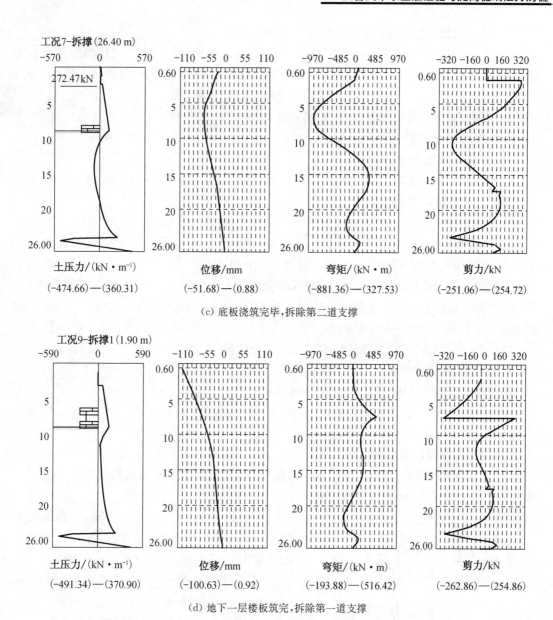

工况7-拆撑(26.40 m)

土压力/(kN·m⁻¹)

(-474.66)—(360.31)

位移/mm

(-51.68)—(0.88)

弯矩/(kN·m)

(-881.36)—(327.53)

剪力/kN

(-251.06)—(254.72)

(c) 底板浇筑完毕,拆除第二道支撑

工况9-拆撑1(1.90 m)

土压力/(kN·m⁻¹)

(-491.34)—(370.90)

位移/mm

(-100.63)—(0.92)

弯矩/(kN·m)

(-193.88)—(516.42)

剪力/kN

(-262.86)—(254.86)

(d) 地下一层楼板筑完,拆除第一道支撑

图 3-52 内力图示意

(2) $工_3$ 型截面代换钻孔灌注桩的计算分析与设计。根据地质土性计算参数、基坑安全等级、地面荷载、沿坑周道路重车的运行、邻周建筑物与管线等,按 m 法求基坑内力。按上述工况中最不利状态下的内力为钻孔灌注桩 $\Phi 800@950$ mm 时为 $M_{max}=881$(kN·m),截面配筋量:9 700(mm^2), $M_{min}=516$(kN·m),圆形截面为均匀布筋,故按最大弯矩 M_{max} 进行配筋。

① 选取 $工_3$ 型的桩的内力与配筋:$工_3$ 型的桩截面为 700 mm×1 000 mm 工形截面,由表 3-18 选取对比桩相近内力的 $工_3$ 型的桩的内力配筋:

$M_{max}=992$(kN·m),截面配筋量:3 645(mm^2);$M_{min}=522$(kN·m),截面配筋量: 1 850(mm^2)。

工₃型桩的截面配筋量：3 645＋1 850＝5 495（mm²）。

② 每延米基坑支护桩的内力等同代换：每延米基坑支护桩的内力等同代换即钻孔灌注桩的 $M_1/S_1＝$工₃型的桩 M_2/S_2，由 $M_1/S_1＝M_2/S_2$ 可得到工₃型桩的桩距 $S_2＝M_2/(M_1/S_1)$：

工₃型桩的桩距：$S_2＝992/(881/0.95)＝1.07$ m。

③ 每延米基坑支护桩建材用量：

每米桩长的截面配筋量：

钻孔灌注桩＝9 700/0.95＝10 210（mm²/m）；工₃型桩＝5 495/1.07＝5 136（mm²/m）。

每米桩长的截面混凝土量：

钻孔灌注桩＝0.502 4/0.95＝0.529（m³/m）；工₃型桩＝0.475/1.07＝0.444（m³/m）。

④ 每延米基坑支护桩的每米桩长的造价：钻孔灌注桩因截面配筋量大，钻孔泥浆排放量大，而且排放成本在不断提高，综合单价为 1 200～1 400 元/m³，按均价 1 300 元/m³ 计。

工₃型桩为沉管式桩截面配筋量适中，综合单价为 1 000～1 200 元/m³，按均价 1 100 元/m³ 计价。每延米基坑的每米桩长的综合价为：钻孔灌注桩：0.529×1 300＝688 元/m；工₃型桩：0.444×1 100＝488.4 元/m。

（3）工₃型截面桩与钻孔灌注桩的对比截面配筋量：

对比结果工₃型截面桩可得到如下的节省比例：

截面配筋量：(10 210－5 136)/10 210＝49.7%。

截面混凝土量：(0.529－0.444)/0.529＝16%。

造价：(688－488.4)/688＝29%。

（4）工₃型截面桩的配筋：

由矩形 $b×H＝400$ mm×1 000 mm 为配筋截面，四周加翼为无筋的混凝土凸边，工₃型截面桩 $B×H＝700$ mm×1 000 mm。

根据上述 $M_{max}＝992$（kN·m）的截面配筋量 3 645（mm²），配筋为①2Φ28，④ 5Φ25 截面配筋量为 3 680（mm²）＞3 645（mm²）满足。

$M_{min}＝522$（kN·m）的截面配筋量：1 850（mm²）配筋为②2Φ25，④3Φ20 的截面配筋量 1 922（mm²）＞1 850（mm²）满足（图 3-53）。

⑤ 基坑工程工₃型截面桩的防渗：工形截面桩的中轴与两桩中点为中心施工水泥土桩作基坑工程的防渗。根据基坑沿周土层的渗透性条件选择水泥土桩的施工方法，同样水泥土桩因施工方法不同价差达一倍，市场价：高压旋喷桩350～420 元/m³，水泥搅拌桩价 180～200 元/m³。

有防水渗要求而土性具有渗透条件的须用高压旋喷桩，有要求防水渗，但土性的渗透系数＜10^{-7}不具备水渗透条件，但须防桩间土漏土，则可用水泥搅拌桩。

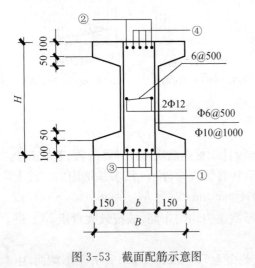

图 3-53　截面配筋示意图

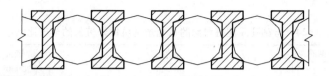

2）工型截面桩的优化

根据上例的延续，说明沉管式工形截面灌注桩的优化分析，在钻孔灌注桩 $\Phi800@950$ 与工$_3$型截面桩的对比计算分析基础上，选择工$_2$型截面桩，与工$_3$型截面桩参进行优化选型分析，工$_2$型截面桩从表 3-17 中选择 $M_{max}=786(kN \cdot m)$，截面配筋量：3 233(mm^2)，$M_{min}=532(kN \cdot m)$，截面配量：2 138(mm^2)。

（1）计算分析如下：

① 选取工$_3$型的桩的内力与配筋：

工$_2$型的桩截面为 650 mm×900 mm 工形截面，由表 3-17 选取对比桩相近内力的工$_2$型的桩的内力配筋：

$M_{max}=786(kN \cdot m)$，截面配筋量：3 233(mm^2)；$M_{min}=532(kN \cdot m)$，截面配筋量：2 138(mm^2)。

工$_2$型桩的截面配筋量：3 233+2 138=5 371(mm^2)。

② 每延米基坑支护桩的内力等同代换：每延米基坑支护桩的内力等同代换即钻孔灌注桩的 $M_1/S_1=$工$_2$型的桩 M_2/S_2，由 $M_1/S_1=M_2/S_2$ 可得到工$_3$型桩的桩距 $S_2=M_2/(M_1/S_1)$：

工$_3$型桩的桩距：$S_2=786/(881/0.95)=0.85$ m。

③ 每延米基坑支护桩建材用量：

每米桩长的截面配筋量：

钻孔灌注桩=9 700/0.95=10 210(mm^2/m)；工$_2$型桩=5 371/0.85=6 319(mm^2/m)。

每米桩长的截面混凝土量：

钻孔灌注桩=0.502 4/0.95=0.529(m^3/m)；工$_2$型桩=0.39/0.85=0.459(m^3/m)。

④ 每延米基坑支护桩的每米桩长的造价：钻孔灌注桩因截面配筋量大，钻孔泥浆排放量大，而且排放成本在不断提高，综合单价为 1 200～1 400 元/m^3·按均价 1 300 元/m^3 计。

工$_3$型桩为沉管式桩截面配筋量适中，综合单价为 1 000～1 200 元/m^3，按均价 1 100 元/m^3 计价。每延米基坑的每米桩长的综合价：

钻孔灌注桩：0.529×1 300=688 元/m；工$_2$型桩：0.459×1 100=505 元/m。

⑤ 工$_3$型截面桩与钻孔灌注桩的对比截面配筋量：

对比结果工$_3$型截面桩可得到如下的节省比例：

截面配筋量：(10 210−6 319)/10 210=38.1%。

截面混凝土量：(0.529−0.459)/0.529=13.2%。

造价：(688−505)/688=26.6%。

（2）工$_2$型截面桩与工$_3$型截面桩的对比分析：

① 沉管式灌注桩的工形截面桩与钻孔灌注桩的圆形截面对比结果汇总如表 3-24

所示。

表 3-24　与钻孔灌注桩对比的每延米基坑每米桩长的节省比例汇总

桩型	钢筋/ (mm² · m⁻¹)	比例/%	混凝土/ (m² · m⁻¹)	比例/%	造价/ (元 · m⁻¹)	比例/%
工₃ 型桩	5 136	49.7	0.444	16	488.4	29
工₂ 型桩	6 319	38.1	0.459	13.2	505	26.6

从工₂型桩及工₃型桩与钻孔灌注桩对比，每延米基坑支护桩可节省建筑材料的比例：钢筋 38.1%～49.7%，混凝土 38.1%～49.7%，节省造价的比例：造价 26.6%～29%。工形截面桩的受弯特性得到充分的发挥，圆形截面在承受侧向土压力的受弯支护桩的建材耗损用量多，在基坑工程中应用造价高，还存在泥浆污染、施工效率低、施工工期长等问题。

②工₂型桩与工₃型桩之间的对比结果汇总如表 3-25 所示。

表 3-25　工₂型桩与工₃型桩之间的对比结果汇总

桩型	钢筋/ (m³ · m⁻¹)	比例/%	混凝土/ (m³ · m⁻¹)	比例/%	造价/ (元 · m⁻¹)	比例/%
工₃ 型桩	5 136	81.3	0.444	96.7	488.4	96.7
工₂ 型桩	6 319	100	0.459	100	505	100

从工₂型桩与工₃型桩对比，结果相对于工₂型桩而言，工₃型桩的每延米基坑每米支护桩可节省建筑材料的比例：钢筋 18.7%，混凝土 3.3%，节省造价的比例：造价 3.3%。

在受弯杆件中，工形截面桩的受弯特性得到充分的发挥，但还存在可继续优化的余地，工程应用应当因地制宜，多方案多类型进行比较分析从而确定最优桩型。

参 考 文 献

[1] 史佩栋. 桩基工程技术[M]. 北京：中国建材工业出版社，1996.
[2] 孔清华，桂淞莉. 全桩长钢模管护壁干取土灌注桩研究：桩基础学术交流会论文集[C]. 上海土木工程学会.
[3] 孔清华，庄作成，邹正盛. 浙江第七届土力学及基础工程学术讨论会论文集[C]. 北京，原子能出版社.
[4] 孔超. 一种干取土矩形灌注桩成桩装置与成桩方法：中国，201010040028. X[P]. 2010-07-14.
[5] 孔超. 高频振压干排土灌注桩的成桩装置与方法：中国，201010520402.6[P]. 2011-04-13.
[6] 孔清华. 同步提土压灌矩形灌注桩成桩装置与方法：中国，200810063235. X[P]. 2008-12-24.
[7] 孔清华. 钢管护壁干取土灌注柱成桩装置：中国，200820122183.4[P]. 2009-05-06.
[8] 孔清华. 沉管式工字型灌注桩成桩装置：中国，200820122182. X[P]. 2009-05-06.
[9] 孔超. 一种干取土钢筋混凝土螺杆桩成桩装置与成桩方法：中国，201110458994.8[P]. 2012-07-11.
[10] 朱春明. 嵌岩桩的受力与破坏机理[D]. 北京：中国建筑科学研究院，1990.
[11] 中华人民共和国国家标准. GB 50021—2001(2009 年版)　岩土工程勘察规范[S]. 北京：中国建筑工业出版社，2009.
[12] 中华人民共和国住房和城乡建设部. JGJ 94—2008　建筑桩基技术规范[S]. 北京：中国建筑工业出版社，2008.

4 钢筋混凝土咬合连续桩墙与干作业地下连续墙

本章提要

本章主要介绍用于深基坑工程支挡侧向土压力的桩墙。桩墙采用带钢翼凸边的钢模管沉管式施工,在管内取出干土方式有提土施工、排土施工、筒式取土等,钢凸边置于钢模管底的外侧,矩形置于长边近中部处、矩形或圆形均为后桩切前桩的凸边混凝土的沉管施工、后桩的混凝土与前桩的凸边混凝土在初凝前沿桩长咬接成整体桩墙,双钢模管互导施工的0.25~0.5 m厚薄壁墙,0.6~1.2 m厚墙均为无接缝墙体的设计与施工的支护与防渗合一咬合的连续桩墙与干作业连续墙。

4.1 咬合连续桩墙

4.1.1 咬合桩的意义

在地下工程施工中,深基坑设计的安全可靠性是保证地下工程能否施工的条件,而深基坑围护工程的防渗性是影响基坑安全的重要因素。在深基坑围护工程中,常用水泥搅拌桩或高压旋喷桩连续搭接形成防渗止水帷幕墙,然而实际施工中经常出现止水帷幕墙渗漏而危及基坑安全。

在基坑工程中,若采用通过支护桩与支护桩之间咬合,从而形成防渗支护体系,不仅可省去水泥搅拌桩或高压旋喷桩搭接而成防渗帷幕,节省基坑防渗的费用,而且在支护桩施工时同时完成基坑防渗施工,极大地缩短工期。

如图4-1所示,两根矩形桩在混凝土初凝前通过凸边咬合,成为钢筋混凝土连续桩墙,其中咬合段为无筋混凝土。无筋混凝土凸边将两矩形桩的咬合成为连续的钢筋混凝土桩墙,其意义在于:

(1) 相邻桩在混凝土初凝前咬合,无施工缝,具有最可靠的防渗性能。

(2) 完成连续后桩切前桩凸边沉管施工,均匀按计算剖面上的内力在桩墙的截面配筋,比图4-1间隔配筋的均匀性与可靠性要好。

(3) 这是一种新型的咬合桩施工方式,可为施工咬合灌注桩的施工单位带来企业创新,以利产品转型,从而提高市场竞争力,获取更多机遇。

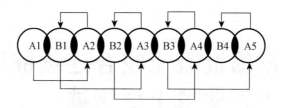

图 4-1   咬合桩施工程序

4.1.2   支护桩间的咬合方式

基坑工程中支护桩间的咬合方式有刚性桩与刚性桩的咬合、刚性桩与柔性桩间的咬合和两柔性桩的搭接咬合。

1. 刚性桩与刚性桩的咬合

刚性桩与刚性桩的咬合即为后桩切割初凝前的前桩混凝土,在两桩混凝土初凝前形成咬合。因刚性支护桩的钢筋保护层厚度仅 50~70 mm,要在如此范围内完成桩与桩之间的切割,对施工桩的垂直度控制具有较高的要求。在现场施工过程中,发觉两桩间的咬和区往往达不到防渗要求。图 4-1 单双间隔排列连线,分组为 A、B 两组桩,A 组桩为素混凝土桩,A1 施工完后跳至 A2 施工;B 组为钢筋混凝土桩,由 A2 施工完成后移至 B2,切割相邻 A 桩 200 mm 完成两桩的咬合。一般用钻孔泥浆护壁水下混凝土浇筑施工,用此程序施工存在下述问题:

(1)如何控制乙组配筋桩嵌入已完成甲组桩中的时间,须在相邻桩混凝土初凝后而桩体强度尚未增长前进行。如果过早嵌入,成孔过程中会影响混凝土初凝前的成形质量,过晚嵌入会因相邻桩混凝土强度很快增长而无法咬合嵌入,成桩效率低。

(2)支护桩为间隔配筋,不能均匀承受侧向土压力,当内力过大会造成截面超量配筋,影响桩的质量和造价。

连续咬合桩墙是在混凝土初凝前咬合,并不存在施工缝,具有可靠的防渗性能。连续施工的后桩切前桩凸边沉管施工,并按设计要求进行截面配筋。相比,如图 4-2 所示的间断式地下连续桩墙,咬合桩体的均匀性与可靠性更好,是一种新的咬合桩型。

2. 刚性桩与柔性桩间咬合

基坑工程中常用的是刚性桩与柔性桩之间咬合,一般是刚性桩切割柔性桩 200 mm 的水泥搅拌桩,也用高压旋喷桩在两刚性桩的桩间土中施工,用旋喷的水泥浆与刚性桩胶结形成防渗。若刚性桩为灌注桩型,则施工时须待桩混凝土达到强度后施工,否则高压旋喷施工会伤及刚性桩。

3. 柔性桩搭接施工形成咬合

柔性桩的搭接施工是指常用的连续防渗帷幕墙。一般在基坑支护桩外侧施工,与支护桩呈平行状,桩型常见的如水泥搅拌桩或高压旋喷桩。目前市场上施工的有单轴与三轴水泥搅拌桩,单轴水泥搅拌桩质量可靠的施工深度为 12 m,超出须用三轴水泥搅拌桩,但价格却比单轴价格高出 50% 以上;高压旋喷施工水泥土墙,其价格高出水泥搅拌桩施工的 1 倍。不论水泥搅拌桩或高压旋喷桩,均存在水泥土与土层中的有机质含量问题,也存在成形与搭接的不确定因素,这些问题常给基坑工程造成渗漏水或坑内挤进淤泥或管涌等情况。

4.1.3　桩墙施工的凸边混凝土与桩的咬合

1. 形成凸边混凝土的注意点

钢模管内浇灌混凝土,上拔钢模管时需有足够高度的加翼钢凸边,这可以起到上拔护壁的作用;混凝土重度远超出土的重度,从而钢模管内混凝土在自重压力作用下,钢模管上拔与管内混凝土下落同步,确保管内混凝土完全充填钢翼凸边随钢模管上拔滑移瞬间留出的空间。施工时要控制钢模管内浇灌混凝土的液面高度,使管内混凝土有足够的自重压力,足以克服土体的恢复回弹力,在恢复回弹力之前使钢模管内的混凝土充填此空间,形成凸边混凝土。

2. 钢凸边设置位置

钢凸边设置的位置决定咬合桩的咬合范围。封闭的钢翼凸边设在钢模管的底部靠近基坑内方向的矩形宽边 1/3 处为宜。

3. 咬合凸边混凝土施工的注意控的问题

(1) 桩体混凝土初凝时间要延长。咬合桩施工须在前桩混凝土初凝前完成的咬合桩施工要求,所以要控制桩体混凝土的初凝时间,宜按混凝土初凝时间 $\geqslant 2\,\text{h}$ 控制。

(2) 前桩混凝土须在初凝前完成咬合施工。咬合施工须在混凝土初凝前完成,主要取决于桩的取土施工效率,须用无格挡提土装置,使提土与弃土合一施工,可大幅度缩短施工时间。如 35 m 桩长用沉管干提土矩形灌注桩成桩方法须在 1 h 内完成,用商品混凝土灌筑桩孔时还存在等待混凝土制品厂的发车和到达的时间风险,为此工地必须自备有立式搅拌的混凝土储存筒配有混凝土泵的设备以便中转,确保混凝土初凝前完成咬合,保证施工质量。

(3) 停工后再施工的前后桩咬合。停工后再施工必须将矩形钢模切前桩凸边混凝土沉入土层中后方可停工,待第 2 天再继续施工,间隙时间 $\leqslant 12\,\text{h}$,其原因:

常温下 12 h 为混凝土终凝时间,混凝土终凝但强度从零开始增长,前桩凸边混凝土与矩形钢模管外壁不会产生粘着力,切入前桩凸边混凝土 100 mm;矩形钢模管内混凝土因量少又无强度,呈颗粒状,可随取土装置从钢模管内提土。桩体混凝土与前桩已终凝的凸边混凝土结合,作为基坑工程的防渗没有问题,因到达终凝时间的混凝土可以满足有压防渗的要求。

4.2　矩形截面咬合的连续桩墙

4.2.1　矩形连续桩墙的计算与咬合

1. 矩形钢筋混凝土咬合连续桩墙的计算

1) 咬合连续桩墙的截面尺寸与内力

(1) 截面尺寸:如图 4-2 所示的矩形钢筋混凝土咬合而成的连续桩墙为间断式地下连续墙。矩形桩的截面高为墙厚 H,矩形桩的截面宽为 B,则比较适合于实际应用的矩形钢

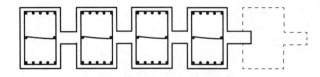

图 4-2　间断式地下连续墙平面图

管截面（$B \times H$）尺寸有 350 mm × 600 mm、400 mm × 700 mm、450 mm × 800 mm 三种规格。

如图 4-2 所示间断式地下连续墙的两矩形桩之间的净距均为 200 mm，两矩形桩之间连接的凸边混凝土厚度 200～300 mm（用于矩形桩截面 350 mm × 600 mm 的凸边混凝土厚度 200 mm，截面 400 mm × 700 mm 的凸边混凝土厚度 250 mm，截面 450 mm × 800 mm 的凸边混凝土厚度 300 mm）。

（2）钢翼凸边。单侧凸边矩形沉管灌注桩由矩形钢模管沉管干取土施工而成，钢模管如图 4-3 所示，在钢模管底宽面距管边 1/3 处焊接钢翼凸边，钢翼凸边高度如图 4-4 所示。

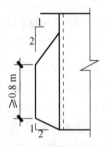

≥0.8 m

图 4-3　钢模管　　　　图 4-4　钢翼凸边

钢翼凸边剖面尺寸分别为：矩形钢管 350 mm × 600 mm 的钢翼凸边为 200 mm × 300 mm、矩形钢管 400 mm × 700 mm 钢翼凸边 250 mm × 300 mm、矩形钢管 400 mm × 700 mm 钢翼凸边 300 mm × 300 mm。

2）咬合连续桩墙的内力与配筋

矩形钢筋混凝土咬合连续桩墙是由矩形截面桩通过 200 mm 的凸边混凝土咬合而成的连续桩墙。下述各表的内力与截面配筋量是矩形截面桩的内力与截面配筋量，再由每延米基坑内力等同代换。

根据公式 $M_1/S_1 = M_2/S_2$（其中 S_2 = 矩形截面宽 + 200 mm）即可求得 M_2 值，由 M_2 值再从下述内力与配筋中选取截面配筋量。

例如：矩形 400 mm × 700 mm 咬合连续桩墙代换钻孔灌注桩 Φ700@850，M_1 = 400 kN·m，截面配筋量 4 950 mm²，S_1 = 0.85 m，求按矩形 400 mm × 700 mm 单侧的 M_2，矩形桩的桩距 S_2 = 0.4 + 0.2 = 0.6 m。$M_2 = (M_1/S_1) \times S_2 = (400/0.85) \times 0.6 = 282$ kN·m。由表 4-2 中第三行的内力 301 kN·m，对应的一侧配筋量 1 635 mm²，同上一样可算得配筋量。

（1）矩形 350 mm×600 mm 与 Φ600 钻孔灌注桩截面配筋量（表 4-1）。

表 4-1 矩形 350 mm×600 mm 与 Φ600 钻孔灌注桩截面配筋量表

支护桩内力弯矩 M/(kN·m)	350 mm×600 mm 矩形截面配筋/mm²	Φ600 钻孔灌注桩配筋/mm²
60.06	362.70	763.16
72.78	441.78	937.46
92.91	568.68	1 219.77
120.58	746.81	1 619.40
147.58	925.03	2 020.77
181.70	1 157.00	2 542.44
212.77	1 375.44	3 030.01
244.84	1 608.89	3 544.47
275.54	1 840.83	4 046.66
304.41	2 067.39	4 526.85
335.20	2 476.80	5 046.56
364.04	2 565.89	5 540.00

（2）矩形 400 mm×700 mm 与 Φ700 钻孔灌注桩截面配筋量（表 4-2）。

表 4-2 矩形 400 mm×700 mm 与 Φ700 钻孔灌注桩截面配筋量表

支护桩内力弯矩 M/(kN·m)	400 mm×700 mm 矩形截面配筋/mm²	Φ700 钻孔灌注桩配筋/mm²
172.93	905.53	1 955.34
209.57	1 108.49	2 409.79
301.13	1 635.76	3 588.19
352.63	1 946.46	4 274.43
402.46	2 258.11	4 952.45
444.12	2 527.90	5 528.96
488.59	2 826.22	6 153.27
531.89	3 128.15	6 769.25
575.73	3 446.84	7 400.65

（3）矩形 450 mm×800 mm 与 Φ800 钻孔灌注桩截面配筋量（表 4-3）。

表 4-3 矩形 450 mm×800 mm 与 Φ800 钻孔灌注桩截面配筋量表

支护桩内力弯矩 M/(kN·m)	450 mm×800 mm 矩形截面配筋/mm²	Φ800 钻孔灌注桩配筋/mm²
352.63	1 638.86	3 561.25
402.46	1 883.00	4 115.96
444.12	2 095.35	4 586.75
488.59	2 326.39	5 096.16
531.89	2 555.95	5 598.34
575.73	2 793.30	6 112.78

（续表）

支护桩内力弯矩 $M/(kN \cdot m)$	矩形截面配筋/mm²	Φ800 钻孔灌注桩配筋/mm²
619.01	3 032.79	6 626.14
660.01	3 264.73	7 117.37
702.64	3 511.49	7 632.80
786.52	4 015.34	8 660.28
867.32	4 526.82	9 665.10
988.11	5 349.62	11 192.15

注：① 表中计算混凝土为 C25，钢筋为Ⅱ级；若实际施工中采用Ⅲ级钢或其他标号混凝土，需进行强度代换。
② 表 4-1 至表 4-3 均为矩形桩单侧内力对应的截面配筋量。
③ 矩形截面是弯矩包络图的不对称配筋，施工时注意钢筋笼放置方向。

2. 矩形咬合连续桩墙的施工

1）施工机具与装备

取土型沉管式矩形咬合连续桩墙施工的桩机有履带式桩机或液压步履多功能静压桩机，根据振动沉入钢模管的要求配置相应型号的电驱振动锤和活动管夹，即可成为施工矩形咬合连续桩墙的专用桩机。具体机具详见第 8 章相应介绍。

2）矩形咬合桩墙的钢模管

图 4-4 为矩形咬合桩墙的钢模管，在其底端宽边一侧焊接钢翼凸边，钢翼凸边的截面为矩形。截面中钢翼凸边宽 300 mm，其中咬和部分 100 mm，两桩净距 200 mm。矩形钢管截面的尺寸不同钢翼凸边的厚度也不同，详见表 4-4，钢翼凸边的长度如图 4-4 所示。

表 4-4　矩形钢管截面与钢翼凸边尺寸汇总表

桩墙厚/mm	矩形钢管的截面/mm		钢翼凸边的截面/mm		
	长边	短边	管壁厚	凸边宽	凸边厚
600	600	350	14	300	200
700	700	400	16	300	250
800	800	450	18	300	300

注：用锰钢板矩形钢管时的钢板厚度可减小 2 mm。

3）干取土的装置

干提土装置有格挡提土装置与无格挡提土装置两种，一般情况下选用无格挡提土装置。干提土装置主要由提土装置、接长杆及桩架组成。详见第 8 章的介绍。

4）矩形咬合桩墙的施工

（1）在设计桩墙的位置测量定位，埋设控制点，在此范围先挖去地表硬壳层及进入钢模管内易产生土塞的土体。

（2）桩机就位，用临时固定的槽钢梁放置在定位线外侧与之平行，将钢模管离小缝（10 mm）靠贴槽钢梁，即为控制施工桩墙的直线，钢模管离小缝（10 mm）靠贴槽钢梁，校正垂直度即可控制施工桩墙平面呈直线型，将钢模管加压振入土层至要求的标高，土体进入钢模管内。

（3）将无格挡提土装置插入钢模管内并加压振至设计标高；管内土体进入提土装置后，

振动上拔提土装置;随提土装置上拔的土体在振动作用下失稳倾倒而弃土。此时提土装置不必拔出钢模管,而是留待钢模管内用接长杆接长,再次加压振入管内进行沉入上拔取土。按照步骤不断下沉与上拔,直至将钢模管内的土体取干净。

(4) 放置钢筋笼,伸入导管并浇灌混凝土,振动上拔钢模管。

(5) 桩机移位到如图 4-2 所示的虚线位置,钢模管切前桩凸边混凝土 100 mm。钢模管紧贴槽钢梁,校正垂直即为控制施工桩墙的直线将钢模管加压振入土层至要求的高程,土体进入钢模管内取土。

重复上述步骤直至完成矩形咬合桩墙的施工。

5) 桩墙施工质量的控制点

(1) 间断施工咬合混凝土的质量控制。正常情况下是不允许夜间施工的,对此凸边新老混凝土的结合尤为重要。混凝土初凝前结合为无施工缝结合,可防压力渗水,到达混凝土终凝后结合,则须看混凝土终凝后与混凝土到达设计强度之间的时间。混凝土终凝初期即使有施工缝仍可承受低压渗水,到达强度后结合成为渗水的施工缝,间断施工可按混凝土终凝初期控制,该时可达 12～48 h,离混凝土终凝时间越短结合处的防渗效果越好。

施工到夜间收工前必须将钢模管切前桩凸边混凝土沉入土层至标高收工,待第二天再开始提土施工。前桩凸边混凝土已达终凝时间,已失去流动性,凸边混凝土对后桩钢模管的上拔不产生影响。

(2) 管内混凝土有足够自重压力的控制。二次灌筑混凝土需保证钢模管内的混凝土有足够的自重压力,填实钢翼凸边上拔在土层内留出的空间,保证在土体回弹恢复之前混凝土能利用自重压力迅速充填。挤土型桩因挤土压缩在钢凸边或钢模管约束时呈弹性压缩体,一旦约束消失,土体迅速回弹恢复,造成桩体颈缩。只有混凝土的自重压力足够,在土体回弹恢复之前的约束被混凝土置换,才能保证成桩的桩体混凝土均匀密实。

4.2.2　矩形咬合桩墙的设计

1. 矩形咬合桩墙的计算

根据理正软件输入圆形截面参数计算得到的每延米基坑的内力 M_1/S_1(内力/桩距),异形截面支护桩根据计算得到的内力从对应的配筋量表中选取内力 M_2,再根据每延米基坑等同代换($M_1/S_1=M_2/S_2$),从而求得异形截面支护桩的桩距 S_2。

而矩形咬合连续桩墙是选定施工桩墙厚度的钢模管,桩的截面与咬合连接的凸边宽度为 200 mm,说明桩截面与桩距 S_2 是固定不变的,应用理正软件输入圆形截面参数计算得到的每延米基坑的内力 M_1/S_1(内力/桩距),根据每延米基坑等同代换($M_1/S_1=M_2/S_2$),S_2 是固定不变的,现在是求矩形咬合连续桩墙的内力 M_2。

根据计算求得的 M_2。按截面配筋内力 M_2 在表 4-1 至表 4-3 中的内力靠近选择即得矩形截面桩一侧的截面配筋量,同理计算出矩形截面桩的另一侧截面配筋量,符合计算弯矩包络图的截面配筋。

2. 矩形咬合桩墙计算实例

本案例为两层地下室基坑工程的设计,该基坑工程为桩排内支撑的实施方案,采用钻孔灌注桩作为支护桩,桩径与桩距为 Φ800@900 的桩排式内撑结构围护体系。基坑开挖的计算深度,桩穿越各层土层和桩长。

1) 基坑内力计算

二层地下室基坑开挖深度、土性指标、基坑的安全等级、基坑沿周的地面荷载与地下管线，选择 $\Phi800@950$ 的钻孔灌注桩为支护桩，采用理正基坑围护设计(深基坑 7.0PB1 版本)计算得到如图 4-5 所示的内力图，弯矩包络显示 $M_{max}=881.36$ kN·m，$M_{min}=327.53$ kN·m。

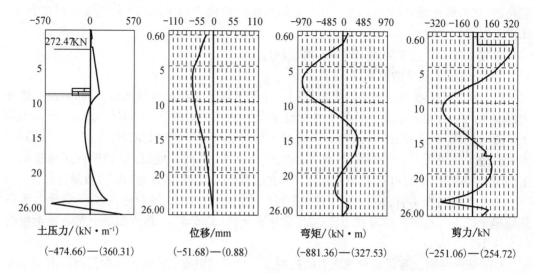

土压力/(kN·m⁻¹)   位移/mm   弯矩/(kN·m)   剪力/kN

(−474.66)—(360.31)   (−51.68)—(0.88)   (−881.36)—(327.53)   (−251.06)—(254.72)

图 4-5 弯矩包络图

2) 代换的矩形咬合连续桩墙厚的选择

选择代换的矩形咬合连续桩墙，桩墙厚度 700 mm，相应钢模管截面尺寸为 400 mm×700 mm@600 mm，计算矩形咬合连续桩墙截面的配筋。

3) 代换计算

M_{max} 侧截面：钻孔灌注桩每延米基坑的内力 $M_1/S_1=881.36/0.95=928$ kN·m。根据每延米基坑等同代换 $M_1/S_1=M_2/S_2$ 可得到矩形咬合连续桩墙 $M_2=(M_1/S_1)\times S_2=928\times0.6=557$ kN·m，由表 4-2 选择内力 575.7 kN·m，对应截面配筋量 3 447 mm²，内力 575.7 kN·m＞557 kN·m，偏于安全。

M_{min} 侧截面：$M_1/S_1=327.53/0.95=345$ kN·m，$M_2=(M_1/S_1)\times S_2=345\times0.6=207$ kN·m，由表 4-2 选择内力 209.57 kN·m，对应截面配筋量 1 108.5 mm²，内力 209.57 kN·m＞207 kN·m 偏于安全，截面总配筋量 3 446.8+1 108.5=4 555.3 mm²。

3. 矩形咬合连续桩墙与泥浆护壁地下连续墙的对比分析

1) 矩形咬合连续桩墙的代换设计

(1) 内力与每延米的截面配筋量：泥浆护壁 700 厚的地下连续墙用矩形咬合 800 mm 厚连续桩墙代换设计，700 mm 厚的地下连续墙每延米基坑 $M_{max}=885$ kN·m，截面配筋量 4 862 mm²；$M_{min}=229$ kN·m，截面配筋量 2 260 mm²，每延米基坑截面总配筋量为 4 862+2 260=7 211 mm²。

(2) 代换设计的计算。用矩形咬合 800 mm 厚连续桩墙代换，$M_{max}=885\times0.65=575.25$ kN·m，查表 4-3 中 $M_{max}=575.25$ kN·m 对应的截面配筋量 2 793 mm²，$M_{min}=$

$229×0.65＝149$ kN·m,对应的截面配筋量 $1\,000$ mm²,每延米基坑截面总配筋量:

$$2\,793/0.65＋1\,000/0.65＝4\,054＋1\,538＝5\,592 \text{ mm}^2.$$

2) 矩形咬合连续桩墙与泥浆护壁地下连续墙的对比

(1) 每延米基坑的钢筋用量:

泥浆护壁 700 厚的地下连续墙为 $7\,211$ mm²/m。

矩形咬合 800 mm 厚连续桩墙 $5\,592$ mm²/m。

节省钢筋的比例:$(7\,211－5\,592)/7211＝22.45\%$。

(2) 每延米基坑的混凝土用量:

泥浆护壁 700 厚的地下连续墙每米墙深为 0.7 m³/m。

矩形咬合 800 mm 厚连续桩墙每米墙深为 $0.45/0.65＝0.692$ m³/m。

节省钢筋的比例:$(0.7－0.692)/1.1\%$。

每延米基坑的混凝土用量基本持平。

(3) 每延米基坑的造价对比:泥浆护壁地下连续墙施工的综合单价 $\geqslant 2\,000$ 元/m³,而沉管式施工的矩形咬合桩施的综合单价在 $1\,200\sim1\,500$ 元/m³,按上述每延米基混凝土用量近似相等,说明工程量相同,综合单价每立方混凝土工程量价差 $600\sim800$ 元/m³,可节省造价的比例可达 $30\%\sim40\%$。

经分析对比:矩形咬合连续桩墙不仅可节省上述钢筋与节省大比例造价,具有环保的无泥浆施工工艺,施工高效率与施工总工期短的优势。

4.3　圆形截面咬合的连续桩墙

4.3.1　沉管式钢筋混凝土圆形截面咬合的连续桩墙

沉管式干取土灌注桩成桩机具与装备可选用:施工桩机可选用多功能液压静压桩机,干取土装置可选用筒式取土装置,详见第 8 章相关介绍。圆形截面咬合桩墙的施工顺序如下。

(1) 如图 4-6 所示,先测量定位出桩的截面中心点位置,埋设控制点,在此范围先挖去地表硬壳层及进入钢模管内易产生土塞的土体。

(2) 桩机就位,用临时固定的槽钢梁放置在定位线外侧与之平行,钢模管靠贴槽钢梁(四周留设约 10 mm 间隙)。调整钢翼凸边转向,使其中心与桩的截面中心所连成的直线与测量定位轴线重合,校正钢模管垂直度,将钢模管加压振入土层至要求高程,土体进入钢模管内。

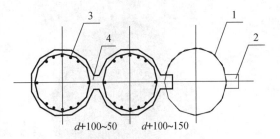

1—钢模管;2—钢制凸边;3—钢筋笼;
4—桩墙咬合段素混凝土

图 4-6　咬合桩咬合示意图

（3）从钢模管的上口插入筒式取土装置，加压振入至取土装置顶离管口平，待土体进入取土装置后，从钢模管内将筒式取土装置振动上拔；同时又将第二筒式取土装置插入钢模管内，通过接长杆加压振入深层土体。

打开放置在地面上的取土装置，就可以看到圆柱土体，翻转弃土后合上筒式取土装置待用。由此通过两只筒式取土装置交替轮换，重复取土弃土，将钢模管内土体全部取净，提高施工效率。

图 4-7　土方开挖后咬合桩墙

（4）放置钢筋笼，下放导管并及时浇灌混凝土，振动上拔钢模管出地面，即带凸边混凝土的截面。

（5）桩机移位到图 4-6 虚线所示的位置，钢模管离小缝（10 mm）靠贴槽钢梁，调整钢翼凸边转向，使其中心与桩的截面中心所连成的直线与测量定位轴线重合，钢模管切前桩凸边混凝土 50～100 mm（按表 4-4 凸边宽度确定，确保两桩净距 200 mm），校正垂直度后加压振入土层至要求的高程，土体进入钢模管内。成桩墙如图 4-7 所示。重复上述步骤直至完成矩形咬合桩墙的施工。

4.3.2　钢筋混凝土咬合筒形灌注桩的桩墙

1. 钢筋混凝土筒形灌注桩技术的现状与发展

钢筋混凝土筒形灌注桩技术在桩基施工中应用广泛，下面分别介绍相关的技术特点与适用范围：

1）PCC 桩（现浇混凝土大直径管桩）

PCC 桩在高速公路等复合地基广泛得到应用。PCC 桩的核心技术是由两根不同直径的同心钢管组成的空心钢模管，如图 4-8 所示。空心钢模管底部是用 4 块矩形钢板将两根不同直径的钢管焊接为固定的同心空心钢模管，以确保现浇成的管桩壁厚一致。施工时，在空心钢模管底部焊接带活瓣的封底桩靴（图 4-9），采用与沉管灌注桩相同的施工工艺及质量保证体系，属挤土型桩。

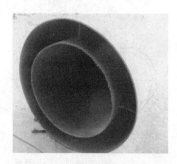

图 4-8　筒桩钢模管剖面

图 4-9　筒桩钢模管平面

此技术只能现浇混凝土施工无筋管桩，因为 4 块矩形连接两根同心钢管的钢板会阻止钢筋笼安放，但如果没有这 4 块矩形钢板则无法形成两根不同直径钢管的同心，以及确保管桩的壁厚厚薄均一。

2）钢筋混凝土筒桩

该桩主要用于高速公路混凝土筒桩复合地基、海堤防波堤筒桩、软土基坑工程的支护桩等。

空心钢模管采用预制圆环形钢筋混凝土桩靴（图4-10）封底，采用高频液压振动锤沉钢模管，使空心钢模管的内管土体经高频振动而液化，从内管穿出外管排土至地面（图4-11）。

图4-10　预制圆环形钢筋混凝土桩靴　　　　图4-11　振动排土示意图

空心钢模管的内管填满土体后排至地面的土体占筒形桩体的体积30％～40％，为挤土型桩。该桩型为无筋素混凝土桩，主要原因是因为钢筋笼被排土管阻隔而无法安放。但是海堤防波堤筒桩以及软土基坑工程的筒形支护桩等都需要时配筋筒桩，则必须将排土管拆除，并成为全挤土性桩。

2. 钢筋混凝土咬合筒形灌注桩

钢筋混凝土咬合筒形灌注桩是浙江华展工程研究所设计院有限公司孔清华教授级高级工程师研发的发明专利。该类桩能完整施工钢筋混凝土筒形灌注桩，有效减少挤土量，保证了基坑工程的支护和防渗。

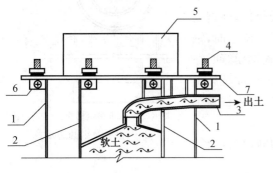

1—外钢管；2—内钢管；3—排土管；4—连接螺栓；
5—振动锤；6—夹持器；7—桩帽
图4-12　钢模管构造

1）排土管

该筒桩的钢模管由两根同心的钢管（外钢管与内钢管）组成，见图4-12。内钢管顶部封闭仅留出排土口，并利用排土管套入排土口，而排土管的另一端搁在外钢管上口的槽口内，并伸出外钢管200～300 mm。内钢管内进满土体后通过排土管排至地面。

利用振动锤将施工筒桩的钢模管沉至设计标高，随即松开桩顶的连接螺栓，将桩帽移除（因排土管固定在桩连接板上，所以排土管也随桩帽移开），放置钢筋笼与浇灌混凝土，振动拔出钢模管即成桩。

关于桩帽与钢模管的连接以往大多采用螺栓连接，随着技术的发展，夹制钳连接已代替螺栓连接，使排土管可用人工安装或移位，更为方便高效。

2）喇叭状的圆环形桩靴：

为了减少沉管挤土对邻周影响，现采用喇叭状的圆环形钢筋混凝土桩靴（图 4-13），使土体最大限度通过喇叭口导向进入钢模管的内管中，之后通过排土管排至地面。采用桩靴（图 4-10）施工，排至地面的土体占筒形桩体的体积 30%～40%；改进后采用喇叭状桩靴以圆环中心计算，理论上可将筒形灌注桩体积的 30%土体挤向桩周，70%土体由喇叭口进入内钢模管。排土占筒形桩体的体积 70%～80%，挤土量仅 20%～30%，属于一种低挤土性桩。

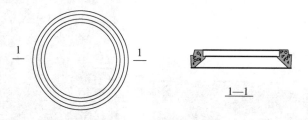

图 4-13　喇叭状圆环形钢筋混凝土桩靴

3）钢筋混凝土咬合筒形灌注桩

筒形灌注桩凸边施工原理：在钢模管的外钢管的管底外侧焊接钢凸边，钢模管内浇灌混凝土后上拔钢模管；此时在加翼钢凸边的护壁作用下，钢模管内混凝土自重压力作用下，钢模管上拔与管内混凝土下落同步，使管内混凝土瞬间填充了钢凸边随钢模管上拔滑移瞬间留出的空间。

施工时要控制钢模管内浇灌混凝土的液面高度，即确保钢模管内混凝土的自重压力足以克服土体的恢复回弹力，以保证成桩质量。

实际基坑施工中，为满足基坑防渗要求，并不需要全桩长的咬合，仅须在基坑工程开挖深度加上坑底以下 2～3 m 的范围咬合，即能满足基坑工程的防渗要求。则上述焊接钢制凸边位置改为焊接在坑底以下 2～3 m 的标高焊接钢凸边，见图 4-14，而且钢凸边的底为活动翻板封口，外钢模管相应位置开长条形孔与钢凸边内腔贯通，沉管施工时，钢凸边离地面很近时，用人工将它关闭即可，上拔钢模管时在管内混凝土自重压力下，翻板会自行开启，同上述原理施工凸边混凝土，压切 1/3 凸边混凝土施工相邻桩，即为桩顶至坑底以下 2～3 m 范围的咬合。

若地质条件基坑底以下 2～3 m，并未切断水的流径，须加长咬合，直至全桩长咬合。

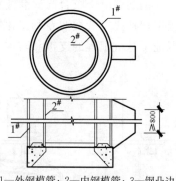

1—外钢模管；2—内钢模管；3—钢凸边

图 4-14　桩靴及钢凸边示意图

3. 钢筋混凝土咬合筒形灌注桩的设计

1）钢筋混凝土筒形灌注桩简介

钢筋混凝土筒形灌注桩是由内外不同直径的钢模管组合施工，采用圆环形喇叭口钢筋混凝土桩靴封底,沉管挤土施工。在高频振动沉管过程中,软土液化进入内钢模管内,应用圆环形喇叭口桩靴,可控制30%土体向桩周挤土,70%土体由喇叭口进入内钢模管,再由内钢模管改用桩顶可移动排土。排土管道方便穿越筒桩的壁厚及外钢模管排土至地面,当钢模管沉至设计高程、移走桩顶振动锤、移走排土管、放置钢筋笼、浇灌混凝土振动拔管成桩。

2) 筒桩的内力与配筋计算

(1) Φ1 500 壁厚 200 mm 咬合筒桩与 1 000 mm 厚地下连续墙计算配筋如表 4-5 所示。

表 4-5 Φ1 500 壁厚 200 mm 咬合筒桩与 1 000 mm 厚地下连续墙计算配筋表

支护桩内力弯矩/(kN·m)	1 500 壁厚 200 mm 钢筋混凝土咬合筒桩计算配筋/(mm²·m⁻¹)	1 000 mm 厚地下连续墙计算配筋/(mm²·m⁻¹)
213.87	642.10	444.00
273.21	819.80	568.20
403.04	1 209.10	841.20
522.13	1 567.50	1 093.50
756.81	2 279.50	1 595.70
878.19	2 651.90	1 858.20
992.72	3 006.20	2 107.70
1 104.41	3 354.80	2 352.70

(2) Φ1 800 壁厚 250 mm 咬合筒桩与 1 200 mm 厚地下连续墙计算配筋如表 4-6 所示。

表 4-6 Φ1 800 壁厚 250 mm 咬合筒桩与 1 200 mm 厚地下连续墙计算配筋表

支护桩弯矩/(kN·m)	1 800 壁厚 250 mm 钢筋混凝土咬合筒桩计算配筋/(mm²·m⁻¹)	1 200 mm 厚地下连续墙计算配筋/(mm²·m⁻¹)
256.644	368.45	373.47
327.852	470.35	477.64
483.648	692.85	706.39
626.556	896.90	917.24
908.172	1 299.70	1 335.675
1 053.828	1 508.80	1 553.65
1 191.264	1 706.75	1 760.31
1 325.292	1 900.55	1 962.79

注:① 表中数据按混凝土 C25 钢筋为 Ⅱ 级钢计算,若实际应用中采用Ⅲ级钢或其他标号的混凝土需进行强度代换;
② 根据作用在筒桩的内力按表中插入计算筒桩截面配筋量。

3) 钢筋混凝土咬合筒形灌注桩与常规地下连续墙技术经济对比

(1) 地质资料提供的计算参数(表 4-7)

表 4-7 地质资料提供计算参数表

层号	土类名称	层厚/m	重度/(kN·m⁻³)	黏聚力/kPa	内摩擦角/(°)
1	杂填土	0.60	18.0	5.00	10.00
2	黏性土	1.20	18.4	29.20	13.10
3	淤泥质土	1.60	17.2	12.80	8.60
4	黏性土	0.60	17.9	22.80	11.90
5	淤泥	7.90	16.6	11.60	8.00
6	淤泥质土	5.30	18.0	11.60	10.30
7	粉砂	1.80	19.6	11.80	29.70
8	黏性土	6.00	18.6	13.50	11.60
9	黏性土	3.60	17.7	22.60	12.00
10	黏性土	4.00	19.5	44.20	20.30

（2）计算结果的内力

每延米基坑内力：$M_{max}=650$ kN·m

用 Φ1 500 mm 壁厚 200 mm 钢筋混凝土咬合筒桩咬合 200 mm，桩距 1 700 mm；
作用在筒桩的内力：$M_{max}=650×1.7=1 104.0$ kN·m。

查计算配筋表 4-5 得截面配筋量为 3 354 mm²

每延米用钢筋截面面积 3 354/1.7＝1 910 mm²

Φ1 500 mm 混凝土咬合筒形支护桩与 1 000 mm 厚地下连续墙

每延米基坑对比：

可节省钢筋为(2 950−1 910)/2 950 ＝ 35.25%。

可节省混凝土为(1.0−0.8 968/1.7)/1.0＝47.24%。

工程造价可节省 35%～45%。

（3）技术分析

钢筋混凝土筒桩采用高频振动沉管施工，为低挤土型桩，效率高、无泥浆排放、成桩质量稳定，尤其是超大截面具有较大抗弯刚度。对于软土地区施工地铁、轨道交通、超深站台的基坑围护工程，在造价等方面具有独特的优势。

4. 钢筋混凝土咬合筒形灌注桩的施工

1）成桩程序

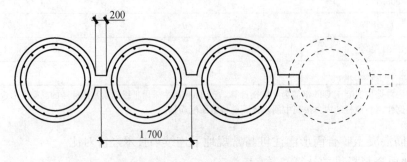

图 4-15 成墙后平面图

第一步,埋设钢筋混凝土喇叭状圆环形桩靴:按设计桩位结合图 4-15 埋设钢筋混凝土圆环形喇叭状桩靴,钢筋混凝土圆环形喇叭口桩靴见图 4-14,均在沉桩前逐个埋设,成桩 1 根压凸边混凝土 1/3 埋设第 2 根。

第二步,高频振压沉入钢模管:桩机就位,钢模管套入钢筋混凝土喇叭状圆环形桩靴的企口上,校正钢模管垂直度,起动液压高频振动锤,结合静压振动将钢模管沉至设计高程。在液压高频振动锤作用下,液化的软土经内钢模管由排土口排至地面。

第三步,钢筋混凝土浇筑:沉桩至设计高程后停止,拧开桩帽连接钢模管的锚栓,移除桩帽,从钢模管上口放置钢筋骨架,浇灌混凝土至满管;再次将桩帽复位,拧紧与钢模管连接的锚栓,振动拔管至一定高度,二次从进料口补灌混凝土,直至将钢模管全部拔出。

第四步,咬合施工:从第三步施工已成的带凸边混凝土的筒桩,将钢筋混凝土圆环形桩靴压埋在 1/3 凸边混凝土处,重复上述步骤。

2) 压切凸边混凝土施工

钢筋混凝土筒形灌注桩的咬合施工须不碰到前桩的钢筋笼,又不脱离前桩的凸边混凝土,一般钢凸边厚度 200~300 mm,伸出长度 300~400 mm,如图 4-16 所示。虚线桩位压切前桩的凸边混凝土 1/3~1/2,这与筒桩施工控制的垂直度、咬合竖向长度有关。

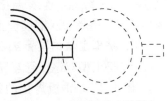

图 4-16   咬合压切凸边混凝土示意图

例如:基坑工程开挖深度为 12 m,取坑底以下 3 m,在 15 m 范围咬合,如垂直度能控制在 0.5%L 时,压切 $1/3 \times 300 = 100$ mm,$15 \times 0.5\% = 75 < 100$ mm,即满足咬合要求。如垂直度能控制在 1%L 时,压切 $1/3 \times 300 = 100$ mm,$15 \times 1\% = 150 > 100$ mm,不满足要求,须压切 $1/2 \times 300 = 150$ mm 方能满足。

5. 钢筋混凝土筒桩的截面

用于基坑工程支护桩的钢筋混凝土筒桩截面见表 4-8。列表中 Φ1 500 mm 钢筋混凝土筒桩壁厚 200 mm 的截面刚度可应用于 3~4 层地下室的基坑围护工程;大截面的 Φ1 800 mm 钢筋混凝土筒桩壁厚 250 mm 与 Φ2 000 mm 钢筋混凝土筒桩壁厚 300 mm 主要用于围海造地的围堰工程,是具有足够的抗海浪冲击的截面刚度。

表 4-8   钢筋混凝土筒桩截面尺寸一览表   mm

钢筋混凝土筒桩直径	外钢筒直径	内钢筒直径	筒桩壁厚
1 500	1 500	1 100	200
1 800	1 800	1 300	250
2 000	2 000	1 400	300

4.4   干作业双钢模管互导地连墙与沉板式篱笆墙

4.4.1   双钢模管互导施工的钢筋混凝土地下连续墙

双钢模管互导沉管式干作业地下连续墙采用两根相同的矩形钢模管相互导向沉入土

层,视场地条件与土层性质及墙厚,选择挤土成墙或取土非挤土成墙两种成墙工艺。一般墙厚250~500 mm,称为薄壁地下连续墙,可选择挤土成墙工艺,即用预制可脱卸钢筋混凝土桩靴封口的挤土式工艺(与沉管灌注桩施工工艺和质保体系相同);当墙厚600~1 000 mm地下连续墙可选择非挤土成墙工艺,干取土成墙。

干取土成墙方法有两种,一种为矩形钢模管内干提土工艺,即将开口矩形钢模管沉入土层,用提土器取出管内土体直至取干净,在矩形钢模管内放置钢筋骨架,浇灌混凝土,振动拔出钢模管即成单元墙体;另一种为用高频振压将矩形钢模管内土体进行干排土,钢模管内土体排净后,在矩形钢模管内放置钢筋骨架,浇灌混凝土,振动拔出钢模管即成单元墙体。

双钢模管互导无接缝施工,是将拔出的钢模管插入相邻钢模管导向插口沉入,依次交替互导施工形成整体地下连续墙。与传统地下连续墙工艺相比,不需用泥浆护壁和水下混凝土浇筑,节约水资源、不存在废异泥浆的排放,干作业施工是节能减排施工工艺,墙的最小厚度与传统地下连续墙工艺相比可不受限制,质量可控性高,施工效率高。

4.4.1.1　挤土型双钢模管互导施工的钢筋混凝土薄壁地下连续墙

1. 挤土型双钢模管互导的原理与应用范围

1)挤土型双钢模管互导的原理

图4-17是钢板焊接的钢模管截面,截面的左端为虎口端,右端为平板端,制作好两根完全相同的钢模管,称作甲钢模管与乙钢模管。按图4-18连接,使其互相牵制又互为导向。例如图4-18的两根甲乙钢模管在1#与2#工位,在甲钢模管完成钢筋与混凝土浇灌后振动拔出钢模管,行进到3#工位,甲钢模管的虎口端套入乙钢模管平板端,互为约束与导向,将甲钢模管振动沉入高程,回到2#工位,将乙钢模管内完成钢筋与混凝土浇灌后振

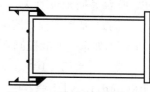

图4-17　薄壁地连墙施工用钢模管

动拔出钢模管行进到4#工位,乙钢模管的虎口端套入甲钢模管平板端互为约束与导向,将乙钢模管振动沉入高程,重复上述程序完成地下连续墙施工。实践表明,在混凝土初凝前完成1#与2#工位之间的桩体混凝土完成结合,结合处未出现混凝土施工缝,墙体可承受有压水。

双钢模管互导的核心技术是要解决两根钢模管贴面因摩擦力导致相互带动的问题,为避免后沉的钢模管带动前沉的钢模管跟随,在沉入土层及振动上拔时,钢模管带动土层中尚未放置钢筋与浇灌混凝土的钢模管也跟着上升,两根钢模管贴面是由点控制,贴面间有2~3 mm的空隙,使贴面间的摩擦力为零,可完全消除相互带动的问题。

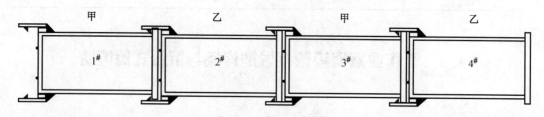

图4-18　双钢模管互导施工顺序

2）挤土型薄壁墙适用地质条件

该技术适用的地质条件为黏土、粉质黏土与粉土,优势明显的土层为饱和软土($e \geqslant 1.0$ 且 $\omega_0 > I_L$)地层,淤泥质或淤泥质深厚软黏土地层。不适用山丘地基颗粒土(砂、砾砂、碎石、卵石、圆砾等)地层。

3）挤土型薄壁墙的应用范围

(1) 深基坑围护工程:用于基坑围护工程的墙厚为 400～500 mm 薄壁地下连续墙,用预制可脱卸钢筋混凝土桩靴封口的挤土式工艺,因混凝土在初凝前进行无接缝连接,具有可靠的防渗性能,又可作为地下室的侧壁墙体结构,达到支护、防渗、合墙的三合一功能。将成为深基坑围护工程临时性技术单一措施,成为地下室工程的墙体一部分(一般另需施工钢筋混凝土薄衬墙),可节省大批建材,从而降低工程造价。

(2) 病患水库防渗加固工程:目前建成各类水库 90 000 余座,其中小型水库 81 000 座,占水库总数的 96.2%。有病险水库 30 413 座,约占水库总数的 36%。据统计在 1954—2003 年之间的 50 年中,共发生溃坝事故 3 481 起。土坝渗漏表现形式及渗漏问题,常表现在以下方面:

① 土坝建成蓄水后,由于选取土料物理力学指标不当,致使浸润线常高于设计的浸润线水位,导致渗流从坝的下游坡面溢出,使下游坡堤失稳。

② 坝基和坝身产生危害性渗透变形,导致坝基或坝身掏空破坏。

③ 往往认为土坝对基础要求不高,因而忽视工程与水文地质条件及其基础的防渗处理,造成基础漏水。

(3) 水库工程的防渗加固技术:可选用墙厚 250～500 mm 的薄壁地下连续墙,因混凝土在初凝前进行无接缝咬合连接,具有可靠的防渗性能,可达到防渗加固的工程要求。效率高,如加固深度为 20 m,每日可完成加固延长米达 10～15 m。

2. 双钢模管互导沉管式地下连续墙工艺装备

(1) 施工的桩机可以是履带式桩机,也可以是液压步履多功能静压桩机。具体可详见第 8 章相关介绍。

(2) 偏心力矩无级可调电驱振动锤。EP(DZJ)系列的 EP90、EP120、EP200 型号的是偏心力矩无级可调电驱振动锤。偏心力矩无级可调电驱振动锤的最大特点是利用液压控制偏心变换装置,可实现“零”启动,“零”停机及运行过程中从零至最大值之间任意无级调节偏心力矩。大型振动桩锤激振器采用卧式结构,整机重心低,稳定性好,配以横梁式减振系统,使整机高度大幅减小。

(3) 液压活动夹具。因施工异形截面支护桩须多次从钢模管上口进入提土装置、提出土体、从钢模管上口放置钢筋笼,二次从钢模管上口浇灌混凝土等工作,必须通过活动钢管夹具连接钢模管上口。液压活动夹具是专用桩机不可缺少的装备,是专用桩机的主要组成部件。

(4) 钢模管。钢模管截面的尺寸按矩形(表 4-9),所选截面为加工好的钢模管。

表 4-9 薄壁地下连续墙钢模管截面表

截面 $B \times H$/(mm×mm)	250×600	300×600	350×600	400×600	500×700
墙厚/mm	250	300	350	400	500

3. 沉管挤土型薄壁地下连续墙成墙程序

沉管式挤土的薄壁地下连续墙的墙厚为 250～500 mm,适用于挤土对邻周影响有要求但要求并不很高的场地。按双钢模管互导工序进行施工,具体如下:

图 4-19 混凝土桩靴

(1) 桩机在 1# 工位,将甲钢模管吊起套入预埋混凝土桩靴(图 4-19);校正甲钢模管的垂直度后加压振动沉入至设计标高,并检查甲钢模管内有否进泥或进水。

(2) 桩机在 2# 工位吊起乙钢模管的混凝土桩靴后,将钢模管截面的虎口端套入甲钢模管截面的平板端,校正乙钢模管的垂直;乙钢模管加压振动沉入与甲钢模管相同的设计标高。

(3) 桩机退回至 1# 工位,在甲钢模管内放置钢筋骨架与浇灌混凝土,振动拔出甲矩形钢模管。拔出后,由桩机带着甲矩形钢模管进入 3# 工位。

(4) 桩机在 3# 工位后预埋的混凝土桩靴,将拔出的甲矩形钢模管截面的虎口端套入乙钢模管截面的平板端,沿着乙矩形钢模管管的平板端卡口为导向将甲矩形钢模管加压振动沉入土层,直至设计标高。

(5) 桩机退回到 2# 工位,在乙钢模管内放置钢筋骨架与浇灌混凝土,振动拔出乙钢模管。依次类推完成连续的整墙。成墙后截面如图 4-20 所示。

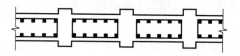

图 4-20 成墙后截面图

4.4.1.2 工程实例

1. 工程概况

宁波繁景花园拓展红楼为高层公寓,地上 15 层和地下室一层,基坑开挖深度 5.2 m,采用沉管式薄壁地下连续墙,墙厚 400 mm,墙深 10.5 m,墙底需进入较好土层即粉质黏土 0.5～1 m,墙穿越土层是淤泥、淤质黏土的高压缩性流动性土。墙后每 3 m 沉入一根矩形灌注桩,桩长 11.5 m,与薄壁地下连续墙组成自立式支护体系。地下连续墙与地下室侧壁合一,成为支护、防渗与合墙(后做 100～150 mm 衬墙)三合一的薄壁地下连续墙基坑围护体系。

2. 地质概况

根据宁波市建筑设计院勘察分院提供的地质条件:

第①-1 层:填土,以黏土为主,夹少量瓦砾,厚度为 0.5～0.8 m。

第①-2 层:黏土,灰黄色,软可塑,高压缩性土,含植物根茎,地表(农田)以下约 0.30 m 厚耕土,分布整个区域,层厚 0.7～1.10 m,土性指标:$\gamma=18.1$ kN/m^3;$\varphi=8°$;$c=15$ kPa。

第②-1 层:淤泥,流塑,高压缩性土,局部含泥灰质,含有机质及腐殖物根茎,厚度 2.00～2.50 m,土性指标:$\gamma=16.1$ kN/m^3;$\varphi=9°$;$c=5$ kPa。

第②-2 层:黏土,灰色,流塑,高压缩性土,含有机质及腐殖物根茎,厚度为 1.00～1.30 m,土性指标:$\gamma=18.2$ kN/m^3;$\varphi=8°$;$c=16$ kPa。

第②-3 层:淤泥质黏土,灰色,流塑,高压缩性,含有机质,厚度为 1.30～9.40 m,土性指标：$\gamma=17.3$ kN/m³；$\varphi=8°$；$c=8$ kPa。

第③层：粉质黏土（黏质粉土），灰色，流塑，高压缩性，含有机质，厚度为 0.80～1.30 m，土性指标：$\gamma=18.8$ kN/m³；$\varphi=20°$；$c=7$ kPa。

3. 成墙施工

采用常用的多功能静压桩机，按程序施工地下连续墙。因地处市区，不能日夜连续施工，白天施工到最后 1 根钢模管内浇灌缓凝混凝土，保证次日顺利拔出钢模管，对成墙质量不受影响。每天可施工支护墙为 13.2 m，效率高。

4. 基坑开挖与监测

基坑延周共 280 m，均布 8 个测点，每个测点自上而下每米设一个位移监测点，设计计算控制位移量为 60～120 mm。土方施工完成后于 1996 年 8 月 17 日做完垫层。因开发商适应市场要求，对原设计建筑套型作重大变更，即使基坑工程已完成（图 4-21），但不能浇筑地下室底板。

图 4-21　土方开挖后地连墙效果

由于变更导致长时间停工，经过连续雨天、场地积水的考验，未发现墙面渗漏，直至 11 月 15 日开始继续施工，而原开挖深度 5.2 m，须增大至 6.5 m，原设计自立式基坑工程的位移控制在 100 mm 以内，因基坑土方挖至坑底长时间经过连续雨天和场地积水浸泡，又将开挖深度加深至 6.5 m，基坑工程沿周埋设的深层土体最大位移（表 4-10）。从监测资料得知基坑位移量已达到设计控制位移量，如 6# 测点超出控制范围。其原因为基坑晾晒了 3 个月，后又增大开挖深度使基坑工程位移在继续增大。

表 4-10　基坑工程沿周埋设的深层土体最大位移表　　mm

测点 深度（m）	1#	2#	3#	4#	5#	6#	7#	8#
1	80.71	71.02	57.53	24.85	42.13	126.16	90.43	106.26
2	93.56	61.23	58.72	36.09	49.33	146.21	106.79	92.26
3	85.47	56.82	55.41	39.4	44.27	146.47	108.88	80.87
4	65.61	50.77	50.81	34.40	37.07	137.58	99.95	73.35
5	51.98	51.43	48.66	31.24	33.96	133.37	85.91	67.63

5. 实例工程的结论

（1）干作业薄壁地下连续墙作为三合一（支护、防渗与合墙）的支护体系，初步实践证明是可行的，开挖后显示的实体墙面见图 4-21。

（2）经过近 20 年地下室正常使用，证明是可靠有效的，作为满足施工要求的临时性技术措施的深基坑支护技术参与主体结构，是节约资源有效途径。

（3）本工程经结算节省工程造价 100 余万元。

（4）双钢模管互导沉管式薄壁地下连续墙是节能减排新工艺。作为支护、防渗、合墙的三合一薄壁地下连续墙的基坑围护体系，地下室建成至今已达 20 年，未发现墙面渗漏等情况。

4.4.1.3 双钢模管互导沉管式地下连续墙施工的要求

1. 施工要求

（1）为减少地下连续墙截面配筋量，按计算的弯矩包络图配置截面钢筋，在矩形钢模管内放置钢筋骨架，因矩形截面的配筋为不对称配筋，需注意放置时候的方向性。钢筋骨架制作按现行施工规范要求。

（2）混凝土制作：混凝土的坍落度为150～180 mm，混凝土的初凝时间2～4 h。采用商品混凝土泵送为最佳，也可直接浇灌在钢模管内施工。混凝土泵送要求：混凝土泵一般选用泵压小于 7 N/mm² 的中压式柱塞泵，压灌流态混凝土时，可选用混凝土排量为 30～60 m³/h，水平输送距为 200～500 m，竖向输送距为 50～100 m 的中压柱塞泵。输送管道的管径根据混凝土排量、泵送压力和混凝土骨料最大粒径确定。

（3）钢模管内浇灌混凝土的高度由以计算墙体混凝土量控制：钢模管高度的余留长度充足，应一次性灌满再进行拔管施工；余留长度不充足，则先灌足，当钢模管拔出一定高度及时补足混凝土，保证钢模管内混凝土最大自重压力，使成桩质量可靠。

（4）拔管施工为振动上拔：拔管施工为振动上拔，确保混凝土密实性，又可减小拔管阻力。

2. 矩形钢模管制作要求

（1）矩形钢模管宜用锰钢材质，确保矩形钢模管不变形，但锰钢材质可焊性差，应采用相应合金焊条焊接，以确保焊接质量。

（2）双钢模管互导可配性要适宜，余留间隙要恰当，尤其是相邻导向接触的钢模管之间为点接触，使两钢模管之间摩擦力近似零，保证沉拔过程不出现带动。

3. 矩形钢模管沉拔施工要求

（1）对于墙厚600～1 000 mm地下连续墙，施工机械宜用多功能液压步履静压桩机，宜配置高频液压振动锤为最佳，配置的电动振动锤宜激振力≥280(kN)电动锤。

（2）沉入矩形钢模管要控制上口两钢模管之间的间隙距离，随时调整。

（3）需停止施工前，需将两根钢模管均沉入土中，待次日继续施工。

4.4.1.4 取土装置与构造

（1）提土装置与构造（图8-22）。采用提土器与钢模管协同工作是非挤土型成墙工艺，其构造有无格挡提土器与有格挡提土器。两种提土器在施工时根据土性指标与提出土体的弃土选取相应提土器。

（2）排土装置与构造（图8-23）。排土装置适用于土体在振动或压力状态下可液化的土体，并且成桩深度受局限。高频振压干排土的装置由短矩形钢管（比矩形钢管内径小30 mm）与喇叭状短钢管的大口连接而成，喇叭状钢的小口与排土管焊接连接。排土管连接通过连接点与出土口管连接，管顶焊接钢板封上管口。短矩形钢管的外周设有橡胶密封条，安装有进气管，上拔排土装置时让空气进入底部，避免上拔时产生强的负压（类似抽真空），即组成完整的排土装置。

4.4.1.5 成墙施工顺序

干排土施工墙厚在 600～1 000 mm 范围地下连续墙施工，下面对施工步骤进行说明：

（1）先放样定位设置好控制点，沿纵轴的设计墙厚中心各放大 200 mm，将其范围内的地表硬壳层及形成土塞条件的土体清除掉，让淤泥质土体进入钢模管。

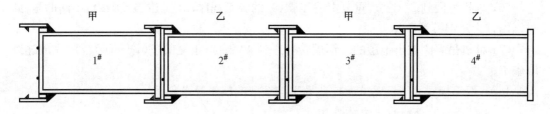

图 4-22　互导成墙施工顺序

(2) 桩机在 1# 工位就位,吊起甲钢模管落在定位轴线上,插入土层,微调垂直度,加压振动将甲钢模管沉入土层至要求的标高,土体进入甲钢模管内。

(3) 桩机行进到 2# 工位,吊起乙钢模管的截面虎口端套入甲钢模管的截面平板端,控制好乙钢模管的垂直度,缓慢沿导向沉入土层至设计高程,土体进入乙钢模管内。

(4) 桩机返回到 1# 工位,桩机吊起干排土装置插入甲钢模管内,加压振动沉入甲钢模管内的土层中,甲钢模管内被高频振动液化的土体在封闭压力下,由排土口挤出排至地面,排土装置超出管底 300 mm 终止,将排土装置全部拔出土层,甲钢模管内土体已全部取净,放置钢筋笼,浇灌混凝土振动拔出甲钢模管出地面。

(5) 桩机吊着刚拔出土层的甲钢模管行进到 3# 工位,甲钢模管的截面虎口端套入乙钢模管的截面平板扣端,控制好甲钢模管的垂直度,缓慢地沿导向沉入土层至设计高程,土体进入乙钢模管内。

(6) 桩机返回到 2# 工位,重复上述步骤(4)的施工程序;2# 工位与步骤(4)不同的是,此时钢模管为乙钢模管。

(7) 桩机吊着刚拔出土层的乙钢模管行进到 4# 工位,重复前述(1)～(6)程序完成连续墙施工。

4.4.1.6　用无格挡提土器施工地下连续墙施工步骤

干提土施工的地下连续墙厚度一般在 600～1 000 mm 范围,对施工步骤进行说明:

(1) 先放样定位设置好控制点,沿纵轴的设计墙厚中心各放大 200 mm,将其范围内的地表硬壳层及形成土塞条件的土体清除掉,让淤泥质土体进入钢模管。

(2) 桩机在 1# 工位就位,吊起甲钢模管落在定位轴线上,插入土层,微调至垂直,加压振动将甲钢模管沉入土层至要求的标高,土体进入甲钢模管内。

(3) 桩机行进到 2# 工位,吊起乙钢模管的截面虎口端套入甲钢模管的截面平板端,控制好乙钢模管的垂直度,缓慢沿导向沉入土层至设计高程,土体进入乙钢模管内。

(4) 桩机返回到 1# 工位,吊起无格挡提土器插入甲钢模管内,加压振动沉入提土器,直至顶部与管口平,振动上拔至一定高度,提土器内土体失稳从无格挡侧倾倒弃土(图 8-22d),提土器重新插入甲钢模管内,用接长杆接长取甲钢模管插入深层土体,上拔提土器,使土体出管口后失稳倾倒而弃土,直至甲钢模管内土体全部取净,放置钢筋笼,浇灌混凝土振动拔出甲钢模管出地面。

(5) 桩机吊着刚拔出土层的甲钢模管行进到 3# 工位,甲钢模管的截面虎口端套入乙钢模管的截面平板端,控制好甲钢模管的垂直度,缓慢地沿导向沉入土层至设计高程,土体进入乙钢模管内。

（6）桩机返回到 $2^\#$ 工位，重复上述步骤（4）的施工程序；$2^\#$ 工位与步骤（4）不同的是，此时钢模管为乙钢模管。

（7）桩机吊着刚拔出土层的乙钢模管行进到 $4^\#$ 工位，重复前述（1）～（6）程序完成连续墙施工。

4.4.1.7　双钢模管互导沉管式干作业地下连续墙的技术经济分析

1. 变厚墙与等厚墙的受力特性分析

（1）从受弯计算中受力钢筋的 h_0 分析。矩形咬合桩墙为间隔变厚的地连墙，从承受弯矩和工程量分析，采用间隔变厚的地连墙是最为经济的。例如 700 mm 厚地连墙与 450 mm×800 mm 矩形咬合桩墙对比：

450 mm×800 mm 矩形咬合桩的平均墙厚＝(0.45×0.8＋0.3×0.3)/0.65＝0.692 m（包括咬合切去 0.1 m）与 0.7 m 厚地连墙的厚度相等，但受弯计算中受力钢筋的 h_0 相差甚远，700 mm 截面高的 h_0 的平方值远小于 800 mm 截面高的 h_0 的平方值，说明 450 mm×800 mm 矩形咬合桩的地连墙的总截面配筋量小于 700 mm 等厚地连墙总的截面配筋量。

（2）施工墙的造价对比：按墙厚计算，二者厚度几乎相同，工程量也相同。由于不同的施工工艺，矩形咬合桩墙呈间隔变厚的地连墙，其施工用沉管式施工，每立米地连墙施工的综合单位均为 1 200～1 500 元/m³。常规施工的地连墙，须先施工导墙，在导墙内抓斗取土，泥浆护壁施工，其每立米地连墙施工的综合单位≥2 000 元/m³。

相同工程量的每立方米钢筋混凝土墙体施工综合单价相比相差 1/4～2/5，降低造价成本是研究矩形咬合桩地连墙的意义之一。

（3）工效与环保：根据宁波地区多个施工应用实例统计，一般用沉管式施工 30 m 墙深的矩形咬合桩墙一天可完成 12～15 m；而相同深度的地连墙采取传统的地连墙施工工艺，在导墙内抓斗取土，泥浆护壁施工，一天可完成一槽段（每槽段约 6 m）。沉管式施工地连墙比传统地连墙施工效率可提高 1～1.5 倍。

用沉管式施工的矩形咬合桩墙因均在混凝土初凝前咬合，从而不会存在施工冷缝，从而防渗能力优于泥浆护壁的地连墙；又因取土施工，没有护壁泥浆对城市污染，是一项环保施工技术。

2. 双钢模管互导管式干作业地连墙与泥浆护壁施工的地连墙

双钢模管互导管式干作业地连墙与泥浆护壁施工的地连墙都是等厚度地连墙，计算配筋与混凝土量均相同，不同的是施工工艺，以致产生的效果也不同。具体可进行下述对比分析：

（1）施工墙的造价对比：由于施工工艺不同，双钢模管互导施工的地连墙，属沉管式施工工艺，墙体施工的综合单价为 1 300～1 600 元/m³；常规施工的地连墙先施工导墙，在导墙内抓斗取土施工，浇灌制作好的泥浆对导墙内两侧土体进行护壁，墙体施工的综合单价为 2 000～2 500 元/m³。

（2）工效与环保：常规施工的地连墙，在导墙内抓斗取土，泥浆护壁施工的地连墙一天可完成一槽段（每一槽段长度为 6 m），施工效率低；用双钢模管互导施工 30 m 墙深的矩形咬合桩地连墙一天可完成 12～15 m，施工效率高。

用双钢模管互导施工的地连墙，因后墙与前墙均在混凝土初凝前咬合，没有施工缝，防渗能力优于泥浆护壁的地连墙；又因取土施工，无泥浆污染，是一项绿色环保的新颖施工技术。

4.4.2   篱笆式干作业地下连续墙与防渗帷幕

4.4.2.1   篱笆式干作业地下连续墙

1. 篱笆式地连墙的简述

1) 地下连续墙技术发展史与目标

1950 年，意大利首先采用桩排式地下连续墙，但存在整体性差、接缝多、影响防渗和整体刚度，后来逐步发展为导板抓斗成槽的单元槽段式地下连续墙施工。该技术自 1959 年引进中国，特别是中国改革开放以后地下连续墙技术得到高速发展，先进的施工机械装备与计算机技术的结合，确保了成墙施工的质量。在导墙内槽壁用泥浆护壁及用导管进行水下混凝土施工的成墙工艺延续至今。

2) 探索无泥浆施工技术

1996 年 5 月 17 日—5 月 29 日，上海隧道施工技术研究所与浙江华展地下工程院（原宁波市机电工业研究设计院）合作，在上海浦东阳高路工地试验无泥浆成墙施工技术，试验取得预期目标，但自此未在工程中再次得到应用。

时隔近 20 年发表试验结果，希望能够引起更多岩土工程界的同仁关注和共同探索无泥浆施工技术。技术的发展须不断探索、实践与总结，使其逐步成为成熟的无泥浆施工成墙技术。

3) 深基坑围护工程

在深厚软土地层施工城市轨道交通的站台基坑与高层超高层地下室基坑工程，一般采用地下连续墙支护技术，存在槽段护壁、废弃泥浆排放、水下混凝土浇筑质量可靠性问题等。

4) 篱笆式结构围护体系

篱笆式结构围护体系围绕无泥浆成墙施工技术，在深厚软土地层可有效解决槽段护壁、废弃泥浆排放、地下隐蔽施工难观测、水下混凝土浇筑质量可靠性差等一系列问题，使成墙质量可控可测，施工过程环保无污染。

篱笆桩（锁口桩）可进入坚硬的土层确保墙体的稳定性，可减少整墙墙体（篱笆）的插入土深度，可达到节材节能、降低工程造价的目的。

浙江省建筑设计研究院在基坑工程中应用带"腿"式的地连墙（形似篱笆式墙），在导墙内将桩与地连墙进行结合。桩可以进入更深层的土体中，保证地连墙的稳定，而地连墙的深度以满足基坑内土体稳定，可较大比例减少地连墙整墙的插土深度，从而降低基坑围护成本。

5) 篱笆式地下连续墙施工的钢侧板

试验时篱笆式地下连续墙施工的钢侧板由 $10^{\#}$ 槽钢焊接成宽 3 m 的矩形骨架，再在单面焊接厚 5 mm 钢板（即墙内侧方向），墙外侧因无钢板。采用螺栓连接上下钢侧板，从而组成篱笆式地下连续墙施工的钢侧板。为使成墙厚度不受钢侧板厚度的影响，底部钢侧板须与 20 mm 厚、高 500 mm、宽 3 000 mm 焊接过渡，矩形骨架单面焊接厚 5 mm 钢板加密槽钢间距使厚 5 mm 钢板按单向连续板验算满足钢板的变形。钢侧板的厚度为 105 mm，仅将钢侧板 3 m 宽改为 2 m 宽，开挖上述深度基坑的钢侧板的变形均能满足要求，如图 4-23 所示。

6) 篱笆式地下连续墙的稳定性验算

篱笆桩与墙整体连接后可减少地连墙整墙插入土层的深度。用预制钢筋混凝土工形

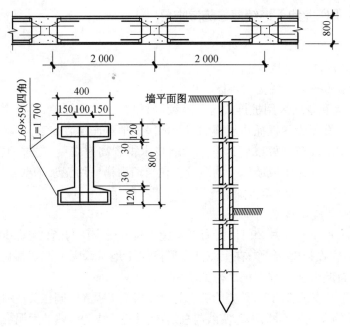

图 4-23　篱笆式地下连续墙构造图

桩作为地下连续墙的篱笆桩,可以提高地下连续墙稳定性的任务。地下连续墙插入土层的深度须满足坑内土体隆起稳定性的要求、作用在墙面上的土压力需换算成工形篱笆桩截面的宽度,再用静力平衡求算篱笆桩的插入深度。一般篱笆式地下连续墙的篱笆桩的插入深度均很深方可满足稳定性的要求。

　　2. 篱笆式干作业地下连续墙成墙施工试验

　　1) 篱笆式干作业地下连续墙成墙施工程序

　　成墙程序的步骤如下(图 4-24):

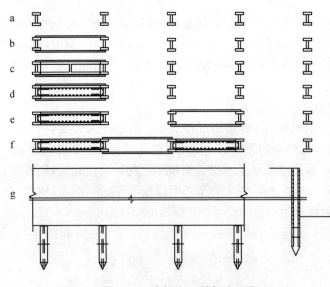

图 4-24　成桩施工顺序平面图

　　(1) 按锁口桩的桩距(即槽幅宽)和坐标,将锁口桩(钢或钢筋混凝土)沉入设计高程,并紧贴锁口桩的两侧沉入钢制支护板至设计高程。

　　(2) 锁口桩与钢支护侧桩围护的土体用专用取土器取出,直至设计高程,并清洗干净。

　　(3) 在槽段内放置钢筋骨架,浇灌成墙混凝土。

　　(4) 振动拔出钢支护侧板成墙,转入相隔槽段沉入钢支护侧板。

　　(5) 转入中间槽段重复步骤(2)—(4)。

试验时锁口桩采用液压沉管施工,配长 26 m 的 Φ790 mm 钢管。静压沉管入土 22 m 时最大沉管压力为 981.6 kN,休止一周(讨论试验方案)后继续沉管至 26 m 时,最大沉管压力为 2 650 kN。钢支护侧板先静压沉入紧贴锁口管 1.8 m 高的导向板,再接钢支护侧板,入土深度 21.8m,最大沉板压力为 1 914 kN。东侧板紧靠锁口管,西侧板入土 10 m,当发现导向板未紧贴锁口管,有离缝和漏土现象时,及时用干海带编绳嵌缝作补缝处理,按预案挖土深至 20 m 终止,混凝土浇灌后,拔出钢支护侧板即成墙(拔钢侧板最大拔力为 2 273 kN)。

图 4-25　取土器构造(取土深度达 19.8m)　　图 4-26　一次取土 1.5~2 m³

2) 沉(锁口桩)管与沉支护侧板施工挤土影响监测

(1) 地表土体沉降监测如图 4-27 所示。

① 监测范围内的地面土最大隆起量为 20 mm。

② 锁口管沉入产生的地面土隆起量占总隆起量的 70%。如施工过程中锁口管采用工字形截面,则隆起量可减小许多。

③ 静压桩机重达 3 200 kN,作用在地面压力达 25 kPa,沉管(沉侧板)桩机行走对测点影响大,以至于对远离的土层也产生了较大隆起。

(2) 土体分层沉降:如图 4-29 所示,根据 A1 测点分层沉降监测结果分析,在地表以下 6 m 处最大土体上升量为

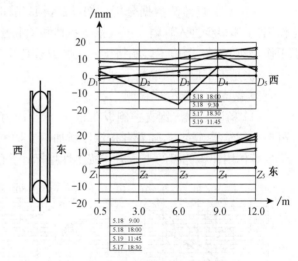

图 4-27　地表土体沉降监测

49.5 mm,24 小时后降至 4 mm;地表下 10 m 处最大土体下沉量 42.5 mm,24 h 后增至 69.5 mm,直至地表下 18 m 还存在 7.5 mm 下沉量。追其原因是由钢侧板与锁口钢管 10 m 处因沉板离锁口管约有 100 mm 缝隙,产生一定量的漏土而产生土体下沉所致。

(3) 土的孔隙水压监测。从图 4-28 可知,当沉入锁口管(Φ790)时,K1 测点由 0.125 MPa 升压至 0.21 MPa,K2 测点由 0.178 MPa 升压至 0.197 MPa,但过了 3 h 降压很快,K1 测点降至原渗压力,K2 测点比原渗压力还低。当沉入钢侧板时,压力略有上升,但变化不大,影响很小。主要影响来自沉锁口管,所以宜用工字形截面的锁口桩,减少对邻周挤土影响。

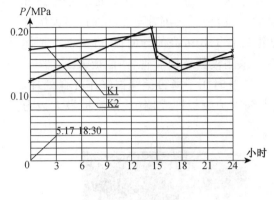

图 4-28 土的空隙水压监测图

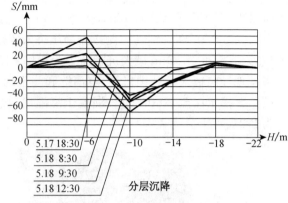

图 4-29 土体分层沉降监测图

（4）深层土体位移监测。测点布置在钢侧板宽中的两侧（A_0和B_0测点），距钢侧板距离 1 m。从监测结果可知，最大土体水平位移在地表下 14 m 处，其中 A_0 测点最大水平位移 76.15 mm，B_0 测点土体最大水平位移 52.2 mm，相当于钢侧板厚度的 2/3～1/2（钢侧板厚度为 110 mm）。

通过对上述监测数据分析可知，沉入锁口管时挤土影响最大，主要是锁口管存在土塞作用，土体很少进入管内。沉入钢支护侧板对挤土影响相当于沉入锁口管的 1/2。篱笆式干作业地下连续墙施工影响挤土的主要因素是锁口桩的截面，钢工字形截面对挤土影响最小，其次是工字形钢筋混凝土截面。

3）钢支护侧板变形检测

（1）监测数据。钢支护侧板在 20 m 深土压力作用下发生变形，钢支护侧板在深度≤10 m 时实测结果无变形，随着开挖深度增加钢支护侧板的变形逐渐增大。按钢支护侧板的变形反算作用在钢侧板的土压力与按土性指标计算的土压力如图 4-30、图 4-31 所示。

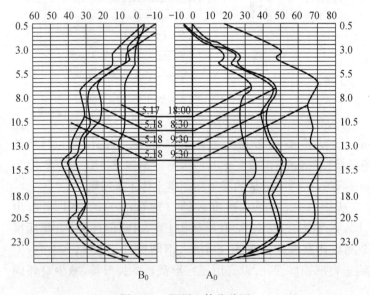

图 4-30 深层土体位移图

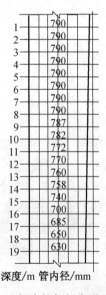

图 4-31 钢支护侧板变形监测图

（2）按钢侧板应力控制在 1 700 kg/cm² 土压力与变形如表 4-11 所示。

表 4-11　钢侧板应力控制在 1 700 kg/cm² 土压力与变形表

槽段中心/m	计算净跨/m	承受侧向土压力/kPa	钢侧板变形/cm	f/L
3.0	2.6	101.2	4.7	1/55
2.4	2.0	171.2	2.79	1/72
2.0	1.6	267.4	1.78	1/90

3. 篱笆式干作业地下连续墙试验的现实意义

（1）本技术从很大程度上弥补导墙、导板抓斗与泥浆护壁、水下混凝土浇筑成墙等传统地连墙的缺陷工艺，不仅达到节省建材资源实现节能，而且实现无泥浆排放实现减排的环保要求。成墙质量可大幅度提高，篱笆式干作业地下连续墙施工是将传统工艺从地下隐蔽施工带来众多的成墙质量问题，篱笆式干作业工艺类似将墙体拿到地面明示施工、质量可控、直观检测、使成墙质量大幅度提高。该技术是一种新颖的地连墙发展方向。

（2）篱笆式干作业地下连续墙试验与检测证明 3 m 宽钢支护侧板的变形很大，须增加钢支护侧板的厚度才能解决深层土压力作用下的钢支护侧板的变形问题，也可将钢支护侧板宽度由 3 m 改为 2 m 宽，侧板的强度和变形均可满足工程要求。

（3）用钢筋混凝土工形锁口桩作篱笆桩与墙整体连接，增强整体地连墙的刚度。地连墙为减少整墙插入深度，常用长短幅组合，但经济性不如篱笆式地连墙减少墙体混凝土量显著，达到节材节能、降低成本的目的。

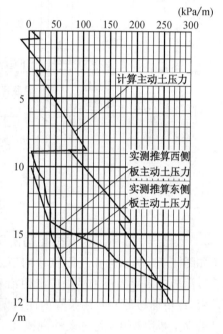

图 4-32　土压力监测图

4.4.2.2 薄壁无接缝防渗帷幕技术

1. 薄壁无接缝防渗帷幕的背景与成幕装置

1）研发薄壁无接缝防渗帷幕技术背景

1998 年，长江、嫩江、松花江均发生了特大洪水，江岸在持续高水位压力作用下多处发生"管涌"而引发溃堤，人民生命财产受到重大损失。

当年研究治理易引起"管涌"地质条件江岸，由"双插板互导"施工防渗帷幕，插板见图 4-33。在成幕工艺性试验成功后，在长江大堤安徽段施工 450 m 的岸段，幕深 18 m、幕厚 120 mm，一天可完成 60 延长米的岸段。引进的国外设备（设备价为当时港币 1 500 万元/台），是用单插板完成防渗帷幕施工，平面内可用搭接连续，平面外（侧向）80～100 mm 厚度，但在 18 m 深度无法保证有效搭接质量。而"双插板互导"即可保证等厚度的防渗帷幕，优于国外技术，而施工设备价格不足 50 万元。可生产薄壁防渗帷幕专用桩机是有大的市场,如我国千万座中小型土坝水库用防渗帷幕对水库进行防渗加固,大有市场前景。

2）薄壁无接缝防渗帷幕的成幕装置

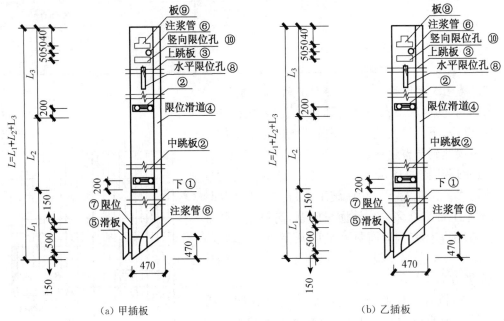

（a）甲插板　　　　　　　　（b）乙插板

图 4-33　钢插板示意图

如图 4-33 所示为完全相同的甲、乙二块插板,如图 4-34 所示为相互限位导向节点。乙插板的⑤号滑板插入甲插板④号限位滑道沿着滑道沉入乙插板,在甲插板的⑥号注浆管内注入柔性混凝土;同时振动上拔甲插板,此时柔性混凝土充填土中因插板上拔留出的空间。将拔出土层的甲插板插入乙插板④号限位滑道沿着滑道将甲插板沉入。重复上述程序完成薄壁无接缝的防渗帷幕。

（1）帷幕墙厚度:薄壁无接缝防渗帷幕墙厚度如表 4-12 所示。

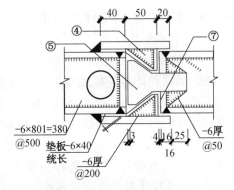

图 4-34　相互限位导向节点图

表 4-12　薄壁无接缝防渗帷幕幕墙厚度　　　　　　　mm

插板厚度	80	100	120	150
帷幕宽度	500	500	500	500

（2）柔性混凝土:防渗帷幕墙的柔性混凝土是由水泥、粉煤灰、砂、淤泥或膨润土、纤维丝（抗拉纤维丝）及水按配合比例制成的砂浆液,混凝土 28 天强度≥3 MPa,帷幕墙的不裂的弯曲率≥5%。在施工前须做多组级配的柔性混凝土,应由级配试验确定柔性混凝土的配合比进行防渗帷幕墙的施工。

（3）钢插板的构造:如图 4-33 的钢插板,由上段、中段与下段钢插板组成,厚度见表

4-12。板宽 470 mm,成帷幕墙每根宽为 500 mm,运至工地插接用螺栓固定为甲、乙钢插板,每块插板内安装上下贯通的注浆管。管端构造如图 4-36 所示。

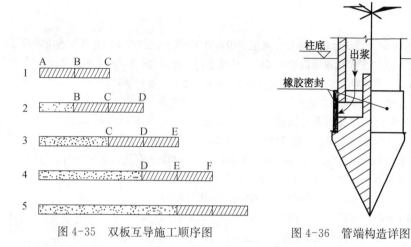

图 4-35　双板互导施工顺序图　　　　图 4-36　管端构造详图

2. 防渗帷幕施工工艺

结合图 4-33 中的甲、乙钢制插板,图 4-34 的相互限位导向节点图以及按图 4-35 的双板互导施工顺序图介绍防渗帷幕墙的施工:

第 1 步:甲插板在(A～B 段)振压沉入土层,插板乙在(B～C 段)乙插板的⑤号滑板插入甲插板的④号限位滑道沿着滑道沉入土层的乙插板。

第 2 步:桩机退回到(A～B 段),在甲插板注浆管内(A～B 段)注入柔性混凝土、同时振动上拔甲插板,柔性混凝土充填甲插板上拔留下的空间,直至全部拔出后即形成(A～B 段)防渗帷幕墙。

第 3 步:桩机带着拔出土层的甲插板进入(C～D 段)甲插板的⑤号滑板插入乙插板④号限位滑道沿着滑道沉入土层的甲插板。桩机退回到(B～C 段),在乙插板注入柔性混凝土的同时振动上拔乙插板,柔性混凝土充填乙插板上拔留下的空间,直至全部拔出,可在(A～B 段)放置注浆管同时从侧向补浆即形成(B～C 段)防渗帷幕墙。

第 4 步:桩机带着拔出土层的乙插板进入(D～E 段)乙插板的⑤号滑板插入甲插板④号限位滑道沿着滑道沉入土层的甲插板。桩机回到(C～D 段),在乙插板注入与侧向补灌柔性混凝土的同时振动上拔乙插板,柔性混凝土充填乙插板上拔留下的空间,直至全部拔出,同时在(A～B 段)放置注浆管同时侧向补浆即形成(C～D 段)防渗帷幕墙。

第 5 步:重复上述程序即形成无接缝防渗帷幕墙。

3. 防渗帷幕施工技术要点

(1) 图 4-33 完全相同的甲、乙两块插板通过甲、乙两块插板套接为点接触,使甲乙插板之间摩擦力近似为零,沉拔插板时相邻插板不受带动影响。

(2) 上拔第一块插板时须依靠插板上注浆管注入柔性混凝土,以后可采用外灌柔性混凝土,利用流动性柔性混凝土充填插板上拔留下的空间,可提高无接缝防渗帷幕墙的施工效率。

(3) 柔性混凝土为缓凝混凝土,混凝土初凝时间≥8 h。

（4）收工时须将两块插板均沉入土中，柔性混凝土刚初凝，不影响振动拔板，振动拔板前紧靠插板预埋注浆管，先压灌柔性混凝土的同时缓慢拔管。

参 考 文 献

［1］GB 50007—2002　建筑地基基础设计规范中国标准书号［S］.北京:中国建筑工业出版社,2009.

［2］DB33/1001—2003　浙江省建筑地基基础设计规范［S］.杭州:浙江省城乡和住房建设厅,2003.

［3］JGJ 120—99　建筑基坑支护技术规程［S］.北京:中国建筑工业出版社,1999.

［4］JGJ 120—2012　建筑基坑支护技术规程［S］.北京:中国建筑工业出版社,2012.

［5］DB33/T 1008—2000　浙江省建筑基坑工程技术规程［S］.杭州:浙江省城乡和住房建设厅,2000.

［6］孔清华.一种钢筋混凝土咬合筒桩灌注桩:中国,200910095824.0［P］.2009-08-12.

［7］孔清华.钢管护壁干取土灌注柱成桩装置:中国,200820122183.4［P］.2009-05-06.

［8］孔超.双钢模管互导干提土地下连续墙:中国,201410211000.6［P］.2014-10-01.

［9］孔清华.桩基施工的取土装置:中国,92206682.5［P］.1992-10-21.

［10］孔清华.取土植桩高效提土器:中国,93241249.1［P］.1994-07-20.

［11］孔清华.干作业地下连续墙成墙方法及其装置:中国,94101730.3［P］.1994-11-16.

［12］孔清华.地下薄壁防渗帷幕装置:中国,99202737.3［P］.2000-01-26.

［13］孔清华.干作业篱笆式 KWW 地下连续墙成槽装置:中国,95226020.4［P］.1997-09-24.

5 螺旋沉拔施工的压灌混凝土桩与双动力套管跟进凿岩桩

本章提要

　　本章是以螺旋沉拔施工的正转旋拧沉入土层,正转上拔压灌混凝土后插筋的长螺旋桩,以及适用于山丘颗粒土地层施工的粗螺纹钻杆的长螺旋桩、大扭矩的长螺旋桩。减少扭矩带结合子的短截粗螺纹钻头、正反粗螺纹钻头、锥底状钻头接光管钻杆的短螺旋桩。长短螺纹组合的螺旋桩,正转旋拧沉入土层,反转旋拧上退带螺纹的灌注桩。双动力套管跟进的潜孔锤高速凿岩的嵌岩灌注桩、植入高强预应力管桩的嵌岩管桩等。以螺旋沉拔施工各类桩型的发展历史、施工程序、适用条件、桩承载力值与成桩质量的可靠性分析。

5.1　螺旋沉拔施工与长螺旋桩压灌混凝土灌注桩

5.1.1　螺旋沉拔施工简述

　　1. 螺旋沉拔施工的压灌混凝土桩特点

　　(1) 在城市化进程中,建设用地有平原,山丘地,坡地,荒地,地质条件主要以砂、卵石、碎石、砾砂等为主的颗粒土层。传统桩型的预应力管桩无论采取锤击或静压均不能穿越,钻孔型桩在粗颗粒土层中无法钻进成孔,在泥浆中粗颗粒又无法置换出来,冲孔施工效率太低。

　　(2) 采用螺旋沉拔施工犹如拧螺丝的沉桩方式,即可快速地穿越颗粒状土层,采用长螺旋桩与短螺旋的 SDS 桩技术。正转旋拧进入土层至设计要求的深度,正转上拔的同时压灌混凝土进入桩孔[①]。随着螺旋钻杆不断正转上拔,混凝土填满桩孔,混凝土浇灌完成后再振动插入钢筋笼成桩。

　　(3) 螺旋沉拔施工可实现无桩孔施工,避免桩孔沉渣和水下混凝土浇筑带来的质量通病,成桩质量稳定可靠。压力泵压灌混凝土的水泥浆液渗入颗粒土孔隙内,从而形成胶结体,增强摩擦效果,从而使桩的承载力较大幅度提高,又可避免潜地下水对桩体质量的影响。

---

　　① 压力开启门盖或反转半圈齿槽自行脱离口

2. 长螺旋桩机应用

20 世纪中期,国际上出现长螺旋桩机,主要由履带式桩架配以旋转动力头、全长的钢板螺叶钻杆、卷扬机、动力系统等组成。钢制螺纹钻杆在旋转动力头的带动旋拧进入土层,钻杆可作为压灌混凝土导管,属长螺旋(Continuous Flight Auger pile,缩写 CFA)桩技术。正在施工的长螺旋桩机如图 5-1 所示,正转钢板螺叶钻杆底部压灌混凝土的出口如图 5-2 所示。

图 5-1　长螺旋桩机　　　　图 5-2　压灌混凝土出口

(1) 长螺旋桩应用中的问题

全长钢制螺叶钻杆正转(顺时针旋转)螺旋切土产生向下的旋拧力,在穿越黏性土、粉质黏土、粉土时会产生很大的旋拧力,对于颗粒土的旋拧力更大。而正转上拔时全长钢板螺叶由于存在对卵石的剪切,在上拔过程中,螺叶在旋拧力带动下强制剪切,螺叶最终会被拧断或扭曲。

由于长螺旋施工是全钻杆均与土体旋拧切土,所需的旋转动力扭矩是随着施工桩长的增长而增大,上拔力亦如此,由于设备局限超出一

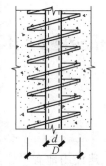 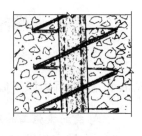

图 5-3　螺旋旋拧进土层

定长度的长螺旋桩则无法施工。一般施工桩长 10～25 m,工程上应用桩长 25～40 m 比较少,目前设备几乎无法提供施工≥40 m 桩所需的旋转动力。

(2) 短螺旋桩的发展

若将一段粗螺纹钻头通过光管钻杆接长,仅下端粗螺纹钻头高度内的螺叶切土,光管钻杆其实并不与桩壁土接触,则无论正转旋入或正转上拔的旋拧力会大幅度减小。该技术在 20 世纪 90 年代逐步成型,国内称为短螺旋桩技术(Soil Displacement Screw Pile,缩写 SDS)。

如图 5-4 所示为国外各个时期的 SDS 桩。该技术可大幅度降低旋转扭矩和上拔力,即使桩长≥40 m 或者是粗颗粒土地层也可以成桩。

中冶集团建研院将德国宝峨收购比利时的专利转为中国专利,形成双向挤压灌注桩技术(如图 5-18b 所示)。"螺杆桩技术"专利是指能施工带螺纹的灌注桩,粗螺纹钻杆与长螺旋桩的钢板螺纹钻杆均为全桩长的螺纹旋拧进入土层。相同的正转上拔时,利用螺纹通过螺叶带土出桩孔,压灌混凝土由钻杆底进入桩孔,后插筋(型钢)成桩,属长螺旋 CFA 桩技术。

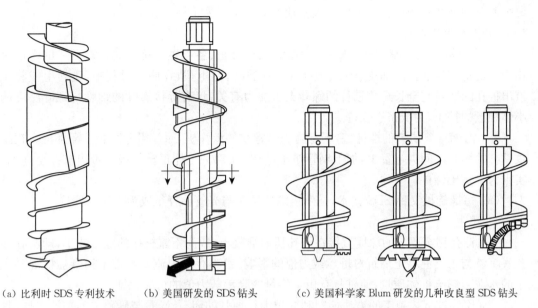

（a）比利时 SDS 专利技术　　（b）美国研发的 SDS 钻头　　（c）美国科学家 Blum 研发的几种改良型 SDS 钻头

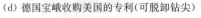

（d）德国宝峨收购美国的专利（可脱卸钻尖）　　　（e）德国宝峨收购比利时专利（翻转门盖）

图 5-4　螺旋桩机

3. 螺旋沉拔施工的共同性

1）螺纹的外径为施工桩径，均按正转下沉与正转上拔施工

钻杆正转（顺时针旋转）沉入与正转上拔施工，正转旋拧沉入土层，螺纹螺旋切土产生向下旋拧力与由卷扬机带动钻杆顶沉入土层。当正转螺纹钻头旋拧进入土层至设计深度后启动泵送混凝土，继续正转的同时将螺纹钻头上拔，螺纹钻杆上拔时在桩孔内留下的空隙由泵送压灌混凝土充填，直至钻头上拔出桩孔。

2）均为后插钢筋笼施工

如图 5-1 所示，右侧送筋钢管穿入钢筋笼底由吊车吊起对准桩孔混凝土中心，校正垂直，振动将钢筋笼沉入桩孔至设计要求深度即成桩。当钢筋笼长度过长时，可根据施工需要采取沉钢筋笼辅助措施或采用插入型钢形成型钢混凝土桩。

3）各类桩均具有挤土性

（1）长螺旋桩、粗螺纹长螺旋桩、大扭矩长螺旋桩、各类短螺旋桩或长短合一的螺旋桩均为螺旋正转（顺时针）加压沉入土层与正转（顺时针）上拔；在施工过程中，正转上拔将土带出桩孔的数量与全长螺纹钻杆的螺叶夹土能力有关，仅有焊接螺叶的钢管与螺叶厚度的小体积量的挤土，为低挤土性桩。

（2）海南卓典研究的螺杆桩，不是施工带螺纹的灌注桩，而是粗螺纹的长螺旋桩。粗螺纹钻杆的螺叶之间夹土量少，加上钢管挤土量，约有50%土体正转上拔被带出桩孔至地面，实则为半挤土性桩。

（3）短螺旋桩又称SDS技术，是由粗螺纹钻头与光管钻杆组成为全挤土性桩。

4）评述

（1）钻孔钻至要求的深度直接在桩孔压灌混凝土，成为不露桩孔的施工技术，即不存在孔底沉渣与水下混凝土浇筑对桩承载力值的影响，也不存在因流动水带走初凝前桩混凝土中的水泥而影响桩体质量，使桩具有稳定质量的高承载力值的可靠保证。

（2）用旋拧沉拔施工的方法能顺利穿越山丘地基的卵石、碎石与砾砂层等颗粒土层，具有常规主流桩型（预应力管桩、钻孔灌注桩）不能穿越的优点。

（3）泵送压灌混凝土对桩孔周壁颗粒土的胶结作用不仅增大桩径，而且增强桩侧摩阻力，使桩承载力值大幅度提高。

（4）在混凝中沉入钢筋笼的阻力太大，为此插入桩孔混凝土中的钢筋笼长度不宜太长。若强行插入会使钢筋笼散架或扭曲变形，所以钢筋笼长度宜控制在≤20 m，当>20 m宜用焊接钢板的型钢，最终成为型钢混凝土灌注桩。

5.1.2 粗螺纹钻杆的长螺旋压灌的混凝土桩

1. 钢板螺纹的长螺旋压灌的混凝土桩

如图5-1所示的长螺旋钻机，长螺旋钻杆的底部压灌混凝土出口开启的门盖如图5-2所示，压力泵送混凝土随长螺旋钻杆由压灌混凝土出口进入桩孔，继续正转上拔并出地面，即桩孔内混凝土已灌满。由如图5-1所示的右侧正在用吊机吊送钢筋笼钢管，采用振动锤将钢筋笼插入桩孔混凝土中，直至到达设计要求标高，拔出送钢筋笼杆即成桩。

长螺旋压灌混凝土桩在黏性土、粉土地层施工正转沉入土层与正转上拔均在同一旋转圆柱体的旋转切面内。山丘地基的颗粒土如卵石层、碎石层、砾砂层就不同，正转沉入土层旋转圆柱体的旋转切面消失，正转上拔须另开旋转切面，增大正转上拔力。发展短螺旋SDS技术可以有效解决山丘地基的颗粒状土层中的问题。适用于黏土、黏质粉土或粉质黏土、粉土地层、黄土等。

长螺旋压灌的混凝土桩施工中易出现的问题：

（1）长螺旋在旋拧入土时由通长螺纹钻杆旋入切土，需要旋转动力提供相当大的扭矩。上拔时因全长螺纹钻杆的螺纹间带的土体需整体上拔，该过程需要较大的上拔力，所以螺纹钻杆的螺叶需要具备足够的刚度。

（2）对于颗粒土而言，钻杆正转上拔过程中，之前正转下沉时形成的圆柱体旋转切面已消失，需要另行开旋转切面，则更会增大上拔力。

（3）对于大粒径的碎石土正转上拔须切断碎石，造成螺叶扭曲变形，而螺纹钻杆的螺纹带动不了大粒径卵石上拔。

压灌混凝土出口开启的门盖有时提前脱落而进泥，有时因门盖打不开，造成压灌混凝土堵管。

2. 粗螺纹钻杆的长螺旋的压灌混凝土桩

如图 5-7 所示为正在施工中的粗螺纹长螺旋桩机，如图 5-8 所示为粗螺纹长螺旋桩正在正转上拔，可见带出桩土在桩孔周围堆积成土体，粗螺纹钻杆如图 5-5 所示，粗螺纹钻杆底连接着扁平式钻头（图 5-6）。

图 5-5 粗螺纹钻杆图　　　　图 5-6 扁平式钻头图

图 5-7 粗螺纹长螺旋桩机图　　　图 5-8 长螺旋桩机上拔施工

当粗螺纹钻杆在山丘地层中的粗颗粒或细颗粒土层中施工时，只要旋转动力钻头提供足够的扭矩，穿越颗粒土层不存在问题。

1）工艺特点

（1）粗螺纹钻杆与钢制螺纹不同，粗螺纹钻杆的螺叶强度高，只要旋转动力钻头有足够大的扭矩，可以穿越山丘区域的卵石层、碎石层与砂层以及不同风化程度的岩石层；而长螺旋桩的螺叶刚度小，易变形，穿越颗粒土的能力低，尤其是穿越卵石类粗颗粒土层更为困难。

（2）在螺旋钻杆正转上拔过程中，压力泵泵送混凝土由螺旋钻杆的底部进入桩孔内。

（3）在旋压拧入螺旋钻杆进入土层的过程中，对桩周土会起到挤压密实的作用，加上达到压力混凝土的水泥浆液渗入桩周的卵石或碎石的间隙的胶结作用，可大幅度提高桩的承载力。

（4）振动插入钢筋笼成桩，为后插筋施工技术。

2）桩承载力值的计算

挤密灌注桩承载力特征值：

$$Q_{uk} = \eta \cdot u \sum q_{sik} l_i + q_{pk} \cdot A_p \tag{5-1}$$

式中 q_{sik}——i 层土的极限侧阻力标准值(kPa)；

q_{pk}——桩端持力层极限端阻力标准值(kPa)；

u——桩截面周长(m)；

A_p——桩的截面积(m^2)；

η——为桩周土挤密提高系数 1.1～1.2(用于黏土、粉质黏土、粉土)，混凝土中的水泥浆压力渗入砂砾、卵石、碎石、圆砾的孔隙为胶结作用时 η＝1.2～1.3。

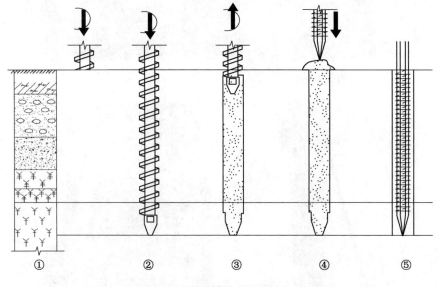

图 5-9   挤密灌注桩成桩流程

3）挤密灌注桩施工的成桩程序

采用螺旋挤扩桩工钻机施工后插筋挤密灌注桩，其成桩施工程序如下：

（1）履带式螺旋挤扩桩桩工钻机就位到设计桩位，对准设计桩位的中心并将桩机调整垂直。

（2）开动旋转动力头，正钻(顺时针)旋转同时开动链条式加压装置，将镶嵌有合金的钻头与相连接的螺旋钻杆旋压沉入土层。根据旋转动力头显示的电流流量大小与穿越各层土性指标建立一定坐标关系，当进入中风化岩层时旋转动力头显示的电流流量为 60 A 为控制流量，当出现控制电流 60 A 时，再继续旋压沉入土层 30～50 cm 即可终止(注：控制流量根据钻孔位置进入中风化岩层实测电流流量为 60 A)。

（3）螺旋钻杆旋压沉入土层到设计高程，开启混凝土输送泵，旋转动力头继续按顺时针（正钻）旋转上拔螺旋钻杆，混凝土通过螺旋钻杆的无缝钢管与相连的合金钻头的侧向混凝土出口进入桩孔（即混凝土填充螺旋钻杆上拔留出的空间），直至将镶有合金的钻头与相连接的螺旋钻杆拔出土层。

（4）桩孔灌满混凝土后清除高出地面的混凝土，找到截面的中心，起吊钢筋笼并将钢筋笼套入钢管内（钢管主要用于送钢筋笼至设计桩底标高）。钢筋笼对准桩截面的混凝土中心并调整垂直，利用钢筋管顶部的振动器将钢筋笼（管）插至桩底部。拔出送钢筋笼钢管，完成后插筋工序，后插筋挤密灌注桩完成。

4）钻头门盖脱落改用悬挂式门盖

在正转提升螺旋钻杆时，钻头上的混凝土出口门盖碰击岩石层，出现如图 5-10 所示的门盖脱落情况；采用如图 5-11 所示的悬挂式矩形嵌岩钻头即可避免混凝土出口门盖脱落。

如图 5-11 所示为一种带结合子螺纹桩钻头，钻头与钻尖为齿槽结合。钻头正转时带动钻尖旋拧进入土层，反转时钻尖强行脱离钻头，泵送压灌混凝土由钻尖与钻头的脱离口进入桩内，施工时反转一周即转为正转上拔。

图 5-10　钻头门盖脱落

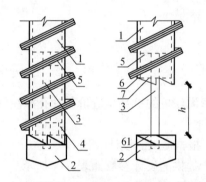

1—钢质钻管；2—钻头；3—钢棒；4—短管；
5—挂板；6—楔形结合子；7—上、下锯齿形
图 5-11　一种带结合子螺纹桩钻头

3. 工程实例

1）某小区工程地质纵剖面

（1）某小区工程概况

某小区为山丘地基，地层剖面揭示②层为卵石层，③层为碎石层，④层为含黏土砾石层，⑤-1 层为全风化岩层，⑤-2 层为强风化岩层，⑤-3 层为中等风化岩层。本工程桩端进入⑤-3 层≥0.5 m，设计选用 Φ600 mm 泥浆护壁冲孔灌注桩，设计单桩承载力特征值 2 400 kN。

根据设计试桩的进度情况，现场需配置 80 台冲孔桩机连续施工一年才能完成全部桩基工程。基于场地局限性、施工组织难道大、成本工期耗费多等情况，引入螺旋施工工艺参与设计试桩。通过设计试桩结果，后期桩基方案改用螺旋沉拔的后插筋挤密灌注桩。根据后期施工进度要求，总计投入 5 台旋压桩机，耗时 3 个月完成全部桩基施工，经检测桩的承载力值与桩身完整性均达到设计要求。

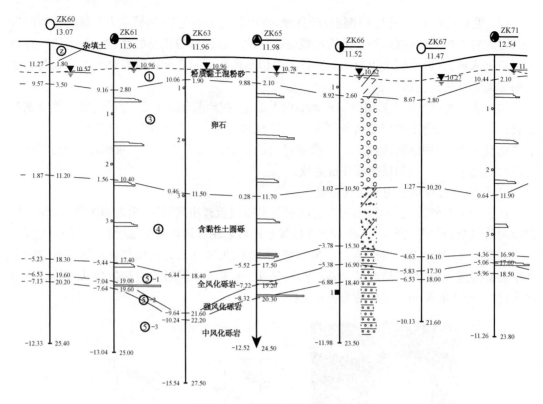

图 5-12　工程地质纵向剖面图

螺旋挤密灌注桩的桩基总造价与冲孔灌注桩的桩基总造价相比,螺旋挤密灌注桩节省了 20% 的造价。

（2）勘察报告提供的设计参数

勘察报告提供的设计参数如表 5-1 所示。

表 5-1　勘察报告提供的设计参数表

层号	岩土名称	桩侧阻力特征值 q_{si}/kPa	桩端阻力特征值 q_{pi}/kPa
①	粉质黏土混粉砂	24	—
①ₐ	粉质黏土	16	—
②	细砂	20	—
③	卵石	32	1 500
④	含黏性土圆砾	36	1 300
⑤-1	全风化砾岩	45	—
⑤-2	强风化砾岩	54	2 000(3 600)
⑤-3	中风化砾岩	90	3 000(5 400)

注:括号内值是地勘单位通过设计试桩修正后的提高值,仅用于挤密灌注桩。

（3）桩的承载力特征值

按勘察提供的设计参数见表 5-1,分别对冲孔灌注桩与挤密灌注桩进行计算:

① 冲孔灌注桩特征值：

$$R_a = u \sum q_{si} h_i + A q_p$$
$$= 0.6 \times 3.14 \times (24 \times 3.3 + 32 \times 9.9 + 36 \times 7 + 45 \times 1.1 + 54 \times 0.7$$
$$+ 90 \times 0.49) + 0.283 \times 3\ 000$$
$$= 1\ 468.39 + 849 = 2\ 317.39\ \text{kN}$$

② 挤密灌注桩特征值：

$$R_a = \eta u \sum q_{si} h_i + A q_p$$
$$= 1.2 \times 0.6 \times 3.14 \times (24 \times 3.3 + 32 \times 9.9 + 36 \times 7 + 45 \times 1.1 + 54 \times 0.7$$
$$+ 90 \times 0.49) + 0.283 \times 5\ 400$$
$$= 1\ 762.06 + 1\ 528.2 = 3\ 290.26\ \text{kN}$$

式中，η 挤密侧阻力系数取 1.2。

（4）挤密灌注桩的静载荷检测

由表 5-2 的静载荷检测结果的数据汇总，桩号 SZ-1～3 是根据设计要求的承载力值，而设计单桩承载力特征值 2 400 kN，确定试桩荷载为 6 000 kN，试桩加载到 6 000 kN 即可终止；

表 5-2　挤密灌注桩的静载荷检测汇总表

序号	桩号	桩长/m	最大荷载/kN	对应沉降量/mm	最大回弹量/mm	回弹量率/%	实测极限承载力值/kN
1	SZ-1	19.3	6 000	10.45	2.25	21.5	>6 000
2	SZ-2	16.8	6 000	10.70	5.36	50.1	>6 000
3	SZ-3	18.8	6 000	10.99	4.20	38.2	>6 000
4	SZ-4	17.8	7 500	10.99	4.45	40.5	>7 500

而从桩顶沉降量与 Q-S 曲线可知，离桩实际的桩的极限承载力值还有相当潜力，决定对桩号 SZ-4 试桩至极限，当试桩加载到 7 500 kN 时，桩顶沉降量仅 10.99 mm；但由于在试桩过程中，静荷载检测的上部配重荷载不足导致未到极限而终止。此时，挤密灌注桩承载力值已远超出桩身截面的混凝土抗压强度设计值。

2）象山老年公寓的地质条件与选择的挤密灌注桩

（1）勘察报告提供的设计参数如表 5-3 所示。

表 5-3　勘察报告提供的设计参数表

层次	土名	厚度/m	f_{ak}/kPa	q_{si}/kPa	q_{pi}/kPa
1	含黏性土砂砾	0.2～3.9	200	20	—
2	含角砾粉质黏土	1.4～8.7	160	16	240
3	含黏性土砂砾	0.7～9.8	200	23	600
4	含角砾粉质黏土	0.8～26.4	160	20	400

（续表）

层次	土名	厚度/m	f_{ak}/kPa	q_{ai}/kPa	q_{pi}/kPa
5	强风化凝灰岩	0.4～2.2	500	45	1 600
6	中风化凝灰岩	0.8～5.6	1 000	108	3 200

（2）Φ500 挤密灌注桩桩静载荷检测汇总表如表 5-4 所示。

表 5-4　Φ500 挤密灌注桩桩静载荷检测汇总表

楼号	桩号	桩径/mm	桩长/m	桩顶沉降量/mm	残余沉降量/mm	回弹率/%	极限承载力/kN
18	B20	500	17.1	10.5	6.7	36	1 900
20	B47	500	19.4	13.0	8.71	33	3 200
21	B35	500	7.6	9.56	6.02	37	1 500
22	B49	500	11.6	11.13	7.19	35.4	1 500
13	B93	500	17.4	13.72	9.26	32.5	2 000
1	B13	500	17.2	11.56	7.22	37.5	1 900
16	B83	500	17.0	10.44	6.72	35.6	1 900

（3）Φ400 挤密灌注桩桩静载荷检测汇总表如表 5-5 所示。

表 5-5　Φ400 挤密灌注桩桩静载荷检测汇总表

楼号	桩号	桩径/mm	桩长/m	桩顶沉降量/mm	残余沉降量/mm	回弹率/%	极限承载力/kN
19	A23	400	16.0	11.07	7.31	34.0	2 300
2	A142	400	18.6	15.31	10.26	33.0	1 500
11	A1	400	18.0	14.14	9.29	34.3	1 400
15	A69	400	17.2	17.05	11.69	31.4	1 400

图 5-13　挤密桩开挖后桩体情形

3）桩的高承载力值的因素分析

根据上述桩的实测，均未达到真实的极限承载力值，桩极限承载力值如此之高，并不是桩的挤密作用，而是桩穿越土层的颗粒土（诸如砂层、碎石、砾砂、圆砾、卵石等），泵送压力将浇灌桩孔混凝土中的水泥浆压密至桩周粗颗粒土的空隙内。

传统模式的桩承载力值是由桩侧阻力与桩端阻力相加，桩侧摩阻力主要是成桩面与土层的简单的面摩擦接触如图 5-14（a）所示；当水泥浆压力输送到桩周粗颗粒土的空隙中，如图 5-14（b）所示桩与颗粒土之间由水泥浆胶结增粗桩径，使摩阻力变大，增强了桩与周边颗粒土的粘结力，从而提高了单桩承载力。

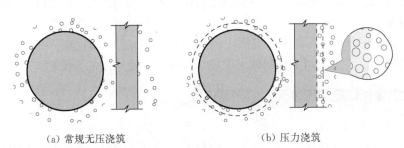

（a）常规无压浇筑　　　　　　　　　（b）压力浇筑

图 5-14　桩径剖面示意图

螺旋沉拔施工压灌混凝土后插筋工艺在山丘地基的颗粒土地层施工具有高承载力值的桩,其原因为:第一,当水泥浆强度与粘结效果明显时可起到增大桩径的作用;第二,水泥浆压力渗入颗粒土的空隙,增强桩与颗粒土之间的粘结效果,增大侧摩阻力。

颗粒土的粒径越大,水泥浆压力渗入颗粒土空隙的作用越明显;颗粒土的粒径越小,水泥浆压力渗入颗粒土空隙的作用越小,直至丧失胶结作用而成为挤密作用。

如果在黏土、粉质黏土、粉土地层施工就不具备上述的水泥浆压力渗入颗粒土的空隙作用,仍然是桩与土之间是侧摩阻力,与传统桩的受力传递机理相同。

4. 对螺旋沉拔压灌混凝土桩的小结

（1）山丘地基的地层一般剖面为卵石层、碎石层、砂砾层、强风化岩层、中等风化岩层等,采用常规的锤击、静压以及钻孔的方法成桩是很难穿越上述地层;用类似拧螺栓的旋压的方法将桩(或钢模)拧入土层内,具备较强的穿越上述地层的能力。在上述土层可施工的桩型目前一般为冲孔灌注桩,但成桩效率极慢,仅为旋压沉拔施工的 $1/30 \sim 1/20$。

（2）根据奉化溪口任宋农住小区工程与象山老年公寓工程的静载荷试桩汇总资料可知,均按设计要求进行静载荷试桩荷载。施工现场按照设计要求的试桩荷载再增大 20% 进行试验,但均未达到极限。

（3）螺旋挤密灌注桩的承载力值高的因素不仅是对桩周土的挤密作用,更重要的是压力泵送混凝土对桩周土层(碎石土、风化岩层)的胶结作用。从土体中挖出的桩可见胶结作用如图 5-13 所示从混凝土中的水泥浆压力渗入碎石土的孔隙,与桩体胶结成桩体,不仅增大了桩径,而且改变了桩与土阻力,侧摩阻力变成与桩周土的剪切力,从而螺旋挤密灌注桩承载力值从试桩结果换算为设计值。

由 $(Q_{uk}/2) \times 1.2 > \varphi_c f_c A$(JGJ 94—2008 规范)中的桩身混凝土的截面强度设计值。

（4）山丘地基的地层一般为卵石层、碎石层、砂砾层,渗透性好,上述地层中的地下水实际是地表滞水,是靠大地补给渗透所致,水位处于稳定平衡状态。当场地上进行建筑活动,如人工挖孔桩施工,就破坏了平衡状态而成为水的流动状态,不但桩孔内的水不易清除,影响桩底混凝土质量,而且浇筑好的桩混凝土会因流动水将初凝前桩混凝土中的水泥细颗粒带走,局部成为无水泥胶结的桩身,这是山丘地基桩基施工的常见质量问题,如用钢管护壁施工也会出现相同的质量问题,一般用桩心钻孔埋管注浆加固。

螺旋挤密灌注桩的施工未破坏地下水的平衡状态,将螺旋钻杆顺时针旋压拧入土层至设计高程,引成挤压状态,压力泵送混凝土填实桩孔因顺时针旋转上拔螺旋钻杆留出的空间,均不会造成地下水的流动,使桩身混凝土有可靠的质量,使桩承载力值高、稳定、离散性小的主要因素。

(5) 要确保压力泵送混凝土对桩周土的胶结作用与地下水的稳定性,需采用后插筋工艺。但后插筋施工工艺应用于穿越软土层或超长桩是存在一定的局限性。

5.1.3　大扭矩长螺旋的压混凝土嵌岩灌注桩

1. 大扭矩长螺旋桩机

由温州长城基础公司研发的大扭矩长螺旋嵌岩灌注桩,旋转动力头有双电机与四电机两种,最大旋转扭矩可达 1 000 kN·m。

大扭矩长螺旋嵌岩桩机配以嵌合金的嵌岩钻头可以用于浅层嵌岩,适用于嵌岩深度≤1 m的中风化硬质岩,一般嵌岩深度可取 0.5 m。

2. 工程应用实例

(1) 工程概况

本工程为拆迁安置房项目,总建筑面积 33 万 m^2,由多栋带地下室的高层建筑组成。地质剖面显示的地层是以颗粒土(砂层、砾砂、碎石、圆砾、卵石)为主组成,用常规的桩型如预应力管桩(预应力圆管桩或方管桩)、钻孔灌注桩,均很难穿越颗粒土;当地常用桩型为传统的人工挖孔灌注桩,经设计初步布桩设计,桩的极限承载力标准值 $Q_{uk} \geqslant 8\ 000$ kN,探求其他可优化的桩型。

(2) 工程地质计算参数

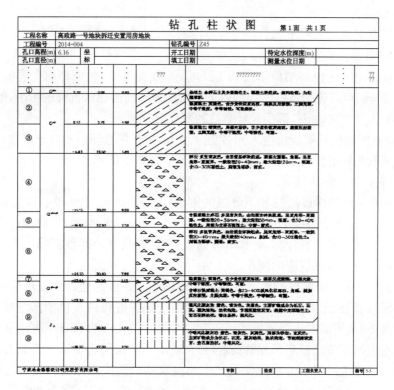

图 5-15 代表性的钻孔柱状图

地基土的设计计算参数如表 5-6 所示。

表 5-6 地基土的土层分层表

土层名称	土层的分层
	①素填土,②-1 粉质黏土,②-2 粉质黏土
碎石:呈青灰色,由岩浆岩碎块组成	③-1 层
含粉质黏土碎石	③-2 层
碎石:呈亚角形-亚圆形,粒径 20～40 mm,最大达 140 mm	③-3 层为桩端持力层做过设计试桩合格
粉质黏土,软可塑	④-1 层、④-2 层
全风化、强风化、中等风化	⑤-1、⑤-2、⑤-3

3）工程桩型的选择

从地质剖面揭示第④-1、④-2 层为软可塑的粉质黏土,选择可以穿越颗粒土地层的粗螺纹钻杆的长螺旋桩,桩端进入③-3 层 1.0～1.5 m,桩端离第④-1,④-2 层为软可塑的粉质黏土只有 5～6 m。按规范对高层建筑的沉降计算,则计算的沉降量偏大,无法满足高层对建筑计算沉降量的要求,又没有地区性沉降经验系数。在确保单桩能够提供足够的承载力前提下,可以通过加大桩径来解决。选择大扭矩的大直径长螺旋灌注桩与人工挖孔扩底灌注桩作分析对比。

3. 工程实施的情况

设计布桩要求桩的极限承载力标准值需调整为 $Q_{uk} \geq 6\ 000$ kN。

1）人工挖孔扩底灌注桩与粗螺纹长螺旋桩

人工挖孔扩底灌注桩桩端位于⑥-1层与⑥-2层交界面,桩底距离⑦层的软土层面的距离达18～20 m,可以完全忽略⑦层的软下卧层压缩对高层建筑沉降的影响,Φ800扩底到Φ1 500,实测 $Q_{uk} \geq 6\ 000$ kN,满足设计布桩的要求。

选用Φ800粗螺纹长螺旋桩进入⑥-2层1.5 m,按长螺旋压灌混凝土灌注桩施工,经实测桩的极限承载力标准值 $Q_{uk} \geq 6\ 000$ kN,也满足设计布桩要求。

2）人工挖孔扩底灌注桩

（1）从变形考虑选择远离较软下卧层的短桩。选用Φ800粗螺纹长螺旋桩,桩端落在⑥-2层1.5 m,离较软下卧层7层的层面距离为11.5～16 m,离较软下卧层已有相当距离。按规范对高层建筑沉降进行计算,计算沉降偏大,考虑又没有地区性沉降经验系数,只能选择短桩对软弱下卧层对沉降影响减小。

（2）人工挖孔扩底灌注桩的动流水对桩质量影响。在强渗透的山丘地层中施工,山丘地貌多河多溪,因颗粒土的渗透性强,所以不能在挖好的桩孔内直接浇灌混凝土。因不能清除桩孔积水,用水下混凝土浇灌方式也不能完全清除桩孔内的沉渣,影响桩的承载力值。

如果溪水或河水流过拟建工程的场地,特别是山丘地层的潜流水在勘察及施工过程中很难被发现。当溪水或河水的水位变化产生动流水或者潜流水刚好流过浇灌混凝土的桩截面,桩混凝土中的水泥会被动流水带走。据不完全统计,工程中存在90%以上的桩混凝土中的水泥浆被流动水带走的事故,需要支出比桩价还高的加固费处理。

（3）螺旋沉拔压灌混凝土后插筋工艺可消除动水的影响。传统桩（人工挖桩、钻孔灌注桩）施工程序:先成桩孔（水流入桩孔,造成场地水的流动）,后在桩孔内放置钢筋笼,最后浇灌混凝土（孔底沉渣,水下混凝土）成桩,如存在流动水即会影响成桩质量。

螺旋沉拔压灌混凝土后插筋是长螺旋桩工艺,是正转旋拧压沉进入土层至设计深度,开动泵压混凝土,正转上拔压灌混凝土至桩孔,直至拔出土层,压灌混凝土灌满桩孔。在桩孔混凝土的中心振动插入钢筋笼即成桩。由于没有桩孔,也就不会产生流动水,带走混凝土中水泥浆的情况,即可消除动水对桩混凝土质量的影响。

4. 大扭矩桩机的施工能力

大扭矩长螺旋嵌岩灌注桩的桩机,旋转动力头有双电机与四电机两种,最大旋转扭矩可达1 000 kN·m;如图5-16所示粗颗粒的圆砾地层均能轻松穿越,直至穿越风化的硬质岩层,如图5-17所示为钻芯取出的岩样,可以进入中风化0.3～0.8 m的浅层嵌岩施工,加强螺叶钻杆的刚度,可施工大直径（0.6～1.2 m）桩径的压灌混凝土后插筋灌注桩。

图 5-16　粗颗粒中的圆砾　　　　图 5-17　钻芯取出岩样

5. 大扭矩长螺旋桩的设计试桩

1) 桩的承载力值分析

从代表性的地质剖面中看到上层的淤泥质软土埋深从$-2.5\sim-9$ m,要使大扭矩和长螺旋桩的桩底进入⑥-2层土的1.5 m,则桩的入土深度21.7~22.4 m,扣除6 m地下室无桩,有效桩长15.7~16.4 m。在奉化、宁海、象山、温州苍南施工过 Φ600桩径,桩长与本工程相近,采用粗螺纹长螺旋施工的压灌混凝土后插筋灌注桩,实测值$Q_{uk}\geqslant 8\,000$ kN。

粗螺纹长螺旋桩与大扭矩长螺旋桩其实施工工艺完全相同,压力浇灌桩孔混凝土中的水泥浆液压力均会渗入颗粒土内起到胶结作用,使桩径增粗与颗粒土之间剪切作用达到高承载力值桩,设计又修改了布桩要求达到的$Q_{uk}\geqslant 6\,000$ kN,根据分析达到$Q_{uk}\geqslant 8\,000$ kN是有可能的。长螺旋桩的桩径一般为400~600 mm,采用大扭矩的动力可施工700~1 200 mm桩径的大直径桩。本工程施工有效桩长15.7~16.4 m的短桩,属于大扭矩长螺旋压灌混凝土后插筋施工的大直径短桩。

2) 大直径短桩的设计计算

(1) 桩的承载力值计算可应用公式 $R_a = \eta \cdot u \cdot \sum q_{si}h_i + Aq_p$ 进行计算。

(2) 设计计算:根据代表性的地质剖面的持力层为⑥-2层,桩端进入⑥-2层的深度1.5 m,由钻孔 ZK93确定有效桩长16.4 m,Φ800桩径,取 $\eta=1.3$。

$$R_a = 1.3 \times 2.51 \times (3.9 \times 8 + 1.2 \times 22 + 5.4 \times 36 + 1.5 \times 41) + 0.502 \times 2\,000$$
$$= 1\,023 + 1\,004 = 2\,027 \text{ kN}$$

要满足设计布桩要求的$Q_{uk}\geqslant 6\,000$ kN,按上述计算不满足设计布桩要求。将桩径增大到Φ1 100,计算结果见下式:

$$R_a = 1.3 \times 3.454 \times (3.9 \times 8 + 1.2 \times 22 + 5.4 \times 36 + 1.5 \times 41) + 0.95 \times 2\,000$$
$$= 1\,408 + 1\,900 = 3\,308 \text{ kN}$$

从计算结果揭示,该桩型能够满足设计布桩单桩$Q_{uk}\geqslant 6\,000$ kN的要求,并且从大量的奉化、宁海、象山、温州苍南等地施工过相似桩径桩长的案例,并且实测值$Q_{uk}\geqslant 8\,000$ kN。从岩土工程的类比分析 Φ800桩径有效桩长16.4 m,$Q_{uk}\geqslant 6\,000$ kN 根本没有问题,而且$Q_{uk}\geqslant 8\,000$ kN 也没有问题。

关于压灌混凝土的水泥浆的胶结作用对于不同颗粒土层的胶结作用,单桩承载力值的影响,有待于继续深入研究。

5.2　短螺旋桩与长短螺旋组合的螺旋桩技术

5.2.1　橄榄状双向螺纹钻头的短螺旋桩技术

1. 短螺旋桩的演变过程

1) 旋转动力的扭矩问题

长螺旋桩的螺旋钻杆上均布着与桩径等同的连续正螺纹螺叶,施工时正转(顺时针旋转)旋拧沉入土层中,每一片螺叶旋转切入土层中。正是由于这种构造,而施工设备在很大程度上限制了目前长螺旋桩的可成桩径与桩长。一般情况下,目前施工的长螺旋桩的桩径为 500～600 mm,桩长为 15～25 m。

主要原因是受到桩机上旋转动力头产生的扭矩与上拔力的制约,随着长螺旋钻杆沉入土层的深度加深,与土层产生旋转切土的螺叶数量也随即增多,旋转切土产生的扭矩累积而增大;同理,正转(顺时针旋转)上拔也是随着螺叶的数量增多而所需上拔力也随之增大。

西欧国家在将长螺旋桩技术应用在工程中也出现旋转动力的扭矩与上拔力不足的问题。为解决长螺旋桩动力不足的问题,德国宝峨公司收购了比利时与美国的专利,整合为德国宝峨系列短螺旋桩技术。

在山丘地区的颗粒土地层(卵石层、碎石层、砂砾层、强风化岩层、中等风化岩层等)长螺旋桩施工是不容易穿越,而短螺旋桩技术则能够轻松穿越。因为短螺旋桩是由带螺纹的钻头接光管钻杆组成的,仅由带螺纹的钻头旋拧切土的力,仅钻头部分产生很小的扭矩;同理上拔过程中只有带螺纹的钻头产生带土上拔力与上拔过程中向桩周的挤压力,总的上拔力并不大,而比钻头直径小的光管钻杆是不产生旋转扭矩和上拔阻力的。

2) 螺旋桩施工的桩长

由于长螺旋桩技术受到扭矩和上拔力的制约,施工桩长一般局限在 15～25 m,无法满足目前工程桩的要求。由于高层与超高层的高速发展,要求承受大荷载的持力层及工程桩施工桩长需达 40～50 m,甚至≥50 m。若长螺旋超长桩施工旋转动力不足,在超长桩接长技术尚未解决前是无法施工的。螺旋钻杆的接长技术很困难,但短螺旋桩技术因由光管钻杆与钻头连接组成,光管钻杆的接长就不存在技术问题。

3) 短螺旋桩技术国内发展的概况

短螺旋桩技术在国内研究还是刚起步,中国冶研院刘钟教授研究的双向挤压灌注桩技术研究至推广应用也只有近十余年时间,是我国最早研究短螺旋桩技术的开始。由于人们对短螺旋桩技术还不很清楚,所以没有短螺旋桩技术的报导与施工,更谈不上短螺旋桩施工的专用桩机,国内有实力的桩工机械厂均有生产长螺旋桩机,对短螺旋桩机的生产问题至今还无人问津,从研究短螺旋桩技术可知,相比于长螺旋桩技术更具有大的优势,其优势:

(1) 短螺旋桩所需的扭矩小,正转上拔力小。

(2) 适用于黏性土与颗粒土地层施工,对于颗粒土地层显示突出的优势。

(3) 可用于与长螺旋桩组合成长、短螺旋桩结合的螺旋桩技术,在不允许挤土施工的区域可用钢管分割的长螺旋取土,在允许挤土施工的区域用短螺旋桩挤土施工,均为压灌混凝土后插筋灌注桩,无桩孔成桩技术。

总之,短螺旋桩技术的应用范围,远超出长螺旋桩技术,尤其是发展超深超长桩的施工,可以通过光管钻杆的接长。

2. 橄榄状双向螺纹钻头的短螺旋桩技术

1) 短螺旋桩技术的研究

国内短螺旋桩研究是由中国冶研院刘钟教授带领团队近 10 年的研究,几乎与德国宝峨的技术类同的钻头如图 5-18(a)所示德国宝峨钻头,如图 5-18(b)所示为中冶院钻头,为国产化的技术推广做出贡献,因不是作为短螺旋桩技术的转化与推广,而是以双向挤密桩技术向国内推广,所以不论桩工机械厂只生产长螺旋桩机,山东卓力生产中国冶研院的钻头,却没有生产短螺旋桩机的专业桩工机械厂。

如图 5-19 所示为底部压灌混凝土出口,混凝土由门盖已开启的孔口进入桩孔内,当正转旋拧沉入土层时,由于桩孔土体的支托,门盖呈关闭状态。如果不加控制空转,支托门盖的土体被掏空后门盖会自行开启,桩孔的扰动土会进入钻头内,造成堵塞混凝土的出口;如果沉入土层前,门盖关得紧一点,沉至设计高程,压灌混凝土冲不开门盖而堵管。

  (a) 德国宝峨钻头 (b) 中冶院钻头

图 5-18 钻头   图 5-19 底部压灌混凝土出口

2) 双向挤压螺旋灌注桩的成桩分析

双向挤压螺旋灌注桩技术为短螺旋桩的 SDS 技术(德国宝峨公司称为 FDP 技术),由中国冶金建筑研究院研发,并在全国设有 30 多个推广点,其中宁波市有两家基础工程公司作为推广单位。

(1) 橄榄状钻头对桩孔成形的分析。在矩形钢模管加凸边呈工形截面、圆形钢模管加凸边呈 Y 形截面、十字形截面的钢模管可施工工形截面灌注桩、Y 形截面灌注桩、十字形截面灌注桩等一系列沉管灌注桩,均需要管内混凝土具备足够的自重压力,保证能迅速填充钢模管上拔过程中在土层中留下的空间,其次是应用滑移护壁可防止土体回弹。

结合软土的性质以及如图 5-20 所示详细分析双向挤密钻头对成桩截面的影响。从如图 5-20(a)所示钢模管底部焊接钢凸边的目的是施工凸边混凝土,确保钢模管内混凝土有足够的自重压力能迅速填充钢模管上拔在土层中留下的空间,进而形成凸边混凝土。混凝土能迅速填充空间,主要是焊接钢凸边平直段对土体的护壁作用,钢凸边的高度需满足对混凝土填密空间的时间小于土体回弹(塌孔)的时间,具体高度可在施工前进行试成桩确定(按宁波市淤泥与淤泥质土试验结果为平直段高度需≥0.8 m)。

如图 5-20(b)所示,钢模管底部焊接了钢凸边,但并没有平直段,即使钢模管内的混凝土有足够的自重压力能迅速填充钢模管上拔在土层中留下的空间,混凝土填密空间速度小于土体回弹速度,混凝土填充空间仅占 10%~20%,而土体回弹占 80%~90%。

如图 5-20(c)所示即为双向挤密钻头,呈圆弧形是没有平直护壁段,比如图 5-20(b)所示土体回弹速度要慢些,但土体回弹速度大于混凝土填空间速度,灌注桩的截面可能会产生颈缩。

钻头在穿越软土地层中,因会出现软土的回弹速度大于混凝土填密空间速度,出现桩身颈缩的概率要大一些。如图 5-20(b)所示的钻头,中间直径最大处有 200~300 mm 长的平直护壁段钢板,即使钻头在穿越软土地层,在平直护壁段的作用下土体回弹速度小于混凝土填密空间的速度,成桩质量可以满足设计要求。能够弥补如图 5-20(a)所示钻头没有平直护壁段的缺陷。

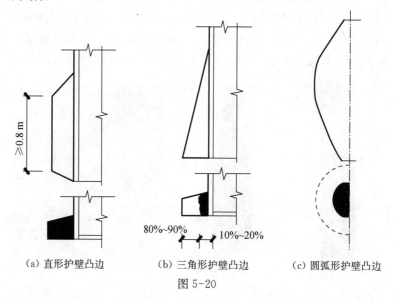

（a）直形护壁凸边　　　（b）三角形护壁凸边　　　（c）圆弧形护壁凸边

图 5-20

（2）在施工过程中容易出现的问题是泵送混凝土压灌施工时混凝土容易堵管,主要原因是混凝土出口处门盖盖上。

3）双向挤压螺旋灌注桩的试成桩施工

在某多栋高层和超高层建筑中,桩径 Φ600 mm,桩长 33 m,桩的承载力特征值 R_a＝3 500 kN,以⑤-3 层低压缩性的粉砂层作为桩端持力层。

（1）地质条件如表 5-7 所示。

南通如皋纪元软件园地质条件如下:

表 5-7　南通如皋纪元软件园各层土层的名称与土性评价汇总表

层号	名称	压缩性	综合评价
①	杂填土～素填土	中高-高	不良土层,不可直接应用
①-a	淤泥	高	不良土层,不可直接应用
②	粉土夹粉砂	中高	大部分布,可作一般建构筑物天然地基
③-1	粉砂夹粉土	中低	均有分布,可作一般建构筑物地下室天然地基持力层
③-2	粉砂	中低	均有分布,天然地基下压缩层
③-3	粉砂	低	均有分布,可作 18～25 层住宅楼预制桩基持力层
④-1	粉质黏土	中高-高	均有分布,桩端下软弱压缩层
④-2	粉质黏土	中高	均有分布,桩端下软弱压缩层
⑤-1	粉砂夹粉土	中低	均有分布,有一定的厚度,可作 33 层住宅楼的桩基持力层
⑤-2	粉砂	中低	均有分布,有一定的厚度,可作 24～33 层住宅楼的桩基持力层
⑤-3	粉砂	低	该层不是普遍均有

(2) 桩穿越土层的挤密桩施工分析。从压缩性与评价表地质条件可看出①-a 层、②层、④-1 层、④-2 层均为软弱层,作如下分析:

① 从表 5-7 中看出,地质条件是以粉土、粉砂为主的土层,虽未采取振动施工,但在高水位的粉土、粉砂挤土扰动也会出现液化状态。在超静孔隙水压力的作用下,液化土会进入钻头造成堵塞。

② 土层①-a 层、②层、④-1 层、④-2 层均为软弱土层,在压力泵送混凝土作用下会造成局部截面增大,可能会出现混凝土大比例超量。

(3) 设计试桩施工。如图 5-19(b)所示接光管钻杆的钻头,正转旋拧进入土层至设计标高,启动泵送混凝土压灌,带光管的钻头的钻杆正转上拔。压力泵送混凝土随带光管钻杆钻头的门盖开启的出口进入桩孔,继续正转上拔出地面,即桩孔内混凝土已灌满混凝土。用吊机吊起钢筋笼,在钢管顶的振动锤将钢筋笼振动沉入桩孔混凝土中至要求的高程即成桩。

地质条件:是以粉土为主,在 18 m、32 m 为细砂层,坚硬,当地称为铁板砂,其中夹有间隔不同厚度的高压缩性的软土。设计桩径 Φ600 mm,桩长 33 m,3 根试成桩简况:

第 1 根,混凝土超量:按桩长计算需混凝土 9.4 m³,实际灌筑 16 m³ 混凝土。

第 2 根,桩孔有泥土而造成泵送混凝土在管道内堵塞而终止。

第 3 根出口的门盖未打开而造成堵管而终止施工。

(4) 设计试桩静载荷试桩。总结 3 根试成桩施工,主要是因操作工人不熟练产生的,作改进后按要求全部完成试成桩施工。试桩经静载荷试桩均加载到 7 500 kN,未达极限而终止试桩,能够满足设计桩的承载力值要求($R_a \geqslant 3\ 500$ kN)。

试桩结果得知,压灌混凝土后插筋桩的承载力值很高,承载力值已经由截面强度控制,已达到 C40 混凝土桩的截面强度,而且质量稳定,承载力值离散性小。

4) 适用条件

适用于山丘地基的地质条件,地层剖面为厚层卵石,碎石与砾砂,一般地层的卵石或砾石夹黏土、黏土夹卵石或砾石、黏土、黏质粉土或粉质黏土、粉土、黄土。不适用于深厚软土地层。

3. 双向挤压螺旋灌注桩的结语

1) 是短螺旋桩的技术

如图 5-19(b)所示钻头接光管 Φ377 钢管组成是短螺旋的 SDS 技术,相比长螺旋桩而言,旋转动力头输出的扭矩要小很多。对于长螺旋桩而言,施工 33 m 桩在国内施工已是最长桩。超出 33 m 的长螺旋桩的旋转动力头输出扭矩的要求更大,就不能满足施工扭矩的要求。

但对于短螺旋桩施工的旋转动力头输出的扭矩就小很多,不仅满足施工要求的问题不大,而且还有很大潜力。在施工过程中,钻杆因是光管钻杆容易接长,桩机具备移位就位施工的安全高度要求即可,将桩架再加高还可以正常施工。

2) 橄榄状双向螺纹钻头短螺旋桩的承载力值

根据静载荷试桩均加载到 7 500 kN,已达到 C40 混凝土桩的截面强度,说明压灌混凝土后插筋工艺是无桩孔的成桩工艺的可靠承载力的工艺。因桩周土以细颗粒土为主,在挤压与胶结作用下具有质量稳定可靠,承载力值高。

3）门盖问题的处理

从三根设计试桩的施工可以了解到：有两根桩因门盖问题而终止施工，由于保护门盖的两侧八字铁件在到达设计高程后多旋转两圈，八字铁件会将支挡门盖的土体掏空，门盖会自行开启，泥土从开启门盖的洞口进入混凝土导管，造成混凝土导管堵塞。

为防止门盖自行开启而采取加强盖密措施，在压灌混凝土时，在压力作用下门盖无法打开造成堵管。在本次试成桩施工中均遇到上述情况，在施工中容易出现泵送混凝土压灌施工时混凝土堵管。

针对门盖问题，可采取齿槽结合子悬挂式钻尖的钻头就能解决堵管问题。

5.2.2 带结合子的螺纹钻头接光管钻杆的短螺旋桩

1. 带结合子的螺纹钻头

在地层剖面为卵石、碎石、砾石层等颗粒状土为主的地基项目中，常规主流桩型如预应应力管柱、钻孔灌注桩等打不下又钻不透。粗螺纹钻杆压灌混凝土桩技术（短螺旋桩技术名义）、双向挤压螺旋灌注桩的 SDS 技术、螺旋挤密混凝土桩技术能够发挥作用。

1）粗螺纹短螺旋桩的钻头

如图 5-21 所示的粗螺纹短螺旋桩的钻头接光管钻杆，即为短螺旋桩技术。

粗螺纹钻杆的长螺旋桩技术完全一样，在山丘颗粒土地层工程中应用，压灌混凝土将桩周的颗粒土胶结与挤密作用共存，使桩达到高承载力值，具有质量稳定、承载力值可靠的特性。

不同之点是在粗螺纹钻杆上截取 4 m，按如图 5-22 所示安装齿槽结合子钻尖成为短螺旋桩的钻头，钻头接光管钻杆。需要的动力扭矩与正转上拔力大幅度减小。

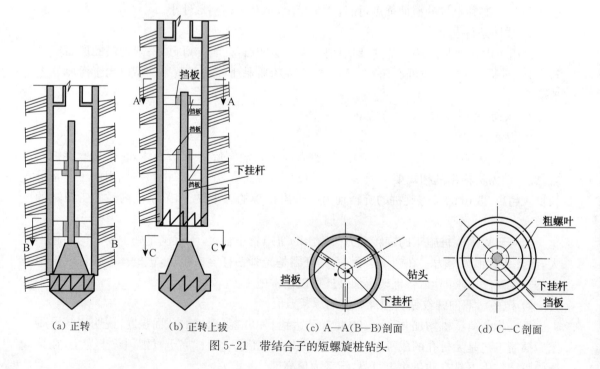

(a) 正转　　　　　　(b) 正转上拔　　　　(c) A—A(B—B)剖面　　　(d) C—C剖面

图 5-21　带结合子的短螺旋桩钻头

如图 5-21(a)所示是正转(顺时针转)旋拧沉入土层的状态,是由齿槽结合子带动钻尖旋拧沉入土层,到达设计深度,先启动泵压灌混凝土,然后反转(逆时针转)半圈至 1 圈,齿槽结合子自行脱开,混凝土由脱离口进入桩孔,如图 5-21(b)所示的状态,即为正转上拔。钻尖由悬挂杆连接,如图 5-21(c)所示剖面 A—A(B—B)固定在钢管内壁钢板上的管,结合子的齿槽如图 5-21(d)剖面 C—C。

2)双向粗螺纹短螺旋桩的钻头

在粗螺纹长螺旋桩段上取一段约长 4 m,安装齿槽结合子钻尖的钻头,双向粗螺纹短螺旋桩。

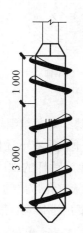

图 5-22　双向粗螺纹短螺旋桩钻头旋进时状态　　图 5-23　双向粗螺纹短螺旋桩钻头旋退时状态

如图 5-22 所示是正转(顺时针转)旋拧沉入土层的状态,是由齿槽结合子带动钻尖旋拧沉入土层,到达设计深度。开启泵压灌混凝土,然后反转(逆时针转)半圈至 1 圈,齿槽结合子自行脱开,压灌混凝土由脱离口进入桩孔,如图 5-23 所示的状态。不同的是如图 5-21 所示为正向粗螺纹,而如图 5-22 所示的下方 3 m 为正向粗螺纹,而上方 1 m 为反向粗螺纹,为双向螺纹。双向螺纹的作用是在正转上拔过程中,1 m 长的反向粗螺纹将切入螺叶内的土体反压挤扩在桩周,增大桩周土的挤密性。

3)锥底形带结合子钻头

(1)主要特点。无论是长螺旋的粗螺纹钻杆的压灌混凝土桩或短螺旋的双向挤压螺旋灌注桩 SDS 技术均不能嵌岩施工,镶有合金的锥形钻头可以在浅层嵌岩中施工。

(2)粗螺纹钻杆压灌混凝土桩的钻头门盖易脱落,短螺旋双向挤压螺旋灌注桩的门盖易自行开启,导致进泥堵孔或门盖开不了而堵塞泵送混凝土导管。钻头与钻尖为齿槽结合,正转时钻头带动钻尖旋拧进入土层,反转时钻尖自行脱离钻头,悬挂在钻头下面,压灌的泵送混凝土由脱离口进入桩孔(图 5-24)。

(3)构造。螺旋挤密混凝土桩是钢圆管焊接粗螺纹的钻头与钻尖为齿槽结合,正转时直齿带动钻尖协同钻入土层,反转时沿斜齿上滑自

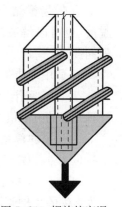

图 5-24　螺旋挤密混凝土桩钻头

行脱离,成为进入桩孔压灌混凝土的出口。

粗螺纹截面尺寸:顶宽 20 mm,底宽 40 mm,螺纹高为 50 mm,螺纹的圈数≥3 圈;钢圆管的高度 H≥2 m,螺纹的外径为桩径,比钢圆管外径大 100 mm,镶有合金钻的钻头切削岩层,连接钻头的钻杆为光管钻杆,钻杆与钻头连接可成为短螺旋 SDS 技术;如连接钻头的钻杆为螺纹钻杆,而且钻头与钻杆的螺距相同,可以施工带螺纹灌注桩的螺纹钻杆。

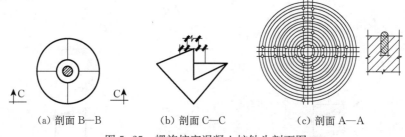

(a) 剖面 B—B   (b) 剖面 C—C   (c) 剖面 A—A

图 5-25 螺旋挤密混凝土桩钻头剖面图

(4) 带结合子短截粗螺纹钻头接光管钻杆的短螺旋桩优势。短截粗螺纹钻头接光管钻杆技术比普通长螺旋桩或粗螺纹钻杆的长螺旋桩的压灌混凝土桩具有下述优势:

① 普通长螺旋桩施工中,桩孔内 90% 左右的土体被长螺旋钻杆的螺叶带出土层至地面,为非挤土桩;粗螺纹钻杆长螺旋桩压灌混凝土桩正转上拔从桩孔带出约 50% 土体,为半挤土桩;而短截粗螺纹钻头接光管钻杆的正转上拔从桩孔不带出土体,为挤土桩,对于颗粒土地层,挤土施工对桩周土的挤密效果为正效应的。

② 普通长螺旋桩或粗螺纹钻杆的长螺旋桩,均为全桩长螺纹钻杆的螺叶旋拧切入土层。随着施工桩长的增长,螺纹钻杆上的螺叶增多,螺叶旋拧切入土层所须扭矩的累加,需要的旋转动力(扭矩)增大,所以长螺旋桩施工的桩的桩径≤Φ600,桩长≤30 m。

而螺纹钻头上接光管钻杆的短螺旋桩则不同。例如:高度 4 m 的粗螺纹安装齿槽结合子的钻头,在正转旋拧切入土层时,仅只有 4 m 高度内螺纹的螺叶旋拧切入土层时需要的扭矩。比钻头直径小的光管钻杆不接触桩周土,并不会消耗扭矩。总体所需施工扭矩比长螺旋桩小很多。

③ 带齿槽结合子的钻头可以解决因混凝土出口门盖碰击桩周的颗粒土或岩层而脱落,也可以解决门盖提前开启而进泥堵管或到达设计标高打不开门盖而堵管等一系列问题。

④ 适用地质条件:适用于黏土、黏质粉土、粉土地层,承载力计算式中 η 的取值在 1.1~1.2(挤密作用);适用于山丘地基的颗粒土地层:卵石层、碎石层、砾砂层,承载力值的计算式中的 η 取值 1.2~1.3(胶结作用)。

2. 短截粗螺纹钻头的短螺旋桩成桩施工

1) 短截粗螺纹钻头与光管钻杆的配置

如图 5-21 所示,钻尖的悬挂杆在固定圆管中剖面滑移到 A—A 剖面的位置,C—C 剖面为钻尖的齿槽俯视图。截取 4 m 的粗螺纹钻杆,钻头与钻尖齿槽结合。短截粗螺纹的钻头上接 Φ325 或 Φ377 钢管,在旋转动力头与卷扬机配以压(拔)成为短螺旋专用桩机。

表 5-8　桩径、钻头与钻杆配置表

桩的直径/mm	粗螺纹外径/mm	光管钻杆/mm
Φ400	Φ400	Φ300
Φ450	Φ450	Φ300
Φ500	Φ500	Φ325
Φ550	Φ550	Φ377
Φ600	Φ600	Φ377

2）短截粗螺纹钻头 SDS 技术的成桩施工

成桩施工如图 5-26 所示,因短截粗螺纹钻头配以齿槽结合的正转旋拧进入土层,反转钻尖自行脱离,压灌混凝土从脱离口进入桩孔。在施工过程中需增加一个钻尖自行脱离的程序,即粗螺纹钻头旋拧进入设计要求深度后先启动泵送混凝土,再反转(逆时针旋转)一圈让钻尖脱离钻头,即转变为正转(顺时针旋转)上拔;其他均同粗螺纹钻杆(螺杆桩)施工的压灌混凝土桩,详细的施工程序如下:

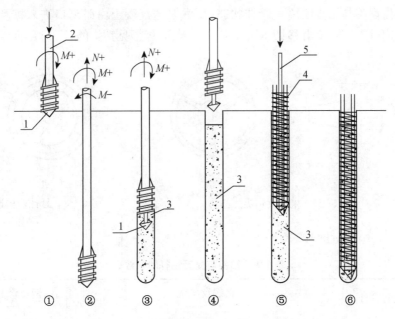

1—带结合子钻头；2—光圆钻杆；3—混凝土；4—钢筋笼；5—送钢筋笼杆
图 5-26　SDS 技术施工顺序

（1）桩机就位,悬挂在钻头底下的钻尖对准设计桩位的中心,缓慢刺入土层,用仪器校正螺旋钻杆的垂直。

（2）加压正转(顺时针旋转)旋拧沉入土层,到达设计桩长的深度,启动泵送压灌混凝土。

（3）反转(逆时针旋转半圈至 1 圈)上拔即转为正转(顺时针旋转)上拔,反转上拔时钻尖自行脱离钻头,泵送压灌混凝土由脱离口进入桩孔,转为正转上拔泵送压灌混凝土继续从脱离口浇灌桩孔。

（4）螺旋钻杆转为正转上拔出地面,混凝土已灌满桩孔。

（5）清理桩孔溢至地面的混凝土,找出桩孔混凝土中心,利用送筋杆将钢筋笼沉入混凝土桩内。

（6）拔出送筋杆成桩。在桩孔混凝土的中心进行后插筋施工,存在混凝土的阻力和钢筋笼刚度问题,要求混凝土流动性强,混凝土的坍落度≥20 cm,钢筋笼的长度≤20 m,钢筋笼为焊接钢筋笼,不小于 Φ14@(1～2 m)的加强箍保证钢筋笼刚度。

3. 双向挤压等径螺纹钻头的短螺旋桩

1）双向挤压等径螺纹钻头的短螺旋桩概述

双向挤压等径螺纹钻头的短螺旋桩技术已在山丘地基多项工程中使用,经实践证明具有可靠性。

采用沉管灌注桩施工常用的 Φ377 或 Φ426 钢模管可加工制作。在钢模管的底部 4 m 范围焊接的粗螺纹钻头,粗螺纹截面尺寸如图 5-27 所示,$h=50$ mm,$b=40$ mm,$a=20$ mm,带悬挂杆的钻尖悬挂在如图 5-28 所示的小管中,钻尖与钻头齿槽结合自底面向上 3 m 长为正旋(顺时针旋转)螺纹,上面 1 m 长为反旋(逆时针旋转)螺纹,悬挂式钻头与管底内短管为齿形结合。正转时,钢模管底内短管直齿带动钻头旋拧进入土层;反转时,钢模管底内短管斜齿滑移与钻头脱离呈悬挂状态,压灌泵送混凝土由脱离口进入桩孔,悬挂杆固定在钢模管内壁上短管上滑移见 A—A(B—B)剖面,齿槽见钻头的 C—C 剖面(图 5-25)。

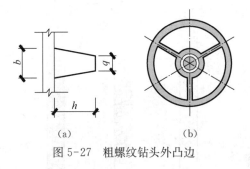

（a）　　　　　（b）

图 5-27　粗螺纹钻头外凸边

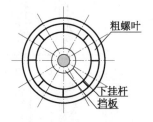

图 5-28　悬挂杆构造示意

2）钻头与光管钻杆的参数

表 5-9　钻头与光管钻杆的参数表

桩径 /mm	光管钻杆 /mm	粗螺纹参数				内钢短管 d/mm	粗螺纹外径 /mm
		a/mm	b/mm	h/mm	s/mm		
Φ500	Φ377	20	40	61.5	150	320	Φ500
Φ550	Φ377	20	40	86.5	180	320	Φ550
Φ600	Φ426	30	60	87	200	370	Φ600
Φ650	Φ426	35	70	112	220	370	Φ650
Φ700	Φ426	40	80	137	250	370	Φ600

注:S 为螺距即螺纹的间距(mm)。

双向挤压等径螺纹钻头的 SDS 桩技术是完全应用粗螺纹钻杆(自称为螺杆桩技术),在山丘地基上能穿越厚层的卵石层、碎石层、砾砂层与强风化岩层,积累了施工高承载力值的挤密灌注桩的工程经验,将双向挤压螺旋灌注桩的橄榄形钻头改成等径粗螺纹钻头,保持双向挤压的功能,等径粗螺纹钻头的下部 3 m 长为正旋(顺时针旋转)螺纹,再向上 1 m 为反旋(逆时针旋转)螺纹,这就是短螺旋桩 SDS 技术的工程应用。

3)双向挤压等径螺纹钻头的 SDS 桩的施工

在正转上拔压灌混凝土过程,光管钻杆无法将桩孔内大量的土体带至地面,利用钻头的反螺纹将桩周土反压至桩周,加强桩周土的挤密效果。实质上反螺纹对桩周土的挤密效果是很有限的,但受到国内外岩土工程的专家、学者的关注,而对成桩方式的多样性却很少被关注。

双向挤压等径螺纹钻头的 SDS 桩的施工:正转(顺时针旋转)加压旋拧进入土层至设计要求的深度,开启泵送混凝土后先反转(逆时针旋转)半圈至 1 圈,待钻头脱离后即转为正转(顺时针旋转)上拔。压灌的泵送混凝土从钻头的脱离口进入桩孔内,直至正转(顺时针旋转)上拔至拔出桩孔,同时压灌的泵送混凝土灌满桩孔,在桩孔混凝土的中心振动插入钢筋笼即成桩。

5.2.3　长短螺旋组合的螺旋桩技术

5.2.3.1　长短螺旋组合的螺旋桩

1. 研究长短螺旋结合的螺旋桩

(1) 如图 5-29(a)、(b)所示工程地质概况,根据土层将桩穿越土层划分为上下两区。

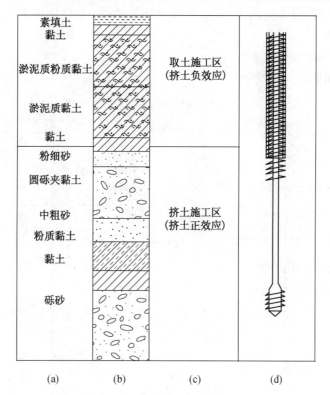

素填土
黏土
淤泥质粉质黏土
淤泥质黏土
黏土
粉细砂
圆砾夹黏土
中粗砂
粉质黏土
黏土
砾砂

取土施工区
(挤土负效应)

挤土施工区
(挤土正效应)

(a)　　　　(b)　　　　(c)　　　　(d)

图 5-29　长短螺旋组合的螺旋桩施工剖面

上区为软土区,因挤土会产生孔隙水压力累增,场地土隆起,波及邻周建(构)筑物,不允许挤土施工,须采用取土施工,列为取土施工区;取土区用开口钢管先沉入,利用开口钢管起到隔离挤土影响的作用,施工时从钢管内旋拧沉入,正转上拔时会将钢管内土体由螺叶带出钢管口。

如图 5-29 所示,为上段的长螺旋桩孔内土体由长螺纹钻杆螺叶带出,为取土型;下段为光管钻杆连接的带结合子钻头的短螺旋桩,等径粗螺纹钻头上拔挤土,由压力混凝土充填桩孔。

(2) 长短螺旋结合的螺旋桩的施工工艺均与长螺旋桩相同,正转旋拧沉入土层,正转上拔压灌混凝土,在灌满混凝土的桩孔中插入钢筋笼成桩。整个成桩过程中并没有桩孔,没有孔底沉渣和水下浇筑混凝土情况。在压灌混凝土施工中,水泥浆对桩周土的胶结作用和挤密作用能提高桩的承载力值。

2. 穿越颗粒地层的长短螺旋组合的螺旋桩实例

1) 工程概况

本工程为山丘地基的拆迁安置房项目,总建筑面积 33 万 m^2。工程由多栋带地下室的超高层与高层建筑组成,采用 Φ600 与 Φ700 桩径的粗螺纹长螺旋桩,Φ600 桩的极限承载力值 $R_a \geqslant 7\,000$ kN,Φ700 桩的极限承载力值 $R_a \geqslant 8\,000$ kN。桩端持力层进入⑥-3 层 3~4 d(d 为桩径),桩的入土长度 20~22 m,桩端距⑦层土层较近的距离有 5~7 m,而⑦层是近软塑的粉质黏土,压缩变形大,经沉降验算结果沉降量偏大,相对的压缩变形偏大。为保证高层建筑的沉桩穿越⑦层土进入中风化岩层,入土深度约需 43 m。因考虑到采用粗螺纹钻杆的长螺旋桩施工,要求的动力扭矩太大,最后选用大扭矩桩机施工的长短螺旋组合螺旋桩。

2) 工程地质剖面与土的参数

(1) 地质剖面如图 5-30 所示。

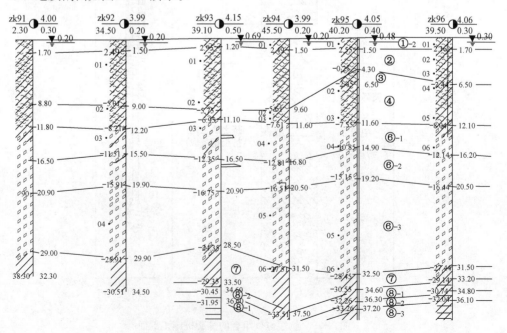

图 5-30　代表性的地质剖面

（2）土的计算参数如表 5-10 所示。

表 5-10　地基土物理力学指标设计参数汇总

土层序号	土层名称	层厚/m	地基承载力特征值 f_k/kPa	桩侧阻力特征值 q_{si}/kPa	桩端阻力特征值 q_{pi}/kPa
①-2	粉质黏土		90	16	
②	淤泥质粉质黏土		55	8	
③	中砂		140	25	
④	粉质黏土		110	22	
⑤	砾砂		180	31	1 300
⑥-1	含粉质黏土碎石	2.60～8.10	300	36	1 700
⑥-2	含块石碎石	3.10～7.60	400	41	2 000
⑥-3	碎石	5.10～13.60	350	38	1 800
⑦	粉质黏土		160	27	500
⑧-1	全风化泥质砂岩		200	29	800
⑧-2	强风化泥质砂岩		400	38	1 500
⑧-3	中风化泥质砂岩		500	45	2 000

3）⑧-2 层为持力层的桩型的成桩工艺

（1）长短螺旋组合的螺旋灌注桩的施工。桩穿越比较软弱的⑦层粉质黏土，进入⑧-2层强风化岩层则是解决较软弱的⑦层压缩层对高层建筑沉降影响最可靠措施。

桩基入土深度约 43 m，若用长螺旋旋拧切土旋入土层则需很大的动力扭矩。考虑到本工程使用的桩机具备大扭矩动力，估计旋拧进入土层问题不大，而要将超出 30 m 钻杆的螺叶切入颗粒土压灌混凝土后再上拔则比较困难。上拔过程中需克服颗粒土之间的剪切力，即使能够上拔但桩架高度须达 50 m 左右，上拔过程中重心在桩架顶易产生桩架倾覆，存在不安全因素。

采用长短螺旋组合的螺旋桩，通过联用的成桩工艺即可解决压灌混凝土的同时上拔的问题。短截带螺纹的钻头接光管钻杆，以 43 m 桩长为例，上段 8～10 m 为软土，地下室高度占一半则无需用桩。后插筋工艺须将桩混凝土浇筑至地面，方可进行后插筋施工，实际应用还需凿桩头，费料又费工。面对这样的问题，可采用沉入钢管穿至 8～10 m 进行软土隔离，将套管内进入的土体用长螺旋取出，下段 30～33 m 用短螺旋施工，即成为长短螺旋组合的螺旋桩。

全桩长仅上段 8～10 m 为带螺纹钻杆，下段 30～33 m 用光管钻杆接带结合子钻头，从钢管内加压旋拧进入土层至要求的入土深度。因只有钻头的长度粗螺纹旋拧切土，需要的旋转动力扭矩大幅度变小，压灌混凝土同时的上拔力，只有钻头的长度将桩周土带出，通过钻头将土体挤向桩周，上拔力也相应减小。上段 8～10 m 为带螺纹钻杆的螺叶将钢管内土体带至地面，为长螺旋桩的取土桩；下段 30～33 m 用光管钻杆接带结合子的钻头施工，为挤土型的短螺旋桩。

桩孔混凝土无须浇筑至地面，浇筑到地下室的承台底嵌入承台一定深度就可以。后插筋施工可以通过钢管导向,将钢筋笼振动插入桩截面混凝土中心成桩。

(2) 双动力套管跟进施工的短螺旋灌注桩

本工程带有地下室,工程桩的桩顶标高在地下室进入承台 100 mm 即可。施工长螺旋桩是后插筋的成桩工艺,桩施工到实际的桩顶标高,距地表还有 5～6 m,无法施工后插钢筋笼,必须将混凝土灌筑出地面,造成 5～6 m 桩长混凝土浪费。如果用双动力套管跟进的施工工艺,桩孔在钢套管的护壁作用下进行后插钢筋笼的施工,可以施工到设计要求的桩顶标高。

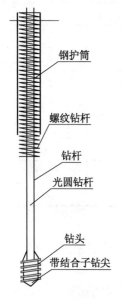

图 5-31　长短螺旋组合的螺旋桩钻杆

(3) 设计要求。混凝土标号≥C40,混凝土坍落度 20～22 cm,混凝土中的粗骨粒最大粒径为 20 mm 的级配石,按设计桩长进行成桩控制。

4) 长短螺旋组合的螺旋桩施工

(1) 大扭矩桩机。大扭矩长螺旋桩机动力头扭矩为 200～1 000 kN·m。该桩机已成功应用于多个工程,正在研发生产的螺旋钻杆接长技术可达到施工桩长 $L \geqslant 120$ m 的能力。

(2) 长、短螺旋组合的螺旋桩的装备。如图 5-31 所示上段为长螺旋,其特征是为通长螺纹钻杆,用钢套管护壁并在钢管内取土。下段为短螺旋,其特征是光管短钻杆接带结合子的粗螺纹钻头。也可应用于类似宁波、温州的地质土层条件,上层为深厚软土,下层为黏土、粉质黏土,可作持力层的硬土,为消除钻孔灌注桩在城市施工的泥浆污染,实现无泥浆的环保施工技术。上层软土用钢套管护壁在管内取土施工,下段为短螺旋桩压灌混凝土后插筋的挤土施工,是无桩孔施工。该技术不仅解决泥浆污染问题,由于无桩孔就没有桩孔底沉渣,也无须水下浇筑混凝土,具有高承载力桩的特性,是软土地层替代用泥浆护壁的钻孔灌注桩技术的最佳桩型。

3. 长、短螺旋组合的螺旋桩的工程应用

1) 大扭矩长螺旋套管跟进施工大直径灌注短桩

如图 5-1 所示的大扭矩长螺旋桩机,增加如图 5-31 所示下旋转动力头,带动螺旋外径大 100 mm 的钢套管即可,要施工 Φ600 桩径的长螺旋螺纹钻杆沿顺时针旋拧并穿越下旋转动力头带动钢套管,钢套管直径 700 mm,长度 7 m 旋拧压沉进入土层,下旋转动力头带动钢套管沿逆时针旋转旋拧压沉进入土层到达要求的标高,下旋转动力头脱离钢套管,长螺旋桩机旋拧压沉进入土层到达要求的标高,起动泵送混凝土,沿顺时针旋拧上拔,桩孔内混凝土随上拔满灌桩孔,钢套管内土体被螺纹钻杆螺叶切入的土体随上拔而带出钢套管弃土,即可以钢套管为导向,在钢套管内插入钢筋笼,下旋转动力头连接钢套管旋拧拔出成桩。要求桩的极限承载力值 $Q_{uk} \geqslant 8\,000$ kN。

2) 长、短螺旋组合套管跟进的螺旋灌注桩的施工

本工程采用长、短螺旋组合的套管跟进施工的螺旋灌注桩的桩型。由桩机的上旋转动力头带动螺纹钻杆,螺纹钻杆有螺叶的长度为 10 m,以下为光管钢钻杆,光管钢钻杆的底连接带结合子的粗螺纹钻头,螺纹钻杆的螺叶直径与短螺旋粗螺纹钻头的螺叶直径均为

600 mm。如图 5-31 所示的下旋转动力头连接 700 mm 管径的钢套管,钢套管的长度为 8 m,其成桩工艺作如下说明。

成桩程序如图 5-32 所示。

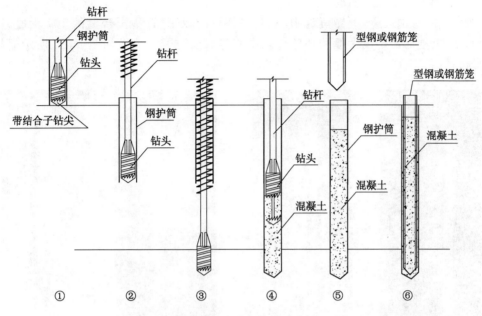

图 5-32   长短螺旋组合螺旋灌注桩施工顺序图

(1) 桩机就位,钻杆穿入钢护管。钻尖在钢护管的中心后对准设计桩位,校正垂直,上旋转动力头连接钻杆,下旋转动力头连接钢护管,上下旋转动力头同时启动。此时,上旋转动力头正转(顺时针方向)旋转,下旋转动力头反转(逆时针方向)旋转,开始加压旋拧入土层。

(2) 当钢护管沉至软土层以下 2 m 后终止下沉,即关闭下旋转动力头的动力,上旋转动力头连接钻杆穿越钢护管继续正转向下旋压沉入土层。

(3) 上旋转动力头连接钻杆正转(顺时针方向)旋压沉入土层至设计高程,进入要求的持力层深度终止。

(4) 钻头进入要求的持力层深度,采用泵送方式进行桩孔内压灌混凝土。开始压灌混凝土后不久,启动上旋转动力头使得钻杆少许反转上拔,此时钻尖脱离钻头,即刻转为正转上拔,泵送混凝土由钻尖的脱离口进入桩孔内。上拔过程中,带螺纹钻杆的螺叶带出钢护管内的土体,钢护管内的土体全部取出。上段桩类似长螺旋桩施工,继续正转上拔钻头挤密桩周土,压灌混凝土连续进入桩孔内,下段桩类似短螺旋桩施工。

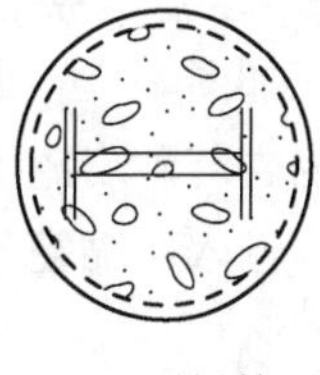

图 5-33   后插筋型钢混凝土截面图

(5) 钻头拔出钢护管的上口,桩孔内压灌混凝土填满桩孔,根据插入混凝土的长度选择钢筋笼或工形型钢。

(6) 拔出钢护管,即成型钢混凝土灌注桩。

注:当钢筋笼的长度≥20 m,钢筋笼在混凝土中沉入的阻力过大,易将钢筋笼振动散架,故建议改为钢板焊接的型钢插入。

5.2.3.2 超高层建筑的桩基

1. 超高层建筑的桩基现状与存在的问题

1）超高层建筑概况

（1）世界超高层建筑概况

像美国的帝国大厦、世界贸易中心、马来西亚的双子塔、中国台湾的 101 大厦、迪拜的哈利法塔、上海的金茂大厦和环球金融中心等。出现了一大批如图 5-34 所示的超高层建筑。

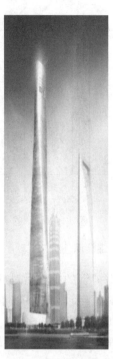

（a）苏州中南中心	（b）上海中心大厦	（c）武汉绿地中心	（d）天津 117 大厦
（高 729 m）	（高 632 m）	（高 636 m）	（高 597 m）

图 5-34　中国典型摩天大楼

（2）摩天楼桩基的相关参数

如图 5-34 所示的超高层桩基均选用钻孔灌注桩，除武汉绿地中心采用旋挖钻机施工，因泥岩与砂岩挖不动改为冲孔施工，其他均按超深灌注桩施工。桩孔底沉渣的清除，在桩孔内输入压缩空气，将孔底沉渣上吹，然后用反循环吸至地面（表 5-11）。

表 5-11　摩天楼桩基的相关参数

名称	高度/m	桩径/mm	有效桩长/m	桩端埋深/m	桩端持力层	桩身混凝土强度	静载最大加载/kN	设计单桩特征值/kN
苏州中南中心	729（137 层）	1 100	75	110	粉细砂层	C45～C50		13 000～15 000
上海中心大厦	632（121 层）	1 000	56	88	粉砂夹中粗砂层	C45	30 000	10 000

（续表）

名称	高度/m	桩径/mm	有效桩长/m	桩端埋深/m	桩端持力层	桩身混凝土强度	静载最大加载/kN	设计单桩特征值/kN
武汉绿地中心	636（119 层）	1 200	30	55～64	微风化泥岩	C45～C50	45 000	15 000～17 000
天津 117 大厦	597（117 层）	1 000	76	112	粉砂层	C50	42 000	13 000～16 500

注：苏州中南中心未见到静载试桩报告，缺静载荷试桩的最大加载值。

（3）桩顶深埋的桩承载力值的测定。超高层桩顶深埋的深度，占桩总入土深度的 50%左右。如图 5-34 所示超高层建筑桩基的桩顶深埋的深度占桩总入土深度的 1/3 以上，当对工程桩须作静载荷试桩的桩，施工时将桩引伸出地面，可直接在桩顶加载测定，而桩的极限承载力标准值（Q_{uk}）不是简单地将桩顶加载值 Q 减去地下室深度的估算的桩侧摩阻力（$u\sum q_{sik} \cdot l_i$）值，桩实际桩工作的 $Q_{uk} \neq Q - u\sum q_{sik} \cdot l_i$（$Q$ 值是开挖前的应力，桩实际桩工作的 Q_{uk} 值是开挖后的应力）。如图 5-35 所示中心桩的桩侧土体竖向应力曲线可知：地下室土体开挖后，桩侧土体竖向应力有较大比例的降低，是因覆盖土被开挖，桩周土的围压减小而使桩的侧摩阻力降低，引伸出地面的桩顶加载测定的值比实际工作桩大，而实际桩工作桩因侧摩阻力降低而使桩承载力值降低，实测 Q_{uk} 值是偏于不安全的。

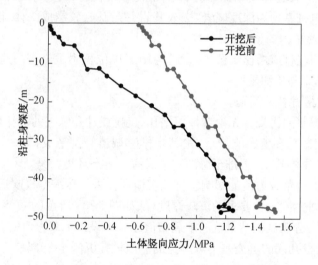

图 5-35　桩侧土体竖向应力曲线

从图 5-36 可知超深地下室土方开挖后，土体回弹带动桩顶上升位移达 104－96＝8 mm，由如图 5-37 可知对工程桩产生最大拉应力达 2 000 kN，对工程桩配筋计算时须考虑土体回弹对桩产生拉应力，以及对桩的裂缝控制设计与验算。

如何正确测定桩的承载力值，采用超深地下室深度范围用钢套管隔开桩与土的侧摩阻力，实测的 $Q \neq Q_{uk}$，因为桩周土的围压减小而使桩的侧摩阻力降低，而引伸出地面的桩顶加载测定值，比实际工作桩的 Q_{uk} 要大的情况并未改变，无法测得真实的工程桩的承载力值 Q_{uk}，如需正确测定，须在地下室底面对桩顶直接加载测定。

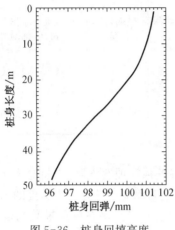

图 5-36 桩身回填高度

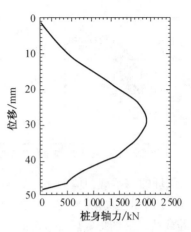

图 5-37 桩身轴力

2）建筑的桩基选择钻孔灌注桩问题分析

（1）选择钻孔灌注桩考虑的因素。能满足高层建筑荷载要求的桩承载力值的桩型只有钻孔灌注桩,考虑的因素归纳如下:

① 钻孔灌注桩可以按超高层建筑的荷载要求任意选择桩径与桩长,单桩承载力高;成桩方式可根据地质条件选择用钻孔、旋挖或冲孔施工灌注桩,均为非挤土性桩。

② 超高层建筑桩基均为深度嵌岩,嵌入基岩并与基岩胶结成一体,能承受较大的水平荷载,故抗震性能较好。

③ 超长钻孔灌注桩应用已十余年,设计与施工单位积累了丰富的施工经验,而且具有可靠的质量保证体系与检测手段。

（2）钻孔灌注桩存在的问题。

① 钻孔护壁泥浆的污染。无论选择用钻孔、旋挖或冲孔施工的灌注桩,均为泥浆护壁,置换出来的废弃泥浆对环境影响严重,尤其是排至城市管网造成排水管网堵塞,排至江河造成河床淤积升高影响排洪、倒排至海洋则造成海洋生态环境污染。

② 桩孔沉渣对桩承载力值的影响。桩孔沉渣即使采用压缩空气吹送清理沉渣,结合反循环清孔,还是很难达到工程要求的沉渣厚度,从如图 5-38 所示的 Q-S 的曲线可知,因桩孔存在较厚的沉渣,静载试桩结果桩的承载力值还不到设计承载力值的50%。

（3）超长桩的桩孔底的沉渣是不可避免的。但桩孔沉渣至今的施工工艺和装备还是无法解决清除桩孔底的沉渣,尤其是超长桩的桩底沉渣至地面达百米左右,无论采用任何方法清孔,包括反循环加压缩空气清孔,均不能将桩孔沉渣清排至地面。实测沉渣厚度达不到规范要求,专家均认为桩底沉渣是不可避免的,只能采用桩底后注浆加固桩孔底的沉渣的措施。

桩孔底的沉渣可通过桩底后注浆加固沉渣:

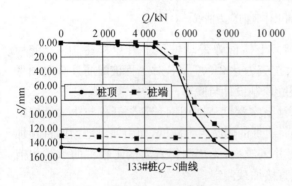

图 5-38 Q-S 曲线

① 对桩孔沉渣的只能通过桩底后注浆加固沉渣,因沉渣的组成:如沉渣主要是由颗粒土(粉细砂、中细砂或中粗砂、砾砂)等,水泥浆能够进入颗粒土的空隙,对沉渣有很好的加固效果,如沉渣主要是黏性土(黏土、粉质黏土或粉土),水泥浆几乎不能有效进入土颗粒之间的空隙,不能起到有效加固沉渣的作用,而是只能起到部分沉渣加固的作用。

② 浇筑水下混凝土的混凝土强度:钻孔灌注桩因须桩孔泥浆护壁。桩孔内须插入导管进行水下混凝土浇筑,而且桩的混凝土强度不宜大于 C40。

2. 上海中心大厦桩的承载力与变形分析

1) 上海中心大厦桩的承载力特征值

上海中心大厦桩基础选用 Φ1 000 直径的钻孔灌注桩,桩的承载力特征值 R_a＝10 000 kN,工程桩设计静载荷试桩最大加载达 30 000 kN。特征值的取值相当于最大加载值的 1/3,即 K＝3,说明取特征值 R_a＝10 000 kN 安全度是提高,建筑物的变形应该不会太大。然而,实际施工中基坑土方开挖 40 多米,坑底回弹后桩周土的围压下降,使桩与土的侧摩阻力下降,桩承载力值下降,具体下降值需做进一步研究。

2) 上海中心大厦结构结顶时实测沉降

桩的承载力特征值取 R_a＝10 000 kN,上海中心大厦主楼结构结顶时的沉降量分析桩底后注浆加固桩孔底的沉渣的效果,累计沉降量已达 60 mm(主楼结构结顶时的重量占总重的 60%～70%,后期还需增加 30%～40% 荷载)。按结构结顶后最终沉降量放大 1～2 倍即为经验估算的最终沉降量,则上海中心大厦的最终沉降量为 120～180 mm,说明沉降量偏大。设计试桩最大加载达 30 000 kN,特征值取值为 10 000 kN,相当于设计试桩加载的 1/3,说明特征值取值留有余地。

若特征值按 15 000 kN 取值,则结构结顶时累积沉降量应大于 60 mm,可能原因是:桩底是由细颗粒的泥浆沉淀下来的沉渣,注入的加固浆液不能均匀加固沉渣,而是在沉渣中形成浆液通道进入桩周土层,仅有局部的加固效果。

3. 探讨摩天楼建筑的桩基的高承载力值

1) 避免桩孔沉渣优选无桩孔桩

满足摩天楼建筑的桩基的高承载力值应当优先选用无桩孔成桩的桩型。无桩孔成桩就是利用桩机设备钻孔至设计高程,边提土边在桩孔内压力满灌≥C50 的混凝土,后插钢筋笼或型钢成桩。因为是无桩孔施工,在桩孔底不会有沉渣,也不需要水下浇灌混凝土。

2) 要使桩具有高承载力值的性能

传统的现浇灌注桩是先施工桩孔(钻孔泥浆护壁的桩孔,沉管护壁的管孔),在桩孔(管孔)内放置钢筋笼,再浇灌混凝土成桩,为有桩孔桩型。用螺旋沉拔施工的压灌混凝土后插筋工艺是由桩孔底自下向上压力浇灌混凝土直至灌满桩孔,最后在桩孔混凝土中振动插入钢筋笼或型钢成桩。

由螺旋桩施工的长短螺旋组合桩为压灌混凝土后插筋工艺,属于无桩孔桩类型灌注桩。施工中压灌混凝土中的水泥浆液通过高压浇灌进桩周的颗粒土孔隙内,与桩体胶结在一起,在正转上拔过程中对桩周土体又能起到挤密作用,最终胶结与挤密作用使桩具有高承载力值的性能。

3) 超高层建筑的桩基施工能力要求

用螺旋沉拔施工,满足摩天楼建筑的桩基的高承载力值要求的桩,施工桩径 Φ1 000～Φ1 200,施工桩长≥120 m,用≥C60 混凝土,桩的承载力特征值 R_a＝12 000～20 000 kN。用大扭矩桩机或长短螺旋组合的螺旋桩机施工,除施工桩长≥120 m 以外(详见下述接管施工),其他均能满足摩天楼建筑的桩基施工能力要求。

4)长、短螺旋组合的螺旋桩接管施工

如图所示长短螺旋组合的螺旋桩的装置施工,上段长螺旋钻杆配合钢套管护壁施工类同长螺旋桩,正转上拔将钢管内进入的土体由螺叶带出,为取土施工。下段由光管钻杆连接带结合子钻头,接长部位为光管钻杆。光管钻杆如图 5-39 所示,上管插入下管。上管与下管两端均有螺纹,连接套管旋拧入下管,旋转上管凸口进入下管的凹口完成钻杆的连接,压灌混凝土的导管直通结合子的脱离口进入桩孔。

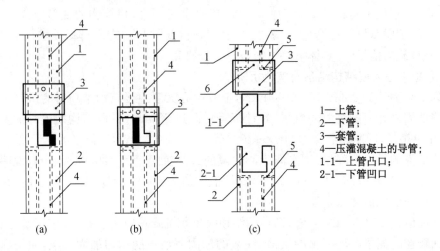

1—上管;
2—下管;
3—套管;
4—压灌混凝土的导管;
1-1—上管凸口;
2-1—下管凹口

图 5-39　长短螺旋组合的螺旋桩钻杆接管示意

5. 螺旋压灌混凝土挤密桩的设计

1)螺旋压灌混凝土挤密桩的性能

(1)能穿越各层土层与嵌岩的零沉渣桩孔。

因为钻孔灌注桩能够根据工程需要调节桩径与桩长,单桩承载力高。但却无法完全消除桩孔成孔过程中护壁泥浆与桩底沉渣。常规的泥浆护壁钻孔灌注桩也存在很大的局限性,无法穿越特殊地层,如厚层卵石层、碎石层、砾砂层、不同风化程度的岩层,也无法高速嵌入岩层。

而螺旋压灌混凝土挤密桩却能够很好地解决上述问题,能够在软土层套管跟进干取土,在可塑与硬塑土、卵石层、碎石层、砾砂层、不同风化程度的岩层的挤密施工螺旋压拔施工的挤密灌注桩的桩机与工法目前已经稳步进入主流桩型。

(2)螺旋压拔施工的工法简介。施工的工法是将带合金的钻头与螺旋钻杆正转(顺时针旋转)旋压进入地基土层,上层土若是软土则套管跟进,若桩端为岩石层则合金钻头带潜孔下锤。桩机正转(顺时针旋转)旋压到设计的深度终止,反转(逆时针旋转)致使合金钻头的锤尖脱离后压力泵送混凝土,即刻又改为正转(顺时针旋转)旋拧上拔。混凝土通过钻头的锤尖脱离口进入桩孔内,泵送混凝土随上拔填满桩孔,直至完全拔出土层,成桩后用 H 型钢振动沉入桩混凝土中心完成劲性混凝土桩的施工。

2) 螺旋灌注桩工艺原理

(1) 用拧木螺丝的方法将螺旋钻杆旋压沉入土层中,穿越卵石层、碎石层、砂层或不同风化程度的岩石层,具有较强的穿越能力。

(2) 压力泵送混凝土在螺旋钻杆正转上拔的过程中,压力混凝土由螺旋钻杆的底部进入螺旋钻杆上拔过程引成的桩孔内。

(3) 旋压拧入螺旋钻杆进入土层的过程对桩周土具有挤压密实作用,加上达到压力后混凝土内水泥浆液渗入桩周卵石或碎石的间隙内起到胶结作用,使桩与土的侧阻力大幅度提高。

(4) 钢筋笼采用振动后插入法施工,后插法需采取相应的质量保证措施。

5.3 螺旋施工带螺纹的灌注桩

5.3.1 施工螺纹灌注桩的条件与发展概况

1. 国内外螺纹灌注桩的概况

1) 国内外螺纹桩概况

国外金属螺纹桩的应用较为普遍,主要用于分散或交通不便或以抗拔桩为主的工程,如输电塔、通讯塔、灯塔的基础,由于工程量少,地区偏僻,道路不畅,选择桩型既施工方便,又便于运输,用金属螺纹桩是最佳的选择,如图 5-40 所示。带螺纹的灌注桩如图 5-42 所示是在硬可塑土层模铸而成的概念螺纹桩,不具有工程应用桩的特性,作为桩是支承上部建(构)筑物且传递荷载至地基硬土层上,桩的有效截面小了,只能支承很小的力,而桩的螺纹又太大,有效截面太小制约桩的承载力的发展,不是工程应用的带螺纹的灌注桩,而是只有在硬土层厚度范围的局部桩有螺纹,对于一般地基土的强度不能支承沿螺纹旋退可灌筑的带螺纹桩,压灌混凝土不可能填实旋退在土层中的螺纹空隙,形成不了螺纹,只能为带螺纹痕迹的灌注桩如图 5-41 所示。

图 5-40 金属螺纹桩

图 5-41 浅螺纹灌注桩

图 5-42　螺纹灌注桩

2）带螺纹灌注桩

螺杆桩就是带螺纹的灌注桩,要达到工程应用还有相当距离,它与长螺旋桩施工正转旋拧沉入土层是相同的,长螺旋桩是正转(顺时针转)压灌混凝土上拔,带螺纹的灌注桩是反转(逆时针转)压灌混凝土上拔,该上拔位移与反转螺旋退出的位移同步(位移距离相同),带螺纹的灌注桩成桩关键是同步。

（1）地基土的强度足够满足支承螺纹反旋退出时的支承力,压力混凝土充填螺纹反旋退出过程在土层中留下的空间,一般为硬可塑土层用铸模成形,地基土的强度足够满足支承螺纹反旋退出时的支承力,相当于拧木螺丝一样,正转旋入与反转退出,如果转数相同,旋入与退出的位移相同,即为同步。

（2）地基土中存在软土,地基土的强度不满足支承螺纹反旋退出时的支承力,反旋退出数十圈才产生一个螺距位移,须借用上拔力反旋退出,因不能同步,则出现如图 5-41 所示的浅螺纹,实际上无螺纹。

3）为什么要研究带螺纹的灌注桩

研究带螺纹的灌注桩主要应用嵌入土层的螺纹产生大的侧阻力,使桩的承载力值较大幅度提高,尤其是软土地层的抗拔桩,嵌入土层的螺纹能产生大的抗拔力,通过以下计算式来说明带螺纹的灌注桩承载力值提高。

（1）规范桩的特征值计算如下(图 5-42(a))：

$$R_a = u \sum q_{si} h_i + A q_p \tag{5-1}$$

式中　u——桩的周长;

　　　q_{si}——桩周 i 层土的侧摩阻力;

　　　h_i——桩周 i 层土的厚度;

　　　A——桩端截面积;

　　　q_p——桩端土的承载力。

（2）计算特征值如下(图 5-42(b))：

$$R_a = u \sum \tau_i h_i + A q_p \tag{5-2}$$

式中,τ_i 为桩周 i 层土的剪切力。

当金属螺纹桩加大螺距的单片螺纹时,可按单片螺纹支承在地基土上的累加计算桩的承载力值。如图 5-42(b)所示的按地基土特征值 f_a 计算：

$$R_a = u \left(\sum f_{ai} A_i \right) / S \times \eta \tag{5-3}$$

式中　f_{ai}——第 i 层土的承载力特征值(kPa);

　　　A_i——第 i 层土层上的螺纹水平投影面积(m²);

　　　η——承载力值修正系数;

　　　S——螺纹的螺距(m);

　　　b——螺纹的高度(m);

u——钢模管外径的周长(m)。

当 $S/b \geqslant 10$ 时,选用式(5-3);当 $S/b < 5$ 时,选用式(5-2)。

式(5-2)中的侧阻力是土的剪切力,而式(5-1)中是桩与土的摩擦力。在软土地层中,土的剪切力 τ_i 成倍高于摩擦力 q_{si},以侧阻力为主的软土地层,带螺纹桩的承载力值高于光滑桩的承载力值,这是研究带螺纹的灌注桩最充分的理由。

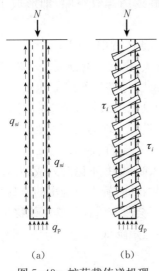 

  (a)   (b)

图 5-43 桩荷载传递机理   图 5-44 开挖后的螺纹灌注桩(并无螺纹)

4) 研究带螺纹的灌注桩的进展概况

螺杆桩就是带螺纹的灌注桩,在推广粗螺纹钻杆长螺旋桩技术的基础上,不断在工程中试验带螺纹的灌注桩,得到的结果如图 5-44 所示,与如图 5-42 所示相同的桩身可见丝纹,增大桩表面的粗糙性,对侧摩阻力提高是有限的。

经过上百个工地试验带螺纹的灌注桩试成桩,在硬质土层的铸模作用下,可见桩身带有螺纹,桩穿越土层有软硬交替的土层,在硬质土层有螺纹,软质土就没有了。

如图 5-45 所示是在硬质土层的铸模作用形成的浅螺纹,从图 5-45(a)看出土层为地表的硬土层,图 5-45(b)的螺纹断断续续的浅螺纹,能增大表面粗糙率,对桩承载力提高帮助不大,并且也不是全桩长都有。

  (a)   (b)

图 5-45 开挖后的浅螺纹灌注桩

2. 施工带螺纹的灌注桩的条件

1）同步性是必要条件

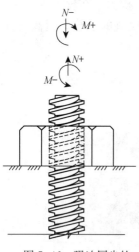

图 5-46 强迫同步的
装置原理

螺纹灌注桩的成桩原理：带螺纹的钻头正转旋拧与加压进入土层至要求的深度，起动泵送混凝土，螺纹的钻头反转旋拧加上拔，螺纹旋退的速度与上拔速度必须一致，必须同步。压灌混凝土填实在土层中沿螺纹旋退的螺纹空隙，即形成了灌注桩的螺纹。

2）带螺纹灌注桩没有用于工程的原因：

螺纹旋退与土的强度有关，不同土的强度要求相应的上拔力，上拔力随土的强度变化而变化，但螺纹旋退的速度与上拔的速度必须一致，在工程实践中，速度的一致性很难操控，这就是能在工程中应用的带螺纹灌注桩还没有出现的真实原因。

3）从螺母强迫螺杆沿螺纹行进的启示

如图 5-45 所示螺杆拧入螺母中，不论旋入或旋出均沿螺母的内螺纹轨迹位移，旋转的圈数相同，旋入或旋出的位移相等。不论外加压力或外加上拔力，均不会改变沿螺纹旋转位移的规律，但外加压力或拔的大小可使旋转扭矩降低。

4）强迫同步的装置

如图 5-47 所示的强迫同步的装置原理同如图 5-46 所示的螺母原理；带螺纹钢模管螺杆如图 5-46 所示；将螺母剖开形成两个半圆螺母，如图 5-47 所示的剖面。施工过程中用丝杆控制两个半圆螺母的合龙或分开，由螺母强迫带螺纹钢模管同步，也就是正转（顺时针旋转）旋入土层，或反转（逆时针旋转）旋出土层，旋转的圈数相同，旋入或旋出的位移是相等的，而与地层不同土层的土性（软土或硬土）无关。由螺母的螺纹控制旋入或旋出相同转数，螺杆位移是相同的，控制带螺纹钢模管同步的装置为强迫同步装置。

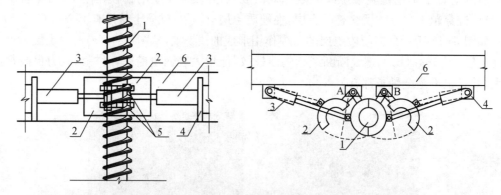

1—螺纹钢模管；2—半圆螺母型夹具；3—长筒千斤顶；4—千斤顶固定装置；5—夹具扣；6—桩机底盘

图 5-47 强迫同步装置结构

强迫同步的装置安装在施工桩机的底盘上，需要施工带有螺纹桩段时，可将如图 5-47 所示的两个半圆通过丝杆控制合龙夹住带螺纹钢模管，反转（逆时针旋转）旋出土层同时泵送混凝土，以便迅速填充螺纹桩孔，形成螺纹桩。当要施工平直（不带螺纹）桩段时，将如图

图 5-48　螺纹钻杆旋压沉拔桩机

5-44 所示的两个半圆通过丝杆控制分开,虚线所示的两个半圆螺母,脱离带螺纹钢模管,正转(顺时针旋转)上拔即引成平直桩段。

5.3.2　带螺纹的灌注桩的施工

1. 带螺纹的沉管灌注桩的施工

1) 桩机与钢模管

在软土地层更需要的是抗拔桩,应用螺纹嵌入土层由软土的剪切力使桩具有高的抗拔力,是用带螺纹钢模管挤土施工的沉管灌注桩,如图 5-48 所示是螺纹钻杆旋压沉拔施工的桩机,如图 5-49 所示为带螺纹的钢模管。

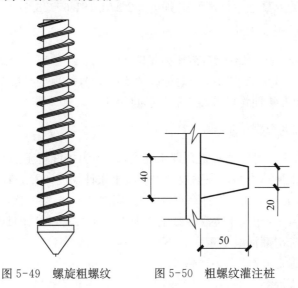

图 5-49　螺旋粗螺纹　　　图 5-50　粗螺纹灌注桩

(1) 桩机。如图 5-48 所示是螺纹钻杆旋压沉拔施工的桩机,螺纹钻杆换成如图 5-49

所示为带螺纹的钢模管,桩机底盘前的黑色套筒是定位装置,黑色套筒改换成带螺纹的钢模管旋拧穿过大螺母,固定在桩机底盘前的原位,完成桩机功能的改造。

(2) 带螺纹的钢模管。如图 5-49 所示为带螺纹的钢模管,Φ426 钢管,在钢管上焊接如图 5-50 所示节点 D 的粗螺纹,螺距 120 mm,固定在桩机底盘前控制同步的螺母与钢模管为 Φ426 钢管螺纹的螺杆相配,加工好先作旋拧穿越桩机底盘前的黑色套筒螺母和退出螺母的试验,表明 Φ426 钢管螺纹与套筒螺母是配套的。

2) 螺纹管灌注桩的施工

用螺纹钢模管在软土地层施工抗拔螺纹灌注桩,施工程序如下:

(1) 在设计桩位预埋好钢筋混凝土预制桩靴,桩机就位,吊起螺纹钢模管,对着桩机底盘前的套筒螺母,将螺纹钢模管正转旋入套筒螺母,位移到预制桩靴位置,继续旋入套住桩靴顶,校正螺纹钢模管的垂直。

(2) 正转(顺时针转)加压(旋拧为主,加压辅助)将螺纹钢模管旋拧沉入土层,直至到达设计高程,钢模管上口夹持钳松开脱离,检验管内有否进泥或进水(一般不会,但须检验)。

(3) 在螺纹钢模管内放置钢筋笼,灌满混凝土。

(4) 先原地振动 8~10 s,使混凝土液化后开始反转(逆时针转)旋退(旋退为主,上拔辅助),在土层中钢模管旋退留下的螺纹空隙迅速被管内混凝土充填而成螺纹状混凝土,直至钢模管旋退出地面,引成带螺纹的灌注桩。施工中必须保持螺纹钢模管内灌筑的混凝土有足够的自重压力,方能迅速充填螺纹钢模管旋退时的螺纹空隙,混凝土的充盈系数比等径桩大很多,因为螺纹与管壁厚的混凝土占桩截面混凝土比例的 28.74%,按下式计算:

每米桩长混凝土 = 钢模管内壁净面积 + 钢模管壁厚面积 + (螺纹截面积 × 3.14 × 8.33) = 0.129 4 + 0.013 + 0.039 2 = 0.181 6 m²

螺纹与管壁厚的混凝土 = 0.013 + 0.039 2 = 0.052 2 m²

螺纹与管壁厚的混凝土占桩截的比例 0.052 2/0.181 6 = 28.74%

钢模管内壁净面积 0.129 4 m²。

3) 确保施工钢模管内混凝土自重压力足够

带螺纹灌注桩有效桩长 12 m,场地标高为 ±0.000,桩顶为 −0.5 m,螺纹钢模管长度 15 m,管内加混凝土方法使管内混凝土有足够自重压力。

有效桩长 12 m 的混凝土量 = 0.181 6 × (12 + 0.5) × 1.05 = 2.384 m³。

注:计算式中 0.5 m 是须凿去桩顶浮浆高度,1.05 为桩混凝土的充盈系数。

有效桩长混凝土换算为灌筑在钢模管内混凝土累计长度 = 2.384/0.129 = 18.48 m。

15 m 长钢模管沉入土层至设计高程,即管顶离地 2.5 m,第一次在管内灌满混凝土。

在管内灌满混凝土,相当于浇灌混凝土量为 15 × 0.129 4 = 1.941 m³,

还须在管内第二次灌混凝土量 = 2.384 − 1.941 = 0.443 m³。

反转钢模管旋退上升高度 = 0.443/0.129 = 3.43 m,为第二次在管内灌满混凝土。

还需在管内灌满混凝土的高度为 18.48 − 15 = 3.48 m 与混凝土量计算的 3.43 m 近似相等。

2. 旋压挤密半螺纹灌注桩技术

采用粗螺纹钻头与悬挂的钻尖为齿槽结合(如图 5-51 所示),正转(顺时针旋转)带动旋转进入土层,反转(逆时针旋转)自行脱离,为压灌混凝土从脱离进入桩孔,连接钻头的为粗螺纹钻杆,钻杆粗螺纹与钻头的粗螺纹的螺距必须相同,以不同螺纹的外直径,安装在桩机底盘上同步装置合上。

启动后,正钻依靠钻头的旋拧力与顶部附加压力将带螺纹的钻头旋拧挤至设计要求的土层深度,启动泵送混凝土,旋转动力头即反转(逆时针旋转)上拔,钻尖自行脱离,压灌混凝土由脱离口进入桩孔;反转(逆时针旋转)沿螺纹上退在土层中留出空隙被压灌进入桩孔的混凝土充填。当满足底部桩有螺纹的高度,将安装在桩机底盘上同步装置脱离,旋转动力头改为正转(顺时针旋转)上拔,拔出土层,桩孔混凝土灌满,钢筋笼由送筋钢管支承在钢筋笼底的尖端,插入桩孔上口混凝土的中心,校正垂直并振动,将钢筋笼送至要求的深度成桩。

即成下段为带螺纹灌注桩,上段为平直的压灌灌注桩,又称半螺纹灌注桩。施工程序如图 5-52 所示。

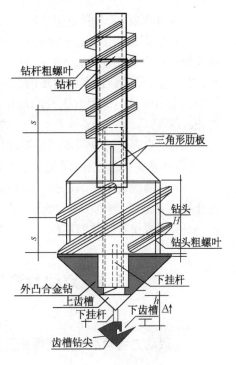

图 5-51　钻头

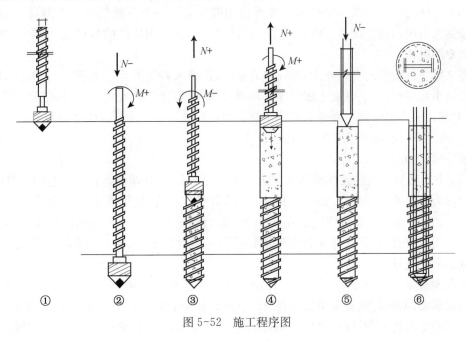

图 5-52　施工程序图

(1) 桩机就位,将如图 5-51 所示钻头的钻尖对准设计桩位,钻尖伸出处回缩至钻头,校正垂直。

(2) 启动旋转动力头,加压旋拧钻头,将钻头与钻杆沿顺时针(正转)方向旋拧入土层,旋拧至设计深度,安装强迫螺纹同步的装置。

(3)起动泵送混凝土充满混凝土导管,同时启动旋转动力头沿逆时针(反转)方向旋拧,钻尖脱离钻头呈悬挂状态,继续(反转)方向旋拧同时加外力上拔,泵送混凝土压力充入桩孔,因类似螺母的强迫螺纹同步的装置保证螺纹钻头沿螺纹的螺距 S 上升,上拔力的大小不会改变沿螺纹的螺距 S 上升的规律,将钻头在桩孔内上拔至计划桩的表面有螺纹的高度终止。

(4)退出强迫螺纹同步的装置,由(反转)变更为(正转)加外力上拔,泵送混凝土浇灌桩孔,直至将钻头拔出桩孔,混凝土灌满桩孔。

(5)在灌满混凝土的桩孔先清理满溢孔外的混凝土,找出灌满混凝土桩孔的中心,吊起制作好工字型钢,对准中心,校正垂直,振动沉入灌满混凝土的桩孔内。

(6)即成挤密螺纹灌注桩。

5.4　双动力套管跟进潜孔锤凿岩的嵌岩桩

5.4.1　双动力套管跟进潜孔锤施工技术与案例

5.4.1.1　高效嵌岩装备与嵌岩施工

1. 钢管护壁超强嵌岩灌注桩

1)技术状况

钢管护壁超强嵌岩灌注桩技术主要是应用韩国生产的上下旋转动力头及高压潜孔锤与合金钻头由国内桩工设备厂将韩国生产的部件组装在国内生产的桩机上,成为超强嵌岩施工的专用桩机。

本文结合创新型的专利技术:超强嵌岩灌注桩,植入岩层的预应力管桩,全桩长钢管护壁的干取土灌注桩,钢筋混凝土螺纹灌注桩以及减少拔管阻力的快速接长的钢模管技术等(具体专利说明详见附录),说明只有技术与专用桩机设备合一才是有生命力的创新技术。

2)钢管护壁超强嵌岩灌注桩的施工

成桩程序如图 5-53 所示。

(1)上旋转动力头连接螺旋钻杆连接合金嵌岩钻头、潜孔锤与锤套从钢管的上口插入,下旋转动力头底的套接头套入钢管的上口,在设计桩位就位、校正垂直。

(2)上旋转动力头连接螺旋钻杆带动合金嵌岩钻头顺时针旋转(正转)切削岩层、钢管的底部圆周镶有合金,下旋转动力头带动钢管沿逆时针旋转(反转)切削岩层,螺旋钻杆内设有高压缩空气管。

潜孔锤在 2.4 MPa 的高压缩空气作用下进行凿岩施工,并且与上下旋转动力头的旋转切削岩层联动,共同将钢管送至设计要求的深度。钻凿岩层的石屑与土体通过钢管内壁与锤套之间的空隙进入钢管内,再由螺旋钻杆正转上推或间断上拔螺旋钻杆,最后经过从出土口排至地面。

(3)上旋转动力头连接螺旋钻杆带动合金嵌岩钻头、潜孔锤与锤套拔出钢管的上口,下旋转动力头底的套接头脱离钢管的上口,在钢管内放置钢筋笼,浇灌混凝土。

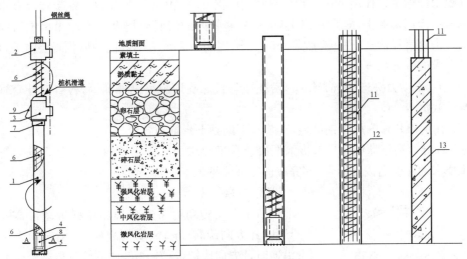

1—钢管；2—上旋转动力头；3—下旋转动力头；4—潜孔锤；5—合金嵌岩钻头；6—螺纹钻杆；

7—管接头；8—锤套；9—出土口；10—空隙；11—钢筋笼；12—混凝土；13—钢筋混凝土嵌岩灌注桩

图 5-53 成桩顺序

放置钢筋笼前需检查钢管内有否进水，若有水按水下混凝土浇筑工艺施工，若无水可按正常沉管桩工艺施工。

（4）旋转动力头的管接头套入钢管，下旋转动力头带动钢管先正转，再反转，以便消除钢管外壁与土体的黏着力后轻松将钢管拔出土层，即成钢筋混凝土嵌岩灌注桩。

3）工程实例

某工程地基下埋着很多无规格直径不固定的弧石，有的直径达 9 m，如图 5-54 所示。桩必须穿透弧石，进入下层坚硬的土层，国内没有相适应的桩工机械，采用多功能凿岩打桩机能完成高难度工程。地质条件与设计要求。如图 5-54 所示上层碎石填土厚达 3~4 m，以下即为淤质黏土，厚度约 15 m，由山坡滚落的弧岩直径达 9 m，沉入淤质黏土中，坐落在低强度的软塑粉质黏土层面上，在拟建范围因土层内滚落的弧岩众多而密集，设计又无法避开弧石，桩端落在弧岩上承载力值与变形远不能满足设计要求，必须穿越弧石与粉质黏土层，刺穿强风化岩层。进入中风化岩石层 ≥ 1 m。

强凿岩钢管护壁灌注桩的施工程序：

（1）如图 5-54 所示嵌岩钻头定位在设计桩位，上部动力头带动长螺旋顺时针旋转，下部动力头带动钢外套管向逆时针旋转。与此同时，启动高压风动使潜孔锤带动嵌岩钻头进入碎石填层，不到 10 min 击穿 4 m 厚碎石地层，直至弧岩。

凿岩的碎屑及泥土，由外套管与潜孔锤之

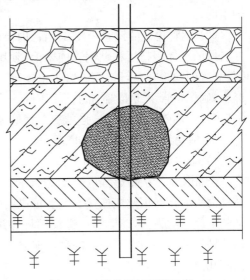

图 5-54 桩身穿越悬浮弧岩

间的间隙由压缩空气作用下进入钢外套管内的潜孔锤,由贯穿套管的长螺旋转提升钢外套管内的岩石碎屑及泥土,提升到出土口,钢外套管内的岩石碎屑及泥土均由出土口向外排至地面。击穿直径达 9 m 的弧岩需 2.5～3 h,实测为 2.5 h,继续向中风化岩层施工直至达到设计要求的嵌岩深度终止。

（2）上、下动力头连同嵌岩钻头,潜孔锤与长螺旋均脱离钢外套管,检查钢外套管内的水位与孔底沉渣。

（3）在钢外套管内放置钢筋笼,安装水下混凝土浇筑的导管。

（4）在导管内浇灌满足导管嵌入混凝土深度要求的混凝土首灌量,以后保证导管嵌入混凝土要求的深度内拔出导管,即完成嵌岩灌注桩施工。

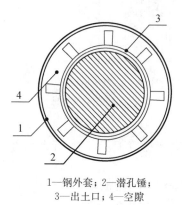

1—钢外套；2—潜孔锤；
3—出土口；4—空隙

图 5-55 强凿岩钢管护壁灌注
桩钻杆剖面图

4）超强嵌岩能力

如图所示上旋转动力头连接螺旋钻杆带动合金嵌岩钻头,沿顺时针方向旋转(正转)切削岩层,下旋转动力头带动钢管沿逆时针方向旋转(反转)切削岩层,单独靠合金钻头旋转切削岩层的效率是不高的,主要依靠螺旋钻杆内设有高压缩空气管、在 2.4 MPa 高压力的压缩空气进入潜孔锤的高压与高速的凿岩施工,才能在 10 min 的时间在高压与高速的凿岩施工可进入卵石层或碎石层 3～4 m,进入未风化的花岗岩 0.4～0.5 m,具有超强的嵌(凿)岩能力。

2. 结语

（1）钢管护壁超强嵌岩灌注桩技术主要是引进韩国生产的上下旋转动力头及高压潜孔锤与合金钻头、螺旋钻杆,没有整机,须由国内桩工设备厂将韩国生产的部件组装在国内生产的液压步履或履带行走的桩机上,即可成为超强嵌岩的专用桩机,存在配套改进与引进技术的消化吸收问题。

（2）通过实例证明专用桩机超强嵌岩的能力,但还必须有达到 1.8～2.4 MPa 的压力空压机,一般工地无法满足专用桩机用电量,尚需增设发电机组,运行成本很高,但有改进的空间。

（3）钢管护壁的钢管内壁因钢管内土体螺旋挤压上升,未被挤压上升的土体有 5 mm 左右厚的土体因挤压粘贴钢管内壁上,须用图 5-56 所示钢管内壁清土装置由上口自由下落,装置的弹簧片自行铲除内壁上土体,铲下的土体进入活门翻板内,将装置拔出钢管上口弃土,确保钢管浇筑混凝土的桩体质量。

5.4.1.2 高效凿岩植入高强预应力管桩

1. 钢管护壁高效凿岩植桩简介

1）简述双动力套管跟进原理

全桩长钢管护壁超强嵌岩灌注桩的桩机主挺立杆上抱有滑移的自左向右排列的上旋转动力头的顶与钢丝绳连接安装在桩机底底盘上卷扬机,控制在主挺立杆上的滑导上下移动的上旋转动力头,连接的长螺纹钻杆穿过下旋转动力头进入钢套管内;贯穿全桩长的长螺纹钻杆的管心内设有通长的高压缩空气管并连接潜孔锤与合金钻头,潜孔锤设有锤套套入潜孔锤。

桩机主挺立杆上抱有滑移的下旋转动力头的中心由长螺纹钻杆穿越,旋转带出的土体由下旋转动力头的前方出口处将土体排出,下旋转动力头连接护壁钢管旋转与沉拔。

上旋转动力头沿顺时针(正转)旋转带动螺旋钻杆与合金钻头旋转切削岩层,下旋转动力头沿逆时针(反转)旋转带动钢套管底的管周也镶有合金,可以旋转切削岩层,长螺纹钻杆的管心内设有通长高压缩空气管在 2.4 MPa 压力进入并接入潜孔锤的凿岩,形成超强嵌岩能力主要是凿岩。

(2)根据桩穿越地层的土性条件确定植入岩层的方式:

① 高强预应力管桩穿越地层的土性较好,成孔后的孔壁可在较长时间自立,不塌孔,须采用旋压钻(凿)嵌岩植入后注浆高强预应力管(简称:植入岩孔注浆管桩)。

② 高强预应力管桩穿越地层除上部为软土外,其他土层的土性较好,除上部为软土层具有流

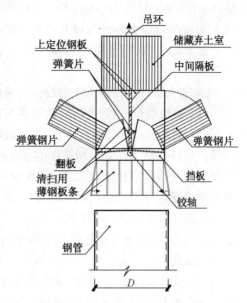

图 5-56　钢管内壁清土装置

动性外,其他土层的成孔孔壁可在较长时间自立,不塌孔,而且上部软土层的厚度≤1/3 桩长,可采用旋压钻(凿)嵌入岩层的岩孔内浇灌混凝土,将高强预应力管埋入岩孔混凝土内简称:埋入岩孔混凝土内的管桩。

③ 预应力管桩穿越地层大部分为软土,而且具有流动性,其厚度≥2/3 桩长,可采用短护筒导向插入岩孔内的高强预应力管桩(简称:插入岩孔内的管桩)。

2. 旋压钻(凿)嵌岩植入后注浆高强预应力管(简称:植入岩孔注浆管桩)

1)植入后注浆高强预应力管桩简述

上述是全桩长钢管护壁,完成钢管嵌入岩层后,在钢管内再植入后注浆高强预应力管

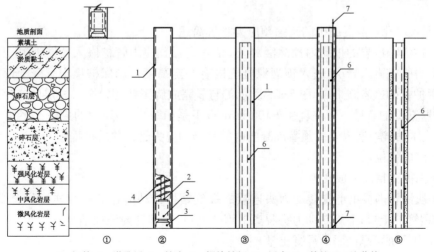

1—钢管;2—潜孔锤;3—钻头;4—螺旋钻杆;5—锤套;6—管桩;7—注浆管

图 5-57　植入后注浆高强预应力管桩成桩顺序

桩,钢管穿越土层均为坚硬土层,而钢管的直径＝管桩直径＋100 mm。当钢管拔出土层后,植入的高强预应力管桩与桩孔存在空隙,所以自上至底的桩周有50 mm的空隙须注入水泥浆液填满空,否则管桩的底端支承在岩层上桩周无约束则不稳定,更不可能承受水平荷载。

2) 植入后注浆高强预应力管桩的成桩程序:如图5-57所示

(1) 桩机就位,钢管与钢管内钻头与上接底潜孔锤,落地对准设计桩位,校正垂直。

(2) 钢管底的管口镶有合金,在下旋转动力头带动钢管沿逆时针旋转,上旋转动力头连接螺旋钻杆带动潜孔锤和相连接的合金嵌岩钻头沿顺时针旋转,螺旋钻杆的钻杆管内设有压缩空管道连接潜孔锤,在2.4 MPa的高压缩空气进入潜孔锤进行凿岩施工。上下旋转动力头带动镶有合金的钻具同心各自正逆向旋转切削岩层,达到超强嵌岩的能力,快速穿越及嵌入设计要求深度的岩石层。如图5-55所示,锤套与钢管的间隙土体与钻切岩屑由间隙进入钢管内,由螺旋钻杆将进入钢管内的土体与钻切的岩屑旋转上推至下动力头的出土口排至地面。

(3) 从钢管内拔出上旋转动力头,连接的螺旋钻杆带动潜孔锤和相连接的合金嵌岩钻头,拔出钢管的上口,下旋转动力头脱离钢管的上口,植入因圆形钢板将管底焊接已封管口的高强预应力管桩,高强预应力管桩的外壁与桩周岩土间隙有40～50 mm,埋入注浆管至孔底。

(4) 下旋转动力头套入连接钢管的上口,先正向旋转,再反向旋转因钢管的套接有20 cm转动位移空间,也就是上节钢管转动位移20 cm后才能带动下节钢管转动,反向旋转也与正向旋转一样,一正一反使上节钢管因正反旋转各有20 cm位移,使上节钢管与土的摩阻力消失,用很小的上拔力将钢管拔出土层。

(5) 在注浆管注入水泥浆,填满高强预应力管桩的外壁与桩周岩土40～50 mm的间隙,高强预应力管桩因圆形钢板将管底焊接封管口、注入的水泥浆不会进入高强预应力管桩的空心内,拔出注浆管,待下一工程再应用,完成旋压凿岩植入桩底后注浆的嵌岩预应力管桩的施工。

3. 旋压钻(凿)嵌入岩孔预灌混凝土内的高强预应力管桩(简称:埋入岩孔混凝土内的管桩)

1) 埋入岩孔预灌混凝土的高强预应力管桩简述

旋压钻(凿)嵌岩的桩孔内预灌混凝土,植入高强预应力管桩嵌入预灌混凝土内,确保高强预应力管桩嵌入岩层,嵌入预灌混凝土内有一定高度是确保桩稳定承受上部荷载,首先是钢管护壁的嵌岩施工,如图5-58所示①与②完成旋压钻(凿)嵌入岩层的工序后,接工序③,护壁钢管的直径＝管桩直径＋100 mm,以下是如图5-47所示的成桩工序③—⑤。

2) 旋压钻(凿)嵌入岩孔预灌混凝土内的高强预应力管桩的成桩程序

(1) 桩机就位。

(2) 钢护筒情况下成孔施工。

(3) 从钢管内拔出上旋转动力头连接的螺旋钻杆带动潜孔锤和相连接的合金嵌岩钻头,拔出钢管的上口,下旋转动力头脱离钢管的上口,在钢管内浇灌适量混凝土(适量:是指高强预应力管桩可靠嵌固的混凝土量)。

(4) 将底开口的高强预应力管桩从钢管的上口沉入,混凝土进入管桩空心内,混凝土对管桩具有嵌固作用。

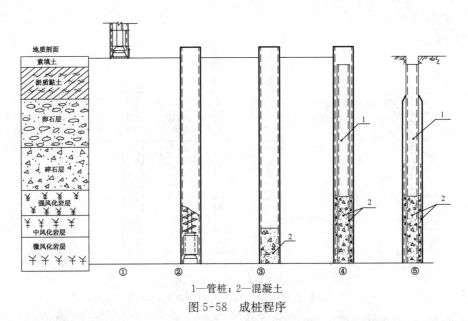

1—管桩；2—混凝土

图 5-58　成桩程序

（5）下旋转动力头套入连接钢管的上口，先正向旋转，再反向旋转因钢管的套接有20 cm转动位移空间，也就是上节钢管转动位移 20 cm 后才能带动下节钢管转动，反向旋转也与正向旋转是一样。上节钢管正反旋转各位移 20 cm，使上节钢管与土的摩阻力消失，用很小的上拔力将钢管拔出土层即成嵌岩高强预应力管桩。

4．短护筒导向插入岩孔内的预应力管桩（简称：插入岩孔内的管桩）

1）短护筒导向插入岩孔内的管桩简述

桩穿越上部土层主要为软土，由如图 5-59 所示的螺旋钻杆带动潜孔锤和相连接的镶合金嵌岩钻头通过短护筒后即在没有钢管护壁的土层内钻进，合金钻穿越各层土层进入岩层旋压钻（凿）嵌岩形成岩孔。嵌岩钻头的直径＝管桩直径＋100 mm，完成嵌岩深度后，螺旋钻杆带动潜孔锤连同嵌岩钻头拔出地面。上层软土自动填补螺旋钻杆带动潜孔锤连同嵌岩钻头拔出地面留在土层内的空隙，较硬土层仍然保持上拔时留在土层内的空隙，短护筒成为植入高强预应力管桩的导向筒。当高强预应力管桩通过护筒导向沉入土层，随管桩沉入将上层软土带进留在土层内的空隙，直至沉入旋压钻（凿）嵌岩形成岩孔内，拔出短护筒成桩。

2）短护筒导向插入岩孔内的预应力管桩成桩工序

（1）桩机就位，短护筒内的钻头与上接潜孔锤，落地对准设计桩位，校正垂直。

（2）上旋转动力头连接螺旋钻杆带动潜孔锤和相连接的合金嵌岩钻头穿越短护筒进入土层，旋压钻（凿）嵌入岩层达到设计深度。

（3）软土自行封闭，嵌岩钻头穿越的空隙，部分软土进入下层嵌岩钻头穿越的空隙。

（4）高强预应力管桩穿越短护筒进入土层，软土部分进入管桩的圆孔内，部分软土由管桩带入空隙，直至进入旋压钻（凿）嵌入岩层达到设计深度。

（5）拔出短护筒即成嵌岩孔内沉入的高强预应力管桩。

5．结语

1）适用条件

上述三种嵌岩预应力管桩因桩穿越土层的土性不同，选择嵌岩施工的工序也不同，分

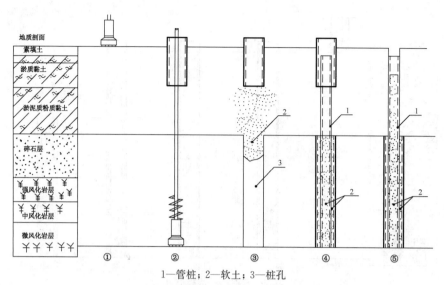

1—管桩；2—软土；3—桩孔

图 5-59   短护筒导向插入岩孔内的预应力管桩成桩程序

别叙述下述三种的土性选择相应的成桩工序：

第一种成桩工序：管桩穿越土性较好，成孔后的孔壁可在较长时间自立，不塌孔，采用旋压钻（凿）嵌岩植入高强预应力管桩后，自下而上的桩的圆周有 40～50 mm 的空隙，如果用注浆或浇灌细石混凝土的方式将空隙填密，自下而上桩的圆周注浆或浇灌细石混凝土与管桩浇筑在一起，桩周受到紧密约束，桩端支承在岩孔的层面上，为提高单桩承载力值，可将管桩的圆孔内灌满混凝土，可取的实体（管桩截面强度＋圆孔内浇入混凝土截面强度）桩截面强度的设计值，换算单桩承载力值。

第二种成桩工序：高强预应力管桩穿越地层除上部为软土外，其他土层的土性较好，除上部为软土层具有流动性外，其他土层的成孔孔壁可在较长时间自立、不塌孔，而且上部软土层的厚度≤1/3 桩长，可采用旋压钻（凿）嵌入岩层，岩孔内浇灌混凝土，将高强预应力管桩埋入岩孔混凝土内。

钢模管浇灌混凝土的高度取决于嵌岩管桩能否稳定承受上部荷载。管埋入混凝土内的高度是保证管桩受力稳定的嵌固高度，嵌固太浅则不稳定；因混凝土中粗骨料沉底，阻止管桩刺入，嵌固太深则管桩沉不到岩孔内的层面。

第三种成桩工序：预应力管桩穿越地层大部分为软土，而且具有流动性，其厚度≥2/3 桩长，可采用短护筒导向插入岩孔内的高强预应力管桩。因插入的预应力管桩的桩周均为流动性土，对管桩约束性有限。随着时间延长流动性土逐渐固结，对管桩约束性逐渐增大。这与软土地层施工挤土桩原理是相似的。

2）嵌岩预应力管桩的桩周约束条件与承载力值取值

旋压钻（凿）嵌入岩层植（埋或插）入高强预应力管，支承在进入岩层一定深度的岩石层面上，是典型的嵌岩端承桩，桩的承载力值基本上可按管桩的截面强度进行计算。注浆或混凝土填缝对桩周的约束是最可靠的，可在管桩的空心内灌满混凝土，桩的承载力值可按实心桩截面强度取植，桩的承载力值可大幅度提高。

如果由流动性软土填入缝隙，开始对桩周的约束很小，涉及桩承受荷载后的稳定性，随着时间的延伸,填入缝隙的软土缓慢固结,对桩周的约束作用逐渐增大,保持桩承受荷载后的稳定。

3) 应用工厂生产的高强预应力嵌岩管桩

应用工厂生产的高强预应力嵌岩管桩是方向,不仅产品质量稳定可靠,施工效率高,施工机械化程度高,可缓解部分劳动力紧缺,并可消除钻孔护壁泥浆污染环境,具有节能减排意义。

由于超强嵌岩能力桩机与相应的技术开发,显示出高强预应力嵌岩管桩的潜力,相同桩径的嵌岩管桩桩承载力值可超出钻孔灌注桩。目前生产的预应力管桩的桩径可达600~1 000 mm,发展趋势是高强度与大直径。

5.4.2 山丘与山地的地基嵌岩桩基施工技术与案例

1. 工程概况与桩承载力特征值

1) 工程概况

拟建工程总用地面积 67 907.10 m², 总建筑面积约 320 000 m², 计容建筑面积约 255 000 m²(地上建筑面积约 195 000 m², 地下建筑面积约 60 000 m²), 包括 7 幢 32 层住宅楼(1#楼,2#楼,3#楼,4#楼,5#楼,6#楼,7#楼),2 幢 27 层住宅楼(8#楼,9#楼),2 幢 24 层公建用房(公建用房 1,公建用房 2)和 3 幢 2~3 层商业用房(商业用房 1,商业用房 2,商业用房 3),其中住宅楼、公建用房、商业用房 2、商业用房 3 共设 1 层地下室,地上主楼设多层商业裙楼建筑。

2) 桩的承载力特征值

(1) 单柱下的预估竖向最大荷载(kN)

桩-满堂基础即为间接传递力的伐板桩基,依靠很厚的伐板刚度将上部荷载均匀传递给桩,不仅存在造价高,基坑深,而且用变刚度调平才能达到变形协调。

一般建筑桩基设计传递上部荷载给桩的设计方法,即独立承台的桩基,地下室底板厚度可最大化减薄,完全可控制桩的承载力值发挥接近,达到桩基的变形协调,桩基设计时不宜选用桩-满堂基础(表 5-12)。

表 5-12 单柱下的预估竖向最大荷载

拟建建筑物	地上层数	裙楼层数	地下层数	结构体系	预估柱下竖向最大荷载/kN	建议基础形式
地下车库	—	—			1 000	
1#楼	32 层				10 000	
2#楼	32 层				10 000	
3#楼	32 层	2~3 层	1 层	剪力墙结构	10 000	桩-满堂基础
4#楼	32 层				10 000	
8#楼	27 层				9 000	
9#楼	27 层				9 000	
5#楼	32 层				10 000	

（续表）

拟建建筑物	地上层数	裙楼层数	地下层数	结构体系	预估柱下竖向最大荷载/kN	建议基础形式
6#楼	32层	2~3层	1层	剪力墙结构	10 000	桩-满堂基础
7#楼	32层				10 000	
公建用房1	24层	2层		框架-核心筒结构	21 000	
公建用房2	24层				21 000	
商业用房2	2层	1~3层		剪力墙结构	2 200	
商业用房3	3层	2层			2 800	
商业用房1	3层	2层	—	框架结构	1 800	桩基础

注：摘自东华理工大学勘察设计研究院舟山分院工程勘察报告。

（2）工程勘察报告中的桩端、桩侧土的阻力特征值：桩端、桩侧土的阻力的计算参数如表 5-13 所示。

表 5-13　桩端、桩侧土的阻力特征值表

地层编号	地层名称	钻孔灌注桩		预应力混凝土管桩	
		桩侧阻力特征值 q_{si}/kPa	桩端阻力特征值 q_{pi}/kPa	桩侧阻力特征值 q_{si}/kPa	桩端阻力特征值 q_{pi}/kPa
①-1	粉质黏土	14	—	15	—
②-1	淤泥质粉质黏土	6	—	7	—
③-1	含黏性土砾砂	28	1 000	32	2 100
④-1	黏土	24	400	27	900
④-2	黏土	20	—	24	
④-3	含黏性土砾砂	32	1 200	40	2 500
⑤-1	粉质黏土	25	450	32	1 000
⑤-2	含黏性土砾砂	36	1 400	44	3 000
⑩-1	全风化熔结凝灰岩	35	1 200	60	2 500
⑩-2	强风化熔结凝灰岩	60	1 800	130	4 000
⑩-3		120	4 000	—	≥8 000

注：① 摘自东华理工大学勘察设计研究院舟山分院工程勘察报告。
　　② 中风化熔结凝灰岩桩端土阻力特征值 q_r≥8 000 kPa（此值为外注入）。
　　表中提供钻孔灌注桩与预应力混凝土管桩的桩端、桩侧土的阻力特征值，双动力套管跟进潜孔锤嵌岩桩不仅可施工嵌岩灌注桩，而且可施工植入中风化岩层 1~2 m 高强预应力管桩。

（3）单桩轴向受压承载力特征值估算。根据表 5-13 的计算参数对嵌入中风化熔结凝

灰岩的不同桩径(Φ600,Φ800)岩层埋深确定不同桩长的钻孔灌注桩单桩轴向受压承载力特征值,如表 5-14 所示。

舟山是地震区,如果桩嵌入岩层深度不足,存在地震力作用下桩基的稳定性问题,所以不同岩层的埋深采用桩嵌入岩层的不同深度,方能确保在地震力作用下桩基安全稳定。山丘地层岩层的埋深不一,浅的可直接见到岩层,深的埋深在 30 m 以下。尤其是短桩嵌入岩层深度要深一些,不仅可确保在地震力作用下桩基的安全稳定性,而且在高水位浮力作用时,桩有足够的抗拔力。

钻孔灌注桩单桩轴向受压承载力特征值如表 5-14 所示。

表 5-14　单桩轴向受压承载力特征值估算表

桩型	拟建建筑物	估算孔号	桩径/mm	持力层	地层名称	假设桩长/m	进入持力层深度/m	单桩承载力特征值/kN
钻孔灌注桩	1#楼	Z100	600	⑩-3	中风化熔结凝灰岩	11.60	1.0	1 535
			800			10.70		2 551
	2#楼	Z117	600			28.00		1 564
			800			13.60		2 588
	3#楼	Z131	600			22.00		1 777
			800			31.00		2 872
	5#楼	Z103	600			32.60		1 496
			800					2 498
	6#楼	Z105	600					1 614
			800					2 655
	7#楼	Z65	600			19.70		1 742
			800					2 826
	8#楼	Z62	600					1 965
			800					3 122
	9#楼	Z57	600					1 785
			800					2 883

注:摘自东华理工大学勘察设计研究院舟山分院工程勘察报告。

2. 典型地质剖面

典型地质剖面如图 5-60、图 5-61 所示。

3. 双动力套管跟进潜孔锤嵌岩桩

1) 双动力套管跟进潜孔锤嵌岩灌注桩

(1) 潜孔锤嵌岩灌注桩的施工工序

① 嵌岩钻头在设计桩位定位,校正垂直。

② 上旋转动力头带动长螺旋顺时针旋转、下旋转动力头带动钢套管向逆时针旋转,同时启动高压缩缩机使潜孔锤带动嵌岩钻头凿岩。凿岩的碎屑及泥土从外套管与潜孔锤之

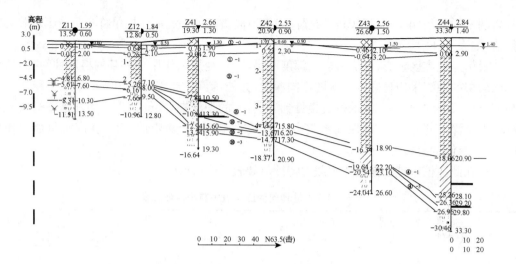

图 5-60　地质剖面 2—2′

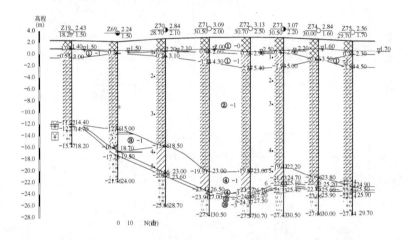

图 5-61　地质剖面 5—5′

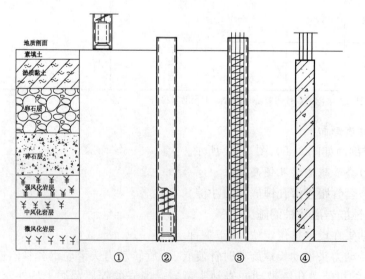

图 5-62　潜孔锤嵌岩灌注桩的施工工序示意图

间的间隙由压缩空气作用下进入钢套管内,由贯穿钢套管的长螺旋螺叶推进岩石碎屑及泥土推至下动力头的出土口,排至地面。钻孔深度直至达到设计要求的嵌岩深度终止。

③ 在钢外套管内放置钢筋笼,安装水下混凝土浇筑导管,浇筑水下混凝土。

④ 拔出钢套管完成嵌岩灌注桩施工。

潜孔锤嵌岩灌注桩的单桩承载力特征值如表 5-15 所示。

表 5-15　单桩承载力特征值

桩径/mm	Φ600	Φ700	Φ800	Φ900	Φ1 000	混凝土 C40 的嵌岩深 1.5 m 的端承力
C25	1 961	2 670	3 488	4 414	5 527	Φ600 桩端承力特征值 R_a＞3 148(kN)
C30	2 377	3 208	4 162	5 305	6 642	Φ700 桩端承力特征值 R_a＞4 285(kN)
C35	2 752	3 746	4 895	6 195	7 757	Φ800 桩端承力特征值 R_a＞5 599(kN)
C40	3 148	4 285	5 599	7 085	8 871	$R_a = u\sum q_{sik} l_i + \xi_r f_{rk} A_p$＞表中所列的值

注:①工作条件系数 0.7;②嵌岩的标准端阻值 5 000 kPa;③按 C40 混凝土嵌岩端承力 kN(不计桩的侧阻力)。

(2) 进入中风化岩层的深度

当有效桩长≤12 m,桩嵌入中风化岩层≥1.5 m。

当有效桩长 12~20 m,桩嵌入中风化岩层≥1.0 m。

当有效桩长＞20 m,桩嵌入中风化岩层≥0.5 m。

(3) 双动力套管跟进嵌岩植入预应力管桩技术

① 双动力套管跟进嵌岩植入预应力管桩的工序如图 5-63 所示。

超强嵌岩能力:穿越中风化岩层 1 m 厚,需要 30 min,穿越卵石层、碎石层、砾砂层均为 4 m 厚,需 10 min。

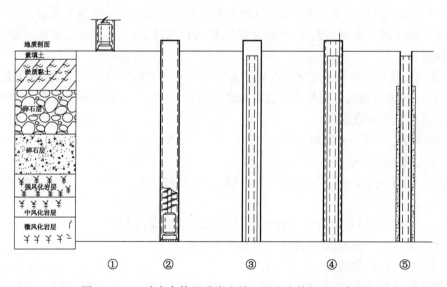

图 5-63　双动力套管跟进嵌岩植入预应力管桩的程序图

② 管桩与桩孔土层之间孔隙后注浆填实。因套管跟进护壁,套管直径比管桩直径大 100 mm,套管内壁与管桩外边有 40 mm 的空隙,选用图 5-63 中①与②须同时插入注浆管,选用③就不需要注浆。

a. 填砂、石屑、绿豆砂、瓜子片,灌水自密。

b. 填砂、石屑、绿豆砂、瓜子片同时插入注浆管,待拔出钢套管后统一注水泥浆。

c. 壁缝内灌细石混凝土。

③ 进入中风化岩层的深度

当有效桩长≤12 m,桩嵌入中风化岩层≥2.0 m。

当有效桩长 12～20 m,桩嵌入中风化岩层≥1.5 m。

当有效桩长>20 m,桩嵌入中风化岩层≥1.0 m。

④ 单桩承载力特征值 R_a(kN)

单桩承载力特征值 R_a 按管桩的截面强度控制,如表 5-16 所示。

表 5-16　单桩承载力特征值

管径/mm	500	600	700	800	1 000
壁厚/mm	125	130	130	130	130
特征值/kN	4 136	5 393	6 528	7 688	9 982
管径/mm	500	600	700	800	1 000
壁厚/mm	125	130	130	130	130
特征值/kN	4 136	5 393	6 528	7 688	9 982

注:工作条件系数 0.7。

⑤ 施工质量控制

压缩空气压力 1.2～2.0 MPa。

先在桩孔内浇灌≥0.3 m厚混凝土,插入预应力混凝土管嵌入混凝土内。

当要求桩承载力值超出表 5-16 所示的管桩的截面强度,可将管桩内灌满混凝土,计入桩的截面强度。

⑥ 其他。管桩与桩孔土层之间孔隙用后注浆填实,因嵌岩深度≥1 m,柱的承载力值不计侧摩阻力,而桩的端阻力远超出桩截面承载力值,可在管桩内灌混凝土与管桩截面叠加,使桩的截面承载力值成倍提高。

4. 双动力套管适用的工程

1) 适用桩基的桩型

7 幢 32 层住宅楼、2 幢 27 层住宅楼、2 幢 24 层公建用房,采用于双动力套管跟进潜孔锤嵌岩桩。

3 幢 2～3 层商业用房采用套管跟进的短螺旋压灌混凝土挤压桩。

2) 套管跟进的长短螺旋结合的压灌混凝土桩施工

A. 长、短一体的螺旋桩。

本工程取土区为淤泥质、粉质黏土,其余均为挤土施工区。取土施工区因先在土层中沉入钢管,土体进入钢管内,钢管的长度即为取土施工区的深度,长、短一体螺旋桩的钻具,上段为长螺旋桩,下段为短螺纹,钻头接光管钻杆的短螺旋桩,长螺旋桩将钢管内土体取出,短螺旋桩将桩周土挤密。用于 3 幢 2～3 层商业用房,也可用于 7 幢 32 层住宅楼、27 层住宅楼、2 幢 24 层公建用房,当有效桩长>20 m,桩嵌入中风化岩层≥0.5 m的桩基。

3）成桩工艺特点

采用长、短一体螺旋压灌混凝土，既不需要桩孔，也不需要泥浆护壁，也不存在桩孔沉渣，不需要水下浇筑混凝土，具有高质量、高承载力的特性。可用于有效桩长＞20 m，桩嵌入中风化岩层≥0.5 m的高层建筑桩基。

Φ600桩的静载试桩值可达8 000 kN，Φ700桩的静载试桩值可达10 000 kN，单桩承载力值较高，其经济性不言而喻。

4）如何处理嵌岩桩与短螺旋桩的变形协调

因为嵌岩桩与未嵌岩的桩的变形是不同的，如何处理嵌岩桩与未嵌岩桩的变形协调，根据桩基础的沉降计算，沉降量的大小与作用在桩上的力大小有关，传至桩底的压力大小与地基土压缩量有关。如果嵌岩桩与未嵌岩桩传至桩底的压力相同，则地基土压缩量也相同，沉降量也相同，桩基设计达到变形协调。

最简单的方法就是地下室内的桩基其承载力值发挥接近，就可达到变形协调，但嵌岩桩是无沉降的，未嵌岩桩是有沉降的，需用概念设计来调整，桩的承载力值发挥比例需考虑在内。例如：嵌岩桩的承载力值发挥比例为90％，未嵌岩桩是有沉降的，需将承载力值发挥比例降低10％，取80％承载力值的概念设计达到变形协调。

参 考 文 献

［1］王卫东.十一届全国桩基学术会议专题报告［C］//桩基础设计实践及相关工程问题，2013.

［2］邹正盛，钱忠晓，孔清华.复杂地基双动力钢管护壁灌注桩技术［J］.岩土工程学报：2013（增刊2），35（259）.

［3］谢长岭，洪灵正，孔超.螺旋挤密灌注桩研究［J］.岩土工程学报，2013（增刊2）.

［4］彭桂皎.螺杆桩成桩钻具及其成桩工法：中国，201010222417.4［P］.2010-10-20.

［5］孔超.一种钢管护壁超强嵌岩灌注桩的成桩装置与方法：中国，201310116046.5［P］.2013-06-19.

［6］孔超.全桩长钢管护壁同步沉管与旋挖取土的灌注桩：中国，201310116101.0［P］.2013-06-19.

［7］孔超.同步沉管与旋挖取土的螺纹灌注桩：中国，201310116062.4［P］.2013-06-19.

［8］孔超.一种旋压凿岩植入桩底后注浆的嵌岩预应力管桩：中国，201310116091.0［P］.2013-06-19.

［9］孔超.旋压凿岩植入嵌岩预应力管桩：中国，201310116081.7［P］.2013-06-19.

［10］刘钟.双向螺旋挤扩桩施工方法及双向螺旋封闭挤扩钻头：中国，200710063983.3［P］.2007-08-08.

［11］孔超.一种带接合子螺纹桩钻头：中国，201210112835.7［P］.2012-08-15.

［12］建筑桩基技术规范.JGJ 94—2008 中国标准书号［S］.北京：中国建筑工业出版社，2008.

［13］山东省螺旋挤土灌注桩技术规程.DBJ 14-091—2012 中国标准书号［S］.山东：山东省城乡和住房建设厅，2012.

［14］孔超.螺纹旋后插筋挤密灌注桩：中国，201410211023.7［P］.2014-07-30.

［15］李波扬，吴敏.一种新型的全螺旋灌注桩——螺纹桩［J］.建筑结构，2004，34（8）.

［16］孔超.一种带螺母抱合同步机构的螺纹灌注桩装置：中国，201410186000.5［P］.2014-07-23.

［17］中华人民共和国住房和城乡建设部.JGJ 120—99　建筑基坑支护技术规程［S］.北京：中国建筑工业出版社，1999.

［18］中华人民共和国住房和城乡建设部.JGJ 120—2012　建筑基坑支护技术规程［S］.北京：中国建筑工业出版社，2012.

[19] 浙江省标准.DB 33/T1008—2000 浙江省建筑基坑工程技术规程[S].杭州:浙江省城乡和住房建设厅,2000.

[20] 孔超.一种干取土矩形灌注桩成桩装置与成桩方法:中国,201010040028.X[P].2010-07-14.

[21] 孔超.高频振压干排土灌注桩的成桩装置与方法:中国,201010520402.6[P].2011-04-13.

[22] 孔清华.干作业钢筋混凝土灌注桩的成桩装置:中国,200820086191.8[P].2009-03-04.

[23] 孔超.沉管式带侧翼矩形混凝土灌注桩的成桩装置:中国,201020049966.1[P].2010-11-03.

[24] 孔超.带活瓣桩靴矩形沉管灌注桩的成桩装置:中国,201020049964.2[P].2010-11-24.

[25] 孔清华.同步提土压灌矩形灌注桩成桩装置与方法:中国,200810063235.X[P].2008-12-24.

6 既有建(构)筑物的地坪止沉与基础托换

本章提要

本章主要介绍既有建(构)筑物地基与桩基的托换与处理、刚性桩复合地基、桩的补强与软土中悬浮隧道的止沉托换以及运用软地基处理技术的拓展,对含污染土层与重金属超标的农耕土壤净化处理等技术。

6.1 既有建筑的软土地基加固

6.1.1 与建筑物同步施工的刚性桩复合桩基

1. 异形截面沉管灌注桩

1) 异形截面沉管灌注桩的钢模管

本节主要介绍的异性截面沉管灌注桩截面有十字形与 Y 形两种。在 Φ300 或 Φ325 的钢管底部沿管周焊接四块均分的钢凸边,呈十字形截面钢模管,焊接三块均分的钢凸边呈 Y 形截面钢模管,如图 6-1 所示。钢凸边的直边高度需满足对混凝土填密空间的时间小于土体回弹(塌孔)时间的要求,具体高度可在施工前进行试成桩确定(按宁波市淤泥与淤泥质土试验结果为平直度高度需≥0.8 m);上斜边的比例为底:高=1:2,下斜边的比例为底:高=2:1,沉桩采用预制混凝土桩靴封管底。

常见的钢凸边为梯形截面,底边100 mm,顶边 50 mm,高 100 mm,均匀等分的钢凸边焊接在钢管底部的

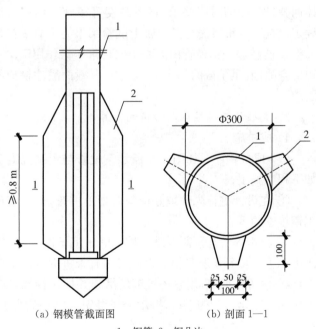

(a) 钢模管截面图　　(b) 剖面 1—1

1—钢管;2—钢凸边

图 6-1　Y 形沉管灌注桩钢模管

周围;如果焊接均等分 4 块钢凸边,钢模管剖面呈十字形截面;如果焊接均等分 3 块钢凸边,钢模管剖面呈 Y 形截面。

软地基刚性桩的承载力值主要来自桩与桩周土的侧阻力,侧阻力的大小取决于桩与桩周土的接触面积。在软土地层的摩擦型桩,桩侧阻力占桩总竖向承载力值的比例为70%~90%。

对于摩擦型灌注桩而言,桩与土的接触面积大,则桩的摩擦承载力高;桩与土的接触面积小,则桩的摩擦承载力低。相同截面积的十字形截面或 Y 形截面桩的截面周长比圆形截面或方形截面的截面周长大一倍左右。由于接触面积增加许多,十字形截面或 Y 形截面桩的截面比圆形截面桩或方形截面桩侧阻力提高一倍左右。一般情况下,十字形截面或 Y 形截面桩的竖向承载力值高出圆形截面或方形截面桩的竖向承载力值 30%~40%。

十字形截面或 Y 形截面灌注桩适用于多层建筑桩基础、高速公路、港口堆场、大面积厂房地坪的软地基处理。采用桩与土共同作用的复合桩基地基,可节省桩的建材 30%,可节约造价 30%。

2) 成异形截面的原理

图 6-2 为钢管焊接加翼钢凸边的示意图。钢模管底部的焊接加翼钢凸边形成十字形或 Y 形截面的钢模管。

当上拔钢模管时,钢模管内混凝土在自重压力作用下快速充填加翼钢凸边上拔后在土层中留下的空隙。考虑到混凝土的重度远大于土体的重度,一般情况下钢模管上拔位移后,加翼钢凸边在土层中留下的空隙因土体回弹而空隙消失。

由于加翼钢凸边高度满足混凝土填密空间的时间小于土体回弹(塌孔)的时间要求,具体高度可在施工前进行试成桩确定。按宁波市淤泥与淤泥质土试验结果为平直度高度需≥0.8 m,能够保证钢模管内混凝土的自重压力作用下填满钢凸边的空隙,满足了截面为十字形或 Y 形截面灌注桩成桩施工要求。

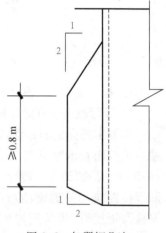

图 6-2　加翼钢凸边

2. 成桩施工与桩承载力值的计算

1) 成桩施工

(1) 成桩程序。如图 6-1 所示钢模管与预制混凝土桩靴,施工异形截面沉管灌注桩按如下程序施工。

① 在设计桩位先预埋好预制混凝土桩靴,桩机就位将钢模管套入预制混凝土桩靴,校正钢模管的垂直度。

② 将钢模管与预制混凝土桩靴静压沉至设计要求的标高。移除钢模管上口的夹持钳,用上口丢一块石子听声检验钢模管内有否进泥或进水(在新的场地首根桩均须检验)。

③ 放置钢筋笼,用卷扬机钢丝吊装并控制标高,钢模管内灌满混凝土(第一次);移动夹持钳夹紧钢模管的上口,振动上拔事先计算好的高度,在钢模管的上口(第二次)灌满混凝土。

④ 继续振动上拔,将钢模管拔出土层,即成桩。

桩机转入下一桩位重复上述程序施工。

(2) 二次灌满混凝土施工是保证钢模管内混凝土有足够的自重压力。异形截面沉管灌注桩在施工中,钢模管内混凝土有足够的自重压力,能确保钢模管上拔与管内混凝土下落同步。同步则说明钢模管内混凝土在自重压力作用完全充填加翼钢凸边上拔位移在土层中留下的空隙;不同步则说明管内混凝土自重压力不足,不能完全充填凸边上拔的空隙,桩底被一定压力的流态土已冲入桩底,使桩端完全丧失端阻值而成为废桩。用以下设定条件举例说明:

Φ300 管径采用壁厚 12 mm 的钢模管,截面形式为 Y 形截面的沉管灌注桩,有效桩长 18.5 m,充盈系数 1.05;采用 20 m 长的钢模管施工,桩顶标高为－0.5 m(场地标高为±0.000)。

Y 形截面积 0.093 2 m²,钢模管内净面积 0.06 m²,有效桩长 18.5 m 的混凝土量:0.093 2×(18.5+0.5)×1.05＝1.86 m³,式中 0.5 m 为桩顶浮浆须凿去的长度。

1.86 m³ 混凝土灌入钢模管内的总长度为 1.86/0.06＝31 m,第一次满灌桩长 20 m,计算的上拔高度为 31－20＝11 m。即原钢模管沉入土层,管离地为 1 m,上拔 11 m,则管顶离地为 11+1＝12 m 为第二次灌满混凝土。

2) 异形截面沉管灌注桩承载力值的计算

以 Φ300 的钢模管,Y 形截面为例:

$$R_a = u \sum q_{si} l_i + A_p q_p \tag{6-1}$$

式中　u——Y 字形混凝土桩的截面周长(m);

　　　l_i——i 层土层的厚度(m);

　　　q_{si}——桩穿越土层第 i 层土的侧阻力特征值(kPa);

　　　q_p——桩端持力层端阻力特征值(kPa);

　　　A_p——沉管灌注桩截面面积(m²)。

$u＝(0.3×3.14－0.1×3)+0.25×3＝1.39$ m,比圆形截面增大 32％侧表面积;$A＝0.07+0.007 5＝0.077 5$ m²,端面积比圆形截面端面积增大 11％。

6.1.2　十字形截面沉管灌注桩在复合桩基中的应用

1. 软土地层的地坪加固设计概述

(1) 地坪地基加固目的。软土地层上的大面积工业厂房、公共建筑、室外大面积堆场地坪的地基随着填土荷载和使用荷载增加,加之软土的持续固结沉降量大而且随着时间增长始终不能稳定等原因,常会出现地坪大面积的不均匀沉降,对正常生产和使用带来困难。

软土区的厂房地坪沉降带有普遍性,建厂前或建厂同时对地坪地基进行地基处理的方法多,而且成本相对要低一些。但目前,若厂房建成后发生沉降因受空间限制对地坪地基处理一般只能用锚杆桩梁板架空地坪,成本则很高。基于目前的地坪处理基础,需探求一种实用经济的地基加固方法达到地坪止沉与满足地基承载力值要求的复合桩基。

(2) 十字形沉管灌注桩。软土地基处理采用沉降控制的复合桩基,桩的承载力值有效发挥程度将直接影响软地基处理的效果。因截面为十字形,桩侧表面积达到最大,桩侧阻力达到最高,使单桩的承载力值大幅度提高,减少单位面积桩数,从而降低软地基处理的费用。

十字形沉管灌注桩采用钢管护壁,钢模管底端焊接封闭钢凸边(图 6-3)。当带凸边钢模管沉至标高后从上口浇筑混凝土,振动拔管即成如图 6-4 所示截面的素混凝土桩。在施工过程中,为保证管内混凝土完全充填凸边随钢模管上拔滑移瞬间留出的空间,钢模管凸边长度需≥0.8 m。

2. 十字形沉管灌注桩复合桩基设计

(1) 复合桩基承载力特征值要求:宁波北仑某厂要求厂房地坪复合地基承载力特征值 f_a≥70 kPa;场地物流堆场要求地坪复合地基承载力特征值 f_a≥80 kPa。

经多种方案比较后最终选用十字形沉管灌注桩复合桩基方案,设计桩长 10.5 m。

(2) 地质条件:各层土的计算参数表见表 6-1。

表 6-1　地勘报告提供桩承载力值各层土的计算参数表

层号	土层的名称	土层厚度/m	地基土承载力特征值 f_a/kPa	桩周侧力特征值 q_{si}/kPa	桩端阻力特征值 q_{pi}/kPa
2a	黏土	0.9	70	14	—
2b	淤泥质黏土	7.0	50	9	—
3	黏土	6.0	180	20	400

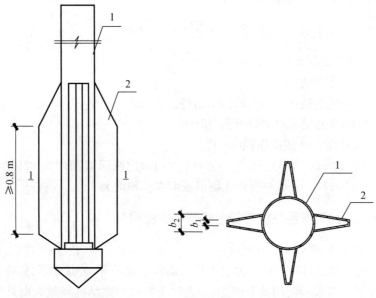

1—钢模管;2—钢凸边
图 6-3　十字形截面钢模管　　　　　图 6-4　钢模管剖面图

3. 十字形截面混凝土桩复合桩基。

1) 十字形混凝土桩复合桩基的计算(以宁波北仑某厂为例)

(1) 十字形混凝土桩承载力特征值:

$$R_a = u_1 \sum q_{si} l_i + A_p q_p \qquad (6\text{-}2)$$

式中　R_a——十字形混凝土桩的承载力特征值(kN);

　　　　u_1——十字形混凝土桩的截面周长(m);

q_{si}——桩穿越土层第 i 层土的侧阻力特征值(kPa);

q_p——桩端持力层端阻力特征值(kPa);

A_p——沉管灌注桩截面面积(m²)。

$$R_a = 2.14 \times 0.9 \times (14 \times 0.9 + 9 \times 6 + 20 \times 3.6) + 0.150\ 7 \times 400$$
$$= 327.22 (kN)$$

(2) 堆场地坪复合桩基承载力特征值:桩的平面布置为 2.5 m×2.5 m 方格布桩(图 6-5)。复合桩基承载力特征值:按上海市《地基基础设计规范》(DGJ 08-11—2010),沉降控制复合桩基计算 $f_{ak} = 327.22/(2.5 \times 2.5) \times 0.55 + 55 = 83.79$ kPa>80 kPa。

(3) 厂房地坪复合桩基承载力特征值计算:复合桩基承载力特征值计算桩的平面布置为 3 m×3 m 方格布桩。复合桩基承载力特征值:按上海市《地基基础设计规范》(DGJ 08-11—2010),沉降控制复合桩基计算 $f_{ak} = 327.22/(3 \times 3) \times 0.55 + 55 = 74.99$ kPa>70 kPa。

2) Φ426 沉管灌注桩复合桩基

(1) 堆场地坪 Φ426 沉管灌注桩承载力特征值计算:

Φ426 沉管灌注桩的桩长 10.5 m,桩的平面布置为 2 m×2 m 方格布桩,Φ426 沉管灌注桩承载力特征值:

$$R_a = u_1 \sum q_{si}l_i + A_p q_p = 3.14 \times 0.426 \times (14 \times 0.9 + 9 \times 6 + 20 \times 3.6) + 0.142 \times 400$$
$$= 219.7 (kN)$$

(2) 堆场地坪复合桩基承载力特征值计算:按 2 000×2 000 方格布桩。

$$f_{ak} = 219.7/(2.0 \times 2.0) \times 0.55 + 55 = 85.2 \text{ kPa} > 80 \text{ kPa}$$

(3) 厂房地坪复合桩基承载力特征值计算:按 2 500×2 500 方格布桩。

$$f_{ak} = 219.7/(2.5 \times 2.5) \times 0.55 + 55 = 74.33 \text{ kPa} > 70 \text{ kPa}$$

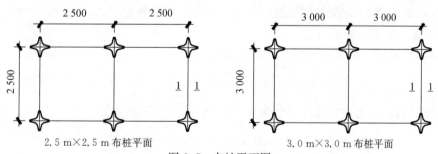

图 6-5 布桩平面图

3) 沉降计算分析

复合地基沉降计算主要发生在复合土层内,即 S_1 按复合土层计算压缩变形。

$$S_1 = (P_Z + P_{ZL})L/2E_{SP} \tag{6-3}$$

式中 P_Z——混凝土桩复合土层顶面的平均附加压力值(kPa);

P_{ZL}——混凝土桩复合土层底面的平均附加压力值(kPa);

L——桩长(m);

E_{SP}——混凝土桩与土的复合压缩模量，$E_{SP}=m \cdot E_P + (1-m) \cdot E_S$；

E_p——桩身的压缩模量，混凝土桩复合地基即混凝土桩身压缩模量；

E_S——桩间土的压缩模量。

混凝土桩与土的复合压缩模量可按分层总和法求得变形值。因混凝土压缩模量大大超出土的压缩模量，所以能够满足强度与变形要求。

4. 每平米地坪地基处理费用的对比

(1) 估算综合单价：C20 商品混凝土

十字沉管灌注桩：450 元/m³；

Φ426 沉管灌注桩：420 元/m³；

(包括沉桩、特殊钢模管加工、充盈系比圆形沉管桩增大 10% 左右)

桩长 10.5 m，另加 0.5 m 浮浆，合计 11 m。

(2) 每平米地坪地基处理费用的对比

① 厂房地坪复合桩基对比

十字形沉管灌注桩截面面积约为 0.150 65 m²（按图 6-6 计算）。

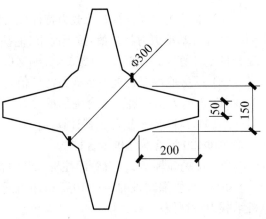

图 6-6 十字形沉管灌注桩截面图

$$(0.150\,65 \times 11 \times 450)/(3.0 \times 3.0) = 82.86 \text{ 元/m}^2。$$

Φ426 沉管灌注桩截面积计算约为 0.142 56 m²。

$$(0.142\,56 \times 11 \times 420)/(2.5 \times 2.5) = 105.38 \text{ 元/m}^2。$$

对比：

$$(105.38 - 82.86)/105.38 = 21.37\%$$

对比结果表明，十字沉管灌注桩厂房地坪复合桩基可节省 21.37% 造价。

② 堆场地坪复合桩基对比

十字沉管灌注桩截面积约为 0.150 65 m²

$$(0.150\,65 \times 11 \times 450)/(2.5 \times 2.5) = 119.315 \text{ 元/m}^2$$

Φ426 沉管灌注桩截面积计算约为 0.142 56 m²

$$(0.142\,56 \times 11 \times 420)/(2.0 \times 2.0) = 164.657 \text{ 元/m}^2$$

堆场地坪可节省 $(164.7 - 119.3)/164.7 = 27.54\%$

(3) 对比结果：对比结果十字沉管灌注桩厂房地坪复合桩基可节省 21.37%，厂房地坪可节省 21.37%。

5. 施工

(1) 垫层作法如图 6-7 所示。

(2) 设计布桩面密度。设计布桩面密度为 1.67%~2.41%，对于软土地层属中等偏低的挤土影响的设计布桩。施工须控制沉桩挤土产生的超静孔隙水压力累加递增，而泄压与时间有关,可按照隔一打一连续施工。

（3）沉桩程序的土体位移计算：因沉管式十字形灌注桩为挤土桩,需采取有效措施确保沉管挤土相邻桩不受挤土影响,确保沉管挤土产生的超静孔隙水压力不累加。相邻桩产生最大变形量可按地表水平位移计算所得,假定桩沉入均质、不可压缩及各向同性的无限土体中隔一打一对相邻桩产生的最大变形量为 11.14 mm,实际土体施工中最大变形量≪11.14 mm。

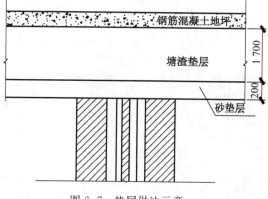

图 6-7　垫层做法示意

（4）保证单桩质量的必要条件与措施：

① 地表以下 1.5 m 至桩底范围振动拔管施工过程中需确保钢模管内混凝土液面标高始终不低于地面标高。确保钢模管内混凝土自重压力足以充填拔管留出土体的空间,从而保证十字形灌注桩的成形质量。

② 钢模管内混凝土灌满仅占桩体积的 46%,当振动拔管时需确保钢模管内混凝土液面标高始终不低于地面标高。拔管期间需进行多次高空加料,但高空加料效率与安全存在问题。地面以上宜用 Φ600 mm 直径钢模管连接或采取可靠补料措施,使满灌混凝土占桩体积 90% 以上,不足时适当二次补料。

6.1.3　刚柔组合桩复合地基

1. 概述

1) 软土地坪的地基处理概述

以宁波市为例,宁波作为港口大城市,据不完全统计,单港口吞吐量仅集装箱一项就超出一千余万标准箱;而地处典型深厚软土地区,周转堆场的软地基处理任务繁重。在众多的地基处理方案(砂井、塑料排水板采用堆载或真空预压方案等)中,以上海港湾地基处理研究院快速"超真空击密"软地基处理方法为优。该方法对于含砂性的软地基处理最为可靠有效,而且造价低、技术经济指标好。但对于纯黏性的软地基而言,纯黏性土不仅渗透性极小、极细颗粒土之间结合水因电场作用不易离析,导致在高真空作用下抽排的是泥水混体,极易出现堵塞排水通道,会影响软地基处理的质量。

复合地基(水泥搅拌桩、石灰桩、碎石桩、低强度混凝土桩等)或桩基采用梁板架空(造价昂贵)的刚性堆场方案的工程价每平方米地坪需 250~350 元,该方案成本投入较大,不宜选用。为探求经济实用的复合地基方案,研究在水泥搅拌桩中心用沉管桩的工法,沉管灌注桩采用低强度(C10)混凝土,称为"刚柔组合桩"的复合地基。

该复合地基处理方案应用于软基地坪或堆场软地基的处理,对照水泥搅拌桩复合地基方案作技术与经济分析对比。

2) 本工程软土地坪设计要求

（1）软地基处理后的复合地基承载力特征值 $f_{ak} = 75$ kPa。

（2）软地基处理后地坪沉降量 < 200 mm。

（3）软地基处理每平方米工程价 ≤150 元。

2. 结合地质参数计算与技术与经济分析对比

(1) 地质条件:设计要求软基地坪复合地基承载力特征值 $f_{ak} \geqslant 75$ kPa。

表 6-2　地勘报告提供桩承载力值各层土的计算参数表

层号	土的名称	厚度/m	地基土承载力特征值 f_a/kPa	桩周侧阻力特征值 q_{si}/kPa	桩端阻力特征值 q_{pi}/kPa
①-2	黏土	0.8	65	12	—
②-1	淤泥质黏土	3.3	45	5	—
②-3	黏土	16.9	48	7	—
④	淤泥质黏土	6	52	9	—
⑥-1	黏土或圆砾	—	90	18	1 200~2 300

(2) 刚柔组合桩复合地基:布桩平面如图。

① 刚柔组合桩承载力特征值计算。水泥搅拌桩为柔性桩,模量与土接近,增大桩径可使桩的侧阻力提高,成为刚性桩与土过渡。水泥搅拌桩中心插入混凝土刚性混凝土桩,有利于桩土协同工作,通过刚性桩进入深层好的土层,传递荷载至深层的土层,阻止组合桩的刺入变形,减少地基土的压缩变形,使刚柔组合桩的承载力值大幅度提高。

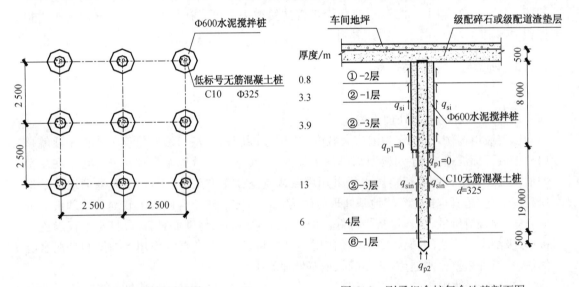

图 6-8　布桩平面图　　　　　图 6-9　刚柔组合桩复合地基剖面图

在 Φ600 mm 水泥搅拌桩中心沉入 Φ325 mm 沉管灌注桩,水泥搅拌桩经挤扩后直径为Φ683 mm,为刚柔组合桩承载力特征值:

$$R_{a1} = u_1 \sum q_{si}l_i + u_2 \sum q_{si}l_i + A_p q_p \tag{6-4}$$

式中　u_1——水泥搅拌桩的截面周长(m);

　　　u_2——沉管灌注桩的截面周长(m);

　　　A_p——沉管灌注桩截面面积(m²);

　　　q_{si}——桩周侧阻力特征值(kPa);

　　q_p——桩端阻力特征值(kPa)。

$$R_a = 2.13(12 \times 0.8 + 6 \times 3.3 + 7 \times 3.9) + 1.02(7 \times 13 + 9 \times 6) + 0.083 \times 1\,200$$
$$= 368.27\text{(kN)}$$

② 复合地基承载力特征值计算:

$$f_{ak} = m \times R_a/A_1 + \beta(1-m) \times f_a$$

置换率 $m = [(0.683 \times 0.683 \times 3.14)/4]/(2.5 \times 2.5) = 0.059$

$$A_1 = (0.683 \times 0.683 \times 3.14)/4 = 0.366 \text{ m}^2$$

$$f_a = 60 \text{ kPa}$$

$$\beta = 0.3$$

$$f_{ak} = m \times R_a/A_1 + \beta(1-m)f_a$$
$$= 0.059 \times 368.27/0.366 + 0.3 \times (1-0.059) \times 60$$
$$= 76.3 \text{ kPa}$$

3. 水泥搅拌桩复合地基

　　布桩平面如图 6-10 所示,剖面图如图 6-11 所示。为降低复合地基的工程造价,采用长短桩结合的水泥搅拌桩复合地基,其中长桩为 12 m,短桩为 8 m,采取间隔排列方式。

长桩承载力特征值 $R_{a1} = u\sum q_{si}l_i = 1.884 \times (0.8 \times 12 + 3.3 \times 6 + 7.9 \times 7) = 159.6$ kN;

短桩承载力特征值 $R_{a2} = u\sum q_{si}l_i = 1.884 \times (0.8 \times 12 + 3.3 \times 6 + 5.9 \times 7) = 133.2$ kN;

水泥搅拌桩平均承载力特征值 $R_a = (R_{a1} + R_{a2})/2 = (159.6 + 133.2)/2 = 146.4$ kN。

$$m = 0.283/(1.8 \times 1.8) = 0.087$$

$$\beta = 0.5$$

$$f_a = 60 \text{ kPa}$$

$$f_{ak} = m \times R_a/A_1 + \beta(1-m)f_a = 0.087 \times 146.4/0.283 + 0.5 \times (1-0.087) \times 60$$
$$= 72.4 \text{ kPa}$$

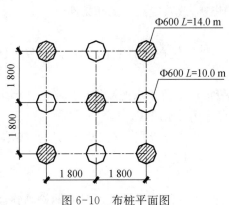

图 6-10　布桩平面图

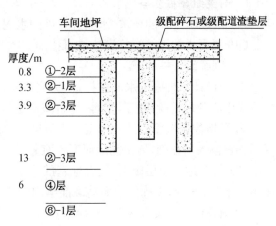

图 6-11　水泥搅拌桩复合地基剖面图

4. 沉降计算分析

复合地基沉降计算主要发生在复合土层内,即 S_1 按复合土层的计算压缩变形,具体见公式 6-3。

水泥搅拌桩复合地基即水泥搅拌桩身压缩模量。刚柔组合桩复合地基即水泥搅拌桩身与沉管灌注桩加权平均后的压缩模量。

先将水泥搅拌桩身与沉管灌注桩加权平均后的压缩模量再按式(6-3)计算的 E_{SP} 值。水泥搅拌桩身压缩模量为 $100 \sim 120 f_{cu}$,混凝土压缩模量为 2 000 MPa,计算结果:刚柔组合桩复合地基 $S_1 = 120$ mm,水泥搅拌桩复合地基 $S_1 = 320$ mm。

5. 地基处理费用计算对比

(1) 综合单价:水泥搅拌桩加固为 130 元/m³。

C10 低标号无筋混凝土为 250 元/m³。

(2) 每平方米复合地基费用计算:

刚柔组合桩复合地基: $(0.283 \times 7 \times 130 + 0.083 \times 27 \times 250)/(2.5 \times 2.5) = 130.84$ 元/m²;水泥搅拌桩复合地基: $(0.283 \times 12 \times 130)/(1.8 \times 1.8) = 136.25$ 元/m²。

计算结果汇总如表 6-3 所示。

表 6-3   计算汇总表

方案	f_a 复合地基承载力特征值/kPa	沉降计算值 S_1	费用/(元·m⁻²)
刚柔复基方案	76.30	120 mm	130.84
搅拌桩复基	6.33	320 mm	136.25

注:工程价计算中列入施工企业的利润,管理成本和税金,需另加 10%~15% 后作为工程概算。

(3) 从计算结果汇总数值可得以下结论:

① 两个复合地基方案均能达到复合地基承载力特征值 75 kPa 的要求。

② 刚柔组合复合地基沉降量小,仅占水泥搅拌桩复合地基方案沉降量的 37.5%。

③ 刚柔组合复合地基处理费用低,比水泥搅拌桩复合地基处理的费用可降低 4%。

④ 本工程桩端硬土层埋深达 27.5 m,如埋深在 15~20 m,则刚柔组合桩复合地基方案优势明显体现,可节省工程造价 30%~35%。

6. 刚柔组合桩复合地基的施工与检测

(1) 刚柔组合桩的要求:水泥搅拌桩的水泥用量为 15%,添加适量增强剂,要求搅拌均匀。C10 混凝土的无筋沉管灌注桩可掺加 30% 的粉煤灰,改善混凝土的和易性。

(2) 刚柔组合桩的施工:

① 按设计布桩施工水泥搅拌桩,每完成水泥搅拌桩后便在桩的中心设置标识,妥善保护或在中心预埋桩靴,便于沉管灌注桩正确定位。

② 严格控制沉管灌注桩施工的垂直度,确保沉管灌注桩置于水泥搅拌桩的中心。因水泥搅拌桩掺入增强剂,施工间隔时间不宜超过 3 d,宜选择流水施工。

(3) 复合地基垫层施工:复合地基的垫层采用级配道碴或级配碎石,要求回填密实,厚度不小于 800 mm,以确保地面荷载能够均匀传递给刚柔组合桩。

7. 刚柔组合桩复合地基的检测

复合地基的机理是个复杂的问题,计算分析固然安全可靠,但必须通过实地检测验证才能达到工程要求。这种观念也是符合"岩土工程"是一门实践性与经验性学科的论述。

（1）设计复合地基承载力值的检测：按设计方案先在拟建工地施工小面积的复合地基做试验,施工完毕后进行复合地基承载力值与变形检测。根据检测结果对照设计进行相应调整,调整后再出具完善的设计图纸资料等交付施工单位进行施工。

（2）设计复合地基承载力值的施工检测：在施工过程对桩和垫层施工按施工验收规范与设计文件要求对质量要求进行全面监控和检测。施工过程中的复合地基承载力值与变形检测。

8. 刚柔组合桩复合地基研究结语

（1）因桩周土、柔性桩(水泥搅拌桩)、刚性桩(混凝土桩)的模量由小到大各不同,通过柔性桩的过渡可改善桩土协同工作性能。刚性桩进入良好持力层,阻止桩端刺入变形使桩的侧阻力达到最大发挥,使刚柔组合桩的承载力值提高。

（2）刚柔组合桩复合地基工程造价可大幅度降低,与水泥搅拌桩复合地基的造价相比可节省4%。

（3）根据变形验算,远小于水泥搅拌桩复合地基沉降量。

（4）软土地基处理机械与工艺均为常规机械与工艺,施工简便,效率高,工期短,质量可确保,效果也可预期。

（5）岩土工程是通过工程实践经验与理论知识相结合的学科,计算结果与实际工况有很大差距。为对选定的地基处理方案需作小面积地基处理施工与检测,按检测结果修正设计方案后方可大面积施工,建议试验面积达到6 m×6 m、10 m×10 m。

（6）建议采用刚柔组合桩复合地基方案。

6.1.4　既有建筑的刚性桩复合地基

对室内有净空制约的既有建筑内施工 Y 形截面的沉管灌注桩为刚性桩复合地基止沉,受到可施工的净空高度制约,钢模管的长度 $H \leqslant$ 净空高度2 m。厂房净空10 m高的厂房地坪止沉施工,结合实际的 A 工程投标方案作如下介绍。

1. A 工程的钢模管制作

在厂房净空10 m左右厂房内施工20 m长的沉管灌注桩,须用总长22 m的钢模管,即8 m+7 m+7 m。图6-12(a)为最底段钢模管由 Φ300 钢管的底部焊钢凸边,从 A—A 剖面的钢凸边焊接在钢管上为三等分,呈 Y 形截面各为120°。即图剖面 A—A,钢管的上端焊接两道间断的钢箍,断口距离200 mm,分布在截面上均布的三个断口,钢管顶上在断口的正中位置设有切口。

图6-12(b)为标准段钢模管。钢管的上端焊接两道间断的钢箍、断口距离200 mm,与图6-12(a)为最底段钢模管相同。钢管的底端焊接高700 mm的钢管,管的壁厚为12 mm,钢管内径为330 mm的焊接套筒。由钢管的焊接间断衬垫圆箍,断口距离200 mm,分布在截面上均分的三个断口。钢管的断口位置焊接12 mm厚与190 mm×190 mm钢板上,以及尺寸厚度相同的钢板。

在两侧切成锥形导向的钢板下,套接时均能顺利通过在钢管的上端焊接两道间断的钢箍的断口,在钢管套筒底的钢板的中心留有切口,与钢管上端切口重合。钢管套筒的钢板均能顺利通过在钢管的上端焊接两道间断的钢箍的断口。在钢管套筒的钢板的中心在钢管套筒上开有均分的洞,尺寸为 180 mm×180 mm,与钢管套筒的钢板对应。图示对应位置钢管套筒钻小孔、攻丝、旋入螺杆。

钢模管套接接长时参见图 6-12,为承受压力与上拔力的剪切钢板。略带弧形,距板右端 50 mm 处焊接圆钢,由洞口内剪切钢板向左推进,螺杆放松剪切钢板继续左推,剪切钢板完全进入洞口,向右推直至焊接圆钢碰到洞口边,即将螺杆拧紧后限制剪切钢板左移,完成钢模管接长。

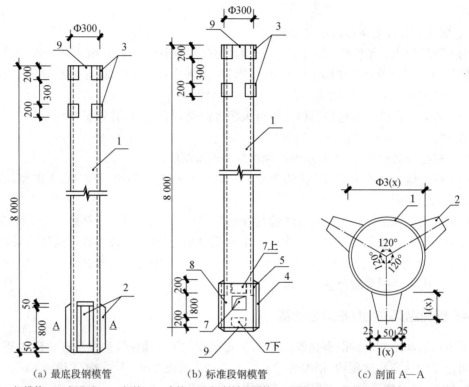

(a) 最底段钢模管　　　　(b) 标准段钢模管　　　　(c) 剖面 A—A

1—钢模管；2—钢凸边；3—钢箍；4—套筒；5—间断衬垫圆箍；6—洞口；7—钢板；8—螺杆；9—上端切口

图 6-12　可接长钢模管构造图

2. 工程应用

1) 工程及地质概况

工程位于宁波北仑区,建筑物均采用桩基础,已全部建成投入使用。提供地坪加固处理的厂房位置、对照勘察报告剖面位置,以具有代表性的地质 5—5 剖面可知,近地表的③层粉质黏土是相对好的土层,但即③层粉质黏土基本缺失,而②层淤泥质黏土与④层淤泥质粉质黏土相连组成厚软土层。按场地平整标高(黄海标高)3.30 m 推算,穿越软土层最深达 23 m。该厂房地坪穿越软土层的平均桩长须 20 m,地坪加固的费用高。其他区域因有③层粉质黏土,处理的软土深度浅,平均 10 m 左右,地坪加固的费用低。

地质报告揭示,工程处于②层淤泥质黏土与④层淤泥质粉质黏土相连组成厚层软土层,该层含水量高、强度低、具有结构性与高灵敏度,而且变形大、变形延续时间长,需经 8～15 年的土层沉降才能达稳定。

2) 地质条件

(1) 代表性的地质剖面如图 6-13 所示。

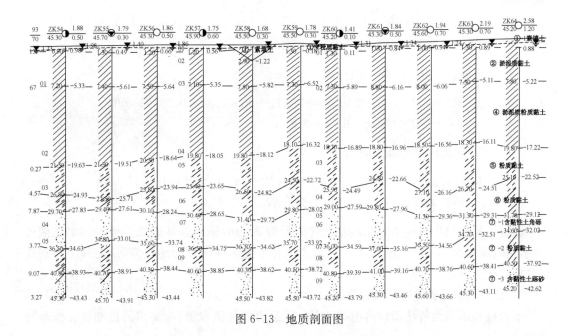

图 6-13 地质剖面图

(2) 地勘报告提供的各层土的力学性质如表 6-4 所示。

表 6-4 地勘报告按土性指标估算参数表

层号	岩土层名称	主要岩土层参数		桩基参数					
		承载力特征值 f_{ak}/kPa	压缩模量 E_s/MPa 或变形模量 E_0/MPa	预应力管桩		沉管灌注桩		钻孔灌注桩	
				桩周土摩擦力特征值 q_{sa}/kPa	桩端土承载力特征值 q_{pa}/kPa	桩周土摩擦力特征值 q_{sa}/kPa	桩端土承载力特征值 q_{pa}/kPa	桩周土摩擦力特征值 q_{sa}/kPa	桩端土承载力特征值 q_{pa}/kPa
①-2	粉质黏土	80	4.5	12	—	10	—	11	—
②	淤泥质黏土	60	2.5	7	—	6	—	6	—
③	黏质粉土	130	7.7	18	—	15	—	16	—
④	淤泥质粉质黏土	70	2.7	8	—	7	—	7	—
⑤	粉质黏土	180	7.2	30	1 000	25	800	27	400
⑥	粉质黏土	120	4.7	20	700	16	600	18	300
⑦-1	含黏性土角砾	250	$E_0=28$	45	3 000	36	2 500	41	1 200
⑦-2	粉质黏土	190	8.5	32	1 200	26	1 000	29	500
⑦-3	含黏性土砾砂	220	$E_0=26$	40	2 800	32	2 300	36	1 100
⑧	强风化凝灰岩	400	$E_0=40$	40	3 000	32	2 500	36	1 200

3. 厂房地坪变形分析加固方案对比

1) 对比桩承载力值计算

(1) Φ400 预应力薄壁管桩

$$R_a = 0.4 \times 3.14 \times (12 \times 1.2 + 7 \times 6 + 8 \times 12 + 30 \times 0.8) + 0.12 \times 1\ 000$$
$$= 1.256 \times 176.4 + 120 = 342\ \text{kN};$$

（2）300 mm×300 mm 静压锚杆桩

$$R_a = 1.2(12 \times 1.2 + 7 \times 6 + 8 \times 12 + 30 \times 0.8) + 0.09 \times 1\ 000$$
$$= 1.2 \times 176.4 + 90 = 302\ \text{kN};$$

（3）Φ300 加翼呈 Y 形沉管灌注桩

$$R_a = 1.392 \times (10 \times 1.2 + 6 \times 6 + 7 \times 12 + 25 \times 0.8) + 0.093\ 15 \times 800$$
$$= 1.392 \times 152 + 74.52 = 286.1\ \text{kN}。$$

根据工程建筑物概述中介绍地基允许变形为 5 mm，采用桩基础加空地坪方案是最可靠的，可以满足允许变形值的要求。方案选择时考虑刚性桩复合地基方案，地基土与刚性桩共同工作。

2）复合桩基承载力特征值计算

复合桩基承载力特征值计算时的地基土承载力特征值取值、与要求的控制复合桩基特征值：

地基土承载力特征值：②层淤泥质黏土地基承载力特征值取 $f_{ak} = 55$ kPa。

控制的复合桩基特征值：地基加固后复合桩基特征值≥70 kPa。

（1）Φ400 预应力薄壁管桩复合桩基特征值：

桩的平面布置为 3.5 m×3.5 m 方格布桩。复合桩基承载力特征值：

按《上海市地基基础设计规范》（DGJ 08-11—2010）中沉降控制复合桩基进行计算：

$$f_{ak} = 342/(3.5 \times 3.5) \times 0.55 + 55 = 70.35\ \text{kPa} > 70\ \text{kPa}。$$

（2）300 mm×300 mm 静压锚杆桩复合桩基特征值：

桩的平面布置为 3.0 m×3.0 m 方格布桩。复合桩基承载力特征值：

按《上海地基基础设计规范》（DGJ 08—11—2010）中沉降控制复合桩基进行计算：

$$f_{ak} = 302/(3.0 \times 3.0) \times 0.55 + 55 = 73.45\ \text{kPa} > 70\ \text{kPa}。$$

（3）Φ300 加翼呈 Y 形沉管灌注桩复合桩基特征值：

桩的平面布置为 3.0 m×3.0 m 方格布桩。复合桩基承载力特征值：

按《上海市地基基础设计规范》（DGJ 08-11—2010）中沉降控制复合桩基进行计算：$f_{ak} = 286/(3.0 \times 3.0) \times 0.55 + 55 = 72.48\ \text{kPa} > 70\ \text{kPa}。$

3）方案对比

（1）综合单价：Φ400 预应力薄壁管桩(8+6+6)×130 元/m。

一根桩价格：20×130＝2 600 元。

300 mm×300 mm 静压锚杆桩：150 元/m。

一根桩价格：3 000 元

Φ300 加翼呈 Y 形沉管灌注桩(8+6+6)×700 元/m。

一根桩价格：0.093 45×20×700＝1 304 元。

(2) 每平方米地坪加固价

Φ400 预应力薄壁管桩：

$$2\,600/(3.5\times3.5)=212.24\ \text{元/m}^2$$

300 mm×300 mm 静压锚杆桩：

$$3\,000/(3.0\times3.0)=333.3\ \text{元/m}^2$$

Φ300 加翼呈 Y 形沉管灌注桩：

$$1\,304/(3.0\times3.0)=144.89\ \text{元/m}^2$$

对比如表 6-5 所示。

表 6-5　三桩型刚性桩复合桩基对比汇总表

方案	薄壁管桩	300 mm×300 mm 静压锚杆桩	Φ300Y 形桩
造价/(元·m⁻²)	212.24	333.3	144.89
对比	100%	157.04%	68.37%

注：方案对比价未包括法定利润、管理费与税金。

4. 方案对比分析后的结论

经计算分析与方案对比得出以下结论：

(1) 经地基加固后的复合桩基特征值≥70 kPa。

(2) 加固地坪采取桩基础方案是最可靠的,桩承载力特征值≥地坪荷载 30 kN/m² 的要求。因地坪桩穿越②层淤泥质黏土与④层淤泥质粉质黏土,进入⑤层粉质黏土,可以满足地基设计承载力的要求。

(3) Φ300 加翼呈 Y 形沉管灌注桩是推荐的最优方案,每平方米地坪造价相当于 Φ400 预应力薄壁管桩方案造价的 68.37%,相当于 300 mm×300 mm 静压锚杆桩方案造价的 43.47%。

(4) 在已建好的厂房内施工桩基,受到厂房净空的制约,静压锚杆桩是最适用的桩型,但造价高,施工效率低。

(5) 对比方案因③层粉质黏土缺失,②层淤泥质黏土与④层淤泥质粉质黏土相叠为厚层软土层,平均桩长达 20 m;其他位置因③层粉质黏土层存在,平均桩长达 10 m 左右,地坪地基加固的费用与地质条件息息相关。

5. Φ300 加翼呈 Y 形沉管灌注桩的施工程序

(1) 按设计桩位预埋混凝土桩靴。

(2) 桩机吊着下段桩的钢模管就位,钢模管套入预埋混凝土桩靴,校正垂直后压入土层到接管高度。吊起标准段钢模管,对准切口插入,松开钢管套筒上螺杆(配套止退弹簧)向外拧出,将弧形钢板从洞口左插到完全进入洞口右插。左边螺杆向内拧紧,为提高工效可采取三人为一个班组,同时重复上述内容,压入土层到接管高度,重复接管程序,直至标高。

(3) 在管内放置钢筋笼、灌满混凝土、振动上拔。拧松螺杆将弧形钢板左推,抽出弧形钢板即可向上拔出上节标准段钢模管。再将钢模管内混凝土补满,同程序将钢模管全部拔出即成桩。

(4) 成桩完成后,桩机随即移入下一桩位进行施工。

6.2   既有建(构)筑物的基础托换

6.2.1   既有建(构)筑物的托换桩

既有建(构)筑物静压锚杆桩的托换桩有预制钢筋混凝土桩、预制钢筋混凝土桩底后注浆桩与钢管桩三种。静压锚杆预制钢筋混凝土小方桩是工程中应用最为广泛的桩型,当桩端持力层进入颗粒土(砂层、碎石、砾石)层通过桩底后注浆可大比例提高桩的承载力值的预制钢筋混凝土注浆锚杆桩,对于量少而且工期要求高的可用静压钢管锚杆桩。静压锚杆桩的托换桩施工均以建(构)筑物自重为锚拉力的静压沉桩。

1. 静压预制钢筋混凝土小方桩的静压锚杆桩

1) 静压预制钢筋混凝土小方桩的概述

(1) 规格尺寸。静压锚杆桩是预制钢筋混凝土小方桩,用既有建(构)筑物自重为压桩反力,将预制钢筋混凝土小方桩静压进入土层。因受到既有建(构)筑物空间所限,常规既有建(构)筑物空间可采用的桩段的长度为 2~3 m,有的自行车库的层高仅 2.2 m,低空间可选用 1.0~1.5 m 桩段的长度。常见预制方桩截面有 200 mm×200 mm、250 mm×250 mm、300 mm×300 mm、350 mm×350 mm 四种,桩连接一般用硫磺胶泥插接或在桩段的两端预埋钢板焊接接桩。因属既有建(构)筑物的桩基,不受接桩节头数量的限制。

(2) 应用范围:静压注浆锚杆桩应用于土木建筑工程中的建(构)筑物桩基础,采用桩心后注浆的静压锚杆桩基础,其应用范围如下:

① 用于既有建筑基础托换与补强:如房屋增层、房屋倾斜纠偏的房屋止沉等的基础加固。

② 用于桩基工程的补桩:如工程施工漏桩或承载力值检测达不到设计承载力值,或基坑工程挖土产生工程桩过大位移或断裂,均须进行工程补桩。当场地无条件施工原工程桩型时只能应用静压锚杆桩,而且该桩型施工不占用主体施工工期。

③ 在逆作法施工中,为节约桩基施工时间先施工伐板基础,待地下室或主体施工到 2~3 层后进行静压锚杆桩施工,锚杆静压桩作为工程桩使用。锚杆静压桩施工前,主体结构的自重荷载需满足密集压桩情况下的压重;为静压锚杆桩目的使承载力值得到最有效地提高,从而减少桩数与降低工程造价的目的,可采用注浆静压锚杆桩。

(3) 静压注浆锚杆桩的研究意义:静压锚杆桩基础用于既有建筑的基础加固工程是质量可靠的一种常用的桩型,目前有国家专业技术规程《锚杆静压桩技术规程》(YBJ 227—91)指导设计与施工。工程中补桩与弥补承载力不足的配合桩型,具有以下特点:

① 静压锚杆桩施工不受场地和空间的限制。静压锚杆桩施工机具轻巧灵活,可在很小的边角场地安装施工,几乎不受空间高度限制。

② 静压锚杆桩施工几乎为零工期:静压锚杆桩借助于正在施工的建筑物自重为反力,用液压千斤顶将锚杆桩桩段沉入土层,桩段间用硫磺胶泥或钢板焊接接长。静压锚杆桩施工与建筑工程可同步施工,不占施工总工期的时间,上部建筑照常施,故可称作零工期的桩

基工作。

③ 静压锚杆桩工程造价。静压锚杆桩施工完全采用人工借助于液压千斤顶将锚杆桩的桩段分段沉入土层,短桩段须多次接桩,约 30 m 的静压锚杆桩须近一天时间才能施工完成,工效很低。近年来劳动力成本数倍高涨,相对于建筑桩基的造价而言,静压锚杆桩的工程造价是昂贵的。一般情况下应用于既有建(构)筑物或沉桩条件受限制情况下的桩基施工。

相同情况下,采用静压锚杆钢管桩可比静压预制钢筋混凝土小方,在造价上可节省 50% 左右。

2) 静压预制钢筋混凝土方桩施工的注意事项

(1) 锚杆桩孔:以建(构)筑物自重为反力的静压预制钢筋混凝土方桩的沉桩施工的桩孔,是采用钢筋植入建(构)筑物基础、底板或地梁浇筑的钢筋混凝土桩孔,成为钢筋混凝土方桩支承的承台。承台的厚度≥0.5 m,承台中预留的桩孔为预制混凝土方桩插入,由植入承台的锚杆筋为沉桩反力,将预制混凝土方桩静压沉入土层至要求的深度。承台桩孔呈梯形的桩孔(上正方形小,下正方形大),上正方形尺寸:$(b+50\ \text{mm})\times(b+50\ \text{mm})$,下正方形尺寸:$(b+100\ \text{mm})\times(b+100\ \text{mm})$,$b$ 为预制混凝土方桩截面的边长。

(2) 压桩力的确定:通过大量的静载荷试桩验证施工压桩力与桩承载力值之间的关系:施工需按照规范进行试桩确定桩的承载力值,由压桩力控制施工的桩都有明确的承载力值。

通过静载荷试桩证实满足桩承载力值的施工压桩力与土性有关,施工压桩力参见不同土性的施工压桩力 N 值按表 6-6 选用。

表 6-6　不同土性的施工压桩力 N 值表

土名	黏土,粉质黏土	粉土	粉细砂	中粗砂
压桩力 N/kN	$1.3\,R_a \sim 1.4\,R_a$	$1.4\,R_a \sim 1.5\,R_a$	$1.6\,R_a \sim 1.7\,R_a$	$1.7\,R_a \sim 1.8\,R_a$
R_a 为桩的承载力特征值(kN)				

注:表中有区间值,桩端进入的土层硬可塑(或中密至密实)者取高值,可塑(或稍密至中密)者取低值。

(2) 锚杆钢筋的植入与选用:按表 6-6 选用的压桩力 N 值进行静压沉桩。考虑锚杆钢筋的锚固力不均匀受力,按 $3/4$ 的 Q_{uk} 确定锚杆钢筋的锚拉力,从而选取相应规格的钢筋。植入锚杆桩承台的电钻孔直径需$\geq 1.5\,d \sim 2.0\,d$,当用结构胶植筋的钻孔直径需$\geq 1.5\,d$,锚固长度$\geq 20\,d$。当用硫磺胶泥植筋的钻孔直径需$\geq 2.0\,d$,锚固长度需$\geq 30\,d$,其中 d 为锚杆钢筋的直径。

锚杆钢筋的直径与锚拉力按表 6-7 选用。

表 6-7　锚杆钢筋的直径与锚拉力表

锚杆钢筋的直径/mm	Φ25	Φ28	Φ30	Φ32	Φ35	Φ38
锚拉力 N/kN	118	148	170	193	230	272

注:表中按Ⅰ级普通低碳钢的抗拉强度按 24 kN/cm² 计算的值,采用Ⅱ级及以上的钢筋须重新计算调整。

用硫磺胶泥植筋施工要注意控制硫磺胶泥的温度,硫磺胶泥熔化后保持 165 ℃温度。在植筋过程中,硫磺胶泥需避免烧焦,影响锚杆钢筋的抗拔力的正常发挥,过低会影响流动性,影响与锚杆钢筋的胶结效果,也会影响锚杆钢筋抗拔力的正常发挥。

3）静压锚杆桩施工

因在既有建筑的狭小的空间中施工，不能采用桩机进行静压沉桩的施工，只能采用槽钢焊接的反力架。压力架用螺母固定在已套丝的锚杆钢筋上，用液压千斤顶静压将预制桩段沉入土层。

按表 6-6 的压桩力沉桩，通过桩段接长直至进入桩端持力层，按液压千斤顶显示的压桩力达到 N 值，完成成桩施工。根据工程要求的不同，采用相应的下述措施。

（1）常规的既有建筑的基础的托换：常规的既有建筑的基础补偿性托换，成桩施工后即可按下述工序对承台桩孔用高标号混凝土或高强度灌浆料封孔。对承载力具有较高要求的可在桩孔壁上采取植筋的方式进行加强。

（2）当有不均匀沉降的既有建筑基础的托换：有不均匀沉降的既有建筑基础补偿性托换，从沉降大的一侧先行沉桩施工，成桩后采用焊接方式将锚杆钢筋上的钢筋固定在预制桩顶。施工顺序由沉降量大的往沉降量小的一侧施工时，这样施工程序施工可减少原有的差异沉降。

原施工静压锚杆桩的承台桩孔用高标号混凝土或高强度灌浆料封孔，以后就跟随沉桩进度完成封承台或基础桩孔。

（3）有纠偏意义调整差异沉降的基础的托换：当有纠偏意义调整不均匀沉降的基础补偿性托换，先从沉降大的一侧先施工，完成成桩施工后，即用钢筋焊接在对应的锚杆钢筋上。焊接钢筋交叉压着已完成成桩的桩顶，固定预制桩顶反弹，此时压入土层的预制桩段已经开始承担基础托换工作，开始发挥基础的止沉。施工完沉降大的一侧，可以在不清除交叉钢筋前提下，桩孔用高标号混凝土或高强度灌浆料封承台桩孔。

沉降大的一侧完成成桩施工后，预制桩段顶在承台桩孔中为自由状态，不约束、不封灌混凝土，让建筑物继续沉降。制定沉降观察计划，等待满足允许的差异沉降量时才可用高标号混凝土或高强度灌浆料承台桩封孔，达到纠偏意义调整差异沉降的基础的托换。

用施工控制自然纠偏的施工方法，需要的工期很长，少则 3 个月至半年，多则 1 年至 2 年，工程一般为控制差异沉的减小，用此法是有效的。

2. 静压注浆锚杆桩

1）静压注浆锚杆桩构造

图 6-14 静压注浆锚杆桩是由工厂化生产的标准桩段与底桩段组成、每段常规长度 2～2.5 m，常规截面由 250 mm×250 mm、300 mm×300 mm、350 mm×350 mm。

图 6-15 标准桩段中心预埋直径 15 mm 硬质塑管两端攻有内丝接螺纹直通空室，顶端四角预留锚杆孔，底端桩段中心预埋直径 15 mm 硬质塑管上端内丝螺纹，下端与直径 25 mm 硬质塑管丝接，桩段底面四角与桩段主钢筋焊接的螺母，规格与锚固钢筋相匹配。

避免桩段运输搬运过程桩段预锚入钢筋变形影响接桩质量，采用运至工地将锚入钢筋丝接在标准桩段螺母上。根据桩周土特性，需要提高桩的侧阻力进行桩侧注浆在相近标高位置，对达到混凝土强度标准桩段钻孔穿入空室为桩侧注浆的出浆孔，一般对称二孔，孔径为 6～10 mm。须加固多层地基土则在多层须注浆位置的桩段钻孔穿入空室出浆孔，孔径上小下大。图 6-16 底桩段中心预埋直径 15 mm 硬质塑管与直径 25 mm 硬质塑管，钻孔穿注浆接管为桩周的出浆孔，防止注浆接管堵孔替换桩底注浆的出浆孔。在施工时对各桩段进行编号，确保桩侧注浆桩段在计划的位置，即完成静压注浆锚杆桩各桩段沉桩前的准备工作。

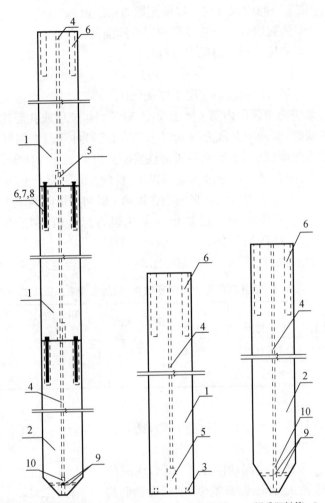

1—上部预制方桩标准节；2—底部加强预制方桩节；3—锚杆孔,内嵌螺母；4—硬质塑料管；5—注浆管预留空室；
6—预留锚杆孔；7—锚接钢筋；8—硫磺胶泥；9—侧向出浆孔；10—竖向出浆孔

图 6-14 注浆锚杆桩   图 6-15 标准节   图 6-16 底端桩节

2）注浆锚杆桩复合桩基的设计

根据第 3 章的桩底后注浆桩的检测,经多个工程应用证实,以不含黏性土的宁波市区地质剖面⑧层粉螺砂为持力层的 Φ800 桩径,静载荷试桩 $Q_{uk}\geqslant 12\,000$ kN。当勘察报告提供含黏性土 $10\%\sim20\%$ 的砾砂层为持力层,静载荷穿测桩的极限承载力值 Q_{uk} 在 $8\,000\sim10\,000$ kN,说明颗粒土中的黏性土含量比例增大,桩的承载力下降,黏性土含量的比例减小而桩的承载力值提高的规律。按注入的水泥浆按球形均匀扩展,计算按扩底桩计算时,须考虑黏性土含量的比例增大桩的承载力下降的因素。

按 JGJ 94—2008 规范进行计算,其中端阻力增强系数 β_p,侧阻力 β_{si} 的取值与土的性质及土的名称有关。对于颗粒土(砂、砾石、卵石、碎石)的黏性土含量的比例大小,大的取低值,小的取高值,桩的极限承载力标准值按下式计算:

$$Q_{uk} = Q_{sk} + Q_{gsk} + Q_{gpk} = u\sum q_{sjk}l_j + u\sum \beta_{si}q_{sik}l_{gi} + \beta_p q_{pk}A_p \qquad (6\text{-}5)$$

式中 Q_{sk}——后注浆非竖向增强段的总极限侧阻力标准值(kN);

Q_{gsk}——后注浆竖向增强段的总极限侧阻力标准值(kN);

Q_{gpk}——后注浆总极限端阻力标准值(kN);

u——桩身周长(m);

l_j——后注浆非竖向增强段第 j 层土厚度(m);

l_{gi}——后注浆竖向增强段内第 i 层土厚度:对于泥浆护壁成孔灌注桩,当为单一桩端后注浆时,竖向增强段为桩端以上 12 m;当为桩端、桩侧复式注浆时,竖向增强段为桩端以上 12 m 及各桩侧注浆断面以上 12 m,重叠部分应扣除;对于干作业灌注桩,竖向增强段为桩端以上、桩侧注浆断面上下各 6 m;

q_{sik},q_{sjk},q_{pk}——分别为后注浆竖向增强段第 i 层初始极限侧阻力标准值、非竖向增强段第 j 土层初始极限侧阻力标准值、初始极限端阻力标准值(kPa);

β_{si},β_p——分别为后注浆侧阻力、端阻力增强系数,无当地经验时,可按表 6-8 取值。

表 6-8 后注浆侧阻力增强系数 β_{si},端阻力增强系数表 β_p

土层名称	淤泥 淤泥质土	黏性 土粉土	粉砂 细砂	中砂	粗砂 砾砂	砾石 卵石	全风化岩 强风化岩
β_{si}	1.2~1.3	1.4~1.8	1.6~2.0	1.7~2.1	2.0~2.5	2.4~3.0	1.4~1.8
β_p	—	2.2~2.5	2.4~2.8	2.6~3.0	3.0~3.5	3.2~4.0	2.0~2.4

3)静压注浆锚杆桩施工

图 6-17 为上节桩段与下节桩段连接详图,结合图 6-15 图 6-16 静压注浆锚杆桩沉桩程序如下:

桩段就位,校正垂直度后起动液压千斤顶,将底段桩沉入土层,吊入图 6-15 标准段桩就位,试锚固钢筋与锚杆孔对接无误,可在沉入桩段顶面安装注浆短管,保持上下桩段面在 100 mm 左右距离时,即将下段桩的四周围护至高出桩面 50 mm 左右。灌入液态硫磺胶泥,硫磺胶泥流入锚杆孔满溢将上段桩对齐下段桩缓慢下放至接合,待硫磺胶泥冷却即可拆除下段桩的四周围护,进行第二段桩的沉桩施工前先安装注浆短管。

由于注浆短管长度比空室高度短 20 mm,硫磺胶泥不会堵塞注浆管,确保全桩长注浆管贯通,上下桩段由硫磺胶泥紧密结合密缝不产生漏浆。

重复上述程序将各段桩均沉入土层,当图标准桩段最后一桩段顶面尚在地面以上 50~100 mm 时,图 6-14

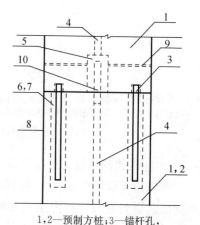

1,2—预制方桩;3—锚杆孔,
内嵌螺母;4—硬质塑料管;
5—注浆管预留空室;6—预留锚杆孔;
7—硫磺胶泥;8—锚接钢筋;
9—侧向出浆孔;10—注浆短管

图 6-17 静压注浆锚杆桩连接节点

注浆管外接金属注浆管至一定高度。顶面植筋孔内灌入硫磺胶泥插入与承台连接钢筋,然后将图 6-15 标准桩段顶面送入土层至设计高程,完成沉桩施工。按计划的注浆量注入水泥浆液,拆除外接金属注浆管,灌实混凝土完成锚杆桩与基础承台的连接完成静压注浆锚杆桩。

(1) 硫磺胶泥的质量控制:硫磺胶泥不宜用铁锅炒,因锅炒的温度不宜控制,炒焦后即失去接桩的强度;宜用电控恒温锅,控制加热温度 165 ℃±5 ℃,过高影响强度,过低影响硫磺胶泥流动性。用于地铁工程不能应用硫磺胶泥,因在隧道内空气流通性差,硫磺胶泥释放出气体对施工操作人员的健康有影响,但用结构胶替代,费用也相应增加。

(2) 桩底后注浆:根据桩穿越土层性质选定加固桩端土层或桩周各层土:

① 加固桩端土:图 6-15 不留出浆孔;

② 仅须注浆加固桩周土层:图 6-16 取消桩端出浆口;

③ 加固桩端土又同时加固桩周土:则按图 6-17 设置侧向出浆孔。

4) 静压注浆锚杆桩降低工程造价

通过静压锚杆桩的桩底后注浆,使桩的承载力值提高;桩端持力层或桩侧土为砂性土,承载力值可提高 50%～80%,持力层或桩侧土为粉土可提高 30%～50%,持力层或桩侧土为黏性土可提高 20%～30%。减少桩数使工程造价降低,初估可降低成本 20%～40%。

5) 静压注浆锚杆桩与钻孔灌注桩实例设计经济性分析

(1) 地质参数如表 6-9 所示。

表 6-9   工程地质土性与承载力值计算参数表

层号	土的名称	厚度/m	地基土承载力特征值 f_a/kPa	桩侧阻力特征值 q_{si}/kPa	桩端阻力特征值 q_{pi}/kPa
①-2	黏土	0.8	65	12(11)	—
②-1	淤泥质黏土	3.3	45	5(4.5)	—
②-3	淤泥质黏土	26.9	48	7(6)	—
④	淤泥质黏土	6	52	9(8)	—
⑤	圆砾夹细砂	3.5	120	28(25)	2 200(800)

注:括号内数值仅用于钻孔灌注桩。

选择截面 300 mm×300 mm 锚杆桩、注浆锚杆桩与 Φ600 钻孔灌注桩作桩的每千牛顿承载力特征值的经济分析对比。

(2) 桩的竖向承载力特征值计算:

$$R_a = u \sum q_{si} l_i + A_p q_p \tag{6-6}$$

式中 R_a——桩的承载力特征值(kN);

u——桩的截面周长(m);

q_{si}——桩周第 i 层土的侧阻力标准值(kPa);

l_i——桩周第 i 层土的厚度(m);

A_p——桩端面积(m²);

q_p——桩端阻力标准值(kPa)。

桩的极限竖向承载力标准值:

$$R_{uk} = R_a \times \gamma_{cp} \tag{6-7}$$

式中,分项系数 γ_{cp} 取 2.0。

（3）桩底后注浆极限竖向承载力标准值计算：

$$Q_{uk} = Q_{sk} + Q_{gsk} + Q_{gpk} \qquad (6-8)$$

式中 Q_{sk}——未注浆段桩的极限侧阻力标准值(kN)；

Q_{gsk}——后注浆段竖向增强段的极限侧阻力标准值(kN)；

Q_{gpk}——桩端后注浆极限端阻力标准值(kN)。

（4）桩的竖向承载力特征值：

① 300 mm×300 mm 锚杆桩由式(6-6)与式(6-7)可得：

未注浆：$Q_{uk} = R_a \times \gamma_{cp} = (372.48 + 198) \times 2 = 1\ 140(kN)$

注　浆：$Q_{uk} = R_a \times \gamma_{cp} = (372.48 + 198 \times 3.5) \times 2 = 2\ 130.96(kN)$

② Φ600 钻孔灌注桩：由式(6-6)与式(6-7)可得：

$$Q_{uk} = R_a \times \gamma_{cp} = (509.7 + 226) \times 2 = 1\ 471.4(kN)$$

后注浆侧阻力增强系数 β_s、端阻力增强系数 β_p 可参见表 6-8。

（5）kN 承载力工程造价分析对比：

① 对比桩的综合价：

有效桩长均为 38.5 m；

300 mm×300 mm 锚杆桩综合价 2 000 元/m³；

300 mm×300 mm 注浆锚杆桩综合价 2 200 元/m³；

Φ600 钻孔灌注桩综合价 1 300 元/m³。

② 每千牛顿承载力工程造价分析对比：

表 6-10　千牛顿承载力工程造价分析对比表

桩型	单桩工程量/m³	综合价/(元·m⁻³)	桩总价/(元·根⁻¹)	极限承载力值/kN	kN 承载力工程价(总价÷极限值)/(元·kN⁻¹)	对比/%
钻孔灌注桩	10.88	1 300	14 144	1 471.4	9.613	100
未注浆锚杆桩	3.465	2 000	6 930	1 140	6.079	63.23
注浆锚杆桩	3.465	2 200	7 623	2 130.96	3.577	37.21

从千牛顿承载力工程造价分析可得以下比例：

注浆锚杆桩：未注浆锚杆桩：钻孔灌注桩≈1：2：3 即静压注浆锚杆桩工程价相当于未注浆锚杆桩的 1/2,相当于钻孔灌注桩的 1/3。

6.2.2　基础的托换实例

既有建(构)筑物基础的托换通过下述实例进行详细介绍。

6.2.2.1　江苏某地的高层住宅基础的托换

1. 工程概况

本工程为某房地产公司开发的商品带单层地下室的高层住宅小区,层数为 18~24 层,为天然地基的伐板基础,基础落在②-3 层的粉土粉砂互层上,该层为天然地基的持力层,

$f_a = 170$ kPa。本工程高层住宅均已结顶,商品房大多已售罄,然而在地下室止水处理施工中才发现勘察报告遗漏软弱下卧层即粉质黏土②-4层,见图6-18静力触探的P_s值。

基于该种情况,重新进行工程地质补充勘探,详见B_3—B_3典型地质剖面。对照建筑物的位置核对有两栋建筑的伐板基础下有②-4层的软弱下卧层,其他高层住宅未发现存在②-4层。

对存在②-4层软弱下卧层的建筑进行沉降观测,委托有专业沉降观测资质的单位测量,建筑的沉降量加大,加速且有倾斜,对部分建筑主要是不均匀沉降。通过多次专家论证,一致认为采用静压锚杆桩托换止沉是唯一可靠的方案,以穿越③-1粉质黏土,桩端持力层为③-2层与④层均可的锚杆桩复合桩基。施工压桩力为

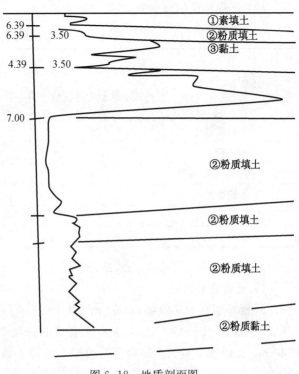

图 6-18　地质剖面图

1 050 kN控制,按压桩力确定桩长原则得到专家的认同,快速进行设计试桩施工。

2. 工程地质条件

(1) 工程地质B_3—B_3剖面。B_3—B_3剖面是补充地勘报告。从B_3—B_3的剖面可看出①-1与①-2均为素填土,②-1为粉质黏土,②-2为粉土,②-3为粉土粉砂互层土,因该土层为天然地基持力层,$f_a = 170$ kPa。在施工中,发觉基底下有软土层,通过补充勘察发现②-4为粉质黏土,软塑-流塑,$f_a = 80$ kPa,P_s为$0.4 \sim 0.5$ MPa。工程结构封顶后出现沉降不稳定的真实原因是没有考虑地基存在软弱下卧层,即粉质黏土②-4层。

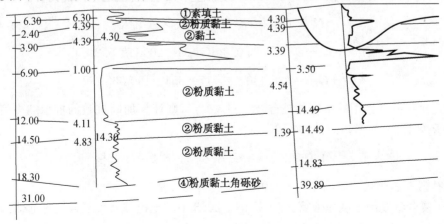

图 6-19　补充地勘 B_3—B_3 剖面

（2）工程地质估算参数如表

表 6-11 工程地质估算参数汇总表

地基土层名称	建议特征值/kPa		
	地基土承载力特征值 f_a	静压锚杆桩（预制桩）参数	
		桩侧阻力特征值 q_{si}	桩端阻力特征值 q_{pi}
②-1 粉质黏土	120	24	—
②-2 粉土	140	26	—
②-3 粉土、粉砂互层	170	30	—
②-4 粉质黏土	80	13	—
③-1 粉质黏土	200	30	600
③-2 粉质黏土	230	36	1 300

3. 普通锚杆桩复合桩基的设计

1）天然地基估算

$3^{\#}$ 楼单层楼面建筑面积 654 m²，共 16 层，地下室 2 层，平均每平方米估算为粉土粉砂互层，特征值 $f_a = 170$ kPa，经天然地基的深度与宽度修正后 $f_a = 200$ kPa，伐板面积 732 m²。二层地下室的土体自重补偿按 4 m 厚土体自重计算，选用天然地基设计是没有问题的。而伐板地基②-3 为粉土粉砂互层，而互层下面存在软弱的②-4 层为软塑-流塑的粉质黏土，因软弱下卧层的存在，建筑物的地基强度与沉降变形不能满足工程要求。

2）控制沉降的刚性桩复合桩基

为减少伐板开洞切断钢筋影响伐板整体刚度，在补偿桩总承载力值不变前提下，使单桩承载力值提高一倍可以减少总补偿桩数量的 50%，伐板凿洞数也可减少一半。

（1）单桩承载力值确定：根据现场设计试桩的施工，300 mm×300 mm 截面，单根桩段长 2 m。锚杆静压桩压入 10 m 的压桩力为 $N = 500$ kN，压入 13 m 的压桩力为 $N \geqslant 1\,050$ kN，确定施工压桩力为 $N \geqslant 1\,050$ kN，按压桩力达到就可以终止沉桩施工的控制，大部分桩长在 13~14 m，个别桩的桩长 $\geqslant 20$ m；按静压锚杆桩规范，$R_a = 1\,050/1.5 = 700$ kN，$R_u = 2R_a = 1\,400$ kN。

（2）计算所需桩数。按 JGJ 94—2008 软土地基减沉复合疏桩基础的内容。

$$N \geqslant (F_K + G_K - \eta_c \times f_{ak} \times A_c)/R \tag{6-9}$$

$$\eta_c = 0.5 - 0.8 \quad 取 0.8（JGJ 94—2008 表 5.2.5）$$

$$(F_K + G_K) = 235\,440 - 4 \times 17 \times 654 = 190\,968 \text{ kN}。$$

考虑桩土共同作用的条件须桩有微量刺入变形，则计算加固桩数的桩承载力值为设计值，$R = R_a \times 1.2 = 700 \times 1.2 = 840$ kN。

$$n = (190\,968 - 0.8 \times 170 \times 732)/840 = 109 \text{ 根}。$$

桩补强占总荷载的比例托换率：$109 \times 840/190\,968 = 47.9\%$。

（3）复合桩基的承载力验算：按 JGJ 94—2008 中软土地基减沉复合疏桩基础：

$$A_C = \xi \times (F_K + G_K)/f_{ak} \tag{6-10}$$

因式(6-10)是求支承伐板的面积,但因伐板已施工,底面积 $A_C=732\ m^2$。

$$f_{ak}=\xi\times(F_K+G_K)/A_C \tag{6-11}$$

用式(6-11)计算复合桩基的承载力。

$\xi\geqslant 0.6$,取 0.7,

$A_C=732\ m^2$,

$f_{ak}=0.7\times 190\ 968/732=182.6\ kPa>170\ kPa$ 补强设计满足。

其他均按天然地基的深度与宽度修正以及地下室土方开挖后的补偿,均按原设计院的设计文件执行。

相当于按某单位加固方案的设计布桩的 $R_a=365\ kN$,需布桩 198 根。目前 $R_a=700\ kN$,加固桩总承载力值可提高 1.7%,取设计值 $R=840\ kN$,加固桩总承载力值可提高 22%。采用此方案,底板可减少凿洞 85 处,比某单位加固方案凿洞的比例可减少占 43%。

3) 施工要求

(1) 本工程因地下水位较高,底板凿洞施工必然会因涌水、涌泥沙等情况影响施工,所以降水是必然的;但降水会造成建筑物加速沉降,为此要求:

① 快速集中施工,减少施工工期使总沉降量减少;

② 采用均匀沉降的施工工序与相应措施。

(2) 凿洞与沉桩要均布对称,努力控制均匀沉降。

(3) 沉完桩必须立即封桩,让锚杆桩承受上部荷载,为避免集中受力而产生差异沉降,唯一的方法是控制均布对称。

4. 注浆锚杆桩复合桩基的设计

(1) 桩的极限承载力标准值计算:按 JGJ 94—2008 规范公式进行计算:

$$Q_{uk}=Q_{sk}+Q_{gsk}+Q_{gpk}=u\sum q_{sik}+u\sum \beta_{si}\cdot q_{sik}+\beta_p\cdot q_{pk}\cdot A_p=2\ 100\ kN$$

桩的承载力设计值 $R=1.2\times R_a=2\ 100/2\times 1.2=1\ 260\ kN$

(2) 托换率相同需要的桩数。托换率$\geqslant 47.9\%$计算需要的桩数:

$$n=(190\ 968-0.8\times 170\times 732)/1\ 260=73\ 根。$$

(3) 按单幢建筑物相同托换率需要的锚杆桩数对比见表 6-12,通过对比采用注浆锚杆桩可减少 1/3 桩数。

本工程由于工期紧,又没有注浆的预制锚杆桩段的商品桩供应,在工期上不允许重新预制加工注浆的预制锚杆桩段,只能采用常规的普通预制桩段。

表 6-12 普通预制桩段锚杆桩与注浆锚杆桩对比表

锚杆桩名称	桩数	占总桩数比例/%	
普通锚杆桩	109	100	说明:对比结果,用注浆锚杆桩可减少 1/3 锚杆桩的桩数。
注浆锚杆桩	73	67	

5. 按普通预制桩段施工的锚杆桩的设计说明

(1) 基础托换加固设计原因:本工程基础加固采用锚杆桩复合桩基,桩端持力层为③-2

层与④层均可,按施工压桩力 1 050 kN 控制,按压桩力确定桩长。

(2) 托换加固设计最重要的是安全可靠。地基基础加固的托换力越大,则被加固建构筑物的安全性越高,一般地基补强的托换率在 25%～35%。本工程加固设计是弥补建(构)筑物基础因软弱下卧层不足采用的托换加固设计,须满足下述条件:

① 托换加固后的建筑物要达到设计要求的承载力值与沉降变形要求。

② 500 mm 厚钢筋混凝土伐板基础为双层双向布筋,不允许在伐板上密集凿洞。在要求托换力足够的前提下伐板能正常工作,需确保伐板凿洞的数量最少。

(3) 根据静压桩的压桩力 N 与桩的极限承载力值 Q_{uk} 的关系,$Q_{uk}=N/1.5×2$;静压锚杆桩的压桩力 $N=1.5 R_a$,根据设计试桩的压桩力 $N=1.5 R_a>1 050$ kN,按 $Q_{uk}=N/1.5×2=1 400$ kPa;目前按特征值 $R_a=1 400/2=700$ kPa,确保地基土与桩基能协同工作,为此取桩的承载力值为设计值 $R=1.2 R_a$。

如果取压桩力 N 为 1 200 kN,则单桩承载力特征值:

$$R_a=(1 200÷1.5×2)/2=800 \text{ kPa},$$

设计值 $R=1.2 R_a=800×1.2=960$ kN。

须托换的桩数根据公式计算为 96 根。但底板厚度仅 500 mm 厚,宜采用施工压桩力 $N=1.5 R_a>1 050$ kN。

(4) 根据托换加固的静压锚杆桩设计试桩可知:静压锚杆桩的降水施工会加速建筑物的沉降。原建筑物的沉降每天不到 1 mm,降水施工最大达 15 mm,已危及建筑物的安全;停止降水施工,建筑物的沉降又回到每天 1 mm 左右。

为此须按下述要求施工:

① 采用不降水作业。须在底板凿洞前先完成植入锚拉钢筋(地下室底板上有水,影响植筋质量),底板凿洞后对地下室水进行有组织抽排至地面(不能降水,可以排水)。沉桩施工是带水作业,要注意和加强检查电器设备与导线,采取防止漏电的安全措施进行安全施工。

② 每完成 1 根桩的沉桩施工,采取有效措施使桩顶压力固定在植入的锚拉钢筋上(用钢筋或钢板焊接在锚拉钢筋上),为不卸载封桩。施加桩顶的预加压力具有以下好处:

桩顶施加预加压力可防止卸载桩顶回弹;每完成 1 根桩的沉桩施工,该桩即参与支承建筑物荷重的工作,可有效减少建筑物的沉降;桩顶反力大部分由植入锚拉钢筋承担,作用于底板的剪切力很小,500 mm 厚伐板足够。

③ 静压锚杆桩的桩孔封桩孔混凝土的施工:静压锚杆桩的桩孔须集中浇灌混凝土的封桩孔,为确保封桩孔的混凝土质量,保证降水后浇灌封桩孔的混凝土。前述因降水会造成建筑物加速沉降,但由于沉入的桩已起到支承建筑物的作用,即使降水会出现前述沉降,而且封桩孔的混凝土施工完成即停止降水。

②-3 层为粉土粉砂互层为持力层,静压锚杆桩已穿越软弱下卧层②-4 层,穿至更深承载力更高的土层。上部荷载通过静压锚杆桩传递至深层硬土地基,消除了软弱下卧层②-4 层的压缩变形对建筑物沉降的影响。

(5) 防止建筑物不均匀沉降的施工措施:

建筑物伐板凿洞是对基础伐板刚度的削弱;而每完成 1 根静压锚杆桩并对桩顶施加预

压力是对基础的加强。无论对基础的削弱还是加强,施工造成的应力集中也会造成建筑物不均匀沉降,为防止建筑物施工时的不均匀沉降,须采取以下措施:

① 以单幢建筑物为基础,根据设计布桩做出不均匀沉降的差值缩小的施工沉桩程序:

选择沉降量大的先沉桩,沉桩完工须用焊接在锚杆钢筋上的压桩顶回弹的钢筋紧压桩顶,每完成 1 根静压锚杆桩并对桩顶施加预压力,使该点的沉降减小。随着桩数的增多,沉入土层中的桩已发挥止沉的作用。

对建筑物沉降量小的桩位,沉完桩仍然保持桩未参与工作的状态。当桩继续沉降,达到要求的差异沉降,即可在桩孔内灌筑高强细石混凝土或高强灌浆料嵌固,则桩就进入止沉的工作桩状态,通过施工程序的控制使建筑物的差异沉降量缩小。

② 根据宁波地区静压锚杆桩施工经验,当遇到②-3 层粉土粉砂互层厚的部位,施工压桩力有可能超出 $N=1\ 050\ \text{kN}$,须采用取土植入静压锚杆桩的措施。该措施可供其他地区根据区域土层与压桩力不同进行参考。

6.2.2.2　旋拧沉入的钢制等间距间断螺纹桩

钢制等间距间断式螺纹商品桩在欧洲应用很普遍,适用于地铁隧道桩基的规格。然而单桩承载力值的计算公式尚须通过试验与现场实测,施工的机具由桩工设备厂配合,探求地铁隧道安全有效的新桩型。

1) 钢制等间距间断螺纹桩制作

钢制螺纹桩是由多片相同圆孔的圆钢板,中间圆孔穿入 3 m 长钢管,每片圆孔的圆钢板的一边切口,由切口扭成单片螺纹状的螺叶,每单片螺纹状的螺叶的扭高都是相同的;切口均在 3 m 长钢管截面同一水平投影面,每单片螺叶的间距为 2～3 倍的单片螺纹状的螺叶扭高的厚度,多片相同圆孔的圆钢板与钢管焊接成图 6-20 钢制等间距间断螺纹桩。在钢制螺纹桩拧入土层过程中,保证后入土层的每片螺叶沿着先进入土层的螺叶的轨迹进入土层中,不产生乱纹。

图 6-20　钢制等间距间断螺纹桩

2) 钢制等间距间断螺纹锚拉桩

在国外普遍应用钢制螺纹锚拉桩主要:应用在电讯业的通讯塔基础、输电塔基础和广告牌立柱基础等。如图 6-20 中所示螺纹的螺叶的直径大,钢管的管径小,适用于以抗拔为主的锚拉桩;对于支承上部荷载的抗压桩还有长径比的要求,钢制等间距间断螺纹锚拉桩的钢管长径比宜≤100。

应用钢制等间距间断螺纹锚拉桩的原因主要是通讯塔基础、输电塔基础以及广告牌立柱基础等工程单体工程工程量小,又较分散。钢制螺纹锚拉桩可以进行工业化生产,钢制商品锚拉桩质量小,便于运输,施工机具轻巧且所需施工人员数量少。

3) 支承地铁隧道的钢制等间距间断螺叶管桩

(1) 地铁隧道桩基的钢制螺叶管桩。根据表 6-14,地铁隧道底到第一硬土层即宁波地质通常称为第 5 层土名为黄褐色黏土、粉质黏土、粉土的距离 10～18 m。选用钢制等间距间断螺纹桩的钢管的管径为 180 mm,螺叶的直径为 300 mm,螺叶的扭高为 200 mm,螺叶的间距为 3 倍螺叶(600 mm),工程上要充分发挥螺旋对承载能力的贡献,进入第一硬土层的为钢制等间距间断螺纹桩,停留在淤泥质土层内为无螺叶的钢管。工程应用单节钢制等间距间断螺纹桩,其长度为 3 m,为工厂生产的商品钢制螺纹桩,上接 Φ180 钢管,根据场地施工允许条件确定钢管的长度,均用钢管螺纹插入丝口旋拧接长,抗压、抗拔钢制等间距间断螺叶管桩均能有效发挥。

(2) 钢制螺纹桩的特征值计算。按《建筑桩基技术规范》(JGJ 94—2008)计算是桩与桩周土的侧阻力。现在因螺纹嵌入桩周的土层内而是桩周土对螺叶的支承力,破坏模式是支承螺叶的土层产生剪切破坏,即为剪切应力 τ_i,螺纹桩的特征值估算公式按下式计算

$$R_{\mathrm{a}} = u \sum \tau_i h_i + A q_{\mathrm{p}} \qquad (6\text{-}12)$$

式中, τ_i 为第 i 层土的剪切应力标准值(kPa)。

由式(6-12)螺纹桩特征值估算 R_{a},因为 $\tau_i \gg q_{\mathrm{si}}$,但其 τ_i 取值须经试桩实测对比取得,目前该公式仅供参考。

(3) 钢制螺纹桩施工:如图 6-21 所示施工钢制螺纹灌注桩的施工机理图。

施工程序:钢制等间距间断螺纹钢管桩的底用混凝土桩靴套入,旋压将钢制螺纹钢管桩沉入土层,上接相同管径的钢管,继续旋压沉入土层。不断上接相同管径的钢管旋压沉入土层至设计高程,在中心钢管内灌满混凝土,提高钢管的截面强度与抗弯刚度。

4) 钢制螺叶钢管桩的工程应用

(1) 钢制螺叶钢管桩的组成:钢制螺叶钢管桩按每节 3 m 长度,钢管的管径为 180 mm,螺叶的直径为 300 mm,每节的接长用钢管螺纹旋转丝接,工程应用有以下组合:

① 底部视土性用单节或多节钢制间断螺叶的钢管桩与上部多节钢管插入丝口旋拧,接长螺叶间断钢管桩。

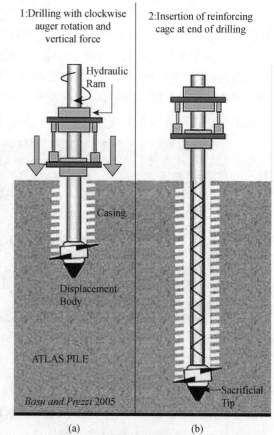

图 6-21　螺纹灌注桩施工机理图

② 底部视土性用单节或多节钢制连续螺叶的钢管桩与上部多节钢管插入丝口旋拧接长的螺叶连续钢管桩。

（2）适用范围：可应用于电讯业的通讯塔基础、输电塔基础、广告牌立柱基础的抗拔同时又支承上部构筑物的抗压的工程桩；适用于加固工程、基础托换、地铁隧道内施工的桩基础；地下室上浮的抗拔桩。

（3）钢制螺叶钢管桩是工厂化生产，规格和质量均有可靠保证，而且重量轻，便于运输，只须一副型钢焊接的架子，一只旋转动力头就可以旋压钢制螺叶钢管桩施工，钢管均为丝接，很适合软土地铁的隧道工程后施工加固性桩基。目前需作螺纹桩与普通等径桩的承载力值静载对比试验，测出公式(6-12)中的 τ_i 与土工试验的剪切值进行对比后建立计算公式，如此就可以计算钢制螺叶钢管桩的承载力值。

6.2.2.3 预应力管桩断裂倾斜扶正与桩承载力值的补强

1. 大面积预应力管桩断裂的原因

在深厚软土地层均采用预应力管桩，邻周为大面积空地。基坑施工采用分级放坡开挖，场地土发生大面积位移，将原施工好的预应力管桩推移倾斜与断裂，严重的桩体折断成上下两段，也有部分桩断口在桩的截面之外。桩的断口靠预应力钢筋将上下两段桩体拉接，大部分桩的断面并未离开桩的截面，少许桩的断面已离开桩的垂直投影面。场地内的大部分已施工的预应力管桩已丧失支承荷载的能力。

2. 治理方案的确立

治理方案需考虑可行性：第一是考虑能够治理，治理后能确保工程安全与质量，安全与质量是最重要的；第二是考虑方案的经济性。

1）补钻孔灌注桩方案

设计布桩首先要清除场地内断裂的预应力管桩，完全避开预应力管桩重新布桩是不可能。场地内倾斜的预应力管桩是看得见的，地基土以下的断桩及倾斜桩是看不见的，必然成为钻孔灌注桩施工的障碍，又无法将场地内断裂的预应力管桩清理干净，无法给进场的钻孔灌注桩施工提供无障碍作业场地。

深厚软土地层的场地土采用预应力混凝土管桩的挤土施工，而设计布桩密度又过大，沉桩施工已产生大面积土体扰动，地面土体产生隆起和大的水平位移。基坑围护失效又一次对土体造成大面积扰动，土体抗剪强度指标严重下降，土体位移推动将桩水平挤裂或剪断。场地土产生严重的大面积土体扰动，使泥浆护壁的桩孔极易产生塌孔，需等待一定时间让扰动土体重新固结，恢复到土体具有一定抗剪强度时才可以用泥浆护壁施工桩孔而不会塌孔。在事故处理过程中，往往总工期是不允许的，把场地内桩完全作废，补钻孔灌注桩孔方案不能成立。

2）斜桩扶正、断桩对接方案

用钻孔灌注桩替换预应力管桩的方案不可行，采用斜桩扶正、断桩对接的方案。要使扶正的桩能传递轴压力，不足部分由静压锚杆桩补强。

3. 斜桩扶正、断桩对接的施工

1）核实断桩断裂深度，判断折裂桩与错位断桩

在处理过程中，需根据建设单位或施工单位提供的低应变动测资料及桩施工平面偏位数据，作为治理病桩的依据和确定治理方案。假定桩位放样和沉桩施工与设计桩位无误

差,由测定桩上口的倾斜度和桩顶偏位可估算断裂深度,测量方法详见图 6-22。根据测得角度 φ 值与桩顶偏位 a 值可计算出断裂深度 h。

$$h = a / \tan\varphi \qquad (6-13)$$

如测得 $\varphi = 3.2°$, $a = 0.65$ m, $h = 11.63$ m

$\varphi = 8.5°$, $a = 0.65$ m, $h = 4.35$ m

根据以上方法计算的断裂深度 h 值与低应变动测结果断裂深度值相比较,误差较小为折裂桩,误差过大为错位折断桩。另因管桩截面刚度较大,上段桩为直线折裂或折断,也可通过管桩的桩孔内照明或电子摄像技术观察判断折裂桩或错位的折断桩。

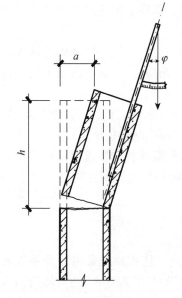

图 6-22　折裂桩与错位断桩深度
测量示意图

2)折裂桩扶正措施及实例

因上述原因预应力混凝土管桩产生折裂或折断,在目前管桩基础中较为常见。折裂桩的承载力大大降低,严重影响了建筑工程的安全。经过病桩治理使其能恢复到桩的原承载能力具有现实意义和使用价值。

某预应力混凝土管桩基础,因基槽土方开挖后堆放在槽周边,造成基槽内工程桩整体位移,最大桩顶位移达 1.0 m,从而产生管桩折裂和折断。其中折裂桩扶正加固过程详见图 6-23。

首先在桩偏位的相反方向(外侧)钻孔取土,然后采用比桩内径小 20 mm 左右的扶正钢管穿越至桩断裂部位以下。在扶正钢管上施加力 F 扶正,在桩扶正过程中桩内侧出现土体孔隙,应及时回填中粗砂,直到桩上口的倾斜度为零。拔出扶正钢管,然后往管桩孔内灌筑混凝土。其折裂桩经扶正加固处理后,再经高应变和低应变桩基检测,桩承载力及完整性均能满足设计要求。

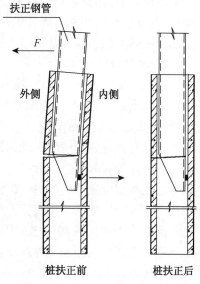

图 6-23　折裂桩扶正加固操作示意图

3)错位断桩扶正措施及实例

错位断桩由于完全丧失桩的承载能力,一般如及时发现可采取补桩处理。当无条件补桩时,只能对错位桩补强加固。

某塔吊桩基,因土方坍塌造成作为塔吊桩基的管桩错位断裂。其处理方式首选错位对接,错位对接步骤详见图 6-24。在扶正钢管上位移方向施力 F,由于被动土压力 E_p 的作用,上节桩错位断点 A 向下节桩断点 B 处对接移动,继续在扶正钢管上施力。可通过桩管内照明观察,直到错位点 A 与 B 点基本在同一点,见图 6-24(b)然后将扶正钢管再反向插入穿越至桩断裂部位以下,反向施力扶正上节桩体,其余的扶正措施同折裂桩扶正措施相同。

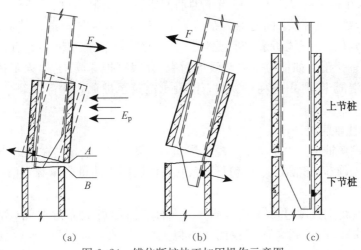

图 6-24 错位断桩扶正加固操作示意图

在管桩扶正过程中,桩内侧出现土体孔隙而采取回填中粗砂的方法仅适用于折裂桩,因其断裂面扶正后较吻合。错位断桩扶正过程中不宜填中粗砂,宜填碎石。如果回填中粗砂,因其扶正后断口对接处间隙较大,当在孔内钻孔清泥和抽排孔内泥浆水时,桩周填砂会通过断口进入桩孔内随泥浆水排出地面,造成桩周地面下陷。

4. 管桩扶正后孔内灌筑混凝土加固程序

(1) 扶正后达到能传递轴压力的能力。折裂桩经扶正后其裂面基本吻合,具有传递轴压力能力。如断裂面以下大于 2 m 范围桩孔内未进泥土,即可清洗桩孔,放置钢筋笼,浇灌混凝土振捣密实;如桩孔内进泥土,则须钻孔清泥后再清洗,放置钢筋笼,浇灌混凝土振捣密实。

加固桩内孔在断裂面以下 2 m 至桩顶范围内为实体钢筋混凝土,管桩内壁与钢筋混凝土浇筑成整体,且折裂桩扶正后断裂面基本吻合,加固后桩能较好地恢复原来的承载能力,并具有一定的抗水平力作用。

(2) 管桩内灌筑钢筋混凝土协同管桩裂口对接共同传递轴压力:错位断桩因错位使断口复位不能完全吻合,扶正后即使采用孔内钢筋混凝土实体整浇,且加大断裂面以下孔内钢筋混凝土的插入深度。但由于管桩外侧土压力大于内侧土压力,浆液不可能全截面进入桩断裂口间隙,管壁断口处仍存在一定的间隙,丧失管桩本身直接传递轴压力的功能,故不能有效传递轴压力。宜采用树根桩的工艺浇筑桩孔内混凝土,即先清洗桩孔内壁,抽干孔内泥浆水,放置钢筋笼,然后预埋注浆管,在孔内填满碎石进行注浆施工。由于注浆压力大于外压力,浆液不仅填充碎石空隙,而且还在桩断口处不断渗透。随着注浆量增大,渗透浆液还能固结桩扶正过程中被扰动的土,不仅断口空隙被浆液充填,使断桩上下节管壁充分连接,而且还加固被扰动土,使桩的承载力得到恢复,满足正常桩的使用条件。

5. 其他病桩治理

1) 沉管灌注桩病桩处理

沉管灌注桩由于上述因素产生平面偏位与预制管桩偏位性质是不同的,在侧向水平力作用下,沉管灌注桩桩身呈弧形弯曲偏位。当出现第一道裂缝裂深到主筋后,随着侧向水平力继续加大,在第一道裂缝上下相当于箍筋间距将出现第二道、第三道裂缝甚至第四、五道裂缝等,裂缝细而密,未向桩心发展。而管桩仅在出现第一道裂缝后在水平力作用下迅速向桩心发展,呈直线折裂(断)偏位。所以此时沉管灌注桩还具有一定承载力,平面偏位一般不宜扶正。如低应变检测浅部断裂,宜用钢护套筒扶壁,人工挖土至断裂处,凿去断裂部位混凝土,再用提高一级细石混凝土浇筑至桩顶。深部断裂一般采用静压锚杆桩补强。

2) 钻孔灌注桩病桩处理

钻孔灌注桩病桩主要由于水下混凝土浇筑过程离地表 15 m 左右处因导管脱离,混凝土受泥浆水浸入,使局部混凝土强度过低,及孔底沉渣因素使桩的承载力值降低,有效的处理方法为采用注浆加固。

(1) 桩身混凝土强度过低或颈缩补强。在桩平面尽可能靠近两侧(对称)钻孔埋设注浆管,对称注浆,深度超越加固截面 2 m 以上,使加固截面上下 2 m 范围内土体得到加固。土体与加固桩胶结成整体,大幅度增大低强度的截面面积,可达到正常桩的等效强度。

(2) 由桩底沉渣因素导致承载力值降低补强:可采用桩底后注浆加固,在桩平面两侧(尽可能近桩边)钻孔埋设注浆管,最佳方法可采用桩心钻孔取芯埋设注浆管,埋设深度至桩底0.5 m,注浆加固。

根据 Φ1 000 钻孔灌注桩试桩结果的试桩报告,极限承载力标准值值 $Q_{uk}=4\ 600$ kN。因桩身预埋了注浆管,孔底注浆加固后再进行静载荷试桩,桩的极限承载力标准值 $Q_{uk} \geqslant$ 15 400 kN,桩顶位移不到 18 mm。桩底注浆加固后桩的承载力值成倍数提高。对比 Q-S 曲线如图 6-25 所示。

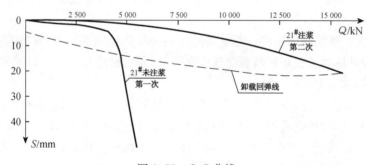

图 6-25 Q-S 曲线

(3) 人工挖孔灌注桩病桩处理。人工挖孔灌注桩主要是由于桩端土强度不足或孔底积水使桩端混凝土强度下降等因素产生桩承载力不足,可采用与钻孔灌注桩相同的注浆加固。

6. 斜桩扶正、断桩对接的施工的原则

(1) 倾斜桩扶正后使桩的断口对接,使预应力管桩恢复传递轴压力的功能。通过管桩空心灌筑钢筋混凝土,在断口加强振捣,使混凝土中的水泥浆渗入断口接缝的孔隙,加强传递轴压力的功能。管桩空心部分灌筑的钢筋混凝土也具有轴压力传递的功能,使加固的桩接近正常桩传递轴压力。

（2）经倾斜桩扶正与断口对接处理过的桩,均须逐根低应变检测桩的完整性,根据检测结果按照Ⅰ类—Ⅳ类分别判别桩的类别,取5%桩数进行高应变动测。测得的单桩承载力特征值 $R_a=Q_{uk}/2$,按表6-13取值,不足由静压锚杆桩补偿。

表6-13　补锚杆桩承载力估算表

低应变动测分类 分类桩的高应变平均值	Ⅰ类桩	Ⅱ类桩	Ⅲ类桩	Ⅳ类桩
	R_{aA}	R_{aB}	R_{aC}	R_{aD}
加固管桩取值	$R_{aA} \times 1$	$R_{aB} \times 0.9$	$R_{aC} \times 0.7$	$R_{aD} \times 0.5$
补锚杆桩值	$R_a-(R_{aA} \times 1)$	$R_a-(R_{aB} \times 0.9)$	$R_a-(R_{aC} \times 0.7)$	$R_a-(R_{aD} \times 0.5)$

注:① R_{aA},R_{aB},R_{aC},R_{aD}为各类桩按5%桩数经高应变测得桩承载力特征值的平均值。
　　② 特征值 R_a 的下标 A、B、C、D 为代表高应变动测值对应的Ⅰ类桩、Ⅱ类桩、Ⅲ类桩、Ⅳ类桩的值。

（3）按低应变桩的完整性检测Ⅳ类桩完整性差,仅取实测值的50%,Ⅰ类桩完整性好,取实测值;Ⅱ类桩完整性较好,取实测值的90%,是保证加固处理的桩基础是安全可靠的。

6.3　既有建(构)筑物的岩土工程问题

6.3.1　悬浮在淤泥质土层的地铁隧道沉降

6.3.1.1　悬浮在淤泥质土层的地铁隧道

1. 地铁隧道悬浮在淤泥质土层中的问题

（1）深厚软土区道路的路基沉降量大。例如桥基因桩基沉降量小,而路面沉降量较大,导致桥面与路面的交界处存在几十厘米甚至一米多的高差。即使通过缓坡过渡,汽车通过路与桥的连接处也会出现"桥头跳"现象。

如果地铁隧道是悬浮在淤泥质土层上,而地铁车站为桩基(抗压与抗拔),隧道与车站的也会出现类似地面与桥面的高差。在地面通过路桥交接处出现桥头跳,最多是乘客向车顶猛跳碰头,而地铁隧道与车站交界的高差会造成运行列车的出轨,危及乘客生命。

（2）上海的软土与天津软土(塘沽软土除外)类同,为粉细砂与淤泥质土呈千层式薄层交替的互层。该种土质性质一般是水平向排水条件好,土体固结速度快,天然地基的最大沉降量 300～400 mm,建筑物一般经过5～8年的压缩沉降基本达到稳定。

宁波软土与温州软土、福州软土类同,均为厚层淤泥与淤泥质土,压缩性大,天然地基的最大沉降量可达 1 000～2 000 mm,并且持续变形时间长,超出20年建筑物的地基沉降还没有稳定。

例如:宁波镇安巷原建的五层混合结构住宅,采用天然地基,10余年后住宅底层基本沉入土层。通过在马路上搭跳板至二楼,由二楼的楼梯回到一层,是典型低洼地区,一旦下雨,底层进水约 1.5 m 高,根本无法正常居住(结合旧城改造拆除重建),从现场看,10余年建的多层住宅的沉降量已超过 2 m。

根据轨道交通工程师介绍,上海地铁建成运行8年累计最大沉降量约达 140 mm,但沉降目前仍未稳定。根据类比法推算宁波的地铁隧道沉降需达 500～600 mm。隧道顶与列车顶的空间很小,继续靠调节轨道来保证列车正常运行。

（3）列车运行的隧道穿越不同的土层,出现不均匀沉降均是以注浆作为加固与处理的手段。在处理方案中,没有采用静压锚杆桩或金属螺纹桩托换使悬浮在淤泥质土层的地铁隧道止沉。桩基加固地铁隧道的案例与相应规范在国内外还没有成形,只有采用注浆加固与处理施工措施。

宁波软土的颗粒极细,注入的水泥浆液不可能进入土体之间结的空隙。因为水泥浆液中水泥的颗粒远大于土体的颗粒,土颗粒之间的静电水膜稳定结合也没无法打开。注入的水泥浆液在压力作用下,在土层中挤出缝隙为注入的水泥浆液的通道,集中在一处堆积,随着注入量累计导致堆积的水泥浆液也越大,但是并没有对土体的起到加固作用;相反水泥浆液的堆积挤压会对土体造成扰动,进而产生新的沉降。

现行轨道交通设计规范没有规范的措施处理隧道的沉降,而又不接受隧道内可以用桩基施工的事实,这是一个值得探讨问题。

2. 深厚软土中悬浮在淤泥质土层的地铁隧道

1) 地铁隧道悬浮在淤泥质土层中能否用地基土承载力值进行补强

宁波软土的特性归纳为:含水量高、强度低、压填缩性大、渗透性小、变形的延续时间长,而且还具有结构性、高灵敏性和流动性,灵敏度一般为 3～5。

地铁隧道悬浮在淤泥质黏土或淤泥质粉质黏土,如果不了解宁波软土的特性,处理工程问题极易出现问题。例如北仑电厂一号机组水泵房工程,泵房埋深 6～7 m,土层为软土层。因地下水泵房的总重量小于地下室挖出的软土重量,按照地基基础设计规范中的地基补偿概念,地下水泵房是不会沉降的,但会不会上浮?

设计院按地基基础设计规范的地基补偿概念,泵房地下室采用天然地基方案,运行不到一年,泵房地下室产生沉降而且伴随发生倾斜。由于泵房对平整度要求很高,通过不断靠间隙调整平整度来维持运转,对泵房地下室止沉加固施工(用三重管旋喷水泥桩围封泵房,底板内凿孔注浆止沉)后达到使用要求。通过泵房地下室的实例,宁波软土地基的设计中淤泥质土不作补偿。

现在的软土地铁隧道设计还是采用地基补偿的概念,地铁隧道悬浮在淤泥质土层中,要科学分析软土地铁隧道原因确实很难,也很复杂。岩土工程往往将复杂的问题简化为简单的处理方法是很有效的,我们也可以将软土中的地铁隧道变形的复杂问题可以用简单的方法处理,即用桩支承地铁隧道,就可以解决软土中的地铁隧道沉降变形的问题。

列车在隧道中高速运行,运行的隧道按一定频率振动,对隧道周边软土产生扰动,扰动后呈流态。随着时间的延伸流态土中的自由水泄离而对隧道产生下沉,因隧道两端又受到站台的约束,必然呈纵向弯曲变形,造成隧道开裂,地层中的自由水,地表渗入的滞水由裂缝进入隧道内。据了解上海软土隧道下沉量是很大的,差异沉降主要是靠列车停止运行间隙抢修与调正变形,否则危及安全。

2) 工程地质条件

(1) 岩土分层简表

如表 6-14 所示。

表 6-14　宁波市区岩土分层简表

层序	工程地质层组	岩土类别	顶板埋深/m	厚度/m
1	1-1	人工堆积层	填土	0
	1-2	第一较软土层	黄褐色黏性土	0～2
2	2-1	第一软土层	淤泥质土或淤泥	1～5
	2-2		灰色软塑黏性土或淤泥质土	2～6
	2-3		淤泥质土或淤泥	4～6
3	3-1	第二较软土层	灰、青灰色粉质黏土	7～22
	3-1		灰、青灰色粉砂或粉土	8～20
	3-2		淤泥质粉质黏土	10～20
4	4-1	第二软土层	淤泥质土	12～25
	4-2		灰色软塑黏性土(局部为淤泥质土)	13～32
5	5-1	第一硬土层	褐黄色黏土	13～40
	5-2		褐黄色粉质黏土(局部为黏土)	15～45
	5-3		褐黄色粉土	18～50
	5-4		褐黄色粉质黏土、黏土	20～50
	5-5		褐黄色粉土、粉质黏土	20～50

表 6-15　岩土物理力学性质指标简表

土层	液性(标贯)指标	q_c/MPa	E_{s1-2}/MPa	状态
第一较软土层	$0.25 < I_L \leqslant 0.75$	0.50～1.20	4.0～6.0	可塑-软塑
	$0.75 < I_L \leqslant 1.00$	0.25～0.50	2.0～4.0	
第一软土层 灰色淤泥质黏土、粉质黏土	$I_L \geqslant 1.50$	0.15～0.25	<2.0	流塑-软塑
	$1.00 < I_L < 1.5$	0.25～0.35	2.0～2.5	
	$0.75 < I_L \leqslant 1.00$	0.35～0.50	2.5～3.0	
第二较软土层 灰色粉砂、含黏性土粉砂	$N < 5$	<1.50	2.5～4.0	松散-中密
	$5 < N \leqslant 15$	1.50～6.00	4.0～7.0	
	$15 < N \leqslant 30$	>6.0	>7.0	
第二软土层 灰色淤泥质黏土 粉质黏土	$1.00 < I_L \leqslant 1.50$	0.60～1.20	2.5～4.0	流塑-软塑
	$0.75 < I_L \leqslant 1.00$	1.20～1.50	4.0～6.0	
第一硬土层 黄褐色黏土、粉质黏土、粉土	$0.75 < I_L \leqslant 1.00$ (粉土 $e > 0.9$)	1.50～2.00 (粉土 2.00～3.00)	5.0～7.0	软塑-硬塑 (粉土:稍密～密实)
	$0.5 < I_L \leqslant 0.75$ (粉土 $0.8 < e \leqslant 0.9$)	2.00～2.50 (粉土 3.00～4.00)	7.0～8.5	

（2）地铁隧道可选用桩型及桩型分析

宁波地区（市区）工程地质条件的如表 6-14 所示，地铁隧道虽是悬浮在淤泥质黏土或淤泥质粉质黏土中的，但离第一硬土层第一硬土层即黄褐色黏土、粉质 黏土、粉土比较接近，为地铁隧道采用桩基础提供良好的有利条件。由于在隧道内施工桩基，要考虑桩基设备施工需要的净空高度与场地面积，又要考虑废弃泥浆的外运，可选择桩型有树根桩、静压锚杆桩、静压注浆锚杆桩、钢制螺纹桩和螺纹灌注桩等。

作为地铁隧道桩基，因树根桩的承载力值不能满足支承运行地铁隧道荷载的要求，而且存在废弃泥浆的污染，故不宜采用树根桩型。

根据承载力的要求，可选择静压注浆锚杆桩技术，旋拧沉入的钢制螺纹桩技术，旋压沉拔的挤土型螺纹灌注桩技术。根据宁波市区岩土物理力学性质指标，桩端进入第一硬土层≥1.5 m。

6.3.1.2　悬浮在淤泥质软土的地铁隧道沉降问题

根据轨道交通指挥部介绍，轨道交通沿线的地质条件以宁波市 1 号线为例，盾构隧道大部分在淤泥质土层中，地铁隧道向南延伸后盾构隧道就在硬土层上。

地铁隧道设计者认为：在盾构隧道内施工桩基是可以从根本解决软土中地铁隧道沉降问题，但目前的盾构隧道结构存在的是第 1 隧道管片结构上无法留出桩孔，第 2 隧道管片厚 300 mm 用螺栓连接组成正圆形隧道体，其无法承受沉桩反力；而且在国内外均没有在隧道结构内施工桩基的先例。

介绍了上海软土地基中的地铁隧道实测沉降变形值，8 年的累计沉降达 140 mm，软土盾构隧道的沉降不可避免，又介绍了 1 号线施工中因地面上基坑工程施工产生土体位移造成隧道体最大水平位移达 50 mm，正圆形隧道截面呈椭圆形了，累计沉降量达 40 mm。当时迅速将地面上正开挖的基坑用土方回填，隧道体的变形逐渐得到恢复。

宁波轨道交通吸取上海的施工经验，谨慎通过管片预留孔内注浆，在运行中出现沉降还可在管片预留孔内进行二次注浆等措施。

1. 软土中地铁隧道沉降的新忧虑

1) 用类比法分析地铁隧道的变形

（1）软土中地铁隧道的累计沉降量。上海地铁隧道是建在软土地层上，从沉降曲线可判定基本达到稳定，因地铁隧道与车站均有一定量的沉降，所以线路的差异累计沉降要比 140 mm 要小一些。宁波软土与上海软土有很大的不同，宁波软土具有含水量大、重度小、强度低、高压缩性、弱渗透性、变形持续时间长、具有结构性与高灵敏度等物理性质指标。上海软土不仅土性指标比宁波软土好很多，而且具有薄层粉砂与软黏土间隔互生，俗称千层饼式地基，具有良好排水固结的条件。根据天然地基的沉降观察资料分析，上海软土上天然地基建筑的最终沉降量 200～300 mm，8 年时间基本可以达到稳定。而宁波软土上天然地基建筑的最终沉降量预计将达 800～1 800 mm。

通过宁波与上海软土的天然地基建筑的最终沉降量的比值对比，宁波的沉降量是上海沉降量的 4～8 倍。岩土工程常用类比法分析，根据上海地铁隧道实测沉降量 140 mm 类比法比例放大即可得到宁波软土地铁隧道运行 8 年的沉降量为 560～1 120 mm。

（2）软土中地铁隧道沉降稳定的时间。上海地区软土因排水固结条件优于宁波地区软土，例如：宁波迎凤街多层住宅沉降造成住宅倾斜，建造至检测的时间已超过 22 年，该多层住宅的沉降变形还没有稳定。

根据上海软土类比宁波软土的类比法分析,上海软土类沉降变形的时间为8年,沉降变形基本可以达到稳定,而宁波软土的沉降变形22年还未稳定,加上8年以后的后续沉降变形量就更可怕了,这是我们今后要考虑的问题。

2)宁波软土中地铁隧道的差异沉降

根据上述类比法分析宁波软土中地铁隧道的沉降变形量,如果是全线路的均匀沉降,则并不影响地铁的运行安全,如果是差异沉降就不同了,将严重危及地铁的运行安全。

(1)全线在软硬不同地基上的差异沉降。以宁波地铁南北走向的2号线为例:在2号线地铁隧道盾构施工推进过程中,以第5层(第一硬土层)为例,地铁隧道向南(段塘段)在第5层硬土层上,中间段地铁隧道悬浮淤泥质土层上地铁隧道底至第5层硬土层上平均8~15 m。向北第5层硬土层缺失,均为淤泥质土层,显然北面沉降量最大而南面沉降量最小,南北的沉降差异最大。

(2)站台与线路的差异沉降。地铁隧道与地下车站的连接处存在突变性差异沉降,软土中地铁隧道的沉降已由上述分析可得知沉降量大,延续沉降的时间长等特点。而地下车站的软土地基已作高压旋喷水泥土桩复合地基处理,而地下车站施工的基坑工程围护桩为地下连续墙,基坑支撑的支承桩均进入硬土层中,而且围护结构与车站结构相连,车站的复合地基与支护结构的支承作用使地下车站的沉降很小,甚至无沉降,必然会出现站台与线路突变性差异沉降,危及列车运行安全。

3)隧道管片螺栓拼接呈正圆形结构体的变形问题

随着盾构机的推进,由预制块拼接成正圆形的隧道管片,并通过预埋在混凝土中的螺栓连接成正圆形的结构体,成为地铁隧道,在外力的作用下易由正圆形截面变成椭圆形。例如:地铁随道线旁正在施工某工程的基坑,因土方施工产生土体位移达50 mm,致使地铁隧道成为椭圆形隧道。说明用单层管片螺栓连接成正圆形的结构体刚度很差,极易变形。如果交付使用后的地铁隧道类似上述土体位移造成隧道体变形该如何应对,这也是我们新产生的忧虑。

盾构推进法施工有单层管片与双层管片,如果采用双层管片的厚度,将内层管片改为现浇的钢筋混凝土圆筒体,可以用顶进滑模的工艺施工,与外层预制的钢筋混凝土管片整浇结合,组成叠合厚度的钢筋混凝土隧道体,形成钢筋混凝土圆筒刚性隧道体。该做法不仅可防止在外力作用下隧道体的变形,而且还可在隧道体内施工桩基,可有效消除地铁隧道的沉降。

4)对隧道管片预留孔内注浆加固软土效果的忧虑

通过管片预留孔内注浆加固软土,在运行中出现沉降仍然还可以在管片预留孔内进行二次注浆等措施。对宁波软土中(除了江北局部地段有粉细砂地层以外)的注浆加固软土的效果基本上是没有的,相反还会加大软土的扰动,从而产生新的沉降。对管片预留孔内注浆加固软土,防止地铁隧道沉降的二次注浆,作为主要的措施是我们今后要关注的问题。

地铁隧道注浆加固砂层、碎石类、卵石层具有很好的效果,含黏土夹砂、黏土夹碎石、黏土夹卵石、粉土地基具有较好的效果;而上海软土是由间隔软土与薄层粉细砂互层组成,尤如千层饼式交替互层,具有排水固结的条件,通过注浆加固土层也有一定的效果。

但宁波软土与上海软土的性质完全不同:宁波软土是由极细的土颗粒外包静电水膜组成结构性土,因土体的渗透性极小,注入的水泥浆不可能通过土体空隙均匀进入土体;因土颗粒小于水泥颗粒,很难解脱土颗粒水膜静电作用,不能通过土体孔隙均匀进入土体,浆液只能在压力作用下劈裂形式进入软土体内。如注入的少量浆液可引成圆柱状水泥浆液,随着注入的浆液增多,即由圆柱状水泥浆液成为注入的通道,水泥浆液在压力小的土体处堆积成水泥浆液块体,注入浆液越多,堆积成水泥浆液块体就越大,因注入水泥浆液不能通过土体颗粒间的孔隙均匀进入,而是压力通道挤入土体堆积成水泥浆液块,所以不能达到加固软土的目的。相反随着注入浆液增多,对结构性软土产生挤压性扰动,随着注入浆液增多,土体扰动范围扩大,造成软土的强度降低而变形量增大。

理论上在类似软土地基处理可以采用劈裂注浆加固,采用双管(注浆管与注水玻璃管)双液(水泥浆与水玻璃),喷出注浆管口即硬化,在注浆设备上要自控间断性高压释放小量双液,形成针状刺入土体,即硬化为针状固体,间断性刺入土体,形成在隧道外周壁上的加劲土,但很难实施。作为地基土的加固成加劲土,其承载力值可以有一定的提高。隧道沿周软土加固,其效果尚需进一步探索,常规的低压注浆没有作用。

2. 宁波市轨道交通的地铁隧道沉降隐患是事实,需要的是对策

盾构隧道的沉降是可以解决的

"地铁隧道沉降忧虑与对策"的课题主要涉及软土中的地铁隧道沉降问题,工程师介绍了上海地铁隧道的实测沉降变形值时说:软土盾构隧道的沉降是不可避免的,这是全球性难题。目前国内还没有完全可靠有效的方法控制软土地铁隧道的沉降变形问题。如果地铁隧道可用桩基解决沉降问题,则相信可以从根本上解决软土地铁隧道的沉降变形问题。但至今在国内与国际上还没有用桩基的地铁隧道的先例,而且是从事地铁隧道专业人士从未想过用桩基解决软土地铁隧道的沉降变形问题,提出用桩基与复合地基解决软土地铁隧道的沉降变形问题是一种新的思路。

(1) 地铁隧道内施工桩基。只要地铁隧道盾构外直径增大,在隧道内壁采用滑模施工200 mm厚钢筋混凝土与隧道管片组成叠合的钢筋混凝土圆洞体,则具有很大的隧道刚度,不仅可防止隧道体变形,而且还可以在地铁隧道内沉入注浆锚杆桩或拧入螺纹钢管桩。

(2) 高压旋喷桩加固隧道底以下的软土

在盾构推进前沿线用高压旋喷桩加固隧道底以下的软土,成为地铁隧道的复合地基,防止地铁隧道的沉降又不影响盾构推进工艺施工地铁隧道。

(3) 明挖法是最常规的施工:地铁隧道也可以直接采用桩基,由两条平行的往复圆形盾构隧道取消改用合拼为双道隧道,采用桩排或地连墙支护。采用计算机自动调整与补偿对撑的支撑力,保持基坑两侧土体稳定的围护体系,采用明挖法施工,其可行性与经济性也可进行深入研究,可以全线路用桩的变形协调。这些都说明地铁隧道沉降是可以解决的。

例如日本大阪市市中心的地铁隧道采用盾构推进与水泥土密排工形钢桩支护(即SMW工法)计算机自动调整与补偿型钢对撑的支撑力,用明挖法施工,同在一条线上施工。

3. 对宁波轨道交通建设的建议

1) 宁波软土建造轨道交通的思考

(1) 对1号线的建议(东西走向)。宁波软土中建造地下轨道交通从软土特性上分析是开创性的,但地铁隧道沉降问题不可避免。由预制钢筋混凝土管片螺栓拼接的正圆形地铁隧道结构,其本身在外力作用下容易变形(已发生隧道沿线基坑土方施工产生土体位移造成隧道变形),在隧道内用桩基加固是不可能的。目前留下的通过管片的预留孔可以用注入法加固软土的条件,上述已经分析过宁波软土采用常规的注入水泥浆加固软土效果是有

限的。注入的材料如下:

① 劈裂注入水泥浆。常规注浆无效,可采用劈裂注浆加固,而且要用双管(注浆管与注水玻璃管)双液(水泥浆与水玻璃),喷出注浆管即呈固体针状刺入软土,在注浆设备上,自控间断性高压释放小剂量双液,形成针状刺入土体即呈固化针状体,间断性不同部位刺入土体,形成隧道周壁上的加劲土,加固类似宁波的软土提高强度,但实施难度很高。在地面上地基土的加固容易控制其均匀性,使双液浆体均匀进入软土成为加劲土,使其承载力值有一定的提高,而隧道沿桩周软土的加固,因受到预留孔位置的制约,存在均匀性问题,其效果尚需进一步探索,常规的低压注浆是没有作用的。

② 干法粉喷石灰。粉喷干石灰粉(机理明确要解决均匀性),其机理:

将干石灰粉压力均匀喷入软土内,与软土中的水作用,生石灰即氧化钙吸水膨胀,使软土中的含水量下降,因生石灰吸水膨胀(膨胀量是生石灰量的一倍)膨胀挤密加固软土层,同时放出热量、生成氢氧化钙。

氢氧化钙吸收土中的一氧化碳与二氧化碳,生成碳酸钙,但碳酸钙并不稳定、必须与软土中的硅、镁离子进行交换,生成稳定的坚硬的硅盐与镁盐,加固了地铁隧道沿线周围的软土。

石灰加固地基自古就有,例如秦朝的万里长城石灰土地基(即灰土地基)一直应用到近代,为3:7灰土或2:8灰土。

③ 其他加固软土地基。

化学加固软土地基,在软土内均匀注入软土固化剂(主要解决均匀性)或用化学注浆(防止对地下水与土的污染)。

物理加固软土地基,电热法加固地铁隧道周壁的软土(略)。

(2)对在建线的建议

目前正在施工的南北走向2号线,要求进一步介绍施工进程,尽早制定防止地铁隧道沉降的措施与采取有效的对策,南端从地质剖面揭示地铁隧道落在⑤层硬土层上,该段建议用明挖施工与盾构施工对比后选取。

(3)对未开工的轨道交通建设的建议

对未开工的轨道交通建议需要重新审议设计施工方案。盾构推进是一种施工工艺,还可有很多其他施工工艺施工地铁隧道。

1992年,作者随同济大学以访问学者身份访问日本国立大阪大学,参观市中心的马路一侧正在施工的地铁隧道,看到在同一条隧道线上采用多种工艺施工,说明日本施工地铁隧道,选择地铁隧道施工工艺是根据地质条件、邻周环境、建造成本、建设工期等综合分析优化后确定的。

2)盾构推进施工地铁隧道的适用条件

施工城市轨道交通的地铁隧道主要有两种方法:盾构推进法与桩墙围护的明挖法。

盾构推进机的价格昂贵,掌握盾构推进施工积累实践经验,施工操作的专业性很强。目前,在国内集中在几家施工企业,全国数十个城市在建造城市轨道交通的地铁隧道,采用盾构推进施工为主要施工工艺,出现只能集中在少数几家施工企业在城市轨道交通用盾构推进施工工艺,形成市场垄断的格局。盾构推进施工的工艺在特定的条件下具有优势,但不一定都具有优势,需要根据地质条件、邻周环境、建造成本、建设工期等综合分析、优化对比后方能确定。

桩墙围护的明挖法一般应用于土性指标好的硬土地基,桩墙围护的成本低、速度快、用于软土地区桩墙围护的成本高。随着桩墙技术发展成本有所下降,在特定条件下也是具有优势的。

(1)盾构推进地铁隧道施工的优势。用盾构推进施工城市轨道交通的地铁隧道,在以下条件具有无可替代的优势。

① 过江、穿河的城市轨道交通的地铁隧道工程。穿越城市,街道地面没有施工桩墙围护结构空间的地铁隧道工程。

② 经与明挖对比具有造价优势的地铁隧道工程(包括防止沉降有效措施在内)。

(2)明挖法地铁隧道施工的优势。①宁波软土用明挖法施工具有上千个深基坑经验的积累。②隧道与车站全线均可采用桩基,有效控制沉降,使全线的地铁隧道与车站的沉降变形达到变形协调,确保地铁运行安全。③地质条件好的硬土,如2号线的南端(段塘段)在造价、质量与工效方面都具有优势。

3)宁波轨道交通建设的步伐要放慢

目前采取的措施是通过管片预留孔内注浆加固软土。在运行中出现沉降后采取在管片预留孔内进行二次注浆等措施,地铁隧道周围的土层用注浆加固是列入规范的方法,但重要的是要按土性而定,注浆对宁波地区软土地基处理效果不明显。采用其他注入软土加固的方法仍有待科研攻关与实践检测,要全面、科学分析宁波软土地铁隧道的沉降问题及主要解决措施是否可靠、有效。

6.3.2　建筑工程的岩土工程问题

6.3.2.1　预应力管桩基础质量的分析及防治对策

1. 常见预应力管桩基础的质量问题与分析

1)预应力管桩细裂缝

裂缝原因:多层框架住宅首选小直径管桩,如预应力管桩为$\Phi 400$,壁厚55 mm的薄壁管桩,采用静压沉桩施工,沉桩后隔2~3 d观察工程桩的内壁,可见到细裂缝渗出的连续水印痕迹,沿螺旋箍位置重合,一般沉桩施工质量检验过程易忽略,不易被发现(图6-26)。

当桩穿越较硬的土层须很大的压桩力,而沉桩压力大小与管桩内壁裂缝有关,壁薄易出现管桩内壁裂缝。例如舟山地区地质条件桩穿越土层时的沉桩力,一般均接近或超出管桩的截面极限抗压强度,所以出现管内裂缝较普遍。

2)承台桩中的预应力管桩的偏位与折裂

(1)预应力管桩偏位与折裂的原因。预应力管桩存在抗水平力的性能很弱,应用时设计布桩密度过大、施工沉桩程序不妥、日沉桩数量过多等诸多问题。在饱和软黏土地层中,挤土施工会产生大的超静孔隙水压力,由于土层的渗透性极差,超静孔隙水压力累积过快,使土体产生大的水平位移和过快的地基土隆起,对管桩产生大的位移推力造成预应力管桩折裂;在管桩基础施工承台时的土方开挖或深基坑土方施工最容易造成管桩位移和折裂;拟建场地一侧临河,或防止沉桩挤土影响采用间隔排列的清水护壁钻孔

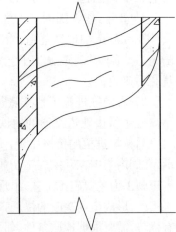

图6-26　薄壁管桩内壁裂缝示意图

的保护措施,均会产生场地土的应力场变化,沉入土中的预应力管桩向薄弱应力场方向位移,从而造成预应力管桩的折裂等。

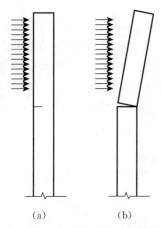

图 6-27 预应力管桩的折裂示意

(2)预应力管桩的折裂承载性状分析。如图 6-27 所示,预应力管桩在侧向水平力作用下在桩的一定部位会产生裂缝,随着水平力的增大,裂缝宽度逐渐加大,并向桩中心延伸;一般情况下,不会在桩身其他部位产生第 2 条裂缝,因而呈折线型开裂。如图 6-27(b)所示,一般混凝土桩(包括预制桩、沉管桩、钻孔桩)在侧向水平力作用下,在桩的某一部位出现裂缝,桩的主筋受拉屈服,钢筋的抗拉强度提高,裂缝不再向桩身发展,在相近截面位置出现第 2 道裂缝、第 3 道裂缝……;桩在侧向水平力持续作用下,裂缝按一定间距逐渐增多,但裂缝宽度不大,桩身呈弧形微弯,在弧形背面会存在多道细裂缝。

从承载性状分析,预应力管桩体呈折线状折裂,基桩的承载力大幅度削弱,尤其是向一侧有规律折裂,预应力筋因低延伸率而拉断,裂缝宽度向桩心发展。桩的承载性状大幅度降低,会危及工程的安全。尤其是均向一侧偏位对工程危害更为严重。

(3)预应力管桩产生折裂的原因。沉桩顺序平面如图 6-28 所示。采用 Φ500 预应力管桩独立承台基础,在需保护一侧采用排列清水护壁桩减压,防止沉桩挤土对需要保护一侧建筑物的影响,由于排列钻孔对地基土产生削弱条带,阻止沉桩挤土对要求保护建筑物侵害,场地内土体的初始应力场平衡被破坏。沉桩程序由建筑物平面短边开始,连续向前推进,土的超静孔隙水压力累积过快,土体除局部隆起过快之外,桩顶几乎全部向需保护一侧推移,产生桩体折裂,沉桩完成后抽检 32 根桩进行低应变动测,其中 6 根桩为四类桩,13 根为三类桩,16 根为二类桩,无完整的一类桩。

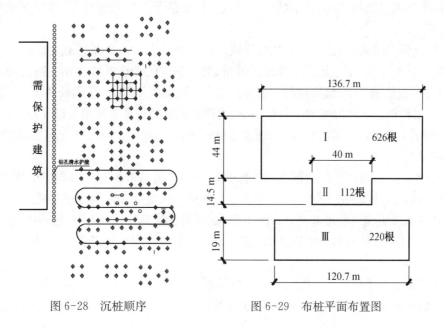

图 6-28 沉桩顺序   图 6-29 布桩平面布置图

（4）管桩折裂严重影响单桩承载力值。

某工程平面图如图 6-29 所示，设计采用 Φ500 预应力管桩：Ⅰ区布桩密度 2.04%、Ⅱ区布桩密度 3.79%、Ⅲ区布桩密度 1.88%。

施工沉桩程序先由Ⅲ区开始，即将完成时Ⅰ区、Ⅱ区同时沉桩施工，而且按承台为沉桩程序单元，完成一个承台的桩数后转向下一个承台桩，一个承台最多达 9 根桩，也按连续完成一个承台的沉桩施工后转位。可见该承台范围的土体超静孔隙水压力瞬间加大并累积过快，且日沉桩数量最多达 24 根，日夜连续施工，土体没有泄压时间。如Ⅲ区作了 7 根桩的静载荷试桩，在中心部位除 96 号桩达到设计极限承载力标准值的要求外，其余 6 根桩均达不到设计极限承载力标准值，且主要集中在Ⅲ区的东端，如表 6-16 所示。

表 6-16   Φ500 预应力管桩单桩极限承载力标准值对比表

桩号	桩长/m	持力层编号	桩端土进入持力层深度/m	桩的极限端阻力 q_{pk}/kPa	估算单桩极限承载力标准值 Q_{uk}/kN	实测静载极限承载力标准值 Q_{uk}/kN
59#	31	5-2	5.58	2 200	1 530	900
137#	31	5-2	6.04	2 200	1 550	900
201#	34.8	5-3	12.12	3 000	2 360	600
58#	31	5-2	5.58	2 200	1 530	1 350
41#	34.8	5-3		3 000	1 500	1 050
149#	34.8	5-3		3 000	1 500	1 200

在Ⅲ区的布桩密度 1.88%，不合格桩较为集中（58 号、59 号、137 号、201 号桩）。在Ⅱ区有 4 根桩作静载荷试验，试验结果 700 桩 Q_{uk}＝292 kN，第二次作静载荷试验，承载力值有所提高，但仍然极小。另一根为 598# 桩，静载荷试验结果 Q_{uk}＝960 kN。

从以上静载试验结果，出现单桩极限承载力标准值严重过低的情况，实属罕见，分析其原因有：

① 经分析对于试桩结果差 1～2 级荷载的桩主要是由于地质条件复杂的原因，其他试桩并经附近补充钻孔，结果地质条件未见异常，关于提供的计算参数也在范围之内，即使计算参数过高，仅影响 1～2 级试桩荷载的可能，而不会出现承载力严重偏低情况。

② 根据布桩密度和沉桩程序分析，承载力严重偏低的桩主要集中在设计布桩密度较高的范围，施工上未采取有效措施，而且施工速度过快，日沉桩达 24 根，日夜施工，超静孔隙水压力累积过快。

③ 受到挤土影响产生桩的折裂，裂缝向桩心发展，造成桩的截面削弱产生构件承压破坏，因有效截面减小，使桩承载力严重降低。个别桩经低应变动测为完整的桩，由于挤土产生超静孔隙水压力使地面隆起使桩产生上浮，试桩荷载达到桩侧阻力时，桩产生刺入破坏。

④ 当沉桩过程桩的垂直度超过规范要求时，在沉桩过程中随意进行校正，使管桩在施工中产生裂缝。

（5）基础土方开挖施工产生预应力管桩折裂

由于管桩的预应力筋满足以起吊运输为基础，尤其是 PTC 桩，含钢率仅 0.18% 左右，与《建筑桩基技术规范》(JGJ 94—2008)第 4.1.6 条预制桩最小含钢率 0.8％(锤击)和 0.6％(静压)要求相差甚远,再加上光滑圆形截面,被动区的基床系数难以发挥,基坑位移产生管桩折裂,在机械挖土时触及桩顶,直接致管桩折裂,以及浅基承台挖土未及时清运堆放在一侧,均会产生桩的折裂。如江东某房产公司四期工程,承台基础仅开挖 1.5 m 深,由于土堆在一侧,产生大的土体位移造成工程桩的严重位移折裂。

2. 桩身上浮

桩身上浮不仅仅是预应力管桩,凡是挤土桩均会产生桩身上浮的现象,上浮量的大小与布桩密度、沉桩程序、日沉桩根数等因素有关,而且也与桩表面与桩周土的亲附性有关。如桩土之间亲附性较好,即使桩身随着土体隆起而上浮,但桩的下部由于桩土亲附性好,可阻止部分上浮量。

如宁波市科技园区某大厦布桩密度达到 4.2％,368# 桩沉桩时测得桩顶标高 −1.880 m。共计 412 根工程桩的沉桩施工全部完成后,重新测 368# 桩顶标高为 −1.605 m,标高相差达 0.275 m。考虑沉桩压力松弛,桩顶反弹量 0.1 m,368# 实际桩顶上浮量为 0.175 m。当用高应变对 174# 桩高应变检测,测得单桩极限承载力标准值 Q_{uk} = 1 577 kN,达到估算承载力值;继续对 174# 桩进行静载荷试桩检测,测得单极限承载力标准值 Q_{uk} = 980 kN,出现如此大的承载力差,使工程难以继续。为慎重起见对 174# 桩进行第二次静载荷试桩,仍然测得 Q_{uk} = 960 kN,经低应变动测桩身质量完整,静载荷试桩测得 Q_{uk} 相当于该桩侧阻力,说明桩端阻力没有发挥,这与桩顶上抬,桩端持力层处脱空有关。

3. 桩土亲附性对桩承载力影响

预应力管桩静载荷试桩结果出现达不到估算承载力值问题,工程上屡有发生,而且较普遍。勘察报告提供计算参数合理的情况主要有以下分析:

1) 工程中出现的现象

(1) 桩端持力层为坚硬性土(如老黏土、硬塑黏性土、砂土、砾砂等),桩穿越土层为软土的预应力管桩;如沉桩压力或锤击贯入度满足,经静载荷单桩承载力检测,一般都能满足估算承载力值要求。

(2) 桩穿越土层主要是软土土层,最大沉桩阻力一般为 $0.5 \sim 0.75\, Q_{uk}$。按规范静载荷试桩结果达不到估算极限承载力标准值 Q_{uk},其比例占统计试桩的 20％左右,其中差一级试桩荷载占 70％,差二级试桩荷载占 30％。

(3) 桩穿越土层主要为软土,桩端持力层为软-可塑性土层的预应力管桩,最大沉桩阻力为 $(0.4 \sim 0.6)\, Q_{uk}$;静载荷试桩结果达不到估算单桩极限承载力标准值 Q_{uk},比例大幅度增加,占统计试桩的 60％,而且差二级试桩荷载的比例上升到 50％。

2) 原因分析

工程中应用历史悠久的钢筋混凝土预制桩,最理想的持力层为黏性土,沉桩阻力不大,但桩的承载性能很好而且稳定。沉桩阻力与桩的承载力值没有必然关系,根据上海地质条件,桩端持力层为暗绿色的黏土层。

根据上海基础工程集团有限公司统计沉桩力;桩的极限承载力为 1∶3 的关系。宁波地质条件,持力层为黏性土,桩穿越土层无砂层的比值为 1∶2.5～1∶2 关系。单桩承载力值经 13 根试桩统计,预制方桩与管桩同属预制型桩,采用相同的计算参数,承载力值完全不同。

追其原因,预应力管桩采用压力离心浇筑,桩体密实度可达 100％,但桩的侧表面与土之间的关系附着性差。

4．工程防治与对策

1）管桩内壁螺旋细裂缝的防治

管桩内壁细裂缝一般出现在薄壁型管桩，该裂缝一般与沉桩压力有关。当沉桩压力超过管桩截面极限抗压强度的 90％以上，管桩内壁裂缝出现的几率较高，所以薄壁管桩一般应用于桩的穿越土层沉桩阻值较小的地层。当桩穿越土层沉桩阻值较高的如砂土层、砂质粉土、砾砂层或厚层粉质黏土、粉土等，沉桩阻力很大，宜避免采用薄壁管桩，改用厚壁管桩。

对于已经出现管内壁细裂缝，对竖向承载力影响不大，在非地震区可以不作处理；由于细裂缝的存在会锈蚀预应力主筋，在地震区需承受地震力的作用，严重影响承受水平力的能力，因此需将在管内壁裂缝范围，采用 C40 细石混凝土浇灌，并掺 10％UEA 微膨胀进行补强处理。

2）管桩折裂的预防

预应力管桩折裂现象很普遍，一旦管桩折裂，严重的达Ⅲ类、Ⅳ类桩，轻微的为Ⅱ类桩，严重影响桩的承载性能，即使补强也难以达到完整桩的作用。因此管桩施工与设计以防为主，以补为辅。根据管桩折裂原因分析可知，大部分折裂是可以预防的。

（1）合理的设计布桩密度。在软土中施工挤土桩，土的超静孔隙水压力累积很快，消失极慢，引起大面积土体扰动，土体位移和隆起，布桩密度过大会产生强的泥流使管桩折裂，严重的产生折断。

设计人员往往忽视预应力管桩设计布桩密度的控制，所以出现众多的管桩折裂，一般设计布桩密度超过 3％时，如对沉桩程序未作明显要求则出现管桩折裂的比例很高。为此，设计布桩密度须进行控制。如果出现布桩密度过高，结合地质资料选用第二持力层，提高单桩承载力而减少桩数，或改变桩径或桩型，使单桩承载力值与导荷的荷载近似成倍数关系，使各桩基承载力水平接近，桩的承载性能得到充分发挥，有效使桩的数量减少，达到布桩面密度降低。

（2）沉桩施工防止管桩折裂

① 合理的沉桩施工程序。软土地层施工挤土桩防止沉桩挤土产生的超静孔隙水压力增加过快，使短时间内局部土体位移和隆起过大，并不断扩大到整个场地造成管桩折裂。其措施：沉桩施工时须周密考虑沉桩施工程序，尤其是设计布桩密度较大的工程，施工程序应避免集中沉桩流水程序。应当按纵轴单桩流水，相邻桩沉桩有一定时间间隔，使土的超静孔隙水压力有一定量的泄压，再者就是加大桩架移动距离，扩大沉桩区场地的泄压面积，可有效降低超静孔隙水压力的累增。

② 控制日沉桩的桩数。当设计布桩密度较大的工程进行施工沉桩时宜控制日沉桩数量。理论上在饱和软黏土地层施工挤土桩，有防止沉桩挤土产生超静孔隙水压力剧增的方法，将超静孔隙水压力控制在对管桩轻微影响的范围。如沉桩施工时采用尽可能短的时间将施工范围覆盖整个场地，也就是整个场地均参与泄压的作用。当沉桩施工产生的超静孔隙水压力与泄压平衡，就可求得日沉桩的数量，但目前还没有类似的计算公式。常用的方法是根据场地内预设的超静孔隙水压力检测和土的位移及隆起量的检测结果，来确定日沉桩根数，也就是我们常说的信息化施工，可有效防止管桩施工的折裂及已成桩的上抬悬脚影响桩的承载力。

③ 静压沉桩以抬架控制对桩折裂的影响。静压沉桩在市区施工符合无噪音环保要求

而应用普遍,但由于沉桩压重反力不足,而产生抬架。因荷重的不平衡易产生大的水平力,造成管桩的折裂,所以预应管桩宜按最大估算沉桩力乘1.2倍的配重,避免抬架。

一般估算最大沉桩力经验公式为:$N = 0.4u\sum q_{si} \cdot l_i + 4A_p \cdot q_p$,其中$q_s$,$q_p$为标准值(暂估值)。

④ 不能在沉桩过程校正垂直。在沉桩过程中发现桩的垂直度超过规范要求时,不能在沉桩过程中校正,待桩沉入指定标高接桩时校正垂直度,可减少管桩的折裂。

(3) 土方施工中预防管桩偏位而折裂

因预应力管桩在侧向土压力作用下,非常容易产生偏位而使管桩折裂,所以在基槽或基坑土方施工中须特别谨慎,采取有效措施防止管桩偏位。

① 采用机械挖土,要留出一定的距离,防止直接挖到桩身而使桩偏位折裂。

② 开挖独立基槽或槽坑时,避免在一侧挖方过深,确保桩的两侧挖土高差不超过1 m。

③ 有地下室的桩基工程,不宜露出开挖深度以上。如因沉桩因素高出开挖深度1 m以上的桩须作好纪录,待基坑土方开挖时;对高出开挖深度的桩,须小心挖土,避免碰击桩身,并宜在桩四周挖土,避免过大的土压力差将桩推断或折裂。

3) 倾斜折裂预应力管桩的处理

对于折裂倾斜桩一般不宜扶正。如果采用强行顶拉扶正,会使桩全部折断;如果采用在折裂处挖土,在反向施以小力,使桩的倾斜减少,以满足规范要求的垂直度。关键必须知道桩的折裂位置,除低应变动测告知外,也可吊入灯或电子摄像等手段直接检测,一般的加固原则和方法有:

(1) 对于Ⅱ类桩原则上不处理。

(2) 对于Ⅲ类、Ⅳ类桩,利用管桩空心,用微膨胀钢筋混凝土在裂缝上下各不小于2 m处浇灌密实,主筋不小于6Φ12。

(3) 如果同一承台工程桩均向一侧折裂,则须另外加锚杆桩补强,注意桩的形心与柱的重心重合。

管桩内灌混凝土也不是最有效的方法,因预应力管桩采用离心浇筑,内壁存在低强度的浮浆,很难与新浇的混凝土形成整体。如果微膨胀未发挥作用效果更差,所以只能将管桩空心全部用混凝土灌密实。

5. 评述与建议

(1) 预应力管桩在工程应用中可能存在问题,但由于其在建筑工业化生产的方向上功不可没,应用时须因地制宜。

(2) 如果预应力管桩除了高强预应力钢筋以外,另加非预应力钢筋可以防止管桩的折裂,而且在地震区尤为重要。

(3) 正确了解管桩的折裂原因,采用相应的预防措施,可降低管桩的折裂。

(4) 管桩的工程应用须结合上部荷载、地质条件,提高单桩承载力,减少桩数,从而降低布桩密度,而且也可降低造价。

6.3.2.2　地下室上浮后的抗浮加固

1. 地下室上浮的原因

(1) 地下室上浮情况概述。近几年发生过地下室上浮的情况,有的工程整体上浮对结构影响不大,有的在大型地下室内有多幢建筑,在广场地下室范围产生局部上浮,对结构影响很大,上浮量达 300~400 mm。此时,地下室顶板呈弧形隆起,板面出现通长渗水性宽裂缝,地下室柱倾斜严重,柱与墙体连接处脱离,上面离缝可达 20 cm 宽,下面与墙紧靠,梁与柱的连接处混凝土碎裂剥落、多处露筋。从上述现象看,这种情况的地下室上浮对结构影响相当大,须立即采取措施使地下室回沉复位。

(2)地下室上浮的原因。地下室上浮一般均发生在工程桩为预应力管桩的地下室,施工期间结构自重加上顶板覆土重小于抗浮力,预应力管桩作为抗拔桩的地下室工程。

① 工程桩为预应力管桩在沉桩施工中未达到设计高程的高位桩,会产生大量的高位截桩。截桩后管桩与基础的抗拔锚固连接一般采用在管桩内灌入 0.5~1 m 混凝土,插入钢筋与地下室柱底承台连接。但离心浇筑预应力管桩内表面为低强度浮浆,该连接节点强度达不到,几乎无抗拔强度。

② 主体结构已经完成,但地下室顶板的复土尚未施工,即封闭地下室底板的后浇带,从而形成"封闭的船体"。当"船体"在贯通的水力通道作用下随水位升高而向上浮起。

③ 天气条件是外因:久雨或大雨情况下使土层浸泡至饱和,随着地下水位升高,水浮力增大而使地下室上浮。

2. 地下室板底钻孔释放水压力当即处理

地下室上浮需当即在地下室板底钻孔释放水压力。如某房产公司的地下室板底共钻 5 个释放孔,钻孔释放水压力的水头高度可达 3 m,水头高度缓慢降低,约 24 h 达到沿板面流水完全释放,地下室底板通长渗水性宽裂缝也闭合。除梁与柱的连接处混凝土碎裂剥落,多处露筋无法消除外,均又恢复至上浮前的工程情况,但是依旧存在有裂缝痕迹,底板与顶板依旧存在渗水,地下室仍然可能上浮。

但桩的抗拔能力已丧失,只要有足够的水位就可以使地下室整体上浮。消除上浮需增加自重或锚拉力,或者堵塞产生上浮力的水力通道。

增大结构自重,结构自重加上顶板复土重大于抗浮力:因桩的抗拔作用归零,原建筑的结构自重加上顶板复土重小于抗浮力。如在总平面允许的情况下,只有大幅度加厚复土厚度,使结构自重加上顶板复土重大于抗浮力方能稳定,但地下室渗水需采用另外的措施补救。

3. 地下室抗浮加固方案可靠性分析

地下室抗浮加固原理:在地下室底板采用无损伤钻孔结构胶埋管,在管内注入一定量的水泥粉煤灰浆液充填地下室底板下的空隙,阻断水力通道,阻止水进入被加固区,使底板下的浮力消失,从而达到地下室抗浮加固的效果。其可靠性分析如下:

1) 减少浮力分析

产生浮力条件为第一有地面与板底贯通的水力通道,第二有一定高度的水头压力,第三为贯通的水力作用于板底面积范围自重压力小于浮力。水力通道是形成地下室上浮的必要条件,而水头高度与浮力大小成正比,面积大小与总浮力成正比。

如图 6-30 所示,浮力将地下室浮起。在条件不变的情况下,在板底填实底板一半面积如图 6-31 所示,则总浮力减少一半,这即为加固设计的基本原理。

加固区一般仅在广场地下室范围,上部无建筑物导致复土与结构自重之和小于浮力的范围。

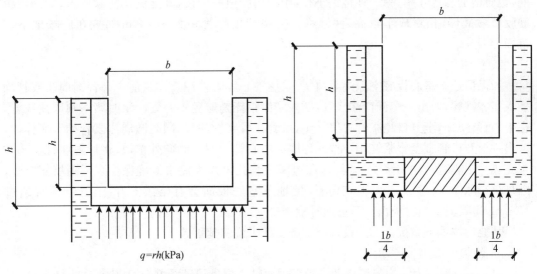

图 6-30　常规底板受浮力示意图　　　　图 6-31　底板填实一半后受浮示意图

2）底板下淤质软土能否产生固结沉降，能否形成水力通道

底板下淤质软土能否产生固结沉降，在被加固区又产生新的水力通道对板底的浮力，这是最关心的问题？结论是不会的。理由为：

（1）底板下淤质软土是正常固结土，是经年沉积不断固结沉降而成，已达稳定状态。在没有外荷载作用情况下，不会产生新的沉降；如欠固结土是近期沉积的，会产生固结沉降。

（2）底板下淤质软土随基坑土方开挖，按开挖深度计算每平方米的卸载达 80 kPa。底板下淤质软土会产生回弹，当浮力将地下室上浮时压力对淤质软土产生压缩抵消回弹。

（3）注浆抗浮加固施工过程对底板底产生压力，实测底板上升量为 5～10 mm，对底板底淤质软土会产生压缩作用。

（4）地下室结构荷载通过柱传递给承台桩，底板下淤质软土不分担结构荷载。正常固结土无荷载就无沉降，相反，桩的沉降对底板下淤质软土又进行压缩及回弹的潜力。

综上所述地下室底板下淤质软土不可能离缝，也不可能引成新的水力通道又对板底产生新的浮力。

3）假设淤质黏土由何原因产生沉降产生的浮力安全度分析

地下室底板下是淤质黏土，当没有外荷载作用时正常固结土的淤质黏土是不会自行压缩沉降的。假设淤质黏土因某种原因产生沉降，而且整个地下室底板底与淤质黏土脱离，形成新的水力通道。浮力由垫层底作用于地下室，原计算浮力水位至±0.000 计算，因浮力作用在垫层底，所以地下室结构自重可包括垫层在内，经注浆加固后也包括注浆层自重，抗浮安全度也可提高，综上分析可知地下室抗浮加固方案是可靠的。

4. 地下室抗浮加固的施工

1）注浆管埋设

（1）埋管的钻孔深度：埋管的钻孔深度≥底板厚，宜钻透垫层。

（2）注浆管埋设：

通常注浆管埋设有两种：一种是底板钻大孔用细石混凝土埋管，钻大孔易切断底板钢筋,也会增加渗水几率;另一种是钻小孔,用结构胶植筋埋设,即能满足防渗要求,如采用植筋胶植管最佳,相对成本较高,注浆管按方格埋设的管距为 3~4 m 布置在广场地下室范围。

2) 注浆程序

为保证地下室底板底空隙注浆填实,采用中心埋管首注。注浆前中心管圆周注浆管均插入实体钢棒,留出一个开口注浆管,插入实体钢棒是避免中心管注浆时堵塞圆周注浆管,在中心管注浆时至开口注浆管冒浆终止,接着在冒浆管注浆,同时圆周注浆管插入实体棒,留出一根开口管直至冒浆终止。按此程序沿中心管一圈一圈向外扩散,将计划埋管全部注浆完成。中心管首注的浆液量很大,在边缘注浆孔可加大注浆量确保注浆范围填实空隙,因是填空隙注浆,注浆压力很难定量,但地下室底板面会有略微上升,上升量不宜超过 10 mm,注浆施工须对板面上升量随时检测。

其他均按地下室抗浮加固设计施工图及施工说明施工。

5. 结构加固

(1) 底板缝注入结构胶填缝并沿板缝板面贴两层条形碳纤维布,其中板底由注浆填实。

(2) 顶板缝注入结构胶填缝,顶板顶面、底面沿板缝处贴两层条形碳纤维布。

(3) 受损伤柱宜采用包角钢加固。

(4) 梁与柱的连接处混凝土碎裂剥落,多处露筋须清理后由强度高一级的混凝土或灌浆料浇筑加固。

6.4　软地基处理与污染耕植土的净化处理

6.4.1　真空排水袋装砂井软地基的处理方法

1. 基本原理与适用范围

真空排水袋装砂井软地基处理方法为发明专利。基本原理与适用范围主要应用于以下方面的软地基处理:

深厚软黏土的地基处理应用于海相、湖相沉积,围海吹填淤泥造陆地的深厚软土地基工程;均以黏性土为主,渗透系数 $\geq 10^{-7}$。其基本原理如下:真空管埋在袋装砂井的中心,当高真空抽排时,在砂井的过滤作用下,袋装砂井圆周仅允许在高压差作用下析离出的孔隙水经真空管排出,黏土颗粒因砂井的过滤作用而被阻挡在砂井周壁。随着高真空抽排时间的增长,黏土颗粒在砂井周壁持续聚集增厚,排水效率逐渐下降,直至无水可排。其中若真空管采用涂导电膜,可采用电渗工艺施工。因电渗可有效解除黏土颗粒因静电作用使土颗粒周围包裹的水膜结合,在高压差作用下排出,使土体能达到设计要求的固结度。

2. 工艺流程

专利号 ZL01127046.2 的发明专利《快速"高真空击密"软地基处理方法》优点是它适用于含砂性土的软地基处理,处理后地基承载能力较高;然而对于黏性土的软地基的超静在所述孔隙水不易通过高压差所述的真空管抽排出来,该真空管的周壁是由击密软地基过程而扰动成为流动土,在高真空的高压差作用下,由真空管抽排的不是击密过程产生的超静

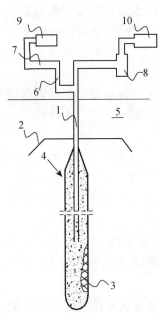

1—真空排水管；2—薄膜；
3—土工布袋；4—砂井；
5—软黏性土；6—排水管；
7—集水管；8—平衡筒；
9—真空泵；10—排水泵

图 6-32　真空排水袋装砂井

孔隙水,而抽排的是击密软黏土扰动后成为水土相混的流动土,甚至真空管内被流动土充填而堵管,从而造成软地基处理失效;并且,现场软黏土地基用所述《快速"高真空击密"软地基处理方法》处理的软地基,经原位测试对比土性指标与地基土的承载力值变化不大,固结度也未见提高。

采用真空排水袋装砂井软地基处理,在软黏性土地基被扰动后成为水土相混的流动土土颗粒由砂井过滤,流动土中自由水在真空高负压作用下泵吸排出,其特点在于:

(1) 由土工布袋包裹成袋的砂井通过设备埋置在软黏土地基中,其中真空管的下部埋设在砂井中心。

(2) 砂井顶端的布袋口部沿圆周设置有绑紧圈,该绑紧圈与真空管密封绑紧;砂井的上方设置有密封薄膜,该密封薄膜与真空管之间通过密封圈热压密封。

(3) 因密封薄膜上部覆盖有软黏性土层,因软黏性土的渗透系数 $<10^{-7}$,相当于覆盖膜的密封功能(也可用抽排的泥水覆盖),均为无模真空预压。

采用以上软黏土地基中埋置土工布袋包裹成袋的砂井并真空管埋设在砂井中心将软黏土中超静孔隙水排出的方法,可获得软黏土的良好密实度与承载能力,从而达到软黏土地基质量稳定可靠,承载力值提高。

3. 技术综合评述

真空排水袋装砂井软地基处理技术可应用于黏性土为主的渗透系数 $\geqslant10^{-7}$ 的深厚软土地基处理,可注入清水清洗砂井周壁上附着的黏性土颗粒,清除后又可高效率继续高真空抽排施工;应用本技术又可对污染土壤进行透析性清洗,可用高真空抽排出带有有害离子的孔隙水。

4. 应用

采振动沉管桩机施工。为提高沉管效率,可一排三根同时一次性埋设,埋置深度一般为 8~15 m。高真空预压软黏土施工程序如下:

(1) 如图 6-32 所示。将塑料真空排水管每 2 m 套上一片比布袋直径小 10 mm 的十字形塑料定位片插入土工布袋内,在确保真空排水管置于袋装砂井的中心,在土工布袋内灌满砂,直径为 70~100 mm。

(2) 按设计方格或梅花点布点位置沉入模钢梁与连接三根钢管对钢管的沉拔,沉管时由混凝土桩靴封口的 Φ160~Φ200 mm 钢管沉至埋设高程,在 Φ160~Φ200 mm 钢管内放。真空管袋装砂井,同时在钢管内注满水,振动拔出钢管完成埋设。

(3) 用薄膜与软黏土密封;也可在场地内覆盖一定厚度的淤泥浆进行封密(无膜施工),又可增大处理土的自重压力。设置集水管与多个真空管连接并密封,集水管连接平衡筒,平衡筒与真空泵及排水泵连接;当真空泵开动时,在集水管内形成真空,并传递至多个兼作排水的真空管,在真空管内形成强的负压;此时,高压排水泵将软地基的土中孔隙水排出。

(4) 高真空抽排施工:高真空抽排时,在高压差作用下析离出的孔隙水由真空管排出,但是黏土颗粒因砂井的过滤作用而阻挡在砂井周壁的厚度增厚,排水效率逐渐下降直至无水可排。当砂井周壁厚度增厚到一定程度时,导致完全丧失排水功能,可采用注入清水清除砂井周壁上附着的黏性土颗粒,清除后继续进行高真空抽排施工,使处理后软地基满足要求的土的固结度。

(5) 常规采用 75 kW 真空射流泵施工,1 000 m² 配置 1 台。采用泥水膜可达到真空密封要求,又起到堆载作用的无膜法施工,软地基处理成本可大幅度下降。

5. 应用拓展:污染土的净化处理

随着城市化发展的进程,原有重污染企业如硫酸硝酸等制酸厂、电镀厂等搬迁后,遗留在土中的酸根与重金属等场地污染土会腐蚀建筑材料,危害人类健康;沿海原有晒盐场与围海吹填造陆地,土中高含量的氯离子等不仅对建筑材料具有腐蚀性,而且盐碱地无法耕种。面临一系列的土壤污染,对污染土进行净化处理很有必要。

面对土壤污染难题,作者在"真空排水袋装砂井软地基处理方法"的发明专利基础上提出一种透析式净化污染土的施工工艺。其基本原理(软地基处理方法的发明专利)介绍如下:

应用一种真空排水袋装砂井对污染土壤进行透析性清洗。方格式埋设带袋装砂井的真空管,单数列真空抽排在高压差作用下析离出的孔隙水,顺利渗透砂井进入真空管而排出的带有有害离子的孔隙水,双数列可在真空管内注入等量清洁水。过一段时间后袋装砂井外周被黏土颗粒覆盖厚度增厚,高真空抽排效率下降,原单数列变更为注入清洁水清除砂井周壁上附着的黏性土颗粒,原双数列注入清洁水变更为高真空抽排出带有有害离子的孔隙水,视抽排效率情况可交换一次抽水与注水的变更,将土壤中所有的有害离子完全排净,达到土壤净化的要求。

6.4.2 农耕污染土壤的净化处理技术

6.4.2.1 我国污染土壤的概况

1. 中国耕地污染现状

据统计,农村工业废弃物和建筑废弃物年总量大约 6.5 亿 t。工业"三废"和城乡垃圾对村庄的污染正由局部向整体蔓延,农村的污染排放已经占到全国的"半壁江山",农村地区环境污染和生态恶化继续加重,水、空气、土壤污染十分突出,环境不安全隐患增多。其中遭受大工业污染、污水灌溉以及受乡镇生活垃圾污染的耕地分别高达 400 万 km²、216 万 km² 和 187 400 万 km²。

此外,土地受重金属污染现象也较为严重,全国受镉(Cd)污染的土壤约有 1.33 万 km²、汞(Hg)污染的土壤约有 3.2 万 km²、氟(F)污染的土壤约有 66.7 万 km²。全国受农药严重污染的面积超过 1 333 万 km²,被污染耕地占全国耕地总面积的 1/10 以上,大多数集中在经济发达地区。耕地污染同时造成有害物质在农作物中积累,通过食物链进入人体,危害人体健康。

据权威部门提供的资料显示,目前我国农药使用量已达约 130 万 t,是世界平均水平的 2.5 倍;受农药污染的耕地土壤面积约达 1.36 亿亩;地膜使用量达 63 万 t,白色污染相当严重;我国畜禽养殖业始终保持高速发展的势头,畜禽存栏量每 10 年增加 1~2 倍,近年来畜禽粪便产生量已达到工业固废量的 3.8 倍。在畜禽养殖业主产区,畜禽粪便及废弃物产生量往往超出当地农田安全承载量数倍乃至百倍以上,造成严重的土壤重金属、抗生素和激素等有机污染物的污染。

例如:CRT(阴极射线管)显示器是电子废弃物中的重要部分。CRT显示器中含有多种有毒物质,特别是CRT玻壳中含有较高的铅(Pb)。私人小作坊一般无法回收废旧CRT玻壳的铅(Pb),通常以碎玻璃形式流入周围农田,铅(Pb)元素很有可能释放到周围的土壤环境中,并且可能经作物吸收后进入食物链或者通过某些迁移方式进入到水体。相关研究人员研究了CRT玻壳进入土壤后铅(Pb)的释放过程和迁移转化,并评价CRT玻壳进入农田土壤后的潜在生态风险。

2. 耕地污染带来的危害

耕地污染威胁环境安全,如土地污染直接带来土壤中锌(Zn)、铅(Pb)等金属物质增加,土壤性质显著偏离正常背景值,对土壤环境带来破坏。土壤污染导致地表水污染加剧,增加地下和地表径流携带的颗粒物、重金属等污染物负荷,污染面积扩大。此外,土壤污染物还可能通过扩散污染大气环境,通过形态转化积累到植物体等,都对生态环境以及人类健康带来严重危害。

3. 加强污染耕地的综合整治

第一,消除污染源,防治污染体入侵土壤,建立耕地环境质量评价和监测制度,为研究有效对策奠定基础。

第二,通过控制有机肥污染、优化耕作制度、改换作物品种等方式改善土壤结构,增强土壤对农药和重金属的物理、化学吸附和催化水解能力,培育和提高土壤的自净能力。

第三,大力推进土壤污染防治和土壤修复技术在土地综合整治工程中的应用,如化学改良剂、生物改良措施等。

第四,被污染的耕地进行土壤透析治理,排除土壤溶解于水中的污染物。如重金属、酸根渗入土壤的城市的排污以及农药农膜等化学品污染物,通过土壤透析治理将上述污染物透析滤出,使耕地的土壤得到净化。

6.4.2.2　污染土壤净化的透析清洗的装备与原理

1. 土壤透析的净化基本原理

土壤透析的净化治理,类同尿毒症病人的血液透析,由透析过滤排除血液中的有毒物质,因人类生存中会继续产生有毒物质,必须定期通过透析排除,土壤净化的透析是排除土壤中溶解于水或存在于水中的污染物,如重金属、硫酸或硝酸根,渗入土壤中的城市的排污物,农田中的暂留农药、农膜等化学品,通过土壤透析治理将上述污染物过滤排出,使耕地的土壤得到净化处理。

2. 国内外对污染土壤的治理概况

搜索对农耕土壤治理资料,对于深度污染的土壤采取挖除换土,挖出的深度污染的土壤深埋(污染源并未消除而是污染源的转移)。未发现对污染土的类似对土体清洗消除污染质的处理技术,采用类似血透排除土壤中有害物质是一个创造。

3. 土壤净化的透析治理装备

1) 袋装砂井管的构造

如图6-33所示,袋装砂井管的构造。袋装砂井为土工布缝袋,袋内装入中粗砂,直径80~120 mm,主要过滤土颗粒进入;中心为3/4~1寸的PVC塑料管,管底封口,管的侧边沿管的高度每 200 mm 的直径 6 mm 的对穿孔,上下孔交叉 90°排列,至离地面 2 m 管侧为无孔;管的侧边留孔由金属砂布包裹,网格小于砂的粒径,避免砂粒进入管中。

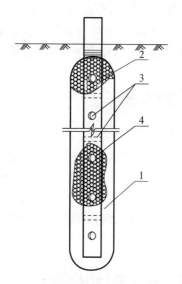
1—PVC 塑料管;2—土工布缝袋;
3—对穿孔;4—金属砂布
图 6-33　袋装砂井管构造

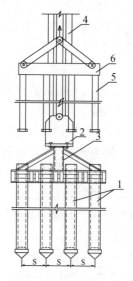
1—钢模管;2—振动锤;3—斜撑;
4—钢丝绳;5—顶压杆;6—格构式横梁
图 6-34　施工设备

2) 施工机械与装备

采用多功能静压桩机施工,施工装备如图 6-34 所示。沿桩机立柱滑移的振动锤,下挂钢横梁与斜撑,格构式横梁将力传给方格间距 S 的并列 4 根 Φ200 mm 钢管,管底由预制混凝土桩靴封底,按要求深度沉入土中,分别将袋装砂井置入 Φ200 mm 钢管内,并分别注满清水,振动拔出 Φ200 mm 钢管,完成植入土层的袋装砂井的施工。

3) 系统连接与简介

(1) 管线系统由袋装砂井中的 PVC 塑料管分别连接支管,各列支管分别连接总管。

(2) 高压抽水泵通过管连接总管,另一头管进入污水箱的上方,污水箱的下方设有排污管控制阀门。

(3) 压送泵通过管连接总管,另一头管进入洁净水箱的下方,进水管进洁净水。

4) 土壤净化的施工

(1) 污染土壤以每 1 000 m² 为一个治理单元,袋装砂井的井管一般按 1 m×1 m 方格布井,当为渗透性强的地层中,按(1.2~1.5) m×(1.2~1.5) m 方格布井,袋装砂井的井管要穿越污染土层与穿越次污染土层,至洁净土的面层止。

(2) 污染土的勘察应区分污染源的成分与含量,次污染土与洁净土层位与标高,供袋装砂井的埋设与治理效果检测。

(3) 在洁净水箱装满洁净水,可以先由压送泵向地层内压灌少量洁净水后即停止,即起动高压抽水泵将地层内的污染物质随同水一起抽排至污水箱(每次均须检测污染物含量的变化),根据现场压送泵与高压抽水泵的时间设定,自动调整交换起动与停止,注入的是洁净水,抽排出来的是带有窨物质污染水,不断注入洁净水,抽排出来的是带有窨物质污染水,直至满足安全要求的含量方可终止,即完成土壤净化的透析治理。

(4) 洁净水并非单指饮用水,是指江河流水未经上述污染物的水。选用江河水时须经化验分析,符合要求的清洗水再用,为表达方便称为洁净水。

(5) 高压抽水泵抽排出来进入污水箱,内装的污染水量大,可进入备用箱,在现场进行无害化处理,或由开启排污口阀门将污水运送到污水处理厂进行无害化处理。

(6) 土壤净化的透析治理达到要求后,土壤的肥力严重下降,须在土壤内注入必要的肥力,如注入无土种植液,以后靠土壤休耕自然增肥。

5) 污染土壤埋入袋装砂井管的施工程序图

袋装砂井管埋入土层施工的程序图如图 6-35 所示,其埋入施工的程序

(1) 在埋入袋装砂井管的一列 4 根的位置预埋混凝土桩靴,钢模管套入混凝土桩靴,校正垂直度。

(2) 振动将套入混凝土桩靴的钢模管沉入土层至要求的高程。

(3) 钢模管内置入袋装砂井管,顶压杆顶压袋装砂井管的中心管顶部,振动上拔钢模管(根据软土地层实测,将 Φ325 mm 钢模管套入混凝土桩靴沉入土层 12 m,然后空管拔出土层,见到原沉管挤土成孔大部分消失,从桩孔内见到混凝土桩靴迅速上升,见到桩靴下沉管挤土成的桩孔消失,混凝土桩靴离地面 5.2 m 停止,原 12 m 桩孔只有 5.2 m,为保证袋装砂井管埋设标高位置,须用顶压杆顶压袋装砂井管的中心管的顶部)方能保证袋装砂井管的正确埋设标高。

(4) 振动上拔钢模管全部拔出土层,袋装砂井管按要求深度埋入土层。

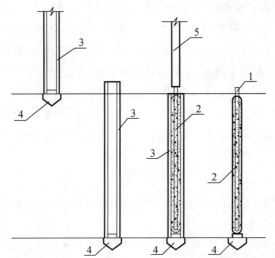

1—PVC 真空中心管;2—袋装砂井管;3—钢模管;4—桩靴;5—顶压杆

图 6-35　袋装砂井管施工示意图

4. 农耕土壤无害化治理须多专业合作攻关

(1) 组建多方合作的农耕土壤净化处理公司。占全国耕地的 1/10~1/5 为污染土壤,不仅量大而且面广,至今尚未有成熟完整的技术使污染土壤得到净化处理。通过种植在污染耕地中植被通过生物链接被人体吸收,涉及健康与生命,投入农耕污染土壤的净化处理是方向正确的创新型大产业,集中各专业力量和资金是必要的。

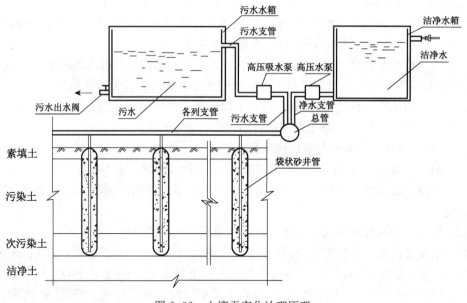

图 6-36   土壤无害化治理原理

（2）各专业协作配合与合作攻关。耕地土壤污染物质的多样性需要化学、环境治理、检测、农学与土壤学、工程施工与装备等多专业的合作方能完成,农耕土壤中含不同污染物质进行无害化治理,对土壤中含污染物质的检测达到洁净土标准,而且对土壤经透析清洗造成土壤肥力下降,需要农科专家指导进行土壤肥力补偿。

（3）创新型产业。经检索未见有成功治理农耕土壤净化处理的技术,工程上遇到必须治理的污染土壤,大都采用挖除换土处理(弃土地又成新的污染源),或搁置弃耕靠时间让土壤的污染物下降。对农耕土的重点主要是消除污染源(主要治理进入土壤的污水与污染气体,与产生污染源的生产厂),对占全国耕地的 $1/10 \sim 1/5$ 为污染土壤竟然束手无策,开展农耕土壤净化处理技术研究与商业开发,不仅是挑战性的创新技术,具有大的市场潜力,这是未来无限大的新型产业,而且是利国利民确保国民健康的产业。

参 考 文 献

［1］中华人民共和国建设部. GB 50007—2002   建筑地基基础设计规范［S］.北京:中国建筑工业出版社,2009.

［2］浙江省标准. DB 33/1001—2003   浙江省建筑地基基础设计规范［S］.杭州:浙江省城乡和住房建设厅,2003.

［3］中华人民共和国建设部. JGJ 94—2008   建筑桩基技术规范［S］.北京:中国建筑工业出版社,2008.

［4］冶金工业部建筑研究总院. YBJ 227—91   锚杆静压桩技术规程［S］.北京:中华人民共和国冶金工业部,1991.

［5］孔超.挤土型钢筋混凝土螺杆桩成桩装置与成桩方法:中国,201110458993.3［P］.2012-07-11.

［6］孔超.一种桩心注浆静压锚杆桩:中国,201010144124.9［P］.2010-08-04.

［7］上海市标准. DGJ 08-11—1999   上海市地基基础设计规范［S］.上海:上海市建设委员会,1999.

［8］上海市标准. DGJ 08-11—2010   上海市地基基础设计规范［S］.上海:上海市城乡建设和交通委员

会,2010.

[9] 中华人民共和国建设部. JGJ 106—2003　建筑基桩检测技术规范[S]. 北京:中国建筑工业出版社,2003.

[10] 孔清华. 孔超. 一种真空排水袋装砂井软地基处理方法[P]. 中国:ZL200910095825.5,2012-11-21.

[11] 王晓君. 耕地土壤污染修复技术与设备研究[D]. 西安:长安大学,2015.

[12] 孙英兰. 我国污染土壤占耕地面积 1/5 农业面临严峻挑战[N]. 瞭望,2010-09.

[13] 王静,林春野,陈瑜琦,刘爱霞. 中国村镇耕地污染现状、原因及对策分析[N]. 遥感学报,2012(第二期).

[14] 2001(甬)DBJ 02—12 宁波市建筑桩基设计与施工细则[S]. 宁波:宁波市城乡和住房建设委员会,2001.

7 疑难地基上的桩基施工技术

本章提要

本章主要介绍在疑难地基上可应用的桩基施工技术,通过案例进行介绍。主要有穿越劈山填海厚达22 m石块高填土桩基施工技术、穿越山坡软土中孤岩的桩基施工技术、山丘隐流水入侵灌注桩的防治技术、海岸外移岸边厚层护岸抛石上的桩基工程、无黏性土胶结的颗粒土桩型选择与施工等。

7.1 桩基础的成桩施工方法与桩承载力值分析

7.1.1 概述

常规的桩基施工方法如锤击或静压沉入土层的预制桩(预应力圆桩或方桩),用钻孔或旋挖(泥浆护壁或钢管护壁的干取土作业施工)均不能顺利完成施工的地基,称为疑难地基。

例如:填海造地由劈岩石山石料填筑的高填方地基,由孤岩悬浮在淤泥质土层地基,桩基施工无法避开孤岩且必须穿越孤岩;海岸外延,原保护海岸底脚的填埋厚层块石的地基;山丘带软弱层而且存在丰富潜流水的岩石地基;设计要求穿越最大粒径400 mm卵石层(卵石占60%、砾砂30%、黏性土占5%～10%)无黏结性的超厚卵石层,要求进入岩石层的地基(岩石埋深地表下50～55 m)等的疑难地基。疑难地基上用非常规的施工方法与装备,能顺利完成桩基施工的技术称为疑难地基上的桩基施工技术。

7.1.2 桩基础的成桩施工方法与分析

1. 成桩施工方法

桩基础的成桩施工方法常规有锤、压、振、钻、凿、旋(拧)、挤、植、引(孔)等。

锤:锤击沉入预制桩(预应力圆管桩或预应力方管桩、预制钢筋混凝土方桩),一般用柴油锤桩机施工并最终以锤击贯入度控制成桩施工方法。

压:用多功能桩机加配重(压桩力$N=(1.5\sim1.8)R_a$),采取静压方式将预制桩(预应力圆管桩、预应力方管桩、预制钢筋混凝土方桩等)或钢模管沉入要求深度的成桩施工方法。

振:桩机加配高频振动锤,用振动的激振力将预制桩(预应力圆管桩、预应力方管桩、预制钢筋混凝土方桩等),或钢模管沉入要求的深度的成桩施工方法。

钻：用钻孔桩机或旋挖钻机（桩孔用泥浆护壁或钢管护壁干取土施工）的成桩施工方法。

凿：用双回旋（双动力）潜孔锤凿岩桩机施工的高效嵌岩的成桩施工方法。

旋(拧)：用螺旋的旋拧沉拔施工的长螺旋桩、短螺旋桩、长短组合的螺旋桩、带螺纹灌注桩等，均为桩孔内压灌混凝土后插筋的成桩施工方法。

挤：锤、压、振，均为挤土施工，旋(拧)除长螺旋桩为取土施工桩外，短螺旋桩为挤扩桩孔的压灌混凝土桩，锤击钢桩尖挤缝沉入预应力管桩。

植：由水泥土中植入预应力管桩的根植桩，用双回旋（双动力）潜孔锤凿岩植入高强预应力管桩，为消除挤土施工影响的钻孔植入预应力管桩；

引(孔)：引孔植入高强预应力管桩。

2. 无桩孔施工对桩体质量的影响

锤、压、振、挤、旋拧的施工方法为无桩孔施工。其中旋拧施工的桩体质量与桩承载力值因采用压灌混凝土后插筋施工，对于山丘颗粒土层地基具有突出优势。

(1) 无桩孔底沉渣与水下混凝土浇筑：采用无桩孔施工工艺，桩孔底不存在沉渣影响桩端阻力，也无存在水下混凝土浇筑，消除水下混凝土浇筑的质量弊病，桩体质量可靠。

(2) 压灌混凝土的桩高承载力值分析：根据由粗螺纹钻杆施工而成的长螺旋桩静载荷试桩实测证明，$\Phi500$ mm桩静载荷试桩可达5 500 kN，$\Phi600$ mm桩静载荷试桩可达8 000 kN($2R_a$)，但均未达到桩实际的极限承载力值。分析原因，在颗粒土层中桩极限承载力值如此之高，并不是桩的挤密作用，而是灌注桩成桩过程中因混凝土泵送压力将水泥浆挤密到桩周的粗颗粒土层（砂层、碎石、砾砂、圆砾、卵石等）的孔隙中。在混凝土压力浇筑过程中，由于水泥浆压力渗入颗粒土的孔隙，使桩的直径因胶结颗粒土而明显增粗。

传统模式的桩，桩与桩周土有明显的界限，由桩侧阻力加桩端阻力之和组成桩的承载力值，主要是桩与颗粒土之间的摩阻力。当水泥浆压力输送到桩周粗颗粒土的空隙中，如图所示的图(压力浇灌)，桩与颗粒土之间已由水泥浆胶结增粗桩径，增大了桩与颗粒土间的咬合摩阻力，被挖出土层粗颗粒与桩的胶结如图5-13所示。

如果在桩穿越土层为黏土、粉质黏土、粉土地层施工就不具备上述水泥浆压力渗入颗粒土的孔隙作用，仍然是桩与土之间的侧阻力，与传统桩的受力的传递机理不变。由于无桩底沉渣和不需要水下混凝土浇筑，再加上桩周土的挤密作用，根据多个工程试验测试所得桩的承载力可提高20%～30%。

颗粒土的粒径越大，水泥浆压力渗入颗粒土空隙的作用越明显；颗粒土的粒径越小，水泥浆压力渗入颗粒土空隙的作用越小。

3. 桩承载力值高低取决于阻止桩端刺入变形的能力

根据《建筑桩基技术规范》(JGJ 94—2008)中经验参数法估算桩承载力值中的极限侧阻力标准值参数为常数，并未考虑桩支承上部的建筑重量，考虑桩端刺入土层（持力层）而产生刺入变形的大小对侧阻力的参数的影响。由工程实践验证，桩侧阻力的估算参数不是常数而是变数，当桩的底端刺入土层（持力层）而产生刺入变形很大，相当于地质勘察报告提供估算桩估算侧阻力参数的1/3；当桩的底端刺入土层（持力层）而产生刺入变形的很小，实测桩侧阻力相当于地质勘察报告提供估算桩估算侧阻力参数的2～3倍。

说明无桩孔施工的桩端刺入变形很小，可使桩侧阻力大幅度提高。举例说明：

1）在宁波北仑海边滩涂建小型冷库的桩基

（1）地质概况。拟建场地原为吹填土地基，填土完成约有 10 年，地质勘察报告揭示在深度 35 m 范围内不存在满足条件的桩端持力层。地质剖面如图 7-1 所示，静载试桩报告如图 7-2 所示的 Q-S 曲线。拟建场地建造小型冷库工程，采用 Φ426 沉管灌注桩的桩基础，设计桩长 30 m，按勘察报告提供的桩侧阻力参数计算，桩的极限承载力标准值 $Q_{uk}=$ 600 kN。

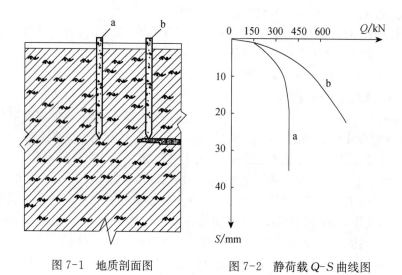

图 7-1 地质剖面图   图 7-2 静荷载 Q-S 曲线图

（2）桩基的施工。桩基施工为静力压桩法，压桩力 ≤ 100 kN，按桩长 30 m 施工控制。大部分桩均呈如图 7-1 所示的 a 桩，在局部地质剖面中在地表下 30 m 有 10～15 cm 厚的粉细砂层薄层，呈尖灭状，Φ426 沉管灌注桩的桩尖刚好遇到粉细砂层薄层而终止。

（3）静载荷试桩后的分析。桩基施工完毕经 28 天的土体休止期后，对图 7-1 中的 a 桩与 b 桩作静载试桩检测。静载检测分 10 级加载，每级加载为 60 kN，当加载到 600 kN 以后，按每次半级加载，每半级为 30 kN；a 桩加载到 260 kN 发生刺入破坏，桩的极限承载力取值按推前一级，取值为 $Q_{uk}=200$ kN；b 桩加载到 600 kN 稳定，加荷半级仍然稳定，桩的极限承载力值 $Q_{uk}=630$ kN，Q-S 曲线如图 7-2 所示。

（4）深厚软土地基的桩基。

① 如图 7-1 所示的 a 桩，桩端为淤泥质软土，桩支承上部荷载力的传递过程中，自上向下传递桩侧阻力还未传递至桩底，而桩的底端已发生大的刺入变形。此时，自上向下传递桩侧摩阻力已归零，又需重新开始自上向下传递桩侧摩阻力。只要桩的底端继续发生刺入变形，会使稳定的桩周侧阻力越来越小，桩侧阻力估算参数最后稳定在勘察报告提供的桩侧阻力值的 1/3，而使估算桩的极限承载力标准值 $Q_{uk} \geqslant 600$ kN，实测桩的极限承载力标准值 Q_{uk} 只有 200 kN。

② 如图 7-1 所示的 b 桩，桩端位于 10～15 cm 厚的粉细砂层薄层上。虽然无法考虑 10～15 cm 厚薄层持力层工程应用的作用，但实测证明自上向下传递桩侧阻力过程中，由于桩的底端因薄砂层作用而阻止桩的刺入变形，使传递中的侧阻力得到集约化发挥，使桩的极限承载力标准值 Q_{uk} 达 630 kN。

③ 深厚软土地基中常遇到透镜体的薄粉细砂层,厚度在 10~15 cm,设计是不会考虑此层在工程中作用的,因为太薄而且是局部的。但这实例证明阻止桩底端的刺入变形对桩周摩阻力集约化发挥的重要,否则桩基因没有阻止桩端的刺入变形的能力,上部荷载由桩顶向下传递过程中因桩底端不断产生刺入变形,侧阻力不能集约,只能发挥很小的一部分,即使稳定也是暂时的,在条件变化时又会产生沉降,所以纯摩擦桩,也有称为浮桩,在工程上一般不于应用。

2) 桩端进入持力层(6~8)d 静载试桩为高承载力桩分析

(1) 问题的由来

宁波某工程高层与超高层建筑的桩进行设计试桩,累计静载试桩 24 根,设计单位按静载试桩结果取值进行设计。然而某审图公司不认同勘察报告提供的设计估算的参数,要求勘察单位根据静载试桩结果将估算参数补充到勘察报告,勘察单位按规范列入的可选参数已超出参数选取的区间,而与静载试桩比较还有 40%~50% 的差距;审图公司认为设计取值并不符合勘察报告提出的估算参数。

设计试桩均施工至地面,桩基为钻孔灌注桩,桩径 Φ800 mm,桩长 60 m,桩端进入持力层深度为(6~8)d(桩径),24 根静载试桩结果揭示 $Q_{uk} \geqslant 12\ 000$ kN,而根据勘察报告估算值 $Q_{uk} = 5\ 500$ kN。

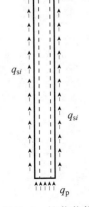

图 7-3 桩荷载传递机理

(2) 因桩端有效阻止刺入变形,桩周的侧摩阻力集约极大发挥

桩端进入持力层的深度决定桩端阻止刺入变形的能力,也决定桩侧阻力估算参数的大小。一般工程勘察报告提供的估算侧阻力参数 q_{si} 与桩端阻力 q_p 参数均以桩端进入持力层深度的(2~3)d 为基础进行计算。当桩端进入持力层的深度变浅或加深时,估算参数 q_{si} 与 q_p 需进行处理。

当桩端进入持力层(2~3)d(桩径)时,桩端受力呈梨形扩散,这是俄罗斯梅耶霍夫教授率先提出,称作"梅耶霍夫理论";即桩端进入持力层桩侧阻力为桩的端阻力,按梨形底直径 D 支承在持力层土层上,按地基土特征值计算端承力。

(3) 阻止桩端的刺入变形,使桩的侧阻力集约化极大发挥。增大桩端阻力。阻止桩端的刺入变形就是增大桩端阻力。例如:桩端扩底、桩底后注浆、增大桩端进入持力层的深度等均能增大桩端阻力,有效阻止桩端的刺入变形,从而使桩的侧阻力得到集约化极大发挥,达到最大(桩的承载力值由桩截面混凝土强度控制)截面利用率。

桩端进入持力层深度。随着桩端进入持力层深度加大,梨形头底部直径 D 也随之加大,桩端阻力加大,阻止桩端的刺入变形能力也随之加大。当进入持力层为(6~8)d 的深度时,桩端阻力的比例随之增大,使桩的侧阻力得到集约化极大发挥,使钻孔灌注桩承载力值大幅提高。桩径 Φ800 mm,桩长 60 m,桩端进入持力层(6~8)d(桩径)的 24 根桩,经静载试桩结果验证,均能达到 $Q_{uk} \geqslant 12\ 000$ kN。

分析桩侧阻力提高的机理。图 7-3 为桩的荷载传递机理图,当桩的底部有足够大的阻力时,能阻止桩的刺入变形。当在桩顶作用 N_1 力,由自上向下传递的桩周表面与土的摩阻力 q_s 与 N_1 力平衡;当传到桩的底端,因桩端未产生刺入变形,桩的侧阻力 q_s 会放大,直至顶作用 N_2 力,侧阻力 q_s 同理自上向下传递;经多次的传递与放大,累积集约化侧阻力 q_s 使桩的承载力值达到最高。

7.2 疑难地基上的桩基施工技术的实例

7.2.1 穿越石料填海 22 m 的高填土地基的桩基施工技术

1. 工程概况

1) 厂区概况

蚂蚁岛是舟山市普陀区的一个游览观光独立小岛,在岛上建造船基地,厂区在小岛陆域低矮山丘及山间洪冲积地带与浅海海域。因此,需进行爆破劈山填海,使浅海的海域成为厂区陆地,其中填料为爆破岩石山的石料,最大石块直径达 1 m,填土厚度为 20~22 m。厂房的桩基础为 Φ800 高强预应力混凝土管桩。管桩须穿越 20~22 m 石块高填土层,穿越软弱下卧层直至持力坚硬土层。

2) 厂区地质与填方施工

(1) 厂区地质由海军工程设计勘察队负责勘察,其中水域区水深 1.1~4.8 m,用钻探船海上勘察,陆地区域采用陆域钻孔勘察。在工程地质勘查报告中选择 ZK118 钻孔柱状图来说明原始地面与填方后地基的变化,原始地面钻孔柱状图如图 7-4 所示,填方后地基柱状图如图 7-5 所示。

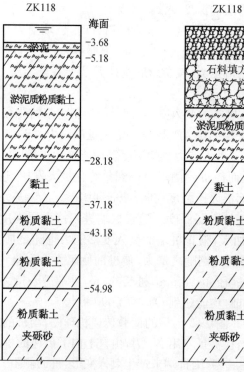

图 7-4 原始地质柱状面图   图 7-5 填方后地质柱状面

（2）填方施工。厂房±0.000,相当于绝对标高 3.650 m,海域自然土层标高为 -3.68 m,填方标高为 3.00 m,计算填方厚度仅 6.68 m。根据实测,有些地方实际填方厚度超过 20 m,最厚达 22 m。填方施工时将爆破劈山的石方倾倒在淤泥土上,回填程序由内向外,由浅至深进行,淤泥与淤泥质粉质黏土厚度达 25 m 左右。

在自重作用下填方不断填筑淤泥与淤泥质粉质黏土,随着自重压力增大,淤泥与淤泥质粉质黏土挤出量也随之增大,直至填方厚度达 20~22 m 才达到极限平衡。填方施工时起初是大石料,直径最大可达 1 m,填方时考虑到今后沉桩的困难,上面 10 m 左右均以填小石料为主。

3）厂房设计简况

大型主厂房跨度 40 m,柱距 12 m,厂房桥式吊车的起重量为 150 t,为多跨三铰拱钢门式刚架结构,门架柱离地高度为 30 m,单柱轴力与海岛风荷载大。工程基础选用桩基础,在桩型选择上考虑地基因素,排除钻孔灌注桩、冲抓桩、预制桩成桩的可能性。因唯一采用重锤夯击穿越填方,选择 Φ800 高强 PHC 预应力管桩,采用锤击沉桩。然而,由于超高填方导致持力层层面高差达近 50 m,坡向海洋,桩长变化起伏大,最长桩达 60 m,设计单桩承载力特征值 R_a=2 350 kN。

2. 桩基施工

1）桩基施工的工艺装备

在不稳定的填方地基进行桩基施工,采用重锤夯击强行穿越填方不仅桩的破损率高而且桩穿越概率极低,为此选择引孔植入工艺。

引孔植入工艺主要由引孔杆完成植桩前的引孔工作。如图 7-6 所示,引孔杆由厚壁钢管、底部焊接实心钢锥形体、尖部为合金钢有强破碎大块石料的能力、钢管与实心钢锥体连接处沿圆周焊有三角形钢肋板、钢肋板圆径比管桩直径小 100 mm;如图 7-7 所示 Φ800 高强 PHC 预应力管桩的底部由钢肋形锥形桩靴焊接封底,施工前需完成引孔植桩的工艺装备。

2）引孔植桩施工。引孔植桩施工步骤如下:

第 1 步:起吊引孔杆(图 7-6)在设计桩位校正垂直,将引孔杆锥击沉入并穿越填方厚度而终止。沉入引孔杆过程因填方底仍有 10 多米厚淤泥质土,容易将填方块石挤向圆周。

第 2 步:将引孔杆结合振动上拔,当拔力过大时由液压顶升配合将引孔杆拔出引成桩孔。

第 3 步:由焊接锥形钢桩靴封管底的管桩吊入引桩孔,校正垂直后锥击沉入并穿越填方至桩端持力层,完成沉桩施工。

3）引孔植桩的桩承载力值分析

引孔杆形成桩孔的直径比工程桩的桩径小 100 mm,从而不会影响侧阻力值的发挥,更不会降低桩承载力值,经工程桩承载力值检测均能满足设计要求。

3. 超高填方地基桩基施工出现的问题及工程处理

1）桩基施工

引孔植桩的施工工艺复杂,施工成本高且工效低,本工程桩基施工时曾多次取消引孔杆引孔工序。直接锤击沉桩施工,当桩穿入高填方地层 10 m 左右,通过不断锤击但未见桩下沉,直至将桩锤碎。分析原因,因 10 m 以下大都为大块填方石料,厚度达 10 m,从而形成强的阻力。目前锤击能量不能把 10 m 左右厚度的石料填方挤入淤泥质土内,管桩穿刺功能差而且管桩体本身的抗疲劳性能与混凝土强度也远不能满足。

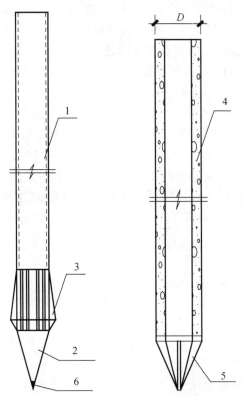

1—厚壁钢管;2—实心钢锥形体;3—三角形钢肋板;
4—Φ800 高强 PHC 预应力管桩;5—钢肋形锥形桩靴;6—尖部合金钢
图 7-6　引孔杆　　　图 7-7　底部带钢桩靴管桩

引孔杆为长尖锥形,容易刺入填方空隙,从而将填方石料向圆周排挤而刺入形成植桩孔。所以引孔植桩施工方能将桩穿透高填方而进入桩端持力层。

2)沉桩挤土对极限平衡的高填方地基的影响

在极限平衡的高填方地基完成后海堤工程随即也紧张的建造。因工程进度要求,桩基工程后海堤工程也需同步进行施工,而沉桩挤土对高填方地基影响是不可避免的。

挤土对海堤与已沉入的工程桩均有影响,若重点考虑保护海堤则沉桩程序由海边向山丘方向施工程序进行;若重点考虑保护工程桩则沉桩程序由山丘向海边方向施工程序进行。为确保海堤与工程桩二者受到挤土效应最小,最后选择在现场监察数据指导下调整桩基施工程序的信息化的施工方案。分析高填方场地土处在极限平衡状态,填方厚度达 20 m 左右,通过深层圆弧活动面分析,高填方地基不存在整体失稳滑向海里的可能性,所以信息化施工是有技术支撑和保障的。

施工过程出现下述两种情况:

(1)海堤堤坝出现位移报警。锤击沉桩施工过程多次出现海堤堤坝位移报警,甚至将堤坝挤裂。在信息化施工指导下立刻停止沉桩施工,让高填方下面的淤泥质软土因沉桩挤土引起的超静孔隙水压力缓慢泄压,逐渐使土体稳定。待土体稳定后再进行施工,并采取消除超静孔隙水压力累积的施工程序施工。

(2) 工程桩位移处理。当桩基施工完成后进行开挖基槽,进行承台施工时测量工程桩的桩顶位移,当停放几天后工程桩的桩顶位移偏差增大。虽然工程桩的桩顶位移值还未超出规范的偏差,说明沉桩挤土产生超静孔隙水压力的影响,高填方的地基并没有稳定,还存在缓慢向海洋方向移动,造成工程桩的桩顶位移在增大。为控制桩顶位移采取基槽开挖完成当即进行承台施工,并在最短时间施工承台与承台连接地梁等措施确保桩的安全。单桩抗水平位移能力最弱,承台桩抗水平位移能力较好,采取承台与承台由地梁连接则整体刚度更好,不会产生位移。

3) 高填方地基的变形分析

高填方地基因存在 10 多米的软弱下卧层,填方地基施工时虽经分层碾压,但空隙率还很大。在外荷载作用下仍有固结密实的空间,所以使用阶段地基的持续变形是不可避免的。厂区的建(构)筑物均采用穿越高填方的桩基,室外堆场与道路即使地基变形,但并不影响正常生产和使用,待变形大了再进行修复也是容易的。

普陀蚂蚁岛造船基地厂区已建成投产,目前为止未发现因高填方地基造成建构筑物沉降、海堤位移等问题。

本文着重介绍解决穿越 20~22 m 厚以石料填方地基为主的桩基施工技术,为填海造地建造建(构)筑物提供参考。

7.2.2　穿越悬浮淤泥中弧岩的桩基施工技术

1. 某海边滩地建高层的桩基概况

宁波近郊海边有一个全国示范镇需建一幢高层人才引进楼,选址在海边荒芜的滩涂地,建造高层建筑在桩基施工中遇到常规施工技术难以解决的桩基技术问题。

1) 拟建场地概况

拟建场地为荒芜的海涂地,为海相沉积的厚层淤泥与海边山体上的松散物质(滑坡、泥石流、滚下岩石块)等方式堆积在淤泥土层。场地淤泥土的厚度 12~18 m,以下为 2~4 m 黏土,再往下又是厚层淤泥质黏土;因滩涂地周边的山体为风化严重裂隙发育的岩石山体,常有从山上滚下的岩石块,大的岩石的直径达 3~9 m,弧岩掉落在场地内淤泥上,缓慢沉入淤泥中。拟建场地内可见弧岩是新近从山上滚下的,浮在淤泥土上顶部露出地面仅 0.1~0.5 m 的弧岩,说明很久前从山上滚下浮在淤泥土上的弧岩,也有看不见的已经沉入淤泥土的底部。

2) 桩基施工评估

拟建场地采用桩基。悬浮在淤泥土中的风化山体弧岩地质是极不稳定的,即使弧岩沉到淤泥土地层的底部,因软弱下卧层的存在,只有快速穿越弧岩的施工技术,才能施工出符合要求的桩基工程。

2. 双回旋潜孔锤凿岩机

1) 钢管护壁超强嵌岩施工的装备

用双动力潜孔锤凿岩机为桩穿越弧岩的示意图。双动力套管跟进潜孔锤机的凿岩施工,潜孔锤机凿岩钻头的直径须大于或等于跟进套管的外径≥50 mm,跟进套管的外径也即是施工桩的直径,套管即成为全桩长扶壁的钢模管。

2) 潜孔锤凿岩施工的效率

(1) 压缩气的压力。工程上常用的压缩气锤凿岩的压缩气压力为 0.6～0.9 MPa,而双动力潜孔锤凿岩机需要的是高压的压缩气,其压力为 1.8～2.4 MPa,需多台空压机联动供气。

(2) 双动力潜孔锤凿岩桩机施工的效率。工地实测用双动力潜孔锤凿岩机的沉入土层施工,以连续施工 10 min,可穿越下述土层 4 m 厚的道渣垫层、卵石层、碎石层、砾砂层、强风化岩层等,也可穿越 0.3～0.4 m 厚未风化的硬质岩(如花岗岩)。因采用高压高频旋转凿岩,岩石成粉末后由压缩气吹入桩孔,再由长螺旋钻杆带出弃土,在深度嵌岩工程具有高效率施工的特点。

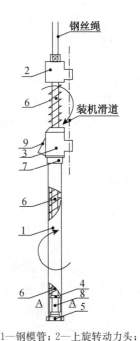

1—钢模管;2—上旋转动力头;
3—下旋转动力头;4—潜孔锤;
5—合金嵌岩钻头;6—螺旋钻杆;
7—管接头;8—锤套;9—出土口
图 7-8　双动力潜孔锤凿钻杆
结构示意图

3. 穿越悬浮淤泥中大直径弧岩的施工

1) 施工的说明

施工的桩机为双动力潜孔锤凿岩套管跟进施工的灌注桩,桩径为 Φ800 mm,要求穿越弧岩与软土进入坚硬土层,施工桩长 51 m。螺纹钻杆不能在施工中接长,而施工的桩机立柱高度 ≥55 m,桩机会因重心太高而极易发生倾覆。桩机上须设置行走斜撑杆,支撑桩机主柱垂直不倾倒,保证施工桩机的安全。

2) 成桩施工的程序

(1) 上旋转动力头连接螺旋钻杆连接合金嵌岩钻头,潜孔锤与锤套从钢模管的上口插入,下旋转动力头通过管接头固定在钢模管的上口,在设计桩位就位后校正垂直度。

(2) 上旋转动力头通过螺旋钻杆带动合金嵌岩钻头顺时针旋转(正转)切削岩层,钢模管的底部圆周镶有合金,下旋转动力头带动钢模管沿逆时针旋转(反转)切削岩层。螺旋钻杆内设有高压缩空气管,在 2.4 MPa 的高压缩空气作用下潜孔锤进行凿岩施工。上下旋转动力头的旋转切削岩层联动,将钢模管送入土层达要求的深度,钻凿岩层的石屑与土体由钢模管的内壁与锤套之间的空隙进入钢模管内,石屑与土体由螺旋钻杆正转上推或间断上拔螺旋钻杆,石屑与土体经下旋转动力头的出土口排至地面。

(3) 上旋转动力头连接螺旋钻杆带动合金嵌岩钻头、潜孔锤与锤套拔出;下旋转动力头通过套接头脱离钢模管,检查钢管内有否进水,有水情况下按水下混凝土浇筑工艺施工,无水情况下按正常沉管桩工艺施工,在钢模管内置入钢筋笼、灌入混凝土。

(4) 下旋转动力头通过接头套连接钢模管,下旋转动力头带动钢模管反复正转与反转,消除钢模管的外壁与管壁土的黏着力后将其拔出土层,即为钢筋混凝土嵌岩灌注桩。

3) 成桩施工的效率

成桩施工的效率主要由潜孔锤穿越弧岩(花岗岩)的时间长短决定,弧岩直径大的一天可完成 1 根桩施工,穿越弧岩直径小的一天可完成 2 根桩施工。

7.2.3 地层内的隐流水对成桩质量影响

1. 工程概况

1) 有桩孔施工的桩型

施工中要穿越颗粒土地层且要嵌入岩层,地层中隐藏着潜流水对初凝前桩混凝土带来严重的影响。不受影响的无桩孔施工的预制型桩(预应力圆管桩、方管桩)均穿越不了颗粒土地层,更无法嵌岩层,只能用有桩孔施工的桩型。如钻孔(泥浆护壁的钻孔桩、冲孔桩)、人工挖孔灌注桩以及双动力套管跟进(钢管护壁干取土施工)灌注桩,均为有桩孔施工的现浇灌注桩。

2) 流动水带走混凝土初凝前桩体混凝土中的水泥

场地内的地层中有隐藏的潜流水呈漫流状态,漫流水通过强渗透性颗粒土流入已施工完成的桩孔内,而水下混凝土浇筑时又将桩孔水置换出来,使地层中的漫流水量加大,加大隐藏着的潜流水量。当水流通过还未初凝的混凝土桩体时,在水流流经处把桩体混凝土中的水泥细颗粒随水流流走,成为无承载力无水泥胶结的"砂石桩",产生严重的桩质量问题,也是有桩孔施工的桩型在地层隐藏潜流水情况下常见的质量问题。

2. 流动水带走桩混凝土中的水泥实例

1) 奉化市江口的桩基工程

(1) 工程概况,工程位于奉化市江口,地基土的土层为山丘地基的颗粒土(砂层、砾砂、卵石、碎石、圆砾)地层,工程勘察报告中没有揭示地层中有隐藏的潜流水地层,为后期工程桩出现重大质量缺陷埋下隐患。

因预制型桩(预应力圆管桩、方管桩)无法穿越颗粒土地层,用钻孔灌注桩因穿越的颗粒土的粒径太大无法护壁难以成孔,而且钻孔嵌岩难度太大;最终选用双动力潜孔锤凿岩桩机,套管跟进护壁干取土施工完成所有工程桩的施工。工程结束后进行桩静载荷承载力值检测,加载时出现不稳定加载到2~3级荷载时即破坏,经扩大检测的结果基本类同。通过钻孔取芯检测发现,在0.5~1.5 m标高长度范围存在没有水泥的"砂石桩",除此范围段的桩以外的桩体混凝土均达到设计强度,90%的桩均是类同,分析原因主要是该范围潜流水将桩混凝土中的水泥带走造成的。

(2) 桩基的加固处理。采用桩中心钻孔取芯成孔,埋入U形注浆管后密封,压力注入高标号水泥浆,水泥浆进入砂石桩的孔隙达到胶结加固,从而达到满足设计要求的桩承载力值。

桩中心钻孔取芯300元/m,加上芯孔内埋管、压力注浆、多次桩检测、桩处理的费用等总的处理费远超出工程桩总造价。

(3) 有桩孔施工的现浇桩均有相同的结果。有桩孔施工的人工挖孔灌注桩、钻孔灌注桩、冲孔灌注桩均与选用套管跟进护壁干取土施工的灌注桩对于本工程而言,均会发生相同的工程桩质量缺陷。因为上述桩型均是有桩孔施工桩,潜流水在强渗透地层会在混凝土初凝前因水流动带走水泥浆,从而会成为"砂石桩"。

2) 基槽土方开挖中见过桩顶为无水泥的砂石桩

(1) 工程概况。拟建工程为多层住宅。深厚软土地基上采用沉管灌注桩,施工沉管灌注桩后进行桩的承台施工,基槽土方开挖中发现桩顶为"砂石桩",继续往下开挖至桩截面完整且能达到设计强度的灌注桩,通过接桩满足工程要求。

(2) 原因分析。地表素填土 1.5~2 m 厚,以下为一定厚层的淤泥质黏土,素填土的上层因人类活动碾压密实,下层的素填土为松散,为强渗透性。厂区生产产生的冷却水直接排至强渗透性的素填土中,呈漫流状态。当全部挖出桩顶后,发现排放的冷却水将刚施工好的沉管灌注桩桩身混凝土中的水泥带走,从而造成局部桩段出现"砂石桩"。

3) 流动水带走桩混凝土中的水泥场地内的桩型选择

桩型说明。

对于 A 类桩,无桩孔施工的预制型桩(预应力圆管桩、预应力方管桩、预制钢筋混凝土方桩),压灌混凝土后插筋灌注桩。

对于 B 类桩:有桩孔施工的灌注桩(钻孔桩、冲孔桩、均须泥浆护壁施工,人工挖孔桩,每天施工 1 m 的桩周护壁、钢管护壁干取土施工灌注桩等)。

(1) 近海岸建设用地地层剖面有与海水相通的强渗透层,或有潮汐影响的河流旁的桩基工程。因潮起潮落在强渗透层中流动的水流会带走现浇桩混凝土中的水泥,宜选用 A 类桩型,不宜用 B 类桩型。

(2) 拟建场地桩基地层中有常年流水的如潜流水、山间泉水等,大多产生于山丘地基的颗粒土地房,或山地嵌岩的岩石地基。因流动的水流会带走现浇桩混凝土中的水泥,工程桩基的桩型选择宜选用 A 类桩型,不宜选用 B 类桩型。

3. 有潜流水的山地建筑的桩型选择与施工

1) 有潜流水的山地建筑的嵌岩桩型选择

与上述相同采用双动力高效凿岩机的套管跟进施工,是全桩长钢管(套管)护壁,在设计桩完成钢管护壁潜孔锤凿岩嵌入岩层达到设计要求深度后,即成为要求的桩孔。

因山地存在潜流水,在钢管护壁的桩孔内浇筑水下混凝土,山地潜流水可能会把刚浇筑好的桩混凝土中的水泥带走,成为"砂石桩"。所以有潜流水的山地建筑的嵌岩桩不能选用现浇灌注桩,应选择在桩孔内植入高强预应力管桩,则不会受山地潜流水对桩质量的影响。双动力高效凿岩机套管(钢管)跟进的钢管的直径=管桩直径+100 mm,植入的高强预应力管桩在钢管桩孔内约 40 mm 的空隙,高强预应力管桩直接进入凿岩桩孔的底部。然后再施工高强预应力管桩在凿岩孔中的混凝土胶结,高强预应力管桩与桩周土 40 mm 的空隙通过填料和注浆,确保桩承载力值和稳定的质量。

2) 植入后注浆高强预应力管桩的成桩

双动力高效凿岩机套管(钢管)跟进施工的桩孔中植入高强预应力管桩。

3) 山地颗粒土地层高强预应力管桩植入岩层的施工

因山体潜流水进入桩孔的护壁钢管内,如图 7-9 在桩孔植入高强预应力管桩至桩孔的岩孔 H 厚度的底面。上吊高强预应力管桩,在离岩孔 h 高度处固定,岩孔底的混凝土已包裹着预应力管桩的底部,此时再插入水下混凝土灌筑的钢管导管,在桩孔内一次性灌入水下混凝土的岩孔底的混凝土如图 7-9(a)所示。

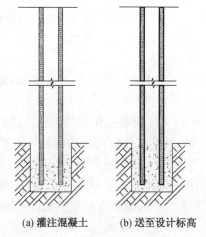

(a) 灌注混凝土　　(b) 送至设计标高

图 7-9　管桩植入岩层示意

如图 7-9(b)所示,采取锤击(或静压)方式将高强预应力管桩嵌入桩底,使满足桩进入岩孔深度 H,达到高强预应力管桩的嵌岩要求;又使岩孔壁与桩底均被混凝土全截面包裹着,从而达到高质量浇筑水下混凝土的要求。

采取该措施能有效保障高强预应力管桩不受山体潜流水对桩体质量的影响。由于岩孔混凝土与桩的胶接,桩周孔隙已由填料通过注浆密实,桩的承载力值完全可达到高强预应力管的截面强度(即为该桩的最高承载力值)。

4. 流动水(潜流)的山丘颗粒土地层的桩型

(1) 无桩孔施工的桩型不受影响。无桩孔施工(预制桩与压灌混凝土后插筋桩)的桩型是不受地层中的潜流水对施工桩体混凝土浸入影响的桩型。

预制桩包括预应力圆形管桩、空心方桩与钢筋混凝土预制方桩不存在地层中的潜流水对预制桩的影响可以理解,为什么压灌混凝土后插筋桩也不受影响呢? 虽然压灌混凝土后插筋桩也是现浇灌注桩,桩体混凝土在初凝前也存在流动水流过时将桩体混凝土中的水泥带走,但是采用螺旋沉拔压灌施工,同预制桩沉入土层施工相同,均为无桩孔施工的桩。

施工场地浇筑的灌注桩场地无需担忧水的存在,问题的关键在于水的流动。无桩孔施工的压灌混凝土后插筋灌注桩因没有施工桩孔则不会产生水的流动,无流动水则不会将浇筑好的混凝土桩体初凝前混凝土中的水泥带走,即不会产生"砂石桩"。

(2) 桩型的选择。山丘地颗粒土地层有潜流水拟建场地,首先考虑采用无桩孔施工的预制桩,包括预应力圆形管桩、空心方桩与钢筋混凝土预制方桩;但颗粒土地层(砂层、碎石、砾砂、卵石圆砾等)是预制桩不能穿越的地层,而用类似拧螺丝的方法施工螺旋沉拔灌注桩则可以轻松进入上述颗粒土层中。

螺旋沉拔的有长螺旋桩与短螺旋桩,长螺旋桩是取土型桩,正转上拔压灌混凝土过程中相当全桩长的长螺旋的螺叶旋切颗粒土上拔需剪断颗粒土,因上拔过程中需要很大的上拔力,而且上拔会使长螺旋的螺叶变形破坏,所以颗粒土的粒径小、桩长短时可应用长螺旋桩施工;颗粒土粒径大、桩长较长时必须选用短螺旋桩,因短螺旋桩仅在钻头有螺叶,上接管径比钻头小的光管钻杆,正转上拔时由钻头挤扩桩孔,无论旋拧的力矩和上拔力均数倍减小,能轻松成桩。

7.2.4　海岸堤坝抛填大块石地基的桩基施工

1. 工程概况

1) 抛填大块石的地基

沿海地区的海岸堤坝是保护沿岸人民生命财产的重要设施,为保证海岸堤稳定、坚固和安全,防止海岸堤坝的底脚被海浪冲刷淘空而发生海岸堤坝的倾倒。为护岸,在海洋侧的海岸堤坝底脚会抛填大块抛石,抛石范围的宽度为 8～15 m,厚度为 3～5 m,抛石均落在海涂淤泥土层中。

随着人类的生产活动,实际海岸线向海洋侧外移,原来海岸堤坝底脚的大块抛石区被划为建设用地。工程地质勘查报告揭示海相沉积的淤泥或淤泥质土层存在抛填大块石,而抛填大块石的地基有软弱下卧层,成为不稳定的地基。拟建工程的基础桩的桩端必须穿越抛填大块石的地层,穿越软弱层进入土层坚硬的稳定桩端持力层。

2)渔业冷库工程桩基的设计试桩

(1)设计桩型选择。

方案设计前期进行过类似工程资料的检索,发现能穿越抛填大块石地基工程桩基只有预制桩(高强预应力管桩)与冲孔灌注桩两种设计桩型。

(2)设计桩型的施工。对两种可选择的桩型进行分析:高强预应力管桩采用锤击沉桩,频繁的锤击最终会导致桩头爆裂反而穿越不了抛填大块石地层;冲孔施工,在穿越抛填大块石地层进度会极其缓慢,一般一天只能进 0.5 m 左右,日夜不断的冲孔施工可最终穿越抛填块石层而进行持力硬层,最后采取水下混凝土浇筑施工工艺完成设计桩型的施工。

(3)设计试桩的静载荷检测。高强预应力管桩因穿越不了抛填大块石地层,最终试桩采用冲孔灌注桩穿越成桩,经 28 天的养护后桩的混凝土达到设计强度,进行桩的承载力值的静载荷试桩检测。

静载荷试桩的加载过程从第 1 级荷载起,被测桩显示极不稳定,到第 3 级荷载就无法稳定。通过取芯检测 8 m 以下的桩段为没有水泥胶结的"砂石桩",分析原因为桩孔刚灌筑好混凝土中水泥浆被海洋潮起潮落的海水带走,而且发生在潮起潮落的高差的区间;除此之外,桩身部分被淤泥土隔断区,桩段因海水没有流动,桩体混凝土均能达到强度。

(4)高厚石方填海地基的启发,选用锤击长锥形高强预应力管桩。后经多方论证,桩型改用引孔植高强预应力混凝土管桩。通过长锥形钢靴刺入抛填大块石的空隙,用锤击挤土沉入土层,穿越软弱下卧层至硬层的桩端持力层。按照此方法进行施工的管桩最终经桩的静载荷检测,桩的承载力均能达到设计和规范的要求。

2. 选择长锥形钢桩尖挤入块石孔隙的施工

1)长锥形桩靴的构造

如图 7-11 所示长锥形桩靴由顶为厚 15 mm 圆形钢板,直径比高强预应力管桩端钢板直径小 30 mm;圆形钢板上焊接 8～12 块厚 12 mm 的直角三角形钢板,其数量由高强预应力管桩的直径确定,当直径≥Φ600 mm 为 12 块厚,当直径≤Φ550 mm 为 8 块;直角三角形钢板的直角边的比值 1:2～1:4,当穿越石料很厚,要求 1:4 长锥形,当穿越石料很薄,可用 1:2 短锥形,中间可选用 1:3 的锥度。

2)锤击沉桩施工

(1)高强应力管桩与长锥形钢桩靴的焊接,要求桩与桩靴的截面的中心处于一条垂直线。钢桩靴没有倾斜是保证最终植桩垂直度的重要条件。

(2)桩机吊起带钢桩靴的高强预应力管桩,插入设计桩位的中心,双向校正垂直度,锤击将管桩沉入土层,达到抛填大块石的面层。需要注意每次锤击时记录桩的下沉量,在块石面上桩的下沉量很小。随着多次锤击,桩钢靴尖部会将大块石击碎或可能未击碎而大块石在钢桩靴的击点偏心而使大块石转动,或钢桩靴的尖端刚好进入大块石间的缝隙,此时高强预应力管桩会出现加快下沉,继续锤击管桩会持续下沉。

(3)通过将高强预应力管的接桩,用送桩杆将接桩后的高强预应力管桩沉至要求进入持力层的深度,完成高强预应力管沉桩施工。

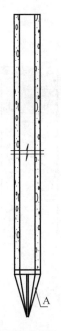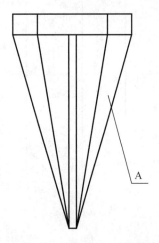

图 7-10　带锥形桩靴的高强预应力管桩　　图 7-11　长锥形桩靴与管桩的钢端板贴角焊接

3. 在颗粒土地层也可应用高强预应力管桩

山丘与山地的地基大多为颗粒土(砂层、砾砂、碎石、卵石、圆砾、不同风化程度的岩层)地层,只有选用螺旋沉拔压灌混凝土后插筋的长螺旋桩(短螺旋桩)可以轻松穿越颗粒土(砂层、砾砂、碎石、卵石、圆砾、不同风化程度的岩层)地层。

而带长锥形钢桩靴的高强预应力管,因长锥形钢桩靴容易刺入颗粒土(砂层、砾砂、碎石、卵石、圆砾、不同风化程度的岩层),最终将颗粒土挤向四周,不会产生应力集中和阻力的现象。采用锤击沉桩施工,可以穿越颗粒土地层至设计要求的高程。

7.2.5　无黏性土胶结的粗颗粒土地层的施工桩基

1. 工程项目与地质条件

1) 工程概况

拟建场地地基为山丘颗粒土,用地性质为商业及住宅用地。拟建工程占地面积为 8 538 m²,其中地上总建筑面积为 18 万 m²,地下建筑面积为 6.3 万 m²。主楼地上 37 层,建筑高度为 179.30 m;裙楼地上 2 层,建筑物高度为 18.00 m;办公楼一幢,地上 38 层,建筑物高度为 152.20 m;高层住宅 3 幢,均为地上 29 层,建筑物高度均为 96.69 m;地块内均设地下 2 层。

2) 地勘典型剖面与土层分层描述

土层分层如图 7-12 所示,

①素填土:(Q_4^{ml}):色杂,有灰、灰褐及灰黄色,干~稍湿,松散~中密,极不均匀,主要成分为卵石、碎石及砂,较多钻孔,该层底部有早期抛填的大块花岗岩块石,粒径 0.5~2.0 m 不等,堆填年限介于 10~15 年。全场分布,层厚介于 0.30~15.30 m。本次勘察在该层中共进行重型圆锥动力触探试验 78 段次,实测锤击数介于 5~34 击,离散性大,经杆长修正及统计计算求得锤击数标准值 $N_{63.5}$=9.9 击。

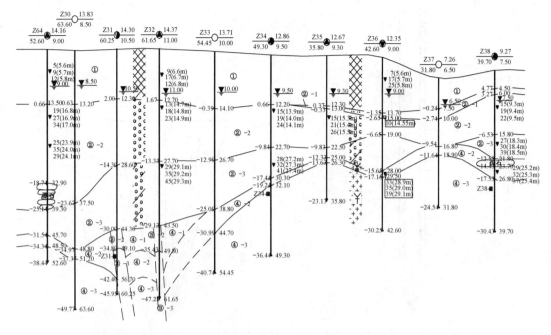

图 7-12　典型地勘剖面

②-1 粉细砂(Q_4^{al})：灰、深灰及灰褐色，湿，松散。含粉黏粒 10%～30%，含砾石 5%～10%。钻探中孔壁易塌。场地内大部均有分布，层顶埋深介于 0.80～16.50 m，层顶标高介于−2.63～5.32 m，层厚介于 0.50～4.70 m，本次勘察在该层中共进行标准贯入试验 11 段次，实测锤击数介于 6～14 击，经杆长修正统计计算求得锤击数标准值 $N=7$ 击，根据原位测试成果及野外鉴别结果，推荐其地基承载力特征值 $f_{ak}=100$ kPa。

②-2 卵石(Q_4^{al})：灰、灰黄色，湿～饱和，中密～密实。粒径一般 20～100 mm，最大达 400 mm，含量 50%～60%，亚圆形为主，分选性较差，质地坚硬，母岩成分为凝灰岩、花岗岩等，中～微风化为主，充填物为砂砾及黏性土，其中砂砾含量 30%～40%，黏性土含量 5%～10%，无胶结，钻探中孔壁易塌。部分钻孔该层底部粒径较大，为漂石层。该层全场分布，层顶埋深介于 0.30～17.60 m，层顶标高介于−3.73～7.54 m，层厚介于 1.00～25.90 m。本次勘察在该层中共进行重型圆锥动力触探试验 111 段次，实测锤击数介于 13～38 击，经杆长修正及统计计算求得标准值 $N_{63.5}=14.2$ 击，根据原位测试成果及野外鉴别结果，推荐其地基承载力特征值 $f_{ak}=330$ kPa。

②-3 层含粉质黏土卵石(Q_4^{al})：灰黄、褐黄色，稍湿～湿，中密～密实。粒径一般 20～100 mm，最大达 300 mm，含量约 50%～60%，亚圆形为主，分选性较差，质地坚硬，母岩成分为凝灰岩、花岗岩等，中～微风化为主。

2. 分析疑难地质条件可选用的桩型

1）无黏性土胶结的粗颗粒土地层可施工的桩型

(1) A 方案：钻孔(钻孔桩机、旋挖钻机)成孔施工

① 选用钻孔桩机、旋挖钻机或人工挖孔施工均因卵石与砾砂占 90%～95%，黏土占 5%～10%，因颗粒土间无胶结而不易成孔，即使施工的桩孔已成孔也很容易坍塌，最终全

桩长桩孔需用钢管护壁。

②　采用泥浆护壁，因桩穿越土层均为强渗透地层，桩孔内的护壁泥浆渗入颗粒土的孔隙会产生桩孔内护壁泥浆的完全渗漏，造成桩孔壁坍塌。

③　有桩孔施工的桩还存在桩孔底沉渣且影响桩的承载力。

（2）B方案：双回旋桩机与旋挖钻机联同施工。用双回旋桩机跟紧套管为埋入土层的护壁钢管，由旋挖钻机在护壁钢管内旋挖取土，在全钢管护壁下可解决卵石与砾砂无黏土胶结的桩孔产生桩孔易坍塌的问题，同时也在钢管护壁下无需护壁泥浆也不存在泥浆被渗漏的问题。

A方案与B方案均为有桩孔施工的桩型，B方案能解决A方案的问题，但B方案的施工成本远高于A方案。考虑若地层中有潜流水，潜流水会将浇筑好的桩，在混凝土初凝前会带走桩混凝土中的水泥，最终成为无水泥的"砂石桩"的风险。

2）无黏性土胶结的粗颗粒土层最适宜的压灌混凝土后插筋桩

压灌混凝土后插筋桩有：长螺旋桩、短螺旋桩和长短结合的螺旋桩，这些均是螺旋沉拔的压灌混凝土后插筋灌注桩，完成桩孔混凝土的浇筑，是无桩孔施工的桩，最后在桩孔混凝土中心振动插入钢筋笼而成桩。即使无胶结的颗粒工与渗透性强的地层，因为无桩孔施工不会产生桩孔坍塌与护壁泥浆的问题。

（1）长螺旋桩。长螺旋桩是取土型桩，螺旋钻杆的螺叶为厚钢板的平板螺叶，直径等同施工桩径，平板螺叶以正旋螺纹焊接在光管钢管上。因正转加压旋拧沉入土层时，每片螺叶切土须消耗扭矩，对于颗粒土地层螺叶切土导致消耗的扭矩更大。正转上拔压灌混凝土时螺叶切入的颗粒土被带出，颗粒土是没有旋入与上拔的通道，切入的颗粒土须剪断颗粒土方能上拔。

地勘报告中卵石的最大粒径400 mm，一般粒径为200～100 mm，切入螺叶内即使很短的桩也不能上拔。若强迫上拔螺旋钻杆会造成螺叶扭曲破坏，故无粘结的卵石层地基不能应用长螺旋桩。

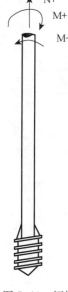

（2）短螺旋桩。短螺旋桩是螺纹钻头的顶部焊接光钢管钻杆（图7-13），下部为带结合子的螺纹钻头，上部接光钢管钻杆，正转（顺时针转M＋加压N－旋拧沉入土层至要求的深度，开启泵送混凝土（反转半圈结合子脱离）正转上拔桩孔内压灌混凝土。螺纹钻头顶部呈锥体形将桩孔土挤向桩周，桩孔内的压灌混凝土也随之上升，直至拔击土层，桩孔内灌满混凝土，螺纹钻头的钻尖悬挂在钻头下方，到下一桩位合上再用。

短螺旋桩仅螺纹钻头旋拧沉拔需要施工扭矩，螺纹钻头很短，螺纹钻头的螺叶浅而稀疏，旋拧切土的施工扭矩很小。光管钢管是完全与土体不接触不产生扭矩，正转上拔螺纹钻头是浅螺纹，上拔阻力很小，螺纹钻头顶部呈锥形，容易将桩周土挤向桩周。与长螺旋桩相比，仅需很小的施工扭长矩和上拔力。综上所述，在无黏性土胶结的粗颗粒土地层中短螺旋桩是最适宜施工的桩型。

图7-13　短螺旋桩

（3）长短螺旋组合的螺旋桩技术。因为无黏性土胶结的粗颗粒土地层是最适宜压灌混凝土后插筋施工的桩，需要将桩孔混凝土灌筑至地面，清理桩孔顶部溢满的混凝土，在桩的混凝土截面的中心可振动插入钢筋笼施工。

因工程有两层地下室,施工的工程桩的顶标高在地下室底板的标高,导致桩顶在地面以下 10 m。超灌长度高达 10 m,地下室基坑土方开挖后,在基坑内采用人工凿掉 10 m 高的工程桩既浪费建筑材料又消耗劳力量。

在基坑内存在那么多密集的高桩,挖土施工的障碍,挖土的挖斗很容易碰到高桩,严重的会造成工程桩倾斜,桩的承载力值和质量均无法满足要求。但是后插筋施工的桩,需要桩身混凝土施工至地面才可后插筋。

螺旋沉拔压灌混凝土的后插筋桩,用图 7-14 的长短螺旋组合的螺旋桩,桩孔混凝土浇筑到地下室底板标高,沿着套管导向插入钢筋笼至要求的深度,如此就能避免基坑内存在 10 m 高位桩。

长短螺旋组合的螺旋桩的上段为带螺的长螺旋钻杆,长度为钢管套管长度+2 m,用于正转上拔螺纹钻杆带出钢套管内的土体,为干取土施工;下段为光管钢管钻杆接带结合子的螺纹钻头,正转上拔螺纹钻头将桩孔内的土体挤向施工桩的周壁,由压灌混凝土填密桩孔。

图 7-14　长短螺旋组合螺旋桩

3) 带结合子的双向螺纹钻头

(1) 钻头与钻尖齿槽的结合子:图 7-15 的 A 与 B 图为带结合子螺纹钻头,钻尖与钻头齿槽结合子呈 A 图状态时,是由齿槽结合的旋扭力的传递,钻头带动钻尖正转旋拧沉入土层。反转上拔(反转半圈,钻尖脱离齿槽,即转为正钻上拔),呈 B 图状态,钻尖与钻头齿槽的结合子已脱离,钻尖下悬在钻头的底部,脱离口为压灌混凝土进入桩孔的混凝土灌入口。

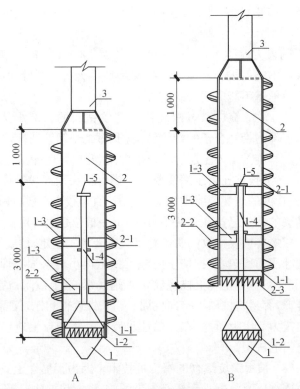

1—钻尖;1-1—钻尖齿槽结合处;1-2—下直形齿牙;1-3—下挂钻尖杆挡板;1-4—钻尖杆;1-5—下挂钻尖杆挂板;
2—螺纹钻杆;2-1—螺纹钻杆直线段;2-2—螺纹钻杆螺纹段;2-3—上直形齿牙;3—光圆钻杆

C   D   E

A—带结合子螺纹钻头旋进状态；B—带结合子螺纹钻头旋退状态；
C—德国宝峨短螺旋钻头；D—中国冶金建研院的螺纹钻头；E—中国冶金建研院螺纹钻头的门盖

图 7-15   钻头与钻尖齿槽的结合子螺纹钻头

(2) 压灌混凝土进入桩孔：图 7-15 钻头与钻尖齿槽的结合子螺纹钻头，B 图钻尖脱离钻头齿槽，脱离口为压灌混凝土进入桩孔的混凝土入口，C 图是德国宝峨短螺旋桩桩术的螺纹钻头，在钻头的底部设有混凝土进入桩孔的门盖，D 图是中国冶金建研院的螺纹钻头，螺纹钻头的外形与原理类同宝峨的螺纹钻头，底部设有混凝土进入桩孔的门盖见 E 图。

设有门盖的 C 与 D 图的螺纹钻头在工程应用中常出现提前开启或压灌混凝土时打不开门盖，造成混凝土堵管，钻头与钻尖齿槽的结合子螺纹钻头不会出现混凝土堵管的状况。

(3) 双向螺纹钻头的作用。图 7-15 的 A，B，C，D 图均为双向螺纹钻头，下部为正旋螺纹，上部约 2～3 圈为反旋螺纹，因 C 图与 D 图均为梭子状(二头尖中间粗的橄榄形)，中国冶金建研院 D 图的桩为双向挤密灌注桩(未称为短螺旋桩)，在正转上拔施工时上部的反旋螺纹具有相下压密土层的作用。从 C，D 图中均可见到上部反旋螺纹在尖端的螺纹外径很小，几乎没有竖向压密作用；如 A，B 图的螺纹均为等直径的螺纹，在桩内可密闭反旋螺纹将桩孔土挤压至桩壁。

4) 施工桩机

选用双动力或双回旋潜孔锤凿岩机按下述进行组配。

上旋转动力头(上回旋动力头)带动螺旋钻杆(长螺旋钻杆，短螺旋钻杆，长短螺旋组合的钻杆)，穿越下旋转动力头(下回旋动力头)，正转(顺时针转)旋拧沉入土层；下旋转动力头(下回旋动力头)带动钢套管反转(逆时针转)沉入土层，桩孔的土体进入底开口的钢套管内，钢套管沉入土层 10～12 m 终止。

钢套管的直径为施工桩直径再加 50～100 mm，钢套管长度为施工桩顶至地面再加 2 m，完成施工长短螺旋组合的螺旋桩施工桩机的配置。

5) 长短螺旋组合桩技术应用简析

从地勘剖面上层为素填土,以下各层均为卵石与砾砂混合的土层。工程桩上段桩身为长螺旋钻杆在钢套管内施工取土桩,下段桩身为光管钢管钻杆接带结合子的螺纹钻头上拔将桩内土挤向桩壁的挤土灌注桩。

海相沉积的沿海城市均为相似的地层。土层揭示上层为淤泥质土,采取双动力套管跟进沉入的土层,套管在软土区沉桩挤土的分隔,土体进入套管内,用长螺旋取出套管内的土体,完全避免软土区沉桩挤土的不利影响;而下层的土体一般为黏土、粉土、粉质黏土或夹有不同土名的颗粒土,挤土施工对土体有挤密效应,挤土施工能提高桩的承载力值,用短螺旋桩的挤土施工是合理的桩型。

上层土层宜用长螺旋桩,下层土层宜用短螺旋桩,长短螺旋组合的螺旋桩是分析的优化桩型。由于采用钢管护壁,隔断软土挤土影响,用双动力或双回旋潜孔锤凿岩机作适当的匹配,可以引伸出长短螺旋组合的螺旋桩的桩型,施工桩机成为专用的工法桩机,市场前景广阔。

3. 长、短螺旋组合螺旋灌注桩

1) 无黏性土胶结的粗颗粒土地层最佳桩型

分析无黏性土胶结的粗颗粒土地层可以施工的桩型为压灌混凝土后插筋灌注桩,为避免施工桩在基坑内出现高桩,在可施工的压灌混凝土后插筋灌注桩桩型中结合无高桩施工的长、短螺旋组合螺旋灌注桩。

2) 长、短螺旋组合套管跟进的螺旋灌注桩的施工

长、短螺旋组合套管跟进的螺旋灌注桩的施工需用双动力潜孔锤凿岩桩机。上旋转动力头带动上段长螺旋螺纹钻杆,下段为螺纹钻头接光圆管钻杆,下旋转动力头带动比施工桩径大 100 mm 直径的钢管跟紧沉入土层。

上旋转动力头带动螺纹钻杆与螺纹钻头正转旋拧压沉入土层,下旋转动力头带动钢套管反转加压跟进沉入。待螺纹钻头到达设计要求的深度,启动泵送混凝土,上旋转动力头先反转半圈同时上拔,钻尖脱离螺纹钻头,压灌混凝土已由钻尖脱离口进入桩孔,上旋转动力头即转入正转上拔。上段长螺旋的螺纹钻杆从钢套管内土体被螺纹钻杆带出弃土,上旋转动力头正转上拔,下段短螺旋的螺纹钻头随上拔挤土上升,桩孔内混凝土也随上拔而上升。工程桩混凝土超灌至计算高程 1 m 后关闭泵送混凝土,把螺纹钻头拔出钢套管。利用钢套管为导向,在钢套管内插入钢筋笼振动沉至要求深度,下旋转动力头反转拔出钢套管,完成工程桩的施工。

4. 短齿粗螺纹带结合子钻头不同于德国宝峨梭子形钻头之处

(1) 桩挤土穿越软土地层须要有≥0.8 m 平直扶土壁段。在挤土施工的沉管灌证实,桩挤土穿越软土地层需要有≥0.8 m 长的平直面的扶壁段,可推迟桩周土的回弹,保证压灌混凝土在土体回弹前已被混凝土充填。图 7-15 为直筒形的短齿粗螺纹带结合子钻头均为平直面的扶壁段。可达到挤土桩径的等径均匀性与连续性。

图 7-16 的螺纹钻头为两头小中间大呈橄榄状的外形,最大处为施工桩径。桩穿越地层极易遇到薄层软土层,在薄层软土层的桩径发生缩径,则桩承载力值大比例下降。

(2) 双向螺旋封闭挤扩钻头。

图 7-16　梭子状的钻头　　图 7-17　直筒形短齿粗螺纹钻头

　　双向(水平向和竖向)挤扩,竖向挤扩没有意义,不可能在桩体中有压密的土体,理解为在桩孔内的水平向的二次挤扩。双向螺旋在封闭的桩孔内挤扩的钻头,即图 7-16 梭子状的钻头,在钻头的中部为施工桩径正转旋拧沉入土层为一次水平向挤扩,正转上拔因反旋螺纹的反压对桩孔土二次水平向挤扩时,因螺纹不到桩孔边,形成不了密闭的条件。桩孔土 A 不能挤密在桩周的土层内中间处为最大直径,是要求的施工桩径 d。为直筒形短齿粗螺纹钻头,钻头的螺纹伸入桩孔周壁,形成封闭状态,正转旋拧沉入土层为一次水平向的挤扩,正转上拔因反旋螺纹的反压对桩孔土二次水平向挤扩时。桩孔土由螺纹间挤向桩周的桩孔壁,完成二次水平向挤密。

参 考 文 献

[1]中华人民共和国国家标准. GB 50007—2002(2009)　建筑地基基础设计规范[S]. 北京:中国建筑工业出版社,2009.

[2]浙江省标准. DB33/1001—2003　浙江省建筑地基基础设计规范[S]. 杭州:浙江省城乡和住房建设厅,2003.

[3]孔超. 旋压凿岩植入嵌岩预应力管桩:中国,201310116081.7[P]. 2013-06-19.

[4]孔超. 螺纹旋后插筋挤密灌注桩:中国,201410211023.7[P]. 2014-07-30.

[5]中华人民共和国住房和城乡建设部 JGJ 94—2008　建筑桩基技术规范[S]. 北京:中国建筑工业出版社,2008.

[6]邹正盛. 复杂地基双动力钢管护壁灌注桩技术[J]. 岩土工程学报:2013(增刊 2),35(259).

[7]孔超. 一种钢管护壁超强嵌岩灌注桩的成桩装置与方法:中国,201310116046.5[P]. 2013-06-19.

[8]孔超. 全桩长钢管护壁同步沉管与旋挖取土的灌注桩:中国,201310116101.0[P]. 2013-06-19.

[9]孔超. 一种旋压凿岩植入桩底后注浆的嵌岩预应力管桩:中国,201310116091.0[P]. 2013-06-19.

[10]孔超. 一种带接合子螺纹桩钻头:中国,201210112835.7[P]. 2012-08-15.

8 桩工施工机械

本章提要

本章节主要介绍施工桩机与装备。由桩基历史的发展至目前的桩基施工的桩机,由多功能桩机到专业的工法桩,如深基坑的工法桩机、螺旋沉拔施工的工法桩机、潜孔锤凿岩施工的桩机等,施工装备有干取土、干提土、干排土,有扩底装置,钢模管的接长、加翼成异形截面,振动锤、夹具等。

8.1 施工桩机与装备

8.1.1 多功能液压步履的静压桩机

1. 多功能与施工桩型的多样性

1) 多功能与压桩力

如图 8-1 所示为多功能液压步履静压桩机,该桩机是由施工企业在众多工程实践过程中创造并逐渐完善的桩机。所谓多功能是指可以静压预制桩(如预应力管桩、空心方桩、预制钢筋混凝土方桩、钢管桩等),桩机立杆上挂上锤(液压锤、柴油锤等)即可锤击施工预制桩。如图 8-1(a)所示桩机斜撑杆的底部设有长筒千斤顶,不仅可以调节桩架垂直,还可使桩架前倾 8°~10°吊物,例如可以吊到商品预制桩卸车,可以吊预制桩进行移位或就位等。

施工压桩力:需根据桩的截面大小、桩的承载力特征值高低、桩穿越土层的土质,沉入土层桩的长短等按如下选取静力压桩的施工的压桩力,桩穿越的土层内没有颗粒土(砂、碎石、卵石、圆砾等)的土层,是选择静力压桩施工的重要的地质条件,尤其是土层中夹有厚层颗粒土是无法穿越的。桩端持力层是进入土层的深度,可以包括颗粒土为桩端持力层。

进入持力层的深度一般为 $(2\sim4)d$(d 为桩径),当持力层为黏土与粉质黏土,进入持力层深度为 $3d$(d 为桩径)时,静压施工的压桩力 $N=1.4\sim1.5R_a$;当进入持力层为粉土地层 $3d$ 时的压桩力 $N=1.5\sim1.7R_a$;当进入持力层为颗粒土层 $(1\sim2)d$ 时的压桩力 $N=1.7\sim2R_a$。满足压桩力的桩,再经静载荷试桩的极限承载力值 $Q_{uk}=2R_a$,其实每根桩的承载力值都得到检验。

　　　　　(a)　　　　　　　　　(b)　　　　　　　　　(c)

图 8-1　多功能液压步履静压桩机

2）施工桩型的多样性

从施工桩型的多样性也是体现静压桩机的多功能，可施工下述桩型。

（1）多功能液压步履的静压桩机施工静压预制桩。

（2）挂上柴油锤，可采用锤击法施工预制桩。

（3）挂上振动锤可施工静压振拔沉管灌注桩。

（4）配上专用筒式取土装置，可施工静压沉管护壁的干取土灌注桩，图 8-1(b)为振动沉入护壁的钢模管，图 8-1(c)为从钢模管内拔出已填满土体的筒式取土器。

（5）挂上旋转动力头可施工长螺旋桩、短螺旋桩以及长短组合的螺旋灌注桩。

（6）挂上上下旋转动力头可施工潜孔锤凿岩灌注桩。

（7）挂上双向旋转动力头和同步装置可施工带螺纹灌注桩。

（8）挂上旋转动力头和伸缩钻杆的旋挖钻头，可旋挖施工灌注桩。

配上不同的装备可做到一机多用，施工多样性的桩型，可最大范围发挥桩工机械在工程上的应用。

3）多功能桩机的现状与发展趋势

宁波市是率先应用大吨位的静力压桩机的区域之一。在 20 世纪 70 年代温岭市横河镇陶东宝在宁波施工过江桥桩，在江面上应用两只并列的木船作为沉桩反力，将桩静压至水下土层。80 年代初，温岭桩基施工人员在宁波首次应用"走木船"的静压桩机，在软土地层成功施工静压振拔的沉管灌注桩。随着建设规模的扩大，自制桩机、施工检验、优存劣汰，逐步发展成多功能液压步履的静压桩机。20 世纪 80 年代中期至 90 年代，仅宁波市施工的桩机多达 400 余台,桩机底盘上加配重(钢锭、混凝土预制块),桩机的压桩力可达 2 000～4 000 kN,最大压桩力高达 6 000 kN。

20 世纪 90 年代中期出现中庭抱压式静压桩机,但因其功能单一以及施工具有一定的局限性,只有少数的工程机械厂生产,在市场上应用数量也较少。

既抱压式静压桩机后,顶压式静压桩机也随即出现。但顶压式静压桩机相对于抱压式而言,能施工的桩型受到很大的局限,而且施工效率低、机械成本高,生产与应用的数量很少。

从桩型多样性说明没有生产厂家研发的多功能液压步履的静压桩机,经过桩基施工企业在自制过程中的优存劣汰,不断保留应用合理部分,去掉不适用部分,保留至今的多功能液压步履的静压桩机是具备实用合理的静压桩机,应当引起专业桩机生产厂的思考和重视。

4) 多功能桩机配上可伸缩的钢模管

多功能桩机配上可伸缩的钢模管可施工静压沉管护壁的干取土灌注桩,施工桩长可达 60 多米。长桩的钢模管需用多节短钢模管进行对接接长,接长用钢管宜使用可伸缩转换的钢模管。在钢模管的两端设有护套钢箍,在护套钢箍上焊接传递力的钢插件,对接螺栓穿过上下钢模管的钢插件的对孔,从而使上下节钢模管可靠连接。

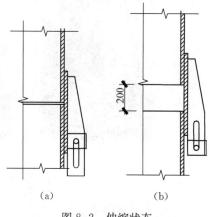

对穿螺栓至孔底存在 200 mm 的伸缩距离,是两管口脱离的距离,可以竖向上拔与下压的上下伸缩,使钢模管与土的摩擦力几乎消失。原理类似贝诺脱桩机带动钢模管正转与反转,使钢模管与土的摩擦力消失,这

图 8-2　伸缩状态

种构造可以使 60 多米长的钢模管仅须 $\frac{1}{5}$～$\frac{1}{4}$ 的整管上拔力就可将钢模管拔出土层。

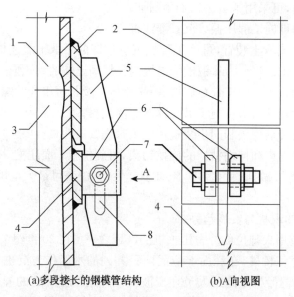

(a)多段接长的钢模管结构　　(b)A向视图

1—上模管；2—上加强箍；3—下模管；4—下加强箍；
5—上连接板；6—下连接板；7—螺栓组件；8—长槽结构

图 8-3　连接节点图

如图 8-2(a)所示为管口相碰对接下沉的状态。图 8-2(b)为钢模管上拔的状态,两根钢模管的管口脱离 200 mm,为避免桩孔泥土进入钢模管内,脱离口由护套箍封闭。

用多功能液压步履的静压桩机施工干取土灌注桩,静压沉入土层为底开口的钢模管,土体进入钢模管内,筒式取土装置取净钢模管内的土体,在钢模管内放置钢筋笼,浇灌混凝土,拔出钢模管成桩。

如果沉入土层的钢模管达 60 多米,一则用整根钢模管施工,桩机的高度需高达 70 m 左右,桩机易倾倒不安全;二则沉入土层 60 多米整根钢模管,不容易将钢模管拔出地面,须采用每段长度 10~12 m 多段短钢模管按图 8-3 接长,同理施工桩机高度由短段钢模管控制,上拔阻力可大比例下降。

上拔钢模管前先启动振动锤,因每段短钢模管的节头有 200 mm 的伸缩;当上拔第一节钢模管时会上拔位移 200 mm,之后才会带动第二节钢模管上拔位移,管顶的上拔位移 400 mm 后才能随机带动第三节钢模管上拔位移,依次类推;当拔不动时,即转入加压沉入使桩顶位移回到原始高程,以重复 2~3 次,随后带动最下节钢模管上拔即可将整钢模管拔出土层成桩。

因为上拔与下压重复 2~3 次,钢模管与周壁土层的侧摩阻力已消失殆尽,只需很小的上拔力就可将整根钢模管拔出土层。

2. 多功能静压桩机也是沉管灌注桩的施工桩机

20 世纪 80 年代中期至 90 年代是沉管灌注桩这种桩型应用最旺盛的时期,房地产业刚起步,均以多层住宅为主。以宁波为例,全市有数百台的多功能液压步履静压桩机在工地施工,每个工地少则数台,多则达 10 台,均为 Φ426 桩径沉管灌注桩桩型,一般桩长在 20~40 m,最长达 52 m,一年粗略统计施工的桩数可达 2 百万~3 百万根。

因为在软土地层施工沉管灌注桩有完整的质保体系,施工效率高,桩基占工程建价的比例低,该桩型使用率极高,十分受市场欢迎。

多功能液压步履静压桩机的底盘的面积大,液压步履稳定移位,但因施工桩长加上 5 m 为施工桩机的高度,如最长的桩长达 52 m+5 m=57 m,桩机太高易倾覆。

(a)   (b)

图 8-4 多功能静压桩机

3. 矩形加翼呈 T 形、工形截面沉管灌注桩

多功能静压桩机配上高频振动锤施工异形截面沉管灌注桩；也可由其他工程桩机步履式桩机配以高频振动锤，再配以下述异形截面钢模管，可施工异形截面沉管灌注桩。

由矩形截面的钢管，在截面长边的一端焊接钢凸边（可由钢板焊接或实体加工）呈 T 形截面，参见图 8-5(a) 的 T 形截面的钢模管，成桩截面为图 2-30 的配筋截面。图 8-5(c) 矩形钢管的截面长边的两端焊接钢凸边，B—B 剖面为图 8-5(d) 工形截面的钢模管，施工成桩截面为图 8-5(e) 的工形截面配筋截面。

截面的钢模管套入预制混凝土桩靴挤土沉管施工，也可用底开口的钢模管取土沉管施工，进入钢模管内的土体用提土装置提出干土。

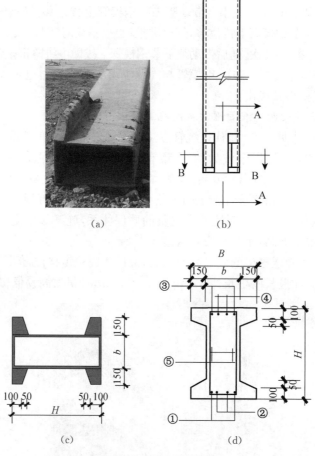

图 8-5　钢模管构造节点

4. 多功能静压桩机可提升的空间

液压步履卷扬机沉拔的多功能桩机技术要求：

（1）沉桩过程记录和显示桩穿越土层的土性指标。

（2）桩机就位显示垂直度便于自动或人工调整。

（3）显示沉桩压力和自动记录。

（4）过载预警与钢丝绳突然性断裂锁定。

（5）全方位监视与操作系统。

（6）桩机经外观包装设计达到美观。

上述步骤可由计算机智能控制,其中有关压力与垂直传杆器、贯入阻力探头、安全紧锁与预警装置等,可委托相关桩机研发单位进行设计,力求桩机设备能够达到国际一流水平。

8.1.2　螺旋沉拔后插筋施工的桩工机械

1. 螺旋沉拔施工的压灌混凝土桩特点

（1）地质剖面为砂、卵石、碎石、砾砂等为颗粒状土的地层可采用传统桩型的预应力管桩,锤击或静压均不能穿越,粗颗粒钻孔成孔钻不进,在泥浆中粗颗粒又置换不出来,冲孔施工效率太低。采用螺旋沉拔施工犹如拧螺丝的沉桩方式,可轻松快速地穿越颗粒状土层,出现了长螺旋桩与短螺旋的 SDS 桩技术。

（2）正转旋拧进入土层至要求的深度,即先压灌混凝土正转上拔的同时,压灌的压力混凝土(压力开启门盖或反转半圈齿槽自行脱离口)进入桩孔。随着钻杆正转上拔,混凝土填满桩孔,之后振动插入钢筋笼成桩。

（3）实现无桩孔施工,可避免桩孔沉渣和水下混凝土的浇筑,使成桩质量稳定可靠。压力泵压筑灌混凝土的水泥浆液渗入颗粒土孔隙与桩体的胶结,使桩的承载力较大幅度提高,又可避免山丘潜流水对桩体质量的影响。

2. 长螺旋桩机

螺旋沉拔施工后插筋灌注桩是在 20 世纪 80 年代由欧洲传入中国的长螺旋桩,由正转(顺时针旋转)加压旋拧沉入土层,正转上拔同时向桩孔压灌混凝土,直至正转拔出土层,振动后插钢筋笼或型钢成桩。如图 8-6 所示,长螺旋桩机正在施工中,图中左侧为正在正转上拔同时已向桩孔压灌混凝土,右侧正在灌满混凝土的桩孔中施工振动插入钢筋笼。

常规的预制桩与钻孔灌注桩均不能穿越颗粒土层,用旋拧(如拧木螺丝)的沉桩方式可以轻松穿越,长螺旋桩机就是正转旋拧沉入颗粒土层。跨世纪后长螺旋桩机得到很大的普及推广,各大工程机械生产厂均有定型的长螺旋桩机生产。

长螺旋桩机是正旋深螺纹钢板螺叶,当粒径大于螺距时会将螺纹挤压扭曲,即使粒径小于螺距,正转压灌混凝土同时上拔时,深螺纹的粗颗粒填满螺纹之间的空隙,正转旋拧沉入颗粒土层的通道,由于颗粒土的移动性,在正转压灌混凝土同时上拔时的旋入通道已消失。如图 8-5 所示,螺旋带动颗粒土上拔,须将沿桩周的颗粒土剪断才能上拔,桩机不仅须要深螺纹旋切颗粒土要有大的扭矩,而且还要沿桩周的颗粒土剪断更须更大的上拔力,即使细颗粒土可以正转旋拧沉入与正转旋拧上拔,旋拧的扭矩与上拔力是随桩长的增长而扭矩与上拔力加大,桩机配置的扭矩与上拔力可施工 10～20 m 的桩长。当地层中夹有中颗粒土层,长螺旋桩机正转旋拧上拔过程深螺纹的钢板的深螺叶会破坏扭曲,长螺旋桩机山丘颗粒土层无法成桩施工。

图 8-7 是山东卓力桩工机械厂生产的双电机旋转动力头,温州长城基础公司研发的四电机大旋转扭矩旋转动力头,旋转扭矩达 1 000 kN・m,各桩工机械生产厂均有自己生产的旋转动力头,桩机按须要配置旋转动力头(图 8-8)。

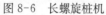

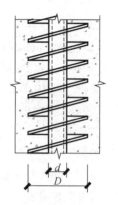

图 8-6　长螺旋桩机　　　　图 8-7　双电机旋转动力　　　图 8-8　螺旋拧入土层示意图

3. 粗螺纹钻杆的长螺旋桩机

长螺旋桩机的钢板正旋深螺纹刚度太小,深螺纹的正旋切土太深,并不适用在颗粒土地基上施工。海南卓典螺杆桩研发中心研究粗齿浅螺纹的螺叶粗螺纹长螺旋桩机,正转上拔桩孔内粗齿浅螺纹带土量不足 30%,挤土量约为 70%,主要以挤土施工为主;长螺旋桩机的正转上拔桩孔内钢板正旋深螺纹的带土量约 70%,挤土量约为 30%,主要以取土施工为主(图 8-9)。

(a)　　　　　　　　(b)　　　　　　　　(c)

图 8-9　粗螺纹长螺旋桩机

粗齿浅螺纹长螺旋桩机,具有足够的旋转扭矩和上拔力,适宜在颗粒土地层施工。粗齿浅螺纹能将颗粒土挤压至桩周,与颗粒土的粒径影响不大;在正转上拔过程中粗齿浅螺纹会将进入粗齿浅螺纹内的颗粒土挤推至桩孔的周壁颗粒土内,类似挤密的作用,用结合子螺纹钻头时,由于钻头顶呈锥形,在正钻上拔过程还可二次将颗粒土挤推至桩孔的周壁颗粒土内,呈现钻头上拔的桩孔被压灌混凝土充填。

因为常规的长螺旋桩机的钢板正旋深螺纹的刚度小,进入深螺纹托着颗粒土上拔,须沿桩孔外周截面剪断颗粒土力太大,深螺纹的螺叶变形破坏,尤其是较大粒径的颗粒土,所以不适用在山丘地基颗粒土地层施工。如果要用长螺旋桩机施工,必须改为粗齿形螺叶浅螺纹的长螺旋桩。

4. 大扭矩嵌岩长螺旋桩(以温州长城基础公司研发的桩机为例)

由温州长城基础公司研发的大扭矩长螺旋嵌岩灌注桩该桩机已成功应用于工程(图 8-10),正在研发生产的螺旋钻杆接长技术可达到施工桩长 $L \geqslant 120$ m 的能力。快速旋转接杆技术方案,采用三杆快速旋转接杆,每杆接长 40 m,三杆旋转快速接长可达到 120 m。旋转动力头有双电机与四电机两种,最大旋转扭矩可达 1 000 kN·m。

桩架由单立柱二肢斜撑组成稳定三角面,固定在桩机底盘上,三点均可各自调节水平的桩机立架。由于大扭矩要求,立架的单立柱加强为双立柱,增加传递扭矩的支座由立架的双立柱承担,保证最大扭矩正常发挥,桩机上设有旋转接长的装置,满足超长桩施工的要求。

图 8-10,在山丘地基的颗粒土地层施工因扭矩大,加压旋拧可以穿越,长螺旋的加厚螺叶强度可以剪断颗粒土而不变形,配以大的上拔力,图 8-11,嵌岩钻头可以穿越颗粒土地层、穿越不同风化的硬质岩层,可以进入中风化 0.3~0.8 m 的浅层嵌岩施工,加强螺叶钻杆的刚度,可施工大直径(0.6~1.2 m)桩径压灌混凝土后插筋灌注桩。

图 8-10   大扭矩长螺旋嵌岩灌注桩机   图 8-11   钻头

大扭矩螺旋的深螺纹的螺叶的截面由平板型改为空心等边三角形截面,进入深螺纹的螺距空间的颗粒土,在正转上拔时,螺距空间的颗粒土沿三角形截面坡度颗粒土滑出螺距空间,压密在桩周的颗粒土地层中的挤压密实的工况,不会形成沿桩周剪切颗粒土。

5. 短螺旋桩

1) 短螺旋桩技术

全桩长螺旋深螺纹旋拧切土,带动深螺纹切土上拔,需要很大的扭矩和上拔力,但目前的桩机配置的动力(主要是扭矩与上拔力不足)限制了应用与发展。

图 8-12(a)为短螺旋桩的施工钻头与钻杆,带结合子的螺纹钻头上接光管钢管钻杆。短螺旋桩是粗齿浅螺纹仅在钻头长度范围的浅螺纹切土带着浅螺纹切入土体上拔,而钻杆并不与桩周土接触,只起到传递旋转扭矩与上拔力的作用,几乎不消耗施工扭矩与上拔力。钻头长度的粗齿浅螺纹旋拧切土,实则是将切入的土体挤密至桩周土层,施工配置的动力(施工扭矩与上拔力)可成倍减小。只要桩机具有足够的高度就可施工相应桩长的短螺旋灌注桩。

长螺旋桩为螺旋取土施工的取土型桩,适合有挤土施工限止的地基与地区施工。而短螺旋桩为挤土施工的挤土型桩,适合具有挤密土层正效应的地基施工。

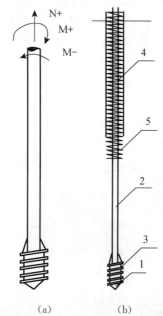

1—结合子钻头;2—光圆钢管钻杆;3—螺纹钻头;4—钢套管;5—深螺纹钻杆

图 8-12　长短螺旋组合的短螺旋桩钻杆

2) 长短螺旋组合的短螺旋桩技术

图 8-12(b)为长短螺旋组合的短螺旋桩,带结合子的螺纹钻头上接光管钢管钻杆。光管钢管钻杆的上段设有钢板螺旋的深螺纹钻杆与常规的长螺旋桩机相同,下段仍为光管钢管钻杆,故称长短螺旋组合的短螺旋桩。施工需用双动力螺旋跟进套管的桩机,钢套管的长度根据限制挤土施工土层要求,如饱和软土地区施工时,钢套管须穿越饱和软土层,以便隔断沉桩挤土对邻周的影响。

因施工螺旋沉拔后插筋灌注桩要看到压灌混凝土出地面方可后插筋,这对存在地下室工程的基坑造成高桩,基坑土方施工挖掘机碰到高桩会产生工程桩倾斜或断裂,需用大量人工凿桩,有的桩还需加固处理。当使用钢套管跟进施工时,桩孔内的压灌混凝土就不需要超灌至地面。由于有钢套管的定位导向作用,钢筋笼插入钢套管内振动沉入要求的高程即可,可降低工程桩的成本,又可保护施工桩不受挖土的影响。

在城市施工中,一般上层为软土挤土施工负效应的土层用钢套管隔离,用长螺旋取出钢套管内的软土,下层一般为软硬土为挤土施工正效应的土层,可挤密桩周土,提高桩的承载力值。重要的是压灌混凝土后插筋技术属于无桩孔工艺,不存在传统灌注桩型桩孔泥浆护壁以及孔底沉渣对桩基承载力的影响,更不存在泥浆污染问题。

8.1.3　双动力(双回旋)潜孔锤凿岩桩机

1. 高效嵌岩的桩机与装备

1) 双动力钢管跟进高效嵌岩的桩机

双动力(双回旋)潜孔锤凿岩桩机在欧洲与日本均有定型钻机,作为部件扩散至韩国有稳定质量的直流电机的生产,将韩国进口的旋转动力头、潜孔锤、合金钻头、螺纹钻杆等部件组装在国产多功能静压桩机上而形成双回旋潜孔锤岩桩机。如图 8-13(a)与图 8-13(c)所示为桩工机械厂组装生产的双回旋潜孔锤凿岩桩机,如图 8-13(b)为我国自主生产的双回旋潜孔锤凿岩桩机。

(a)　　　　　　　　　(b)　　　　　　　　　(c)

图 8-13　双动力钢管跟进高效嵌岩的桩机

2) 双动力钢管跟进高效嵌岩桩机的组成

双旋转动力的潜孔锤套管跟进式施工的桩机,组成的装备作如下简介:

图 8-14 为高效嵌岩桩机的立柱,对照图 8-13 为组成的装备结合的示意图,自上而下的介绍:钢丝绳吊着的是上旋转动力头,上旋转动力头连接的螺纹钻杆穿过下旋转动力头并进入下旋转动力头连接的钢套管,螺纹钻杆连接的潜孔锤与潜孔锤套筒与凿岩钻头进入钢套管至地面,上旋转动力头正转(顺时针旋转)带动螺纹钻杆、潜孔锤、嵌岩钻头

进入土层,同时下旋转动力头带动钢套管反转(逆时针旋转)跟进入土层,上旋转动力头带动螺纹钻杆正转入土,沿螺叶上升的土体经过下旋转动力头的出口处开启门盖排至地面。

图 8-16 为潜孔锤安放在潜孔锤套内的剖面示意图,在高压缩空气作用下,高频锤击凿岩每击一次产生的岩石粉末通过锤套与潜孔锤之间的空隙排出,随着上、下旋转动力头的旋转,潜孔锤不断高速凿岩。

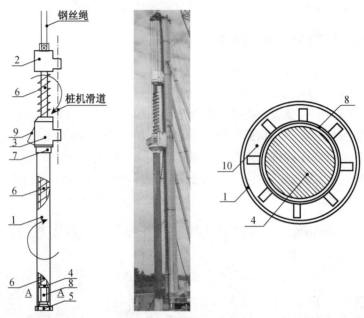

1—钢模管;2—上旋转动力头;3—下旋转动力头;4—潜孔锤;5—嵌岩钻头;
6—螺纹钻杆;7—钢模管与下旋转动力头连接卡扣;8—潜孔锤套筒;9—出土口;11—钢套筒与锤套间隙

图 8-14　部件组成示意　　图 8-15　桩机立柱　　图 8-16　剖面示意图

为说明双动力凿岩桩机分别介绍图 8-17 中列出的部件:上旋转动力头,带动螺纹钻杆正转(顺时针转)旋拧带动潜孔锤与嵌合金的钻头沉入土层;下旋转动力头带动钢套管反转(逆时针转)沉入土层;螺纹钻杆带动潜孔锤、合金的钻头与锤套穿过下旋转动力头进入钢套管内。桩机上的零部件完成连接,待机的双动力凿岩桩机进入开机施工。

（a）上旋转动力头　　　　（b）下旋转动力头　　　　（c）潜孔锤

(d) 锤套　　　　　　　(e) 合金的钻头

图 8-17　双动力凿岩桩机主要部件

　　3) 嵌岩的潜孔锤的高效率的性能

　　现场实测 10 分钟可穿越≥4 m 的道渣填土,≥3 m 的颗粒土(砂层、砾砂、碎石、卵石、圆砾),≥0.5 m 硬质岩层(中风化、未风化)。施工效率如此之高,主要依靠镶嵌合金的钻头旋转高频凿岩,动力以高压高频的压缩空气为主。归纳为潜孔锤高速凿岩的作用,常规工程应用的压缩空气的压力为 0.6 MPa,而高压潜孔锤的压缩空气的压力为 1.2~2.4 MPa,常用的潜孔锤的压力 1.8 MPa。例如,在宁波西店某工程海涂上分布有从临近山上滚下的直径 9 m 的孤石,呈悬浮在淤泥的状态,场地上拟建高层建筑,桩基必须穿越 9 m 直径的孤石,施工现场采用0.8 m 直径潜孔锤穿越孤石不到 3 h,高效嵌岩,成功解决该桩基难题。

　　4) 装备

　　(1) 主要零部件:潜孔锤、上旋转动力头、下旋转动力头、镶嵌的合金的钻头等。

　　(2) 桩机的生产厂家:高效嵌岩的桩机主要零部件包括上旋转动力头、下旋转动力头、潜孔锤以及镶嵌的合金的钻头,21 世纪初均从韩国引进,由国内桩工机械厂配套成整机,当时在国内还没有生产整机的生产厂家。韩国并不生产超强嵌岩灌注桩的整机,只生产相关的上述装备及钻杆。之后 10 年上述的主要装备均能在国内桩工机械生产厂家生产,尤其是多家生产的潜孔锤产品品种多质量很好。图 8-17(c)是上海振中与日本合资生产的,旋转动力头的生产与长螺旋桩机生产是合一的,目前旋转动力扭矩最大的为温州长城基础公司生产,最大扭矩可达 1 000 kN·m。

　　桩机为多功能静压桩机,配以上述装备即为高效嵌岩的桩机,有液压步履移位行走的,多功能静压桩机底盘上配履带行走的移位方便,稳定性不及液压步履移位稳定。

　　5) 辅助装备与应用成本

　　桩机要求的动力电一般工程都能够满足,而工程嵌岩用电量比桩机用的动力电还要大,需要由工地多台发电机组发电补充 3~4 台压缩机联动供气,方能满足工程施工压力高压缩空气的供气。既需要多台空压机联动供气与多台发电机组联动供电,也使工地发电的成本成倍高出电力公司供电成本,相比于常规的桩机施工达到工程要求的嵌岩深度,高效嵌岩在满足工程要求的岩石内嵌入深度,其价格成本更高,而冲孔灌注桩的冲孔施工是不可能达到嵌岩深度的,即使刚到中风化浅层其价格成本也不低,因此造成嵌岩的成本比常规的桩价格要高。

　　2. 钢套管的连接与接长

　　1) 钢套管的接长

　　图 8-18 为钢套管连接与接长的护壁钢套管示意图,仅需将标准段钢套管底插口插入

钢套管的上口小角度旋转,标准段钢套管之间的接长也是底插口插入上口小角度旋转接长,如图8-18所示,桩机的下旋转动力头的底部焊接标准段钢套管的短节底插口,能够方便地将钢套管接长或脱离。

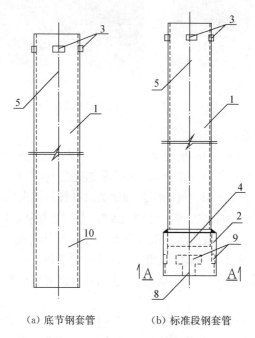

(a) 底节钢套管　　　　(b) 标准段钢套管

1—钢模管;2—套管;3—矩形凸块;4—中心小孔;5—小凸点;8—竖槽;9—横槽;10—标准段钢模管

图8-18　钢模管构造图

2) 钢套管的连接说明

下旋转动力头的底部短截标准段钢套管的底插口的槽口对准底节钢套管的上口凸钢板插入,至槽口转动即连接上,起动下旋转动力头反转(逆时针转)将钢套管沉入土层,需要再接长,须将下旋转动力头的底插口的中轴线上的点4转至底节钢套管中轴线上的点5在一条中轴线上,即可上拔使下旋转动力头的底插口脱离底节钢套管的上口,吊起标准段钢套管按上述插口插入的相同实例插接说明例完成底节钢套管与标准段钢套管的接长,下旋转动力头的底插口插入标准段钢套管的上口,可继续反转(逆时针转)将钢套管沉入土层,直至沉入土层钢套管入土深度满足工程要求终止。

施工中的钢套管接长或钢套管的连接脱离,反转(逆时针转)上拔,将钢套管拔出土层回收,均用上述插口连接,上下对准中轴线脱离连接方便高效。

8.2　干取土的装置

干取土根据装置与原理不同可分为三种,三种干取土均在护壁钢模管内完成取土作业。如图8-19所示筒式取土装置,进入钢模管内的土体取土,是施工圆形截面灌注桩的取土装置。矩形钢模管内提土装置进入矩形钢模管内进行提土,是施工矩形截面灌注桩、T

形与工形截面灌注桩的取土装置。在护壁矩形钢模管内插入排土装置,启动高频振动锤使钢模管内的土体在加压的高频振动,使钢模管内的液化的土体在密封的压力作用下,将钢模管内的液化土体由排土口排至地面弃土,是可液化土体(主要指软土)施工各类截面的灌注桩,压灌取排土同步施工装置。

8.2.1　筒式取土装置

1. 筒式取土装置的构造与原理

1)装置的构造

图 8-19(a)筒式取土装置由两个相同的半圆筒合上成为整圆筒,圆直径 600~900 mm分开为两个半圆筒,圆筒的长度 6~9 m。顶面与底部均设有上、中、下三道锁口组成圆筒,开启锁口可沿圆筒顶部连接铰开启,沿顶铰轴转动开启见到的土柱体。底部设有流动土的取土器,设有活动翻板,进入筒式取土器的土体,上提时活动翻板封闭土柱体下落,提出钢模管内筒式取土器至地面,开启三道锁口,用吊机吊上合的半圆筒,即见到向上开启显示下底半圆筒卧着的土柱体,筒体横向开启显示的土柱体,取出的土柱体在场地的堆放。

为达到连续取土与弃土,施工时宜使用两套如图 8-19 所示的筒式取土器,可同时取土与弃土,提高工效。当桩的持力层为硬土层,采用 E 型底的筒式取土器,利用土塞保持取的土体不下落,(e)图左侧为灰绿色硬土,右刷褐黄色硬土。施工中需按土性配备相应的筒式取土器,筒式取土器的长度一次取土深度 6~9 m。

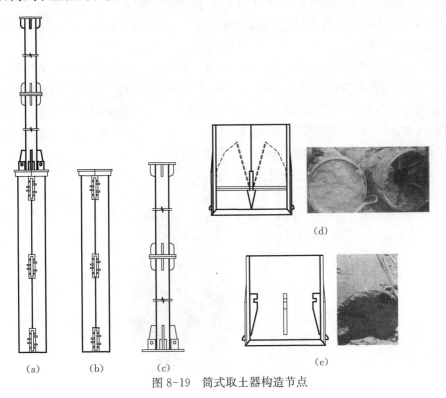

(a)　　　(b)　　　(c)　　　(e)

图 8-19　筒式取土器构造节点

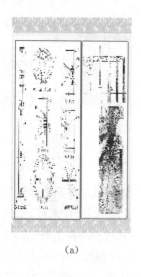

（a）　　　　　　　　（b）　　　　　　　　（c）

图 8-20　筒式取土器应用实例

2）装置的原理

根据饱和软土的流动性与土层的软硬，不让进入筒式取土装置内的土体脱落，装置底部设置活动翻板，沉入土层时活动翻板自行开启，提出土体时活动翻板在土体重力下滑时关闭翻板。考虑到流动土不能让空气进入取土装置的底部，但抽真空状态时又很难将筒式取土装置上拔，所以在筒式取土装置内贴边设有 6 寸细管，高出筒式取土装置 200 mm，细管直通装置的底部，让上部空气进入装置的底部，消除负压影响。

对于一般土主要靠装置的底部焊接钢板的摩擦力与土塞作用，保持进入装置的土体不下落。

2. 深层土体的取出

筒式取土器的长度一次取土深度 6～9 m，超出筒式取土器的长度则用接长杆，接长杆由 Φ180～Φ220 钢管两端焊接圆形端钢板，上端圆形端钢板留有 4 个挂钩翻板的槽口，底端有 4 只铰接的翻板，其中上下端的连接如图 8-21(b)所示。考虑到在接长杆沉入土层的压杆稳定性，在 Φ180～Φ220 钢管的中部焊接 4 块各为 90°的三角形钢板支承在钢模管的内壁上。利用接长杆装置，可稳定提取 60～70 m 的超深土体。

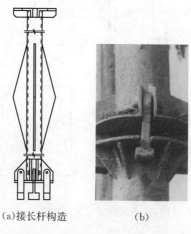

（a）接长杆构造　　　　　（b）

图 8-21　接长杆及连接节点示意图

3. 适用条件

适用于圆形截面灌注桩,地质土层为淤泥、淤泥质黏土、淤泥质粉质黏土、黏土、粉质黏土、粉土等。不适于颗粒土(砂、砾砂、卵石、碎石、圆砾等)地层施工,颗粒土适用冲抓取土。

8.2.2　干提土装置

1. 干提土装置的构造与原理

1) 干提土装置的构造

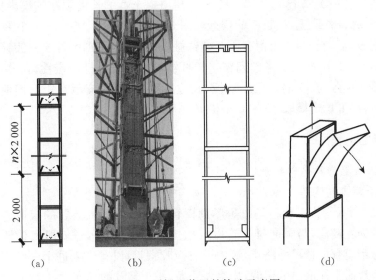

图 8-22　干提土装置的构造示意图

干提土是从矩形截面钢模管中提出干土的装置,由图 8-22(a)所示的矩形截面的短边为 2 块厚 12～15 mm 的整块钢板,底部为活动翻板,顶部为与接长杆连接的留有翻板槽口的钢板。12～15 mm 整块钢板沿长度方向间隔 2 m 设置一道格挡板,间隔设置活动翻板,也可仅在底部设置活动翻板,其余可不设置。由图 8-22(b)为从矩形钢模管中提出管口的土体。

图 8-22(c)为无格挡的干提土装置,矩形截面的短边为 2 块厚 12～15 mm 的整块钢板与后侧侧面厚度 8～10 mm 整钢板,焊接成 ∏ 形,底部为活动翻板,顶部为与接长杆连接的留有翻板槽口的钢板,前侧全长无格挡连接。提土装置的矩形截面尺寸比钢模管内壁的净尺寸小 30～50 mm。

2) 干提土装置的原理

当矩形钢模管中的土体进入干提土的装置内,由底活动翻板封底支托,装置内土体由钢模管内壁的护壁作用,保证进入装置内的土体按图 8-22(b)从矩形钢模管中提出土体。

2. 提出土体的弃土

1) 有格挡提土器的弃土

有格挡提土器从矩形钢模管中提出管口的土体,须由安装在桩机上的推土装置配合逐格将提土装置中的土体推出进入滑槽弃土,该推土装置最好由计算机进行控制操作。

2) 无格挡提土器的弃土

当没有推土装置则选择无格挡提土器,将无格挡提土器从矩形钢模管中提出管口的土体。提土器在振动上拔力作用下,装置内土体离管口距离加大而失稳弯曲向无格挡侧倒向场地而弃土。

无格挡提土器在钢模管内时,无论提土器如何上拔或振动,无格挡的空面侧是受钢模管内壁的扶土,土体不会流失,全部留在提土器内。当提土器提出钢模管的上口,由于没有扶土的内壁约束,随着离管口的距离加大,在振动力作用下提土器内的土体会失稳,向无格挡的空面失稳倾倒成为自然弃土。

3. 矩形钢模管内深层土体的提出

提土器的长度一次取土深度 12～15 m。超出提土器的长度须在钢模内提取深部的土体,则须用接长杆接长取土,接长杆的构造如图 8-21(a)所示。接长杆在 Φ180～Φ220 钢管两端焊接端钢板,上端的端钢板留有 4 个挂钩翻板的槽口,底端设置 4 只铰接的翻板,上下端的连接如图 8-21(b)所示。考虑到在接长杆沉入土层的压杆稳定性,在 Φ180～Φ220 钢管的中部焊接 4 块各为 90°的三角形钢板(长边板与短边板)支承在矩形钢模管的内壁上。利用接长杆装置,可稳定提取 60～70 m 的超深土体。

8.2.3　干排土装置

1. 干排土装置的构造与原理

1) 干排土装置的构造

如图 8-23 所示干排土装置是由矩形钢模管中的土体进入装置的矩形进土段,连接进土段与排土管为变径段,与竖向排土管以及出土管组成。矩形进土段底设活动翻板,矩形尺寸略比矩形钢模管内壁尺寸略小,缝内设有橡胶密封,设有进入进土段底部的空气立管,留有没有排至地面土体取出的留洞,排出泥土条,排土装置的长度 12～18 m,只能施工排土深度≤12～18 m 的灌注桩。

2) 干排土装置的原理

采用高频液压振动锤使进入矩形钢模管内土体液化,在密封条件下加压沉入土层。液化的土体进入排土装置的进土段;随着压力加大与装置沉入土层,被液的化土体沿着进土段的变径段,排土管至排土口排至地面。

2. 干排土灌注桩的施工

用干排土施工灌注桩因具有成桩施工效率高可在饱和软土地层施工,但只能施工 12～16 m 的中短长度的矩形截面灌注桩。施工过程中宜配备两套完全相同的干排土装置,一套正在排土施工,另一套正在将提出管口的排土装置,进行人工排除进入装置内的土体清理,为下一桩位施工用。

干排土灌注桩的施工程序:

(1) 在设计桩位去除地表硬土层,露出淤泥质黏土。

(2) 吊着底开口的矩形钢模管,对准桩位中心插入土层,校正垂直。

(3) 振动将矩形钢模管沉入至设计要求的土层深度,此时软土(如淤泥质黏土)进入钢模管内。

(4) 将图 8-23(a)排土装置插入矩形钢模管内,振动加压将排土装置沉入土层,土体由排土口排出至地面(图 8-23(b))。矩形钢模管沉至设计底标高以下 200 mm 停止,将排土装置拔出矩形钢模管并交由地面人员清除装置内的土体。

（5）矩形钢模管内的土体已排土取净，随即在钢模管内放置钢筋笼，浇灌混凝土，振动拔出矩形钢模管即成桩。

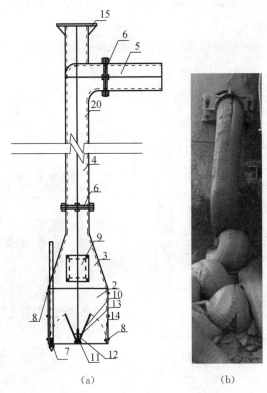

（a）　　　　　　　（b）

2—下端钢模管；3—喇叭管；4—排土管；5—出土管；6—法兰连接；7—通气管；8—橡胶密封圈；
9—取土孔盖板；10—翻板；11—铰轴；12—中间隔板；13—定位钢板；14—内壁搁板；15—顶板

图 8-23　干排土装置示意图

3．适用条件

（1）适用地质条件。适用于深厚软土地层，可用作基坑支护桩、短工程桩或地基处理等。

（2）施工桩长。施工桩长≤12～18 m。

8.3 振动锤

8.3.1 振动锤

振动锤是基础施工中应用广泛的一种沉桩设备。其原理是通过成对布置的偏心体的回转离心运动产生上下振动，从而产生周期性激振力。利用激振力使桩周边的土壤液化，减少土壤对桩的摩阻力，达到使桩下沉的目的。

振动锤不但可以沉预制桩，也可以辅助灌注桩的施工，既可以沉桩也可用于拔桩。

1. 振动锤的构造

振动锤由吸振器、电动机、振动器、夹具等四部分组成,如图 8-24 所示。

(1)电动机。一般采用耐振动性强的电动机,通过 V 带传动直接驱动振动器,也有采用液压马达或内燃机驱动。

(2)振动器。其振子一般采用成对安装的偏心块,其偏心块的同步反向转动产生垂直振动。

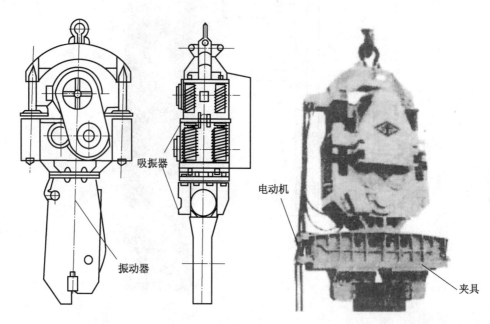

吸振器

电动机

振动器

夹具

图 8-24　振动锤构造示意

(3)夹具。振动锤工作时,靠夹具将桩或成桩设备夹紧,实现振动器与桩的刚性连接,多采用液压缸经倍率杠杆增力夹桩。

(4)吸振器。吸振器是安装在振动锤上部的弹性悬挂装置,防止振动器传递到悬吊它的起重设备上,一般由一组螺旋压缩弹簧组成,依靠弹簧进行吸振。

2. DZ 系列振动锤

DZ 系列振动锤是目前国内应用最广泛的桩基础施工设备,可以用于混凝土灌注桩、钢板桩、工型钢板、碎石桩等施工,具有操作简单、维修方便等优点。为提高振动锤的可靠性和使用寿命,大部分产品均采用耐振电机。DZ 系列振动锤以上海振中机械制造有限公司的 DZP 系列与 DZPJ 系列进行介绍。

1) DZP 系列免共振变频振动桩锤

DZP 系列是由振中机械自主研发的一种性能高效、操作简易的新型产品,其主要特点为(图 8-25):

图 8-25　DZP 系列免共振变频振动桩锤

（1）配备具有振中机械自主知识产权的耐振变频电机，电机使用寿命更长。

（2）控制系统配备变频器和能量转换器，实现频率无级调控和启动、停机时无共振现象。

DZP 系列技术性能参数如表 8-1 所示。

表 8-1   DZP 系列技术性能参数表

项目型号		DZP45	DZP60	DZP90		DZP120KS	DZP150		DZP240KS	DZP500		DZP600
电机功率		45	60	90		60×2	150		120×2	500		300×2
静偏心力矩/(kg·m)		25	37	47	36	71	97	77	142	580	480	560
最大振动频率/(r·min)		1 150	1 100	1 050	1 200	1 000	970	1 100	1 000	680	750	750
激振力/t		37	50	58		80	106	105	160	300		350
空载振幅/mm		8.9	9.8	10.2	7.8	8.3	14	12	8.3	20.5		19.5
空载加速度/g		13	13.5	12.1		9.3	14.9	15.7	9.3	10.6		12.1
允许最大压力/t		10	10	16		25	—		40	—		—
允许最大拔力/t		20	20	25		40	40		80	120		140
振动质量/kg		2 800	3 744	4 560		8 610	6 900	6 750	17 220	28 300		28 725
总质量/kg		3 820	5 109	6 160		11 780	8 800	8 650	21 500	35 900		32 640
外形尺寸	长/mm	1 190	1 370	1 523		3 120	1 975		3 585	2 580		3 060
	宽/mm	1 100	1 250	1 250		1 690	1 425		1 746	2 241		1 910
	高/mm	2 340	2 395	2 330		2 540	3 061		3 470	5 185		6 690

备注：该部分资料由上海振中机械制造有限公司提供。

2）DZPJ 系列变频变矩电驱振动桩锤

DZPJ 系列产品的机构特点是利用液压控制偏心力矩变换装置，实现偏心力矩从"零"至设计最大值间可任意无级调节。无级可控调节偏心力矩和频率在振动锤上得到应用，显示了极大的优越感（图 8-26）。其主要特点为：

（1）桩锤在偏心力矩为"零"的状态下启动，有效地减少启动时电流对电网的冲击，节能效果明显；

图 8-26   DZPJ 系列变频变矩电驱振动桩锤

（2）实现"零"启动，"零"停机，克服带偏心力矩启动和停机时产生的共振，防止了由共振产生的噪音和对其他设备零部件产生破坏现象的发生。

（3）可以在机器运行过程中方便自如地调节偏心力矩，以适应不同土性的土层中沉拔桩施工，从而达到理想的沉拔桩速度和效率。

（4）可实现在激振力恒定不变情况下的小振幅高频率振动，使振动波衰减加快，极大地减少振动危害，符合环保要求。

（5）大型振动桩锤激振器采用卧式结构，整机重心低，稳定性好，配以横梁式减振系统，使整机高度大幅度减小。

DZPJ 系列技术性能参数如表 8-2 所示。

表 8-2　DZPJ 系列技术性能参数表

项目型号		DZPJ90	DZPJ90KS	DZPJ120	DZPJ120KS	DZPJ200W	DZPJ500W
电机功率/kW		90	45×2	120	60×2	200	500
静偏心力矩/(kg·m)		0~41	0~61	0~70	0~70	0~280	0~580
振动频率/(r·min)		880~1 100 1 100~1280	800~950 950~1 200	800~1 000 1 000~1 200	800~1 000 1 000~1 200	500~660 660~780	560~680 680~1 000
激振力/t		0~56	0~61	0~78	0~78	0~137	0~300
空载振幅/mm		0~8.0	0~7.0	0~9.6	0~7.5	0~20.1	0~18.2
空载加速度/g		10.6	7.0	10.9	8.4	10.6	9.4
允许最大拔力/t		25	30	40	40	60	120
振动质量/kg		5 100	8 715	6 982	9 330	15 000	31 807
总质量/kg		6 300	10 577	8 948	11 192	19 600	40 155
外形尺寸	长/mm	1 520	2 580	1 782	2 780	3 216	3 034
	宽/mm	1 265	1 465	1 650	1 565	1 628	2 210
	高/mm	2 747	2 516	2 817	2 616	4 006	5 005

3）EP（DZJ）系列偏心力矩无级可调电驱振动锤

EP（DZJ）系列偏心力矩无级可调电驱振动锤是住建部科技成果推广项目，出口日本被誉为"新时代桩锤"。偏心力矩无级可调电驱振动锤最大特点是利用液压控制偏心变换装置，可实现"零"启动，"零"停机及运行过程中从零至最大值之间任意无级调节偏心力矩（图 8-27）。

EP（DZJ）系列偏心力矩无级可调电驱振动锤的特点：

图 8-27　EP（DZJ）系列偏心力矩无级可调电驱振动锤

（1）实现在无偏心力矩条件下启动，解决了大量使用振动锤带偏心力矩启动而需要大容量电源的问题。

（2）实现"零"启动"零"停机，克服带偏心力矩启动和停机时产生的共振，防止了由共振产生的噪音和对其他设备零部件产生破坏现象的发生。

（3）可以在机器运行过程中方便自如地调节偏心力矩，以适应不同土性的土层中沉拔桩施工，从而达到理想的沉拔桩速度和效率。

（4）大型振动桩锤激振器采用卧式结构，整机重心低，稳定性好，配以横梁式减振系统，使整机高度大幅度减小。

EP（DZJ）系列技术性能参数如表 8-3 所示。

表 8-3　EP(DZJ)系列技术性能参数表

项目型号	EP120 (DZJ90)	EP160 (DZJ12)	EP200 (DZJ150)	EP240 (DZJ180)	EP320W (DZJ240W)		EP400W (DZJ300W)		EP650W (DZJ480W)		EP800W (DZJ600)	EP1300 (DZJ480×2)
电机功率/kW	90	120	150	180	240		300		240×2		300×2	960
静偏心力矩/(kg·m)	0～41	0～70	0～77	0～150	0～300	0～220	0～400	0～300	0～580	0～480	0～560	0～1 160
振动频率/(r·min)	1 100	1 000	1 100	860	690	810	660	760	680	750	750	680
激振力/t	0～56	0～78	0～104	0～124	0～610		0～195		0～300		0～350	600
空载振幅/mm	0～8.0	0～9.7	0～10.0	0～13.3	0～18.4	0～13.5	0～18.5	0～14.0	0～22.0	0～18.1	0～21.2	13
允许最大拔力/t	25	40	40	60	90		90		120		180	360
振动质量/kg	5 100	7 227	7 660	11 320	16 280	15 800	21 600	21 000	32 000	31 700	27 300	9 400
总质量/kg	6 300	8 948	9 065	13 640	21 500	21 100	28 300	27 700	40 100	39 800	37 900	11 600
最大空载加速度/g	10.9	10.8	13.5	11	10.0	10.2	9.0	9.2	9.4	9.5	13.4	6.4
外形尺寸　长/mm	1 520	1 782	1 930	2 450	2 490		2 697		3 254		2 800	4 000
宽/mm	1 265	1 650	1 350	1 630	1 730		1 880		2 160		2 160	4 300
高/mm	2 747	2 817	3 520	3 850	3 660		4 710		5 255		7 800	8 900

备注:该部分资料由上海振中机械制造有限公司提供。

ZYJ-Ⅱ标准家具

ZYJ-ⅤU型板装夹具

ZYJG-Ⅱ固定PHC管夹具

ZYJG₂-Ⅱ活动钢管夹具

ZYJG₂-Ⅵ活动钢管夹

图 8-28　夹具

4. 液压夹具系统

与振动锤相配套的夹具以上海振中机械制造有限公司进行举例说明,详见上海振中的夹具型号及技术性能参数如表 8-4 所示。

表 8-4　上海振中机械夹具性能参数

项目　型号	标准夹具					固定夹具			活动钢管夹具							
	ZYJ-I	ZYJ-II	ZYJ-III	ZYJ-IV	ZYJ-V	ZYJG-I	ZYJG-II	ZYJG-III	ZYJG2-I	ZYJG2-II	ZYJG2-III	ZYJG2-IV	ZYJG2-V	ZYJG2-VI	ZYJG2-VII	ZYJG2-VIII
额定压力/MPa	14	18	14	14	18	14	24	24	10	14	14	14	14	14	28	14
最大夹紧力/kN	580	865	1 330	1 544	1 750	915	230	230	1 040	1 040	1 400	2 670	2 670	3 660	3 200	4 680
可夹板厚/钢管尺寸/mm	$h<50$	$h<50$	$h<50$	$h<50$	$120<h<360$	$\Phi529\sim630$	$\Phi300\sim400$	$\Phi500\sim600$	$\Phi500\sim1\,200$	$\Phi600\sim1\,200$	$\Phi600\sim2500$	$\Phi700\sim1\,800$	$\Phi700\sim3\,000$	$\Phi1\,032\sim2\,032$	$\Phi1\,032\sim2\,030$	$\Phi1\,100\sim3\,000$
质量/kg	670	1 050	1 750	1 625	1 850	1 350	2 700	2 800	2 900	3 000	3 500	5 900	6 500	10 484	6 285	14 800
可配振动锤型号	DZP60	DZP120 EP120 DZPJ90	DZP120 EP200 DZPJ120	DZJ100	EP200 EP240	DZP60 DZP90 EP80 DZPJ60 EP120 DZPJ90	DZP90 DZPJ120 EP120 DZPJ90 DZPJ150 DZPJ150	DZP90 EP120 DZPJ90	DZP120 DZP150 DZPJ180 EP200 EP240W	DZP240 EP200W EP320W	DZP300 DZJ300	YZPJ200	EP650W DZP500 DZP600 DZPJ480			

5. 振动锤的选用

选用振动锤时需要考虑离心力、振幅等参数的影响,还需考虑其土质的状况。振动锤在各种土中下沉时振动锤主要参数选择范围如表 8-5 所示。

表 8-5　振动锤主要参数选择范围表

土的种类	振动频率 ω/s^{-1}	振幅 A/mm	激振力 P 超出振动体总量的范围	连续工作时间 t/min
饱和水分砂质土	100~120	6~8	10%~20%	15~20
塑性黏土及砂质黏土	90~100	8~10	25%~30%	20~25
紧密黏土	70~75	12~14	35%~40%	10~12
砂夹卵石土	60~70	15~16	40%~45%	—
卵石夹砂土	50~60	14~15	45%~50%	8~10

备注:该部分资料由上海振中机械制造有限公司提供。

8.3.2　潜孔锤

(1) 工作原理。由空压机提供的具有一定压力的空气,带动潜孔锤缸体内的活塞做轴向反复运动,使潜孔锤体端部的刀头在旋转的同时,产生冲击效能,从而对岩土施以粉碎破坏,达到入岩功能。潜孔锤基本组成有上接头、逆止阀、弹簧机构、活塞缸、配气座、导向机构及钻头等组成(图 8-29)。各家厂家因型号不同,组成部件存在个别差别,但基本组成相同。

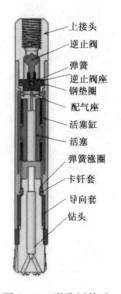

上接头
逆止阀
弹簧
逆止阀座
钢垫圈
配气座
活塞缸
活塞
弹簧涨圈
卡钎套
导向套
钻头

图 8-29　潜孔锤构造　　　　图 8-30　NV 系列潜孔锤

(2) 以上海振中机械制造有限公司生产的 NV 系列新型潜孔锤为例进行介绍(图 8-30),技术参数性能如表 8-6 所示。

表 8-6　上海振中 NV 系列潜孔锤性能参数表

项目 型号	NV-35		NV-45		NV-55		NV-65	
凿头的适用范围	Φ300～Φ370		Φ380～Φ450		Φ460～Φ650		Φ660～Φ900	
标准单独凿头直径/mm	Φ300	Φ345	Φ380	Φ450	Φ530	Φ630	Φ730	Φ880
液浆	并用型		并用型		并用型		并用型	
总长/mm	2 085		2 085		2 385		2 550	
重量/kg	760	780	1 360	1 400	2 180	2 270	—	—

备注：该部分资料由上海振中机械制造有限公司提供。

参 考 文 献

［1］史佩栋. 桩基工程手册(桩和桩基础手册)［M］. 北京：人民交通出版社，2016.

［2］中华人民共和国建设部. JGJ 33—2012　建筑机械使用安全技术规程［S］. 北京：中国建筑工业出版社，2012.

［3］孔超. 高频振压干排土灌注桩的成桩装置与方法：中国，201010520402.6［P］. 2011-04-13.

［4］孔超，龚迪快. 一种钢管护壁超强嵌岩灌注桩的成桩装置与方法：中国，201310116046.5［P］. 2013-06-26.

［5］孔超. 旋压凿岩植入嵌岩预应力管桩：中国，201310116081.7［P］. 2013-06-19.

［6］孔清华. 干作业钢筋混凝土灌注桩的成桩装置：中国，200820086191.8［P］. 2009-03-04.

［7］孔超. 干取土咬合型矩形灌注桩成桩装置与成桩方法：中国，201010040026.0［P］. 2010-07-14.

［8］孔超. 一种干取土矩形灌注桩成桩装置与成桩方法：中国，2010100400228.X［P］. 2010-07-14.

附录　专利技术选编

本章提要

本附录为作者近8年来的一些发明专利说明书的选编。与建筑工程桩相关的有:石料高填土的成桩装置与方法、钢管护壁旋挖取土灌注桩、螺旋沉拔后插筋挤密桩、带螺纹的灌注桩、双动力潜孔锤凿岩的高效嵌灌注桩与植入岩层的高强预应力管桩等;用于基坑工程围护桩的有矩形、T形、工形截面的灌注桩、圆形截面与矩形截面的无缝刚性咬合的支护桩、用双模管互导施工的地下连续墙等,既有建筑地基加固的技术有注浆锚扦桩、病桩治理等。

作者把专利说明书编入本书是希望对桩基技术深入研究的人员能直接了解技术的核心,对加速桩基技术的发展有帮助。具体说明书登陆专利检索网站www.soopat.com,根据专利授权号进行详细查询了解。

A.1　建筑桩基的工程桩技术

A.1.1　劈山填海高填方地基的成桩装置与成桩方法

发明人:孔超,孔红斌;专利权人:孔超

专利类型:发明专利;专利授权号:201010040027.5

专利技术网址:http://pdf.soopat.com/TiffFile/PdfView/BEEA555C2AC3ADBF84FC21449884B1B29A9B42714440D3DC

1. 技术领域

本发明涉及一种土木建筑工程的桩基础,尤其是涉及一种劈山填海高填方地基的成桩装置与成桩方法;它适用于沿海发达地区因高速建设发展受到土地资源制约而向海洋发展填海造地与海岛建设工程。

2. 背景技术

随着国家现代工业化高速建设发展的进展,土地资源成为主要问题;尤其是沿海发达地区高速建设发展受到土地资源的制约,向海洋发展填海造地与加速海岛建设工程成为当前解决土地资源的一个重要途径。向海洋开发工程中的填海造地与海岛建设的劈山填海造地均涉及高填方地基桩基工程问题。

劈山填海造地工程中抛入海洋的石料大小不一,较大的石料一般直径超过1 m,而填方

厚度通常为 $10\sim25$ m,对于高填方地基最厚可达 30 余米。

所述填方抛石多数落在海相沉积的厚层软黏土上;该填方抛石也有可能落在海相沉积的粉细砂上,但几率极小。绝大部分落在海相沉积的厚层软黏土上,而且该软黏土的渗透系数极小,在高填方自重作用下厚层软黏土的固结时间很长,少则几年、多则十余年;又高填方地基还不能承受建造高重建构筑物的要求,必须将高重建构筑物的荷载穿越高填方地基后进入坚硬土层上。

而目前各类桩基在穿越高填方地基时均存在较大的施工技术难度,为此制约了向海洋开发工程的进程。

3. 发明内容

本发明所要解决的技术问题就是针对上述现有技术的现状而提供一种可方便穿越高填方地基进入坚硬土层的劈山填海高填方地基的成桩装置与成桩方法。

本发明为解决上述技术问题所采用的技术方案为:一种劈山填海高填方地基的成桩装置,其特征在于:

(1) 包括一引孔杆以及与该引孔杆相连接的液压抱杆顶升装置;

(2) 所述引孔杆由厚壁钢管与其底部的实心钢锥体焊接组成,该实心钢锥体的尖端镶焊硬质合金钢锥尖;

(3) 所述液压抱杆顶升装置由各带锁紧油缸的一对钢制夹具构成;该钢制夹具底部对称设置有两个顶升油缸,该顶升油缸置于施工桩机的底盘上;

(4) 所述厚壁钢管与所述钢锥体之间的连接处设置有多个沿圆周等分的并轴向布置的三角肋钢板。

以上采用引孔杆以及底部锥体的合金钢锥尖,可容易地将大直径块石击碎并刺入填方石料中,因而可方便穿越高填方地基的底部。

所述引孔杆的最大直径设置为小于所述高填方地基的成桩孔直径 5 厘米。其作用是可有效减少拔出引孔杆时的阻力。

所述三角肋钢板设置为 $8\sim16$ 个。设置三角肋钢板有助于所述引孔杆在锤击沉入所述高填方地基过程中的导向作用。

所述三角肋钢板最佳设置为 12 个。这是考虑到尽可能减少三角肋钢板在锤击沉入时所产生的阻力。

一种劈山填海高填方地基的成桩方法,其特征在于:所述成桩方法的步骤是:第一步,将施工打桩机按设计桩位的所述高填方地基定位;第二步,将成桩装置的引孔杆锤击沉入所述高填方地基中,锤击沉入所述引孔杆穿越高填方地基过程,将该高填方石料挤向所述引孔杆周围,同时,所述成桩装置的实心钢锥体挤入所述高填方的填方石料中;当所述钢锥体底部遇有大直径块石时,该钢锥体的合金钢锥尖将大直径块石击碎并刺入所述填方石料中,直至所述引孔杆穿越所述高填方地基的底部;第三步,将所述引孔杆振动拔出;当振动拔出该引孔杆阻力过大时,可开动液压抱杆顶升装置并带动该引孔杆,直至全部拔出该引孔杆,完成引孔工序;第四步,从该引孔中置入钢筋骨架并灌入混凝土。

由于顶升油缸设计行程不可能很大,则可以采用分级顶升方法;分级顶升方法是这样实现的:所述液压抱杆顶升装置的钢制夹具处于锁紧操作时,该夹具抱夹所述引孔杆,然后启动所述液压抱杆顶升装置的顶升油缸,将所述引孔杆顶升上拔至该顶升油缸的设计行程;再放松锁紧油缸,并使该顶升油缸回落至原始位置;然后,第二次令所述钢制夹具处于锁紧操作并抱夹所述引孔杆,然后第二次启动所述液压抱杆顶升装置的顶升油缸,将所述引孔杆第二次顶升上拔至该顶升油缸的设计行程;重复上述过程,直至将所述引孔杆全部拔出。

上述分级顶升的结构与方法简单合理,操作容易。

本发明优点是克服了穿越高填方地基时所存在的施工技术难度,并穿越高填方地基的施工效率高、成本低;其次是为今后的海洋开发工程开拓了一项具有较高经济效益的切实可行的地基施工技术。

A.1.2 一种桩心注浆静压锚杆桩

发明人:孔超,孔红斌;专利权人:孔超

专利类型:实用新型;专利授权号:201010144124.9

专利技术网址:http://pdf.soopat.com/TiffFile/PdfView/D14BA55762F1BA148BC 80380E174E8D64AC2AF2AD387A39C

1. 技术领域

本实用新型专利涉及一种土木建筑工程的桩基础,尤其是涉及一种桩基工程质量较高又可降低工程造价的桩心注浆静压锚杆桩成桩装置。它适用于现有建筑基础托换、房屋增层、房屋倾斜、纠偏、房屋止沉等的基础加固工程;也可用于桩基工程的补桩以及逆作法施工的复合桩基设计与施工的静压锚杆桩基础,通过锚杆桩心注浆,使桩的承载力值大幅度提高。

2. 背景技术

现有土木建筑工程中的静压锚杆桩基础是一种质量可靠的常用的桩型,其相关的国家专业技术规程是YBJ227-91锚杆静压桩技术规程;它适用于基础加固工程和工程补桩;然而,它不是采取桩心注浆装置,所述锚杆静压桩的工程因桩的承载力值未得到有效发挥使工程造价昂贵;由于所述承载力值未得到有效发挥,不得不使设计布桩密度过大,又因桩穿越土层为饱和软土地层挤土,它对相邻建筑物与地下管线影响较大,从而在建筑工程中的应用受到制约。

3. 实用新型内容

本实用新型所要解决的技术问题就是针对上述现有技术的现状而提供一种可提高桩的承载力值同时减小挤土对相邻建筑物影响的桩心注浆静压锚杆桩成桩装置。

本实用新型为解决上述技术问题所采用的技术方案为:一种桩心注浆静压锚杆桩成桩装置,包括标准桩段与底桩段,其特征在于:

(1) 所述标准桩段的断面中心预埋一注浆的硬质塑管,该硬质塑管底端连接有直通空室,该空室垂直方向两侧各设置有桩侧出浆孔;所述标准桩段的顶端四角各设置有锚杆孔,该标准桩段的底端四角各设置有连接孔,该连接孔的轴向位置与所述锚杆孔的轴向位置相对应;

(2) 所述底桩段的断面中心预埋一底部硬质塑管,该底部硬质塑管下端连接一注浆连接管,所述底桩段的顶面四角各设置有底锚杆孔,该底锚杆孔的轴向位置与所述锚杆孔的轴向位置相对应;该底锚杆孔锚入上端带螺母的钢筋该螺母与所述连接孔相配置;所述底部硬质塑管上端连接一注浆短管,该注浆短管位于所述标准桩段与所述底桩段的连接端面之间;该注浆短管套入所述直通空室中,该直通空室的高度大于所述注浆短管的长度;

(3) 所述注浆连接管的径向设置有间隔90°的四个互通的周向出浆孔。

由于采用以上在桩中心预埋注浆管内注入水泥浆液以加固桩周各层土及加固桩端土的桩心注浆施工的成桩装置,实现桩顶与基础用混凝土浇筑成整体,完成静压注浆锚杆桩施工,使桩的承载力值大幅度提高,从而可以减少加固桩数,使工程造价降低。

所述直通空室的圆周方向连通有多个上出浆管。其作用是根据桩穿越土层性质以注浆加固桩周土并提高桩的侧阻力。

所述上出浆管自下而上的孔径设置为 10~6 mm。以实现理想的桩的侧阻力。

所述底部硬质塑管上端连接一注浆短管,该注浆短管套入所述直通空室中,该直通空室的高度大于所述注浆短管的长度。由于注浆短管长度比空室的高度短,所以硫磺胶泥不会堵塞注浆管,以确保全桩长注浆管贯通,标准桩段与底段桩(或上下桩段)由硫磺胶泥紧密结合密缝、不产生漏浆。

所述硬质塑管、所述底部硬质塑管的孔径可以设置为 12~20 mm;最佳设置为 15 mm。所述注浆连接管的孔径可以设置为 22~30 mm;最佳设置为 25 mm。这是为了确保在桩中心注入水泥浆液的质量与效率。

与现有技术相比,本实用新型优点是可根据土层性质选择最有利于注浆加固土层进行桩端持力层和桩周土层的加固,使承载力值得到最有效的提高,从而可减少桩数以降低工程造价,又质量可靠;其次是可以减小挤土对相邻建筑物影响,以保护周围的建设环境。

A.1.3 挤土型钢筋混凝土螺杆桩成桩装置与成桩方法

发明人:孔超;专利权人:孔超

专利类型:发明专利;专利授权号:201110458993.3

专利技术网址:http://pdf.soopat.com/TiffFile/PdfView/67B032E3BC33FF721307
BB3E3F4C7FF709636A26DA23FC6A

1. 技术领域

本发明涉及一种土木建筑工程的桩基础,尤其是涉及一种在深厚饱和软黏土地层中用于支承上部建筑的挤土型钢筋混凝土螺杆桩成桩装置与成桩方法。

2. 背景技术

如中国专利申请号 200610019756.6 的发明专利《螺杆桩、螺纹桩成桩设备及成桩工法》,该成桩设备的结构主要由机体、油缸、液压电机、自动控制设备、输送管道组成,一个动力头安装在所述机体的底座立架上,所述液压电机安装在所述机体底座上,该液压电机通过伸缩油缸与所述动力头相连,钻杆上的卡具与所述动力头的活动卡具相连,混凝土输送管道与内钻杆连接,所述自动控制设备分别与所述液压电机和所述油缸相连。

该发明专利适用于山坡地基的螺纹桩,旋转,将活瓣锥形螺纹的钢模管旋转拧入土层,螺纹钢模管内先灌入一定量的混凝土,反旋过程在管内加压,使管端锥形活瓣打开,使混凝土充填满螺纹钢模管反向旋转上升留出的空间,即成螺纹混凝土桩,采用后插钢筋笼、满足桩体配钢筋的要求。

该 200610019756.6 发明专利《螺杆桩、螺纹桩成桩设备及成桩工法》的优点是动力输出省电省时,施工速度较快;成桩设备采用伸缩式钻杆,钻机钻孔深度大大提高;又实现了混凝土的搅拌,桩的匀质性明显提高。

然而,上述《螺杆桩、螺纹桩成桩设备及成桩工法》的不足之处是:它只适用于山坡地基与砾砂地层,而不能适用于深厚软土地层;其次是它的钢筋放置采取后插筋方式,则钢筋位置与质量控制较困难;其三是它只适用于带锥形的螺纹桩,不能适用于平底形的螺杆桩。

3. 发明内容

本发明所要解决的技术问题是针对现有技术的状况,提供一种适用于深厚软土地层、具有较高的成桩质量与节能效果的挤土型钢筋混凝土螺杆桩成桩装置与成桩方法。

本发明解决上述技术问题所采用的技术方案为:一种挤土型钢筋混凝土螺杆桩成桩装置,包括一穿过桩机底座的钢模管,该钢模管上端配置一旋转动力头;其特征在于:

(1)所述钢模管穿过所述桩机底座并从底部套接一钢筋混凝土桩靴;

(2)该钢模管的管底向上焊接有呈螺纹状的三角形钢条,形成一带外螺旋体的钢模管,该外螺旋体的螺纹圈数必须大于3圈;

(3)所述旋转动力头设置在所述钢模管的管顶上,该旋转动力头的下部设有十字形连接头;所述钢模管顶端焊接一钢箍,该钢箍顶端设有槽口,该槽口(12)与所述旋转动力头的十字形连接头相配合;所述钢箍与所述旋转动力头的底座之间,配置有四个管顶夹钳,该管顶夹钳可以将所述旋转动力头与所述钢模管之间联接成一整体。

置有四个管顶夹钳,该管顶夹钳可以将所述旋转动力头与所述钢模管之间联接成一整体。

为了增大所述钢模管旋转力矩的作用,所述钢模管的中部设有辅助旋转动力装置,该辅助旋转动力装置包括带小齿轮的辅助旋转动力头,该辅助旋转动力头连接一带液压抱管装置的齿轮箱,该齿轮箱的大齿轮与所述小齿轮相啮合;所述钢模管外壁设有贴紧的摩擦瓦,该摩擦瓦连接一抱管千斤顶,该抱管千斤顶固定在所述大齿轮端面上。

为了提高辅助旋转动力装置的传动效率,所述旋转动力头、所述大齿轮与所述钢模管同步旋转。

为了将齿轮箱安装定位于桩机底座上,作为优选,所述齿轮箱设置为方形,该方形的四个边角各设有边孔,该边孔中设有立柱,该立柱固定在所述桩机底座上;该桩机底座上还设有多个回程千斤顶,该回程千斤顶的顶端与所述齿轮箱底面相抵。

为了方便加工,作为优选,所述十字形连接头是用十字形钢条焊接而成。

作为优选,所述槽口设置四个,沿圆周均匀布置。

一种挤土型钢筋混凝土螺杆桩的成桩方法,包括一穿过桩机底座的钢模管,该钢模管设置为底部开口并从管底向上焊接有呈螺纹状的三角形钢条,形成一带外螺旋体的钢模管;该外螺旋体钢模管上部配置一旋转动力头,该钢模管顶端焊接一钢箍,该钢箍顶端设有槽口,所述旋转动力头下部设有十字形连接头,该十字形连接头与所述槽口相配合;所述钢箍与所述旋转动力头的底座之间设有管顶夹钳;所述钢模管的中部设有辅助旋转动力装置,其特征在于:所述成桩方法步骤是

第一步,所述成桩桩位上预埋一钢筋混凝土桩靴;所述旋转动力头过所述管顶夹钳与所述钢模管连接一体,所述桩机底座置于该钢模管底就位,该钢模管再与所述钢筋混凝土桩靴套接;启动旋转动力头,并将该钢模管旋转拧入土层;当进入硬土层工况,如果所述旋

转动力头的动力不足时,开动所述辅助旋转动力装置,以补充动力将所述钢模管拧入土层至设计高程;

第二步,将所述旋转动力头从所述钢模管上口移除,检查该钢模管内是否进水或进泥,并确认没有进水或进泥后,则从所述钢模管的上口置入钢筋笼、灌入混凝土至满管;

第三步,将所述旋转动力头的十字形连接头固定卡入所述钢模管上部的槽口内,再将所述旋转动力头的管顶夹钳夹紧在所述钢模管的上口;反向旋转所述旋转动力头,与此同时,随时检查所述钢模管中混凝土高度,依靠该钢模管内混凝土的自重压力,才能形成所述螺杆桩的外螺旋体轮廓尺寸,一直旋转至将所述钢模管全部离开土层,即形成所述钢筋混凝土螺杆桩。

本发明与现有技术相比,其优点是带螺旋体的钢筋混凝土螺杆桩,可大大提高承载力值;且钢筋与混凝土同时放置,成桩质量佳、环保节能,尤其适用于深厚软土地层与平底形的螺杆桩。

A.1.4　一种干取土钢筋混凝土螺杆桩成桩装置与成桩方法

发明人:孔超;专利权人:孔超

专利类型:发明专利;专利授权号:201110458994.8

专利技术网址:http://pdf.soopat.com/TiffFile/PdfView/67B032E3BC33FF723CF4DD79D1F5E5440B49FEFD4D87E970

1. 技术领域

本发明涉及一种土木建筑工程的桩基础,尤其是涉及一种在深厚饱和软黏土地层中用于支承上部建筑的干取土钢筋混凝土螺杆桩成桩装置与成桩方法。

2. 背景技术

如中国专利申请号 200610019756.6 的发明专利《螺杆桩、螺纹桩成桩设备及成桩工法》,该成桩设备的结构主要由机体、油缸、液压电机、自动控制设备、输送管道组成,一个动力头安装在所述机体的底座立架上,所述液压电机安装在所述机体底座上,该液压电机通过伸缩油缸与所述动力头相连,钻杆上的卡具与所述动力头的活动卡具相连,混凝土输送管道与内钻杆连接,所述自动控制设备分别与所述液压电机和所述油缸相连。

该发明专利适用于山坡地基的螺纹桩,旋转将活瓣锥形螺纹的钢模管旋转拧入土层,螺纹钢模管内先灌入一定量的混凝土,反旋过程在管内加压,使管端锥形活瓣打开,使混凝土充填满螺纹钢模管反向旋转上升留出的空间,即成螺纹混凝土桩,采用后插钢筋笼、满足桩体配钢筋的要求。

该 200610019756.6 发明专利《螺杆桩、螺纹桩成桩设备及成桩工法》的优点是动力输出省电省时,施工速度较快;成桩设备采用伸缩式钻杆,钻机钻孔深度大大提高;又实现了混凝土的搅拌,桩的匀质性明显提高。

然而,上述《螺杆桩、螺纹桩成桩设备及成桩工法》的不足之处是:它只适用于山坡地基与砾砂地层,而不能适用于深厚软土地层;其次是它的钢筋放置方式采取后插筋,则钢筋位置与质量控制较困难;其三是它只适用于带锥形的螺纹桩,不能适用于平底形的螺杆桩;该200610019756.6 发明专利《螺杆桩、螺纹桩成桩设备及成桩工法》属挤土桩,对周边环境与桩质量有均有不利影响。

3. 发明内容

本发明所要解决的技术问题是针对现有技术的状况,提供一种适用于深厚软土地层、具有较高的成桩质量同时又可消除泥浆排放、节水与节能的取土型钢筋混凝土螺杆桩成桩装置与成桩方法。

本发明解决上述技术问题所采用的技术方案为:一种干取土钢筋混凝土螺杆桩成桩装置,包括一穿过桩机底座的钢模管,该钢模管上端配置一旋转动力头;其特征在于:

(1)该钢模管设置为底部开口、并从管底向上焊接有呈螺纹状的三角形钢条,形成一带外螺旋体的钢模管,该外螺旋体的螺纹圈数必须大于3圈;用以确保所述钢筋混凝土螺杆桩的成桩可靠性;

(2)所述旋转动力头设置在所述钢模管的管顶上,该旋转动力头的下部设有十字形连接头;

(3)所述钢模管顶端焊接一钢箍,该钢箍顶端设有槽口,该槽口与所述旋转动力头的十字形连接头相配合;这样,可以使旋转动力头带钢模管一起转动;

(4)所述钢箍与所述旋转动力头的底座之间,配置有四个管顶夹钳,该管顶夹钳可以将所述旋转动力头与所述钢模管之间联接成一整体。

为了增大所述钢模管旋转力矩的作用,所述钢模管的中部设有辅助旋转动力装置,该辅助旋转动力装置包括带小齿轮的辅助旋转动力头,该辅助旋转动力头联接一带液压抱管装置的齿轮箱,该齿轮箱的大齿轮与所述小齿轮相啮合;所述钢模管外壁设有贴紧的摩擦瓦,该摩擦瓦连接一抱管千斤顶,该抱管千斤顶固定在所述大齿轮端面上。

为了提高辅助旋转动力装置的传动效率,所述旋转动力头、所述大齿轮与所述钢模管同步旋转。

为了将齿轮箱安装定位于桩机底座上,作为优选,所述齿轮箱设置为方形,该方形的四个边角各设有边孔,该边孔中设有立柱,该立柱固定在所述桩机底座上;该桩机底座上还设有多个回程千斤顶,该回程千斤顶的顶端与所述齿轮箱底面相抵。

为了方便加工,作为优选,所述十字形连接头是用十字形钢条焊接而成。

作为优选,所述槽口设置四个,沿圆周均匀布置。

一种干取土钢筋混凝土螺杆桩的成桩方法,包括一穿过桩机底座的钢模管,该钢模管设置为底部开口并从管底向上焊接有呈螺纹状的三角形钢条,形成一带外螺旋体的钢模管;该外螺旋体钢模管上部配置一旋转动力头,该钢模管顶端焊接一钢箍,该钢箍顶端设有槽口,所述旋转动力头下部设有十字形连接头,该十字形连接头与所述槽口相配合;所述钢箍与所述旋转动力头的底座之间设有管顶夹钳;所述钢模管的中部设有辅助旋转动力装置,其特征在于:所述成桩方法步骤是

第一步,所述钢模管在设计桩位就位,启动所述旋转动力头,并将该钢模管旋转拧入土层;当进入硬土层工况,如果所述旋转动力头的动力不足时,开动所述辅助旋转动力装置,以补充动力将所述钢模管拧入土层至设计高程;此时,在所述钢模管内进入了满管的土体;

第二步,将所述旋转动力头从所述钢模管上口移除,选择现有设备旋挖机或筒形专用取土器或专用排土装置取净所述钢模管内的土体;

第三步,所述钢模管的上口置入钢筋笼、灌入混凝土至满管;

第四步,将所述旋转动力头的十字形连接头固定卡入所述钢模管上部的槽口内,再将所述旋转动力头的管顶夹钳夹紧在所述钢模管的上口,所述旋转动力头反转;与此同时,随时检查所述钢模管中混凝土高度,依靠该钢模管内混凝土的自重压力,才能形成所述螺杆桩的外螺旋体轮廓尺寸,一直旋转至将所述钢模管全部离开土层,即形成所述钢筋混凝土螺杆桩。

本发明与现有技术相比,其优点是带螺旋体的钢筋混凝土螺杆桩,可大大提高承载力值,并用干取土方法施工灌注桩可节省大量洁净水,节省水资源即可节省大量能耗、是环保节能的技术;其次是适用于深厚软土地层与平底形的螺杆桩,且钢筋与混凝土同时放置,工程质量容易控制;其三是非挤土桩有利于保护施工环境与提高成桩质量。

A.1.5　一种带结合子螺纹桩钻头

发明人:孔超,孔清华;专利权人:孔超,孔清华

专利类型:发明专利;专利授权号:201210112835.7

专利技术网址:http://pdf.soopat.com/TiffFile/PdfView/90A1D6956CDB25C516A9A22766F861A0583F6F44C93356BD

1. 技术领域

本发明涉及一种土木建筑工程的桩基础,尤其是涉及一种在山区地基能穿越厚层砾石层与厚层碎石层、并能高速钻入中风化岩石层施工、又可现浇钢筋混凝土桩的带接合子螺纹桩钻头。

2. 背景技术

现有的如中国专利申请号200610019756.6《螺杆桩、螺纹桩成桩设备及成桩工法》,它的结构主要由机体、油缸、液压电机、自动控制设备、输送管道组成,一个动力头安装在所述机体的底座立架上,所述液压电机安装在所述机体底座上,该液压电机通过所述油缸与所述动力头相连,钻杆上的卡具与所述动力头的活动卡具相连,混凝土输送管道与内钻杆连接,所述自动控制设备分别与所述液压电机及所述油缸相连。该《螺杆桩、螺纹桩成桩设备及成桩工法》适用于山坡地基的螺纹桩;其钢质螺纹钻管的底为扁平式带活门桩尖并与螺纹钻管为一整体,该螺纹钻管旋转拧压进入土层,然后螺纹钻管灌入泵送的混凝土,混凝土由扁平式带活门桩尖的活门口灌入桩孔,继续正转提拔出土层,桩孔内灌满同所述螺纹钻管外径相同的混凝土,然后采用后插钢筋笼,满足桩体配钢筋的要求。

该《螺杆桩、螺纹桩成桩设备及成桩工法》的优点是动力输出省电省时,施工速度较快;成桩设备采用伸缩式钻杆,钻机钻孔深度大大提高;又实现了混凝土的搅拌,桩的匀质性明显提高。

然而,上述《螺杆桩、螺纹桩成桩设备及成桩工法》的缺点是所述带活门桩尖与螺纹钻管为整体,几乎每施工一根桩当提拔出土层时,常常为发生所述钻管的活门板脱落,而在旋压进钻过程中活门板脱落,钻管周围泥土与碎石会通过无门盖的洞口进入,易堵塞旋压钻管内泵送混凝土的通过,则影响桩体质量;所以必须拆卸并要重新安装活门与更换桩尖,而这需要气切割与安装焊接等多个工序才能完成,从而大大影响施工效率。

3. 发明内容

本发明所要解决的技术问题是针对现有技术的状况,提供一种可以确保桩体质量且具

有较高施工效率的带接合子螺纹桩钻头。

本发明解决上述技术问题所采用的技术方案为：一种带接合子螺纹桩钻头,包括一钻管,该钻管连接一镶嵌合金钻头,该钻管上端配有旋转动力头,其特征在于：所述钻管的下段设有外螺纹,该钻管底部与所述钻头上部之间设置一对上下接合子;所述钻头上端轴心连接一圆棒,该圆棒上端焊接有挂板,该挂板底面靠接在位于所述钻管内壁底部的焊接短管上。

由于采用钻管与合金钻头之间设置接合子的分体式结构,可以避免在现有技术中因为活门桩尖与螺纹钻管为整体,当提拔出土层时发生活门板脱落而周围泥土与碎石堵塞旋压钻管内泵送混凝土的通过,从而影响桩体质量与施工效率;而本发明采用接合子分体式结构,在旋压进钻过程中的钻管周围泥土与碎石不为进入,可以确保钻管内泵送混凝土的畅通,从而大大提高桩体质量与施工效率。

为了方便加工,作为优选,所述接合子设置为带斜齿的楔形接合子,该楔形接合子由上楔形接合子与下楔形接合子组成。

为了提供泵送混凝土进入桩孔,作为优选,所述上楔形接合子与下楔形接合子脱离距离 h 为大于 200 mm。

为了提高传动效率,所述接合子设置为带直角齿的锯齿形接合子,该锯齿形接合子由上锯齿形接合子与下锯齿形接合子组成。

为了提供泵送混凝土进入桩孔,所述上锯齿形接合子与下锯齿形接合子脱离距离 h 为大于 200 mm。

作为优选,所述钻头与圆棒的连接方法是通过螺纹连接后再焊接成一体。

本发明与现有技术相比,其优点是可显著提高成桩质量,与此同时,施工效率可提高 1～1.5 倍。

A.1.6　一种钢管护壁超强嵌岩灌注桩的成桩装置与方法

发明人:孔超,龚迪快;专利权人:孔超

专利类型:发明专利;专利授权号:201310116046.5

专利技术网址:http://pdf.soopat.com/TiffFile/PdfView/BD32E3EA518F145A1F67C28F263C173B7F15F82056CAE3D1

1. 技术领域

本发明涉及一种土木建筑工程的桩基础,尤其是涉及一种具有超强能力快速穿越卵石层、碎石层直至进入中风化岩石层的钢管护壁超强嵌岩灌注桩的成桩装置与方法。

2. 背景技术

随着全国城市化的进程,为了保证农业的发展,尽量少占用平原土地,城市建设由平原向山丘地拓展,涉及山丘地的地面起伏大,地基地质条件复杂,且大都是上层为软土层(有时软土层缺失),上层以下为坡积的卵石层、碎石层及不同风化程度的岩石层;而建筑桩基的持力层一般选择中风化的岩石层,则必须穿越所述的卵石层、碎石层及嵌岩;但现有的预制型桩不能穿越该卵石层、碎石层及嵌岩;又现有的泥浆护壁的钻孔灌注桩因传统钻头无法穿越,只有泥浆护壁的冲孔灌注桩可以穿越这些卵石层,碎石层,但不能进入中风化的岩石层,即使这样冲孔灌注桩也效率极低,如果说桩长为 25～30 m,施工周期一般需要 7～10 d,而且该冲孔灌注桩还存在废弃的钻孔泥浆对周围环境的污染问题。

3. 发明内容

本发明所要解决的技术问题是针对上述现有技术现状而提供一种具有超强能力穿越卵石层、碎石层及嵌入岩层又具有较高成桩效率的钢管护壁超强嵌岩灌注桩的成桩装置与方法。

本发明解决上述技术问题所采用的技术方案为：一种钢管护壁超强嵌岩灌注桩的成桩装置，其特征在于，包括连接有螺旋钻杆的上部旋转动力头，该螺旋钻杆呈管状，该螺旋钻杆又穿过下部旋转动力头后依次与潜孔锤及合金嵌岩钻头连接；该下部旋转动力头的底部设有管接头，该管接头与下端设有周向合金钻头的钢管上端套接。

为了实现高效率成桩，上部旋转动力头与下部旋转动力头是相反方向旋转切削岩层，同时与高压空气凿岩联动，以实现超强嵌岩的能力。

为了施工过程排除岩屑与土体，所述下部旋转动力头设有排除岩屑与土体的出土口。

所述管状的螺旋钻杆的内孔中设有高压空气管，该高压空气管与所述潜孔锤相通；在高压缩空气冲击下，实现潜孔锤冲击合金嵌岩钻头凿岩。

所述潜孔锤外周设有锤套，该锤套与所述钢管内壁设有空隙；该空隙用以将岩屑与土体带至下旋转动力头的出土口排出，以顺利完成嵌岩施工。

一种钢管护壁超强嵌岩灌注桩的成桩方法，包括连接有螺旋钻杆的上部旋转动力头与下部旋转动力头，所述螺旋钻杆穿过该下部旋转动力头并且依次与潜孔锤及合金嵌岩钻头连接；该下部旋转动力头的底部设有管接头，该管接头与下端设有周向合金钻头的钢管上端套接，其成桩方法是：

第一步，所述上部旋转动力头连接所述螺旋钻杆、合金嵌岩钻头、潜孔锤与锤套后，从所述钢管的上口插入；同时，所述下旋转动力头与所述管接头连接，并套入所述钢管的上口后在设计桩位就位、校正垂直。

第二步，所述上部旋转动力头带动所述合金嵌岩钻头沿顺时针旋转切削岩层，所述下部旋转动力头带动所述钢管的周向合金钻头沿逆时针方向旋转切削岩层；同时，在所述螺旋钻杆的管内接通压缩空气管，以 2.4 MPa 高压空气进入所述潜孔锤进行凿岩施工，所述旋转切削岩层与所述高压空气凿岩联合动作，将所述钢管送入土层达要求的深度；此时，所述钻凿岩层的石屑与土体从所述钢管内壁与所述锤套之间的空隙进入钢管内，该石屑与土体由所述螺旋钻杆顺时针旋转上推，或者间断上拔该螺旋钻杆，该石屑与土体经过所述下部旋转动力头的出土口排至地面。

第三步，与所述上部旋转动力头连接的所述螺旋钻杆带动所述合金嵌岩钻头、所述潜孔锤及所述锤套拔出至所述钢管的上口，所述下部旋转动力头底部管接头脱离所述钢管的上口；检查该钢管内有否进水？有水按水下混凝土浇筑工艺施工，无水按正常沉管桩工艺施工；然后在所述钢管内置入钢筋笼、灌入混凝土。

第四步，所述下部旋转动力头的管接头套入所述钢管，该下部旋转动力头带动所述钢管沿顺时针方向旋转，再沿逆时针方向旋转，消除该钢管外壁粘着的土后，将该钢管拔出土层，即完成所述钢管护壁超强嵌岩灌注桩。

本发明当应用于厚层软土覆盖的嵌岩施工时，其成桩方法如下：

第一步，所述上部旋转动力头连接所述螺旋钻杆插入钢管的上口后在设计桩位就位、校正垂直。

第二步,所述上部旋转动力头带动所述螺旋钻杆沿顺时针旋转切削软土层上推至下转动力头的出土口排出,所述下部旋转动力头带动所述钢管沿逆时针方向旋压沉入土层至岩层面终止;上部旋转动力头带动所述螺旋钻杆拔出钢管的上口,在螺旋钻杆底部安装合金嵌岩钻头、潜孔锤与锤套后,再从所述钢管的上口插入钢管内,在所述螺旋钻杆的管内接通压缩空气管,以 2.4 MPa 高压空气进入所述潜孔锤进行凿岩施工,所述旋转切削岩层与所述高压空气凿岩联合动作,将所述合金嵌岩钻头送入岩层达要求的深度;此时,所述钻凿岩层的石屑与土体从所述岩孔内壁与所述锤套之间的空隙进入钢管内,该石屑与土体由所述螺旋钻杆时针旋转上推,或者间断上拔该螺旋钻杆,所述石屑与土体经过所述下部旋转动力头的出土口排至地面。

第三步、第四步与上述成桩方法相同。

与现有技术相比,本发明的优点在于:具有正、反双向同时旋转削岩功能以及潜孔锤的锤击岩层功能,从而实现超强的嵌岩与快速穿越能力;与此同时,其成桩效率获得成倍提高;其次是施工全过程实现无泥浆排放,属于绿色环保型的灌注桩施工技术。

A.1.7 同步沉管与旋挖取土的螺纹灌注桩

发明人:孔超;专利权人:孔超,孔清华

专利类型:发明专利;专利授权号:201310116062.4

专利技术网址:http://pdf.soopat.com/TiffFile/PdfView/BD32E3EA518F145A3A0327EC3564E84114D6B0B27FEA6492

1. 技术领域

本发明涉及一种土木建筑工程的桩基础,尤其是涉及一种采用同步旋压沉管与螺旋在管内取土的同步沉管与旋挖取土的螺纹灌注桩。

2. 背景技术

现有桩基础工程中属非挤土性最常用的桩型是泥浆护壁钻孔灌注桩,该泥浆护壁钻孔灌注桩可以根据设计承载力值的要求,方便选取桩径与桩长,无挤土影响,自桩基础采用商品混凝土以来,该桩的混凝土质量可靠性大幅度提高,因而该钻孔灌注桩型在工程中得到普遍应用,如高层建筑桩基础中有 80% 以上的桩是采用泥浆护壁的钻孔灌注桩型。

然而,该钻孔灌注桩在城市施工为产生废弃的钻孔泥浆造成对城市环境的严重污染;该泥浆又流入下水道引起堵塞排水管道;或者排入城市的江河,使江河的河床上升而引起过水断面缩小,由此影响城市的排洪安全;例如施工 1 立方米的钻孔灌注桩的混凝土,须要 7 立方米洁净水,产生 4 立方米废弃的钻孔泥浆;如果说每年应用钻孔灌注桩 30 万根,平均桩径 Φ800 毫米,平均桩长为 50 米,则由此产生 3 000 万立方米的废弃钻孔泥浆,这相当于 3 个杭州西湖的容积;如此大量的废弃的钻孔泥浆,在城市周围根本找不到可储存的地方。

其次,现有的泥浆护壁钻孔灌注桩其工艺方法与施工效率较低。

3. 发明内容

本发明所要解决的技术问题是针对上述现有技术现状而提供一种具有较高承载力与施工效率的同步沉管与旋挖取土的螺纹灌注桩。

本发明解决上述技术问题所采用的技术方案为:一种同步沉管与旋挖取土的螺纹灌注桩,其特征在于,包括连接有螺旋钻杆的上部旋转动力头,该螺旋钻杆呈管状,该螺旋钻杆又穿过下部旋转动力头,该下部旋转动力头的底部设有管接头,该管接头与螺旋钢管上端套接,所述螺旋钻杆进入所述螺纹钢管内;该螺旋钢管的下部设有外螺旋。

由于采用上述的桩身带外螺旋的螺纹灌注桩,而且均匀嵌入土层,桩与土之间没有摩阻力,而嵌入土层的螺纹与土存在土的剪切力,该土的剪切力远大于桩与土之间的摩阻力,因而本发明螺纹灌注桩具有高承载力的性能。

所述外螺旋设置在所述螺旋钢管的下部;外螺旋作用使得螺旋钢管有效嵌入土层。

为了螺旋钢管旋压沉入土层时进入螺旋钢管的土体通过下旋转动力头排出至地面,所述下部旋转动力头设有出土口,该出土口与所述螺旋钢管的管孔连通。

所述螺旋钢管上部沿圆周方向设有多个矩形凸块,其作用是土体通过该矩形凸块与螺旋钢管内壁之间形成的间隙进入该钢管内,可将该土体带至下旋转动力头的出土口排出。所述矩形凸块设置 4 个,并沿所述螺旋钢管的圆周均布设置。

为了实现所述下部旋转动力头、所述管接头与所述螺纹钢管三者准确定位与牢固连接成一整体,所述管接头上端设有连接法兰盘与加强筋,该管接头底端的外周设有由竖槽与横槽组成的 T 形槽;所述连接法兰盘与所述下部旋转动力头用螺钉固接;所述矩形凸块的宽度与所述竖槽的宽度相配合,该矩形凸块的高度与所述横槽的高度相配合;这样,当所述螺旋钢管上部的矩形凸块插进所述管接头的竖槽后,随着该螺旋钢管的旋转,矩形凸块即进入所述 T 形槽的横槽,从而实现螺旋钢管与下部旋转动力头相连接的目的;使下部旋转动力头通过所述管接头传递扭矩给螺旋钢管。

所述 T 形槽上部设有中心小孔,该中心小孔垂直中心线与所述竖槽的垂直中心线相重合。

所述矩形凸块下方设有定位小凸点,该定位小凸点与所述矩形凸块在同一垂直中心线上。该定位小凸点的作用是当螺旋钢管需要与下部旋转动力头分离拔出时,只需对准管接头的中心小孔与螺旋钢管的小凸点在一条垂线上,此时,矩形凸块在竖槽的中心位置,即可将螺旋钢管从下部旋转动力头的管接头处拔出。

本发明具体成桩步骤是:第一步,所述下部旋转动力头与所述管接头连接,该管接头套接所述螺旋钢管的上口;所述上部旋转动力头连接所述螺旋钻杆进入螺旋钢管的上口,再穿过下部旋转动力头进入螺旋钢管内,在设计桩位就位;第二步,下部旋转动力头带动螺旋钢管沿顺时针旋转沉入土层,同时,与上部旋转动力头连接的螺旋钻杆穿过下部旋转动力头进入螺旋钢管内,同步沿顺时针旋转将进入螺旋钢管内的土体被螺旋钻杆的螺叶旋转向上推升或间断上拔,螺旋钢管内的土体到达下部旋转动力头的出土口位置时,土体从出土口排出;上、下部旋转动力头持续正转旋压与土体排出,直至达到所要求的灌注桩深度为止;第三步,上部旋转动力头连接的螺旋钻杆拔出螺纹钢管的上口,下部旋转动力头底部的管接头脱离螺旋钢管的上口,然后,在螺旋钢管内置入钢筋笼并灌满混凝土;下部旋转动力头的底部管接头套接螺旋钢管的上口,并带动螺旋钢管沿逆时针旋转,将螺旋钢管旋拔上升,螺旋钢管内的混凝土自重压力作用下,混凝土充填外螺旋旋转上升留出的空间至出地面,即成螺纹灌注桩。

与现有技术相比,本发明的优点在于:首先,采用干取土工艺,根本上消除钻孔护壁泥浆对周围环境的污染;其次,采用全桩长钢管护壁的非挤土性的施工方法,又是因桩身带旋转螺纹而且均匀嵌入桩周的土层,因而具有较高承载力性能以及可显著提高桩的施工效率。

A.1.8 旋压凿岩植入嵌岩预应力管桩

发明人:孔超;专利权人:孔超,孔清华

专利类型:发明专利;专利授权号:201310116081.7

专利技术网址:http://pdf.soopat.com/TiffFile/PdfView/BD32E3EA518F145A533B3E627E697DE3C7FE10C890AC4C7A

1. 技术领域

本发明涉及一种土木建筑工程的桩基础,尤其是涉及一种采用超强能力快速穿越卵石层、碎石层,直至进入中风化岩石层的桩孔内,再植入嵌岩预应力管桩的旋压凿岩植入嵌岩预应力管桩。

2. 背景技术

随着全国城市化的进程,为了尽量少占平原土地,保证农业的发展,城市建设由平原向山丘地拓展,而涉及山丘地的地基其地面起伏大,地质条件复杂,大都上层为软土层(有时软土层缺失),以下为坡积的卵石层,碎石层及不同风化程度的岩石层,建筑桩基的持力层一般选择中风化的岩石层,则须穿越的卵石层、碎石层及嵌岩;现有的预制型桩不能穿越卵石层、碎石层及岩石层,也不能嵌岩施工;又现有的泥浆护壁钻孔灌注桩因传统钻头无法穿越,唯有泥浆护壁的冲孔灌注桩可以穿越卵石层、碎石层,但不能进入中风化的岩石层,即使这样冲孔效率极低,施工一根长度为 25～30 米的桩,须耗时 7～10 天;而且还存在该泥浆护壁的冲孔灌注桩的废弃钻孔泥浆对周边环境的污染。

3. 发明内容

本发明所要解决的技术问题是针对上述现有技术现状而提供一种在山丘地的桩基础施工中具有超强能力快速穿越卵石层、碎石层及不同风化程度的岩石层,直至进入中风化或未风化岩层的旋压凿岩植入嵌岩预应力管桩。

本发明解决上述技术问题所采用的技术方案为:一种旋压凿岩植入嵌岩预应力管桩,其特征在于,包括连接有螺旋钻杆的上部旋转动力头,该螺旋钻杆呈螺旋管状,该螺旋钻杆又穿过下部旋转动力头,该下部旋转动力头的底部设有管接头,该管接头与导向护筒上端相连接;所述螺旋钻杆贯穿所述下部旋转动力头后与潜孔锤及合金嵌岩钻头相连接。

所述螺旋钻杆管内设有高压气管,该高压空气管接通所述潜孔锤;该高压空气管内气压为 2.4 MPa。

所述下部旋转动力头设有出土口,该出土口与所述导向护筒的管孔连通。

所述管桩的桩孔内,沿着所述导向护筒植入底开口的高强度预应力管桩。

所述高强预应力管桩的外径小于所述嵌岩钻头的直径,该小于值为 80～100 mm。

所述旋压凿岩植入嵌岩预应力管桩的成桩步骤是:

桩机就位,带合金嵌岩钻头的螺旋钻杆落地对准设计桩位,校正垂直;所述下部旋转动力头带动所述导向护筒沿逆时针旋转,埋入土层 4～5 m 为止,使得所述导向护筒产生导向效果;所述上部旋转动力头连接所述螺旋钻杆带动所述潜孔锤与所述嵌岩钻头沿顺时针旋转;同时,所述螺旋钻杆的管内接通压缩空气管,并使所述潜孔锤在 2.4 MPa 压力下进行凿岩施工,所述上部旋转动力头带动所述嵌岩钻头沿顺时针方向旋转切削岩层,

并与所述潜孔锤的快速凿岩,形成钻与凿的组合动作,达到快速穿越卵石层、碎石层及岩石层;

从导向护筒内拔出与上部旋转动力头连接的螺旋钻杆、潜孔锤与嵌岩钻头;所述下部旋转动力头脱离所述导向护筒的上口,所述嵌岩钻头钻入岩层至要求的深度、钻凿岩层的石骨屑与所述潜孔锤冲凿岩层的石粉与软土混合为混合软土填入桩孔。

所述导向护筒内植入管底开口的高强预应力管桩,该高强预应力管桩进入嵌岩钻凿岩层的深度,部分混合软土进入该管底开口的高强预应力管桩内。

所述下部旋转动力头套入所述导向护筒的上口上拔,拔出地面即成桩。

与现有技术相比,本发明的优点在于:管桩具有较高承载力;其次,施工效率大为提高,又可降低工程成本;其三是施工过程中不会产生废弃泥浆对周围环境的污染。

A.1.9 一种旋压凿岩植入桩底后注浆的嵌岩预应力管桩

发明人:孔超;专利权人:孔超,孔清华

专利类型:发明专利;专利授权号:201310116091.0

专利技术网址:http://pdf.soopat.com/TiffFile/PdfView/BD32E3EA518F145A3C40AA5F97D02CCD7212AF10DA6098E8

1. 技术领域

本发明涉及一种土木建筑工程的桩基础,尤其是涉及一种超强能力快速穿越卵石层、碎石层直至进入中风化岩石层的桩孔内的旋压凿岩植入桩底后注浆的嵌岩预应力管桩。

2. 背景技术

随着全国城市化的进程,必须要少占用平原土地以保证农业的发展。城市建设由平原向山丘地区拓展,则涉及山丘地的地基条件是地面起伏大、地质条件复杂,大都为上层为软土层(有时软土层缺失),以下为坡积的卵石层、碎石层以及不同风化程度的岩石层;建筑桩基的持力层一般选择中风化的岩石层,则须穿越的上述卵石层、碎石层及嵌入岩石层;但是现有预制型桩不能穿越所述卵石层、碎石层及岩石层,现有泥浆护壁的钻孔灌注桩因传统钻头无法穿越,唯有泥浆护壁的冲孔灌注桩可以穿越的卵石层,碎石层,但不能进入中风化的岩石层;又现有的泥浆护壁冲孔灌注桩其冲孔效率极低,例如,桩长为 25~30 m 的泥浆护壁冲孔灌注桩现有施工周期需要 7~10 d 可完成 1 根桩;而且还存在该泥浆护壁冲孔灌注桩施工过程中产生的废弃泥浆对周围环境的污染。

3. 发明内容

本发明所要解决的技术问题是针对上述现有技术现状而提供一种可在山丘地的桩基础施工中超强能力快速穿越卵石层、碎石层及不同风化程度的岩石层,直至进入中风比或未风化岩层的旋压凿岩植入桩底后注浆的嵌岩预应力管桩。

本发明解决上述技术问题所采用的技术方案为:一种旋压凿岩植入桩底后注浆的嵌岩预应力管桩,其特征在于,包括连接有螺旋钻杆的上部旋转动力头,该螺旋钻杆呈螺旋管状,该螺旋钻杆又穿过下部旋转动力头,并且依次与潜孔锤及合金嵌岩钻头连接;该潜孔锤外周设有锤套,该锤套与所述钢管内壁设有空隙;所述下部旋转动力头的底部设有管接头,该管接头与所述钢管上端套接;植入高强度的预应力管桩的管底焊接圆形钢板封闭管口,避免注入桩孔内的水泥浆进入预应力管桩的空心内。

由于采用以上旋压凿岩植入桩底后注浆的嵌岩预应力管桩,该管桩具有较高承载力,且施工效率高;其次,可降低工程造价;其三是施工过程中不会产生废弃泥浆对周围环境的污染,属节能减排环保技术。

所述下部旋转动力头设有出土口;旋钻切削岩层与锤冲凿岩的石屑、石粉及土体,由螺旋钻杆旋转带至该出土口排出。

所述管状的螺旋钻杆的管孔中设有高压空气管,该高压空气管与所述潜孔锤相通;以达到锤冲凿岩的功效。

所述锤冲凿岩的植入预应力管桩的桩孔内埋入注浆管至孔底;该预应力管桩的外壁与所述钢管设置有间隙,该间隙为 40～50 mm;其效果是在注浆管内注入水泥浆并填满该间隙,该预应力管桩因圆形钢板将管底焊接封管口,注入的水泥浆不会进入该预应力管桩的空心内。

本发明其成桩过程是:包括连接有螺旋钻杆的上部旋转动力头,该螺旋钻杆又穿过下部旋转动力头,并且依次与潜孔锤及合金嵌岩钻头连接;该潜孔锤外周设有锤套,该锤套与所述钢管内壁设有空隙;所述下部旋转动力头的底部设有管接头并与所述钢管上端套接,所述管桩桩孔底有圆形钢板,该圆形钢板与高度强预应力管桩连接;其成桩过程是:第一步,桩机就位,所述钢管与所述合金嵌岩钻头、所述潜孔锤连接,落地对准设计桩位,校正垂直;第二步,所述下部旋转动力头带动所述钢管沿逆时针旋转,所述上部旋转动力头连接所述螺旋钻杆并带动所述潜孔锤与所述合金嵌岩钻头沿顺时针旋转;所述螺旋钻杆管内的压缩空气管道连接所述潜孔锤,进行凿岩施工;所述上、下部旋转动力头带动银有合金的钻头同心又相互反向旋转切削岩层,与所述潜孔锤快速凿岩、钻与凿的组合,达到超强嵌岩的能力,快速穿越卵石层、碎石层及嵌入设计要求与深度的岩石层;此时,土体与钻切屑的岩屑进入所述钢管内,并由所述螺旋钻杆将土体与岩屑从所述下部动力头的出土口排至地面;第三步,所述钢管内拔出所述螺旋钻杆、潜孔锤和合金嵌岩钻头,至钢管的上口,所述下部旋转动力头脱离所述钢管的上口;所述管桩桩孔内植入圆形钢板,该圆形钢板与高度强预应力管桩焊接一体,在岩壁与管桩的间隙埋入注浆管至孔底;第四步,所述下部旋转动力头与所述钢管的上口套接,先沿顺时针方向旋转,再沿逆时针方向旋转,使所述钢管与土的摩阻力降低,然后将该钢管拔出土层;第五步,所述注浆管内注入水泥浆,并填满高强预应力管桩的外壁与桩周岩土之间的间隙,该高强预应力管桩因圆形钢板已将管底焊接封口,注入的水泥浆不会进入高强预应力管桩的空心内;然后拔出该注浆管,即成桩。

与现有技术相比,本发明的优点在于:具有较高承载力,而且施工效率高;其次,可降低工程造价;其三是施工过程中不会产生废弃泥浆对周围环境的污染,属节能减排环保技术。

A.1.10　全桩长钢管护壁同步沉管与旋挖取土的灌注桩

发明人:孔超,龚迪快;专利权人:孔超,龚迪快

专利类型:发明专利;专利授权号:201310116101.0

专利技术网址:http://pdf.soopat.com/TiffFile/PdfView/BD32E3EA518F145A7AAF18B793D20D1172FB47645D35A649

1. 技术领域

本发明涉及一种土木建筑工程的桩基础,尤其是涉及一种采用全桩长钢模管护壁、旋

压沉管与螺旋干取土同步施工的全桩长钢管护壁同步沉管与旋挖取土的灌注桩。

2. 背景技术

现有桩基础工程中属非挤土性桩型中最常用的是泥浆护壁钻孔灌注桩,该泥浆护壁钻孔灌注桩可以根据设计承载力值要求,选取桩径与桩长达到设计承载力值要求,无挤土影响;自桩基础采用商品混凝土以来,桩的混凝土质量与可靠性较为稳定,并在工程中得到普遍应用;在高层建筑桩基础中,有 80% 以上的桩是采用该泥浆护壁的钻孔灌注桩。

然而,现有的泥浆护壁的钻孔灌注桩存在的问题是:在城市施工中会造成废弃的钻孔泥浆严重污染环境,如流入城市下水道、堵塞城市排水管道、排入城市的江河而引起江河的河床上升等,因钻孔泥浆偷排入江河导致过水断面缩小,影响城市的排洪安全。

施工 $1\,m^3$ 钻孔灌注桩的混凝土,须要 $7\,m^3$ 洁净水,产生 $4\,m^3$ 废弃的钻孔泥浆;例如每年应用钻孔灌注桩 30 万根,平均桩径为 $\Phi 800\,mm$,平均桩长为 $50\,m$,则为产生 $3\,000$ 万 m^3 废弃的钻孔泥浆,相当于 3 个杭州西湖的容积。如此大量的废弃钻孔泥浆,根本找不到可储存的地方。

因而现有的泥浆护壁的钻孔灌注桩在城市土木建筑工程桩基础的施工中不可避免地带来严重的城乡环境污染。

3. 发明内容

本发明所要解决的技术问题是针对上述现有技术现状而提供一种采用干取土工艺并具有显著成桩效率的全桩长钢管护壁同步沉管与旋挖取土的灌注桩。

本发明解决上述技术问题所采用的技术方案为:一种全桩长钢管护壁同步沉管与旋挖取土的灌注桩,其特征在于,包括连接有螺旋钻杆的上部旋转动力头,该螺旋钻杆呈管状,该螺旋钻杆又穿过带出土口的下部旋转动力头,该下部旋转动力头的底部设有管接头,该管接头与钢管上端套接。其作用是上部旋转动力头连接螺旋钻杆顺时针旋转,该螺旋钻杆又贯穿下部旋转动力头进入钢管内;下旋转动力头带动钢管沿逆时针旋转,采用上、下部两个旋转动力头就是实现较好的同步沉管与旋挖取土的功能;

所述下部旋转动力头设有出土口;所述螺旋钻杆旋转将钢管内的土体随旋转的螺叶上推至该出土口排出。

所述钢管设有连接装置,该连接装置包括与所述钢管底端固接的套管与相互连接的标准段管,该套管外周设有由竖槽与横槽组成的 T 形槽,所述标准段管上端设有矩形凸块,该矩形凸块宽度与所述竖槽的宽度相配合,该矩形凸块高度与所述横槽的高度相配合;其作用是钢管通过连接装置可以与标准段管相连接,以接长钢管并同步沉入土层;当标准段管上端的矩形凸块插入套管的竖槽,然后,随着与钢管的套管旋转,矩形凸块即进入横槽,即达到标准段管与钢管相连接的目的。

所述套管设有连接法兰盘其及加强筋,该连接法兰盘用于与所述钢管焊接一起。连接法兰盘其及加强筋的作用是确保钢管与标准段管之间的连接精确度及其连接的可靠性;

所述矩形凸块设置 4 个,并沿所述标准段管的圆周均布设置;以便于提高钢管与标准段管之间的连接效率。

所述该 T 形槽上部设有中心小孔,该中心小孔与所述竖槽中心相重合。

所述矩形凸块中心线下方设有定位小凸点,该定位小凸点中心与所述矩形凸块中心线相重合。该定位小凸点的作用是显示矩形凸块的中心位置,当钢管与标准段管须从接口处分离拔出时,只需要对准上部的钢管竖槽中心小孔与下部的标准段管矩形凸块的小凸点在一条垂线上,即可快速地将钢管与标准段管从接口处拔出。

一种全桩长钢管护壁同步沉管与旋挖取土的灌注桩的成桩步骤,包括连接有螺旋钻杆的上部旋转动力头与下部旋转动力头,所述螺旋钻杆穿过该下部旋转动力头,该下部旋转动力头的底部设有管接头,该管接头与所述钢管上端套接;所述下部旋转动力头的底部与所述管接头连接后,该管接头与所述钢管的上口套接;所述上部旋转动力头连接所述螺旋钻杆后,该螺旋钻杆进入所述钢管的上口,并穿过所述下部旋转动力头进入所述钢管内;然后在设计桩位就位;所述下部旋转动力头带动所述钢管沿顺时针方向旋转沉入土层,同时,与所述上部旋转动力头连接的所述螺旋钻杆穿过所述下旋转动力头进入钢管内,同步地沿顺时针方向旋转,将进入所述钢管的土体被该螺旋钻杆向上推升或间断上拔,该钢管内的土体到达所述下部旋转动力头出土口排出,继续将所述钢管旋压入土层至接管位置,与所述上部旋转动力头连接的螺旋钻杆拔出该钢管的上口,与下部旋转动力头底部连接的管接头脱离该钢管的上口;将所述标准段管套接于所述钢管的上口;所述上部旋转动力头连接所述螺旋钻杆,该螺旋钻杆穿过所述下部旋转动力头,进入所述钢管与所述标准段管内,沿顺时针方向旋转,将进入该钢管的土体被所述螺旋钻杆向上推升或间断上拔,该钢管与标准段管内的土体到达下部旋转动力头的出土口位置排出,继续将该钢管与该标准段管旋压入土层,直至设计要求深度终止;所述上部旋转动力头连接所述螺旋钻杆,该螺旋钻杆从所述钢管的上口拔出;所述下部旋转动力头的底部的管接头脱离所述钢管的上口;然后在该钢管与标准段管内置入钢筋笼、灌满混凝土;再拔掉该钢管与标准段管,即成桩。

与现有技术相比,本发明的优点在于:采用全桩长钢管护壁又旋压沉管与螺旋干取土同步施工,从根本上消除了钻孔护壁泥浆的污染,尤其是在城市土木建筑工程桩基础的施工中从根本上解决了对城市环境的污染难题;其次是施工效率显著提高。

A.1.11 一种带螺母抱合同步机构的螺纹灌注桩成桩装置

发明人:孔超,彭桂皎,孔红斌,孔清华;专利权人:孔超
专利类型:发明专利;专利授权号:201410186 000.5
专利技术网址:http://pdf.soopat.com/TiffFile/PdfView/4C6F75478383892290E606
3645720B74185596A84EBA17C2

1. 技术领域

本发明涉及一种土木建筑工程的桩基础,尤其是涉及一种带同步机构的螺纹灌注桩成桩装置。

2. 背景技术

目前我国经济发达地区主要集中在沿海城市,沿河与环湖的城镇经济也较发达,这些地区大都为深厚软土地区;现有工程建设的桩基础主要是摩擦型桩,该摩擦型桩的承专载力值主要来自桩的侧摩阻力,约占桩承载力值的 70%～90%;因软土桩的侧阻力较小,所述摩擦型桩目前严重制约现有工程建设中桩的承载力值的提高。

3. 发明内容

本发明所要解决的技术问题就是针对上述现有技术存在的现状,提供一种采用螺纹嵌入土层的剪切力方法成桩以显著提高桩的承载能力的带螺母抱合同步机构的螺纹灌注桩

成桩装置。

本发明解决上述技术问题所采用的技术方案为：一种带螺母抱合同步机构的螺纹灌注桩成桩装置，其特征在于，包括钻头以及螺母抱合同步机构，所述钻头由钻尖、钻头体与螺旋体组成；该钻头体与螺旋体焊接成一整体；该螺旋体上部固定连接带外螺纹的空心钻杆，所述钻尖与所述钻头体之间设有齿形接合子；

所述螺母抱合同步机构包括一对对半螺母以及对称布置于该对半螺母径向外侧的双向螺杆，该对半螺母与所述空心钻杆的外螺纹相配合；

所述空心钻杆外螺纹的螺距与所述螺旋体的螺距相同。

为了实现所述对半螺母相对运动或者相向运动，即实现对半螺母与空心钻杆的外螺纹抱合定位或脱开，所述双向螺杆的结构是一端带左旋螺纹而另一端带右旋螺纹；该左旋螺纹与右旋螺纹各配套有传动螺母，该传动螺母设有带摇柄的抱合定位器。

为了提高制作与传动效果，所述螺旋体是在钢管上焊接螺纹部而成，该螺纹部的螺纹不少于 3 圈。

所述钻头体与所述螺旋体中心设有导管，该导管与所述空心钻杆相连；其作用是有效实施泵送压力混凝土从该空心钻杆进入导管，又通过钻头的悬挂孔进入桩孔内。

为了完成钻尖与钻头体呈接合状态与呈悬挂状态两个动作的正确定位，所述钻尖上部设置有悬杆，该悬杆焊接有挂板，该挂板套置在所述导管外周上，该挂板可在所述钻头的内孔中上下移动。

为了确保对半螺母抱合或脱开运动准确、灵活、平稳与可靠性，所述螺母抱合同步机构定位在所述灌注桩的桩机底盘上，该桩机底盘上设有由立柱与横梁组成的骨架，该骨架一侧设有带导向槽的滑轨；所述对半螺母设有滚轮，该滚轮可以在所述滑轨的导向槽内滚动。

为了在本发明可以实施压拔嵌岩螺纹灌注桩，所述钻头体上部固定连接一潜孔锤，该潜孔锤又与所述空心钻杆相连接。

本发明成桩程序是：

第一，桩机就位，将钻头的钻尖对准设计桩位，钻尖与钻头体处于接合状态，校正垂直；

第二，启动旋转动力头，带动钻头旋转，钻头与钻杆顺时针方向旋转时，正向力矩旋拧进入土层至设计深度，连接同步机构，即操作抱合定位器的摇柄，使处于抱合定位状态，此时，对半螺母与空心钻杆外螺纹相配合；

第三，起动泵送混凝土充满混凝土导管，同时启动旋转动力头沿逆时针方向旋拧，此时钻尖与钻头体脱离而呈悬挂状态，继续逆时针方向旋拧的同时，加外力上拔，泵送混凝土压力充入桩孔，同步机构保证钻头沿螺纹上升，钻头在桩孔内上拔至计划桩的表面高度终止；

第四，脱离同步机构，即操作抱合定位器的摇柄，使处于脱离状态，此时对半螺母与空心钻杆外螺纹脱离，由逆时针变更为顺时针旋转，加外力上拔，泵送混凝土灌入桩孔，直至将钻头拔出桩孔，混凝土灌满桩孔；

第五，在灌满混凝土的桩孔中先清理满溢孔外的混凝土，找出灌满混凝土桩孔的中心，吊起制作好工字型钢，对准中心，校正垂直，振动沉入灌满混凝土的桩孔内；即完成本发明螺纹灌注桩。

本发明与现有技术相比，其优点是：其一，使桩的侧表面由现有的平面形状改变为螺纹形状,桩的螺纹嵌入土层的桩侧阻力不是摩擦力而是螺纹嵌入土层的剪切力,而土的剪切力成倍数高于摩擦力,因而显著提高了桩的承载能力;其二,桩基工程的造价大幅降低,本发明比较现有等径灌注桩,可节省近一半桩的建材。

A.1.12　预应力钢筋混凝土螺纹管桩

发明人:孔超,张金汉,孔红斌,孔清华;专利权人:孔超
专利类型:发明专利;专利授权号:201410211021.8
专利技术网址:http://pdf.soopat.com/TiffFile/PdfView/7947E7250236AC0DE97F571A9082FCDBDFDC47C66374F01B

1. 技术领域

本发明涉及一种土木建筑工程的桩基础,尤其是涉及一种用于深厚软土地层中摩擦型承压桩与地下室抗浮抗拔桩的采用旋压拧入土层的预应力钢筋混凝土螺纹管桩。

2. 背景技术

目前我国用离心工艺浇筑的预应力混凝土管桩的产量每年达数亿立方米。所述的深厚软土地层桩基础主要是摩擦型桩与摩擦型端承桩,该桩承载力值主要来自桩的侧摩阻力,约占桩承载力值的 70%～90%;由于采用离心压力浇筑,混凝土管桩的密实度接近100%,是品质优良的构件。

沉入土层内的桩体与土的结合性称为亲土性,采用加压离心浇筑的管桩亲土性差,而采用常规用振捣法浇筑的桩亲土性好,因为振捣法浇筑的桩因密实度达不到完全密实,存在亿万微气孔,当桩沉入土层内桩的微气孔缓慢地吸收桩周土层内的结合水,使桩周土的含水量下降,桩表面与土有良好结合,因此亲土性好,则桩的侧摩阻力就大,桩的承载力值就高。

现场实施证明,当压力离心浇筑的预应力管桩沉入土层,经过 72 h 后将该预应力管桩拔出土层时,见到该预应力管桩表面是光溜溜的,桩的承载力值就低;而用振捣法浇筑的预制桩沉入土层中,仅经过 2 h 后就将预制桩拔出土层,见到桩的表面沾粘满泥土,连桩带泥土拔出土层,说明预制桩与土的亲土性好,则就桩的侧摩阻力大,桩的承载力值就高。

通常振捣法浇筑的预制桩的侧摩阻力值高于压力离心浇筑的预应力管桩的侧摩阻力值,高出的比例为 50%～60%。

因此,现有的离心工艺浇筑的预应力混凝土管桩存在不足之处是亲土性差以及桩的侧摩阻力较低也即承载力值较低。

3. 发明内容

本发明所要解决的技术问题就是针对上述现有桩技术存在的问题而提供一种承载力值较高又可节省大量建材的预应力钢筋混凝土螺纹管桩。

本发明为解决上述技术问题所采用的技术方案为:一种预应力钢筋混凝土螺纹管桩,包括钢模与钢筋骨架,其特征在于所述钢模设置为带内螺纹的离心钢模,该内螺纹与所述螺纹管桩的螺纹尺寸一致;所述钢筋骨架包括螺旋状钢箍与多个钢绞线,该钢箍的螺旋与所述螺纹管桩的螺距一致,所述钢绞线沿所述钢箍纵向布置;其作用是所述螺纹管桩旋拧进入土层时,所述钢箍可最大承受旋拧的扭力。

为了连接旋转动力头并带动螺纹管桩旋入土层,所述钢筋骨架端头设置有端钢板,该端钢板呈圆环状,其内圆设有齿牙,该端钢板外周设有轴向锚筋。

所述钢绞线的端头墩粗,并穿过所述端钢板的圆孔,该钢绞线墩粗端与所述端钢板圆孔锚接。

为了在所述钢模的两端施加预应力,所述端钢板外侧设有外端板,该外端板中央孔中装有张拉螺杆,该张拉螺杆穿过所述外端板并旋拧入所述端钢板的螺孔中。

一种预应力钢筋混凝土螺纹管桩制作方法,包括内螺纹离心钢模以及带钢箍与钢绞线的钢筋骨架,该钢筋骨架端头设置有带螺孔的端钢板,该端钢板外侧设有外端板,该外端板中央孔中装有张拉螺杆,其制作方法是:所述钢模内灌好混凝土后,将该钢模合盖并由所述张拉螺杆固定,开始在所述钢模的两端施加预应力,即连续拉紧所述张拉螺杆,使所述钢筋骨架的端钢板紧贴所述外端板,然后旋紧固定,保持张拉力,即完成预应力张拉施工,即可送至离心台进行压力离心浇筑施工;然后再进入蒸汽养护室蒸养,完成定温蒸养时间后即可吊出蒸养池,将所述钢模端板上的所述张拉螺杆旋出,打开所述螺纹离心钢模,即可吊出预应力螺纹管桩。

与现有技术相比,本发明的优点在于:首先,通过螺纹嵌入土层的剪切力远大于桩的侧摩阻力,因此螺纹管桩的承载力值远高于等径的预应力钢筋混凝土管桩;其次是可节省大量建材,是一种节能技术。

A.1.13 一种桩底后注浆扩底灌注桩

发明人:孔超,洪灵正,孔红斌,孔清华;专利权人:孔超

专利类型:发明专利;专利授权号:201410211022.2

专利技术网址:http://pdf.soopat.com/TiffFile/PdfView/7947E7250236AC0DA0385FEB986E0B7D39E6CD4D4C59C9E9

1. 技术领域

本发明涉及一种土木建筑工程的桩基础,尤其是涉及一种采用桩孔的旋挖钻机、扩底的旋转铲挖机、置钢筋笼与灌混凝土的吊机按流水作业施工的桩底后注浆的盆形底扩底灌注桩。

2. 背景技术

中国发明专利号 ZL200410037804.5《一种扩底桩及其施工方法》中所公开的该扩底桩的底是平底结构,而地基土的反力为不均匀而呈凹弧形,两侧边的地基土反力最大,而中间的地基土反力最小,即扩底部分的底与直边交点处即地基土反力最大处的土层容易产生应力集中而出现的塑性铰,随着荷载的增大,角点的塑性铰也随之向桩底中间扩展,从而使桩端土的端阻值降低。

现有的扩底灌注桩的施工程序是成桩作业施工均固定在同一桩位按程序施工,即旋挖钻机施工完成桩孔后,须更换铲挖机扩底,扩底完成后,又须应用桩机或吊机在桩孔内吊入钢筋笼,吊入钢导管与安装、水下混凝土浇筑、钢导管拆卸、置换出来护壁泥浆回收入容器等全部完成须耗费大量工时,因为在桩孔内只有一机在工作,其他均为待机。

例如:直径为 800 mm 桩径的扩底灌注桩的桩长 50 m,旋挖钻机完成桩孔需 10 h,旋转铲挖机完成扩底需 2.5 h,吊机完成钢筋笼放置、桩孔内吊入钢导管与安装、水下混凝土浇

筑、钢导管拆卸、置换出来护壁泥浆回收入容器等完成需 5 h;为保证上述三机均满负荷运转,须配置四台旋挖钻机、一台旋转铲挖机与二台吊机,方可消除待机状态;所以施工效率极低、施工成本高。

3. 发明内容

本发明所要解决的技术问题是提供一种的承载力值较高又可提高施工效率与降低工程成本的桩底后注浆扩底灌注桩。

本发明解决上述技术问题所采用的技术方案为:一种桩底后注浆扩底灌注桩,其特征在于,所述桩底设置为盆形底;该盆形底的尺寸可以通过改变旋转铲挖机的旋挖斗的形状实现;该盆形底的扩底灌注桩的形状尺寸为 $D/d \leqslant 2.5$, $b/h = 1/4 \sim 1/2$;

对于砂土　　$b/h = 1/4$, $a = 14°$;

对于粉土、黏性土　　$b/h = 1/3 \sim 1/2$, $a = 18.5° \sim 27°$;

式中　　D——所述桩底直径;

　　　　d——所述桩直径;

　　　　b——$D - d/2$;

　　　　h——所述桩底高度;

　　　　a——所述桩底直径与所述桩直径之间的夹角。

所述桩底也可以设置为圆弧底。

本发明的施工程序是:包括护套管、注浆管与钢筋笼,以及旋挖钻机、专用旋挖铲斗、吊机;

第一步　　所述旋挖钻机旋挖桩孔施工

① 在设计桩位的桩孔的上口沉入所述护套管;采用所述旋挖钻机挖除干土,同时在桩孔内注入护壁泥浆,该泥浆可重复回收利用,完成桩的成孔转入下一桩位;

② 所述旋挖钻机在设计桩位校正垂直,旋挖取出土颗粒,同时将预先存放在泥浆罐内的泥浆泵送入桩孔内,稳定桩孔内壁的所述护壁泥浆,直至设计桩孔底,所述旋挖钻机退出桩孔;

第二步　　所述专用旋挖铲斗扩底施工

① 所述专用旋挖铲斗机在桩孔上口的所述护套管就位,校正垂直,插入旋挖铲斗至桩孔的底部,校正垂直;

② 所述旋挖铲斗按设计扩底的直径分 4～6 次将铲口扩大,旋挖时土颗粒由铲口进入铲斗腔,所述旋挖铲斗的直径回缩到最小状态,提出桩孔上口所述护套管弃土颗粒,逐次加大旋挖铲斗的直径旋挖取土颗粒、所述旋挖铲斗直径回缩、旋挖铲斗提出管口弃土,直到设计扩底的直径终止;

③ 在桩孔内插入超声波检测仪,检查桩孔内的桩径、扩底形状与直径是否满足设计要求,或须补修,达到合格打印成为桩的验收资料,专用旋挖铲斗拔出所述护套管的上口退出;

第三步　　所述吊机辅助施工

① 钢筋笼由竖向钢筋、钢箍与二根所述注浆管焊接而成所述钢筋笼,该注浆管底封口(该封口可以采用自行车内胎套),避免泥浆浸入,由吊机将所述钢筋笼吊入桩孔内;

② 采用所述吊机在钢筋笼中心放置灌混凝土的导管,导管的底距桩孔底的距离约

500 mm,按扩底直径混凝土灌注后的高度≥1 m的首次灌入混凝土量,保证混凝土灌注后导管插入混凝土内深度≥500 mm,按水下混凝土施工工艺施工、包括桩孔内所述混凝土的升高,导管相应缩短,但必须保证导管插入所述混凝土内的深度≥500～2 000 mm,避免钻孔泥浆浸入桩体混凝土;

③ 随着桩孔内混凝土灌注过程须随时回收桩孔内的护壁泥浆,不能溢出污染场地,回收泥浆存放在铁箱内,待处理后再用;

④ 桩孔内混凝土灌注完毕以后,即混凝土终凝后强度增长前,在24～72 h内注浆管内用清水高压泵送开塞,击穿所述注浆管底的封口即终止;

第四步　桩底后注浆施工

① 拔出所述护套管;

② 注入的水泥浆加固桩孔内的沉渣与桩端持力层土。

与现有技术相比,本发明的优点在于:首先,使得盆形底扩底灌注桩的承载力值大幅度提高;其二,采用旋挖取出干土,注入循环使用的护壁泥浆,实现泥浆的零排放环保技术;其三,施工中待机率为零,所以施工效率极高,从而显著降低工程成本。

A.1.14　螺纹旋后插筋挤密灌注桩

发明人:孔超,张楚福,孔红斌,孔清华;专利权人:孔超

专利类型:发明专利;专利授权号:201410211023.7

专利技术网址:http://pdf.soopat.com/TiffFile/PdfView/7947E7250236AC0DB8E8D6DA61D64CB43D07A97D825FF8B2

1. 技术领域

本发明涉及一种土木建筑工程的桩基础,尤其是涉及一种以砂砾、卵石、碎石为主的山丘地基地层中,它们不同风化程度岩层组成的地质条件基础工程中的螺纹旋后插筋挤密灌注桩。

2. 背景技术

随着国家建设与城市化的快速进程,为确保平原有限的土地资源,建设用地由平原的良地好土向山丘难以农耕的荒地转移,而山丘地基的地层中主要以砂砾、卵石、碎石为主及不同风化程度的岩层组成,该山丘地质条件建设的桩基工程无法采用现有的平原施工常规的桩型;如预制方桩与预应力管桩采用静压或锤击均无法打下、钻孔灌注桩又无法钻下,因此只有采用旋压工艺方能穿越上述地层成桩。

而本申请人的发明专利号ZL201110458993.3《挤土型钢筋混凝土螺杆桩成桩装置与成桩方法》中所提及的是挤土型螺杆桩,其中泵送混凝土的出口流出将门盖开启,又被在正转上拔碰撞岩壁而将门盖脱落,所以影响成桩效率,又不具有嵌岩功能,所以不能适用于山丘地基地质条件的基础工程。

中冶建筑研究总院有限公司的发明专利号ZL200710063983.3《双向螺旋挤扩桩》中的钻头采用德国宝峨技术的改进,该钻头呈梭子形即二头小中间大,该中间直径最大处为界,向下为正螺纹向上为反螺纹,当施工时在正转上拔带出桩孔内的土体由反螺纹压回桩孔内,达到竖向挤密土层的作用;但该梭子形钻头穿越山丘地基土层的能力较小,同时也不具有嵌岩功能,因而也不能适用于山丘地基地质条件的基础工程。

现有的相似成桩方法还有长螺旋灌注桩,该灌注桩因长螺旋的螺叶直径大又钻杆的直径小,正转上拔时,由该螺叶带动桩孔内土体量太大,而且螺叶变形严重,严重影响成桩的桩径尺寸与挤土效果,也不具有嵌岩能力。

3. 发明内容

本发明所要解决的技术问题就是针对上述现有技术存在的现状,提供一种可以适用于山丘地基地质条件并实现山丘地基施工中强穿越山丘地层的螺纹旋后插筋挤密灌注桩。

本发明解决上述技术问题所采用的技术方案为:一种螺纹旋后插筋挤密灌注桩,包括一插入有泵送混凝土的导管的钢模管,其特征在于,所述钢模管设置为细螺纹钢模管,该钢模管连接一嵌岩钻头,该嵌岩钻头由下端的钻头尖、上部的钻头本体与梯形螺纹短管组合而成;所述钻头尖与所述钻头本体之间设置有接合子,该钻头本体与所述梯形螺纹短管固定连接。当钻头本体正转时,上下接合子连接,即钻头尖与钻头本体相结合成一体;而当钻头本体反转时,该上下接合子脱离,钻头尖即脱离上部的钻头本体。

所述导管下端插入所述梯形螺纹短管与所述钻头本体中。其作用是混凝土通过导管、梯形螺纹短管与钻头本体进入桩孔中。

所述钻头尖上部连接一悬挂杆,该悬挂杆的顶端设有顶槽,该顶槽中插入第一支承板,所述悬挂杆与所述第一支承板之间焊接一体;该第一支承板位于所述钻头本体的上部。

所述导管下端设有槽口,该槽口内插入第二支承板,该第二支承板位于所述钻头本体的内腔中。当上下接合子脱离,钻头尖脱离钻头本体时,第二支承板即与钻头本体内腔端面相抵而定位。

为了提高切岩的效率,所述钻头尖、与所述钻头本体的锥面上,埋设多个合金钢珠棒,该合金钢珠棒双排呈十字形埋设;该钢珠棒凸出于所述钻头尖与所述钻头本体的锥面,每个凸出量是不相等的,每个间距增加的凸出量设置为该合金钢珠棒直径的1倍。

所述导管上端接泵送混凝土管,该泵送混凝土管与所述导管之间设有密封轴承;其作用是可保证泵送混凝土的压力达到理想状态。

本发明其成桩步骤是:

第一步,桩机就位,由桩机先将所述嵌岩钻头与所述细螺纹钢模管连接成带钻杆与钻头的钢模管吊起,安装好双体中空旋转动力头,接上泵送混凝土管,行进到设计桩位;钢模管的中心对准设计桩位的中心,并在桩机上调整钢模管垂直;

第二步,旋转动力头、按顺时针正向旋转,同时开动卷扬机的加压装置,将所述嵌岩钻头与所述细螺纹钢模管拼接成整管旋压沉入土层,根据旋转动力头显示的扭矩与穿越各层土性指标建立一定关系,当进入中风化岩层时,旋转动力头显示的扭矩为控制扭矩,当出现该控制扭矩值时再继续旋压沉入土层30~50 cm即可终止;控制扭矩根据钻孔位置进入中风化岩层实测扭矩值;

第三步,桩机将钢模管旋压沉入土层到设计高程,开动混凝土泵车,旋转动力头按逆时针反转1/2圈,此刻,钢模管底的钻头尖脱离,混凝土即进入桩孔内;然后顺时针旋转,同时上拔细螺纹钢模管钻杆,混凝土通过导管出口进入桩孔内,并将细螺纹钢模管钻杆、钻头拔出土层;

第四步,桩孔灌满混凝土;首先清除高出地面的混凝土,即可显示桩的截面并可找到该截面的中心,起吊钢筋笼内穿入送钢筋笼管,使钢筋笼中心与桩截面的混凝土中心重合,并调整钢筋笼垂直;送钢筋笼管顶部设有平板振动器,振动力传至送钢筋笼管的底部,即钢筋笼锥尖形处刺入混凝土内,振动沉入至设计高程后拔出送钢筋笼管,从而完成后插筋工序;

第五步,即完成本发明螺纹旋后插筋挤密灌注桩。

与现有技术相比,本发明的优点在于:具有强大的嵌岩功能,完全适用于山丘地基地质条件的基础工程,而且成桩效率较高。

A.1.15　带双螺旋钻杆的成桩装置与成桩方法

发明人:孔超,孔红斌;专利权人:孔超

专利类型:发明专利;专利授权号:201510337683.4

专利技术网址:http://pdf.soopat.com/TiffFile/PdfView/E72CF9584D6C514907B8248C9D7B359D7F72E37A551D1757

1. 技术领域

本发明涉及一种土木建筑工程的桩基础,尤其是涉及一种采用旋拧螺栓沉拔的方法生成桩孔、并在该桩孔内压灌混凝土后插筋成桩的带双螺旋钻杆的成桩装置与成桩方法;它适用于各种不同土性地层的地质条件又具有无泥浆施工的桩基础,尤其是适用于长桩与超长桩的桩基础。

2. 背景技术

现有的桩基施工是采用全桩长钢管护壁干取土灌注柱成桩装置施工的无泥浆施工技术;如中国实用新型专利号 ZL200820122183.4《钢管护壁干取土灌注桩成桩装置》,它包括桩孔中沉入钢模管,土体进入钢模管内,该钢模管中配置有可移动取土器取出土体,钢筋骨架与混凝土灌注入该钢模管中,并震动拔出模管成桩,取土器包含有两个半圆筒并由多组搭扣连接的接长杆成一整体的取土圆筒装置,它的外径小于钢模管的内径,取土器设置为流动土取土器与一般土取土器,取土器底部设置进气阀门并直通顶部,钢模管设置有接长装置;本实用新型优点是可提高桩的质量与工效,同时又可避免浪费大量的水资源并可消除泥浆排放污染。

然而它的不足之处是实施过程须用多次调换装备,如沉入护壁钢管、用筒式专用取土装置取出进入护壁钢管内的土体、在取净土体的护壁钢管内置入钢筋笋笼与灌入混凝土、振动拔出护壁钢管成桩,在成桩过程上述装备多次需要更换,工效较低;又在施工程序中是先有护壁钢管的桩孔,当地层中有承压水的土层,承压水即进入护壁钢管的桩孔,在桩孔内随承压水进入的泥土沉淀的沉渣是主要影响桩承载力值主要因素,同时还须用水下混凝土施工工艺浇灌桩体混凝土。

3. 发明内容

本发明所要解决的技术问题是针对上述现有技术现状而提供一种可适用于各种不同土性地层的地质条件又具有较高承载力与施工效率的带双螺旋钻杆的成桩装置与成桩方法;

本发明解决上述技术问题所采用的技术方案为:一种带双螺旋钻杆的成桩装置,它包括穿入钢护管中的带上旋转动力头的钻杆,其特征在于:该钻杆是由相互连接的上螺纹杆、圆管状杆以及螺纹钻头组成;该螺纹钻头是由带楔形接合子的钻尖与下钻杆组成,该下钻杆外周焊接一粗螺纹短管;所述钻杆连接上旋转动力头,所述钢护管连接下旋转动力头;

所述上螺纹杆是采用薄钢板制作的螺纹叶状钻杆,螺旋取土,施工时可达到避免挤土,相当于长螺旋桩,属于取土桩的施工方法;

所述粗螺纹短管优选设置为正向梯形螺纹,梯形螺纹的特性是具有较大承载力值,该梯形螺纹高约 50 mm、梯形螺纹上部厚度约 20 mm、梯形螺纹底部端厚度约 40 mm。

所述钻尖上部连接一悬挂杆;所述下管的内壁焊接有上下二个导向体,所述悬挂杆可以穿过该导向体上下滑移。

为了避免压入所述桩孔内混凝土过多的溢出桩口而浪费,当施工超长桩,桩机的高度不足,所述钻杆须接长施工,所述下管连接一混凝土导管。

一种带双螺旋钻杆的成桩装置与成桩方法,包括穿入钢护管中的钻杆,该钻杆是由上螺纹杆、圆管钻杆以及螺纹钻头组成;该螺纹钻头是由带接合子的钻尖与下钻杆组成,该下钻杆外周焊接粗螺纹短管;所述钻尖上部连接一悬挂杆;所述圆管钻杆的内壁焊接有上下二个导向体,所述悬挂杆可以穿过该导向体上下滑移;其特征在于:所述成桩方法是:

第一步,桩机就位;所述钻杆穿入所述钢护管,所述钻尖处于该钢护管的中心,对准设计桩位,校正垂直;上旋转动力头连接所述钻杆,下旋转动力头连接所述钢护管,同时开动上、下旋转动力头,上旋转动力头顺时针方向旋转,下旋转动力头逆时针方向旋转,开始加压旋拧沉入土层;

第二步,所述上旋转动力头连接所述钻杆沿顺时针方向旋压沉入土层,下旋转动力头连接所述钢护管逆时针方向旋压沉入土层,当该钢护管沉至软土层以下 2 m 时终止下沉,即关闭所述下旋转动力头的动力,所述上旋转动力头连接钻杆穿越所述钢护管继续顺时针方向向下旋压沉入土层;

第三步,所述上旋转动力头连接所述钻杆顺时针方向旋压沉入土层至设计高程,进入要求的持力层深度终止;

第四步,所述钻头进入要求的持力层的深度,起动泵送混凝土的压灌混凝土后,即少量逆时针方向上拔,使所述钻尖脱离所述下钻杆后,再转为顺时针方向上拔,泵送混凝土由钻尖的脱离口进入桩孔内,所述上螺纹杆的螺叶带出所述钢护管内的土体,该钢护管内的土体全部取出,继续顺时针方向上拔钻头挤密桩周土,压灌混凝土连续进入桩孔内;

第五步,所述钻头拔出钢护管的上口,桩孔内压灌混凝土填满桩孔,根据插入混凝土的长度选择工形型钢,并由起重机将该工形型钢吊起插入所述钢护管的上口,振动沉入桩孔混凝土内,直到达到要求的深度。

第六步,拔出所述钢护管,即完成型钢混凝土的灌注桩。

与现有技术相比,本发明的优点在于:钻杆的上段为长螺旋钻杆,下段为短螺旋接圆管状杆,在桩位旋拧沉入土层,钢护管跟进沉入土层,钢护管穿越的软土层即可,当顺时针旋拧上拔的同时,压灌混凝土进入桩孔的底部,继续顺时针旋拧压灌上拔,桩孔内混凝土跟随上升,上段长螺旋钻杆上的螺叶上的土体,随钻杆上拔将钢护管内的土体随之带出,成为钢管护壁的干取土施工,实现软土层无挤土施工;当地层的下部为较硬土层,挤土施工有挤密桩周土的正效应,钻杆的下段为短螺旋接圆管状杆,对桩周土有挤密的正效应,当钻杆拔出土层,桩孔满灌混凝土,是一气呵成,在成桩过程不需要多次更换装备,工效可提高两倍以上;又因是无桩孔施工,不存在桩孔沉渣影响桩承载力值,使桩的质量稳定可靠。

A. 2　基坑围护技术专利

A.2.1　干取土咬合型矩形灌注桩成桩装置与成桩方法

发明人:孔超,孔红斌;专利权人:孔超

专利类型:发明专利;专利授权号:201010040026.0

专利技术网址:http://pdf.soopat.com/TiffFile/PdfView/BEEA555C2AC3ADBF27F9E07DC17CC653A83CB6A99B6343AD

1. 技术领域

本发明专利涉及一种土木建筑工程的桩基础,尤其是涉及一种用于深基坑支护的干取土咬合型矩形灌注桩成桩装置与成桩方法。

2. 背景技术

现有技术中已经公开了专利号为 ZL200820086191.8《干作业钢筋混凝土灌注桩的成桩装置》的实用新型专利,它包括一配置有可活动插入的矩形提土器的矩形钢模管,该提土器由顶板、垂直长钢板以及多个横钢板焊接组成,该顶板设置有顶板连接槽口与肋板,所述横钢板的中部设置有挡板,其两侧各设置有可活动翻板,所述提土器连接有接长杆,它底面设置有底板并与所述提土器顶板相重合连接,它下部设置有翻板搭扣并与所述顶板连接槽口相扣合;本实用新型的优点是可大大节约混凝土与钢筋、并提高承载力;同时又可避免浪费大量的水资源并减少排污;其次是采用接长杆、翻板搭扣与连接槽的连接装置,可取出深层土体又施工效率高、操作快捷又简便。

然而,上述专利号为 ZL200820086191.8《干作业钢筋混凝土灌注桩的成桩装置》不足之处是所述矩形钢模管及其灌注桩是单一形式,不能相互咬合形成一体,从而影响其使用性能与适用范围。

3. 发明内容

本发明专利所要解决的技术问题就是针对上述现有技术的现状而提供一种可相互咬合形成一体从而提升其使用性能与适用范围的干取土咬合型矩形灌注桩成桩装置与成桩方法。

本发明专利为解决上述技术问题所采用的技术方案为:一种干取土咬合型矩形灌注桩成桩装置,包括一开口式矩形钢模管,所述矩形钢模管内配置有可活动插入的矩形提土器,该提土器设置有接长杆,其特征在于:所述矩形钢模管设置为带凸边矩形钢模管;所述矩形提土器设置在所述带凸边矩形钢模管的矩形管体内。

采用上述带凸边矩形钢模管作用是可生成带凸边矩形灌注桩,并在初凝前与相邻的带凸边矩形灌注桩完全结合,即可成为咬合型矩形灌注桩。

所述凸边可以由一个长方形箱框焊接构成,该长方形箱框的开口部与所述矩形钢模管的底部外侧焊接一体,从而在该矩形钢模管的一侧形成一封闭的凸边。

所述凸边长度设置为≥800 mm。该凸边在上拔钢模管的滑移过程中可以起到护壁作用。

所述矩形提土器的一侧可设置有推土器;该推土器由液压或压缩空气驱动,其推土方向是水平方向,并且与所述矩形提土器的提土方向相垂直。采用上述提土器与推土器可以联合自动作业,也可以人工操作;提高出土效率又可降低操作工人的劳动强度。

一种干取土咬合型矩形灌注桩成桩方法,其特征在于:所述成桩方法的步骤是:第一步,在所述桩位去除杂填土或地表硬壳层,然后,将开口式带凸边矩形钢模管沉入所述桩位的土层,此时,该土层的软土挤入所述矩形钢模管内;第二步,采用提土器将所述矩形的软土提升至所述矩形钢模管开口上端;第三步,开动所述推土器,将所述矩形钢模管的开口上端矩形软土推出该钢模管外;第四步,随着取土的深度增加,通过接长杆与所述提土器连接接长取土,该提土器每提升一格土,所述推土器将该提升一格土推出,直至所述矩形钢模管开口上部的土全部推出取净;第五步,从所述矩形钢模管开口置入钢筋骨架并灌入混凝土,振动拔出该矩形钢模管,即制成第一个带凸边矩形灌注桩;第六步,相邻的第二个带凸边矩形灌注桩是在所述第一个带凸边矩形灌注桩的凸边混凝土二分之一处沉入所述带凸边矩形钢模管,该凸边混凝土的二分之一与土体进入该带凸边矩形钢模管内;重复上述第二、三、四、五步,生成所述第一个带凸边矩形灌注桩的凸边混凝土与所述第二个带凸边矩形灌注桩在初凝前完全结合,即成为干取土咬合型矩形灌注桩。

所述提土器可以采用流动土提土器。也可以采用一般性土提土器。

所述提土器与所述推土器操作方法可以采用可编程序控制器自动联合操作控制;也可以采用人工操作控制。

本发明由于采用了带凸边矩形截面灌注桩与干作业施工以及采用提土器与推土器高效提土与推出土体方法,与现有技术相比,其优点是操作快捷、方便、施工效率高;相邻的桩体咬合连续,无施工缝,防渗透性能佳;可以节约混凝土与钢筋,并提高承载力以及深基坑抗侧向土压力能力。

A.2.2　带活瓣桩靴矩形沉管混凝土灌注桩的成桩装置

发明人:孔超,孔红斌;专利权人:孔超

专利类型:实用新型专利;专利授权号:201020049964.2

专利技术网址:http://pdf.soopat.com/TiffFile/PdfView/8EBF7DD9C96E886CA246
01A93A92D84D91B3985DB827A117

1. 技术领域

本实用新型专利涉及一种土木建筑工程的桩基础,尤其是涉及一种带活瓣桩靴矩形沉管混凝土灌注桩的成桩装置。

2. 背景技术

目前,在建筑工程中应用的桩基是采用圆形钻孔灌注桩与预制桩靴的沉管灌注桩。该圆形钻孔灌注桩的施工过程中需要使用大量的洁净水,该洁净水在所述的钻孔过程中钻搅为泥浆,并不断地排放入泥浆池,该泥浆池中的泥浆又需要不断地外运丢弃。为了桩孔内泥浆护壁以防止桩孔坍塌,经估算,每立平方米的圆形钻孔灌注桩混凝土需消耗 6 m³ 的洁净水;其中排放泥浆有 4 m³,并需要汽车外运,这些排放泥浆随意丢弃又要引起污染环境。

其次是对于摩擦型灌注桩而言,同样的体积其圆形截面的桩的侧表面积比较矩形截面积要小;桩的侧表面积小则桩的侧摩擦承载力低;因此圆形截面桩承载力值较低。尤其是用于深基坑支护工程的矩形截面支护桩坑侧向土压力的能力比圆形截面支护桩大很多。

因而,上述圆形钻孔灌注桩的缺点是不仅要浪费大量的水资源以及钢筋混凝土材料与人力资源,而且还对周围的环境造成严重污染。

3. 实用新型专利内容

本实用新型所要解决的技术问题就是针对上述现有技术的现状提供带活瓣桩靴矩形沉管混凝土灌注桩的成桩装置,可节约混凝土与钢筋并提高承载力,同时又可避免浪费大量的水资源、减少排污。

本实用新型专利技术为解决上述技术问题所采用的技术方案为:一种带活瓣桩靴矩形沉管混凝土灌注桩的成桩装置,它包括一矩形钢模管,其特征在于:

(1)该矩形钢模管由二个矩形短边与二个底部带锥体的矩形长边焊接组成;

(2)该矩形钢模管的矩形长边底部两侧各焊接一钢质盒状凸边,该凸边由一块矩形钢板与四块梯形钢板焊接组成,呈梯形盒状,它与所述矩形钢模管连接一体,从而成为封闭的凸边;

(3)该矩形钢模管的矩形短边底部两侧各设置有带销轴的钢质活瓣,该活瓣可沿所述销轴为中心灵活转动,并与所述矩形长边底部锥体重叠时可以覆盖并关闭所述矩形钢模管的底部。

由于采用以上所述矩形钢模管的质盒状凸边结构,从而使承载力值更大,因而可节省钢筋与混凝土的建筑材料。

所述凸边的长度设置为≥0.8 m。该凸边在上拔钢模管的滑移过程中起到护壁作用;同时形成 T 形截面的支护桩。

所述活瓣凸出矩形钢模管外边 1~2 cm。

所述矩形钢模管的上部设置有沉管灌注的上进料口,用以置入钢筋骨架并灌入混凝土。

本实用新型的成桩程序是首先打桩机按设计桩位就位,并将矩形钢模管对准桩位,借助人工将活瓣桩靴关闭以封住管底;然后静压沉管至设计高程;其次是从矩形钢模管的上进料口置入钢筋骨架并灌入混凝土;接着,振动上拔矩形钢模管,该矩形钢模管内的混凝土在自重压力作用下,活瓣桩靴被开启,钢筋骨架与灌入混凝土同时下落,将矩形钢模管内灌入混凝土的液面处于高位,使矩形钢模管内混凝土的自重压力足以克服土体恢复的回弹力,同时矩形钢模管内的混凝土充填凸边上拔滑移留出的空间,直至拔出地面即成桩。

本实用新型与现有技术相比,其优点是:施工效率高、成本低;其次是桩的侧摩擦承载力较高。

A.2.3 沉管式带侧翼矩形混凝土灌注桩的成桩装置

发明人:孔超;专利权人:孔超

专利类型:实用新型专利;专利授权号:201020049966.1

专利技术网址:http://pdf.soopat.com/TiffFile/PdfView/8EBF7DD9C96E886CBA
728CAEF383C5B8DD39F6988EC1DBDF

1. 技术领域

本实用新型涉及一种土木建筑工程的桩基础,尤其是涉及一种沉管式带侧翼矩形混凝土灌注桩的成桩装置。

2. 背景技术

目前,在建筑工程中应用的桩基多数是采用圆形钻孔灌注桩。该圆形钻孔灌注桩的施工过程中需要使用大量的洁净水,该洁净水在所述的钻孔过程中钻搅为泥浆,并不断地排放入泥浆池,该泥浆池中的泥浆又需要不断地外运丢弃。为了桩孔内泥浆护壁以防止桩孔坍塌,经估算,每立平方米的圆形钻孔灌注桩混凝土需消耗 6 m³ 的洁净水;其中排放泥浆有 4 m³,并需要汽车外运,这些排放泥浆随意丢弃又要引起污染环境。

其次是对于摩擦型灌注桩而言,同样的体积其圆形截面的桩的侧表面积比较某些其他形状截面的桩的侧表面积要小;桩的侧表面积小则桩的侧摩擦承载力低;因此圆形截面桩承载力值较低。

目前,已经公开了专利号为 ZL200820122182.X 实用新型专利《沉管式工字形混凝土灌注桩的成桩装置》,它采用工字型钢模管,虽然该工字型钢模管在同样的体积条件下,其桩的侧表面积比较大,摩擦承载力也较高;然而,它不足之处是因为工字型空心钢模管其截面刚度较差,不易控制其变形;在实施过程中,尤其是在深层强大的土压力作用下,工字形空心钢模管发生严重变形,并且为形起注入其中的钢筋骨架随工字形空心钢模管的变形而产生被挤压甚至被卡住现象,从而造成因管内混凝土拒落引起的质量事故。

3. 实用新型内容

本实用新型专利技术所要解决的技术问题就是针对上述现有技术的现状提供一种可提高承载力,同时其截面刚度好,不易变形,又具有低挤土型的沉管式带侧翼矩形混凝土灌注桩的成桩装置。

本实用新型技术为解决上述技术问题所采用的技术方案为:一种沉管式带侧翼矩形混凝土灌注桩的成桩装置,它包括一矩形钢模管,其特征在于:

(1) 该矩形钢模管由二个矩形短边与二个底部带"V"字形锥体的矩形长边焊接而成;

(2) 该矩形钢模管的矩形长边靠近底部两侧的左右两边各焊接有侧翼盒状凸边,形成该矩形长边底部两侧共四个凸边;该凸边由一块矩形钢板与四块梯形钢板焊接组成,呈梯形盒状,并与所述矩形钢模管连接一体,从而成为封闭的凸边;

(3) 该矩形钢模管的矩形短边底部设置有活瓣桩靴,该活瓣桩靴由矩形短边两侧各设置带销轴的钢质活瓣构成,该活瓣可沿所述销轴为中心灵活转动,并与所述矩形长边的"V"字形锥体重叠时可以覆盖并关闭所述矩形钢模管的底部。

由于采用以上所述矩形钢模管的侧翼凸边结构,具有工字形特征,从而使承载力值更大又具有截面刚度好不容易产生变形,因而可节省钢筋与混凝土的建筑材料。

所述矩形钢模管的矩形四个角部各焊接一角钢,该角钢的长度与所述矩形钢模管的长度相当。其作用是加强矩形钢模管的刚度,以最大限度地减少钢模管的变形。

所述矩形钢模管的矩形长边之间每隔 2 m 焊接一条形加强钢板;以保证矩形钢模管工作过程的形状精确度。

所述矩形钢模管的上部设置有沉管灌注的上进料口;用以置入钢筋骨架与灌入混凝土。

所述凸边的长度设置为≥0.8 m。该凸边在上拔钢模管的滑移过程中起到护壁作用；同时形成带侧翼矩形混凝土灌注桩。

本实用新型的成桩程序是首先将打桩机按设计桩位就位，并将矩形钢模管对准桩位，关闭活瓣桩靴而封住管底，静压沉管至设计高程；然后从钢模管的上进料口置入钢筋骨架与灌入混凝土；再振动上拔矩形钢模管，此时活瓣桩靴开启，钢筋骨架与灌入混凝土同时下落，管内混凝土充填侧翼封闭凸边上拔滑移留出的空间，直至拔出地面，即形成四角带侧翼矩形混凝土灌注桩。

本实用新型与普通沉管灌注桩相同的施工工法，然而与现有技术相比，其优点是：其截面刚度好、不易变形；施工效率高、成本低；其次是桩的侧摩擦承载力较高；又因为本实用新型桩的侧表面积较大，则桩的侧摩擦承载力也增大；用于深基坑支护工程的支护桩坑侧向土压力的能力得到增大，经计算在同等受力条件下，其钢筋可节省百分之四十左右，混凝土可节省百分之三十左右。

A.2.4 预制钢筋混凝土工字形支护桩

发明人：孔超，孔清华

专利权人：孔超

专利类型：发明专利；专利授权号：201210305030.4

专利技术网址：http://pdf.soopat.com/TiffFile/PdfView/244632E759CF0454F70F4E95F3A4458C620861CF35195FDA

1. 技术领域

本发明涉及一种土木建筑工程的桩基础，尤其是涉及一种用于深基坑工程中可以承受较高的水平侧向土压力基坑围护工程的支护桩。

2. 背景技术

现有的围护桩通常采用钻孔灌注桩或沉管灌注桩，一般均采取工地现浇桩的施工方法，即使全部完成围护桩施工，尚须使混凝土达到规定的强度后方可开挖基槽；其施工效率较低；又所述钻孔灌注桩或沉管灌注桩不具有低挤土性的特征，其截面承受水平侧向土压力的力学特性较差，不利于节约建材资源；其次，钻孔泥浆排放会造成对周边环境的污染；通常应用钻孔灌注桩或沉管灌注桩为围护桩时，在围护桩外侧施工防渗帷幕，常采用水泥搅拌桩或高压旋喷桩搭接，因与围护桩不相连，所以渗漏几率较高。

3. 发明内容

本发明所要解决的技术问题就是针对上述现有技术的现状而提供一种可以显著减少。

本发明为解决上述技术问题所采用的技术方案为：

本发明与现有技术相比，其优点是：其一，工字形截面是承受侧向土压力的抗水平力桩中具有最佳的截面特性，又可节省40%～50%钢筋与30%～40%混凝土，具有显著的经济与技术技果；其二，实现工厂化生产定型商品桩，提高沉桩效率1～2倍，降低劳动力成本；其三，施工时间可缩短1～1.5倍，只要完成围护桩施工即可开挖土方，又是无泥浆的施工技术；其四，可以调节支护桩的桩距，从而达到不同深度基坑的内力要求；其五，预制钢筋混凝土工形截面围护桩在两桩之间施工高压旋喷桩、因高压旋喷水泥浆受到工形截面的约束，因而可以提高防渗漏几率。

A.2.5 离心浇筑预应力钢筋混凝土工形截面支护桩

发明人:孔超,孔清华;专利权人:孔超

专利类型:发明专利;专利授权号:201310017496.9

专利技术网址:http://pdf.soopat.com/TiffFile/PdfView/B11A4C0B627B8FE4A9C68F117ADEF73B09C3FD8F56515547

1. 技术领域

本发明涉及一种土木建筑工程的桩基础,尤其是涉及一种用于深基坑工程中可以承受水平侧向土压力基坑围护工程的离心浇筑预应力钢筋混凝土工形截面支护桩。

2. 背景技术

目前,现有的围护桩通常采用钻孔灌注桩或沉管灌注桩,其实施过程一般均采取工地现浇桩的施工方法,当所述围护桩全部完成施工后,该围护桩的混凝土还须达到规定的强度后方可开挖基槽内的土方;这样的施工方法其施工质量与施工效率均较低;其次,所述钻孔灌注桩或沉管灌注桩其圆形截面承受水平侧向土压力的力学特性较差,不利于节约建材资源;同时钻孔泥浆排放会造成对周边环境的污染;通常应用所述钻孔灌注桩或沉管灌注桩为围护桩时,在围护桩外侧还须设置施工防渗帷幕,该防渗帷幕通常为水泥搅拌桩或高压旋喷桩,该防渗帷幕又因与所述围护桩不相连,所以渗漏机率较高。

3. 发明内容

本发明所要解决的技术问题就是针对上述现有技术的现状而提供一种生产效率高又可显著提升混凝土浇灌质量的离心浇筑预应力钢筋混凝土工形截面支护桩。

本发明为解决上述技术问题所采用的技术方案为:一种离心浇筑预应力钢筋混凝土工形截面支护桩,包括一标准桩段,该标准桩段具有工字形截面且其左右两侧呈梯形,其特征在于:所述标准桩段包含由两个三角形钢筋与两根竖钢筋焊接组成的工字形箍筋,该工字形箍筋的几何中心设有浇灌混凝土后,在施加离心力时引起的圆孔;该工字形箍筋的上下端纵向设有多根预应力钢筋,该工字形箍筋中部对称设有两根架立钢筋与S形钢箍固定;所述工字形箍筋、所述架立钢筋与所述预应力钢筋组成钢筋骨架,该钢筋骨架外围设有钢模,该钢模置于离心台上并通过所述离心力使浇灌的混凝土密实。

采用以上技术方案,离心浇筑的预应力钢筋混凝土质量与生产效率得以大幅提高。

为了进一步提高预应力钢筋混凝土工形截面支护桩的浇筑质量,所述架立钢筋与所述预应力钢筋均匀布置,并与所述工字形箍筋捆扎或点焊成所述钢筋骨架。

所述标准桩段截面的上端与下端锚板是相同的,标准桩段竖立方向的顶设有带锚板孔的上端板与底为带锚拉螺母的下端板,所述预应力钢筋上端锚入所述锚板孔内,下端连接下端板的锚拉螺母固定在钢模的端板上。

为了优质高效地实现预应力钢筋混凝土工形截面支护桩的浇筑目的,所述钢模包括底板、上盖及两侧可旋转侧板,该钢模两端还设有钢模板并与所述底板螺栓固定;该钢模板穿入张拉螺杆,该张拉螺杆与所述锚拉螺母相螺接,利用钢模刚度,两端的锚拉螺栓向两端张拉,施加预应力后固定在钢模的端板上,在钢模内灌满混凝土,上盖板盖后即可上离心台高压离心施工后。将钢模与混凝土从离心台上吊下,进入蒸汽养护池,混凝土达到强度即可脱模,即为预制工形钢筋混凝土支护桩。

本发明与现有技术相比,其优点是:其一,工字形截面是承受侧向土压力的抗水平力桩中具有最佳的截面特性,又可节省40%~50%钢筋与30%~40%混凝土,具有显著的经济与技术技果;其二,实现工厂化生产定型商品桩,提高沉桩效率1~2倍,降低劳动力成本;其三,施工时间可缩短1~1.5倍,只要完成围护桩施工即可开挖土方,又是无泥浆的施工技术;其四,可以调节支护桩的桩距,从而达到不同深度基坑的内力要求;其五,采用离心浇筑的预应力钢筋混凝土工形截面围护桩,预应力钢筋混凝土浇筑质量与生产效率较高,用材省;其六,在两桩之间施工高压旋喷桩,因高压旋喷水泥浆受到工形截面的约束,所以可以提高防渗漏几率。

A.2.6　一种软土地层中可回收的伞状承压地锚

发明人:孔超,罗伟锦,孔红斌,孔清华;专利权人:孔超
专利类型:发明专利;专利授权号:201410210998.8
专利技术网址:http://pdf.soopat.com/TiffFile/PdfView/7947E7250236AC0DFF3BC36801BB892E06C3478D0C0969D2

1. 技术领域

本发明涉及一种土木建筑工程中软土地层的地下室施工基坑工程,尤其是涉及一种用锚拉替代基坑内支撑的软土地层中可回收的伞状承压地锚。

2. 背景技术

随着国家建设与城市化的快速发展,城市的汽车拥有量剧增,造成城市道路堵阻以及停车难问题,小区建设中须保持每户的车位面积,都须安排在地下室,如何应用地下空间是体现国家城市发展的象征,为此可利用的地下空间,如广场、绿地、道路、建筑物等下面将可利用的地下空间均建造成地下室,以用于停车、行道、商场、娱乐等应用,地下室的建造必须有相应基坑工程,该基坑工程就须要一种伞状承压地锚装置技术。

如果地下室的面积越来越大,大到数万至十余万平方米,在基坑内根本无法设内支撑,须用锚拉结构来保证基坑工程中的围护结构的稳定与安全,面积较小也有近万平方米,基坑内设支撑占用了土方施工的空间,影响了基坑内挖土施工与施工工期。

目前市场上应用的有浆镶锚杆、可回收的浆镶锚杆、布袋注浆锚杆、土钉等,均以锚杆直径的周长面积与土的摩阻力形式来实现锚杆的锚拉力;根据软土蠕变特性工程中应用的锚杆的锚拉力均逐渐在降低,在工地对上述锚拉方案进行抗拔力检测时可知,锚拉力检测抗拉到设计抗拔力时,不能保持恒定的抗拔力,而是随着时间的延长而抗拔力在逐渐在变小,靠抗拔力的基坑变形在增大,而不会稳定,如果想把逐渐在变小抗拔力通过张拉补足,而达不到检测时的设计抗拔力值;如继续增加拉拔力就将锚杆拔出土层,软土的蠕变性质对锚杆的抗拔力影响很大,按基坑工程设计规范,在软土中应用锚杆必须抗蠕变的抗拔试验,抗拔值太小,工程上常用瞬时抗拔力值应付,实际上软土中锚杆的抗拔力在逐渐变小,基坑的位移自然就大,甚至于抗拔力失效而危及基坑的安全后果。

3. 发明内容

本发明所要解决的技术问题是针对上述现有技术现状而提供一种具有保持恒定的抗拔力的软土地层中可回收的伞状承压地锚。

本发明解决上述技术问题所采用的技术方案为:一种软土地层中可回收的伞状承压地

锚,其特征在于,包括基坑工程的支护桩,该支护桩的桩顶设有钢筋混凝土盖梁并连成整体且封闭连续,该盖梁孔中穿设有锚拉杆,该锚拉杆一端设有螺纹部、另一端连接锚栓,该锚拉杆螺纹部穿过所述盖梁并用拧紧螺母与之固定;所述锚栓包括伞面与伞骨组成,该伞面是由纤维布缝制的口袋,该口袋底部为正方形,该口袋的转角处均缝制长条纤维布加强,该口袋转角点设有多个间隔套,所述伞骨穿入该间隔套中,所述口袋连接注浆管与短管。

所述注浆管与所述短管通过连接板焊接为一体。

所述口袋与所述注浆管、所述短管用纤维绳扎紧。

所述短管下端插入挂杆管并与该短管焊接一体;该挂杆管的同一周边设有均分的 4 个圆孔槽,所述伞骨装入该圆孔槽内。

所述伞骨的端头设有弯拆 90°的挡边,该挡边插入所述挂杆管的圆孔槽内。

本发明施工程序是:

第一步,按设计锚拉力要求确定钻孔的间距,用钻杆钻入土层,清除钻杆内进入管内的软土。

第二步,将所述锚拉杆与所述锚栓连接成 1 根直杆,插入钻杆内至底。

第三步,拔出钻杆,将所述锚拉杆与所述锚栓留在土层内。

第四步,施工所述盖梁,先用塑料套管套入所述抗拔杆,该套管隔离所述抗拔杆使得不被混凝土浇在一起,便于回收;然后拌制水泥浆,其体积按略小于所述锚栓的实际体积(相当于实际体积的 95%),压力注入浆液过程将收缩的所述锚栓缓慢展开呈伞状;待所述锚栓内水泥浆达到强度,拧入所述螺母,其拧紧力即为施加的预应力。

第五步,土方开挖施工完毕并地下室底板浇筑完成后,支护桩不靠锚拉力也足以稳定时,即可拧出所述螺母,反向旋出所述锚拉杆回收待下一工程应用,而锚栓永久留在土层内。

与现有技术相比,本发明的优点在于:具有优异的保持恒定的抗拔力性能,从而大大提升了基坑工程的使用可靠性与安全性。

A.2.7 双模管互导干提土地下连续墙

发明人:孔超,施祖元,孔红斌,孔清华;专利权人:孔超

专利类型:发明专利;专利授权号:201410211000.6

专利技术网址:http://pdf.soopat.com/TiffFile/PdfView/7947E7250236AC0D34EC873FA241652234CA611DE08DE9BB

1. 技术领域

本发明涉及一种土木建筑工程中建造地下室建(构)筑物时的基坑工程中的围护支挡结构,特别的涉及一种采用双模管互导的无接缝施工与干作业无施工泥浆的双模管互导干提土地下连续墙。

2. 背景技术

目前,在土木建筑工程建造地下室的基坑工程中常用的围护结构大都是地下连续墙。该地下连续墙传统的施工程序是先按墙厚施工钢筋混凝土导墙,在该导墙内按墙幅宽的两边先沉入锁口钢管,一般墙幅宽为 6 m,该锁口钢管的限定幅宽内沿导墙用导板抓斗取土,同时灌入护壁泥浆保持坑壁土的稳定,取土至计划墙深终止;置入钢筋骨架与安装灌混凝土的导管,

用水下混凝土施工工法灌满墙体的混凝土,再将置换出的废弃的泥浆进入泥浆池,待墙体混凝土临初凝时须将锁口钢管拔出;再在相邻墙幅沉入锁口钢管。按此程序施工地下连续墙,主要存在的不足这处是施工中的废弃泥浆处理问题以及体混凝土的质量较差。

上述的现有施工技术不仅施工成本高,尤其是废弃泥浆找不到堆放场地,往往偷排至城市江河内,使内河的河床升高,降低排洪能力,有时因管理不严,让部分废弃泥浆流入城市管网造成管网堵塞,严重污染城市环境,而且深厚软土易发生壁坍影响成墙质量。

又中国发明专利号 ZL94101730.3"干作业地下连续墙成墙方法及其装置",它存在的问题没有处理好双模管互导的接触面上的摩擦力过大,当沿第一模管的导向沉入第二模管时,因接触面上的摩擦力作用,造成沉第二模管时将第一模管也带着下沉,当拔出第一模管时将刚沉入标高的第二模管也带着上升,不仅影响成墙质量;实质上无法正常施工连续墙。

3. 发明内容

本发明所要解决的技术问题是针对上述现有技术现状而提供一种成墙质量较高又可保护城市环境的双模管互导干提土地下连续墙。

本发明解决上述技术问题所采用的技术方案为:一种双模管互导干提土地下连续墙,包括有钢模管,其特征在于,该钢模管设置为两件尺寸与形状完全相同且互为扣合的矩形的第一钢模管与第二钢模管;该矩形钢模管由两件平行钢板以及垂直布置于该平行钢板两侧的扣板与短钢板焊接而成;该扣板的两端对称地伸出于所述平行钢板;所述短钢板两端与所述两个平行钢板内侧齐平;位于该短钢板两端的所述平行钢板外侧对称地连接有垫厚板条与盖缝板,该两个盖缝板的间距相等于或略大于所述扣板的长度;其作用是该扣板能够纵向扣入两个盖缝板的间距中,且能获得纵向限位与导向。

为了实现第一钢模管与第二钢模管之间点接触摩擦运动,即第二钢模管扣合时与第一钢模管的滑行铁顶端相摩擦,所述短钢板外侧对称地焊接有一对滑行铁;该滑行铁设置为三角形;由于两根模管通过该滑行铁的三角形顶点接触摩擦运动,因此两根模管之间相对运动的摩擦力较少,使它们在沉拔施工时不会发生相互带动的后果。

所述在两个盖缝板上对称地各焊接有限位三角铁,该限位三角铁内侧再焊接定位铁,该定位铁与所述短钢板之间的距离相等于或略大于所述扣板的厚度;其作用是使得扣板能够横向扣入定位铁与短钢板之间的缝隙中,从而能获得第一钢模管与第二钢模管相互扣合时的良好的横向定位与导向。

一种双模管互导干提土地下连续墙的成墙程序,包括两件尺寸与形状完全相同且互为扣合的第一钢模管与第二钢模管与提土装置,该矩形钢模管由两件平行钢板及其两侧的扣板与短钢板组成;该扣板的两端对称地伸出于所述平行钢板,该平行钢板外侧,对称地连接有垫厚板条与盖缝板,其成墙程序是:

第一步,在设计桩位将所述第一钢模管吊起,对准设计定位桩孔,将开口的所述第一钢模管落在土层上,校正垂直并将所述第一钢模管沉入土层至设计高程,土体进入所述第一钢模管内。

第二步,吊起所述第二钢模管并将该第二钢模管的所述扣板插入所述第一钢模管的所述短钢板与所述滑行铁之间限位,同时滑行沉至设计高程,此时土体进入所述第二钢模管内。

第三步,在所述第一钢模管内插入所述提土装置沉入,所述第一钢模管内的土体进入所述提土装置内,当上拔无格挡提土装置时,当带土体的所述提土装置拔出管口以上的一定高度,此时,所述提土装置内的土体因失稳而倾倒在一侧,将所述第一钢模管内土体全部提取干净后,置入钢筋骨架,灌满混凝土,将所述第一钢模管振动拔出,桩机带着拔出的第一钢模管行进至所述第二钢模管位置,并插入所述第二钢模管的所述短钢板与所述滑行铁之间扣合,将所述第一钢模管沉至设计高程,土体进入所述第一钢模管内。

第四步,在所述第二钢模管内插入所述提土装置沉入,所述第二钢模管内的土体进入提土装置内,将所述第二钢模管内土体全部提取干净,置入钢筋骨架,灌满混凝土,将所述第二钢模管振动拔出,桩机带着拔出的所述第二钢模管再行进至后一循环的所述第一钢模管位置;如此依次类推作业,循环地完成无接缝地下连续墙。

与现有技术相比,本发明的优点在于:干作业无接缝地下连续墙,成墙效率高,质量可靠,其次是施工全过程实现无泥浆排放,属于绿色环保型的灌注桩施工技术。

A.2.8 高频振压干排土灌注桩的成桩装置与方法

发明人:孔超,孔红斌;专利权人:孔超

专利类型:发明专利;专利授权号:201010520402.6

专利技术网址:http://pdf.soopat.com/TiffFile/PdfView/21255DFA7B075C6E684F323ED85FFBF430513944308F4BDC

1. 技术领域

本发明涉及一种土木建筑工程的桩基础,尤其是涉及一种在深厚饱和软黏土地层中用于深基坑围护工程支护桩的高频振压干排土灌注桩的成桩装置与方法。

2. 背景技术

目前,在建筑工程中,二层地下室的深基坑围护工程应用的支护桩大多数是采用钻孔灌注桩;该钻孔灌注桩的施工过程中需要消耗大量的洁净水,该洁净水在所述钻孔成桩孔过程为护壁泥浆,并不断地排放入泥浆池,该泥浆池中的泥浆又需要不断地外运丢弃。所述桩孔内泥浆护壁以防止桩孔坍塌,经估算,每立方米桩体混凝土需消耗 6 m³ 的洁净水;其中排放泥浆有 4 m³,并需要汽车外运,这些排放的泥浆往往被随意丢弃,又要造成对周围环境的污染。

因而,现有钻孔灌注桩的成桩装置与方法,不仅需要消耗大量的水资源,并污染环境,而且成桩效率较低。

3. 发明内容

本发明所要解决的技术问题就是针对上述现有技术的现状而提供一种可以显著减少水资源消耗、消除泥浆排放对环境的污染又成桩效率较高的高频振压干排土灌注桩的成桩装置与方法。

本发明为解决上述技术问题所采用的技术方案为:一种高频振压干排土灌注桩的成桩装置,包括可在土体中沉入与上拔的钢模管,该钢模管中配置一排土装置,其特征在于:该排土装置包括下端钢管,该下端钢管的外径设置为略小于所述钢模管的内径,该下端钢管的上端连接一喇叭管,该喇叭管上端连接一竖向排土管,该竖向排土管上端连接一水平方向的出土管;所述排土装置的顶部设置一管顶板,该管顶板上端连接液压高频振动锤;所述下端钢管的底部设置有左右两侧各带铰轴的中间隔板,该铰轴铰接有活动翻板,该活动翻板可沿所述铰轴转动。

所述钢模管的内壁与所述下端钢管的外径之间设置有橡胶密封圈;其作用是避免土体在钢模管内壁与下端钢管外径之间流动。

所述水平方向出土管与所述下端钢管底面之间的距离设置为大于或等于所述钢模管的长度;以确保将钢模管内的土体全部排出地面。

所述管顶板与所述排土管焊接成一体。

所述中间隔板与所述活动翻板之间焊接有定位钢板,该定位钢板用作所述活动翻板开启时限位在一定的角度范围内;其有益效果是当上提排土装置时,由于土体的自重力作用在活动翻板的限位角上,该活动翻板即自行向下转动而关闭,从而阻止流动土体再进入钢模管中。

该活动翻板定位于焊接在所述下端钢管内壁的搁板上;其作用是可有效阻挡排土装置中的土体落下。

所述排土装置的底部设置有竖向进气管,该进气管上端口外露于所述喇叭管之外,其作用是确保所述下端钢管的底部不会产生负压。

所述喇叭管与所述竖向排土管采用带螺栓的法兰连接。

所述喇叭管周侧设置有取土孔盖板;其作用是通过开启该取土盖板可以提取下端钢管中的土体。

一种高频振压干排土灌注桩成桩方法,包括一土体中的钢模管,该钢模管中配置一排土装置,该排土装置包括一上端连接喇叭管的下端钢管,该喇叭管上端连接竖向排土管与水平方向出土管;所述排土装置的顶部设置一上端装置有液压高频振动锤的管顶板,所述下端钢管的底部设置活动翻板,所述喇叭管周侧设置有取土孔盖板,其特征在于:所述成桩步骤是:

第一步,开设计桩位孔,去除杂填土与地表硬土。

第二步,在所述设计桩位孔上,由所述液压高频振动锤将所述钢模管沉入所述桩位土中。

第三步,所述液压高频振动锤将所述排土装置沉入所述钢模管中,该高频振动锤沉入排土装置的过程中,将所述钢模管内呈流动状态的土体强制进入所述下端钢管,又通过喇叭管进入排土管,然后由水平方向出土管排至地面;所述排土装置振动沉入直至与所述钢模管的底部齐平;这时,除了排土装置内残留的流动土体外,钢模管内的土体全部排出。

第四步,将所述排土装置从所述钢模管中提出,并将该排土装置内的土体倒出;或者,通过所述取土孔盖板将排土装置内的土体取出。

第五步,所述钢模管内的土体全部取净后,置入钢筋骨架、灌入混凝土;然后振动拨出该钢模管,即成桩。

本发明与现有技术相比,其优点是有效节约水资源与能耗,同时又可消除泥浆排放对周边环境的污染;其次是成桩效率较高。

A.2.9　一种干取土矩形灌注桩成桩装置与成桩方法

发明人:孔超,孔红斌;专利权人:孔超

专利类型:发明专利;专利授权号:201010040028.X

专利技术网址:http://pdf.soopat.com/TiffFile/PdfView/BEEA555C2AC3ADBF12D62D9C476545E7B4742B1EB5D5E486

1. 技术领域

本发明专利涉及一种土木建筑工程的桩基础,尤其是涉及一种用于深基坑支护的干取土矩形灌注桩成桩方法与装置。

2. 背景技术

现有技术中已经公开了专利号为 ZL200820086191.8《干作业钢筋混凝土灌注桩的成桩装置》的实用新型专利,它包括一配置有可活动插入的矩形提土器的矩形钢模管,该提土器由顶板、垂直长钢板以及多个横钢板焊接组成,该顶板设置有顶板连接槽口与肋板,所述横钢板的中部设置有挡板,其两侧各设置有可活动翻板,所述提土器连接有接长杆,它底面设置有底板并与所述提土器顶板相重合连接,它下部设置有翻板搭扣并与所述顶板连接槽口相扣合;本实用新型的优点是可大大节约混凝土与钢筋、并提高承载力;同时又可避免浪费大量的水资源并减少排污;其次是采用接长杆、翻板搭扣与连接槽的连接装置,可取出深层土体又施工效率高、操作快捷又简便。

然而,上述专利号为 ZL200820086191.8《干作业钢筋混凝土灌注桩的成桩装置》不足之处是从所述提土器中推出土体没有机械化施工工序相配合,影响其施工效率的进一步提高。

3. 发明内容

本发明专利所要解决的技术问题就是针对上述现有技术的现状而提供一种可进一步提高施工效率的干取土矩形灌注桩成桩装置与成桩方法。

本发明专利为解决上述技术问题所采用的技术方案为:一种干取土矩形灌注桩成桩装置,包括一开口式矩形钢模管,所述矩形钢模管内配置有可活动插入的矩形提土器,该提土器设置有接长杆,其特征在于:所述矩形提土器的一侧设置有带滑杆推板的推土器。

采用上述提土器与推土器联合自动作业,出土效率大大提高;与此同时,又大大降低了施工人员的劳动强度。

所述推土器的滑杆推板的可以由液压推动,也可以由压缩空气带动,该滑杆推板的运动方向与所述矩形提土器的运动方向相垂直。其有益效果是提高传动效率与出土效率。

所述推土器的滑杆推板工作表面与所述矩形提土器的方格土的表面相对应。使得出土时节约功率。

一种干取土矩形灌注桩成桩方法,其特征在于:所述成桩方法的步骤是:第一步,在所述桩位去除杂填土或地表硬壳层,然后,将开口式矩形钢模管沉入所述桩位的土层,此时,该土层的软土挤入所述开口式矩形钢模管内;第二步,采用提土器将所述矩形的软土提升至所述开口式矩形钢模管开口上端;第三步,开动推土器的滑杆推板,将所述矩形钢模管开口上端的矩形软土推出该钢模管外;第四步,随着取土的深度增加,通过接长杆与所述提土器连接接长取土,该提土器每提升一格土,所述滑杆推板将该提升一格土推出,直至所述矩形钢模管开口上端的土全部推出取净;第五步,从所述矩形钢模管开口置入钢筋骨架并灌入混凝土,振动拔出该矩形钢模管,即制成所述矩形灌注桩。

采用以上成桩方法的步骤,可大大节约混凝土与钢筋并提高承载力以及深基坑抗侧向土压力能力;又可避免浪费大量的水资源,同时减少排污。

所述矩形钢模管与所述矩形提土器可以设置为间隙配合;以提高提土效率。

所述提土器可以设置为流动土提土器,也可以设置为一般性土提土器。

所述流动土提土器、所述一般性土提土器与所述推土器的滑杆推板操作方法采用可编程序控制器联合操作控制;以实现操作工序自动化。

所述流动土提土器、所述一般性土提土器与所述推土器的滑杆推板操作方法也可以采用人工操作控制。

本发明由于采用了矩形钢模管与提土器的干作业施工并与推土器联合自动作业连续不断地将软土自动化取出的方法,与现有技术相比,其优点是不仅可以大大节约混凝土与钢筋、并提高承载力以及深基坑抗侧向土压力能力、避免浪费大量的水资源与减少排污;而且通过提土器与推土器自动作业,连续并源源不断地可取出深层土体;因而施工效率大大提高又显著降低操作工人的劳动强度。

A.2.10 同步提土压灌矩形灌注桩成桩装置与方法

发明人:孔清华,孔超,孔红斌,吴才德;专利权人:孔清华

专利类型:发明专利;专利授权号:200810063235.X

专利技术网址:http://pdf.soopat.com/TiffFile/PdfView/A6668C6464B5456A6D3E615E6528779A044648E3EDECE553

1. 技术领域

本发明色剂一种土木建筑工程的桩基础,尤其涉及一种同步提土压灌矩形灌注桩成桩装置与方法。

2. 背景技术

现有土木建筑工程的灌注桩一般可分为挤土型与非挤土型的两种成桩装置。

该非挤土型桩即为圆形桩孔灌注桩;该圆形桩孔灌注桩施工过程中需要使用大量的洁净水,该洁净水在所述的钻孔过程中钻搅为泥浆,并不断的排放入泥浆池,该泥浆池中的泥浆又需要不断地外运丢弃。为了桩孔内泥浆虎逼以防止桩孔坍塌,经估算,每立方你的圆形桩孔灌注桩混凝土需消耗 6 m³ 的洁净水,其中排放泥浆有 4 m³,并需要汽车外运,这些排放泥浆随意丢弃又要引起污染环境。

所述非挤土型成桩装置目前有使用长螺旋提土同步压灌的圆形灌注桩。作为摩擦型灌注桩而言,同样的体积其圆形截面的表面积比较矩形截面比较要小;表面积小则摩擦承载力低,因此长螺旋提土同步压灌的圆形灌注桩的摩擦承载力较低,抗侧向水平力更低。

例如,对于所述深基坑支护桩而言,经计算,二层地下室每延长米作用所述深基坑的支护能力,其圆形截面直径为 850 mm 的支护桩并配置均布的受力钢筋 20×Φ25,相同支护能力矩形截面为 450×800 mm 的支护桩对称配置受力钢筋共 12×Φ25。即圆形钻孔灌注桩比较矩形灌注桩多消耗百分之三十六、钢筋百分之四十。

其次,所述长螺旋提土同步压灌的圆形灌注桩由于不能设置中心导管导向植入装置,因而不能保证钢筋骨架植入混凝土内的正确位置与钢筋保护层厚度,这大大影响长螺旋提土同步压灌的圆形灌注桩的质量可靠度。

3. 发明内容

本发明所要解决的技术问题就是针对上述现有技术的现状而提供一种具有优势的质量可靠度与承载能力、又可节约混凝土与钢筋的同步提土压灌矩形灌注桩成桩装置与方法。

本发明为解决上述技术问题所采用的技术方案为:一种同步提土压灌矩形灌注桩成桩装置,包括一可在土体中沉入与上拔的矩形架体,该矩形架体内配置有矩形长钢管,其特征在于:

所述矩形长钢管的底部配置一带预留孔的桩位预埋靴,所述矩形长钢管中心配置一圆形导向管,该导向管的下端与所述桩靴预留孔相配合。

所述矩形长钢管的上口连接混凝土灌入口。

所述矩形架体内侧设置有多个可转动的翻板,该翻板只能在所述矩形架体内向上自由转动。

采用以上矩形架体提土同步压灌混凝土与导管导向植入装置结构,钢筋骨架临时固定在该压送管上,该压送管套入所述导向管,可保证钢筋骨架植入混凝土内的正确位置钢筋保护层厚度,从而实现提升质量可靠度,其次,可节约混凝土与钢筋、并提高承载力以及深基坑抗侧向土压力能力。

所述导向管与所述压送管设置可为间隙配合,该压送管的直径比所述导向管的直径大6~10 mm,以保证导向管的良好导向功能。

所述桩位预埋桩靴可以是预制钢筋混凝土桩靴,该桩位预埋桩靴与所述矩形架体的底面设置为可脱卸的封闭连接。桩位预埋桩靴可以促成矩形架体与导向管之间的正确定位。

所述多个可转动的翻板的间距可以设置为4 m。可转动的翻板作用是土体可通过活动翻板进入矩形架体提土器中,又可以封闭土体下落,从而将土体取出,以提高土体效率。

所述矩形架体可以是由长钢板与多个横隔板焊接组成,该多个横隔板的相互间隔为2 m左右。焊接工艺快捷简单,又具有较高的结构刚度。

所述压送管与钢筋骨架临时组成整体,所述压送管定位在钢筋骨架的端部钢板上,该钢板与所述钢筋骨架焊接成整体,以可靠定位压送管的工作。

所述土体的表面与所述矩形架体直径设置有架体定位口,该架体定位口与上述矩形架体相配合。架体定位口有益效果是确保矩形架体沉入土体时保持正确的垂直位置。

所述架体定位口由钢板焊接而成。

本发明同步提土压灌矩形灌注桩成桩装置与方法适用于深厚饱和软土地层的地质条件。

作为本发明的进一步改进,所述压送管套入所述导向管的上口,所述钢筋骨架在振动作用下植入混凝土内,直至所述导向管的底部。施工效率高、操作快捷又简便。

一种同步提土压灌矩形灌注桩的成桩方法,其特征在于:第一步,按设计桩位预留所述预埋桩靴与所述定位口,将所诉矩形架体置于该桩靴上;再将所诉导向管插入所述桩靴预留孔内;第二步,静压沉入所述同步提土压灌矩形灌注桩成桩装置至设计高程,与此同时,所述土体进入所述矩形架体;第三步,上拔上述同步提土压灌矩形灌注桩成桩装置,与此同时,同步从所述混凝土灌入口压灌混凝土,此时,所述导向管预留在混凝土内;所述同步提土压灌矩形灌注桩成桩装置上拔过程,所述翻板由于所述土体的自重作用而向下关闭,即封闭所述土体下落的出口,从而实现同步提土压灌混凝土、土体出地面倒向提土压灌装置的两侧、混凝土充填提土压灌装置的空间;第四步,所述压送管支撑在所述钢筋骨架的端部钢板上,振动植入混凝土于所述压送管内直至底部;第五步,上拔所述压送管及所述导向管,所述灌注桩上口补灌适量混凝土,直至全部拔出成桩。

本发明由于采用了矩形架体提土与导管导向装置结构,与现有技术相比,其优点是桩的承载力高、施工效率高、质量可靠。

A.2.11　一种钢筋混凝土咬合筒形灌注桩

发明人:孔清华,孔红斌;专利权人:孔清华

专利类型:发明专利;专利授权号:200910095824.0

专利技术网址:http://pdf.soopat.com/TiffFile/PdfView/645E6AD93C5F0C4F78524E30CDE4A73E5EA4E45531E0E0FB

1. 技术领域

本发明专利涉及土木建筑在地下工程施工中进行深基坑围护的筒形灌注支护技术领域,尤其是涉及一种钢筋混凝土咬合筒形灌注桩。

2. 背景技术

目前,钢筋混凝土筒形灌注桩是由二个内外不同直径的、同心的内、外钢模管组合施工,所述内、外钢模板直径差的一半即为所述筒形灌注桩的壁厚;采用圆环形钢筋混凝土桩靴封口沉管挤土施工,因高频振动沉管过程淤泥质软土液化顺利进入所述内钢模管内,以圆环中心计算,筒形灌注桩混凝土体积的 55% 土体向桩周挤出、45% 土体进入所述内钢模管,该内钢模管的排土管道穿越筒桩的壁厚及所述外模管排土至地面,由于所述排土管连接所述内、外钢模管,阻碍了圆形钢筋骨架从内、外钢模管直径差的一半的间隙置入,成为无筋混凝土的筒形灌注桩;如拆卸排土管置入圆形钢筋骨架灌入混凝土,成为钢筋混凝土筒形灌注桩。

上述灌注桩成桩方法的不足之处是拆卸所述排土管不仅困难而且所述内模管满管流动软土为流入筒桩混凝土内而影响质量,其二是又必须重新安装内、外钢模管与环形钢筋混凝土桩靴封口才能施工下一根桩,由于所述内模管满管流动软土不仅难以安装还存在密封的问题,从而影响施工质量与工效,又需消耗较多的钢筋与混凝土原材料。

3. 发明内容

本发明所要解决的技术问题是针对现有技术的状况,提供一种可节省原材料又施工质量可靠的钢筋混凝土咬合筒形灌注桩。

本发明解决上述技术问题所采用的技术方案为:一种钢筋混凝土咬合筒形灌注桩,包括外钢模管与内钢模管及其钢筋混凝土封口桩靴,其特征在于:

与内钢模管内壁的顶端各焊接一块带固定销轴的钢板,该销轴上分别活动销接一带锁紧螺帽的外管螺杆与内管螺杆,它们各自可以绕所述销轴转动;

所述内钢模管上口设置有带出土导向斜面的封口板并焊接封口,该封口板的上平面设置有带出土管头的出土孔。

所述外钢模管顶部设置一顶板,该顶板上部设置有振动锤;该顶板的外周设置有与所述外管螺杆相对应配置的外槽口,该顶板的内周设置有与所述内管螺杆相对应配置的带安装孔的内槽口;

所述外钢模管、所述内钢模管的上口各设置有用于穿越排土管的管壁槽,该排土管从

该管壁槽伸出;

所述外钢模管的底部连接有与所述封口板相对应的封闭凸边;该凸边底部与所述外钢模管、所述内钢模管的底部均由一带圆形导入坡的预制钢筋混凝土桩靴封口。

所述筒形灌注桩的成桩工序是:

第一步,所述桩靴按设计桩预埋在地面,所述外钢模管与所述内钢模管套入该桩靴上,并校正两者之间的垂直位置。

第二步,开动所述振动锤,将所述外钢模管与所述内钢模管同步地徐徐沉入该设计桩位的软土层沉入一定深度后该内钢模管中的空间被软土填满;继续沉入外钢模管与内钢模管且软土通过所述封口板出土孔从所述排土管向外排出,直至达到设计高程终止。

第三步,旋松所述锁紧螺帽,将固定于所述顶板上的外管螺杆与所述内管螺杆与所述外钢模管、所述内钢模管脱离,因排土管焊连在顶板上,移除顶板及相连的振动锤和排土管,将钢筋笼按受力方向布设主钢筋及滚动保护层圆轮置入所述外钢模管与内钢模管之间的空间,灌入混凝土。

第四步,吊入顶板99及相连的振动锤6和排土管3,将所述外钢模管1的管壁槽对准插入外管螺杆51的外槽口7、将所述内钢模管2对准插入内管螺杆52的内插口8并就位安装;同时检查所述排土管3正确套入内钢模管所述封口板出土孔21;内管螺杆52与内槽口8对准,外管螺杆51与外槽口7对准,该内管螺杆52与外管螺杆51均上翻180度,再分别旋紧所述锁紧螺帽19后,振动拔出外钢模管1与内钢模管2,即完成所述钢筋混凝土筒形灌注桩。

第五步,在相邻所述桩靴10压所述凸边4混凝土的二分之一预埋沉管施工,与前桩混凝土咬合,并在所述混凝土初凝前完成;所述凸边4方向与出土方向呈反向,外钢模管1与内钢模管2套入所述桩靴10,重复所述第二步、第三步与第四步过程成桩。因前桩凸边混凝土在初凝固前与后桩混凝土自下向上在振动作用下混凝土为整体,无施工缝,如桩的垂直度为0.5%,30 m深度范围内钢筋混凝土筒形灌注桩均咬合为整体钢筋混凝土,为防渗、支护合一的变厚度墙的地下连续墙。

所述紧缩螺帽的锁紧端面上可以设置有带垫片的弹簧。其作用是使外管螺杆与内管螺杆处于锁紧状态时不易松动。

本发明采用钢模管与内、外管螺杆连接装置以及顶板带导入坡的圆环形软土桩靴,内管进土量可大幅提高,挤土量可大幅度减小,与现有技术相比,其优点是可节省混凝土、钢筋等原材料,咬合处无施工缝,施工质量可靠,又排除桩间土的渗水和漏土问题,不必大量资金防渗水与防渗土的措施,因而具有节能与环保功能,施工的工效高、工期短。

A.3 其他专利选编

A.3.1 一种预应力管桩的弯裂病害桩修复治理装置及其治理方法

发明人:高金松,吴站立,别军皓,胡银海,孔超;专利权人:孔超
专利类型:发明专利;专利授权号:201110305939.5

专利技术网址:http://pdf.soopat.com/TiffFile/PdfView/0B0C32074DBD619A147A 6FC8A7CF2BE22A84394C2AD2757E

1. 技术领域

本发明涉及一种土木建筑工程的桩基础,尤其是涉及一种预应力管桩的弯裂病害桩修复治理装置及其治理方法。

在深厚饱和软黏土地层中用于桩基础工程的预应力管桩,常常因为施工不当或者沉入土中的预应力管桩因软土位移,使得该管桩造成弯曲而断裂,由此产生的预应力管桩成为弯裂病害桩,该弯裂病害桩必需修复治理,以恢复该预应力管桩原有的承载力值。

2. 背景技术

目前,在软黏土地层上建造建筑物,均须采用桩基础承受建筑物的重量;而预应力管桩是所述桩基础中一种常见的桩型,该预应力管桩一般均采用工厂化生产,它具有质量可靠、承载力值高、桩基造价成本低、沉桩施工效率高的优点;然而,随着预应力管桩在软土地基上支承建筑物重量的桩基础中广泛应用,常常会出现该软土地层中因软土位移发生土中预应力管桩弯曲而断裂,所以在各类工程中经常会出现成片的弯曲而断裂的病害桩,该病害桩丧失了原有的承载力,并严重影响所述支承建筑物的安全性,所以必须将其修复,以恢复其原有的承载力值。

另一方面,所述预应力管桩缺点是抗侧向水平力的能力较差,因此在基槽开挖施工中,因土方高差或在基槽边堆放土方以及基坑围护失效等原因,场地软土就会产生较大的位移,并由此造成该软土中的预应力管位移产生所述预应力管桩弯曲而断裂,该弯曲而断裂的预应力管桩成为丧失原有承载能力的病害桩;该病害桩对所述建筑物会带来极大的危害。

针对上述丧失原有承载能力的病害桩,现有是采用异地修复或更新预应力管桩的方法,这样修复周期较长,又施工效率较低。

3. 发明内容

本发明所要解决的技术问题就是针对上述现有技术的现状而提供一种修复效果佳、施工效率高的预应力管桩的一种预应力管桩的弯裂病害桩修复治理装置及其治理方法。

本发明为解决上述技术问题所采用的技术方案为:一种预应力管桩的弯裂病害桩修复治理装置,其特征在于:

(1)该弯裂病害桩的管孔内配置一钻具,该钻具由钻头与钻杆组成,并螺纹连接成一体;

(2)所述钻头的呈圆锥状,该圆锥外周嵌镶有多个合金条,所述钻头设有轴向中心出水孔;

(3)所述钻杆设置为空心结构,其上端设置有连接高压水管的进水口;该钻杆中部设有多个向上斜出水孔;该钻杆下部设有轴向出水孔,该钻杆下部的轴向出水孔与所述钻头的轴向中心出水孔相对应。

所述高压水管的进水口的压力为5~10 MPa。

采用以上钻具结构,可实现在管孔内进钻过程同时用高压水冲,合金钻头即可以快速钻穿所述弯裂病害桩管孔内的碎石或道渣层。

所述向上斜出水孔设置为四个,它的直径为 Φ10 mm、上斜呈 45°。

所述钻杆轴向出水孔、所述钻头的轴向中心出水孔直径均为 Φ8 mm。

采用钻杆下端与钻头各设有一个位置相互对应的中心出水孔,其作用是便于向下冲淤质土。

一种预应力管桩的弯裂病害桩修复治理方法,包括由钻头与钻杆组成的钻具,该钻头设有轴向中心出水孔,所述钻杆上端设置有连接高压水管的进水口、中部设有多个向上斜出水孔、下部设有与钻头出水孔相对应的轴向出水孔,其特征在于:所述预应力管桩的弯裂病害桩修复治理步骤是:

第一步,在所述弯裂病害桩的弯折背侧处钻孔取土,将该弯裂病害桩扶正。

第二步,将所述钻具插入所述扶正后弯裂病害桩的管孔内上口,并钻穿该病害桩管孔内的碎石或道渣层;并进钻过程同时在所述高压水管进水口接通高压水冲刷;此时,由所述钻杆向上斜出水孔向上压力出水,以及由所述钻头轴向出水孔向下压力冲土;随着该钻具上下移动,高压水将所述弯裂病害桩管孔内的软土冲成泥浆,并溢流至地面,该弯裂病害桩管孔内的碎石或道渣也随着下沉,直到沉至所述病害桩的裂口处以下 2 米左右的位置,再将该病害桩管孔内的水抽排干净,确保该病害桩管孔内的碎石或道渣层下沉至管桩裂口处以下 2 m 左右,这就完成了所述病害桩管孔内的碎石或道渣层下沉的任务。

第三步,所述钻具从所述弯裂病害桩管孔内拔出至该病害桩的上口。

第四步,所述病害桩管孔内排除积水,并置入钢筋笼、灌满混凝土,用插入式振捣器插至管桩裂口处的 0.5 m 左右的位置,连续振动时间≥10 min,断续振动的累计时间为≥15 min,直到所述混凝土中的水泥浆渗入所述管桩裂口处直至渗入它的外周壁,将该病害桩的裂口处填实,方能达到传递竖向荷载的功能;这样,将所述病害桩管孔内变成现浇实体的钢筋混凝土桩,该钢筋混凝土桩伸入该病害桩裂口处以下 2 m 左右,即可修复原病害桩,并可实现原有的传递水平荷载的功能。

本发明由于采用了对弯裂病害桩的就地施工修复的方法,与现有技术相比,其优点是修复效果好,能够确保工程质量;又施工效率大大提高。

A.3.2　桩体自平衡静载荷测定方法

发明人:孔清华,孔红斌,孔超;专利权人:孔清华

专利类型:发明专利;专利授权号:200610048988.4

专利技术网址:http://pdf.soopat.com/TiffFile/PdfView/D8B2DA06E9B78CE85B05C7BD3391ED37B7B3C736177C87C3

1. 技术领域

本发明涉及一种用于土木工程桩基础测定桩体承载能力的装置,尤其是涉及一种在桩基础中采用桩体自平衡静载荷检测桩承载力值的桩体自平衡静载荷测定方法。

2. 背景技术

目前,桩基础工程中检测桩承载力值有两种方法:即静载荷测桩法与高应变动测法;所述的静载荷测桩法又有两种方法:即锚桩反梁法和桩顶堆载加荷法;静载荷测桩法属精确测桩法。

然而,所述的锚桩反梁与桩顶堆载加荷法均无法检测超大直径、超承载力值的桩体以

及跨江河、海洋的大桥桩体。

所述的高应变动测法有锤击法、水电效应法等十余种，一般需经过动静对比后检测。其精确度仅达百分之八十。

自平衡静载荷测桩承载力技术从八十年代开始在美国以及随后在欧洲、日本、加拿大等国应用。目前在我国也大量应用与推广。其中如中国专利申请号为97236934.1的"桩承载能力测定装置"的实用新型专利以及中国专利申请号为00219842.8的"桩承载力测定用荷载箱"的实用新型专利，如图5所示，它由下顶板、上位移传感器和下位移传感器组成，所述的下顶板上设有外径小于测试桩的油压千斤顶，所述的油压千斤顶由缸体和活塞组成，所示的活塞与所述的下顶板相抵，在所述的缸体上设有进油管，所述的上位移传感器设在缸体上，所述的下位移传感器设在下顶板上。所述的下位移传感器外部套设有下套管，所述的上位移传感器外部套设有上套管。

所述的缸体的外部设有支撑壳体，在所述的油缸的顶部设有上顶板，所述的支撑壳体分别与上述的上顶板和所述的下顶板固定，且其中之一的固定为牢固固定。

上述的申请号为97236934.1实用新型专利"桩承载能力测定装置"以及中国专利申请号为00219842.8的"桩承载能力测定装置"的实用新型专利仅涉及载荷装置的常规技术，而未对关键的埋设技术与测测技术进行描述；又其中也没有描述所述的位移传感器如何由电阻应变片的实测应变转换为相对应的位移，而且采用所述的位移传感器引申到地面以检测荷载箱加载时所述的位移传感器的位移传感器的位移之和即为被检测的桩的位移值，并由此绘制出荷载-位移曲线，即 Q-S 曲线来判断被检测的桩的极限承载力值；而所述的上顶板与所述的下顶板分别固定连接的上位移传感器和下位移传感器由所述的上套管与所述的下套管分别与桩体隔离；所述的上位移传感器和下位移传感器的位移之和即为所述的缸体和活塞之间的位移；然而未扣除桩顶上升位移。上述的检测结果与桩顶加载静载荷测桩法相比出现过早达到被检测的桩的极限承载力值，测定的极限承载力值的实际误差约为百分之十至百分之三十。因而造成资源的浪费，其次是对于如饱和软土地层的抗拔桩、人工挖孔扩底桩等某些桩体则无法检测。

3. 发明内容

本发明的目的就是为了克服上述现有技术中的不足之处，提供一种可实现与桩顶加载的静载荷测桩法相同的精确度的测桩技术而检测成本可大大降低、又可精确检测大直径、超承载力值的桩体以及跨江河、海洋的大桥桩体的桩体自平衡静载荷测定方法。

本发明的目的是通过提供一种具有如下方案的桩体自平衡静载荷测定方法实现的：所述的桩体为测试桩，所述的测试桩选择平衡点并分为上段桩和下段桩，所述的上段桩下方连接上钢板，所述的下段桩上方相连接下钢板。所述的下钢板上设有外径小于测试桩的由油缸与活塞组件构成的荷载箱，所述的活塞与所述的下钢板相抵，在所述的缸体上设有进油管，所述的下钢板设置有位移检测杆，所述的位移检测杆外部套设有套管，所述的上钢板与所述的油缸的顶部相连接。

所述的上段桩与所述的下段桩之间连接所述的由油缸与活塞组成构件的荷载箱，所述的荷载箱根据所述的测试桩的直径与估算承载力值采用多个油缸与活塞组成结构；或单个油缸与活塞组成构件。

所述的下段桩固连有多个所述的位移杆，所述的位移杆固定连接所述的下段桩上班，所述的位移杆外部套置有套管,所述的位移杆。所述的套管引出于地面。

所述的位移杆加载时的位移值与所述的上段桩的桩顶上升值之和即为桩顶加载静载荷测桩的桩顶位移值。

所述的上钢板与所述的下钢板之间也可以设置有多个带测试线的位移传感器,所述的测试线外周设置有测试线管,所述的测试线、测试线管引出至地面。

所述的套管、所述的测试线管位于所述的上钢板与所述的下钢板之间设置有不受泥浆水浸入的纵向止扣型的可伸展部位,所述的可伸展部位的伸展量按所述的位移杆的极限位移值确定。

所述的位移传感器加载时的位移值与所述的上段桩的桩顶上升值之差即为桩顶加载静载荷测定桩的桩顶位移值。

所述的多个油缸与活塞组件根据所述的测试桩的直径与估算承载力值设置为 2~10 个。

所述的上钢板、所述的下钢板的中心部分设置大孔;所述的上钢板与所述的下钢板的边周部位设置多个小孔。

所述的下钢板地面的垂直方向焊接有多根钢筋的骨架,所述的多根骨架的骨架与所述的下段桩浇灌固连一体;所述的上钢板顶面的垂直方向焊接有多根钢筋的骨架,所述的上钢板顶面的垂直方向多根钢筋的骨架与所述的上段桩浇灌固连一体。

根据检测桩估算承载力值分别为 10~15 级,按估算承载力值的分级加载并用所述的位移杆检测即可测得下段桩的位移值与上段桩的桩顶上升位移值之和,所述的下段桩的位移值与上段桩的桩顶上升位移值之和用所述的位移传感器检测即可测得位移值之差即为该级荷载在桩顶加载相同的实际位移值。根据各级荷载与位移值即可绘制出荷载-位移曲线即 Q-S 曲线图,由此得出桩的极限承载力值。

所述的进油管安装在上述的上钢板上,所述的进油管的一端引出地面,所述的进油管的另一端与已环状油管相连接,所述的环状油管连接各个油缸与活塞组件。

所述的进油管由钢管制造;所述的进油管也可由软管制造。

所述的套管、所述的测试线管的可伸展部位外部设置有橡胶密封套。

与现有技术相比,本发明的优点在于:①检测精确度高、其精确度与桩顶位移加载静载荷桩的精确度一致;②位移杆与套管可减少一半,不设上段桩位移杆与套管,而直接测下段桩与桩顶上升值;又采用位移传感器可完全不用位移杆与套管,从而实现检测装置的简化,节约施工时间与成本。

A.3.3 一种真空排水袋装砂井软地基处理方法

发明人:孔清华,孔超;专利权人:孔清华

专利类型:发明专利;专利授权号:200910095825.5

专利技术网址:http://pdf.soopat.com/TiffFile/PdfView/645E6AD93C5F0C4F8AC80D9327587A3E1311FE03445F2F25

1. 技术领域

本发明专利涉及一种土木工程中地基处理技术,尤其是涉及一种用于提高软黏土地基的良好密实度与承载能力的真空排水袋装砂井软地基处理方法。

2. 背景技术

目前,在建筑工程中已有多种软地基处理方法,其中如中国专利号 ZL01127046.2 的发明专利《快速"高真空击密"软地基处理方法》,该方法是采用高真空井点喷水加振动碾压或强夯方法来降低被处理土体的含水量,以提高其土体密实度。

所述高真空井点降水是采用在需处理软地基上扦置数排真空管,在井点设备基础上,加置一真空泵和已自动动态平衡筒,平衡筒分别与真空泵、井点设备总集水管和排水泵相连,真空抽水至一定含水量;所述振动碾压或强夯即是采用在需处理土体达一定含水量的同时,采用击振设备击实需处理的土体达一定密实度。

上述中国专利号 ZL01127046.2 的发明专利《快速"高真空击密"软地基处理方法》优点是它适用于含砂性土的软地基是有效的地基处理方法,而且施工工期较短、施工造价较低、处理后承载能力较高;然而对于黏性土的软地基在所述击密过程的超静空隙水不易通过高压差的所述真空管抽排出来,该真空管的周壁是由击密软地基过程而扰动成为流动土,在高真空的高压差作用下,山真空管抽排的不是击密过程产生的超静孔隙水,而抽排的是击密软黏土扰动后成为水土想混的流动土,甚至真空管内被流动土充填而堵管,从而造成软地基处理的失效;而且,现场软黏土地基用所述《快速"高真空击密"软地基处理方法》处理的软地基,经原位测试对比土性指标与地基土的承载力值变化不大,固结度也未见提高。

3. 发明内容

本发明所要解决的技术问题是针对现有技术的状况,提高一种具有软黏土的良好密实度与承载能力的真空排水袋装砂井软地基处理方法。

本发明解决上述技术问题所采用的技术方案为:一种真空排水袋装砂井软地基处理方法,该软地基是软黏土地基,该软黏土地基中插置有带排水管的多个真空管,该真空管上口接有真空泵与排水泵,其特征在于:

所述软黏土地基中埋置有由土工布袋包裹成袋的砂井,所述真空管的下部埋设在所述砂井中心;

位于所述砂井顶端的布袋口部沿圆周设置有绑紧圈,该绑紧圈与所述真空管密封绑紧;

所述砂井的上方设置有密封薄膜,该密封薄膜与所述真空管之间通过密封圈热压密封;

所述有密封薄膜上部覆盖有软黏性土层;

采用以上软黏土地基中埋置土工布袋包裹成袋的砂井并真空管埋设在砂井中心将软黏土中超静空隙水排出的方法,可获得软黏土的良好密实度与承载能力,从而实现软黏土地基质量稳定可靠、承载力值提高。

所述处理方法的步骤是:第一步,埋设带真空水管的所述砂井于所述软黏土地基中,然后用所述密封薄膜密封砂井,并覆盖所述软黏性土层,启动真空泵,随着真空度的提高,对被处理地基预压力增大;第二步,所述多个真空管与一集水管连接并密封,该集水管连接一平衡筒,该平衡筒与所述真空泵及所述排水泵连接;当真空泵开动时,在集水管内形成真空,并传递至多个所述真空管,该真空管内形成负压,所述排水泵将所述软黏土地基中孔隙水通过排水管及集水管排出;第三步,反复振击或强夯所述软黏土地基,以产生超净空隙水并向所述砂井挤压、排出,直至所述软黏土地基逐渐提高固结度并达到设计要求。

　　采用以上步骤的效果是软黏性土中析离出的空隙水顺利渗透砂井并进入排水管排出，而软黏性土中土颗粒被砂井阻挡在砂井外周，从而达到排水与促进土体固结的作用，使处理后软地基固结度与密实度大幅度提高。

　　所述软黏性土层厚度可设置为 300～500 mm。其作用是达到袋装砂井充分的压实与密封。

　　所述薄膜面积可设置为不小于 500 mm×500 mm。使得薄膜上面覆盖渗透性极小的软黏土的密封作用下，确保真空抽排孔隙水的良好效果。

　　所述砂井埋设的间距可设置为 2～3 m，所述砂井埋设的排距可设置为 6～12 m，其中，软黏土排距可设置为 6 m、软粉质黏土排距可设置为 9 m、含砂性软土排距可设置为 12 m。

　　所述砂井埋置深度可设置为 6～10 m。根据软地基处理要求而选取。

　　所述砂井直径可设置为 100～150 mm。根据软地基处理要求而选取。

　　由于采用布袋包裹成袋的砂井并在砂井中埋设真空管排出超静孔隙水的方法，与现有技术相比，本发明优点是可获得软地基的良好密实度与承载能力，从而显著提高软黏土地基的质量稳定性与可靠高性。